好氧颗粒污泥
强化造粒技术

Aerobic Granular Sludge
Enhanced Granulation Technology

刘 喆 刘永军 等著

化学工业出版社
·北京·

内容简介

本书系统阐述了好氧颗粒污泥的发展历程和理论基础，污泥颗粒化关键评价指标及其测定方法，基于混凝强化和群体感应的颗粒污泥快速培养技术，以及强化造粒技术在低有机负荷废水、解体颗粒污泥原位修复及难降解有机物去除等方面的应用案例，并总结了目前有关好氧污泥强化造粒技术的研究进展及污泥颗粒化技术的工程应用，旨在积极探索好氧颗粒污泥的快速培养方法，从根本上解决颗粒形成周期长、系统启动慢的问题等。

本书具有较强的系统性、实践性和可操作性，可供从事污水生物处理等的工程技术人员、科研人员和管理人员参考，也可供高等学校环境科学与工程、市政工程、生物工程及相关专业师生参阅。

图书在版编目（CIP）数据

好氧颗粒污泥强化造粒技术 / 刘喆等著. -- 北京 : 化学工业出版社，2024. 10. -- ISBN 978-7-122-46026-4

Ⅰ. X703.1

中国国家版本馆 CIP 数据核字第 2024EK3244 号

责任编辑：刘　婧　刘兴春　　文字编辑：李　静　刘　璐
责任校对：宋　玮　　装帧设计：刘丽华

出版发行：化学工业出版社
（北京市东城区青年湖南街 13 号　邮政编码 100011）
印　　装：中煤（北京）印务有限公司
787mm×1092mm　1/16　印张 18½　彩插 17　字数 435 千字
2025 年 10 月北京第 1 版第 1 次印刷

购书咨询：010-64518888　　售后服务：010-64518899
网　　址：http://www.cip.com.cn
凡购买本书，如有缺损质量问题，本社销售中心负责调换。

定　　价：158.00 元

前言

好氧颗粒污泥具有生物量较高、耐受性较强、脱氮除磷优良、运行成本较低等特点。通过生物降解、生物积累和生物吸附等方式，该技术不仅能够去除常见有机污染物，还可以实现对重金属、抗生素、多环芳烃等难降解污染物的有效削减，在污水处理领域中具有广阔的应用前景。但目前好氧颗粒污泥的形成机制尚未明确，往往存在颗粒形成周期长、系统启动较慢的问题，从而限制了其实际工程应用。

对于污泥颗粒化进程而言，其中包含着物化、生化等一系列反应，而且影响因素众多，主要包括反应器结构、基质成分、有机负荷、剪切力、沉降时间、运行周期和溶解氧等。因此，仅依靠反应条件和工艺参数的调整来实现好氧颗粒污泥的快速培养具有一定的难度和挑战，仍需探索更多的强化造粒技术。

本书在著者研究团队多年来从事污泥颗粒化技术的研究基础之上，结合国内外最新的研究成果，积极探索好氧颗粒污泥的快速培养方法。全书共 9 章，第 1 章介绍了好氧颗粒污泥的发展历程与理论基础；第 2 章介绍了污泥颗粒化进程中的关键评价指标及表征方法；第 3 章介绍了基于混凝强化的好氧颗粒污泥快速培养技术，并深入探讨了铝系混凝剂在混凝强化造粒过程中的不同作用机制和成粒机理；第 4 章介绍了基于群体感应的好氧颗粒污泥快速培养生物技术；第 5 章介绍了在低有机负荷下好氧污泥快速造粒的培养特性；第 6 章介绍了解体颗粒污泥原位修复与强化策略；第 7 章介绍了高效降解喹啉好氧颗粒污泥的快速培养；第 8 章介绍了好氧颗粒污泥强化造粒新进展，包括生物、物理场、载体介质、群体感应和工艺调控的强化造粒技术；第 9 章介绍了好氧颗粒污泥技术的中试规模和全规模的工程化应用。本书系统性、实践性较强，可供从事污水生物处理等的工程技术人员、科研人员和管理人员参考，也可供高等学校环境科学与工程、市政工程、生物工程及相关专业师生参阅。

本书由刘喆、刘永军等著，王佳璇、高敏、成林珊、张泽梅和刘琪参与了部分内容的编写，具体分工如下：第 1 章由西安建筑科技大学张泽梅撰写；第 2 章由西安建筑科技大学刘琪撰写；第 3 章由西安建筑科技大学刘喆撰写；第 4 章由西安工程大学高敏撰写；第 5 章由西安建筑科技大学刘喆撰写；第 6 章由西安建筑科技大学刘喆撰写；第 7 章由西安建筑科技大学成林珊撰写；第 8 章由西安建筑科技大学张泽梅撰写；第 9 章由西安建筑科技大学张泽梅撰写。全书最后由刘喆、王佳旋和刘永军统稿并定稿。本书是在总结著者及其团队多年科研成果的基础上撰写而成的，郝伟、张旭华、宁方志、李政阳、李宁、冯倩倩、陆佳等参与了相关研究工作，在此表示感谢！

限于著者水平及撰写时间，书中不足和疏漏之处在所难免，敬请读者批评指正。

著者

2024 年 8 月

目录

第1章

好氧颗粒污泥的发展历程与理论基础

1.1 好氧颗粒污泥的发展与特点

1.1.1 好氧颗粒污泥的发展

1988年，Mishima和Nakamura（1991）首次利用活性污泥在好氧升流式污泥床（aerobic upflow sludge blanket，AUSB）工艺培育出了好氧颗粒污泥（aerobic granular sludge，AGS）。相较于常规活性污泥絮凝体（后简称“絮体”），好氧颗粒污泥的微生物结构规整、致密、沉降能力好、固体浓度高、耐冲击负荷、剩余污泥量少且对有毒物质有较强的耐受性，因此受到广泛的关注。

2004年，在德国慕尼黑召开的第一届好氧颗粒污泥国际会议上，好氧颗粒污泥的定义得以形成，即好氧颗粒污泥是由源于微生物的物质形成的聚集体，其在水力剪切力降低的情况下不再发生凝聚反应且沉降速度显著高于活性污泥絮体。

2006年，在荷兰代尔夫特召开的第二届好氧颗粒污泥国际会议上，研究者对上述定义展开详细解释，认为“源于微生物的物质”不仅包含多糖、蛋白质等胞外物质，还包含活性微生物，且“聚集体”需在无外源载体的条件下形成。同时，规定好氧颗粒污泥的最小粒径为200μm，并深入阐明好氧颗粒污泥在物理性质、生物特征方面与絮体污泥的差异。

随着研究的不断深入，好氧颗粒污泥的性质与应用潜能逐渐被研究者们所发掘，为新型废水处理工艺的发展开辟了道路。张智明（2020）总结了近30年来好氧颗粒污泥技术的研究进程并绘制了研究历程图（图1.1）。

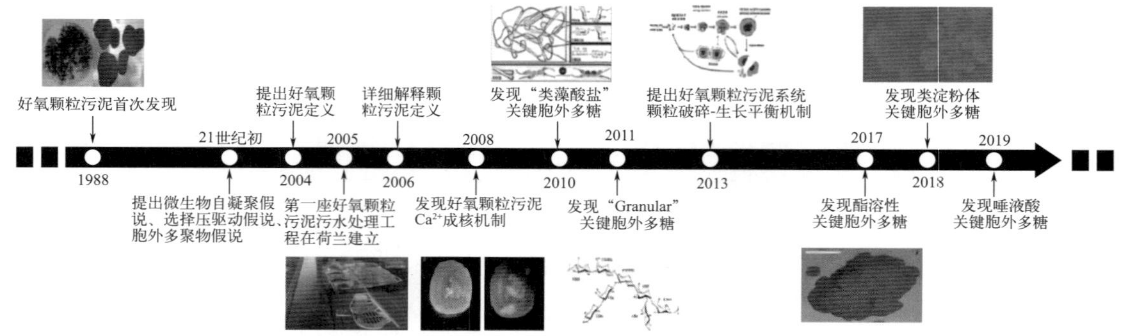

图 1.1 好氧颗粒污泥的研究历程（张智明，2020）

1.1.2 好氧颗粒污泥的特点

1.1.2.1 物理性质

(1) 形态与大小

成熟的好氧颗粒污泥结构紧密、形状规则、表面光滑，多为球形或椭球形。颜色多为黄褐色或白色（明婕 等，2019）。由于培养条件的不同，好氧颗粒污泥的状态、微生物种类与化学物质组成存在差异，进而导致颗粒污泥形态也不同。例如：Zheng 等（2006）发现当好氧颗粒污泥以细菌为主导微生物时，污泥表现为黄色且形状规则的球形小尺寸颗粒；当过渡到丝状颗粒污泥时，污泥表现为黑色且形状规则、边界清晰的球形大尺寸颗粒。

粒径也是表征好氧颗粒污泥形态的重要参数之一。好氧颗粒污泥的直径范围很广（200～16000μm），但通常在 200～7000μm 之间。影响好氧颗粒污泥粒径大小的因素有很多，包括有机负荷、水力剪切力、饥饿条件等。一般情况下，粒径越大，污泥的沉降性能越好、密度和强度越大。但是，Toh 等（2003）发现：当好氧颗粒污泥粒径＜4000μm 时符合该规律；但当好氧颗粒污泥粒径＞4000μm 时，随着粒径的增大，好氧颗粒污泥内部会发生溶解氧传质限制，导致好氧颗粒污泥结构松散甚至发生解体。因此，在好氧颗粒污泥的培养中将好氧颗粒污泥粒径控制在合适的范围内十分必要。Gao 等（2011）综合前人的研究提出在传质意义上好氧颗粒污泥的最佳粒径应＜500μm。2018 年，李定昌等（2018）提取并分析了不同粒径成熟好氧颗粒污泥的胞外聚合物（extracellular polymeric substances，EPS），发现不同粒径好氧颗粒污泥的蛋白质/多糖粒径在 1600～2000μm 范围内达到最大，且在此范围内的好氧颗粒污泥的污泥容积指数（sludge volume index，SVI_{30}）最低，因此好氧颗粒污泥的最优粒径为 1600～2000μm。Li 等（2019）研究了不同粒径颗粒污泥脱氮除磷的性质，提出了在该方面最适宜的颗粒污泥粒径范围为 280～450μm。

(2) 沉降性能

沉降性能是好氧颗粒污泥最重要的性质之一。沉降性能好的颗粒可以加速泥水分离，有利于微生物（特别是世代较长的细菌）在反应器中聚集、生长，进而增强体系去除污染物的能力和效率。目前，衡量好氧颗粒污泥沉降性能的指标主要是沉降速率与污泥容积指数。一般情况下，好氧颗粒污泥的沉降速率范围为 18～90m/h，甚至可达到 130m/h，远远高于传统的活性污泥的沉降速率（7～10m/h）（Gao et al.，2011）。污泥容积指数为20～68mL/g，远低于活性污泥的100～300mL/g（赵霞，2015）。

(3) 含水率

含水率是有关污泥稳定处理的一项重要指标。通常，好氧颗粒污泥的含水率为96%～97%，低于普通污泥絮体的高含水率（通常>99%）。在普通的活性污泥法工艺中，污泥的脱水稳定处理常常需要较大的能耗，因此含水率较低的好氧颗粒污泥在稳定化处理时可以节省更多的能源。

(4) 密度

密度也是好氧颗粒污泥的重要参数之一，一般情况下，好氧颗粒污泥的密度为1.004～1.065g/cm^3，高于污泥絮体的1.002～1.006g/cm^3（赵霞，2015）。颗粒污泥密度包含两个相关参数，即颗粒浮力密度和生物质密度。颗粒浮力密度是单位体积的颗粒污泥质量，其中质量包括组成颗粒污泥的所有成分（微生物细胞、胞外聚合物、水、沉淀物等）的质量，与反应器的流体力学性质有关，可以与颗粒大小一起用于估计颗粒污泥的沉降速度。通常，好氧颗粒污泥的颗粒浮力密度为1005～1070kg/m^3。好氧颗粒污泥的生物质密度为每粒体积的干固体（总固体或挥发性固体）的质量，该值影响基质在颗粒污泥中的扩散，因为细胞和EPS的比例越高，分子扩散的限制就越大，颗粒污泥对物质的转化就受限。因此，为了研究好氧颗粒污泥的物质转化，准确测定生物质密度十分必要。一般情况下，好氧颗粒污泥的生物质密度为50～100g VSS/L（van den Berg et al.，2022）。

(5) 机械强度

机械强度展现了好氧颗粒污泥的结构特征以及对水流剪切力、磨损的承受能力，常用完整性系数（integrity coefficient，IC）来表示。通常，完整性系数越大，颗粒污泥的机械强度越高。Tay等（2002）发现以葡萄糖和醋酸盐为碳源培养的好氧颗粒污泥完整性系数分别为98%和97%，甚至高于升流式厌氧污泥床（up-flow anaerobic sludge blanket，UASB）中的厌氧颗粒污泥。而且，颗粒污泥的微生物组成对其机械强度的影响很大，Xiao等（2008）培育出了以真菌为主要微生物组成的好氧颗粒污泥和以细菌为主要微生物组成的好氧颗粒污泥，并通过研究其物理性质发现，与后者相比前者机械强度更差，结构更松散，因而更易裂解。

此外，流变学也被引入好氧颗粒污泥特性的研究中。流变学是一门描述物体在机械应力影响下的变形的学科，是描述材料（如污泥悬浮液）的非牛顿和黏弹性特性的有力工具。Ma等（2014）通过稳定剪切和振荡测量分析好氧颗粒污泥的基本流变特性和黏弹性，发现流变性能间接反映颗粒污泥内部的微观结构，并且好氧颗粒污泥作为一种具有伪塑性屈服的剪切稀释流体，其往往在振荡扫描时表现为弹性和黏弹性固体或黏弹性液体。好氧颗粒污泥的黏弹性是控制其生长的重要特性，决定了颗粒污泥如何响应水动力学和化学刺激。好氧颗粒污泥独特的黏弹性反应也点明了EPS在好氧污泥造粒过程中的必要性（Liou et al.，2021；Ma et al.，2014）。

1.1.2.2 化学性质

(1) 细胞表面疏水性

细胞表面疏水性是好氧颗粒污泥的重要性质，是影响细胞黏附性的最重要的因素之一，疏水性微生物对污泥絮体的黏附能力强于亲水性微生物，有利于好氧颗粒污泥的形成。研究表明，好氧颗粒污泥的表面疏水性是普通活性污泥的近 2 倍（Tay et al.，2002）。影响细胞表面疏水性的因素有很多，例如水化学组成、污泥负荷率、沉降时间和操作循环时间、水力剪切力、颗粒粒径等（Gao et al.，2011）。研究这些因素对于细胞表面疏水性的影响对促进污泥颗粒化研究具有重要意义。

(2) 胞外聚合物

目前，关于胞外聚合物的定义尚未统一，但 EPS 是由微生物的高分子量分泌物、细胞裂解物和大分子的水解产物以及吸附的部分有机物所组成的多聚物这一说法得到了广泛认可（Sheng et al.，2010）。

好氧颗粒污泥中的 EPS，组分通常包括蛋白质（protein，PN）、多糖（polysaccharide，PS）、腐殖酸（humic acid，HA）、脂质、核酸和其他生物聚合物等。其中，对颗粒污泥性质影响最大的组分为 PN、PS。PN 作为 EPS 的主要成分，其疏水性在好氧污泥颗粒化过程中发挥了巨大的作用。PS 是一种亲水性物质，具有一定的黏附性，可作为黏合剂，使微生物聚集体间更容易发生结合，对维持颗粒污泥稳定性有积极作用。在研究好氧颗粒污泥中的 EPS 时，其组分的变化可归结于许多因素，如提取方法、接种污泥种类、培养方式、生长阶段、工艺参数、生物反应器类型、所使用的分析工具等（严杰能 等，2009）。

此外，污泥 EPS 按照分层结构可分为紧密型 EPS（TB-EPS）和松散型 EPS（LB-EPS）。一般情况下，TB-EPS 多分布在颗粒污泥中心，而 LB-EPS 多分布在颗粒污泥外部，且 LB-EPS 的含量远低于 TB-EPS，这样的结构提高了好氧颗粒污泥对有毒有害物质的耐受性，从而提升了好氧颗粒污泥的水处理能力。另有研究指出，EPS 成分按生物降解性可分为可生物降解 EPS 和不可生物降解 EPS，可生物降解 EPS 多分布于好氧颗粒污泥核心区域，而不可生物降解 EPS 多分布于颗粒污泥外部，这种分布也有助于提高好氧颗粒污泥的稳定性以及结构的复杂性。

1.1.2.3 微生物性质

(1) 微生物分布

好氧颗粒污泥由于氧气传质限制，由颗粒表层向中心依次形成了好氧区、缺氧区、厌氧区的结构。Nancharaiah 等（2018）基于好氧颗粒污泥的硝化反硝化过程绘制出了好氧颗粒污泥中微生物的分布图，见图 1.2（书后另见彩图），该结构使得好氧颗粒污泥中的微生物种类多样、数量丰富。在最外层的好氧区中，主要生长各种代谢速率快的好氧微生物以及一些原生动物和后生动物；在中间层的缺氧区中，主要生长代谢速率较慢的硝化细菌与反硝化细菌；在最内层的厌氧区中，则主要生长一些代谢速率很低的厌氧菌。

(2) 微生物种类与数量

根据优势微生物种类的不同，可将好氧颗粒污泥大致分为真菌型好氧颗粒污泥与细菌型好氧颗粒污泥两种。

① 真菌型好氧颗粒污泥的优势微生物为丝状真菌，真菌的孢子和菌丝在水流剪切力等作用下缠绕形成颗粒核心和骨架，其他微生物吸附在该骨架上最终形成好氧颗粒污泥。

② 细菌型好氧颗粒污泥则是在不同培养方式下由不同细菌作为优势物种而形成的好

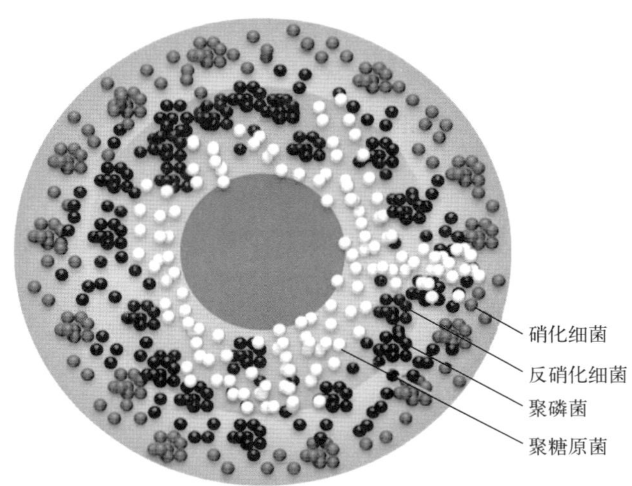

图 1.2　好氧颗粒污泥中微生物的分布（Nancharaiah and Kiran Kumar Reddy，2018）

氧颗粒污泥，其形成过程较真菌型好氧颗粒污泥更为复杂（Wan et al.，2022）。

在颗粒污泥形成过程中，影响微生物种类与数量的因素有很多，包括底物类型、颗粒尺寸、温度、pH 值、溶解氧等。其中最主要的是底物类型，易于微生物利用的底物会使其优势生长，大量研究表明在不同底物中培养出的好氧颗粒污泥的微生物种类与数量存在较大差异。通常在好氧污泥造粒过程中微生物群落分布是呈动态变化的。许多研究表明，序批式间歇反应器（SBR）中的污泥从絮凝体发展为颗粒状污泥后，其微生物种群发生了明显的变化，好氧颗粒污泥的微生物数量与接种泥完全不同（Gao et al.，2011）。

(3) 比耗氧速率

比耗氧速率（specific oxygen uptake rate，SOUR），表示单位微生物单位时间内消耗氧气的能力，是评价好氧颗粒污泥微生物代谢活性的一个重要指标。由定义可知，SOUR越高则表示污泥具有更好的活性，代谢速率越快。一般来说，好氧颗粒污泥的 SOUR 范围为 20～100mg O_2/(g MLVSS · h)，而普通絮状活性污泥的 SOUR 范围为 8～20mg O_2/(g MLVSS · h)，这说明好氧颗粒污泥具有更好的代谢能力，能够承受更高的有机负荷。在废水生物处理过程中，由于有机物及其他营养物质的生物化学转化依靠微生物的新陈代谢作用，因此高的比耗氧速率也反映出好氧颗粒污泥技术具有较高的废水处理能力。

1.2　好氧颗粒污泥的形成机制

目前，有关好氧颗粒污泥的形成机制还没有形成完整的体系，但经过国内外学者多年的研究，在大量成果的基础上形成了众多假说。

Tay 等（2001c）综合了大量研究，提出好氧颗粒污泥形成包含 4 个基本阶段，张冰（2020）基于该观点总结出了好氧颗粒污泥形成的 4 个阶段及相应的机制（图 1.3）。

① 细菌与细菌之间在流体动力、扩散传质、重力、热力学作用和细胞迁移等因素的共同作用下通过物理运动发生聚集并形成微小的微生物聚集体。

② 细菌与微生物聚集体、细菌与细菌等在物理作用（如范德华力、静电斥力、热力学驱动的表面自由能降低、表面张力、疏水性、丝状菌的吸附架桥能力）、化学作用（如氢键、离子键）以及生物化学作用（如细胞表面脱水、细胞膜融合、信号传导和生物群落凝聚作用）下不断吸附、聚集，形成稳定的含有多种微生物的聚集体。

③ 这一阶段微生物不断生长，细胞产生了大量胞外聚合物，细胞新陈代谢发生变化；同时，为适应环境，细胞遗传物质也发生了改变。多种因素的共同作用加强了微生物间的相互作用，形成了高度组织化的微生物结构，从而形成了更为成熟的、体积更大的、组成更加复杂的微生物聚集体。

④ 微生物聚集体在流体动力剪切力的作用下被不断剪切、打磨，形成了结构规整、致密、具有良好沉降性能的成熟好氧颗粒污泥。

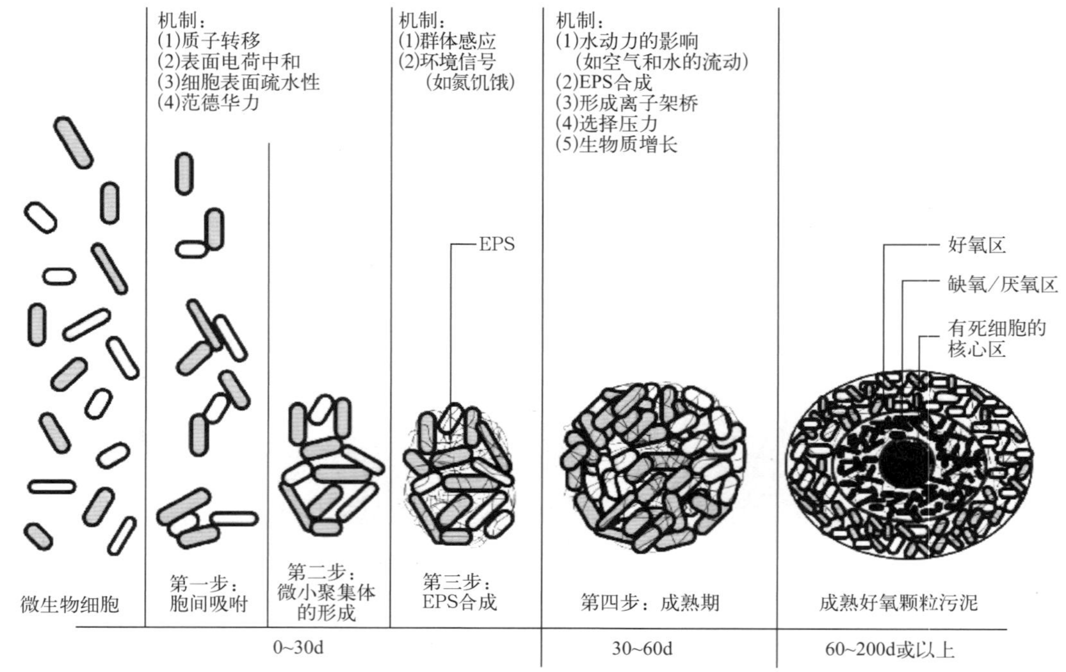

图 1.3　好氧颗粒污泥形成的 4 个阶段及相应机制（张冰，2020）

迄今为止，关于好氧颗粒污泥形成的众多假说中比较流行的几种假说是微生物自凝聚假说、诱导核假说、胞外聚合物假说、丝状菌假说、群体感应假说以及选择压驱动假说。

1.2.1　微生物自凝聚假说

Tay 等（2001a）使用显微镜观察好氧颗粒污泥形成过程中的形态变化，并结合前人的研究提出了微生物自凝聚假说。该假说认为不同种属的细菌在适应环境变化的过程中会自动发生吸附和聚集，从而形成结构紧密、生物量丰富的好氧颗粒污泥，具体形成过程见图 1.4。在此过程中，许多因素的共同作用产生了重要影响，例如胞外聚合物（EPS），在好氧颗粒污泥中产生的 EPS 含有不同比例的蛋白质、多糖等物质，EPS 可以通过影响颗粒污泥的细胞表面电荷、细胞表面疏水性等性质来促进好氧颗粒污泥形成（Liu et al.，2004）；细胞表面疏水性的增加会导致表面多余的吉布斯能量减少，并进一步形成更高的细胞间相互作用强度及致密和稳定的颗粒结构；SBR 的操作条件、周期性的饥饿循环会更有效地触发细胞表面性质和细胞新陈代谢的变化，并进一步形成更强的微生物聚集体（Tay et al.，2001a）。总之，多种因素影响下形成的好氧颗粒污泥是一种高密度的细菌团体，也是一种结构特殊的生物膜，其中包含的微生物种类数量极多。

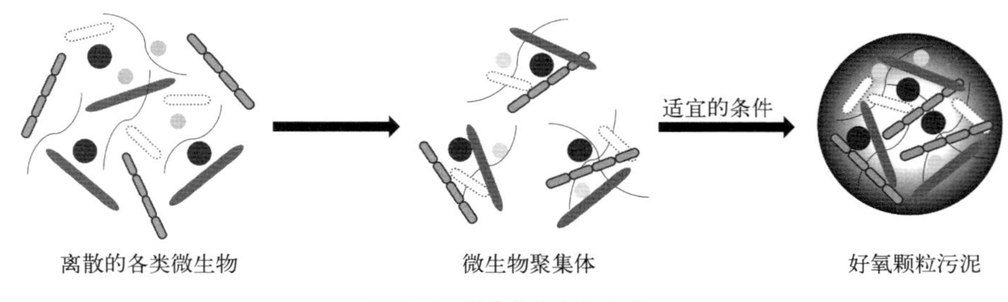

图 1.4 微生物自凝聚假说

1.2.2 诱导核假说

诱导核假说认为好氧颗粒污泥的形成是以颗粒物质作为载体，通过微生物在载体上吸附、聚集、生长进而形成聚集体，并最终在各种其他环境因素（如水力剪切力等）的共同作用下完成的，见图 1.5。

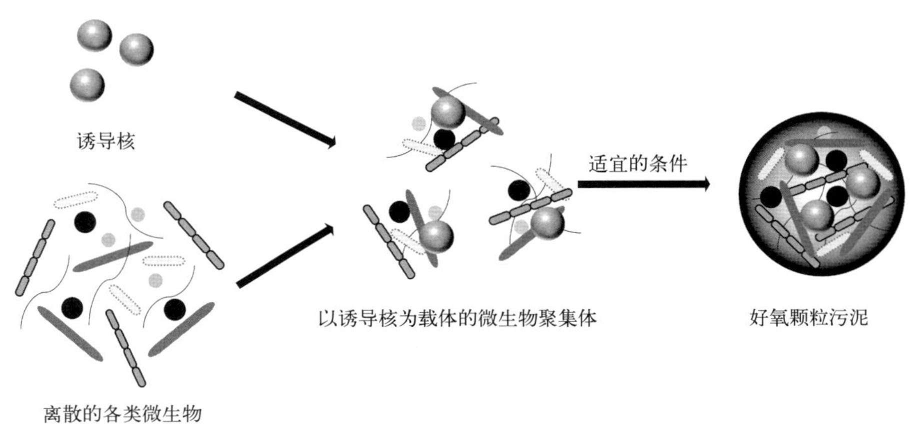

图 1.5 诱导核假说

其中，可以作为载体的颗粒物质有很多，如颗粒污泥、金属离子、无机颗粒等。明捷等（2019）总结了一些学者通过向序批式间歇反应器（sequencing batch reactor，SBR）中投加颗粒污泥、磁性纳米粒、生物炭、活性炭、细土、硅藻土载体、干废污泥粉粒、沸石等取得的造粒效果，发现了这些载体的投加均在不同程度上缩短了好氧污泥的颗粒化进程，并提高了好氧颗粒污泥的稳定性及污染物去除能力。但是，该假说的局限性在于无法解释好氧颗粒污泥无核体的现象。

1.2.3 胞外聚合物假说

胞外聚合物是由微生物分泌于细胞表面并常存在于微生物聚集体中的一种高分子有机物。它含有大量的有机化合物，如蛋白质（PN）、多糖（PS）、腐殖质、核酸、脂类和磷脂，其中 PN 和 PS 是主要成分（Shi et al.，2017）。该假说认为 EPS 可以通过改变细胞表面电荷、细胞间相互作用、细胞表面疏水性、表面形态等来影响颗粒污泥的形成及成熟颗粒污泥的形态，见图 1.6。其中，蛋白质中含有的氨基可以中和细胞表面的负电荷，从而降低细胞间的静电斥力，促使细胞间发生聚集；多糖类物质可以促进细胞间的相互作用，并通过形成聚合基质进一步加强好氧颗粒污泥的结构（Liu et al.，2004）；另外，由于 PS 是一种亲水性物质，而 PN 是一种疏水性物质，因此在好氧颗粒污泥形成过程中 PN/PS 值的增加会提高颗粒污泥的相对疏水性，从而保证了颗粒污泥牢固的结构（Zhang et al.，2017）。除此以外，在适宜的环境因素作用下大量微生物聚集体最终形成了好氧颗粒污泥。

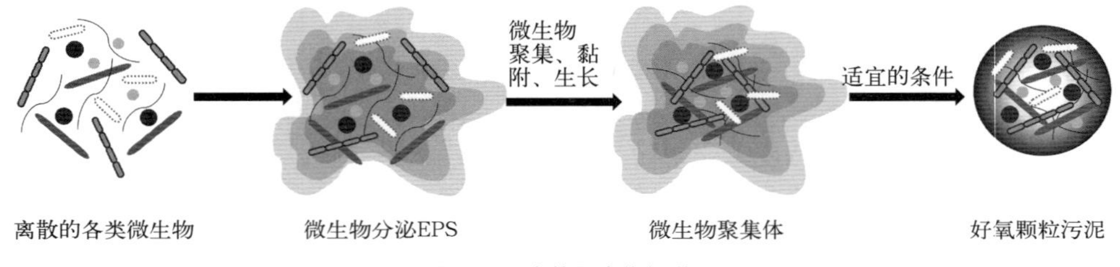

图 1.6 胞外聚合物假说

然而，大量的研究结果只是表明 EPS 对好氧污泥颗粒化进程有促进作用，并没有直接证据表明 EPS 是好氧污泥颗粒化的决定性因素。

1.2.4 丝状菌假说

在早期的研究中，Tay 等（2001a）发现用于培养好氧颗粒污泥的接种污泥中丝状菌占主导地位，并且成熟的好氧颗粒污泥表面存在从颗粒结构中挤出的丝状菌。之后，研究人员发现丝状菌可以通过相互缠绕形成好氧颗粒污泥的初始骨架，其余微生物吸附、聚集于丝状菌骨架上并形成颗粒污泥。在这一过程中，颗粒污泥表面较脆的菌丝容易在水力剪切力与颗粒间摩擦力的作用下脱落下来，从而使得颗粒污泥结构更加密实（李志华 等，2013）。此外，好氧颗粒污泥的过度生长会导致颗粒污泥内部溶解氧不足而发生裂解，裂解后沉降性能较好的污泥碎片会保留在反应器中进而形成新的好氧颗粒污泥，见图 1.7。

李志华等（2021）通过接种常规活性污泥在 SBR 中培养出了密实的丝状菌型颗粒污泥，并发现菌丝体较弯曲、丝体强度较大、贮存能力强的丝状菌种更利于形成聚集体且固液分离效果更好。但是，在好氧颗粒污泥中丝状菌并不一定存在，有些好氧污泥造粒过程中丝状菌会逐渐减少甚至消失（Tay et al.，2001a）。生物相观测结果也表明好氧颗粒污泥中的微生物主要是杆菌或球菌。因此该假说仍待进一步研究。

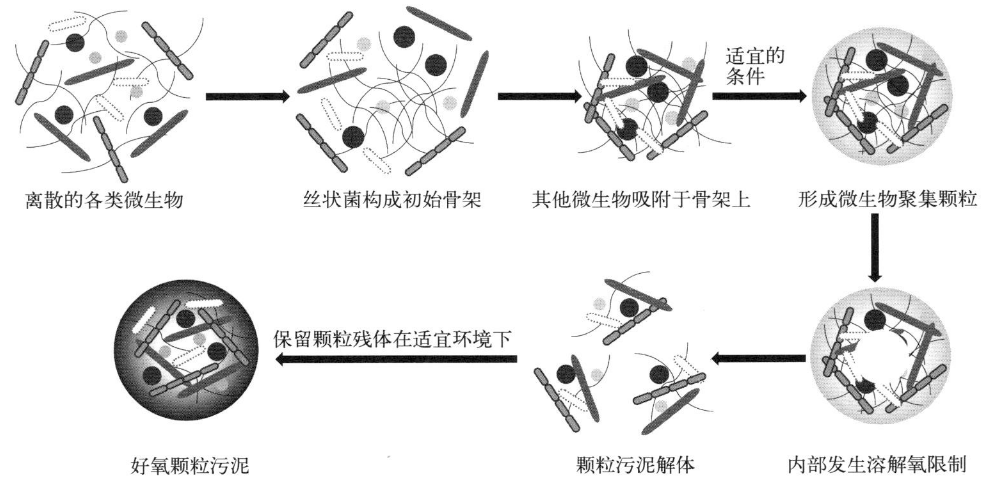

图 1.7　丝状菌假说

1.2.5　群体感应假说

随着在好氧颗粒污泥中分子生物学方面的研究逐渐变多，群体感应在好氧污泥颗粒化中的重要作用逐渐受到重视。群体感应（quorum sensing，QS）广泛存在于细菌中，指细胞与细胞之间通过分泌和感应被称为自诱导物的特定化学信号分子进行通信的过程（Huang et al.，2019）。群体感应假说认为，当体系中可分泌信号分子的细菌达一定数量后细菌分泌大量信号分子，待其达到一定阈值后群体感应信号分子可以通过改变微生物的生长状态，如细胞的黏附能力、运动方式等或通过调节胞外聚合物的分泌来促进微生物间相互聚集、黏附，进而在适宜的环境条件下生成好氧颗粒污泥。见图 1.8。

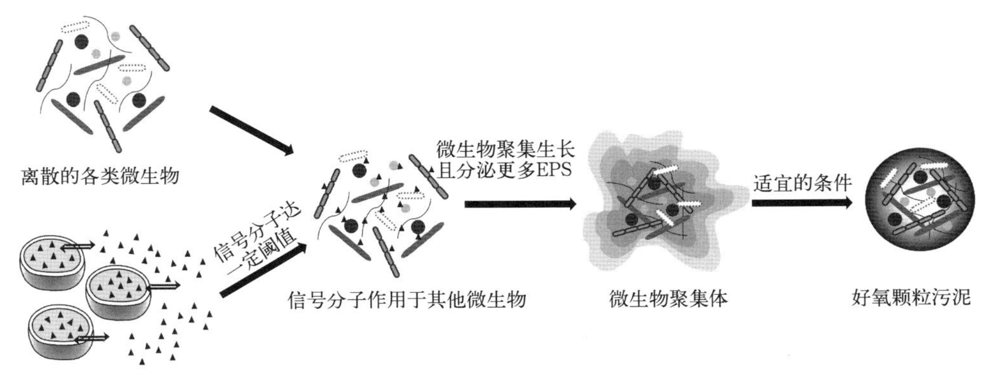

图 1.8　群体感应假说

目前的研究中关于好氧污泥颗粒化的信号分子包括酰基高丝氨酸内酯（acyl-homoserine lactones，AHLs）、AI-2（autoinducer-2）和第二信使［bis-（3′-5′）cyclic diguanylic acid，c-di-GMP］等。AHLs 被证明与细胞黏附力呈正相关，颗粒污泥中的 AHLs

含量会显著高于絮状污泥（Lv et al.，2014）。AI-2也在细菌中普遍存在，在种间交流中起到重要作用。有研究表明，AI-2信号分子的相关调控在细胞生长、毒性、EPS产生等方面发挥着重要作用（Huang et al.，2019）。但是，目前对于信号分子在好氧污泥颗粒化中的研究仍集中在含量与颗粒化程度间的关系上，对于信号分子影响好氧污泥颗粒化进程的作用机理与颗粒污泥中信号分子的分布尚不明确，因此该假说有待进一步研究与完善。

1.2.6 选择压驱动假说

近年来，越来越多的研究发现基于沉降速度的选择压是好氧污泥颗粒化过程中的决定性驱动力（Beun et al.，2000）。该假说认为在适当的范围内，缩短沉降时间、提高选择压有助于排出反应器中沉降性能较差的污泥絮体，保留沉降性能较好的污泥絮体或颗粒污泥（Beun et al.，2000；Wang et al.，2004）；同时，提高选择压有助于微生物分泌EPS，提高细胞表面疏水性和微生物活性，增强颗粒污泥的稳定性，促进好氧颗粒污泥的成熟，见图1.9。

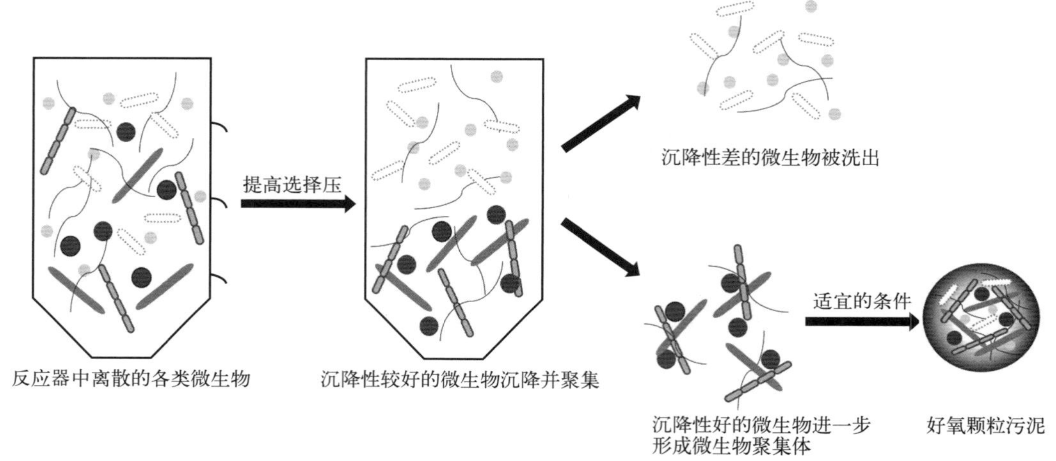

图1.9 选择压驱动假说

1.3 好氧颗粒污泥颗粒化的影响因素

好氧污泥依靠多种因素的共同作用能实现颗粒化并保持结构稳定，张智明（2020）基于前人研究结果总结分析了进水模式、曝气流量、反应器构型、运行方式等操作因素以及EPS组分、微生物代谢等生物因素影响对好氧颗粒污泥形成及工艺性能的影响，并形成了好氧颗粒污泥影响因素解析图，见图1.10。而其中任何一个因素的改变都可能造成好氧颗粒污泥的解体，确定各个因素的具体作用机理，将有助于推动好氧颗粒污泥技术的发展。这些因素主要包括接种污泥、进水条件（碳源类型、有机负荷、C/N值等）和运行工况[沉淀时间、水力停留时间（HRT）、曝气强度等]等。

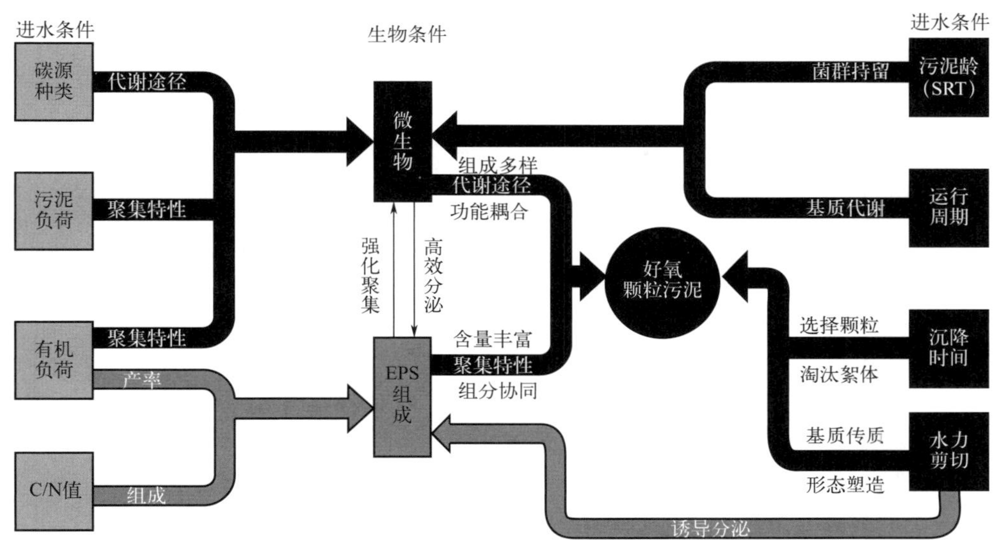

图 1.10 好氧颗粒污泥影响因素解析图（张智明，2020）

1.3.1 接种污泥

接种污泥的种类对好氧颗粒污泥的形成与性质有较大的影响，不同的接种污泥会导致形成的好氧颗粒污泥在微生物组成与理化性质上存在差异，进而影响污泥的颗粒化进程。

在早期的研究中，研究者们多数采用传统絮状活性污泥作为接种污泥来培养好氧颗粒污泥，并取得了大量的研究成果。因此，活性污泥的生物组成对好氧污泥颗粒化进程有很大的影响。有研究发现，疏水性微生物的数量越多，活性污泥的颗粒化进程越快。尽管在处理成分简单的合成废水时活性污泥仅需几天就能实现造粒，但在处理实际的城市废水时其系统启动时间往往可达数月，阻碍了该工艺的实际应用（Verawaty et al.，2012）。

此外，厌氧颗粒污泥也可作为好氧颗粒污泥的接种污泥。接种后，这些厌氧颗粒污泥在反应初期会大量解体，沉降性能较差的颗粒污泥碎片被排出反应器，沉降性能较好的颗粒污泥碎片作为载体在曝气条件下快速形成好氧颗粒污泥。近年来有研究在 SBR 反应器和连续上升流反应器中均实现了厌氧颗粒污泥向好氧颗粒污泥的转化，且形成的好氧颗粒污泥在反应第 45 天时达到稳定（张英 等，2006；Sun et al.，2017）。

通过投加成熟好氧颗粒污泥也可以培养出新的 AGS 体系。龙焙等（2017a）将不同成熟程度的好氧颗粒污泥部分接种于污泥絮体中，发现接种 AGS 晶核及载体使得它们避免了经历先解体后重新凝聚的过程，从而极大地缩短了造粒所需的时间。

1.3.2 反应器类型

好氧颗粒污泥最初发现于 UASB 反应器，学界普遍认为，UASB 反应器中的上升流创造了一种选择压使得沉降性能差的微生物被淘汰，未被淘汰的微生物则聚集形成沉降性能良好的聚集体，从而形成好氧颗粒污泥。

但是，UASB 反应器存在着一个不可忽略的缺点，即需要纯氧曝气才能培养出好氧颗粒污泥，因此研究者们将目光转向间歇式操作系统——SBR 反应器（Mishima & Nakamura，1991）。该反应器的运行包括进水、曝气、沉淀和排水 4 个步骤。许多研究者们都在 SBR 反应器中成功培育出了稳定、成熟的好氧颗粒污泥，并发现在 SBR 中脉冲式的底物添加方式以及较短的沉淀时间促进了好氧颗粒污泥的形成与稳定存在（Beun et al.，1999）。除 SBR 外，序批式气提反应器（sequencing batch airlift reactor，SBAR）也是常见的间歇式反应器。在这类柱形反应器中，上升的空气或液体会沿反应器轴线产生相对均匀的流场，为微生物的聚集提供稳定的水力剪切力，有利于生成具有最小表面自由能的规则颗粒污泥（郑婧婧 等，2021）。

近年来，由于 SBR 反应器在实际应用中处理水量有限，而连续流工艺处理水量大、易于管理，且目前污水处理工艺均以连续流为主，相较于改为序批式反应器，直接在现有基础上实现好氧颗粒污泥的应用更加方便。因此在连续流反应器（continuous flow reactor，CFR）中实现好氧颗粒污泥的培育与系统运行成为学者们的研究热点，目前 CFR 培育好氧颗粒污泥主要存在的问题有 3 个方面：

① 选择压力应用问题；

② 如何创造饱食-饥饿条件；

③ 如何实现污泥回流以保持生物量（付香云 等，2022）。

这 3 方面的问题使得 CFR 中好氧颗粒污泥的培养效果不如 SBR，因而限制了好氧颗粒污泥技术在连续流工艺中的应用。

1.3.3 进水条件

(1) 底物类型

废水中的底物类型对污泥颗粒化的影响体现在颗粒污泥性质与污泥颗粒化进程两方面。迄今为止，研究者们已经成功利用各种不同类型的底物培养出了好氧颗粒污泥。在污泥性质方面，不同底物可以影响微生物的代谢途径，使得特定菌种富集成为优势菌种；同时，底物还会影响微生物分泌 EPS，导致最终好氧颗粒污泥中的 EPS 成分和构成好氧颗粒污泥的细菌组成呈现差异。Tay 等（2001a）发现以葡萄糖为底物培养的好氧颗粒污泥表面有较多的丝状菌，而以乙酸盐为底物培养的好氧颗粒污泥中杆状细菌占优势，且其颗粒污泥结构非常致密。明捷等（2019）总结了由不同类型底物培养的好氧颗粒污泥的特性发现，与易降解废水（生活污水、酿酒废水和养猪废水等）相比，难降解有机废水（染色废水、石油化工废水等）培养的颗粒污泥粒径较小、结构更为紧密、生物活性更高。在污泥颗粒化进程方面，进水中不溶性颗粒有机物浓度过高时，好氧污泥颗粒化会受到抑制，延长厌氧时间有利于颗粒物的水解和有机基质的利用，使颗粒污泥结构更加致密，从而提高好氧颗粒污泥沉降性能（Wagner et al.，2015）。

(2) 有机负荷

好氧污泥颗粒化可以在较宽的有机负荷率（organic loading rate，OLR）范围内［2.5～15g COD/(L·d)］实现（Liu and Tay，2004），似乎有机负荷对污泥颗粒化影响较小。但事实上，有机负荷对污泥颗粒化的影响体现在污泥的形态、尺寸、性质、微生物组成等各个方面。较高的有机负荷虽然会加速污泥颗粒化，但形成的好氧颗粒污泥中微生物种类较少，颗粒大而松散、沉降性能较差、机械强度低、易解体，导致系统运行时间较短。较低有机负荷下，污泥颗粒化进程虽较慢，但产生的颗粒污泥生物多样性更丰富、结构更致密、机械强度更高、系统运行时间长（Gao et al.，2011；Liu and Tay，2004）。为了保证好氧颗粒污泥快速形成，稳定运行，Iorhemen 等（2021）提出采取高有机负荷快速完成好氧污泥颗粒化，然后降低有机负荷的反应器运行策略。

(3) C/N 值

除了进水的有机负荷，进水的 C/N（即 COD/TN 值）对好氧颗粒污泥的形成和稳定性也有一定的影响。在先前的大量研究中，C/N 值保持在（100：5）～（100：30）的范围内有利于好氧颗粒污泥的培养，C/N 值过高和过低都会导致好氧颗粒污泥的解体。C/N 值过低时，好氧颗粒污泥易受到游离氨的毒害，还可能会引起丝状菌过度生长，导致好氧颗粒污泥粒径过大，甚至解体；C/N 值过高时，氮源不足且菌体繁殖量少，往往不能够满足正常的颗粒污泥代谢以及脱氮菌种的需求。

微生物生长的最佳 C/N 值为 100：5，但实际的废水很难达到该值。为促进好氧颗粒污泥工艺的实际应用，研究者们针对不同 C/N 值的条件下好氧颗粒污泥的培养做了许多研究。Chen 等（2016）在 C/N 值为 153.8 的情况下实现了好氧污泥颗粒化并保持系统稳定运行 216d。为了探究好氧颗粒污泥处理低 C/N 值的废水时的运行状态，Luo 等（2014）通过改变进水 C/N 值来研究好氧颗粒污泥结构稳定性的变化，发现 C/N 值从 4 降低到 1 时好氧颗粒污泥的生物组成发生了变化，污泥中 EPS 的多糖物质与酪氨酸减少，导致好氧颗粒污泥沉降性能下降，发生解体。吴远远等（2019）在低碳源好氧颗粒污泥脱氮除磷中试研究中发现，采用低有机负荷、低 C/N 值（C/N 值约等于 5）市政污水可以培养出性能稳定的好氧颗粒污泥，污泥颗粒化程度可达到 42%左右。

(4) 周期性的饱食-饥饿循环

周期性的饱食-饥饿循环是好氧污泥颗粒化过程中的重要条件。好氧颗粒污泥的培养操作中，曝气周期通常分为底物降解时期（即饱食期）和饥饿期两部分。微生物处于饱食期时，可快速降解有机物基质用以生长繁殖或转化并将其储存为细胞内的可生物降解基质，以备饥饿期利用；当环境中的营养物质耗尽时，微生物进入饥饿期，该阶段的微生物利用体内储存的糖原、聚-β-羟丁酸等进行内源性呼吸，且微生物为了抵抗有机物缺乏的不良影响，其吸附和聚集程度更高，从而加快了好氧污泥的颗粒化进程（Tay et al.，2001a）。

微生物合理的饱食-饥饿交替条件可以诱导 EPS 分泌、改变细胞表面特性、增强微生物细胞表面的疏水性，从而促进微生物形成聚集体。饱食-饥饿状态产生的浓度梯度也使好氧颗粒污泥内部细菌的生长速率相比外部细菌较慢，而且能够抑制丝状菌的生长，有利于维持好氧颗粒污泥的稳定性（Sun et al.，2021）。Liu 等（2008）在不同饥饿时间下培养好氧颗粒污泥，发现更短的饥饿期会加速污泥颗粒化的进程，但饥饿期过短会导致好氧颗粒污泥粒径大、结构松散，系统也无法长期稳定运行。此外，较长的饥饿期利于分泌更多 EPS 的微生物成为优势种，这可以增加好氧颗粒污泥中 EPS 的产生，有助于污泥颗粒化（Li et al.，2006；Tay et al.，2001a）。但是过长的饥饿期对好氧颗粒污泥的疏水性、zeta 电位和 EPS 分泌有很大影响（Liu and Tay，2008）。过长或过短的饥饿时间都会导致多糖/蛋白质的比值偏离最佳值，从而导致好氧颗粒污泥的生物量密度低、沉降性能弱（Liu et al.，2007）。因此，选择最佳的饥饿时间对于维持系统的稳定运行十分重要。

近年来，由于连续流反应器的进出水方式在好氧颗粒污泥培养中的应用更具效益，研究者们对于在连续流中创造饱食-饥饿条件的方法也进行了大量研究。付香云等（2022）总结了多位研究者在连续流工艺中创造饱食-饥饿条件以实现好氧污泥颗粒化的反应器类型与污泥颗粒化策略，包括利用逆流折板反应器的进出水营养物质含量差异、利用动态进水策略、在推流式反应器中创造前端饱食后端饥饿条件等方法创造系统的饱食-饥饿条件来培养好氧颗粒污泥。值得注意的是，若没有选择压力的作用，即便达到饱食-饥饿条件也无法创造出好氧颗粒污泥。

1.3.4 运行工况

(1) 污泥龄

污泥龄（sludge retention time，SRT）虽不是好氧颗粒污泥形成过程中的决定因素，但仍对污泥颗粒化起着一定的影响，控制污泥龄可以筛选和保留特定菌种以及沉降性能好的微生物聚集体（Wan et al.，2022）。污泥龄过长会导致丝状菌过度生长以及微生物密度过低，不利于好氧颗粒污泥的形成与稳定。Castellanos 等（2021）评估了污泥龄对好氧颗粒污泥的性质的影响，发现污泥龄在 15d 时好氧颗粒污泥中的丝状菌消失且平均微生物密度最大、污泥结构密实、沉降性能最好。需要指出的是，在大多数好氧颗粒污泥 SBR 中，SRT 没有严格控制，而是在给定选择压力下，随着颗粒污泥沉降能力的变化而自然变化（Liu and Liu，2006）。

(2) pH 值

pH 值在好氧颗粒污泥形成过程中的作用主要体现在影响污泥群落的优势菌种与微生物的繁殖代谢上，进而对好氧颗粒污泥的形成与稳定产生影响。Yang 等（2008）发现当 pH 值为 3 时反应器可在一周内完成快速造粒并形成以真菌占主导的好氧颗粒污泥，但污泥粒径大，结构松散；当 pH 值为 8 时，反应器可在 4 周内实现慢速造粒并形成以细菌为主导微生物的好氧颗粒污泥，且颗粒污泥粒径小，结构紧密，有良好的沉降性能。为了应对水中 pH 值的波动，Jiang 等（2019）研究了好氧颗粒污泥系统在运行过程中对 pH 值冲击的响应和恢复能力，发现颗粒污泥在酸性和中性环境下可以保证较稳定的状态和较强的沉降性能，但在碱性条件下，好氧颗粒污泥的稳定性受到了负面影响。同样地，还有研究发现，高 pH 值的环境会导致颗粒污泥中 EPS 的化学结构及物质组成发生改变，从而导致好氧颗粒污泥无法稳定存在（Lashkarizadeh et al.，2016）。因此应尽量避免碱性条件。

(3) 溶解氧浓度

有研究表明，好氧污泥的颗粒化过程可以在较大的溶解氧（dissolved oxygen，DO）浓度范围（0.7～6.0mg/L）内完成（Liu et al.，2005）。最佳 DO 浓度难以确定，因为该值取决于生物质浓度、颗粒大小、基质类型和有机负荷等多种特定因素（de Sousa Rollemberg et al.，2018）。

为控制曝气能源消耗，促进反硝化作用脱氮，研究好氧颗粒污泥在低氧条件下的形成和稳定运行具有重要意义。Mosquera Corral 等（2005）研究了氧浓度降低对反应器性能以及好氧颗粒污泥微生物组成、稳定性的短期与长期影响，发现在低氧浓度条件下尽管可以得到好氧颗粒污泥，但颗粒污泥无法长期稳定存在。因为低DO环境会导致丝状菌的过度生长，从而导致颗粒污泥结构松散（Liu and Liu，2006）。同样地，de Kreuk等（2004）也发现当氧饱和度低于40％时好氧颗粒污泥失稳，生物量流失。此外，低溶解氧会导致颗粒污泥形成厌氧核心，DO浓度为1～2mg/L时，DO在颗粒污泥内的扩散深度约为100μm，粒径更大的颗粒污泥内部将进入厌氧状态。短期（如数周）内，厌氧核心并不影响颗粒污泥的强度和稳定性。但是，随着运行时间的延长，好氧颗粒污泥的活性和结构会发生退化。故研究者提出，控制反应器好氧和厌氧段交替运行，富集生长缓慢的细菌，可以实现在溶解氧为20％时的好氧污泥稳定造粒与体系运行（de Kreuk and van Loosdrecht，2004）。

(4) 温度

大量研究已经证实，好氧颗粒污泥可以在较宽的温度范围（8～55℃）内形成（Wan et al.，2022）。大部分好氧颗粒污泥的研究是在室温（20～25℃）下进行的（de Sousa Rollemberg et al.，2018）。de Kreuk等（2005）研究了温度变化对好氧颗粒污泥转化过程和稳定性的影响，发现在8℃的温度下启动实验室规模的反应器会导致丝状微生物和不规则结构的生长，进而引起生物量流失和体系运行不稳定；而在20℃时启动反应器，再降低温度至15℃或8℃对好氧颗粒污泥稳定性没有任何影响，因此建议夏季启动反应器。

Wan等（2022）总结了温度影响好氧污泥颗粒化的原因，首先，温度直接影响细胞内酶促反应的速率，从而导致细菌在不同温度条件下的生长和代谢行为的差异。其次，温度会影响微生物细胞中不饱和脂肪酸的含量，从而影响细胞膜的流动性。由于温度与细胞膜的流动性和营养物质的运输呈正相关，所以温度会影响营养物质的吸收和代谢产物的分泌。最后，温度还会影响营养底物的溶解度，从而影响细菌的生长和代谢。这些微生物代谢行为的改变会直接或间接地影响细菌的聚集以及好氧颗粒污泥的形成。

(5) 基于沉降速度的选择压力

大量研究表明，基于沉降速度的选择压力是SBR中好氧污泥颗粒化的决定性因素。最初，选择压力作为污泥造粒的驱动力是在UASB反应器中厌氧颗粒污泥的形成过程中发现的，Liu等（2005）基于此研究发现选择压力也是好氧污泥颗粒化的重要驱动力，并且提出相较于控制交换比，通过改变沉降时间来控制选择压力是更灵活的操作方式。此外，利用选择压力原理，通过控制污泥沉降速率可以筛选出沉降性能较好的聚集体，淘汰沉降性能差的颗粒污泥，加速好氧颗粒污泥的形成。除了能改变反应器的微生物洗出量，沉降速率的变化还可以改变好氧颗粒污泥的微生物群落结构，影响颗粒污泥的生物学性能，促进EPS的产生以及提高细胞表面疏水性（陈洁 等，2006；Gao et al.，2011），均有利于好氧污泥颗粒化。Beun等（2000）通过实验发现在SBAR中应用较短的沉降时间可以得到质量较高的好氧颗粒污泥。Qin等（2004）实验发现，当沉降时间超过15min时，好氧颗粒污泥很难形成，而当沉降时间缩短至5min时好氧颗粒污泥在反应器中占主导，污泥粒径较大且较稳定。

(6) 水力剪切力

水力剪切力是好氧颗粒污泥形成的一个重要因素。反应器中水力剪切力的形成主要是来自曝气和搅拌，通常用表层上升气流速度（superficial upflow air velocity，SUAV）这一指标来衡量水力剪切力的大小。水力剪切力一般通过其修剪作用使颗粒污泥结构更加紧密，除此以外，水力剪切力还可以影响颗粒污泥的多方面性质，进而影响好氧颗粒污泥的形成。细胞表面疏水性会随水力剪切力的提高而增强，细胞间的相互作用会加强，从而有助于形成致密稳定的好氧颗粒污泥（Tay et al.，2001c）。此外，水力剪切力还会影响胞外聚合物（EPS）的分泌与组成。研究表明，随着水力剪切力的增大，EPS 中的 PS/PN 值会相应变大，即水力剪切力可以促进多糖类物质的分泌，进而有助于微生物黏附与聚集（Tay et al.，2001b）。

较高的水力剪切力有利于形成表面光滑、形状规则、结构紧密且稳定的小粒径好氧颗粒污泥，而较低的水力剪切力条件下形成的好氧颗粒污泥粒径更大，但结构松散、颗粒不稳定（Tay et al.，2001c）。然而，过高的水力剪切力会导致颗粒污泥的破碎，不利于好氧颗粒污泥的稳定运行。总的来说，在一定范围内增加水力剪切力有助于好氧颗粒污泥的形成。

(7) 表面电荷和金属离子

细菌的表面电荷也是影响好氧颗粒污泥形成的重要因素。由 DLVO 理论，微生物的细胞表面带有负电荷，带有相同电荷的微生物细胞彼此靠近时会发生双电层重叠，由此产生的静电排斥力作用会阻碍细胞间相互聚集，好氧颗粒污泥间也同样遵循这种规律（蔡春光 等，2004）。表面电荷和金属离子对污泥造粒的影响机理包括以下 4 点：

① 通过适量添加金属阳离子能够中和微生物表面的负电荷，削弱静电排斥力，促进细胞间的聚集；

② 通过金属阳离子的桥梁作用连接细胞及负电荷基团，使细菌细胞发生聚集；

③ 促进微生物分泌多糖类物质，增加细胞黏附性，促进好氧颗粒污泥的形成；

④ 形成沉淀的无机离子还可以作为诱导核促进微生物聚集和好氧污泥颗粒化。

金容等（2019）总结前人研究发现高价金属离子可以加速好氧污泥颗粒化，钙离子可以和胞外聚合物中多糖的羟基紧密结合，使得好氧颗粒污泥物理性能良好；而镁离子的添加会使好氧颗粒污泥结构稳定性以及沉降性能提高。Jiang 等（2003）发现添加 Ca^{2+} 可以显著缩短好氧颗粒污泥的形成时间，且成熟后的颗粒污泥更加致密，具有更好的沉降性能和强度。此外，铁离子、镁离子等多价阳离子也有类似的作用（Kończak et al.，2014；Li et al.，2009）。

1.3.5 胞外聚合物

胞外聚合物的组分和理化性质与好氧污泥颗粒化过程息息相关。大量研究发现，EPS 作为黏附分子，可依靠疏水作用、吸附电中和以及吸附架桥作用、溶胶-凝胶过渡来促进微生物聚集；此外，EPS 还可以作为碳源和抗压应激分子来维持成熟好氧颗粒污泥的稳定结构（Wan et al.，2022）。

EPS 的主要组分在促进好氧污泥颗粒化的过程中起着不同的作用。EPS 中蛋白质存在疏水基团，这使得微生物聚集体表面呈负电性且形成疏水区域，进而促进絮体污泥中微生物的聚集；此外，蛋白质还可以和多价阳离子结合，有利于污泥颗粒化（McSwain et al.，2005）。多糖类物质主要通过两种方式来促进聚集体生成：一种是中和细胞表面负电荷，降低排斥力；另一种是连接细胞与细胞或微粒物质，形成三维结构，从而促进污泥颗粒化（Tay et al.，2001b）。此外，研究人员还发现 EPS 中蛋白质和多糖分别由于氨基酸和羟基水解而带正电或负电。在一定数值范围内，PN/PS 值高，zeta 电位低，有利于好氧颗粒污泥的形成。同时，PN/PS 值与细胞疏水性线性相关，而细胞疏水性也在污泥颗粒化中起到重要作用。

1.3.6 细胞疏水性

细胞表面疏水性在好氧颗粒污泥的形成过程中起重要作用，也是判断颗粒污泥性能的关键依据。Wilén 等（2008）在研究中发现接种污泥中疏水性微生物越多，好氧污泥的颗粒化进程越快，且形成的好氧颗粒污泥具有良好的沉降性能。细胞表面疏水性是影响微生物附着和聚集的重要力量之一，可以促进细菌间的相互作用，诱导其相互聚集（Liu Y et al.，2004）。细胞表面疏水性增加会导致其表面吉布斯自由能降低，细胞间的亲和力增强、黏附性增加，有利于细胞聚集（Wan et al.，2022）。此外，高的细胞表面疏水性可以促进 EPS 的分泌，促进细胞间的凝聚，形成结构致密的好氧颗粒污泥。

1.3.7 群体感应

群体感应现象是 20 世纪 90 年代中期在 2 种发光的海洋细菌费氏弧菌和哈维弧菌中被发现的。通过信号分子，细菌可以在整个群体范围内同步某些特定行为。好氧颗粒污泥的凝聚行为最初开始于细菌间的相互凝聚，这种细胞集体自发地相互凝聚可能是由于某种信号分子发挥作用而产生的群体感应行为，推动了好氧颗粒污泥的初始凝聚，进而在适宜条件下形成完整的好氧颗粒污泥。

研究表明，细胞内第二信使（c-di-GMP）、种内信号分子（*N*-酰基高丝氨酸内酯，*N*-AHLs）和种间自诱导分子（AI-2）的含量与好氧颗粒污泥的形成有很强的正相关性，其含量也会影响粒子结构的稳定性。一方面，信号分子可以改变微生物的生长模式，诱导微生物从悬浮生长转化为附着生长，调节细胞之间的相互作用，协调细胞间的集群行为（刘莎莎 等，2021）。另一方面，信号分子可以调节 EPS 的合成与分泌，进而影响好氧污泥的颗粒化过程。近几年的研究表明，这些信号分子可以促进多糖和色氨酸蛋白等 EPS 组分的合成，从而改善微生物表面的疏水性，促进好氧污泥颗粒化过程（Wan et al.，2022）。

1.4 好氧颗粒污泥的培养方式

好氧颗粒污泥的培养方式根据其进水特点及反应器类型主要分为两类，序批式反应器中的培养及连续流反应器中的培养。过去几十年中，关于好氧污泥颗粒化的研究大多都在序批式反应器中进行，随着人们对好氧颗粒污泥的成粒与稳定运行越来越了解，该工艺的研究进入了实际应用阶段。目前，世界各地已经建立了许多中试规模及全规模的反应器来培养好氧颗粒污泥并用于各种类型的废水处理。同时，由于连续流反应器相比于序批式反应器来说更加易于操作与控制，且其流动模式应对负荷冲击的能力更强、处理规模更大，更由于连续流是目前大多数污水处理厂中现存的设施系统，引入好氧颗粒污泥可在现有设施的基础上直接提升处理效果。因此，除了序批式反应器中的好氧颗粒污泥培养，如何将好氧颗粒污泥引入连续流污水处理工艺中并使其稳定运行也成为了该领域目前的一个研究热点。

1.4.1 序批式培养

好氧颗粒污泥被发现后，研究者便致力于研究其形成机理。自从 1997 年在 SBR 中实现好氧污泥成功造粒后，此后的绝大多数好氧颗粒污泥都是在 SBR 中培养出来的。

(1) 实验室规模的 SBR

序批式反应器工艺主要包括进水、曝气、沉降、排水、闲置 5 步。实验室培养好氧颗粒污泥的典型 SBR 为圆柱体玻璃反应器，其结构示意见图 1.11。每个循环开始时，从反应器底部进水，而后进行曝气，反应池底部设曝气孔，在曝气充氧的同时产生上升的气流使进水与污泥混合均匀，充分反应。经短暂沉淀后，出水从反应器侧面设置的出水孔流出，反应器中剩余少量污泥进入下一次循环。序批式反应器实现了不同反应阶段的独立完成，使反应容易处理与调整，有利于好氧颗粒污泥的培育与研究。

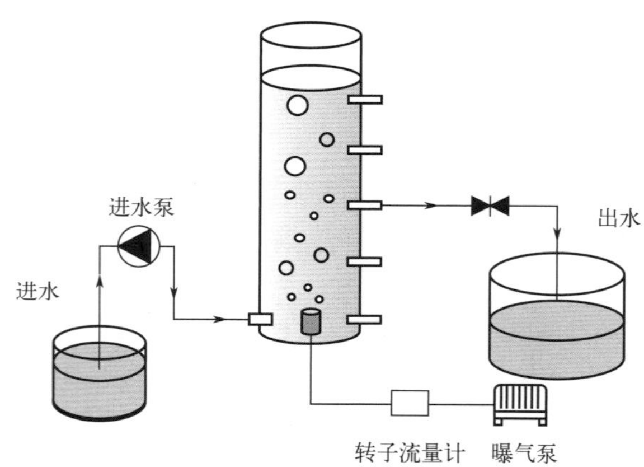

图 1.11 序批式反应器结构示意图（Beun et al.，1999）

在反应器设计方面，由于高选择压力会使得沉降性能好的污泥聚集体留下进而形成好氧颗粒污泥，因此 SBR 的主要设计参数为允许沉淀的时间。高 H/D（柱高/柱径）值有利于缩短沉降时间，以往的研究中反应器 H/D 值多为 20～30，以满足好氧颗粒污泥形成的最小沉速（Li et al.，2014），然而近几年的研究证明，H/D 值并不是颗粒污泥形成的必然条件，可以通过改变曝气强度等方法在低高径比的条件下促进好氧污泥颗粒化（赵锡锋 等，2020）。

在反应器操作方面，一般反应器操作循环时间在 4～12h 之间，有研究证明，反应器操作循环时间为 4h 时，生成的好氧颗粒污泥大小与结构更优（王硕 等，2014；de Sousa Rollemberg et al.，2018）。反应器进水后形成了利于好氧颗粒污泥生长的高负荷条件，随后进入曝气阶段，曝气阶段通常分为两部分：底物降解期和好氧饥饿期。形成饱食-饥饿条件是 SBR 反应器的优势特征，也是好氧颗粒污泥形成及稳定运行的必要条件。de Sousa 等（2018）认为恒定向上气流速度高于 2.5m/s 时会形成稳定、致密的成熟好氧颗粒污泥。

Wang 等（2006）发现较长的碳、氮、钾、磷饥饿期会导致颗粒污泥失稳甚至解体，但是间歇时间设定较短的饥饿期会促进好氧污泥的颗粒化并使颗粒污泥趋于稳定（McSwain et al.，2004）。Liu 等（2007）发现强化颗粒污泥稳定性的最佳饥饿时间为 3.3h。而后反应器进入沉淀阶段，通常为提高选择压，筛选出沉降性能更好的好氧污泥絮体以加速颗粒化进程，较短的沉淀时间有利于形成性能良好的好氧颗粒污泥，当系统进入稳定运行期后沉淀时间一般为 2～10min，其中 5min 时形成的好氧颗粒污泥状态最好（de Sousa Rollemberg et al.，2018）。应注意的是，初始污泥的沉降性能往往不够好，因此初始沉降时间不可过低，应采用逐步缩短沉降时间的方式来培养好氧颗粒污泥。

（2）中试规模的 SBR

2003 年，全世界首例中试规模的好氧颗粒污泥在荷兰 Ede 污水处理厂实验成功。此后，葡萄牙、南非等世界各地先后有 40 个污水处理设施应用了好氧颗粒污泥技术。2009 年，Ni 等（2009）在我国合肥市朱砖井污水处理厂建设了 SBR 中试污水处理厂，利用城市污水作为原水，城镇污水厂活性污泥作为接种污泥成功培育出了处理效果良好的好氧颗粒污泥。2014 年我国研究人员详细报道了好氧颗粒污泥技术在污水处理厂的成功应用（Li et al.，2014）。赵锡锋等（2020）总结了大量中试系统的运行情况并分析了重要工程技术参数，提出了工程设计和运行建议，同时列举了典型的中试 SBR 系统及形成的好氧颗粒污泥状态，见图 1.12。

（a）Ede污水厂的中试系统和好氧颗粒污泥

（b）Ni等的中试系统及好氧颗粒污泥

（c）丁立斌等的中试SBR和好氧颗粒污泥

（d）Farooqi等的中试SBR和好氧颗粒污泥

图 1.12　典型的中试 SBR 系统及形成的好氧颗粒污泥状态（赵锡锋 等，2020）

典型中试 SBR 系统的基本组成为一个砂箱、一个服务罐和两个平行柱反应器，曝气装置一般为细气泡曝气器。其运行方式是：先将原始废水泵入砂砾室，然后流入由电动蝶阀和液位控制器控制的服务罐。到了进料期，废水被泵入两个平行的柱反应器与罐中种泥发生反应进而形成好氧颗粒污泥（Li et al.，2014）。

目前，好氧颗粒污泥中试系统基本上都采用 SBR 作为反应器。综合已有的研究发现，并不是所有的污水都适合采用好氧颗粒污泥法处理，通过水质分析可判断实现好氧污泥颗粒化技术应用的可行性。一般来说，原水 COD＞300mg/L，且富含金属阳离子、一定盐度和微小固体悬浮物，并有氮磷的去除要求时，宜采用好氧颗粒污泥技术。众多中试系统培养得到的好氧颗粒污泥中，颗粒化最快的时间为 5d，最长达 400d，颗粒粒径均在 200μm 以上，最大可达 3500μm，且颗粒化过程使微生物密度提高，生物量较大，污泥浓度均在 7g/L 以上，最大可达 16g/L；此外，污泥沉降性能普遍较好，SVI 值都在 50mL/g 以下，最佳可达 20mL/g。

从操作条件看，无论是普通活性污泥，还是厌氧消化污泥、回流污泥都可作为培育好氧颗粒污泥的接种污泥，而用颗粒污泥与絮体污泥混合接种，更容易在中试系统中成功养成好氧颗粒污泥体系。已有研究证明，接种污泥的浓度范围在 1～20g/L 和 SVI 值在 70～220mL/g 的情况下都能实现好氧污泥的颗粒化。对于设计负荷来说，在体系启动阶段，可以采用与活性污泥法相近的污泥负荷或容积负荷设计。好氧颗粒污泥形成且浓度增长至 6g/L 以上后，宜采用更低的污泥负荷和更高的容积负荷（赵锡锋 等，2020）。对于选择压来说，在反应过程中需根据实际情况调整合适的选择压，使得沉淀性能差的颗粒污泥可以从反应器中洗出，如此有利于形成性能良好的好氧颗粒污泥。

(3) 全规模的 SBR

2005 年，荷兰 DHV 公司开发 Nereda® 工艺且成功应用于污水处理厂，为好氧颗粒污泥法处理废水提供了可行的方案，该工艺最初应用于工业水处理中，后来推广至生活废水处理领域。全规模好氧颗粒污泥装置在荷兰（Giesen et al.，2013）一家奶酪生产专业工厂、中国（Li et al.，2014）浙江盐仓污水处理厂以及南非 Gansbaai 污水处理厂和葡萄牙 Frielas 处理厂都得到了成功应用且获得了宝贵的扩大规模经验（Pronk et al.，2015）。

Nereda® 工艺是一种全规模好氧颗粒污泥装置的核心工艺，该工艺使用优化后的序批式间歇反应器（SBR）循环，Giesen 等（2013）阐述了该工艺在处理实际废水中的工程化应用进展并说明了其循环过程（见图 1.13）。在工艺的第一个步骤，即进料过程中进水和出水有效结合。进水分布在反应器的底部，出水同时从顶部的反应器排出。进料后，体系进入曝气阶段，提供的氧气使得好氧颗粒污泥形成好氧-缺氧-厌氧的结构，各区域的微生物充分发挥其代谢特点，完成营养物质的高效去除。在循环的最后一步，好氧颗粒污泥进入沉淀阶段，由于好氧颗粒污泥具有优良的沉降性能，可以应用较短的沉降时间，从而减少“停机时间”。

截至目前，已详细报道的典型全规模好氧颗粒污泥处理系统不多。下面列举具有代表性的整体处理流程及其形成的好氧颗粒污泥性质。

以荷兰 Garmerwolde 污水处理厂为例说明以 Nereda® 工艺为核心工艺的好氧颗粒污泥系统，其整体流程图及颗粒状态见图 1.14（书后另见彩图）。本工艺进水为常规污水厂市政污水，污水经 6000μm 筛分、除砂和缓冲池后，输送到两个 SBR 中，反应器配有内部再

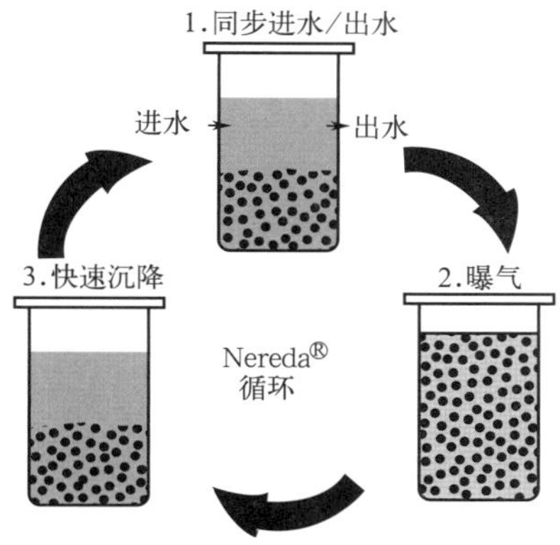

图 1.13 Nereda®循环示意图（Giesen et al.，2013）

循环系统（反应器从上到下），处理后的污水直接从反应器通过静态固定溢流堰排放到地表水。

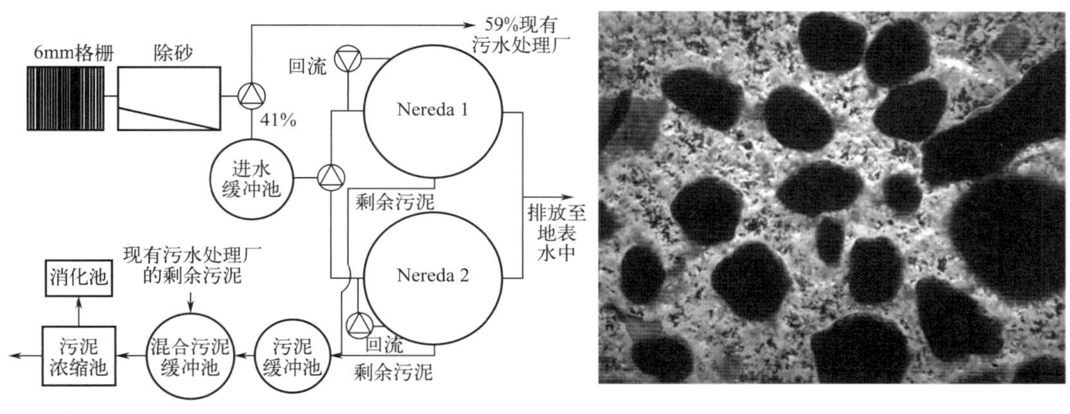

(a)荷兰Garmerwolde污水处理厂好氧颗粒污泥系统整体流程　　(b)混合液中好氧颗粒污泥状态图像

图 1.14 工艺流程及好氧颗粒污泥状态图（Pronk et al.，2015）

完成处理后，反应器中的好氧颗粒污泥浓度达 8.5g/L，SVI 值为 35mL/g，80%的好氧颗粒污泥直径超过了 200μm 且 60%的粒径在 1000μm（赵锡锋 等，2020；Pronk et al.，2015）。

另一典型的全尺寸好氧颗粒污泥工艺为中国浙江盐仓污水处理厂于 2010 年扩建的 SBR 工艺。Yang 等（2016）研究讨论了该工艺颗粒的特点、反应器的性能及造粒的原因，其处理流程及好氧颗粒污泥状态见图 1.15（书后另见彩图）。此工艺进水由 70%的工业废水和 30%的生活污水组成，其中工业废水包括印染废水、制革废水、化工废水等（赵锡锋 等，2020）。该工艺的 SBR 分为 4 个独立的单池，以供选择操作，每个池子的 H/D 值为 0.09，反应池采用充填-抽提模式运行。原污水在进入 SBR 前，依次进入调节池、初沉池和水解池，而后从 SBR 的顶部引入，充分反应后进入后续的深度处理单元（Li et al.，2014）。

完成处理后，池中的好氧颗粒污泥直径达 500μm，SVI 值为 47mL/g，平均沉速为 42m/h（Yang et al.，2016）。

(a)中国浙江盐仓污水处理厂扩建的SBR工艺整体流程图

(b)SBR中337 d好氧颗粒污泥状态图像

图 1.15 工艺流程及好氧颗粒污泥状态图（Yang et al.，2016）

1.4.2 连续流培养

由于新建序批式好氧颗粒污泥反应器所需的基建投入过大，且世界上现有的大多数污水处理厂都为连续流活性污泥法处理工艺，因此越来越多的研究专注于在现有的连续流工艺基础上引入好氧颗粒污泥。研究者基于已知的好氧颗粒污泥造粒原理与影响因素并结合连续流的特点，开发出了许多连续流反应器且实现了成功造粒。

SBR 中影响好氧颗粒污泥造粒效果的因素在连续流反应器中同样发挥重要作用，对于这些影响因素，1.3 部分已经有了详细的介绍，其中起决定性作用的因素主要有两点，即选择压力和饱食-饥饿条件，这两点也是目前在连续流工艺中培养好氧颗粒污泥的关注重点。

(1) 关注选择压力的连续流好氧颗粒污泥反应器

SBR 可以通过缩短沉降阶段的时间来提高选择压力，使得保留下来的污泥絮体结构紧密，沉降性能好，从而加速污泥颗粒化。然而，在连续流中控制污泥沉淀时间不易实现，且由于水体连续流动的干扰，其沉淀情况与 SBR 中有较大差异，因此如何在连续流中实现高效的选择机制以快速、连续地分离出沉降性能良好的颗粒污泥并保留于反应器中成为了该研究中的重点与难点。已有研究证明在连续流中提高选择压力可以提升好氧颗粒污泥的性能（Hou et al.，2017；Kent et al.，2018）。目前已经提出的应用选择压力的连续流反应器种类很多，主要由内置和外置固液分离器两种方式来实现。

1）内置分离器

内置分离器通常用于上升流反应器，用一个挡板将反应器中的曝气区与沉淀区分离开来，使污泥絮体可以分别完成生长繁殖与聚集沉淀，同时形成高效的选择机制，促使污泥颗粒化。常见采用内置分离器的反应器有固定挡板式反应器、可移动挡板式反应器以及三相分离器。

① Xin 等（2017）利用固定挡板式反应器在第 40 天培育出了成熟的好氧颗粒污泥，见图 1.16（书后另见彩图）。该反应器右侧曝气区的曝气装置为反应提供氧气与水流剪切

力，左侧为固液分离区，沉淀下来的好氧颗粒污泥会重新进入右侧反应区继续参与反应。该反应器培养出的成熟好氧颗粒污泥粒径在 500～2000μm 之间，SVI_{30} 值在 44.28～60.51mL/g 之间。

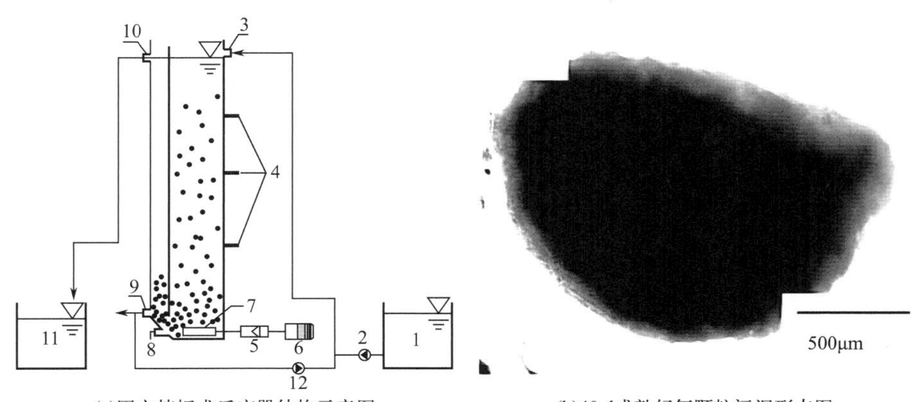

(a)固定挡板式反应器结构示意图　　(b)40 d成熟好氧颗粒污泥形态图

图 1.16　反应器结构及成熟好氧颗粒污泥形态图（Xin et al.，2017）

1—进水池；2—泵；3—进水口；4—取样口；5—气体流量计；6—抽气泵；7—气体分散器；8—污泥取样口；9—排泥口；10—出水口；11—出水池；12—回流泵

② Deng 和 Zhang（2012）利用可移动挡板式反应器得到了结构密实、沉降性能良好的好氧颗粒污泥，见图 1.17，其直径为 1800～3200μm。该反应器与固定式反应器的区别在于可通过移动挡板改变固液分离区的大小，进而改变表面水力负荷，调节选择压以达到最好的固液分离效果，促进好氧污泥颗粒化。

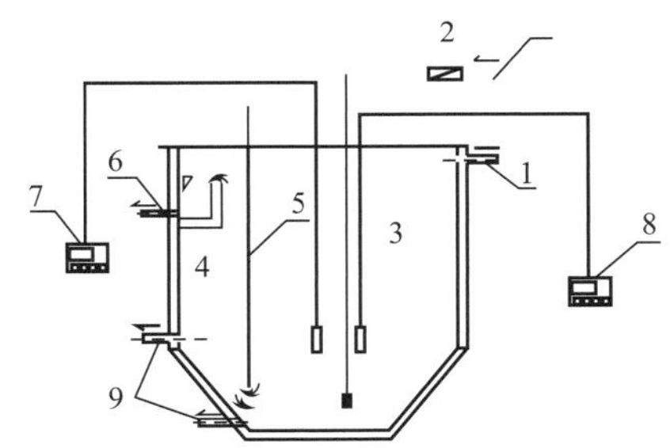

(a)可移动挡板式反应器结构示意图

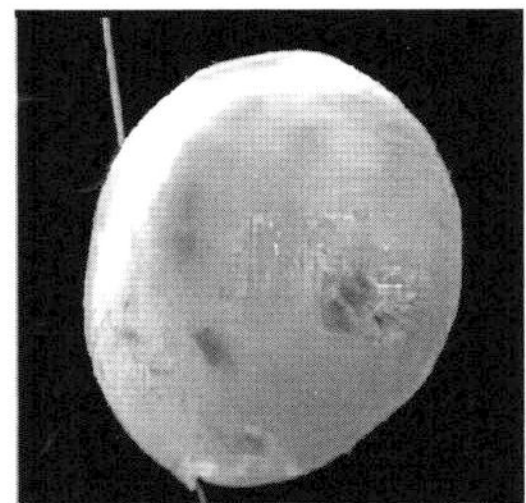

(b)反应器中成熟好氧颗粒污泥表面的SEM（扫描电子显微镜）图像

图 1.17　反应器结构及成熟好氧颗粒污泥形态图（Deng and Zhang，2012）

1—进水管；2—进气管；3—反应区；4—分离区；5—可移动挡板；6—出水管；7—pH 计；8—DO 计；9—排泥管

③ 三相分离器最初来源于厌氧颗粒污泥形成的典型反应器——升流式厌氧污泥床（up-flow anaerobic sludge bed，UASB），因为其较大的高径比和气液产生的内回流，所以该反应器有较好的选择压，故其也在好氧颗粒污泥的培育中得到了广泛的应用。Zhou 等（2013）利用应用了三相分离器的连续流气升式流化床反应器（CAFB）成功培育出了好氧颗粒污泥，见图 1.18。隔板将反应器分为中心曝气区和外部沉淀区，混合液由于曝气作用从装置的中部向上流动，处理后的水在顶部分离区溢流向四周并排出反应器，斜板能够阻挡好氧颗粒污泥流出反应器，沉降性能较好的颗粒污泥再次沉降至反应器底部，参与进一

步造粒。在好氧颗粒污泥形成的第 12 天后颗粒污泥基本成型，从第 20 天开始颗粒污泥不再变化，进入稳定期。成熟的好氧颗粒污泥平均面积当量直径达到 635μm，SVI 值降至 40mL/g。

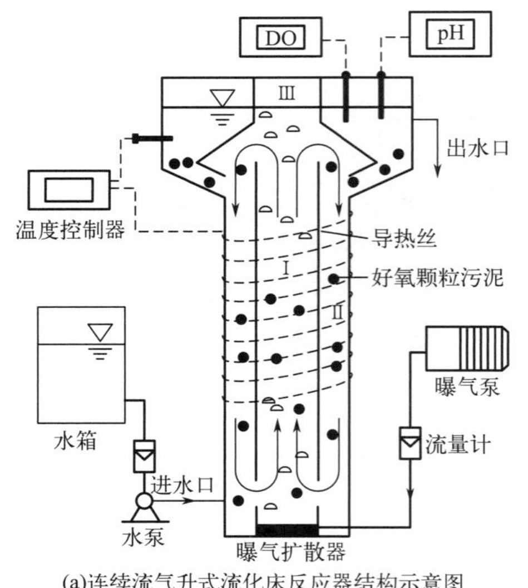

(a)连续流气升式流化床反应器结构示意图

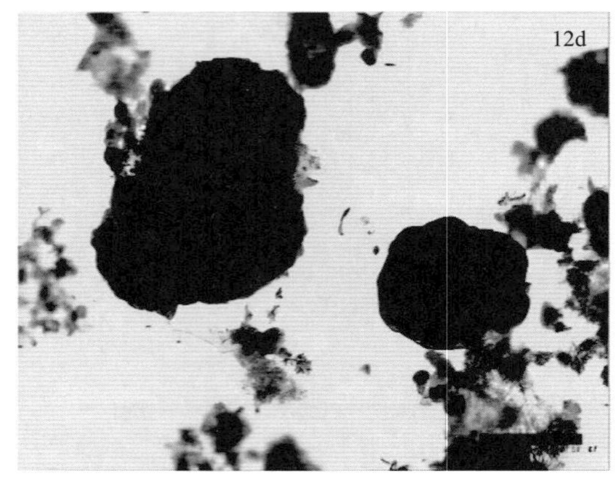

(b)12d好氧颗粒污泥图像分析

图 1.18　反应器结构及好氧颗粒污泥形态图（Zhou et al.，2013）

2）外置分离器

除上述内置分离器的反应器外，应用外置分离器来提高选择沉淀压的反应器也有很多。这类反应器往往由多部分串联构成，其改变选择压力的实现方式主要包括外置挡板沉淀池、增加过滤分离装置（筛网或水力旋流器等）、增加膜组件等。

① 龙焙等（2017b）通过接种好氧颗粒污泥在升流式外置挡板沉淀池的反应器中成功培育出了光滑致密的好氧颗粒污泥，见图 1.19（书后另见彩图）。该反应器曝气区通过斜管连接到外部挡板沉淀池，混合液进入沉淀池后，沉降性能较好的颗粒污泥通过底部连通管流回反应区，沉降性能较差的颗粒污泥则被筛选出反应器。在此过程中经历了原好氧颗粒污泥的解体与颗粒污泥的再形成，最终在 63d 左右形成了比原接种颗粒污泥颜色更深、结构更加致密的棕褐色好氧颗粒污泥。

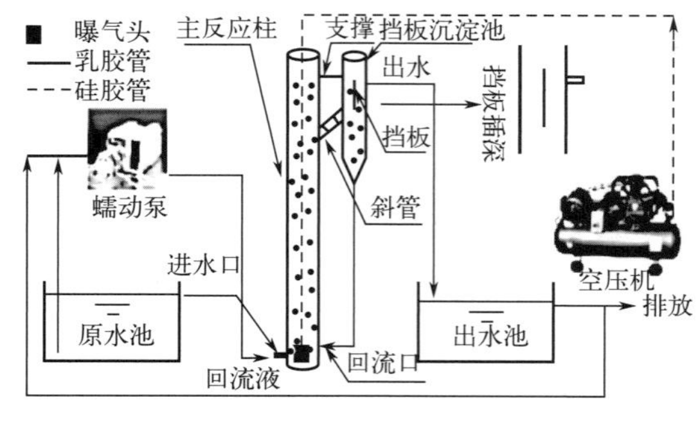

(a)升流式外置挡板沉淀池反应器结构示意图

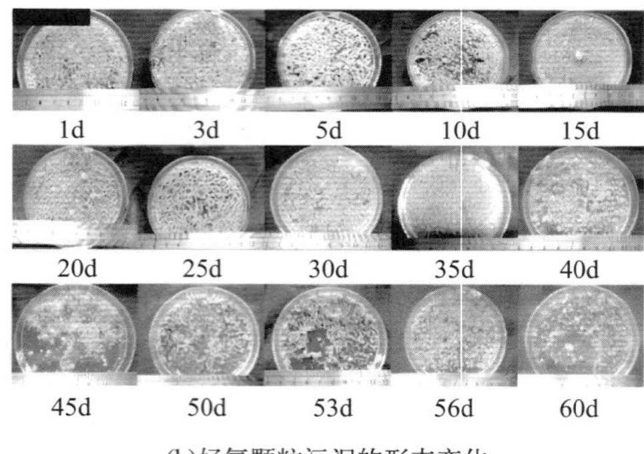

(b)好氧颗粒污泥的形态变化

图 1.19　反应器结构及好氧颗粒污泥形态变化图（龙焙 等，2017b）

② 过滤分离装置（筛网或水力旋流器等）的原理是利用好氧颗粒污泥的粒径限制对其进行选择，保留粒径合适的好氧颗粒污泥。到目前为止，至少有 3 个全规模的水处理设施通过水力旋流器成功培养了好氧颗粒污泥（Xu et al.，2022）。

③ 利用膜组件可以促进好氧颗粒污泥形成，其原因是膜组件可以促进泥水分离且为微生物提供了附着生长的条件，尤其是在此过程中膜组件将丝状菌截留于反应器中，在适宜的水力条件下丝状菌缠绕成为好氧颗粒污泥的骨架，微生物附着于骨架上形成颗粒污泥絮体，在水力剪切力的作用下污泥絮体得到进一步修剪，形成好氧颗粒污泥。Chen 等（2017）利用连续流内循环膜生物反应器（internal circulation membrane bioreactor，IC-MBR）成功培育出了好氧颗粒污泥，见图 1.20（书后另见彩图）。反应进行到 37d 后好氧颗粒污泥开始成熟，造粒成功后 SVI 值在（100±20）mL/g，与传统好氧颗粒污泥的 SVI 值相比较高。

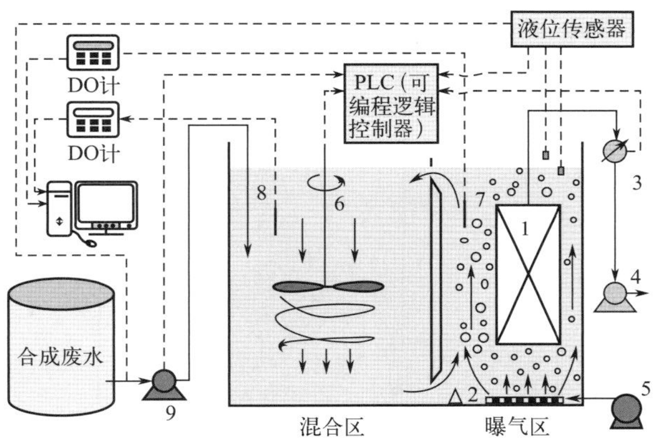

(a)连续流内循环膜生物反应器结构示意图

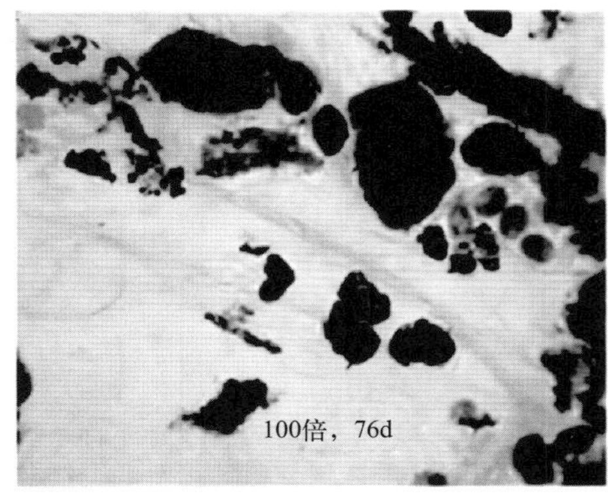

(b)76d好氧颗粒污泥形态图像

图 1.20 反应器结构及好氧颗粒污泥形态图（Chen et al.，2017）

1—膜组件；2—微孔曝气器；3—真空表；4—出水的蠕动泵；5—空气压缩机；6—搅拌器；7—曝气区的 DO 探测器；8—混合区的 DO 探测器；9—进水的蠕动泵

(2) 关注饲养策略的连续流好氧颗粒污泥反应器

对于饲养策略来说，SBR 的循环操作模式为创造周期性饱食-饥饿的饲养策略提供了有利条件，使得颗粒污泥中的微生物获得了充分生长繁殖、吸附聚集的生存环境，进而促进了污泥的颗粒化。相对地，在连续流中，水体几乎是完全混合状态，实现上述有利条件十分困难，只能通过创造适宜好氧污泥造粒的基质浓度梯度来促进连续流中好氧颗粒污泥的形成。

Li 等（2015）通过使用逆流折板反应器（reverse flow baffled reactor，RFBR）诱导饱食-饥饿条件的循环性质，在 2h 正向流动和 2h 反向流动的循环中运行，并在 21d 内形成好氧颗粒污泥，见图 1.21（书后另见彩图）。该反应器靠近进水口部分为底物丰富的饱食区，靠近出水口部分为底物缺乏的饥饿区，前后形成底物浓度差，创造饱食-饥饿条件。形成的好氧颗粒污泥在之后的 135d 研究中保持稳定，粒径最终增至 130μm，SVI 值下降至 33mL/g。

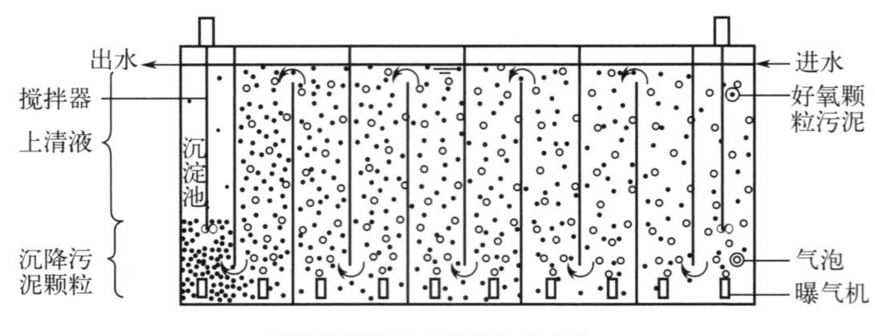

(a)逆流折板反应器结构示意图

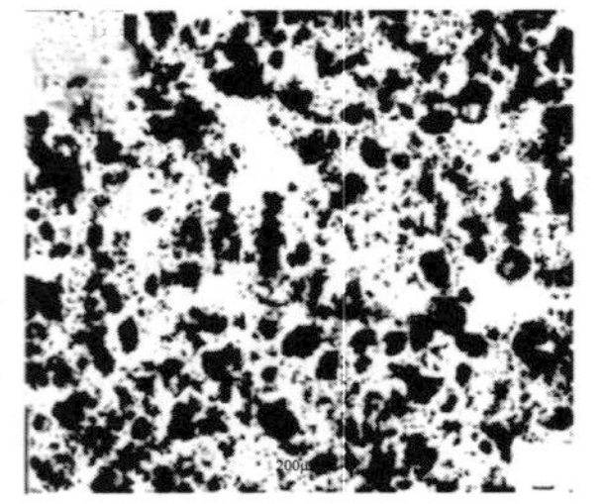
(b)RFBR中135d好氧颗粒污泥形态

图 1.21　反应器结构及好氧颗粒污泥形态图（Li et al.，2015）

Liu 等（2012）采用好氧颗粒污泥-自形成动态膜连续流生物反应器（the continuous-flow granular self-forming dynamic membrane bioreactor，CGSFDMBR）在连续流动条件下，成功培养出好氧颗粒污泥，见图 1.22。第一个子反应器中发生的过程可作为反应的饱食阶段，在第二个子反应器中发生的过程则作为饥饿阶段，由此产生饱食-饥饿条件，促进好氧颗粒污泥形成（Kent et al.，2018）。最终形成的好氧颗粒污泥结构松散，直径为 100～1000μm，沉降速度为 15～25m/h，含水率为 96%～98%。

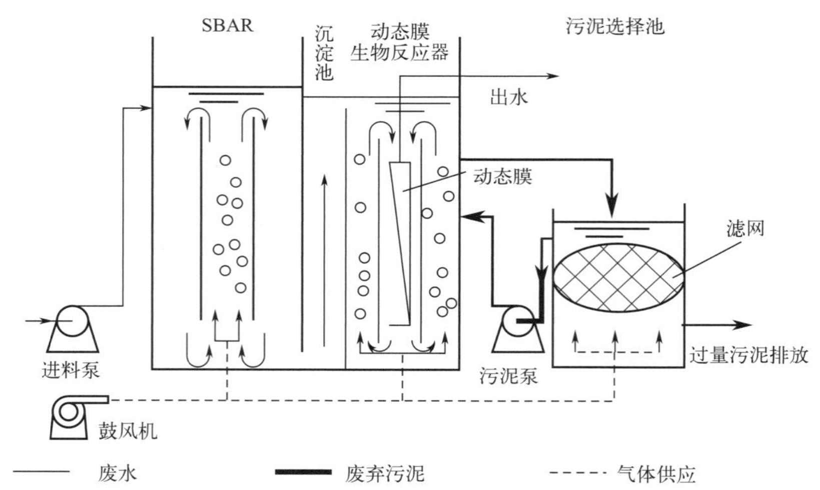

图 1.22　好氧颗粒污泥-自形成动态膜连续流生物反应器结构示意图（Liu et al.，2012）

此外，Corsino 等（2016）设计了颗粒连续流膜生物反应器（granular continuous flow membrane bioreactor，GCFMBR）来研究好氧颗粒污泥在连续流中的稳定性，并在间歇进水的条件下，保持了好氧颗粒污泥的稳定性，见图 1.23。该连续流反应器由两个反应器串联组成，第一个靠近进水区，第二个靠近出水区，以创造饱食-饥饿条件。在实验中，连续流条件导致好氧颗粒污泥迅速解体，而改为间歇性进水后，污泥性质得到很大改善。值得注意的是，间歇进水并没有加大饱食期和饥饿期的底物浓度差，更可能的是延长了饥饿期的时间，使细菌表面产生更多的 EPS 以促进好氧颗粒污泥形成，且若是忽略选择压力，仅通过间歇进水创造的饱食-饥饿条件并不能形成好氧颗粒污泥，由此可见选择压力在连续流培养好氧颗粒污泥中的重要性。

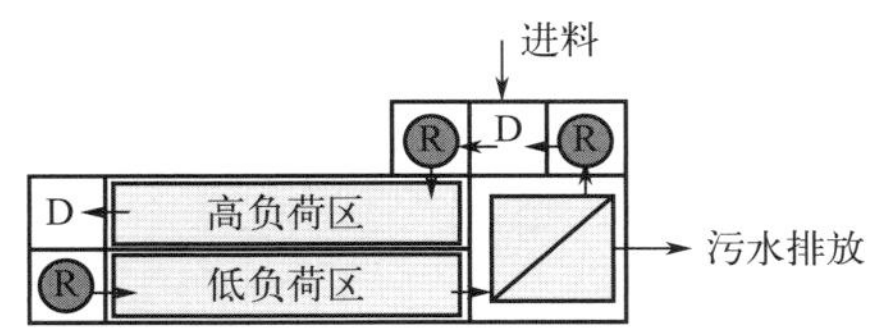

(a)颗粒连续流膜生物反应器俯视图

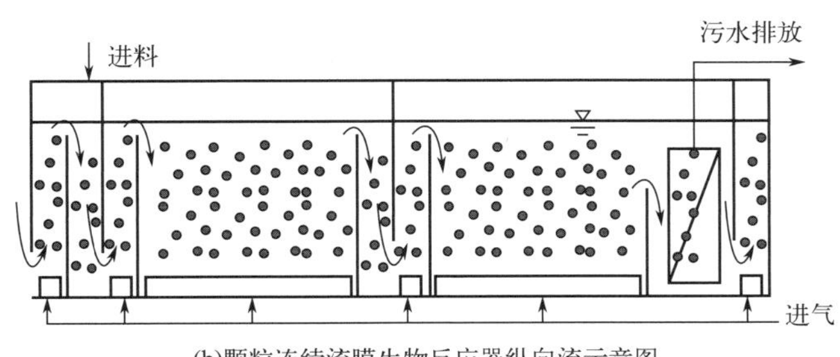

(b)颗粒连续流膜生物反应器纵向流示意图

(c)40d好氧颗粒污泥立体显微镜图像

图 1.23 反应器结构及好氧颗粒污泥形态图（Corsino et al.，2016）

在连续流中实现饱食-饥饿条件十分困难，然而，Rocktäschel 等（2013）发现高负荷并不是好氧污泥稳定造粒的必然条件，并通过快速泵送进水后进行厌氧混合的方法获得了具有优良沉降性能的致密好氧颗粒污泥，尽管相比于非混合进料策略，此方法下的好氧颗粒污泥尺寸更小，但本研究结果仍表明在混合厌氧条件下也可以进行好氧污泥造粒。

(3) 关注颗粒污泥回流问题的连续流好氧颗粒污泥反应器

除以上影响因素之外，连续流好氧污泥造粒由于自身操作模式的缘故还存在缺陷，即颗粒污泥回流问题。连续流中常依靠颗粒污泥回流来解决微生物量流失的问题，外部沉淀池中的颗粒污泥经回流泵进入污泥回流管道进而回到反应器的过程中，部分好氧颗粒污泥会发生破碎造成颗粒污泥损失（Kent et al.，2018）。因此，颗粒污泥回流也是实现连续流好氧污泥造粒时需要考虑的重要问题。

目前已研制出的气升系统可替代传统泵回流系统来实现连续流中的颗粒污泥回流，这种系统的原理是在下部淹没于液体中的扬水管中通入压缩气体，形成气液两相流，利用管内外混合液的密度差将汽水混合液提升。此外，该系统还能为好氧污泥造粒提供水力剪切力和溶解氧。

Zou 等（2018）采用连续流双沉淀区反应器（continuous-flow reactor with two-zone sedimentation tank，CFR-TST）培养好氧颗粒污泥，并在 104d 之后形成了平均粒径约为 105μm 的好氧颗粒污泥，且 150d 后得到了成熟好氧颗粒污泥，见图 1.24（书后另见彩图）。该反应器设置双区沉淀池，双区沉淀池在 CFR-TST 中产生选择压力，沉降性能较好的污泥进入第一沉淀区（ST-1）中并重新回到反应器中，沉降性能较差的污泥进入第二沉淀区（ST-2）中并作为剩余污泥定期被冲走。另外，为了避免好氧颗粒污泥在回流过程中解体，该反应器采用气升系统实现污泥回流。

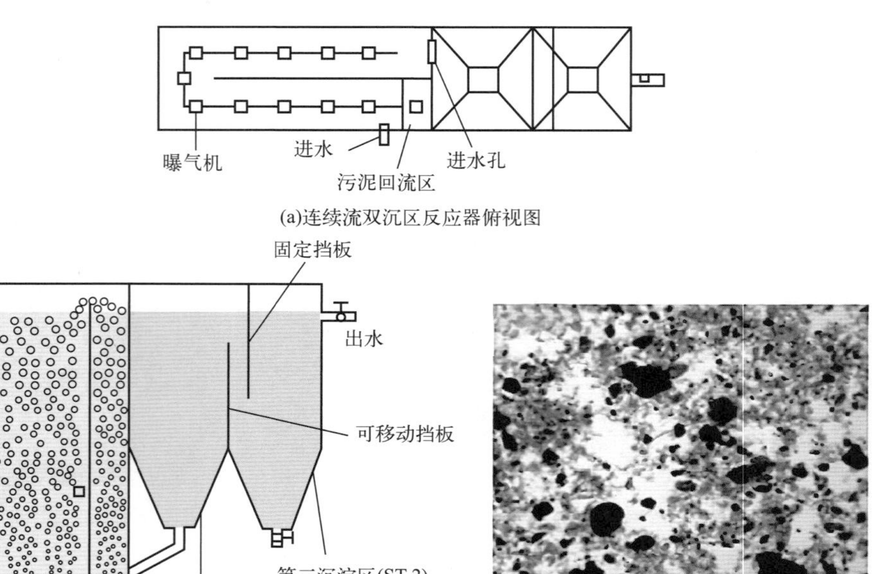

(a)连续流双沉区反应器俯视图

(b)连续流双沉区反应器结构示意图

(c)CFR-TST中150d好氧颗粒污泥形态图像

图 1.24　反应器结构及好氧颗粒污泥形态图（Zou et al.，2018）

参考文献

蔡春光，刘军深，蔡伟民，2004. 胞外多聚物在好氧颗粒化中的作用机理 [J]. 中国环境科学，(5)：112-115.

陈洁，袁莉，王强，等，2006. 沉降速率作为选择压对好氧颗粒污泥性质影响 [J]. 环境科学与技术，(4)：29-31，116-117.

付香云，余诚，王凯军，等，2022. 连续流培养好氧颗粒污泥研究进展 [J]. 中国环境科学，42 (4)：1726-1736.

金容，李攀，李亮，等，2019. 好氧颗粒污泥研究现状及展望 [C] //中国环境科学学会 . 2019 中国环境科学学会科学技术年会论文集（第四卷）：975-979.

李定昌，王琦，高景峰，等，2018. 不同粒径成熟好氧颗粒污泥 EPS 的三维荧光光谱特性 [J]. 中国给水排水，34 (7)：26-31.

李志华，莫丹丹，赵静，等，2013. 好氧颗粒污泥系统中丝状菌演替规律及其菌丝缠绕特性分析 [J]. 环境工程学报，7 (8)：2813-2817.

刘莎莎，梁家豪，李晋，等，2021. 信号分子在好氧污泥颗粒化中的作用及其控制策略 [J]. 工业水处理，41 (1)：25-29.

龙焙，程媛媛，赵珏，等，2017a. 培养过程中投加部分好氧颗粒对颗粒化的影响 [J]. 中国给水排水，33 (15)：13-19.

龙焙，杨腾飞，程媛媛，等，2017b. 高氨氮对连续流状态下好氧颗粒污泥稳定性的影响 [J]. 中国给水排水，33 (3)：12-17.

明婕，黄子萌，董清林，等，2019. 好氧颗粒污泥的性质及形成机制 [J]. 水处理技术，45 (7)：1-5，23.

王硕，于水利，徐巧，等，2014. 好氧颗粒污泥特性、应用及形成机理研究进展 [J]. 应用与环境生物学报，20 (4)：732-742.

吴远远，郝晓地，许雪乔，等，2019. 低碳源污水的好氧颗粒污泥脱氮除磷中试研究 [J]. 中国给水排水，35 (23)：12-16.

严杰能，许燕滨，段晓军，等，2009. 胞外聚合物的提取与特性分析研究进展 [J]. 科技导报，27 (20)：106-110.

张冰，2020. 菌藻共生好氧颗粒污泥的形成机理及基于 QS 的强化机制 [D]. 哈尔滨：哈尔滨工业大学 .
张英，郎咏梅，赵玉晓，等，2006. 由 EGSB 厌氧颗粒污泥培养好氧颗粒污泥的工艺探讨 [J]. 山东大学学报（工学版），(4)：56-59.
张智明，2020. 好氧污泥颗粒化和结构稳定化过程中微生物群体感应作用机制研究 [D] 杭州：浙江大学 .
赵锡锋，李兴强，李军，2020. 好氧颗粒污泥技术中试研究及应用进展 [J]. 中国给水排水，36 (8)：30-37.
赵霞，2015. 好氧颗粒污泥系统处理含 PPCPs 污水的效能及微生物群落演替 [D]. 哈尔滨：哈尔滨工业大学 .
郑婧婧，张智明，徐向阳，等，2021. 污水处理好氧颗粒污泥生产运行中的结构与稳定性 [J]. 应用与环境生物学报，27 (6)：1672-1685.
Beun J J，Hendriks A，van Loosdrecht M C M，et al.，1999. Aerobic granulation in a sequencing batch reactor [J]. Water Research，33 (10)：2283-2290.
Beun J J，van Loosdrecht M C，Heijnen J J，2000. Aerobic granulation [J]. Water Science and Technology，41 (4-5)：41-48.
Castellanos R M，Dias J M R，Dias Bassin I，et al.，2021. Effect of sludge age on aerobic granular sludge：Addressing nutrient removal performance and biomass stability [J]. Process Safety and Environmental Protection，149：212-222.
Chen C，Bin L，Tang B，et al.，2017. Cultivating granular sludge directly in a continuous-flow membrane bioreactor with internal circulation [J]. Chemical Engineering Journal，309：108-117.
Chen Y Y，Ju S P，Lee D J，2016. Aerobic granulation of protein-rich granules from nitrogen-lean wastewaters [J]. Bioresource Technology，218：469-475.
Corsino S F，Campo R，Di Bella G，et al.，2016. Study of aerobic granular sludge stability in a continuous-flow membrane bioreactor [J]. Bioresource Technology，200：1055-1059.
de Kreuk M K，Pronk M，van Loosdrecht M C M，2005. Formation of aerobic granules and conversion processes in an aerobic granular sludge reactor at moderate and low temperatures [J]. Water Research，39 (18)：4476-4484.
de Kreuk M K，van Loosdrecht M C M，2004. Selection of slow growing organisms as a means for improving aerobic granular sludge stability [J]. Water Science and Technology，49 (11-12)：9-17.
de Sousa Rollemberg S L，Mendes Barros A R，Milen Firmino P I，et al.，2018. Aerobic granular sludge：Cultivation parameters and removal mechanisms [J]. Bioresource Technology，270：678-688.
Deng F，Zhang R，2012. Research on COD removal and SOUR of aerobic granule with intermittent aeration in continuous flow system [J]. Advanced Materials Research，518-523：478-484.
Gao D，Liu L，Liang H，et al.，2011. Aerobic granular sludge：Characterization，mechanism of granulation and application to wastewater treatment [J]. Critical Reviews in Biotechnology，31 (2)：137-152.
Giesen A，de Bruin L M M，Niermans R P，et al.，2013. Advancements in the application of aerobic granular biomass technology for sustainable treatment of wastewater [J]. Water Practice and Technology，8 (1)：47-54.
Hou C，Shen J，Zhang D，et al.，2017. Bioaugmentation of a continuous-flow self-forming dynamic membrane bioreactor for the treatment of wastewater containing high-strength pyridine [J]. Environmental Science and Pollution Research，24 (4)：3437-3447.
Huang J，Yi K，Zeng G，et al.，2019. The role of quorum sensing in granular sludge：Impact and future application：A review [J]. Chemosphere，236：124310.
Iorhemen O T，Liu Y，2021. Effect of feeding strategy and organic loading rate on the formation and stability of aerobic granular sludge [J]. Journal of Water Process Engineering，39：101709.
Jiang H L，Tay J H，Liu Y，et al.，2003. Calcium augmentation for enhancement of aerobically grown microbial granules [J]. Biotechnology Letters，25 (2)：95-99.
Jiang Y，Yang K，Shang Y，et al.，2019. Response and recovery of aerobic granular sludge to pH shock for simultaneous removal of aniline and nitrogen [J]. Chemosphere，221：366-374.
Kent T R，Bott C B，Wang Z W，2018. State of the art of aerobic granulation in continuous flow bioreactors [J]. Biotechnology Advances，36 (4)：1139-1166.
Kończak B，Karcz J，Miksch K，2014. Influence of calcium，magnesium，and iron ions on aerobic granulation [J]. Applied Biochemistry and Biotechnology，174 (8)：2910-2918.
Lashkarizadeh M，Munz G，Oleszkiewicz J A，2016. Impacts of variable pH on stability and nutrient removal efficiency of aerobic granular sludge [J]. Water Science and Technology，73 (1)：60-68.
Li J，Cai A，Ding L，et al.，2015. Aerobic sludge granulation in a reverse flow baffled reactor (RFBR) operated in continuous-flow mode for wastewater treatment [J]. Separation and Purification Technology，149：437-444.
Li J，Ding L B，Cai A，et al.，2014. Aerobic sludge granulation in a full-scale sequencing batch reactor [J]. BioMed Research International，2014：1-12.
Li X M，Liu Q Q，Yang Q，et al.，2009. Enhanced aerobic sludge granulation in sequencing batch reactor by Mg^{2+} augmentation [J]. Bioresource Technology，100 (1)：64-67.
Li Z H，Kuba T，Kusuda T，2006. The influence of starvation phase on the properties and the development of aerobic granules [J]. Enzyme and Microbial Technology，38 (5)：670-674.

Li Z H, Zhu Y M, Zhang Y L, et al., 2019. Characterization of aerobic granular sludge of different sizes for nitrogen and phosphorus removal [J]. Environmental Technology, 40 (27): 3622-3631.
Liou H C, Sabba F, Wang Z, et al., 2021. Layered viscoelastic properties of granular biofilms [J]. Water Research, 202: 117394.
Liu H, Li Y, Yang C, et al., 2012. Stable aerobic granules in continuous-flow bioreactor with self-forming dynamic membrane [J]. Bioresource Technology, 121: 111-118.
Liu Y, Liu Q S, 2006. Causes and control of filamentous growth in aerobic granular sludge sequencing batch reactors [J]. Biotechnology Advances, 24 (1): 115-127.
Liu Y, Tay J H, 2004. State of the art of biogranulation technology for wastewater treatment [J]. Biotechnology Advances, 22 (7): 533-563.
Liu Y, Wang Z W, Qin L, et al., 2005. Selection pressure-driven aerobic granulation in a sequencing batch reactor [J]. Applied Microbiology and Biotechnology, 67 (1): 26-32.
Liu Y, Yang S F, Qin L, et al., 2004. A thermodynamic interpretation of cell hydrophobicity in aerobic granulation [J]. Applied Microbiology and Biotechnology, 64 (3): 410-415.
Liu Y Q, Liu Y, Tay J H, 2004. The effects of extracellular polymeric substances on the formation and stability of biogranules [J/OL]. Applied Microbiology and Biotechnology, 65 (2): 143-148.
Liu Y Q, Moy B Y P, Tay J H, 2007. COD removal and nitrification of low-strength domestic wastewater in aerobic granular sludge sequencing batch reactors [J]. Enzyme and Microbial Technology, 42 (1): 23-28.
Liu Y Q, Tay J H, 2007. Characteristics and stability of aerobic granules cultivated with different starvation time [J]. Applied Microbiology and Biotechnology, 75 (1): 205-210.
Liu Y Q, Tay J H, 2008. Influence of starvation time on formation and stability of aerobic granules in sequencing batch reactors [J]. Bioresource Technology, 99 (5): 980-985.
Luo J, Hao T, Wei L, et al., 2014. Impact of influent COD/N ratio on disintegration of aerobic granular sludge [J]. Water Research, 62: 127-135.
Lv J, Wang Y, Zhong C, et al., 2014. The microbial attachment potential and quorum sensing measurement of aerobic granular activated sludge and flocculent activated sludge [J]. Bioresource Technology, 151: 291-296.
Ma Y J, Xia C W, Yang H Y, et al., 2014. A rheological approach to analyze aerobic granular sludge [J]. Water Research, 50: 171-178.
McSwain B S, Irvine R L, Hausner M, et al., 2005. Composition and distribution of extracellular polymeric substances in aerobic flocs and granular sludge [J]. Applied and Environmental Microbiology, 71 (2): 1051-1057.
McSwain B S, Irvine R L, Wilderer P A, 2004. The effect of intermittent feeding on aerobic granule structure [J]. Water Science and Technology, 49 (11-12): 19-25.
Mishima K, Nakamura M, 1991. Self-immobilization of aerobic activated sludge—A pilot study of the aerobic upflow sludge blanket process in municipal sewage treatment [J]. Water Science and Technology, 23 (4-6): 981-990.
Mosquera Corral A, Dekreuk M, Heijnen J, et al., 2005. Effects of oxygen concentration on N-removal in an aerobic granular sludge reactor [J]. Water Research, 39 (12): 2676-2686.
Nancharaiah Y V, Kiran Kumar Reddy G, 2018. Aerobic granular sludge technology: Mechanisms of granulation and biotechnological applications [J]. Bioresource Technology, 247: 1128-1143.
Ni B J, Xie W M, Liu S G, et al., 2009. Granulation of activated sludge in a pilot-scale sequencing batch reactor for the treatment of low-strength municipal wastewater [J]. Water Research, 43 (3): 751-761.
Pronk M, de Kreuk M K, de Bruin B, et al., 2015. Full scale performance of the aerobic granular sludge process for sewage treatment [J]. Water Research, 84: 207-217.
Qin L, Tay J H, Liu Y, 2004. Selection pressure is a driving force of aerobic granulation in sequencing batch reactors [J]. Process Biochemistry, 39 (5): 579-584.
Rocktäschel T, Klarmann C, Helmreich B, et al., 2013. Comparison of two different anaerobic feeding strategies to establish a stable aerobic granulated sludge bed [J]. Water Research, 47 (17): 6423-6431.
Sheng G P, Yu H Q, Li X Y, 2010. Extracellular polymeric substances (EPS) of microbial aggregates in biological wastewater treatment systems: A review [J]. Biotechnology Advances, 28 (6): 882-894.
Shi Y, Huang J, Zeng G, et al., 2017. Exploiting extracellular polymeric substances (EPS) controlling strategies for performance enhancement of biological wastewater treatments: An overview [J]. Chemosphere, 180: 396-411.
Sun H, Yu P, Li Q, et al., 2017. Transformation of anaerobic granules into aerobic granules and the succession of bacterial community [J]. Applied Microbiology and Biotechnology, 101 (20): 7703-7713.
Sun Y, Gomeiz A T, van Aken B, et al., 2021. Dynamic response of aerobic granular sludge to feast and famine conditions in plug flow reactors fed with real domestic wastewater [J]. Science of the Total Environment, 758: 144155.
Tay J H, Liu Q S, Liu Y, 2001a. Microscopic observation of aerobic granulation in sequential aerobic sludge blanket reactor [J]. Journal of Applied Microbiology, 91 (1): 168-175.
Tay J H, Liu Q S, Liu Y, 2001b. The role of cellular polysaccharides in the formation and stability of aerobic granules [J]. Letters in Applied Microbiology, 33 (3): 222-226.
Tay J H, Liu Q S, Liu Y, 2001c. The effects of shear force on the formation, structure and metabolism of aerobic gran-

ules [J]. Applied Microbiology and Biotechnology, 57 (1-2): 227-233.
Tay J H, Liu Q S, Liu Y, 2002. Characteristics of aerobic granules grown on glucose and acetate in sequential aerobic sludge blanket reactors [J]. Environmental Technology, 23 (8): 931-936.
Toh S, Tay J, Moy B, et al., 2003. Size-effect on the physical characteristics of the aerobic granule in a SBR [J]. Applied Microbiology and Biotechnology, 60 (6): 687-695.
van den Berg L, Pronk M, van Loosdrecht M C M, et al., 2022. Density measurements of aerobic granular sludge [J]. Environmental Technology: 1-11.
Verawaty M, Pijuan M, Yuan Z, et al., 2012. Determining the mechanisms for aerobic granulation from mixed seed of floccular and crushed granules in activated sludge wastewater treatment [J]. Water Research, 46 (3): 761-771.
Wagner J, Weissbrodt D G, Manguin V, et al., 2015. Effect of particulate organic substrate on aerobic granulation and operating conditions of sequencing batch reactors [J]. Water Research, 85: 158-166.
Wan C, Fu L, Li Z, et al., 2022. Formation, application, and storage-reactivation of aerobic granular sludge: A review [J]. Journal of Environmental Management, 323: 116302.
Wang Q, Du G, Chen J, 2004. Aerobic granular sludge cultivated under the selective pressure as a driving force [J]. Process Biochemistry, 39 (5): 557-563.
Wang Z W, Li Y, Zhou J Q, et al., 2006. The influence of short-term starvation on aerobic granules [J]. Process Biochemistry, 41 (12): 2373-2378.
Wilén B M, Onuki M, Hermansson M, et al., 2008. Microbial community structure in activated sludge floc analysed by fluorescence in situ hybridization and its relation to floc stability [J]. Water Research, 42 (8-9): 2300-2308.
Xiao F, Yang S F, Li X Y, 2008. Physical and hydrodynamic properties of aerobic granules produced in sequencing batch reactors [J]. Separation and Purification Technology, 63 (3): 634-641.
Xin X, Lu H, Yao L, et al., 2017. Rapid formation of aerobic granular sludge and its mechanism in a continuous-flow bioreactor [J]. Applied Biochemistry and Biotechnology, 181 (1): 424-433.
Xu D, Li J, Liu J, et al., 2022. Advances in continuous flow aerobic granular sludge: A review [J]. Process Safety and Environmental Protection, 163: 27-35.
Yang H G, Li J, Liu J, et al., 2016. A case for aerobic sludge granulation: From pilot to full scale [J]. Journal of Water Reuse and Desalination, 6 (1): 188-194.
Yang S F, Li X Y, Yu H Q, 2008. Formation and characterisation of fungal and bacterial granules under different feeding alkalinity and pH conditions [J]. Process Biochemistry, 43 (1): 8-14.
Zhang D, Li W, Hou C, et al., 2017. Aerobic granulation accelerated by biochar for the treatment of refractory wastewater [J]. Chemical Engineering Journal, 314: 88-97.
Zheng Y M, Yu H Q, Liu S J, et al., 2006. Formation and instability of aerobic granules under high organic loading conditions [J]. Chemosphere, 63 (10): 1791-1800.
Zhou D, Dong S, Gao L, et al., 2013. Distribution characteristics of extracellular polymeric substances and cells of aerobic granules cultivated in a continuous-flow airlift reactor: Distribution of EPS and cells of aerobic granules cultivated in a CAFB reactor [J]. Journal of Chemical Technology & Biotechnology, 88 (5): 942-947.
Zou J, Tao Y, Li J, et al., 2018. Cultivating aerobic granular sludge in a developed continuous-flow reactor with two-zone sedimentation tank treating real and low-strength wastewater [J]. Bioresource Technology, 247: 776-783.

第2章

污泥颗粒化进程中的关键指标及表征方法

2.1 污泥形貌

好氧颗粒污泥（AGS），顾名思义呈颗粒状，是微生物在适宜的条件下通过自聚集作用形成的生物聚合体。在颗粒化过程中污泥形态的变化主要体现在颜色、粒径、形状、圆度、光滑度、粒/絮比等方面，如外表面逐渐光滑圆润，形状由松散的絮状转变为球形或椭圆形的颗粒状，颗粒直径逐步增加，污泥颜色发生变化，粒/絮比明显增大，等等。通常，成熟的好氧颗粒污泥圆度与光滑度都较高，颗粒内部结构紧密，可见规则、光滑、清晰的边界。目前为止，在各种条件下成功培养出的好氧颗粒污泥颜色主要表现为黄色、黑色、白色三大类。污泥颜色往往能反映其结构特点，具体见表2.1。

表2.1 好氧颗粒污泥不同颜色分类及其特征

颜色	菌种组成与结构特点
黄色	以丝状菌作为骨架，其他微生物吸附于丝状菌生长，复杂交错形成好氧颗粒污泥
黑色	内部：主要为真菌，且存在少量菌胶团，真菌交叉生长，菌胶团结构松散； 外部：在内部真菌的基础上缠绕生长少量微丝菌，颗粒污泥强度通常较低
白色	内部：菌种较单一（以发硫菌为主），无黏附生长的结构，菌丝质脆且颗粒易碎； 外部：通常存在大量缠绕生长的微丝菌，一般可见少量或微量真菌，颗粒强度较低

为观察颗粒化进程中污泥形态的变化与其影响因素之间的正反馈与负反馈机制，可采用相机拍摄、显微镜成像、组织断层扫描成像、核磁共振成像等方法，从表面至内部或从整体至局部等多方面进行观察。各类设备的成像具有其独特优势，可满足不同的观测与分析需要。以下为常用的污泥形貌观测技术及对好氧颗粒污泥形貌特征的实景记录。

2.1.1 相机拍摄

相机是记录好氧颗粒污泥表观形态最常用的工具之一。相机拍摄的图片有利于分辨污泥外貌、区分污泥颜色。使用相机虽不能清晰观察到较小的细节，但往往能更为直观地反映颗粒化过程中污泥形貌的宏观变化。

数码相机常用于记录好氧颗粒污泥整体形态或对比它们之间的宏观差异。黄晓桦（2021）用相机记录了好氧颗粒污泥反应器启动过程中颗粒污泥形态的变化，见图 2.1（书后另见彩图）。通过图像分析不难发现，图 2.1（a）中接种污泥呈明显絮状且颜色为黄褐色，而图 2.1（b）中颗粒形成期的污泥粒径明显增大，颜色也发生了明显变化，由最初的黄褐色转变为淡黄色，说明此时反应器内污泥已经成功颗粒化。当好氧颗粒污泥进入成熟期，如图 2.1（c）所示，反应器内颗粒污泥圆度均较高，粒/絮比低，平均粒径较大且分布均匀，边界较清晰光滑，形状以球形为主。

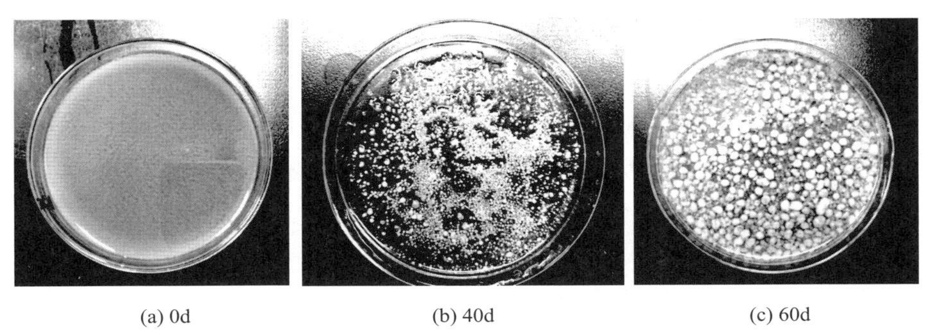

图 2.1 好氧颗粒污泥反应器启动过程中污泥形态变化照片（黄晓桦，2021）

2.1.2 光学显微镜成像

目前用于好氧颗粒污泥形貌观测的显微镜主要有光学显微镜（optical microscope，OM）和电子显微镜（electron microscope，EM）。其中，光学显微镜具有成像清晰、经济、快捷、操作简单等优点，且其观测范围大、限定条件较少，可用于观测好氧颗粒污泥在宏观及微观角度的形貌变化。

与数码相机相比，光学显微镜更适合于观测污泥的微观形态变化，分析污泥内微生物的聚集程度。图 2.2（书后另见彩图）为巫恺澄等（2015）记录的反映颗粒化过程中好氧污泥形态变化的显微镜成像。可以看到污泥在此过程中发生了明显变化，由图 2.2（a）中的灰褐色絮状污泥逐渐转变为图 2.2（b）中的微小聚集体，且此时的聚集体表面均存在较多丝状菌，边缘较毛糙；随着进一步的培养，反应器中的污泥聚集体数量大幅上升，见图 2.2（c），污泥外部边缘也逐渐变得规则、光滑，此时污泥粒径主要分布在 0.58～1.25mm 范围内；图 2.2（d）为系统进入稳定运行阶段后的好氧颗粒污泥图像，可以明显看出与造粒阶段相比，成熟的颗粒污泥尺寸进一步增大、结构更加密实、边界更加清晰、整体为较规则的圆形或椭圆形，这些污泥形貌特征都有力地表明此时反应器中的絮状污泥已经成功实现颗粒化。

常规光学显微镜成像通常缺少立体度，而体视显微镜成像则具有很强的正像立体感。体视显微镜又称“实体显微镜”或“立体显微镜”，可以用来直观、立体地观察好氧颗粒

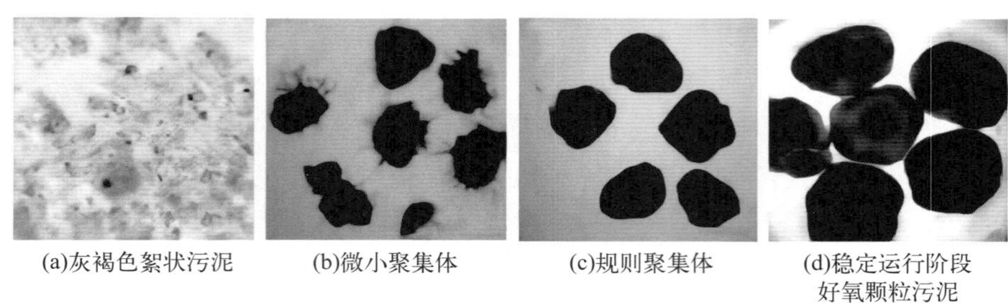
(a)灰褐色絮状污泥　(b)微小聚集体　(c)规则聚集体　(d)稳定运行阶段好氧颗粒污泥

图 2.2　造粒过程中好氧颗粒污泥形态变化的显微镜成像（巫恺澄 等，2015）

污泥的外观变化。唐鹏（2020）使用体式显微镜记录下不同阶段的好氧颗粒污泥形貌，由此可见体式显微镜成像具有立体度较高的特点（图 2.3，书后另见彩图）。造粒初期好氧污泥由结构松散的絮体组成，而后污泥形貌发生如下变化：污泥絮体→细小菌胶团→形状不规则的污泥颗粒→形状规则、结构紧密的污泥颗粒。在此过程中好氧颗粒污泥表面逐渐光滑圆润，污泥粒径逐步增加。此外，对比不同阶段的污泥可发现，造粒初期松散的絮体污泥大多呈均匀的浅黄色，而后期成熟好氧颗粒污泥外部呈淡黄色，颗粒核心则呈棕色或灰白色。

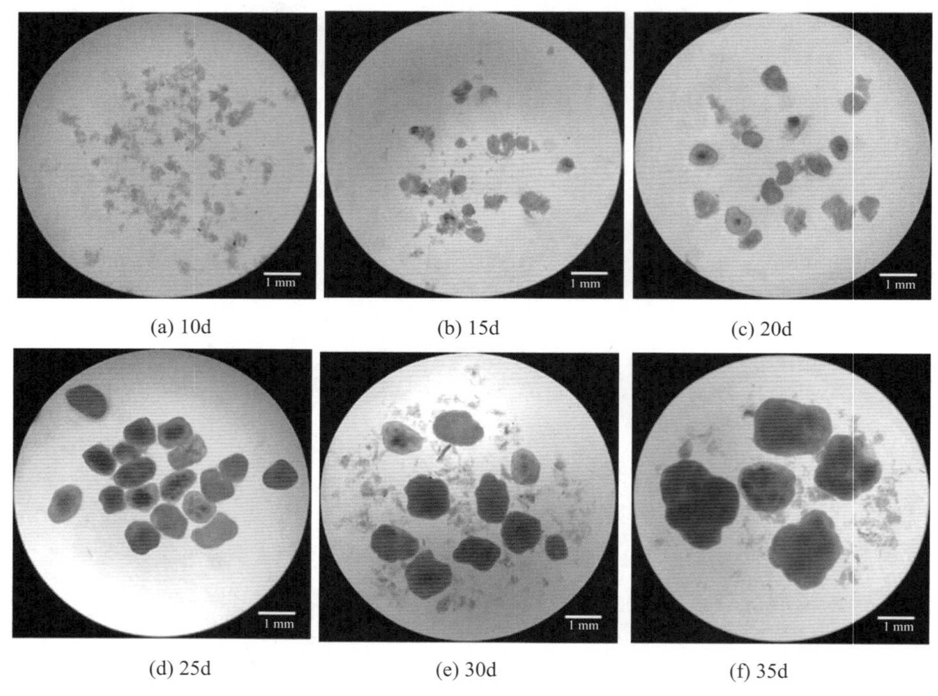

(a) 10d　(b) 15d　(c) 20d
(d) 25d　(e) 30d　(f) 35d

图 2.3　造粒过程中好氧颗粒污泥的体式显微镜成像（唐鹏，2020）

2.1.3　电子显微镜成像

电子显微镜中，扫描电子显微镜（scanning electron microscope，SEM）最常用于观察和记录好氧颗粒污泥形态变化。SEM 成像分辨率高、立体感强、层次丰富、能观察到污泥表面细节，不仅可以用来观察好氧颗粒污泥整体形貌，还可用于观察其细部结构（如表面或剖面的局部特征）。为保证较好的成像效果且最大程度地还原颗粒污泥内部原生形貌，采用 SEM 观察好氧颗粒污泥内部结构时通常采取冷冻切片的预处理方式。SEM 成像具有高分辨率的特点，能够反映污泥或切片表面上的微生物种类及分布情况。高景峰等（2010）记录了扫描电子显微镜下 SBR 反应器中成熟好氧颗粒污泥整体和局部的影像，见图 2.4，整体来看，此好氧颗粒污泥呈现较规则的椭球状，表面光滑，边界清晰，整体结构密实，说明其具有较高的结构强度和稳定性，通过局部高倍数 SEM 图像可发现好氧颗粒污泥表面不仅附着少量丝状菌，还存在着大量树枝状的絮体结构。

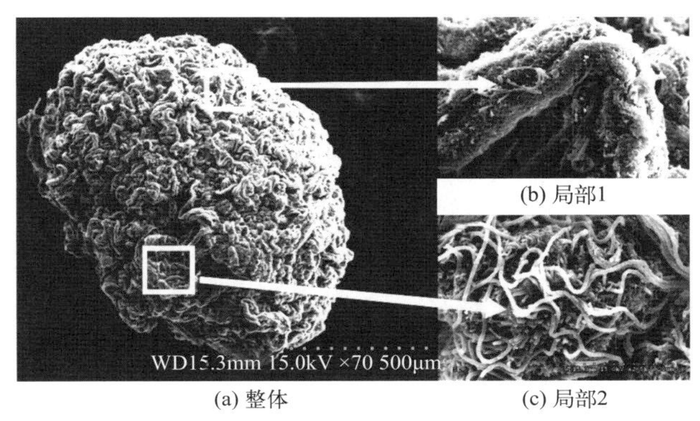

图 2.4　好氧颗粒污泥 SEM 图像（高景峰 等，2010）

此外，X 射线能谱（EDX）可用于分析好氧颗粒污泥中目标元素的含量及分布情况。将 SEM 与 EDX 结合则为扫描电镜能谱分析（SEM-EDX）技术，常用来对微区元素的种类与含量进行分析，并且可以深入剖析好氧颗粒污泥的形态、结构及内部元素分布特性。Mañas 等（2011）使用此法分析成熟好氧颗粒污泥切片，结果如图 2.5（书后另见彩图）所示，由碳扫描图可观察到，颗粒污泥中心的无机物沉淀区与周围的有机生物膜相比碳含量较少，而钙和磷的沉淀物主要分布于颗粒污泥中心。

2.1.4　荧光显微镜成像

荧光显微镜可用于对发光物质或在紫外光刺激下能发光的物质做定性和定量分析。若在荧光显微镜的基础上加装激光扫描装置，则为激光扫描共聚焦显微镜（confocal laser scanning microscope，CLSM）。使用此类显微镜之前，一般需先将颗粒污泥切片，再扫描内部，因此 CLSM 图像能够很好地显示样品内部空间组织，便于观察颗粒污泥内部微生物分布及存在的孔洞和通道，有助于研究好氧颗粒污泥中细菌状态及颗粒污泥的理化特性。

使用荧光显微镜前，需对样品进行荧光染色。目前，常用的好氧颗粒污泥荧光染色技术有多重荧光染色技术与荧光原位杂交技术（fluorescence in situ hybridization，FISH）。多重荧光染色技术多用于研究好氧颗粒污泥中胞外聚合物的化学组分及空间分布，也可用于观察污泥中活细胞和死细胞的分布情况。图 2.6（书后另见彩图）为王亚利（2015）将成熟好氧颗粒污泥多重荧光染色后使用荧光显微镜记录的图像（不同的化学成分由荧

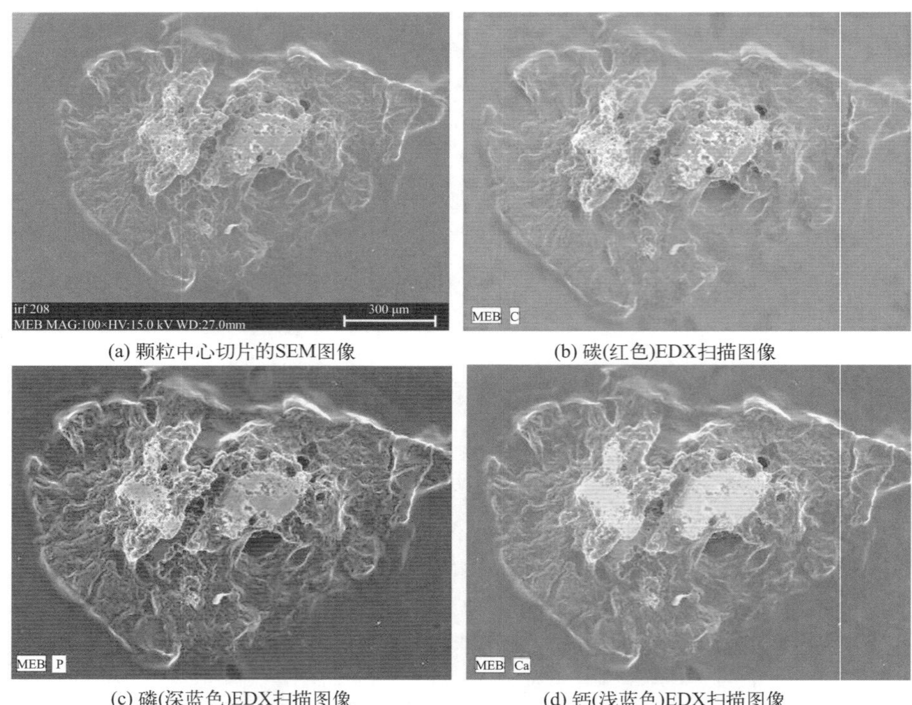

(a) 颗粒中心切片的SEM图像　(b) 碳(红色)EDX扫描图像

(c) 磷(深蓝色)EDX扫描图像　(d) 钙(浅蓝色)EDX扫描图像

图 2.5　好氧颗粒污泥切片的 SEM-EDX 图像（Mañas et al.，2011）

光颜色区分），由图 2.6（a）和图 2.6（b）可以明显看出，好氧颗粒污泥切片中蛋白质和 α-多糖的存在位置有较多重合，这两种物质均多分布于好氧颗粒污泥外侧；而图 2.6（c）中的 β-多糖分布情况与其他几种物质不大一致，其多分布在好氧颗粒污泥中心；脂类［图 2.6（d）］大多分布在好氧颗粒污泥外侧；由图 2.6（e）还可看出活细胞多分布在颗粒外侧。

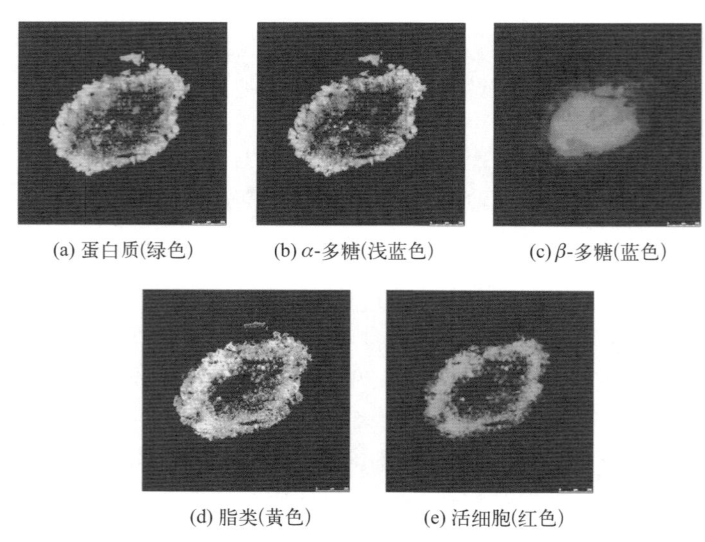

(a) 蛋白质(绿色)　(b) α-多糖(浅蓝色)　(c) β-多糖(蓝色)

(d) 脂类(黄色)　(e) 活细胞(红色)

图 2.6　成熟好氧颗粒污泥的多重荧光染色图（王亚利，2015）

荧光原位杂交技术是以荧光标记取代同位素标记的原位杂交方法。通常将荧光特异性 DNA 或 RNA 探针与目标细胞内相应的靶分子杂交，故 FISH 技术多用于研究污泥表面或内部微生物空间分布情况，如观察聚磷菌、硝化细菌等微生物在好氧颗粒污泥中的分布及丰度等。Lemaire 等（2008a）以屠宰场废水为营养物质，培养出了好氧颗粒污泥，图 2.7（书后另见彩图）是其好氧颗粒污泥中聚磷菌（phosphorus accumulating organisms，PAOs）、氨氧化细菌（ammonia oxidizing bacteria，AOB）与荧光探针杂交后生成的 FISH 图像，图中白色圆圈是用于强调颗粒中心 AOB 的存在。图 2.7（a）中，菌属 *Accumulibacter* 为洋红色（红色 PAOmix 探针和蓝色 EUBmix 探针的叠加），菌属 *Betaproteobacteria* 中的大部分 AOB 为青色（绿色 NSO122 探针和蓝色 EUBmix 探针的叠加），其他细菌为蓝色（蓝色 EUBmix 探针）；图 2.7（b）中，菌属 *Accumulibacte* 为洋红色（红色 PAOmix 探针和蓝色 EUBmix 探针的叠加），菌属 *Competibacter* 为青色（绿色 GAOmix 探针和蓝色 EUBmix 探针的叠加），其他细菌为蓝色（蓝色 EUBmix 探针）。

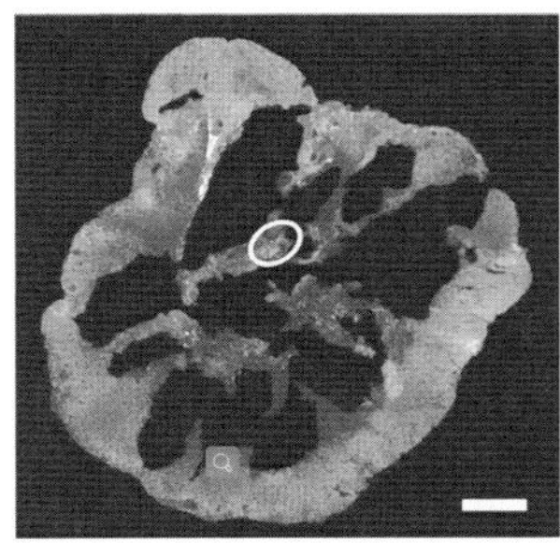

(a) 整个颗粒切片

(b) 部分切片

图 2.7 好氧颗粒污泥的 FISH 图像（Lemaire et al.，2008a）

2.1.5 电子计算机断层扫描

电子计算机断层扫描（computed tomography，CT），通过借助灵敏度极高的探测器对样品某一切片或层面进行断面扫描，CT 所得图像与常规影像相比密度分辨率高，且具有扫描时间快、层厚显示准确、没有层面以外的物质结构干扰等特点，可以根据测量获得的数据对好氧颗粒污泥中的物质做定量分析。而且 CT 扫描在对样品无损的前提下实现了对样品内部的可视化，即不需将好氧颗粒污泥切片即可获得断面的扫描结果，这在很大程度上保留了好氧颗粒污泥内部的原始结构。Winkler 等（2012）使用 CT 技术扫描好氧颗粒污泥，对好氧颗粒污泥密度做定量分析，从而对比不同类型反应器中好氧颗粒污泥之间的差异。CT 结果见图 2.8（书后另见彩图），图中白色部分为高密度部位，可以发现来自异养 EBPR（强化生物除磷）系统［图 2.8（a）］的好氧颗粒污泥内部密度较高（图中框内白色部分），这说明此污泥内部结构较密实，而来自自养 CANON（全程自养脱氮）反应器的硝化-厌氧氨氧化颗粒［图 2.8（b）］则没有观察到这一点。

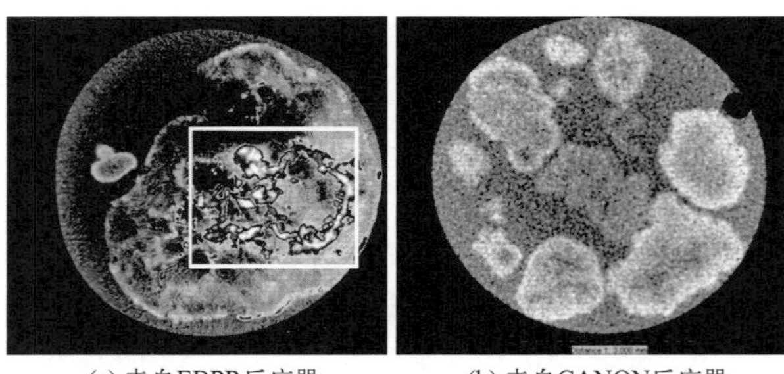

图 2.8 成熟好氧颗粒污泥的 CT 图像（Winkler et al.，2012）

2.1.6 光学相干断层扫描与弹性成像

光学相干断层扫描技术（optical coherence tomography，OCT），其基本原理是以红外线为近距离光源时产生光的相干性干涉。OCT 可实现对活体或组织切片断层的实时观测，具有高分辨率、样品无接触、无损等优点，常用于组织表层成像。光学相干弹性成像（optical coherence elastography，OCE）技术是在 OCT 的基础上，将 OCT 与弹性波传播相结合，OCE 图像可显示探测波沿生物膜表面的位移方式，适合作为探究好氧颗粒污泥生物膜的黏弹性与微生物形态和好氧颗粒污泥内部氧分布之间的相互作用的辅助方法。

Liou 等（2021）利用 OCT 和 OCE 技术研究好氧颗粒污泥生物膜特性，OCT 和 OCE 成像见图 2.9（书后另见彩图）。虽然 OCT 扫描使用的红外光源对样品的穿透深度 $h<1mm$，但足以显示出好氧颗粒污泥生物膜表面的圆形轮廓。如图 2.9 所示，生物膜表面附近的漂浮斑点是细丝，可以观察到好氧颗粒污泥生物膜在 OCT 扫描中并没有表现出明显的结构特征，这说明样品存在结构分层或异质性的特点；相反，在好氧颗粒污泥的深度方向上，OCT 红外光源穿透样品后都呈现较均匀的形态。结合 OCT 和 OCE 技术，Liou 等以含生物质的人工海藻酸盐凝胶球组为对照，对好氧颗粒污泥生物膜的波速分析结果进行拟合，确定好氧颗粒污泥外层和内核生物膜样品的剪切模量皆在生物膜力学性能范围内。

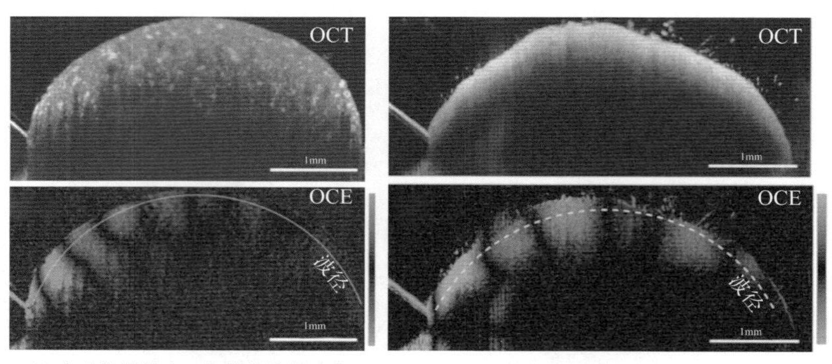

图 2.9 OCT 结合 OCE 图像（Liou et al.，2021）

2.1.7 核磁共振成像

核磁共振成像（magnetic resonance imaging，MRI）技术采用核磁共振原理。与CT类似，MRI也能实现对好氧颗粒污泥的无损扫描，并获得其内部结构图像。核磁共振技术具有成像参数多、扫描速度快、对样品无损等优点。虽然MRI可实现的空间分辨率低于常规的成像方法，但如上文所述，其优点在于对好氧颗粒污泥样品无损无创，且无需考虑杂质影响，故适用于观察好氧颗粒污泥的内部结构。Kirkland等（2020）对不同来源的成熟好氧颗粒污泥进行核磁共振T1加权成像（T1WI），探讨实验室规模和污水处理厂规模的好氧颗粒污泥内部结构间差异，见图2.10（图中较明亮的区域表示胞外聚合物较分散，而较暗的区域表示胞外聚合物及细胞簇更密集，黑色区域则是由于信号松弛而缺乏信号）。

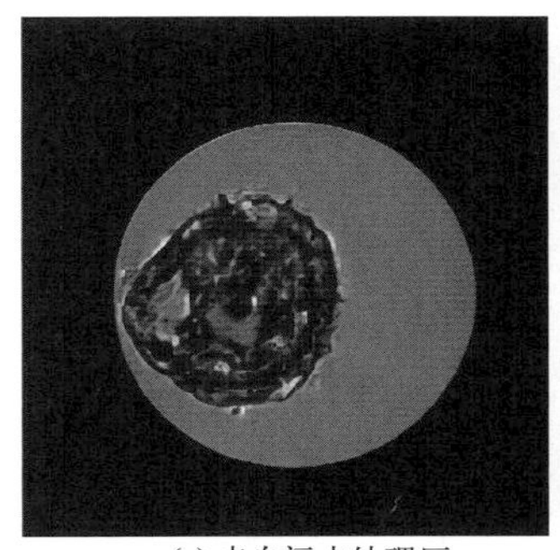
(a) 来自污水处理厂

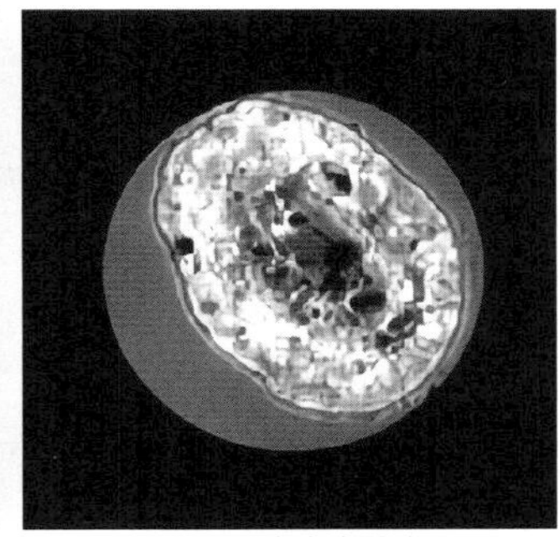
(b) 来自实验室

图2.10 不同来源的好氧颗粒污泥T1加权成像（T1WI）（Kirkland et al.，2020）

通过对比污水处理厂规模好氧颗粒污泥和实验室规模好氧颗粒污泥的MRI图像可发现，污水处理厂中的好氧颗粒污泥具有不均匀的内部结构，且难以获得此颗粒污泥的更高精确度图像，产生这种现象的可能原因是好氧颗粒污泥胞外聚合物的结构紧密或在其内部存在影响信号传递的顺磁离子［如铁（Ⅲ）等］。此外，在颗粒污泥外边缘可以观察到一个明显的边界层，这可能是由颗粒污泥内外有机物浓度差造成的；而实验室规模好氧颗粒污泥的胞外聚合物与细胞簇分布都较密集，高密度区明显。另外，在观察过程中发现实验室规模好氧颗粒污泥外表面的射频信号消失更快，说明其结构较紧密，胞外聚合物交联度较高。以上表明来自城市污水处理厂的好氧颗粒污泥可能存在着密度分布不均匀的胞外聚合物和结构复杂的细胞簇，好氧颗粒污泥内外有机物浓度差异较大。

2.2 污泥特性

2.2.1 污泥粒径

好氧颗粒污泥的粒径是衡量其成熟度的重要依据，也是影响污泥沉降性能的重要因素。絮体好氧污泥的粒径一般在150μm以下，而好氧颗粒污泥的粒径一般在300～800μm

之间，最小的可至 200μm。衡量好氧污泥颗粒化程度时，通常以系统中粒径 $d>200\mu m$ 的污泥所占比例为判断依据（黄晓桦，2021）。欲使好氧颗粒污泥系统高效运行，污泥直径不能过高也不能过低，最佳粒径一般在 1.0～3.0mm 之间（杨贺棋，2015）。好氧颗粒污泥系统中的粒径分布曲线与正态分布曲线类似，一般来说，稳定的好氧颗粒污泥系统中粒径分布曲线与标准的正态分布曲线更吻合。系统中颗粒污泥的平均粒径与好氧污泥颗粒化程度关系密切，当系统趋于稳定，好氧颗粒污泥趋于成熟，颗粒污泥平均粒径的变化幅度也随之减小。

好氧颗粒污泥的粒径分析一般包括对颗粒污泥粒径分布和颗粒污泥平均粒径的分析。好氧颗粒污泥粒径分析与测定的方法有很多，如湿式筛分法、激光粒度法、图像分析法、沉降法等，也有研究者将以上几种方法结合使用。其中湿式筛分法操作简单、成本低，激光粒度法简单、方便、准确，故目前好氧颗粒污泥的粒径分析大多采用湿式筛分法和激光粒度法。

2.2.1.1 湿式筛分法

湿式筛分法常用来测定好氧颗粒污泥的粒径分布，此法有成本低、重现性好、快速方便等优点。其操作大致为：先采用不同孔径的不锈钢筛将样品划分为不同粒径范围，再分别计算不同粒径范围的好氧颗粒污泥在整体好氧颗粒污泥中的比例，根据筛分分析数据绘制某一阶段的污泥粒度分布或频率分布图。

何瑜（2022）采用湿式筛分法测定了培养 210d 的好氧颗粒污泥粒径分布，见图 2.11（书后另见彩图），可以清晰地看到在每一次筛分中，粒径大于筛网孔径的好氧颗粒污泥被留下，而粒径小于筛网孔径的颗粒污泥被筛漏，继续参与下一轮筛分。图中筛分结果说明系统中粒径大于 0.9mm 的好氧颗粒污泥大多数都是白色，粒径在 0.71～0.9mm 范围内的好氧颗粒污泥中白色和黄色各占约 50%，粒径在 0.55～0.71mm 的好氧颗粒污泥则几乎都是黄色。整个系统中的好氧颗粒污泥粒径几乎全部大于 0.55mm，且白色好氧颗粒污泥相较于黄色好氧颗粒污泥粒径更大。

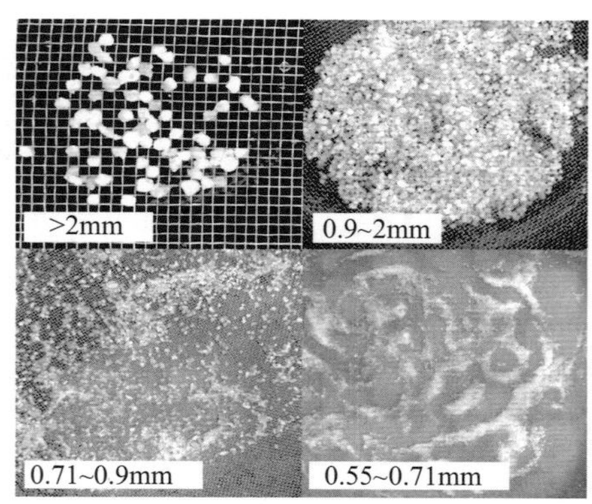

图 2.11 好氧颗粒污泥湿式筛分法筛分结果（何瑜，2022）

贺鹏鹏（2018）采用网板反应器培养好氧颗粒污泥并采用湿式筛分法测定粒径分布，图 2.12 展示了系统内好氧颗粒污泥在第 20 天成熟时的粒径分布情况，可见粒径分布范围在 0～5mm 之间，粒径为 3mm 的好氧颗粒污泥占总体好氧颗粒污泥的质量分数大约为 60%。

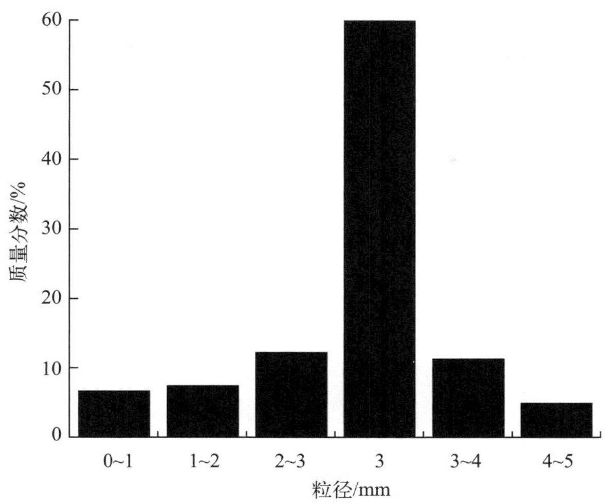

图 2.12　好氧颗粒污泥粒径分布图（贺鹏鹏，2018）

2.2.1.2　激光粒度法

激光粒度法是目前最常用来分析好氧颗粒污泥粒径分布的方法之一，使用激光粒度分析仪也可对污泥的平均粒径进行测定。激光粒度分析仪采用激光衍射原理测量并分析物理颗粒丰度，因测量范围广、测量速度快、结果准确、操作简单、使用方便等显著优点而常被用于测定好氧颗粒污泥的粒径。李昱欢（2017）使用激光粒度分析仪测定了实验中两组反应器内好氧颗粒污泥颗粒粒径的分布，见图 2.13，可见相比于湿式筛分法，采用激光粒度法有助于对好氧颗粒污泥的颗粒粒径做出较细化的分析，图中 R1、R2 中的好氧颗粒污泥颗粒粒径都呈现近似的正态分布。R2 中粒径＞1000μm 的颗粒在其中占到了 17.82%，而同时 R1 中粒径＞1000μm 的颗粒仅有 2.51%，故 R2 整体也拥有比 R1 更大的粒径。

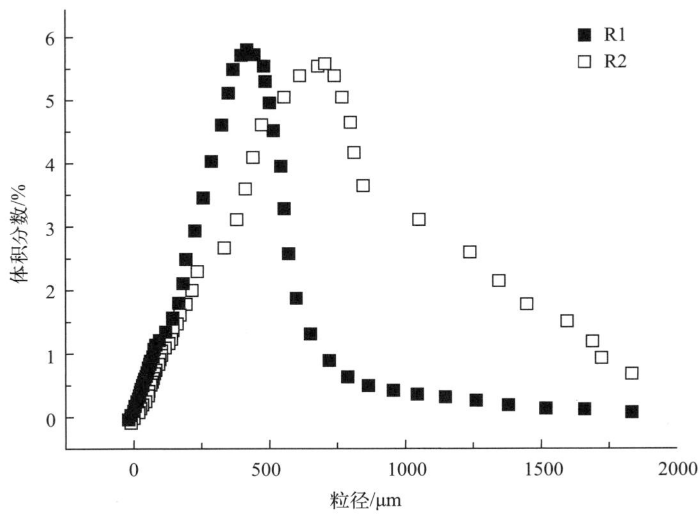

图 2.13　R1、R2 内好氧颗粒污泥颗粒粒径分布图（李昱欢，2017）

2.2.2 沉降性能

沉降性能是好氧颗粒污泥相比于好氧活性污泥最具优势的性能之一。近年来，好氧颗粒污泥优越的沉降性能受到众多研究者的关注。好氧污泥颗粒化过程中，沉降性能可作为判断好氧颗粒污泥成熟度的重要指标，往往能够贴切地反映污泥的颗粒化程度。

2.2.2.1 SVI

污泥容积指数（SVI）是表征好氧污泥颗粒化过程中污泥沉降性能与固液分离效率的重要参数。其实际意义是曝气池混合液经 30min 静沉后，1g 干污泥所占的容积（以 mL 计），污泥容积指数＝混合液在 30min 内静沉后污泥容积（mL）/污泥干重（g），即

$$SVI=\frac{SV}{MLSS} \tag{2.1}$$

式中　SV——污泥沉降比；

MLSS——污泥浓度。

一般来说，活性污泥的 SVI 值范围为 100～300mL/g，而成熟的好氧颗粒污泥 SVI 值范围为 20～68mL/g。SVI 值越低表明污泥沉降性能越优异，往往通过测定不同阶段好氧颗粒污泥的 SVI 值来反映其沉降性能的变化。好氧污泥颗粒化过程中，SVI 值一般呈下降趋势，完全颗粒化后 SVI 数值变化幅度变小且趋势平稳；SVI 值大，说明污泥沉降性能差，可能发生了污泥膨胀；当好氧颗粒污泥开始解体，SVI 值又会回升甚至高于造粒前的水平。

SVI 值计算中的污泥沉降比（SV）又称为 30min 沉降率，能够直观地反映污泥的沉降性能。常采用沉降法测定污泥沉降比的值，大致步骤为：取 100mL 待测污泥混合液，混匀并倒入 100mL 量筒内，静置 30min 后，观察沉淀后污泥占原混合液总体积的比例，即为 SV 值。SV 值越小，说明污泥的沉降性能越好。通过 SV 值的变化可以预防和判断污泥膨胀现象的发生。一般来说，污泥颗粒化过程中污泥沉降比 SV 与污泥容积指数 SVI 的变化趋势较为相似。此外，SV_{30}/SV_5 值作为衡量污泥沉降性能的指标之一，也常作为衡量其颗粒化程度的参考，好氧颗粒污泥颗粒化过程中 SV_{30}/SV_5 值一般呈上升趋势，颗粒化程度越高的好氧颗粒污泥，其 SV_{30}/SV_5 值越接近 1.0，成熟好氧颗粒污泥的 SV_{30} 与 SV_5 的偏差一般＜10％。

2.2.2.2 沉降速率

沉降速率是表征污泥沉降性能的指标之一，故颗粒污泥沉降速率也可作为判断好氧污泥颗粒化程度的有效依据。好氧颗粒污泥的沉降速率范围一般在 18～90m/h 之间，最高可达 130m/h，而活性污泥的沉降速率一般在 7～10m/h 之间，可见好氧颗粒污泥的沉降速率远高于活性污泥。一般来说，在好氧颗粒污泥形成-稳定-解体的过程中污泥沉降速率呈现低-高-低的变化趋势。

好氧颗粒污泥沉降速率的测定常采用沉降法，具体为在量筒中装满水后测量液面至量筒底部的距离。将好氧颗粒污泥放入量筒后记录颗粒污泥从液面降至量筒底部的时间，通

过测得的量筒高度和计得的沉降时间即可计算出此好氧颗粒污泥的沉降速率，然后在此粒径范围内取任意个颗粒污泥，依次测量其沉降速率并算出平均值，即为此粒径范围内的好氧颗粒污泥沉降速率。

2.2.2.3 污泥密度

好氧颗粒污泥的密度是表征其体积特征的指标。污泥密度不仅能够反映污泥内部微生物的密集程度，还可作为判断污泥沉降性能的依据之一，密度大说明其具有较高的生物量、较强的生物活性以及优良的沉降性能。通常情况下，好氧颗粒污泥的密度范围在 1.004～1.065g/cm^3 之间，最大可达 1.1g/cm^3，而普通活性污泥的密度范围在 1.002～1.006g/cm^3 之间。好氧污泥颗粒化过程中，随着颗粒污泥结构越来越密实，胞外聚合物含量增高，污泥密度往往会呈现增大的趋势。一般来说，不同造粒条件下好氧颗粒污泥的密度会有差异，如投加混凝剂或载体等助凝物质会使好氧颗粒污泥的密度高于常规手段培养的好氧颗粒污泥，又如生物除磷系统中好氧颗粒污泥的污泥密度也通常高于常规好氧颗粒污泥，这可能是因为生物除磷颗粒污泥内部结构较紧密，也可能是由于生物除磷环境下的优势微生物本身具有较大的密度。

污泥密度一般用相对密度的方式来表示，如相对于蔗糖或水的密度。目前，好氧颗粒污泥密度的测量大多采用蔗糖法，测得结果为污泥相对于蔗糖溶液的密度。具体过程是根据蔗糖溶液糖度与密度对照表，配制一定浓度梯度的蔗糖溶液，向这些蔗糖溶液中分别滴加定量污泥样品，当某浓度蔗糖溶液中好氧颗粒污泥悬浮在水中时说明此时污泥密度与溶液密度相当；相反，当好氧颗粒污泥出现上浮或下沉的状态时，则说明其密度小于或大于蔗糖溶液的密度。总的来说，可根据好氧颗粒污泥在蔗糖溶液中的运动状态判断并最终确定其密度（杨月乔，2016）。此外，也有研究者采用蒸馏水法测定污泥密度。该法认为污泥密度是指特定温度（通常为 4℃）下已知体积污泥样品与等体积蒸馏水的质量比（刘喆，2016；王亚利，2015）。

2.2.2.4 污泥含水率

含水率能够反映好氧颗粒污泥结构密实程度与沉降性能。污泥含水率低往往说明污泥结构密实，沉降性能好。好氧颗粒污泥的含水率一般在 94%～97%之间，远低于活性污泥的含水率（通常在 99%以上）。因此处理相同量污废水时所需的好氧颗粒污泥量仅为活性污泥的 50%左右。

污泥含水率的测定方式较多，好氧颗粒污泥的含水率常采用《城市污水处理厂污泥检验方法》（CJ/T 221—2005）中规定的重量法进行测定。其大致步骤为：将均匀的好氧颗粒污泥样品放入清洁的蒸发皿中，使用水浴将其蒸干；然后放在 103～105℃烘箱内，将样品烘干至恒重，烘干前后的质量差即为好氧颗粒污泥内减少的水的质量，记为污泥含水率 ω。污泥中的含水率 ω 的数值，以百分数表示，按式（2.2）计算：

$$\omega=\frac{m-(m_2-m_1)}{m}\times 100\% \tag{2.2}$$

式中 m——称取污泥样品的质量，g；

m_1——恒重空蒸发皿的质量，g；

m_2——恒重后蒸发皿与恒重后污泥样品的质量之和，g。

2.2.3 稳定性能

好氧污泥颗粒化进程中，好氧颗粒污泥通常需要一定的机械强度来维持其完整形态和内部结构的稳定性，较高的机械强度使得好氧颗粒污泥能够抵抗造粒过程中纵向上升的气液两相流带来的水力剪切作用和横向水流带来的水力搅拌作用，并在这些作用下逐渐形成完整、密实的好氧颗粒污泥。若反应器内的好氧颗粒污泥机械强度低，将会出现颗粒破裂、磨损或剥落等现象，使系统内生物量流失，进而导致反应器启动或运行失败。因此，机械强度是反映好氧颗粒污泥稳定性的重要依据，好氧污泥颗粒化过程中颗粒污泥结构的稳定性与其机械强度密切相关，可从抗剪切强度和流变特性两方面进行表征。

2.2.3.1 抗剪切强度

完整性系数（integrity coefficient，IC）可表征好氧颗粒污泥的抗剪切强度。一般来讲，好氧颗粒污泥的抗剪切强度要明显高于絮状污泥，这也是好氧颗粒污泥的显著优点之一。通常情况下，好氧颗粒污泥的 IC＜20％说明其结构稳定、强度较高，而 IC＞20％说明此时好氧颗粒污泥结构不稳定。

完整性系数可用混合液在摇床上以 200r/min 的转速摇晃 5min 后，上清液中固体质量与好氧颗粒污泥总质量的比值来表示。完整性系数可作为反映好氧颗粒污泥机械强度的指标（Gao et al.，2011）。完整性系数越大，说明好氧颗粒污泥的机械强度越高。IC 提供了动态流条件下好氧颗粒污泥抗剪切强度的实际性指标。其计算公式如下：

$$IC_t = \left(\frac{SS_t}{1 - SS_0}\right) \times 100\% \tag{2.3}$$

式中　SS_0——颗粒污泥总质量；

SS_t——涡旋剪切试验 t min 后上清液中污泥固体质量。

2.2.3.2 流变特性

流变特性可作为好氧颗粒污泥造粒过程中的一项重要参数。流变特性是描述物体在机械应力影响下变形程度的性质，可表征好氧颗粒污泥混合液非牛顿特性和黏弹性特性。流变特性可以间接反映好氧颗粒污泥内部结构特征，可以将颗粒污泥实际的流动特性或机械压缩过程中的污泥变形量化表示出来。好氧颗粒污泥的流变特性与其胞外聚合物的性质密切相关，目前相关研究大多聚焦于胞外聚合物对好氧颗粒污泥流变特性的作用与影响。

一方面，好氧颗粒污泥混合液作为非牛顿流体，可对其非牛顿流变特性进行表征，目前常用来表达好氧颗粒污泥流变特性的模型有 Herschel-Bulkley 模型［式（2.4）］、Bingham 模型［式（2.5）］以及幂律方程［式（2.6）］3 种。各自表达式如下所示（Wang et al.，2016）：

$$\tau = \tau_Y + K\gamma^n \tag{2.4}$$

$$\tau = \tau_Y + K\gamma \tag{2.5}$$

$$\tau = K\gamma^n \tag{2.6}$$

式中　τ——剪切应力；

τ_Y——屈服应力；

γ——剪切速率；

K——一致性系数；

n——流体流动特性指数（牛顿流体 $n=1$，膨胀流体 $n>1$，假塑性流体 $n<1$）。

另一方面，好氧颗粒污泥混合液还可对好氧颗粒污泥的动力学黏度（μ_{app}）进行表征，反映其流变特性。动力学黏度（μ_{app}）在数值上等于剪切应力（τ）与剪切速率（γ）的比值，好氧颗粒污泥混合液中动力学黏度的变化情况可用Einstein公式来计算：

$$\mu_{app}=\mu_0(1+2.5\phi) \tag{2.7}$$

式中　μ_0——溶剂黏度；

ϕ——颗粒污泥占总混合液的体积分数。

好氧颗粒污泥流变特性的测量常采用流变仪，使用计算机实现数据分析，流变仪可控制应力应变，直接读取流变参数，绘制流变曲线。马云杰（2014）记录了浓缩好氧颗粒污泥在稳态剪切力作用下的基本流变特性（图2.14）。图2.14中，上升路径（ascending path）代表剪切速率值上升阶段（由 $0s^{-1}$ 升至 $800s^{-1}$），下降路径（descending path）代表剪切速率值下降阶段（由 $800s^{-1}$ 降至 $0s^{-1}$）剪切应力 τ 的变化。可以看到，上升阶段的剪切应力 τ 更大；黏度（μ_{app}）随剪切速率增大而减小，且当剪切速率范围在 $0\sim100s^{-1}$ 时 μ_{app} 变化较大。

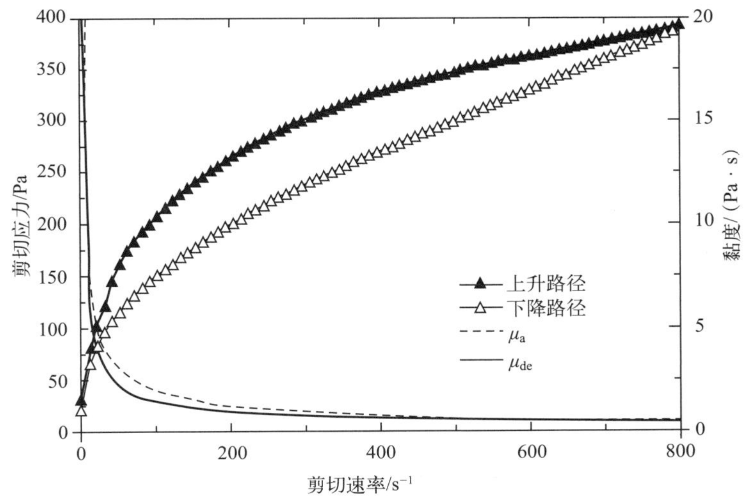

图2.14　好氧颗粒污泥基本流变图（SS= 35g/L，T= 25℃）（马云杰，2014）

2.2.4　絮凝性能

2.2.4.1　絮凝指数

絮凝指数（flocculation index，FI）的变化能够直观地反映造粒过程中好氧污泥的聚集行为，污泥絮凝能力强意味着能够更快、更高质量地形成好氧颗粒污泥，因此絮凝指数也在一定程度上反映了污泥的颗粒化能力。好氧颗粒污泥往往具有较优的絮凝能力，即较高的絮凝指数。大量研究表明，好氧颗粒污泥的絮凝能力与胞外聚合物的含量有着较为紧密的联系。一般来说，蛋白质（胞外聚合物的主要成分之一）含量增加的同时好氧颗粒污泥絮凝性和稳定性也会有显著提升，而多糖（胞外聚合物的主要成分之一）含量的增加则往往伴随着好氧颗粒污泥机械强度的提高。大量实验证明，投加混凝剂与载体或钙、镁等具有结合能力的金属离子对微生物聚集体的自固定均可起促进作用，可在一定程度上提升造粒过程中好氧污泥的凝聚与絮凝性能，从而加快好氧污泥颗粒化进程。

絮凝指数可通过光谱法测定，测定絮凝前与絮凝后混合液的吸光度，计算后即可得到污泥的絮凝指数，絮凝指数可以通过下面的公式计算：

$$\mathrm{FI}=\frac{\mathrm{OD}_{\text{初始}}-\mathrm{OD}_{30}}{\mathrm{OD}_{\text{初始}}}\times 100\% \tag{2.8}$$

式中　$\mathrm{OD}_{\text{初始}}$——空白样上清液的吸光度；

　　OD_{30}——静置 30min 絮凝后上清液吸光度。

2.2.4.2　相对疏水性

相对疏水性（也可称表面疏水性）是好氧颗粒污泥的重要性质之一，是絮体污泥颗粒化的第一诱导力。污泥中微生物表面疏水性增加使得表面自由能降低，从而促进微生物聚集，因此造粒过程中疏水性的增强也是好氧颗粒污泥系统中颗粒污泥形成的一个充分必要条件。Tay 等（2001）在研究中发现，污泥颗粒化后微生物表面疏水性比初始污泥的疏水性增加了近 2 倍，并且水力剪切力或水力选择压力的增加有助于提高细胞疏水性，但有机负荷的变化对细胞疏水性没有显著影响。

目前已知的测量细胞表面疏水性的方法有很多，如测量微球对细胞的黏附、测量细菌与烃类化合物的黏附、疏水作用色谱法、盐渍化的聚集、接触角测量、细胞在两相系统中的分化、测量脂肪酸与细菌细胞的结合、测量对固体表面的附着力等。测定好氧颗粒污泥的表面疏水性时，较常见的方式有测量细菌与烃类化合物的黏附与测量接触角。前者可通过测定污泥中的微生物对烃类化合物（如十六烷、正十二烷等）的黏附程度得到，记录水相中的悬浮固体浓度或一定波长下的吸光度，即可得出好氧颗粒污泥的相对疏水性。同样地，相对疏水性还可使用污泥接触角进行表征，污泥接触角反映气液固界面间的表面张力平衡结果。好氧颗粒污泥的接触角一般是将好氧颗粒污泥预处理后，以超纯水、甲酰胺、1-溴代萘等溶液作为接触液，采用接触角测量仪测定。近年来也有研究者采用图像传感技术测定好氧颗粒污泥的接触角，如王然登（2015）采用 CCD（电荷耦合器件）图像传感技术进行颗粒污泥接触角测定，结果如图 2.15（书后另见彩图）所示。可以发现前者的疏水性高于后者。可见颗粒污泥中微生物细胞的疏水性更强，说明在颗粒化过程中微生物的凝聚与絮凝性能发挥了更大的作用。

2.2.4.3　表面电荷

由于微生物细胞表面带有负电性，故好氧颗粒污泥通常也带有电性，好氧颗粒污泥表面的这种带电特性通常用 zeta 电位表征。当具有相同负电性的污泥相互靠拢至一定距离就会发生双电层的重叠，从而产生静电斥力。引起静电斥力的电荷越多，zeta 电位的绝对值越高，污泥之间的排斥力也就越大。相反，当 zeta 电位的绝对值变低，污泥分子便更容易

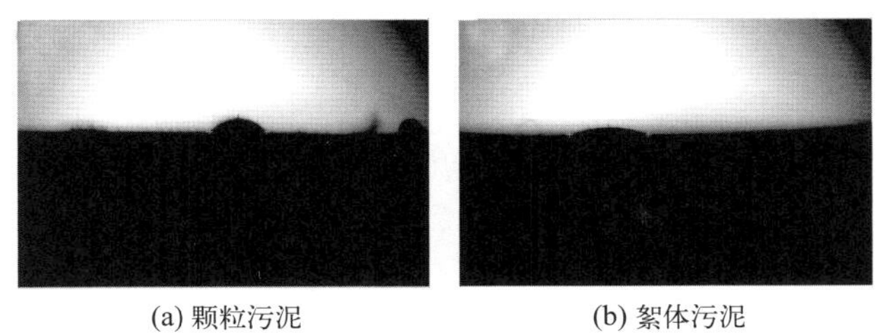

图 2.15　颗粒污泥与絮体污泥的接触角大小对比图（王然登，2015）

聚集成颗粒污泥。实际上，zeta 电位与胞外聚合物的成分与含量有很大关联。一般来说，zeta 电位与好氧颗粒污泥内蛋白质/多糖（胞外聚合物的两种主要成分）的比值呈正相关，因此这二者皆可作为好氧污泥颗粒化的评价指标。此外，二价阳离子（如 Ca^{2+} 等）能中和微生物表面负电荷，所以众多学者认为投加此类物质是促进初始细胞附着、加快造粒进程、提高好氧颗粒污泥性能的可能机制。

zeta 电位的计算公式如下：

$$\zeta = \frac{K\pi\eta u}{DE} \tag{2.9}$$

式中　K——与胶体颗粒形状有关的常数（球形颗粒为 6，棒形颗粒为 4）；

η——液体的黏滞系数（绝对黏度）；

u——相对于液体的胶体胶粒移动速度；

D——液体的介电常数；

E——电场场强。

zeta 电位测量仪常用来测定污泥表面 zeta 电位，需多次测量后取平均值。在反应器启动过程中好氧污泥 zeta 电位的绝对值通常呈下降趋势，这是由于好氧污泥细胞表面的净负电荷数量减少，细胞间的静电排斥力不断下降，有利于好氧污泥聚集为好氧颗粒污泥。王佳琴（2020）在 EPS 对污泥聚集的作用研究中，探究了反应器启动过程中好氧污泥表面 zeta 电位的变化情况，如图 2.16 所示。可以观察到在造粒初期，zeta 电位的绝对值不断下降，而当好氧颗粒污泥进入成熟期（40d 后），反应器中颗粒污泥 zeta 电位数值变化较小。

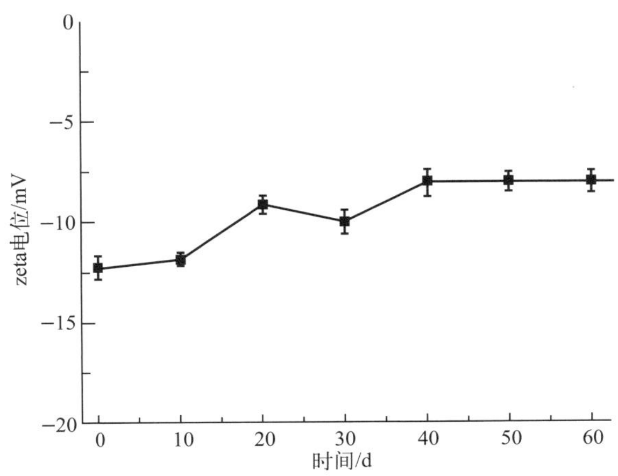

图 2.16　好氧颗粒污泥造粒过程中污泥 zeta 电位变化曲线（王佳琴，2020）

2.3 胞外聚合物

目前人们普遍认为胞外聚合物在好氧颗粒污泥的形成与稳定中起到重要作用。胞外聚合物（EPS）是指一定环境条件下微生物分泌于体外的一种天然高分子黏性聚合物质，其成分复杂，主要有蛋白质（PN）、多糖（PS）、腐殖酸（HA）、脂质、核酸和其他生物聚合物等物质。EPS是好氧颗粒污泥的重要组成部分，其理化性质（如荷电性、亲水性、吸附性等）对好氧颗粒污泥的影响不容小觑，EPS对好氧颗粒污泥的疏水性、黏附性、絮凝性、沉降性和脱水性能等都会产生影响。所以无论是从微观还是宏观层面上来看，胞外聚合物的含量与性质都与好氧颗粒污泥造粒密切相关，故对EPS的分析及检测是好氧颗粒污泥研究中不可或缺的部分。近年来更有许多研究者将EPS的成分、含量等参数作为主要变量，探讨EPS对好氧颗粒污泥的作用及影响（Felz et al.，2016；Liu et al.，2022；Miksch & Konczak，2012；Seviour et al.，2010；Wang et al.，2021a；Wang et al.，2021b）。目前好氧颗粒污泥中EPS的主要研究手段（包括EPS的提取及物化特性的表征方法）如下。

2.3.1 提取方法

EPS的提取方法大致分为物理提取法、化学提取法和物理化学结合提取法。物理法是机械法，提取效率一般较低；化学法提取EPS时产量高，但容易产生试剂和细胞裂解的污染。也就是说，化学法一般能比物理法提取到更多的EPS，但物理法对细胞结构的破坏程度较小。近年来，还出现有物理法和化学法联用的组合方法，如磁力搅拌-阳离子交换树脂法（郑晓英 等，2013）、甲醛-超声法（刘子森 等，2015）等。以下选取目前常见的几种好氧颗粒污泥中EPS的提取方法做简要介绍。

2.3.1.1 物理提取法

物理提取法的主要原理是通过外界环境变化（如施加外力、改变温度等）使EPS脱离细胞表面，由细胞内转移至溶液中，或增大其在溶液中的溶解度，以实现EPS提取的目的。

（1）离心提取法

离心提取法一方面会使EPS在离心作用下从细胞表面脱离至溶液中，另一方面会增大EPS中各成分在水中的溶解度，使EPS易于从细胞表面分离。离心法是一种较温和的提取方法，对EPS中多糖成分的提取效果较好（周晶 等，2021），且对好氧颗粒污泥内微生物细胞的破坏程度较小，但离心法所能提取到的EPS量也较少。Felz等（2016）采用离心法提取EPS时，离心后好氧颗粒污泥颗粒形状和EPS凝胶结构基本完好，可见此法可以在一定程度上保证EPS结构完整性，避免发生大量细胞自溶现象。离心法可以用于提取LB-EPS，但难以提取TB-EPS，且因其提取EPS的效率较低，所以目前部分研究将该法作为提取EPS成分时的一种对照方法，用于衡量其他提取方法对细胞的破坏程度

（郑晓英 等，2013）。也有部分研究者将离心法与其他物理化学提取方法结合，以期获得更好的 EPS 提取效果。

(2) 超声波提取法

超声波提取法的原理是通过超声波产生的剪切力和空穴形成的压力冲击从好氧颗粒污泥中分离 EPS。其中，超声时间和超声功率是影响 EPS 提取效果的主要因素，超声作用时间过短会导致 EPS 剥离不彻底；时间过长则容易导致细胞破裂，甚至破坏 EPS 的化学结构。例如，在 Felz 等（2016）的研究中，由于超声波的作用，好氧颗粒污泥变为大小不同的碎片，导致提取后混合液的浑浊度较高。但实际上超声波提取法很少会使 EPS 成分变性失活，所以一般不会对蛋白质的成分测定产生影响，这也是超声波提取法的优点之一。超声波提取法提取 EPS 中蛋白质效果也较好，王暄等（2005）的对比实验就曾表明超声波提取法不仅对好氧颗粒污泥内细胞的破坏程度较小，对于 EPS 中蛋白质成分的提取也有较好效果。值得注意的是，单独使用超声波提取法可能无法完全提取好氧颗粒污泥中的 EPS，为了获得更好的提取效果，通常将超声波提取法与其他提取方法结合使用。

(3) 加热提取法

加热提取法又称热提取法，其原理是通过升温作用使胞外聚合物内部结构变得松散，从而便于提取，且加热作用使得粒子运动更活跃，也提高了胞外聚合物在溶液中的溶解度。加热提取法对细胞来说刺激性较强，但其操作过程简单方便、提取效率高，因此也被广泛用于好氧颗粒污泥中胞外聚合物的提取。如 Wang 等（2021）、Liu 等（2022）、Liu 等（2021）都曾用此法提取好氧颗粒污泥中的胞外聚合物，He 等（2021）将加热提取法改良后用于提取处理低盐苯酚废水好氧颗粒污泥中的 EPS，王暄等（2005）认为加热提取法提取好氧颗粒污泥中 TB-EPS 效率较高。需注意的是，在提取 EPS 各组分时，虽然加热对于热稳定性较强的多糖和 DNA 影响不大，却可能会使蛋白质热解变性，影响后续 EPS 中蛋白质成分的分析测定结果，故使用加热提取法时要严格控制加热的时间和温度。

2.3.1.2 化学提取法

有些化学溶剂会使大分子聚合物成分呈溶解态，化学提取法正是利用这一特点使 EPS 溶解在溶剂中。常用的化学提取法包括 NaOH 提取法、H_2SO_4 提取法、乙二胺四乙酸提取法、阳离子交换树脂提取法、乙醇提取法、甲醛提取法、戊二醛提取法以及不同化学试剂的组合提取法，如甲醛-氢氧化钠法（吴桂荣 等，2017；徐小惠 等，2021）。

(1) 酸/碱提取法

酸/碱提取法的原理是在酸/碱（通常是 H_2SO_4 与 NaOH）作用下，使好氧颗粒污泥样品的表面电荷发生变化、EPS 与细胞间的斥力增强，以此提高 EPS 在溶液中的溶解性。此法提取 EPS 效率高、操作简便，因此也被广泛使用，如王玉莹等（2020）曾采用 NaOH 法提取好氧颗粒污泥中的 EPS 组分。酸/碱提取法的局限性在于极端 pH 值会使细胞容易裂解，且强酸强碱易使蛋白质变性，从而影响 EPS 的提取效果及含量测定。Liang 等（2010）通过对相关物质进行成分检测与荧光染色分析，证实了使用 NaOH 提取法会出现细胞大量溶解这一现象，王暄等（2005）的研究也证明碱处理对好氧颗粒污泥细胞具有很大的破坏作用。另外，使用酸/碱提取法时酸或碱的使用量也会影响 EPS 的提取效果，因此控制好酸和碱的量是很有必要的。

(2) EDTA提取法

二价阳离子在EPS电荷点位连接中往往起到重要作用，而乙二胺四乙酸（ethylene diamine tetraacetic acid，EDTA）能与二价阳离子（如Ca^{2+}、Mg^{2+}等）结合形成更稳定的复合结构，起到螯合剂的作用，因此在加入EDTA后，EPS与细胞的结合力往往被削弱，从而易于从细胞表面剥离下来。EDTA提取法提取EPS效率高，对细胞破坏程度较低，在Felz等（2016）的对比实验中即显示EDTA提取EPS后好氧颗粒污泥形状和凝胶结构都完好，此外也有其他实验数据表明EDTA提取法对蛋白质和糖类有较好的提取效果。但是，高浓度的EDTA会导致细胞自溶，使胞内的DNA被释放出来，且EDTA作为一种化学药剂，会在一定程度上干扰EPS的测定。因此，有许多研究者对EDTA提取法进行改良，如Sun等（2021）使用改进EDTA提取法提取好氧颗粒污泥中的EPS成分，并获得了较好的提取效果。

(3) 阳离子交换树脂提取法

阳离子交换树脂（cation exchange resin，CER）提取法的基本原理与EDTA提取法相似，通过CER与二价阳离子（如Ca^{2+}和Mg^{2+}等）之间的离子交换作用，破坏二价阳离子与胞外聚合物之间的稳定结构，从而减弱EPS与细胞间的结合力，使EPS易从细胞上剥离。阳离子交换树脂提取法对微生物细胞的破坏性较小，并且此提取法对胞外聚合物后续检测的干扰较小。但需注意的是，使用CER提取法时需通过测试找到合适的提取参数，如pH值、树脂投加量、搅拌速率、提取时间等。鉴于CER提取法的众多优点，许多学者都曾将此法作为好氧颗粒污泥中EPS的提取手段，如Miksch等（2012）使用阳离子交换树脂提取好氧颗粒污泥中的TB-EPS，Jachlewski等（2015）对比5种提取EPS的方法发现，CER提取法提取EPS的效果最好，此法对EPS中多糖和蛋白质成分的提取效果较优。类似地，D'Abzac等（2010）也认为CER提取法适于EPS中蛋白质成分的提取。

(4) 甲醛-NaOH法

甲酰胺和甲醛溶液均可缓冲强碱对细胞的裂解效应，但是甲醛导致的细胞裂解程度往往较小。来自陈寰等（2008）、郑晓英等（2013）、王雯谚等（2021）的大量数据都表明，相对于其他几种提取方法，甲醛-NaOH法是提取好氧颗粒污泥中EPS的最佳提取方法，其提取效率高、细胞裂解程度低、受胞外蛋白干扰少、获得多糖纯化产物多。D'Abzac等（2010）曾对比不同方法的提取效果，结果显示甲醛-NaOH法是提取颗粒污泥中胞外聚合物的最佳方法。在既往研究中，也有大量学者将此法作为好氧颗粒污泥中EPS的提取手段，如Wang等（2019）使用此法提取序批式反应器中好氧颗粒污泥的EPS成分，发现胞外聚合物含量与好氧颗粒污泥强度和造粒率的变化趋势基本一致，说明EPS在好氧颗粒污泥造粒过程中起着至关重要的作用。Seviour等（2011）采用此法提取EPS中的各成分，分析检测后发现胞外聚合物在好氧颗粒污泥中的凝聚特性可能与多糖类物质的存在有关。

2.3.1.3 物理化学结合提取法

实际上，国内外的众多学者在进行EPS提取时，倾向于使用物理化学结合提取法对好氧颗粒污泥中的EPS成分进行提取和纯化，这是因为单一的提取方法往往存在弊端，组合法能够在不同程度上弥补这些缺陷，因此使用组合法往往能够获得较理想的提取效果。Kunacheva 等（2014）曾认为物理和化学结合的提取手段更有效，郑晓英等（2013）使用物化结合的改良 CER 提取法（磁力搅拌-阳离子交换树脂提取法）提取好氧颗粒污泥中的 EPS，并确定了此改良法提取好氧颗粒污泥中 EPS 时的最适操作条件。除此之外还出现了如 Na_2CO_3-加热法、NaOH-加热法（吴桂荣 等，2017）、超声波-CER 提取法、甲醛-热碱法等众多物化结合提取方法。

2.3.1.4 提取方法的选择

目前，对于好氧颗粒污泥中 EPS 的提取手段还没有统一的技术规范。与絮体污泥相比，好氧颗粒污泥结构密实，其分泌出的 EPS 含量丰富且纵向分布较深，提取相对困难，故好氧颗粒污泥中 EPS 的提取方法不能完全参照活性污泥，在提取 EPS 之前也需选择合适且有效的预处理方式。

EPS 的提取方法有很多，不同的提取方法会对好氧颗粒污泥内微生物细胞产生不同程度的影响，从而影响 EPS 含量与成分的测定结果，因此选择合适的提取方法非常重要。有效的提取方法往往能在最大限度提取好氧颗粒污泥中 EPS 成分的同时最有效地避免细胞破损。提取好氧颗粒污泥中胞外聚合物时，通常以提取物中 DNA 含量的高低作为判断细胞破损程度的标准，这是因为好氧颗粒污泥内通常只有少量的死亡细胞才会释放出 DNA，若 EPS 提取后出现大量的 DNA 说明可能由于提取手段不合适或提取过程较为激烈，使得大量活细胞发生了细胞裂解，导致提取物被细胞裂解时漏出的胞内物质污染。

综上所述，用于提取好氧颗粒污泥中 EPS 的常用方法有高速离心提取法、超声波提取法、NaOH 提取法、EDTA 提取法、乙醇提取法及近年来较受欢迎的甲醛-NaOH 提取法等。这些方法的优缺点具体见表 2.2。

表 2.2 几种常用于提取好氧颗粒污泥中 EPS 的方法及其优缺点

分类	提取方法	优点	缺点
物理法	离心提取法	（1）操作简单； （2）对细胞破坏程度小	（1）EPS 提取效率较低； （2）难以提取 TB-EPS； （3）需与其他提取方法结合
	超声波提取法	（1）操作简单、用时短； （2）对细胞破坏程度小； （3）提取的 EPS 不易变性失活； （4）对蛋白质提取效果较好	（1）EPS 提取效率较低； （2）只能提取部分 EPS； （3）需与其他提取方法结合
	加热提取法	（1）操作简单、用时短、效率较高； （2）对 PS 及 DNA 提取效果较好	易导致蛋白质变性
化学法	酸/碱提取法	提取效率较高	（1）极端 pH 值使细胞容易破裂； （2）酸/碱用量会导致结果差异； （3）易导致细胞大量溶解破裂； （4）易使蛋白质变性

续表

分类	提取方法	优点	缺点
化学法	乙二胺四乙酸（EDTA）提取法	（1）提取效率高； （2）对细胞破坏程度较小； （3）对 PN 及糖类提取效果较好	（1）高浓度 EDTA 会导致细胞溶解； （2）剩余的 EDTA 会污染 EPS，并干扰蛋白质的测定
	阳离子交换树脂（CER）提取法	（1）化学污染小； （2）细胞破损率低； （3）提取效率较高	（1）会改变 EPS 的性质； （2）会影响多糖的测定
	戊二醛提取法	提取效率高	对糖类的测定有影响
	甲醛-NaOH 法	（1）提取效率高； （2）细胞破损率低； （3）受胞外蛋白干扰少； （4）对糖类提取效果较好	—

2.3.2 性质表征

EPS 的物化特性表征方法主要有光谱法、色谱/质谱法及显微镜法三大类。

2.3.2.1 光谱法

（1）傅里叶变换红外光谱

傅里叶变换红外光谱（Fourier transform infrared spectrometry，FTIR）通过生成待测样品的红外吸收光谱来反映分子中化学键存在情况，故常用于 EPS 中有机物官能团的分析，可确定官能团的种类和反映有机物的构成。FTIR 法根据不同官能团的振动生成相应的谱图，此法对细胞无损，可实时检测，可用于定性定量分析细胞内部的分子构成，但必须注意的是 FTIR 法是通过不同基团吸收峰面积的比值对官能团进行定量分析的，故只能作为半定量分析。

光谱分析时，往往以官能团的种类与含量作为衡量 EPS 性能的依据。如 EPS 的疏水性是促进好氧污泥颗粒化的重要性质，则可通过 FTIR 中胞外聚合物亲水性基团或疏水性基团的丰度判断好氧颗粒污泥中胞外聚合物的疏水性能。通常，好氧颗粒污泥中亲水性基团含量明显低于活性污泥，而疏水性基团的含量明显高于活性污泥。Liu 等（2021）将颗粒污泥与活性污泥对比，并分析 4 种污泥的傅里叶变换红外光谱，发现相对于好氧颗粒污泥和活性污泥，厌氧颗粒污泥的 EPS 中亲水性官能团更少，说明其疏水性更强。

（2）三维荧光光谱

EPS 中存在着大量芳香族化合物和不饱和脂肪链，利用这些物质具有荧光性的特点，可采用三维荧光光谱法（3-dimensional excitation-emission matrix fluorescence spectroscopy，3D-EEM）定性或半定量地测定 EPS 中有机溶解物成分与含量，探究 EPS 的理化特性。因 3D-EEM 法具有较高的灵敏度和选择性，对样品的基本化学结构破坏程度低且使用时样品耗费量小，故被广泛应用于好氧颗粒污泥中胞外聚合物的分析与测定。

三维荧光光谱法作为分析好氧颗粒污泥中 EPS 成分的有效手段，可用于阐明溶解性微生物产物（soluble microbial product，SMP）或溶解性有机物（dissolved organic matter，DOM）的组成。此法通过分析目标物质的 3D-EEM 吸收峰来表征 EPS 中荧光类物质的变化。与传统的荧光光谱相比，3D-EEM 被认为是一种快速直观、选择性良好、灵敏度与准确度高的检测手段，近年来使用三维荧光光谱法对好氧颗粒污泥胞外聚合物的研究不在少数。三维荧光光谱虽能显示出蛋白类、腐殖酸和富里酸三大类物质，但多糖作为 EPS 中的主要成分之一，因无荧光特性故不能使用此法检测。

根据各类物质中特有基团的荧光特性差异，可显示出好氧颗粒污泥内部 EPS 的结构、非均质性、官能团等有关信息。通过观察光谱中各物质的特征峰及对应峰值，可知其在好氧颗粒污泥中的存在位置与含量，进而掌握好氧污泥颗粒化中各物质的变化情况。王玉莹等（2020）对好氧颗粒污泥的三维荧光光谱进行分析，发现在颗粒化过程中色氨酸类蛋白质对提高好氧颗粒污泥结构的稳定性和促进好氧污泥颗粒化起到一定作用。张小雷（2018）将好氧颗粒污泥生长期与成熟期的胞外聚合物进行对比，发现颗粒化过程中 EPS 的特征峰的位置均在发射波长方向上发生蓝移，并且特征峰中心的荧光强度有所增加，说明好氧污泥颗粒化过程中 EPS 结构发生了变化。

以三维荧光光谱法为基本检测手段，可结合荧光区域分析（fluorescence regional integration，FRI）或平行因子分析（parallel factor analysis，PARAFAC）对三维荧光光谱进行分析、补充和简化等。以 FRI 法为例，此法可以为分析 3D-EEM 未识别的荧光峰提供有价值的信息，被广泛用于定量确定 EEM 光谱中溶解性有机物的构型和异质性。FRI 法通常将 3D-EEM 光谱划分为 5 个区域（芳香族蛋白Ⅰ、芳香族蛋白Ⅱ、富里酸样、可溶性微生物副产物样和腐殖酸样）。Zhang 等（2019c）对两个反应器中好氧颗粒污泥 LB-EPS 和 TB-EPS 进行 FRI 分析并得到 5 个区域积分标准体积的比例分布，见图 2.17，结果都表明：LB-EPS 和 TB-EPS 在Ⅰ区和Ⅱ区相对有机质占比最大，占 EPS 的 50.83%～60.80%，这说明蛋白质是 EPS 的主要组成部分。

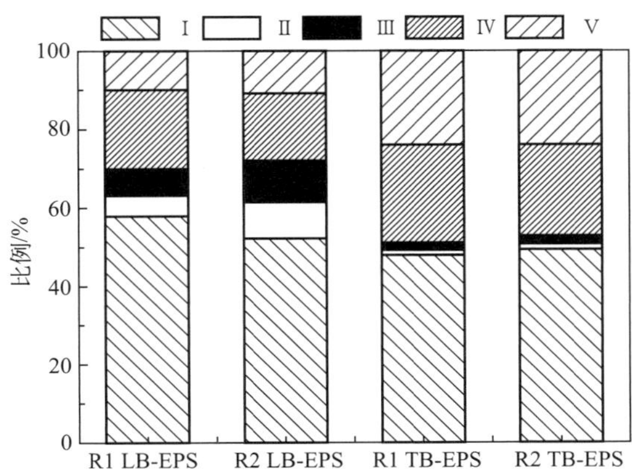

图 2.17　LB-EPS 和 TB-EPS 在 5 个区域内积分标准体积的比例分布（Zhang et al.，2019c）

此外，3D-EEM 还可与平行因子分析（PARAFAC）相结合，PARAFAC 将复杂的 3D-EEM 反卷积代表相似荧光团的独立荧光组分，可用于对复杂混合物的 3D-EEM 进行定量和定性分析。PARAFAC也同样被广泛用于辅助分析好氧颗粒污泥EEM光谱中溶解性有机物与溶解性微生物产物的含量与性质。PARAFAC基于三线性分解理论，将三维荧光光谱图分解为多个独立的二维荧光光谱图，故能够提高光谱识别的准确性，且由于PARAFAC中解的唯一性，此法可以避免人为操作造成的误差影响。Wei等（2016）基于3D-EEM光谱对好氧颗粒污泥进行平行因子分析，衍生出两个溶解性微生物产物的荧光组分，见图2.18（书后另见彩图），其中组分1［图2.18（a）］中存在富里酸酯类物质和腐殖酸类物质，组分2［图2.18（b）］中存在蛋白质类物质。

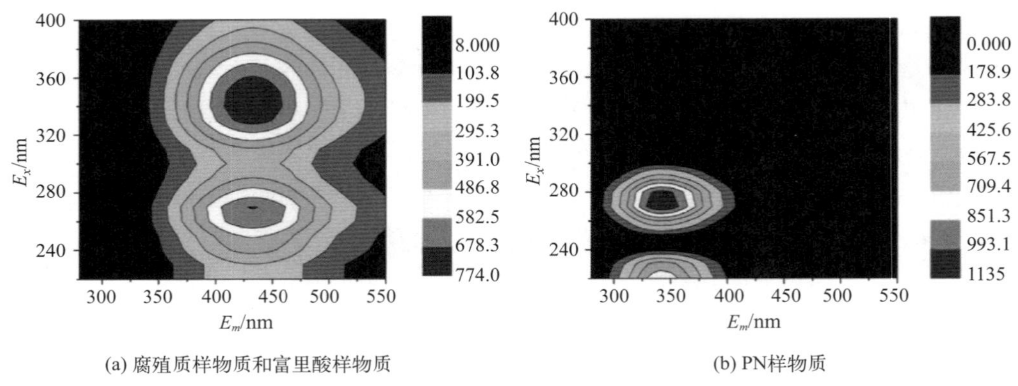

图2.18 PARAFAC法鉴定溶解性微生物产物的两种成分谱图（Wei et al.，2016）

（3）核磁共振波谱

核磁共振（nuclear magnetic resonance，NMR）波谱按照测定对象可分为^{1}H-NMR谱（测定对象为氢原子核）、^{13}C-NMR谱及氟谱、磷谱、氮谱等。由于各种元素的质子在不同化合物中磁共振频率存在差异，显示在波谱中的共振峰位置也不同，因此核磁共振波谱可用来判断化合物的结构与性质。目前，在好氧颗粒污泥磁共振分析手段中常用的是氢质子波谱技术，其次为碳质子波谱技术。NMR可用于阐明好氧颗粒污泥中EPS或微生物聚集体中的官能团和元素组成。核磁共振法在检测中对样品通常是无损的，且与传统显微镜方法相比，NMR对好氧颗粒污泥内部结构变化也更敏感。MRI可用于检测核磁共振活性核的分布（一般为^{1}H）、弛豫时间、扩散和平流输运等，T1弛豫时间（纵向）和T2弛豫时间（横向）不同，空白区域和待测好氧颗粒污泥样品之间的图像会产生差异，因此可结合T1和T2加权图像在空间和时间尺度上确定好氧颗粒污泥成分。此外，核磁共振法还可实时捕捉到好氧颗粒污泥反应器内微粒的运动和位移。使用MRI法对EPS进行表征，不但可记录好氧颗粒污泥内部结构，还可进一步分析好氧颗粒污泥分解或浮选过程中的结构演化，以及观察多相流和溶质输运、监测污染物扩散进入好氧颗粒污泥时的环境变化等。Seviour等（2011）曾分析EPS的^{1}H-NMR波谱，将产生凝胶状胞外聚合物的好氧颗粒污泥与不产生凝胶状胞外聚合物的好氧颗粒污泥进行对比，发现前者颗粒污泥尺寸的增加可归因于其凝胶状胞外多聚物的产生。Huang等（2015）对好氧颗粒污泥、EPS和细胞提取物中磷的种类、含量及相对比例进行^{31}P-NMR分析，发现EPS中正磷酸盐（ortho-P）含量最高，聚磷酸盐是好氧颗粒污泥、细胞和EPS中主要的磷种类。

(4) X射线光电子能谱

X射线光电子能谱（X-ray photo electron spectroscopy，XPS）对样品的破坏性非常小，可用于测定样品中元素构成、化学式及其中所含元素化学态和电子态，还可借助谱峰的化学位移、强度信息实现目标元素的价态和定量分析。故XPS法被广泛用于分析好氧颗粒污泥中EPS主要元素的组成特征，也多用于研究EPS的表面官能团、EPS与金属的相互作用以及EPS与微生物基质黏附作用之间的关联。XPS有全谱和元素分峰拟合谱之分，全谱可显示出好氧颗粒污泥样品所有元素的基本信息，包括元素种类、各元素的结合能、各元素的原子比例等。元素分峰拟合谱是在全谱分析的基础上，对样品中关注元素细扫获得特定元素的分峰拟合谱，拟合谱可显示该元素更全面的信息，如峰位、半峰宽、高度、面积等，从而推断目标元素的价态、结构和存在情况。此外，X射线光电子能谱还可用于分析吸附重金属离子的好氧颗粒污泥中金属离子与好氧颗粒污泥的结合能变化，判断金属离子化学位结合及其在EPS中的转移情况。鉴于此特点，有学者借助XPS法研究好氧颗粒污泥中胞外聚合物对重金属物质去除的作用，如Liu等（2015）通过XPS分析EPS对Pb（Ⅱ）、Cd（Ⅱ）和Zn（Ⅱ）的吸附量，发现处理重金属后的EPS中—OH比例有所提高，这表明—OH（单基或羰基羟基）通过络合作用与金属离子结合，好氧颗粒污泥对重金属的主要吸附机制为羧基和羟基络合作用。He等（2021）通过XPS光谱研究低盐低浓度含酚废水对好氧颗粒污泥胞外聚合物和微生物群落的影响。

李宁（2019）探索了EPS在污泥颗粒化进程中的作用机制，并对好氧颗粒污泥的EPS进行了X射线光电子能谱及XPS频谱分析，分析结果见图2.19。由图2.19（a）可知，此EPS样品中含量最高的3种元素是C、N、O，且这3种元素的谱峰中O元素的峰面积最大，说明O元素在样品中含量最多。图2.19（b）、图2.19（c）、图2.19（d）分别是C、N、O元素的分峰拟合结果，观察图谱可发现在各元素的高辨析能谱图中存在着不同的峰。在定性分析方面，每种峰都代表着各自的官能团种类，可结合这些峰各自的位置范围得知各峰所代表官能团的种类。在定量分析方面，可通过面积分布占比对每种化合物成分进行定量。

2.3.2.2 色谱/质谱法

好氧颗粒污泥的研究中较常见的胞外聚合物色谱/质谱分析法有气相色谱-质谱（gas chromatography-mass spectrometry，GC-MS）法、高效液相色谱（high performance liquid chromatography，HPLC）法及排阻色谱（size exclusion chromatography，SEC）法。以上都属于分离检测的方法，运用此类方法对水解后的单糖和氨基酸进行定性和定量分析，可推算出EPS中多糖和蛋白质等物质的含量。

色谱、质谱及其组合可用于EPS成分的定性和定量分析。目前在好氧颗粒污泥的色谱/质谱分析中，大多采用气相色谱-质谱法对胞外聚合物特性进行分析。气相色谱-质谱法也常被用于定性和定量分析胞外聚合物的主要成分（多糖和蛋白质）与其水解后产物（单糖和氨基酸）。气相色谱法对有机化合物具有较好的分辨能力，质谱法则是鉴定化合物的有效手段，将这二者结合后的气相色谱-质谱法，不但保留了各自优势，还具有灵敏度高、样品用量少、分析速度快等特点，可用于对混合有机物的分析。如孙赛玉等（2008）通过对好氧颗粒污泥中的EPS进行GC-MS分析后发现，胞外聚合物中存在大

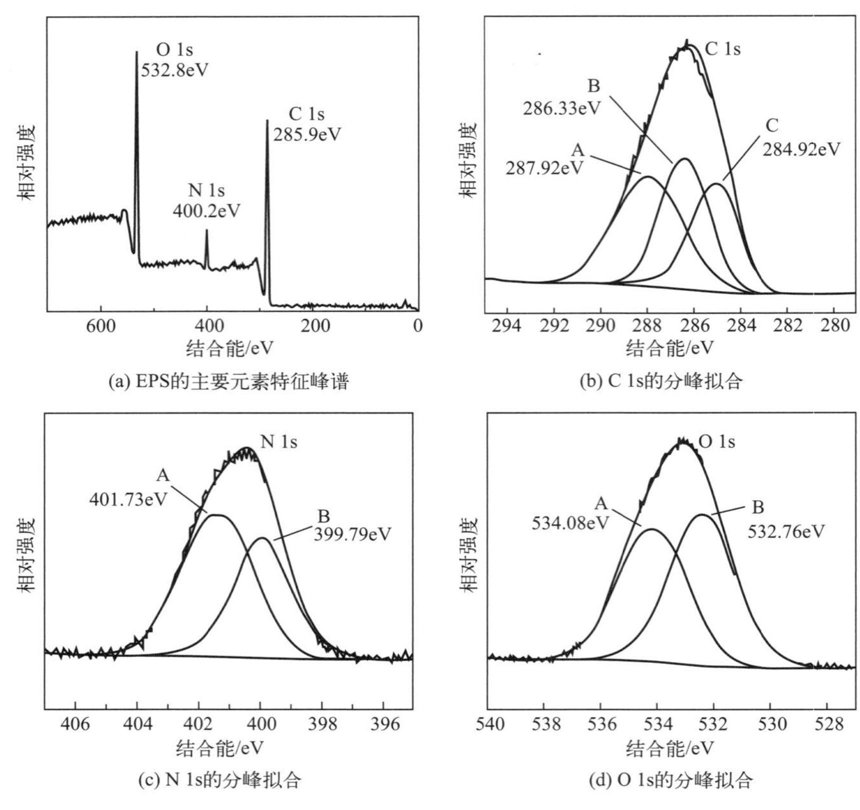

图 2.19 胞外聚合物的 XPS 能谱图（李宁，2019）

量由多种单糖组成的高分子量杂多糖（葡萄糖、鼠李糖、木糖、甘露糖、半乳糖、阿拉伯糖等）。

高效液相色谱法是采用高压输液系统，将溶剂或缓冲液等液相泵入色谱柱中，在固定相作用下将各成分分离后送入检测器进行测定。HPLC 法不会导致目标物质的挥发与热解，不仅可对好氧颗粒污泥中的各种污染物以及 EPS 提取物进行定性检测，还可用于测定 EPS 的分子量。研究者通常用此法观测特种废水中特殊污染物对好氧颗粒污泥的造粒过程的影响，及好氧颗粒污泥对污染物的降解效果，如 Wan 等（2016）用蛋白酶降解 EPS 样品中的 PN，采用高效液相色谱法分析处理前后的 EPS 变化情况，通过分析蛋白酶处理前后样品中 EPS 的 HPLC 谱，发现经过蛋白酶处理出现了新的峰，这说明 PN 降解导致 EPS 的结构发生了变化。

排阻色谱法又称为凝胶色谱法或分子排阻色谱法，是液相色谱法的一种，根据样品分子尺寸进行分离和鉴定。自 20 世纪 90 年代中期以来，SEC 开始用于污泥胞外聚合物的研究，为 EPS 成分的表观尺寸测定提供了有价值的信息。此后在颗粒污泥研究领域，通常采用 SEC 法耦合紫外检测定性分析疏水 EPS 中主要成分的物质浓度，探究疏水 EPS 分子的表观分子量分布。Simon 等（2009）曾通过实验证明，SEC 法是一种适于常规比色法的方法，并且可以很好地表征颗粒污泥中 EPS 的化学组成。SEC 法包括凝胶渗透色谱（gel permeation chromatography，GPC）法与凝胶过滤色谱（gel filtration chromatography，GFC）法，其中 GPC 法常用于测定 EPS 的分子量分布，其不仅可用于小分子物质的检测，还可以用来分析高分子同系物，这类物质通常化学性质相同但分子体积不同。GPC 法用途广泛、操作简便、样品使用量小、测试结果重现性好、测试过程自动化程度高，因此被广泛使用。李宁（2019）曾采用 GPC 法探究好氧污泥颗粒化过程，分析造粒中各阶段 EPS 的分子量（MW）分布规律，并预制标准品分子量分布标准曲线（图 2.20）。由图可发现各时期 EPS 分子量的分布范围都比较广，在好氧污泥颗粒化进程中，胞外聚合物的分子量分布逐渐减小，在污泥驯化期、颗粒形成期及成熟期的好氧颗粒污泥 EPS 的分子量分布有很大的变化，并且在好氧颗粒污泥造粒过程中 EPS 成分和含量也有较大变化，这说明好氧颗粒污泥的形成与胞外聚合物的性质有密切关系。

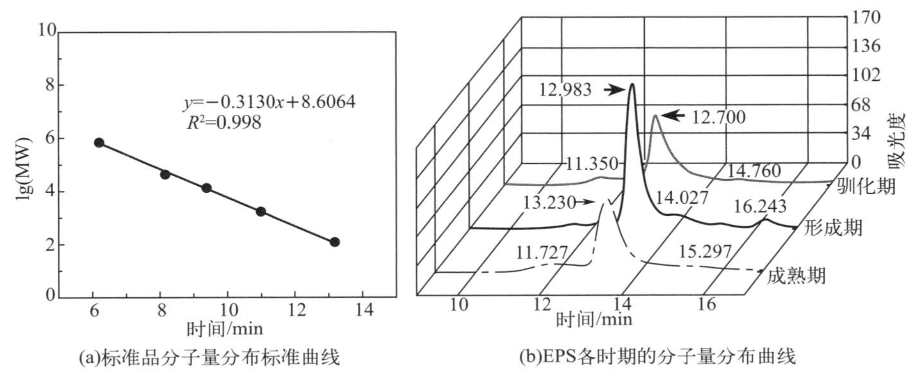

(a)标准品分子量分布标准曲线　(b)EPS各时期的分子量分布曲线

图 2.20　凝胶渗透色谱法对 EPS 分子量分布规律的研究结果（李宁，2019）

2.3.2.3　显微镜法

好氧污泥颗粒化过程中，胞外聚合物的变化如形态特征、结构紧密性、物质组成、晶体结构、聚合度、粗糙度等往往与好氧污泥颗粒化程度密切相关。显微镜法常用于观察 EPS 表观形态、细菌细胞存在、EPS 的成分分布等。各种显微镜中，原子力显微镜、透射电子显微镜、扫描电子显微镜（扫描电镜）和激光共聚焦显微镜是最常用来观察好氧颗粒污泥中 EPS 形态特性的仪器。其中扫描电镜、激光共聚焦显微镜可以用来测定 EPS 的三维细胞体积比例，以确定 EPS 的相对含量。

(1) 扫描电子显微镜

扫描电子显微镜不仅可用于观察好氧颗粒污泥表观形态，还可用于观察 EPS 的形貌特征、晶体结构等。需指出的是，在观察胞外聚合物时 SEM 仅适用于对其形貌进行粗略观察，不适合定量分析。

通常可以借助 SEM 观察分析胞外聚合物结构特点。Wang 等（2021）将好氧颗粒污泥中 EPS 的主要成分（蛋白质、多糖）水解前后的 SEM 图像进行比对，发现水解后的好氧颗粒污泥表面结构发生了变化，且相比于蛋白质水解，多糖水解对好氧颗粒污泥结构完整性产生的影响更大。孙赛玉等（2008）使用 SEM 观察并记录富含多糖的胞外聚合物表面形貌（图 2.21），可以看到 EPS 表面结构错乱复杂，多糖主链形状呈线性，单个的分子链上多带有侧枝，分子链间存在着不同的连接方式，并衍生出一些球状、棒状或带有分支的侧链结构，交错成无定形的网络状结构。

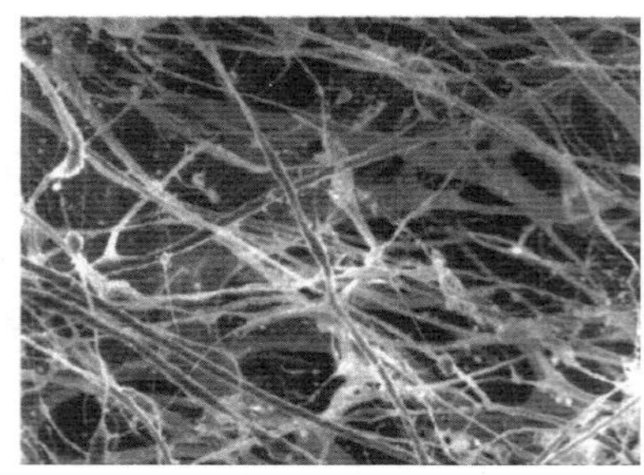

图 2.21 好氧颗粒污泥胞外聚合物 SEM 图（孙赛玉 等，2008）

(2) 原子力显微镜

原子力显微镜（atomic force microscope，AFM）的大致原理为：使微型力敏感元件与待测样品之间形成微弱的原子间相互作用力，通过传感器扫描检测产生的原子间作用力并将其图像化，即可记录被测样品的表面结构性质，从而获得表面形貌结构及表面粗糙度等信息。原子力显微镜的成像分辨率极高，可达纳米级。

AFM 可以用于在液体环境下观测 EPS 的微观形态（如表面性质和结构），还可以用来检测细胞与 EPS 表面之间的黏附力。同时 AFM 还可生成三维立体图像，通过三维图像可以清晰看出好氧颗粒污泥胞外聚合物的聚合度、形态、宽度、高度等特点。与扫描电镜和透射电镜不同的是，使用 AFM 可免去使用前复杂费时的制样过程，且可有效避免由仪器误差、边界条件等不确定因素造成的假象。林跃梅等（2008）使用 AFM 探究好氧颗粒污泥细菌藻酸盐提取物聚集特性，发现细菌藻酸盐-Ca^{2+}凝胶的三维桥梁作用，该发现为颗粒污泥形成机理提供了重要的信息。为观察碱性条件对 EPS 组分的影响，Seviour 等（2010）借助 AFM 图像分析好氧颗粒污泥在碱性条件下的解离过程，发现氢氧化钠的解离效应会导致胞外聚合物亚基发生分解并与原位分离，EPS 中链状物质被拉出，证明了氢氧化钠对胞外聚合物的解离效应。Kim 等（2020）借助 AFM 将好氧颗粒污泥与常规活性污泥的表面性质进行对比（图 2.22），发现好氧颗粒污泥具有连续的 EPS 表面，而活性污泥具有分裂、不连续的 EPS 表面。

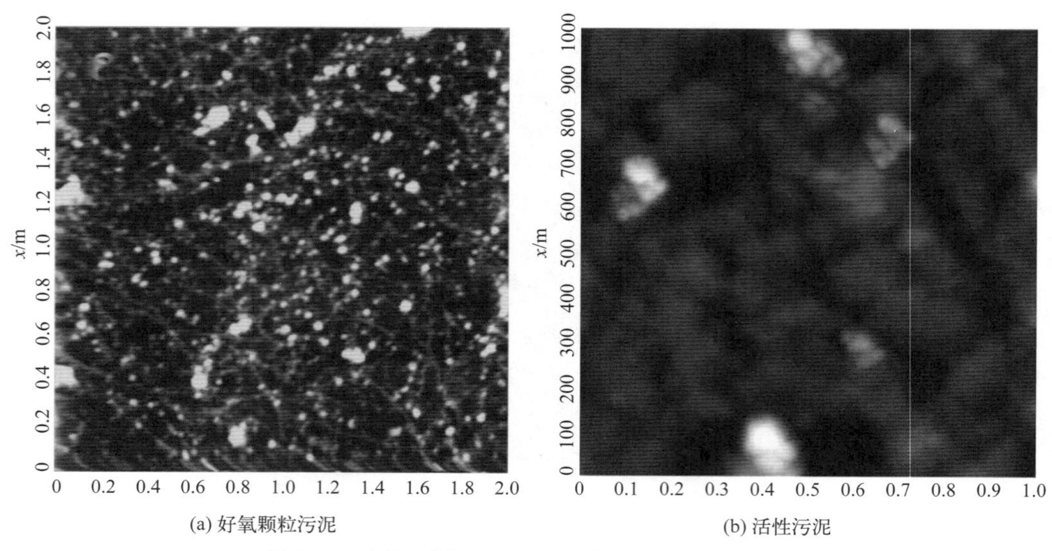

图 2.22 胞外聚合物的 AFM 图像（Kim et al.，2020）

(3) **激光共聚焦显微镜**

激光共聚焦显微镜（CLSM）不仅可用于观察充分水化后的样品，还可以借助各种荧光探针来观察 EPS 在样品中的空间分布，通过使用转换因子从 CLSM 图中得到总 EPS 含量。此外，在应用激光共聚焦显微镜观测 EPS 组分的基础上测定 EPS 的三维细胞体积比例，从而测定 EPS 的相对含量，也是近年来出现的新方法，该方法既可以免去 EPS 的提取过程也不需要对 EPS 做特殊处理。

CLSM 不仅是观察好氧颗粒污泥中各种微生物分布情况的主要方法，也是观察其胞外聚合物分布和含量的有效手段。CLSM 图像具有分辨率高、结果准确等特点，因此被广泛使用。王佳琴（2020）通过激光共聚焦显微镜观察好氧颗粒污泥颗粒化过程中 EPS 形态的变化，从而探讨其对好氧污泥聚集的影响，发现其培养的好氧颗粒污泥中微生物和多糖组分主要分布在好氧颗粒污泥外边缘，而蛋白质大多分布在好氧颗粒污泥中心。但在 Miksch 等（2012）的实验中显示出了不同的结果，与王佳琴的实验不同的是，此好氧颗粒污泥是在乙酸盐、苯酚条件下培养的，这说明进水基质对好氧颗粒污泥中 EPS 的组分分布存在较大影响。Wang 等（2021）通过激光共聚焦显微镜观察好氧颗粒污泥中胞外聚合物主要成分（PS 和 PN）的分布，扫描结果见图 2.23（书后另见彩图），图像说明 PN 和 PS 在好氧颗粒污泥中均匀分布，且这二者的分布高度重叠，这些荧光信号的可视化为 PN 和 PS 在好氧颗粒污泥颗粒化中的共轭作用研究提供了强有力的支撑。

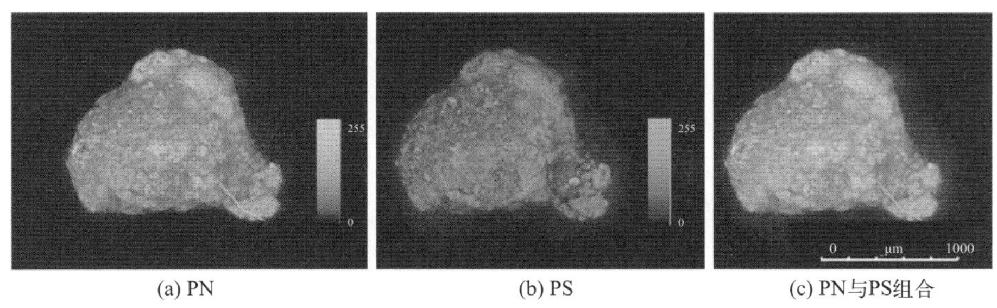

(a) PN　(b) PS　(c) PN与PS组合

图 2.23　好氧颗粒污泥中 EPS 主要成分（PS 和 PN）的 CLSM 图像（Wang et al.，2021）

(4) **透射电子显微镜**

透射电子显微镜（transmission electron microscopy，TEM）可形成有明暗之分的影像，其成像分辨率高，分辨能力可达原子尺度，能同时提供物理分析和化学分析所需信息。需注意的是，散射角的大小与样品的密度、厚度相关，所以 TEM 对样品的厚度要求较高，需要将样品制成较薄的薄片。

TEM 可用于观察好氧颗粒污泥薄切片中 EPS 形态、细菌细胞等。如 Liu 等（2021）使用 TEM 对 4 种污泥的胞外聚合物进行比对，TEM 扫描结果见图 2.24。可以观察到厌氧氨氧化颗粒污泥中 EPS 形状不规则，分布不均匀且较密集，而以葡萄糖和白酒废水为碳源的好氧颗粒污泥中 EPS 分别为树枝状和片状结构，活性污泥中的 EPS 则呈胶状结构。

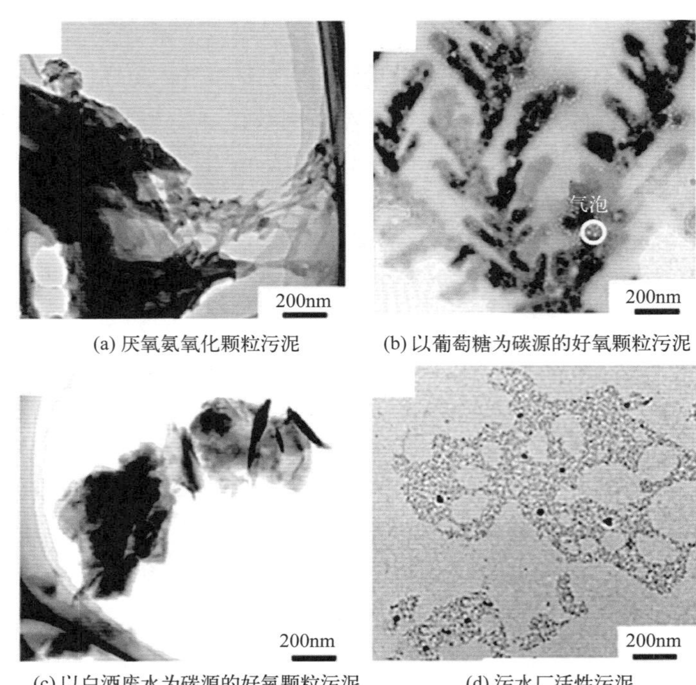

(a) 厌氧氨氧化颗粒污泥
(b) 以葡萄糖为碳源的好氧颗粒污泥
(c) 以白酒废水为碳源的好氧颗粒污泥
(d) 污水厂活性污泥

图 2.24　4 种不同污泥中胞外聚合物的 TEM 图像（Liu et al.，2021）

2.4　信号分子

近年来，信号分子引起的微生物群体感应效应（quorum sensing，QS）在好氧颗粒污泥造粒和维持结构稳定性中的作用逐渐受到重视。好氧颗粒污泥内部微生物之间常见的信号分子主要有进行种内信息交流的 *N*-酰基高丝氨酸内酯 AHLs、用作种间信息交流的自诱导剂 AI-2 以及可以同时在种内和种间进行信息交流的扩散性信号分子 DSF，此外，还有在细胞间起作用的胞间信号分子 c-di-GMP。

AHLs 信号分子由革兰氏阴性菌分泌合成。因其在细胞外可扩散，故当 AHLs 在细胞外的含量达到一定浓度时可再次进入细胞内进行反应和信息传递（Hou et al.，2021），并作为一种信号分子促进 EPS 的分泌，影响好氧颗粒污泥中的微生物群落结构组成，进而影响好氧污泥的颗粒化进程，所以 AHLs 也被认为是好氧颗粒污泥颗粒化过程中最重要的信号分子之一。

AI-2 在革兰氏阴性菌和革兰氏阳性菌中都能够被分泌与合成。自诱导剂 AI-2 被认为可以介导种间的信息交流，调控多种细菌功能，包括调节好氧颗粒污泥中生物膜的合成和 EPS 的分泌。近期研究表明，AI-2 可改变细胞表面特征，促进细菌自聚集，与好氧颗粒污泥造粒机理密切相关。以往大量研究也均表明 AI-2 可以促进污泥的颗粒化并提升好氧颗粒污泥结构稳定性，在造粒过程中起着不可忽视的作用。

DSF 是在革兰氏阴性菌中发现的一种长链脂肪酸，可在微生物种内及种间进行信号交流。大量研究表明这种长链脂肪酸具有调控胞外聚合物的产生和影响好氧颗粒污泥生物膜形成等作用。与前几种信号分子不同的是，DSF 的存在会抑制微生物间的聚集，通过抑制生物膜形成所必需的机制来调节生物膜的发育。Tao 等（2010）在消除污泥中 DSF 的作用后，即出现了胞外聚合物的合成与微生物的聚集。类似研究都证明 DSF 对好氧颗粒污泥的形成和稳定性有明显的抑制作用。

c-di-GMP 是细菌中普遍存在的第二信使，可促进 EPS 的分泌，特别是蛋白质和多糖的合成。它还能促进微生物的聚集，诱导游离微生物转化为多细胞黏附微生物（Hou et al.，2021）。刘前进等（2021）在研究中发现高浓度的 c-di-GMP 有利于促进微生物细胞间的聚集和固定，可参与强化好氧颗粒污泥在储存营养物质过程中的结构稳定性。综上所述，c-di-GMP 对促进好氧颗粒污泥造粒和维持其结构稳定性有积极作用。

迄今为止，由于 AHLs、AI-2、第二信使 c-di-GMP 对好氧污泥颗粒化及维持系统稳定性具有重要作用，大多数对好氧颗粒污泥中信号分子的研究与分析都是围绕这三者开展，故下文主要针对这三种信号分子的提取、纯化和检测手段作简要介绍。

2.4.1 提取和纯化方法

2.4.1.1 AHLs 的提取与纯化

液-液萃取法和固相萃取法是分离提取 AGS 中信号分子最常用的两种方法。液-液萃取法的萃取性能有限，回收率较低，且液-液分离可能引起溶液乳化，导致样品丢失。相比之下，固相萃取法具有更高的灵敏度和更高的稳定性，但由于液-液萃取法的方法成熟、操作简便快速、成本低，所以液-液萃取法依旧是目前提取好氧颗粒污泥中 AHLs 的常用方法。

(1) 液-液萃取 (liquid-liquid extraction, LLE)

该方法采用有机溶剂作为萃取试剂，对好氧颗粒污泥内的信号分子提取的方法中，多使用乙酸乙酯（滕弢，2021；岳展，2020；Gao M et al.，2019）和二氯甲烷（Zhang et al.，2019b）作为萃取 AHLs 时的有机溶剂。

(2) 固相萃取 (solid phase extraction, SPE)

在使用固相萃取柱之前，通常采用有机溶剂（如甲醇和酸化后的乙酸乙酯）提取被测样品中的信号分子，将提取物蒸发至干燥后再将残留物重新溶解在己烷-乙酸乙酯或酸性乙腈中。用于提取 AHLs 的固相萃取柱有多种，如二氧化硅、碱性铝、中性铝、酸性铝等。

2.4.1.2 AI-2 的提取与纯化

目前对于好氧颗粒污泥中 AI-2 的提取还没有统一的办法，大致分为萃取法和非萃取法。萃取法一般是将离心分离后的混合液过滤后分别对泥相和水相中的 AI-2 进行固/液相萃取（丁养城，2015；Feng H et al.，2014），或在离心过滤后直接对混合相中的 AI-2 进行固/液相萃取（Hu et al.，2022），此法一般用于色谱/质谱法测定前 AI-2 的提取；非萃取法一般是将混合液离心后丢弃上清液，加入事先预制的 AB 培养基，过滤后便可测量样品中的无细胞 AI-2 含量（Liu X et al.，2016；Sun et al.，2016；Xiong Y & Liu Y，2010），此类方法一般用于哈维弧菌发光法测定前 AI-2 的提取。

2.4.1.3 c-di-GMP 的提取与纯化

与信号分子 AI-2 的提取与纯化相同，目前对于好氧颗粒污泥中 c-di-GMP 的提取也未出现统一的方法，大多数研究者选择将好氧颗粒污泥冷冻干燥后加入溶菌酶使细胞溶解，以便于使用乙醇等溶液提取 c-di-GMP，然后对其成分进行测定（王帅，2021；王玉莹 等，2019；支丽玲 等，2019；Wan et al.，2013），也有研究者将超声＋离心法或离心后的上清液加入乙醇等溶液，以便提取 c-di-GMP（侯梦，2019；Petrova & Sauer，2017），这种提取方式较适于在后续工作中使用液相色谱法对 c-di-GMP 进行测定。

2.4.2 测定方法

目前在好氧颗粒污泥的研究中常用的信号分子检测方法有 V. harveyiBB170 生物学发光法、薄层色谱（TLC）法、色谱/质谱法等。

2.4.2.1 V. harveyiBB170 生物学发光法

V. harveyiBB170 生物学发光法又称哈维弧菌发光法，是最早用来检测 AI-2 的方法，也是目前检测好氧颗粒污泥中信号分子 AI-2 最常用的方法。该方法以指示菌 V. harveyiBB170（一种突变菌株，其发出的荧光只受 AI-2 信号分子的调控）产生的信号分子 AI-2 诱导发光的时间作为基准，当存在外源信号分子 AI-2 时，其浓度会提前达到阈值，诱导发光的时间便会提前，再计算其相对荧光强度，即可得出好氧颗粒污泥中各菌株是否产信号分子 AI-2 及其产信号分子 AI-2 的能力，以此表示好氧颗粒污泥中信号分子 AI-2 的活性。

虽然 V. harveyiBB170 生物学发光法不能作为准确定量 AI-2 的方法，且对操作要求较为苛刻，对实验条件非常敏感，但由于该方法具有简单、方便、经济、能同时筛选大量样品、检测灵敏度较高等优点及应用的普遍性，其依然被广泛用于测定好氧颗粒污泥中 AI-2 的活性与含量。如 Zhang 等（2011）采用哈维伊弧菌 BB170 作为阳性对照，进行生物发光报告实验测定好氧颗粒污泥中 AI-2 活性。Xiong 和 Liu（2010）采用 V. harveyiBB170 生物学发光法对好氧颗粒污泥中的 AI-2 进行检测分析发现，AI-2 是好氧颗粒污泥成熟的必要条件，其研究还表明，微生物聚集体中 AI-2 相关的协同作用与生物量密度有关。Liu 等（2016）用此法对 AI-2 水平定量，以此评价好氧颗粒污泥的群感效应能力，结果显示饥饿条件可触发 AI-2 的分泌，促进大分子量 EPS 的产生，导致细胞黏附性增强和好氧颗粒污泥形成。Sun 等（2016）用采用 V. harveyiBB170 生物学发光法对比两种不同有机负荷率（organic loading rate，OLR）含量进水策略对好氧污泥造粒过程的影响，发现与恒定 OLR 相比，交替 OLR 培养的好氧污泥会产生更高水平的 AI-2 浓度，EPS 总量和细胞黏附性也会增强。

2.4.2.2 TLC 检测法

薄层色谱（TLC）法最常用于检测好氧颗粒污泥中的信号分子 AHLs。使用薄层色谱法时，通常在薄层色谱板上观察提取物中的 AHLs，TLC 显像后测量薄层色谱上形成的蓝色斑点直径来推算 AHLs 的浓度。薄层色谱法的一个显著优势是其具有高特异性，但此法仅能通过测量薄层色谱斑点面积来粗略计算 AHLs 浓度，所以不能作为对好氧颗粒污泥中 AHLs 的准确定量方法。

Li 等（2020b）借助薄层色谱观测反应器长期运行过程中群体感应（quorum sensing，QS）菌和群体猝灭（quorum quenching，QQ）菌的变化，发现 QS 菌活跃度和含量在反应器启动阶段呈上升趋势，但在长期运行中逐渐下降，而 QQ 菌活跃度和含量保持稳定。说明 QQ 菌在污泥中的持续时间比 QS 菌长，QS 菌在长期运行中的作用较小。Li 等（2017）同样采用 TLC 法检测好氧颗粒污泥中 AHLs 的类型和含量并得出结论：好氧颗粒污泥中 QS 菌群和 QQ 菌群之间存在一定的平衡关系。Li 等（2019）对好氧颗粒污泥中的细菌群落进行了研究，考察了环境因素对好氧颗粒污泥中 AHLs 相关群落和微生物活性的影响。发现环境因素会影响 AHLs 相关活动，从而改变 AHLs 水平。且 AHLs 的感应活性比其猝灭活性对这些因素的变化更为敏感。Ren 等（2013）用薄层色谱法检测 AHLs 标准品和好氧颗粒污泥中产生的 AHLs 的形态，如图 2.25（书后另见彩图）所示，可以看到好氧颗粒污泥中产生的 AHLs 有明显斑点，且其酰基链较短。

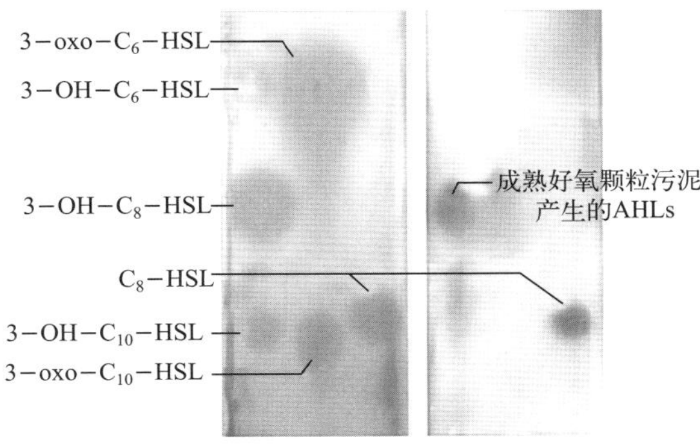

图 2.25 好氧颗粒污泥中 AHLs 信号分子 TLC 图（Ren et al.，2013）

2.4.2.3 色谱/质谱法

(1) 液相色谱/质谱法

液相色谱（LC）/质谱法准确度高、灵敏度高、分离范围广、检测快速、对化合物的结构破坏较小、对目标物质定性准确，且有多种组合方式，如 HPLC、LC-MS/MS、HPLC-MS/MS、UPLC（超高效液相色谱）-MS/MS 等都常被作为好氧颗粒污泥中信号分子的检测方法，液相色谱/质谱法也是好氧颗粒污泥研究中分析测定信号分子的最常用手段之一。

1）对 AHLs 的测定

HPLC-MS/MS 检测法能对 AHLs 进行定性和定量检测。国内外众多研究者将此法用于揭示信号分子 AHLs 与胞外聚合物等物质在污泥造粒、稳定运行、解体之间的必要关联。例如，胡远超（2019）使用高效液相-质谱联用仪对 AHLs 样品进行检测，结果表明好氧颗粒污泥在经过长时间贮存后 AHLs 含量大量减少，但随着好氧颗粒污泥的活化，AHLs 浓度又逐渐升高。侯怡文（2021）同样使用此法，发现在培养菌藻共生颗粒污泥的过程中，好氧颗粒污泥中AHLs浓度均呈现出先增加后逐渐减少的趋势，且经过一个周期的培养，菌藻共生颗粒污泥中信号分子浓度往往高于接种污泥（絮体污泥）。在HPLC-MS/MS法的基础上，Gao等（2019）采用高效液相色谱-飞行时间质谱（HPLC-TOF-MS）联用技术，检测到菌株A-L3分泌的AHLs信号分子的存在，并分析了菌株A-L3在不同生长阶段分泌信号分子的规律。超高效液相色谱-串联质谱（UPLC-MS/MS）法是基于HPLC-MS/MS法的改良方法，也常用于对好氧颗粒污泥中的信号分子进行定性定量检测。UPLC-MS/MS法使用较高的运行压力，成分分离所需时间较短，具有高分离度、高速度、高灵敏度等优势。UPLC-MS/MS法一般是通过对标准物质的检测来确定每种信号分子的特性，制成标线并根据标线对样品中的待测物进行比对分析。岳展（2020）使用UPLC-MS/MS法对连续流膜生物反应器中的好氧颗粒污泥AHLs进行分析检测，结果表明C_{14}-HSL是好氧颗粒污泥系统中最主要的AHLs类信号分子，且好氧污泥颗粒化过程中信号分子的变化规律与Tan等（2014）的研究中信号分子的变化趋势相似。此外，Hou等（2021）通过UPLC-MS/MS对AHLs信号分子分析测定发现，在好氧颗粒污泥的造粒过程中，AHLs含量与EPS中色氨酸和蛋白样物质含量呈正相关，说明AHLs的存在会促进EPS的分泌，有助于维持好氧颗粒污泥的黏附性和稳定性。

2）对AI-2的测定

HPLC-MS/MS和UPLC-MS/MS检测法也同样能对好氧颗粒污泥中AI-2进行定性与定量检测。Zhang等（2019b）通过在好氧颗粒污泥系统中采用HPLC-MS/MS分析AHLs与ATP（腺苷三磷酸）的关系，证实了Xiong和Liu（2010）的理论，即微生物群落中信号分子（AHLs和AI-2）的产生受细菌细胞中ATP的调节。反之，高浓度的AHLs又会增强EPS的分泌和其他代谢过程。Ding等（2015）采用UPLC-MS/MS法对AHLs、AI-2和DSF信号分子进行分析测定，研究了3种信号分子对好氧颗粒污泥造粒的调控效果，发现AHLs的调控作用小于AI-2，且在DSF作用下，好氧污泥颗粒化水平较低，好氧颗粒污泥直径较小，EPS产量也较低。

3）对c-di-GMP的测定

目前对于好氧颗粒污泥中c-di-GMP的测定，多采用液相色谱法，先使用标准样品对其含量进行测定确定标准曲线，通过标准曲线即可求得好氧颗粒污泥样品中对应的c-di-GMP浓度。王帅（2021）使用LC-MS/MS法对造粒期间c-di-GMP进行定量检测，发现系统中c-di-GMP变化趋势与多糖相似，这说明c-di-GMP与EPS含量之间存在显著相关性。李旺（2016）采用UPLC法定量测量降解吡啶的好氧颗粒污泥中第二信使c-di-GMP含量，发现细菌通过分泌c-di-GMP进行菌间交流，并证实了c-di-GMP的产生会刺激好氧颗粒污泥中胞外聚合物的分泌这一理论。

(2) 气相色谱/质谱法

气相色谱/质谱（GC-MS）检测法常用于对AHLs进行定量表征，可实现对EPS分子量和化学成分（如特定元素）组成的高灵敏度检测，可用于阐明EPS分子的化学结构。Zhang等（2019a）在将AHLs固相萃取后采用GC-MS超系统对AHLs信号分子进行分析，探索pH值对不同生物量密度的厌氧氨氧化颗粒污泥中AHLs信号分子的影响，通过GC-MS法检测到AHLs信号分子（C_6-HSL和C_8-HSL）并对其定量分析，发现pH值对低生物量密度颗粒污泥的不利影响大于高生物量密度颗粒污泥，且在中性和弱酸性

pH 条件下，短时间（10d）内外源添加 AHLs 可促进好氧颗粒污泥内 AHLs 的分泌与合成。

但是由于气相色谱/质谱法工序复杂，需要两步衍化过程，操作起来比较困难，所以与前几种方法相比，使用 GC-MS 法对好氧颗粒污泥中的信号分子进行定量定性分析的研究相对较少。

2.5 微生物种群特性

分析好氧颗粒污泥形成过程中微生物种群特性的变化及其对好氧污泥颗粒化的影响，探索好氧颗粒污泥中的微生物与好氧污泥颗粒化之间的联系在好氧颗粒污泥水处理技术的研究中具有重要意义。好氧颗粒污泥中的优势菌种与活性污泥中的优势菌种类似，但在絮状污泥逐渐凝聚为好氧颗粒污泥的过程中，微生物种类通常会减少，这可能是由于在颗粒化中系统会自动淘汰部分不利于好氧污泥成粒的微生物种群，使功能菌群得到富集，系统中微生物种群多样性降低。

在门水平上，好氧颗粒污泥中微生物种群大多数分布在变形菌门（Proteobacteria），变形菌门中 β-变形菌纲（β-Proteobacteria）在好氧颗粒污泥微生物种群构成中占主导地位。此外在门水平上，常见的微生物种群依次有 Actinobacteria、Firmicutes、Bacteroidetes 等。在纲水平上，Rhodocyclaceae、Xanthomonadaceae、Comamonadaceae、Rhodobacteraceae 最常见，其次是 Moraxellaceae、Nitrosomonadaceae 和 Nitrospiraceae，其他纲如 Flavobacteriaceae，在某些情况下在好氧颗粒污泥系统中也占一定的比例，也可在好氧颗粒污泥颗粒化过程中发挥重要作用。在属水平上，*Flavobacterium*、*Zoogloea*、*Paracoccus*、*Acinetobacter*、*Thauera* 和 *Acidovorax* 是在以往好氧颗粒污泥中常检测到的细菌属，其中 *Zoogloea* 和 *Thauera* 具有较高的代谢能力，皆隶属于占优势的红环菌纲（Rhodocyclaceae）。好氧颗粒污泥中的优势种分布表明了好氧颗粒污泥中可能包含一个共同的核心细菌群落，这些细菌群落协同作用于好氧污泥造粒和好氧颗粒污泥稳定化。在不同分类水平上的好氧颗粒污泥中常见微生物种群类型见表 2.3。

表 2.3 常见于好氧颗粒污泥中的微生物类型（门、纲、属水平）

分类水平	门	纲	属
种类	Proteobacteria Actinobacteria Firmicutes Bacteroidetes Sphingobacteria Flavobacteria	Rhodocyclaceae Xanthomonadaceae Comamonadaceae Rhodobacteraceae Moraxellaceae Nitrosomonadaceae Nitrospiraceae Flavobacteriaceae	*Flavobacterium* *Zoogloea* *Paracoccus* *Acinetobacter* *Thauera* *Acidovorax*

在好氧颗粒污泥形成过程中，*Rhodocyclus* 等非球状菌和产 EPS 的 *Zoogloea* 菌属往往可起到关键性的作用，其中 *Zoogloea* 因其分泌 EPS 的能力强而受到广泛关注，Weissbrodt 等（2013）研究发现造粒过程中 *Zoogloea* 的丰度可从 2%增加到 38%，这与 EPS 含量的变化趋势一致，其他属（如 *Thauera*、*Meganema*、*Devosia*、*Rhodocyclus*、*Stenotrophomonas* 等）似乎也可分泌 EPS，从而促进好氧颗粒污泥的颗粒化。且在此过程中 γ-变形菌（Gammaproteobacteria）和一些能够脱氮的菌群（如 Nitrospirota、Candidatus、Competibacter 等）往往会大量出现。需要注意的是，不同的接种污泥与培养条件下，优势菌群往往有差异，如高有机负荷培养的好氧颗粒污泥优势菌群一般属于 β-变形菌纲范围内，处理苯酚废水的好氧颗粒污泥中 *Pandoraea* 和 *Acinetobacter* 占主要地位，而处理吡啶废水好氧颗粒污泥中 *Acinetobacter* 和 *Rhizobium* 发挥主要作用，处理猪养殖废水的好氧颗粒污泥系统中 Xanthomonadaceae 可能超过总生物量的 40%。又如以蔗糖为有机碳源培养出的好氧颗粒污泥中以丝状菌为主，但以醋酸盐为有机碳源培养的好氧颗粒污泥中杆菌占主导地位。

目前，好氧颗粒污泥领域中常用的微生物种群研究技术有荧光原位杂交技术（FISH）、高通量测序技术、变性梯度凝胶电泳技术（DGGE）等。其中高通量测序技术能够用于分析系统中较多种类的微生物群落，是目前最新兴、最热门的微生物种群研究技术之一。

2.5.1 FISH 技术

荧光原位杂交技术（FISH）是目前应用广泛的一种分子生物学技术，在探究好氧颗粒污泥的成粒机理及分析微生物种群变化特征中发挥着重要作用。荧光原位杂交是将荧光标记探针与样品 DNA 或 RNA 杂交后通过荧光显微镜或激光共聚焦显微镜观察，使用荧光原位杂交技术不仅可以获得微生物在好氧颗粒污泥中某一时刻的分布特征，还能够检测样品中微生物群落的存在及其种群动态。此外，FISH 技术还可应用于鉴定和检测曾经没有培养出的新种属。作为一种非放射性检测方式，FISH 技术有许多优点，如无辐射性污染、稳定性好、经济性好、特异性好、定位准确、实验周期短、灵敏度强、应用范围广等。

使用 FISH 技术，可针对好氧颗粒污泥中的不同微生物采用合适的探针对污泥样品中目标菌群（如聚磷菌、聚糖菌、硝化细菌、反硝化细菌、总细菌等）进行标记，原位观察目标菌群在样品中的空间分布特征，粗略估计目标菌群占总菌的比例，还可定性和半定量地分析好氧颗粒污泥样品中的功能菌组成和分布。在实际应用中 FISH 技术多用于反映污泥颗粒化过程中特定环境下的污泥内不同菌种的存在情况及特点，对好氧颗粒污泥表面及内部微生物空间数量分布进行表征，以便于分析多种微生物之间的生态关系、探究工艺类型或造粒过程中环境条件对好氧颗粒污泥内部微生物组成的影响等。如 Winkler 等（2013）曾通过荧光原位杂交技术，估计了好氧颗粒污泥中细菌层的体积分数，发现细菌层在固定直径为 1.2mm 的好氧颗粒污泥中体积分数为 70%。Kagawa 等（2015）使用 FISH 技术对好氧颗粒污泥切片进行微生物分析，发现聚磷菌（PAOs）均匀分布在好氧颗粒污泥中，而聚糖菌（GAOs）主要存在于好氧颗粒污泥的内部，这与 Kishida 等

(2006) 和 Lemaire 等 (2008b) 的研究结果一致。Nguyen Quoc 等 (2021) 使用 FISH 技术评价了好氧颗粒污泥的群落组成，发现好氧颗粒污泥内硝化细菌的分布主要取决于生物膜结构和好氧细菌间的竞争。

2.5.2 高通量测序技术

虽然 FISH 技术目前已经较为成熟且应用较多，但还存在探针穿透率较低或特异性不足、低 rRNA 含量难以检测、荧光褪色难以观察、不能达到 100%杂交、只能对特异性菌种定位分析而不能全面探究样品中微生物菌落结构等问题，而高通量测序技术不仅能够解决以上问题，还能实现对微生物中所有物种、基因和功能多样性的宏组学全局性分析。高通量测序技术又称为下一代测序 (next-generation sequencing，NGS)，是针对基因组学的检测手段，也是目前微生物群落多样性研究的主要方法。至今为止高通量测序平台已经经历了三代的发展，目前以 Illumina 测序平台为代表的第 2 代高通量测序因通量高、准确性高、速度快、信息全等显著优势被广泛应用于好氧颗粒污泥研究领域中对微生物种群结构的检测。此外，第 2 代高通量测序中，基于 Roche 测序平台的 454 法目前也较为常用。

高通量测序技术的快速发展促进了 16S rRNA 基因组学、宏基因组学、宏转录组学和宏蛋白组学技术在好氧颗粒污泥微生物群落研究中的应用，以上几种微生物学研究技术及其优缺点见表 2.4。

表 2.4 几种微生物学研究技术及其优缺点

技术	优势	缺点	主要应用
16S rRNA 基因组学	(1) 快速、经济； (2) 可鉴定细菌或古菌	(1) 不可用于鉴定病毒； (2) 精确度较低	(1) 物种分类及多样性研究； (2) 系统功能猜测
宏基因组学	(1) 不受保守标记基因限制； (2) 可获得新物种信息	(1) read 数量要求巨大； (2) 测序周期长	(1) 物种分类研究； (2) 系统发育学研究； (3) 代谢通路潜力研究； (4) 抗性基因、病原体检测
宏转录组学	可鉴定对群落有贡献的活跃基因和通路	(1) mRNA 半衰期短且不稳定； (2) 多重的转录与基因序列扩增易导致误差	(1) 代谢活性检测； (2) 代谢通路研究
宏蛋白组学	可为代谢活动提供最直接的证据	(1) 难以提取合适的可分析蛋白质； (2) 核酸干扰易导致误差	(1) 新功能基因筛选； (2) 代谢通路表达研究； (3) 环境质量动态监测； (4) 生物标记物筛选

2.5.2.1 16S rRNA 基因扩增子测序

基因扩增子测序包括细菌/原核生物 16S 测序、真核生物 18S 测序、真菌 ITS 测序、古细菌 16S 测序等，在好氧颗粒污泥微生物群落分布中多见细菌/原核生物及古细菌，这二者在好氧污泥颗粒化中通常起着决定性作用，因此 16S rRNA 基因测序已经成为当前研究好氧颗粒污泥中微生物群落特征的重要内容。16S rRNA 基因测序以细菌 16S rRNA 基因测序为主，一般可精确到“属”水平，少数菌种可鉴定到“种”水平。16S rRNA 基因序列包括 9 个可变区和 10 个保守区，保守区序列体现物种间的亲缘关系，而可变区序列则体现物种间的差异。目前，常用的基因序列区域有Ⅴ4 区、Ⅴ3-Ⅴ4 区和Ⅴ4-Ⅴ5 区等，其中Ⅴ4 区序列特异性好，数据库信息全，是细菌多样性分析的最佳选择。

16S rRNA 基因测序技术又称 16S rRNA 基因靶向扩增子测序技术，可用于研究好氧颗粒污泥中的物种类别组成、物种丰度及系统进化过程、菌群比较等。16S rRNA 基因靶向扩增子测序技术是目前研究好氧颗粒污泥微生物生态系统中细菌多样性最强大也是最常用的技术之一。例如，程文静（2020）通过 16S 检测，分析反应器中好氧颗粒污泥的操作分类单元（operational taxonomic units，OTU），发现接种污泥中有 379 种细菌的 OTU，而系统运行到 250d 时仅有 70 个 OTU 出现，说明在长期运行过程中，运行条件能导致好氧颗粒污泥中微生物种群结构的改变。Geng 等（2021）通过 PCR（聚合酶链反应）系统扩增细菌 16S rRNA 基因的Ⅴ3-Ⅴ4 高变区，并进行测序，检测系统中功能菌群的丰度，发现高真菌球团的投加有利于功能细菌的富集，且生物活性的增强和功能细菌的富集会使好氧颗粒污泥更加稳定。

2.5.2.2 宏基因组测序

与 16S rRNA 基因扩增子测序不同的是，宏基因组不包含对某个特定微生物种群的靶向，其研究对象是待测样品中微生物基因组的总 DNA，而不是某特定的微生物种群（如真菌、细菌或者病毒）或其细胞中的 DNA，所以不需要对微生物进行分离培养和纯化，且宏基因组测序无需 PCR 扩增，这为我们认识和利用未培养微生物提供了一条新的思路。

可对反应器启动过程中各个阶段的好氧颗粒污泥进行宏基因组测序，通过对基因序列进行功能注释来分析不同基因的功能。宏基因组测序可用于反映好氧颗粒污泥系统中微生物的优势域（如门水平、纲水平、属水平的优势菌），以此了解功能菌群在基因组规模的微生物群落演替规律。例如，Li 等（2020a）运用宏基因组学发现耐盐好氧颗粒污泥快速发育过程中，菌属 *Mangrovibacter* 含有指导分泌 EPS 的基因，促进了葡萄糖耐盐好氧颗粒污泥初期污泥聚集体的形成。也有研究通过宏基因组测序技术判断污泥中反硝化酶编码基因的读数，借此分析系统中反硝化细菌的存在情况与反硝化过程的作用情况。又例如，检测反应器不同运行阶段内氮循环关键酶的基因丰度可用于分析反应器中氮代谢途径，为造粒中功能微生物的定向培养及系统优化起到一定的指导作用。

2.5.2.3 宏转录组测序

宏转录组是指在基因转录水平研究复杂微生物的群落变化。与宏基因组学相比，宏转录组学能更好地鉴定对群落有贡献的活跃基因和通路，也可用于检测未经鉴定的未知基因，其优势在于高通量、全分析、短周期。宏转录组测序可用于研究特定环境和特定时期微生物全部基因组转录情况及转录调控规律。它以核糖核酸为研究对象，从整体水平上开展研究，无需考虑微生物分离或培养困难等问题，能有效扩大微生物资源的利用范围。其大致过程为：获取微生物组的总 RNA 并去除 rRNA 后，将其反转录为 cDNA，采用双端高通量测序手段对合适长度的插入片段文库进行测序，从而准确量化整个微生物组中的物种组成及相应基因功能的表达。然后对微生物群落中的生物标志物进行跟踪、鉴定，以阐明其在污泥造粒过程中的生物学意义。

在以往研究中，转录组学常用于开展好氧颗粒污泥生物脱氮、强化生物除磷等水处理技术在微生物学基因水平上的研究。宏转录组测序可用于检测好氧颗粒污泥造粒过程中功能基因的相对含量与相对丰度，判断不同时期功能基因的转录程度，量化反映好氧污泥颗粒化期间功能基因的变化，这有助于定位颗粒化中被转录成 mRNA 的基因，从而了解好氧颗粒污泥中的功能微生物群落在特定时间使用的代谢途径。如何甦（2019）采用宏转录组测序研究发现硝酸还原酶在低温造粒过程中转录量较少，说明低温条件下好氧颗粒污泥中的反硝化反应不完全。类似地，Bagchi 等（2016）通过宏转录组学测序，分析功能基因随时间变化的转录动态，发现在整个好氧污泥颗粒化阶段都存在硝酸盐还原酶基因的高度表达，这说明好氧污泥颗粒化与一些功能基因的转录与表达密不可分。此外，也有大量研究采用宏基因组学与宏转录组学的联合手段，这种多组学方法能更好地揭示好氧颗粒污泥微生物种群间的相互作用及基因表达活性的环境响应。

2.5.2.4 宏蛋白组测序

宏基因组学与宏转录组学是基于基因水平的研究，存在易受重复基因干扰、不能反映基因表达时空特异性等缺点，而宏蛋白组学的出现弥补了这些弊端。此外，宏蛋白组学还可以对宏基因组学和宏转录组学中的遗传潜力信息和基因表达信息进行补充和完善。其检测对象为在特定环境中微生物群落的所有蛋白，可用于在特定时间对好氧颗粒污泥中微生物群落的所有蛋白质的组成与含量变化进行大规模的定性和定量分析。

宏蛋白组学在污水生物处理方面的应用主要包括功能性蛋白质/酶的鉴定、污染物生物降解机制的解析及废水生物处理系统关键代谢途径的重构等，以及对好氧污泥颗粒化过程中特定微生物群落所表达的全部蛋白进行宏观、高通量的分析。若采用宏蛋白组学对差异表达蛋白所参与的代谢途径进行富集分析，可在分子水平上阐明污泥在造粒过程中的变化。目前应用于好氧颗粒污泥领域的宏蛋白组学研究策略主要有两条：一条是以双向电泳加生物质谱的方法鉴定群落中各种蛋白质的表达以及各蛋白质表达程度的相对变化，Geng 等（2023）使用此法在宏蛋白组学水平上比较了活性污泥与好氧颗粒污泥之间的差异，并根据相应的蛋白质丰度计算出属水平上的微生物群落分布，结果表明好氧颗粒污泥中 90.9%的差异表达蛋白来自 *Candidatus Competibacter*，而絮凝体中 90.0%的差异表达蛋白来自 *Thauera*。宏蛋白组学的另一条研究策略则是多维色谱与生物质谱相结合被称为鸟枪法的技术路线。基于此策略，Zhang 等（2015）采用鸟枪蛋白质组学方法对污泥 EPS 进行分析，证明了蛋白质的结合和催化活性在微生物利用底物生长方面起着至关重要的作用。

参考文献

陈寰，李天宏，周顺桂，2008. 好氧颗粒污泥中胞外聚合物的提取、组成及空间分布研究进展［J］. 四川环境，(5)：75-78.

程文静，2020. 低曝气条件下丝状菌好氧颗粒污泥形成与特征功能研究［D］. 郑州：郑州大学.
丁养城，2015. 厌氧颗粒污泥群感作用及调控研究［D］. 杭州：浙江工商大学.
高景峰，苏凯，陈冉妮，等，2010. 连续进水对好氧颗粒污泥稳定维持的影响［J］. 环境科学学报，30（7）：1377-1383.
贺鹏鹏，2018. 好氧颗粒污泥在连续流网板反应器中快速形成与稳定运行研究［D］. 兰州：兰州交通大学.
何甦，2019. 低温条件下生活污水生物脱氮分子生物学的机制研究［D］. 南京：南京大学.
何瑜，2022. 生物除磷颗粒污泥系统特性及磷回收研究［D］. 扬州：扬州大学.
侯梦，2019. 盐度波动下好氧颗粒污泥性能及其微生物特性研究［D］. 上海：华东理工大学.
侯怡文，2021. 菌藻共生颗粒污泥形成过程中的群体感应效应及微生物群落演替规律［D］. 西安：西安建筑科技大学.
胡远超，2019. 外加 AHLs 和活性污泥对解体好氧颗粒污泥修复过程的影响［D］. 济南：山东大学.
黄晓桦，2021. 聚苯乙烯（PS）抑制下对好氧颗粒污泥性能及微生物群落的影响研究［D］. 重庆：重庆大学.
李宁，2019. 低有机负荷条件下 EPS 在污泥颗粒化进程中的变化规律及其作用机制［D］. 西安：西安建筑科技大学.
李旺，2016. 吡啶降解菌共絮凝作用下好氧颗粒污泥的快速培养机制［D］. 南京：南京理工大学.
李昱欢，2017. 好氧污泥强化造粒过程中不同元素的空间分布规律及微生物群落演替特征［D］. 西安：西安建筑科技大学.
林跃梅，王琳，2008. 好氧颗粒污泥藻酸盐提取物的聚集形态研究［J］. 环境科学，（5）：1181-1186.
刘前进，刘立凡，2021. 苯酚溶液对好氧颗粒污泥储存稳定性的影响［J］. 中国环境科学，41（12）：5620-5626.
刘喆，2016. 好氧污泥混凝强化造粒的操作控制条件及其作用机制［D］. 西安：西安建筑科技大学.
刘子森，肖恩荣，张丽萍，等，2015. EPS 及其测定方法分析［J］. 膜科学与技术，35（4）：103-109，122.
马云杰，2014. 脱氮除磷体系中颗粒污泥的结构和稳定性研究［D/OL］. 合肥：中国科学技术大学.
孙赛玉，李秀芬，封磊，等，2008. 膜生物反应器中膜污染层胞外多糖性质及污染特征［J］. 环境科学与技术，（9）：99-102.
唐鹏，2020. 基于群体感应效应的 Anammox-AGS 工艺特性及调控研究［D］. 青岛：青岛大学.
滕彧，2021. 好氧-厌氧下 AHLs 类群体感应信号分子对厌氧氨氧化系统影响的研究［D］. 汕头：汕头大学.
王佳琴，2020. 好氧颗粒污泥反应器启动及胞外聚合物（EPS）对污泥聚集的作用研究［D］. 重庆：重庆大学.
王然登，2015. SBR 生物除磷系统中颗粒污泥的形成及其特性研究［D］. 哈尔滨：哈尔滨工业大学.
王帅，2021. 胞外多糖特性及其对颗粒污泥聚集性能及稳定性的影响机制研究［D］. 重庆：重庆大学.
王雯谚，王兰，王茹，等，2021. 厌氧氨氧化污泥胞外多糖的提取方法比较研究［J］. 环境科学与技术，44（12）：105-112.
王暄，季民，王景峰，等，2005. 好氧颗粒污泥胞外聚合物提取方法研究［J］. 中国给水排水，（8）：91-93.
王亚利，2015. 聚合氯化铝投加时间对好氧颗粒污泥的形成和胞外聚合物的影响［D］. 西安：西安建筑科技大学.
王玉莹，支丽玲，马鑫欣，等，2019. 信号分子在好氧颗粒污泥形成过程中的作用［J］. 中国环境科学，39（4）：1516-1524.
王玉莹，支丽玲，马鑫欣，等，2020. 好氧颗粒污泥胞外聚合物组分特征分析［J］. 哈尔滨工业大学学报，52（2）：153-160.
吴桂荣，储昭瑞，荣宏伟，等，2017. 不同方法提取活性污泥胞外聚合物的特性分析［J］. 广州大学学报（自然科学版），16（6）：77-83.
巫恺澄，吴鹏，徐乐中，等，2015. ABR 耦合 CSTR 一体化工艺好氧颗粒污泥形成机制及其除污效能研究［J］. 环境科学，36（8）：2947-2953.
徐小惠，魏德洲，张兰河，2021. 胞外聚合物的提取及其吸附性能［J］. 东北大学学报（自然科学版），42（10）：1467-1474.
杨贺棋，2015. 不同操作条件对好氧颗粒污泥特性及污染物去除特性的影响［D］. 西安：西安建筑科技大学.
杨月乔，2016. 操作条件对好氧颗粒污泥形成的影响研究［D］. 西安：西安建筑科技大学.
岳展，2020. 连续流膜生物反应器中基于信号分子 AHL 的好氧颗粒污泥系统［D］. 广州：广东工业大学.
张小雷，2018. 进水磷酸盐对好氧污泥颗粒化过程的影响［D］. 哈尔滨：东北农业大学.
郑晓英，黄希，王兴楠，等，2013. 好氧颗粒污泥中胞外聚合物的提取方法及其优化［J］. 中国给水排水，29（7）：1-4，9.
支丽玲，王玉莹，马鑫欣，等，2019. c-di-GMP 在低温好氧颗粒污泥形成过程中的作用［J］. 中国环境科学，39（4）：1560-1567.

周晶，霍丽珺，雷雅燕，等，2021. 生物膜胞外聚合物研究进展［J]. 昆明医科大学学报，42（4）：150-154.

Bagchi S，Lamendella R，Strutt S，et al.，2016. Metatranscriptomics reveals the molecular mechanism of large granule formation in granular anammox reactor [J]. Scientific Reports，6（1）：28327.

D'Abzac P，Bordas F，van Hullebusch E，et al.，2010. Extraction of extracellular polymeric substances（EPS）from anaerobic granular sludges：Comparison of chemical and physical extraction protocols [J]. Applied Microbiology and Biotechnology，85（5）：1589-1599.

Ding Y，Feng H，Huang W，et al.，2015. A sustainable method for effective regulation of anaerobic granular sludge：Artificially increasing the concentration of signal molecules by cultivating a secreting strain [J]. Bioresource Technology，196：273-278.

Felz S，Al-Zuhairy S，Aarstad O A，et al.，2016. Extraction of structural extracellular polymeric substances from aerobic granular sludge [J]. Jove-Journal of Visualized Experiments，（115）：54534.

Feng H，Ding Y，Wang M，et al.，2014. Where are signal molecules likely to be located in anaerobic granular sludge [J]. Water Research，50：1-9.

Gao D，Liu L，Liang H，et al.，2011. Aerobic granular sludge：Characterization，mechanism of granulation and application to wastewater treatment [J]. Critical Reviews in Biotechnology，31（2）：137-152.

Gao M，Liu Y，Liu Z，et al.，2019. Strengthening of aerobic sludge granulation by the endogenous acylated homoserine lactones-secreting strain *Aeromonas* sp. A-L3 [J]. Biochemical Engineering Journal，151：107329.

Geng M，You S，Guo H，et al.，2021. Impact of fungal pellets dosage on long-term stability of aerobic granular sludge [J]. Bioresource Technology，332：125106.

Geng M，You S，Guo H，et al.，2023. Co-existence of flocs and granules in aerobic granular sludge system：Performance，microbial community and proteomics [J]. Chemical Engineering Journal，451：139011.

He Q，Xie Z，Fu Z，et al.，2021. Effects of phenol on extracellular polymeric substances and microbial communities from aerobic granular sludge treating low strength and salinity wastewater [J]. Science of the Total Environment，752：141785.

Hou Y，Gan C，Chen R，et al.，2021. Structural characteristics of aerobic granular sludge and factors that influence its stability：A mini review [J]. Water，13（19）：2726.

Hu H，Liu Y，Luo F，et al.，2022. Stable and rapid partial nitrification achieved by boron stimulating autoinducer-2 mediated quorum sensing at room & low temperature [J]. Chemosphere，304：135327.

Huang Wenli，Huang Weiwei，Li H，et al.，2015. Species and distribution of inorganic and organic phosphorus in enhanced phosphorus removal aerobic granular sludge [J]. Bioresource Technology，193：549-552.

Jachlewski S，Jachlewski W D，Linne U，et al.，2015. Isolation of extracellular polymeric substances from biofilms of the thermoacidophilic archaeon sulfolobus acidocaldarius [J/OL]. Frontiers in Bioengineering and Biotechnology，3.

Kagawa Y，Tahata J，Kishida N，et al.，2015. Modeling the nutrient removal process in aerobic granular sludge system by coupling the reactor-and granule-scale models：Modeling the start-up of a granular sludge system [J]. Biotechnology and Bioengineering，112（1）：53-64.

Kim N K，Mao N，Lin R，et al.，2020. Flame retardant property of flax fabrics coated by extracellular polymeric substances recovered from both activated sludge and aerobic granular sludge [J]. Water Research，170：115344.

Kirkland C M，Krug J R，Vergeldt F J，et al.，2020. Characterizing the structure of aerobic granular sludge using ultra-high field magnetic resonance [J]. Water Science and Technology，82（4）：627-639.

Kishida N，Kim J，Tsuneda S，et al.，2006. Anaerobic/oxic/anoxic granular sludge process as an effective nutrient removal process utilizing denitrifying polyphosphate-accumulating organisms [J]. Water Research，40（12）：2303-2310.

Kunacheva C，Stuckey D C，2014. Analytical methods for soluble microbial products（SMP）and extracellular polymers（ECP）in wastewater treatment systems：A review [J]. Water Research，61：1-18.

Lemaire R，Webb R I，Yuan Z，2008a. Micro-scale observations of the structure of aerobic microbial granules used for the treatment of nutrient-rich industrial wastewater [J]. The ISME Journal，2（5）：528-541.

Lemaire R，Yuan Z，Blackall L L，et al.，2008b. Microbial distribution of Accumulibacter spp. and Competibacter spp. in aerobic granules from a lab-scale biological nutrient removal system [J]. Environmental Microbiology，10（2）：354-363.

Li W，Yao J，Zhuang J，et al.，2020a. Metagenomics revealed the phase-related characteristics during rapid development of halotolerant aerobic granular sludge [J]. Environment International，137：105548.

Li Y S，Cao J S，Yu H Q，2019. Impacts of environmental factors on AHL-producing and AHL-quenching activities of aerobic granules [J]. Applied Microbiology and Biotechnology，103（21-22）：9181-9189.

Li Y S，Pan X R，Cao J S，et al.，2017. Augmentation of acyl homoserine lactones-producing and-quenching bacterium into activated sludge for its granulation [J]. Water Research，125：309-317.

Li Y S，Tian T，Li B B，et al.，2020b. Longer persistence of quorum quenching bacteria over quorum sensing bacteria in aerobic granules [J]. Water Research，179：115904.

Liang Z，Li W，Yang S，et al.，2010. Extraction and structural characteristics of extracellular polymeric substances（EPS），pellets in autotrophic nitrifying biofilm and activated sludge [J]. Chemosphere，81（5）：626-632.

Liou H C, Sabba F, Wang Z, et al., 2021. Layered viscoelastic properties of granular biofilms [J]. Water Research, 202: 117394.

Liu W, Zhang J, Jin Y, et al., 2015. Adsorption of Pb (Ⅱ), Cd (Ⅱ) and Zn (Ⅱ) by extracellular polymeric substances extracted from aerobic granular sludge: Efficiency of protein [J]. Journal of Environmental Chemical Engineering, 3 (2): 1223-1232.

Liu X, Liu J, Deng D, et al., 2021. Investigation of extracellular polymeric substances (EPS) in four types of sludge: Factors influencing EPS properties and sludge granulation [J]. Journal of Water Process Engineering, 40: 101924.

Liu X, Pei Q, Han H, et al., 2022. Functional analysis of extracellular polymeric substances (EPS) during the granulation of aerobic sludge: Relationship among EPS, granulation and nutrients removal [J]. Environmental Research, 208: 112692.

Liu X, Sun S, Ma B, et al., 2016. Understanding of aerobic granulation enhanced by starvation in the perspective of quorum sensing [J]. Applied Microbiology and Biotechnology, 100 (8): 3747-3755.

Mañas A, Biscans B, Spérandio M, 2011. Biologically induced phosphorus precipitation in aerobic granular sludge process [J]. Water Research, 45 (12): 3776-3786.

Miksch K, Konczak B, 2012. Distribution of extracellular polymeric substances and their role in aerobic granule formation [J]. Chemical and Process Engineering-Inzynieria Chemiczna I Procesowa, 33 (4): 679-688.

Nguyen Quoc B, Wei S, Armenta M, et al., 2021. Aerobic granular sludge: Impact of size distribution on nitrification capacity [J]. Water Research, 188: 116445.

Petrova O E, Sauer K, 2017. High-performance liquid chromatography (HPLC) -based detection and quantitation of cellular c-di-GMP [M/OL]. Sauer K, ed. //c-di-GMP Signaling. New York, NY: Springer New York: 33-43.

Ren T T, Li X Y, Yu H Q, 2013. Effect of *N*-acy-l-homoserine lactones-like molecules from aerobic granules on biofilm formation by *Escherichia coli* K12 [J]. Bioresource Technology, 129: 655-658.

Seviour T, Donose B C, Pijuan M, et al., 2010. Purification and conformational analysis of a key exopolysaccharide component of mixed culture aerobic sludge granules [J]. Environmental Science & Technology, 44 (12): 4729-4734.

Seviour T W, Lambert L K, Pijuan M, et al., 2011. Selectively inducing the synthesis of a key structural exopolysaccharide in aerobic granules by enriching for candidatus "Competibacter Phosphatis" [J]. Applied Microbiology and Biotechnology, 92 (6): 1297-1305.

Simon S, Païro B, Villain M, et al., 2009. Evaluation of size exclusion chromatography (SEC) for the characterization of extracellular polymeric substances (EPS) in anaerobic granular sludges [J]. Bioresource Technology, 100 (24): 6258-6268.

Sun S, Liu X, Ma B, et al., 2016. The role of autoinducer-2 in aerobic granulation using alternating feed loadings strategy [J]. Bioresource Technology, 201: 58-64.

Sun Y, Gomeiz A T, van Aken B, et al., 2021. Dynamic response of aerobic granular sludge to feast and famine conditions in plug flow reactors fed with real domestic wastewater [J]. Science of the Total Environment, 758: 144155.

Tan C H, Koh K S, Xie C, et al., 2014. The role of quorum sensing signalling in EPS production and the assembly of a sludge community into aerobic granules [J]. The ISME Journal, 8 (6): 1186-1197.

Tao F, Swarup S, Zhang L H, 2010. Quorum sensing modulation of a putative glycosyltransferase gene cluster essential for *Xanthomonas* campestris biofilm formation: A glycosyltransferase in Xcc biofilm formation [J]. Environmental Microbiology, 12 (12): 3159-3170.

Tay J H, Liu Q S, Liu Y, 2001. The effects of shear force on the formation, structure and metabolism of aerobic Granules [J]. Applied Microbiology and Biotechnology, 57 (1-2): 227-233.

Wan C, Shen Y, Chen S, et al., 2016. Microstructural strength deterioration of aerobic granule sludge under organic loading swap [J]. Bioresource Technology, 221: 671-676.

Wan C, Zhang P, Lee D J, et al., 2013. Disintegration of aerobic granules: Role of second messenger cyclic di-GMP [J]. Bioresource Technology, 146: 330-335.

Wang H F, Hu H, Yang H Y, et al., 2016. Characterization of anaerobic granular sludge using a rheological approach [J]. Water Research, 106: 116-125.

Wang L, Zhan H, Wang Q, et al., 2019. Enhanced aerobic granulation by inoculating dewatered activated sludge under short settling time in a sequencing batch reactor [J]. Bioresource Technology, 286: 121386.

Wang S, Huang X, Liu L, et al., 2021a. Insight into the role of exopolysaccharide in determining the structural stability of aerobic granular sludge [J]. Journal of Environmental Management, 298: 113521.

Wang Y, Wang J, Liu Z, et al., 2021b. Effect of EPS and its forms of aerobic granular sludge on sludge aggregation performance during granulation process based on XDLVO theory [J]. Science of the Total Environment, 795: 148682.

Wei D, Dong H, Wu N, et al., 2016. A fluorescence approach to assess the production of soluble microbial products from aerobic granular sludge under the stress of 2,4-dichlorophenol [J]. Scientific Reports, 6 (1): 24444.

Weissbrodt D G, Neu T R, Kuhlicke U, et al., 2013. Assessment of bacterial and structural dynamics in aerobic granular biofilms [J/OL]. Frontiers in Microbiology, 4.

Winkler M K H, Bassin J P, Kleerebezem R, et al., 2012. Unravelling the reasons for disproportion in the ratio of AOB and NOB in aerobic granular sludge [J]. Applied Microbiology and Biotechnology, 94 (6): 1657-1666.

Winkler M K H, Kleerebezem R, Strous M, et al., 2013. Factors influencing the density of aerobic granular sludge [J]. Applied Microbiology and Biotechnology, 97 (16): 7459-7468.

Xiong Y, Liu Y, 2010. Involvement of ATP and autoinducer-2 in aerobic granulation. [J]. Biotechnology and Bioengineering, 105 (1): 51-58.

Zhang J, Zhang Y, Zhao B, et al., 2019a. Effects of pH on AHL signal release and properties of ANAMMOX granules with different biomass densities [J]. Environmental Science: Water Research & Technology, 5 (10): 1723-1735.

Zhang P, Guo J S, Shen Y, et al., 2015. Microbial communities, extracellular proteomics and polysaccharides: A comparative investigation on biofilm and suspended sludge [J]. Bioresource Technology, 190: 21-28.

Zhang S H, Yu X, Guo F, et al., 2011. Effect of interspecies quorum sensing on the formation of aerobic granular sludge [J]. Water Science and Technology, 64 (6): 1284-1290.

Zhang X L, Chen Z L, Ren Y, et al., 2019b. Effects of phosphorus on loosely bound and tightly bound extracellular polymer substances in aerobic granular sludge [J]. Chemical & biochemical engineering Quarterly, 33 (1): 59-68.

Zhang Z, Cao R, Jin L, et al., 2019c. The regulation of *N*-acyl-homoserine lactones (AHLs) -based quorum sensing on EPS secretion via ATP synthetic for the stability of aerobic granular sludge [J]. Science of the Total Environment, 673: 83-91.

第3章

基于混凝强化的好氧颗粒污泥快速培养技术

由于好氧污泥的颗粒化机理尚未得到充分的认识，系统启动时间长及颗粒长期运行稳定性较差等问题仍然未被彻底解决。因此，好氧颗粒污泥的实际应用受到一定程度的限制。本章以强化好氧污泥的颗粒化进程为核心，通过工艺试验与理论研究，提出了好氧污泥混凝强化造粒的操作模式与工艺方法，对比研究了强化造粒条件下所形成颗粒的污泥特性，深入探讨了铝系混凝剂在混凝强化造粒过程中的不同作用机制和成粒机理。

3.1 混凝强化造粒条件下好氧颗粒污泥的快速培养

3.1.1 混凝剂的选择及投加量的确定

对于混凝剂的选择，不仅需要关注絮凝效果，还需要考虑其应用成本及综合效益。作为目前应用最为广泛的混凝剂，聚合氯化铝（poly aluminum chloride，PAC）与普通铝盐混凝剂不同，其水解过程通常发生在使用液的制备过程中，因此其水解产物受反应体系中环境因素（pH值和温度等）的影响较小，絮凝效果较为稳定；并且，所形成的絮体粒径大且更为密实，沉降速度更快；要达到相同的混凝效率，PAC所需投加量明显少于普通铝盐，运行成本低，系统产生的剩余污泥也更少（Srivastava et al.，2005）。此外，PAC在生物造粒流化床工艺中的成功应用，也证实了其具有促进污泥颗粒化进程的潜力。

为了明确混凝剂的投加量，采用短期培养污泥的方式对不同浓度梯度（100mg/L、300mg/L、500mg/L和700mg/L）的混凝剂进行了试验。试验用水采用的是人工配水，其中碳源是葡萄糖，COD浓度为700～1000mg/L（低负荷）或1500～1800mg/L（高负荷）（具体进水负荷根据试验目的而定），而NH_4^+-N由氯化铵提供，NH_4^+-N浓度为50～70mg/L（低负荷）或200～220mg/L（高负荷）。反应器运行周期为6h，每个周期由进水、曝气、沉降和排水4个阶段组成。其中，为了在筛选微生物（沉降性能好）的同时又能够保证反应器内的生物量，沉降时间由初始的 15min 逐渐减少为 5min（第一周内完成），相应地，曝气时间从 300min 逐渐提高为 310min（如果后续有混凝操作，则需要从中预留 10min），而进水和出水各为 5min。培养为期一周，对比各反应器内污泥样品的粒径、形貌、沉降性能及污染物去除效率等指标，最终确定 500mg/L 为最适宜的投加量。

综上，本试验所用混凝剂为商品级的聚合氯化铝，黄色粉末状，铝含量为 30%（以 Al_2O_3 计）。每次使用前，将 PAC 按照 1∶3 的比例溶于超纯水中，然后在充分搅拌混合的情况下将溶液稀释至所需要的工作浓度。

混凝强化操作通常被安排在完整的运行周期之后。当反应器完成排水，加入 50mL 现配的混凝剂使用液（质量浓度为 20g/L）；然后以 100r/min 的转速快速搅拌 2min，接着将搅拌器的转速调整为 50r/min，继续搅拌 7min；最后，在下一轮运行周期开始之前，反应器静置 1min。在本次试验中，混凝操作的实施与沉降时间的调整同步完成，都只在反应的第 1 周内进行，从第 8 天开始反应器沉降时间保持在 5min，而混凝操作也不再实施。

3.1.2 强化造粒过程中污泥形态的动态分析

图 3.1（书后另见彩图）反映了污泥在颗粒化过程中的形貌变化。试验初期，在水力剪切力及生物选择压的共同作用下，污泥絮体间开始自发地靠拢，并逐渐形成一些形状不规则的微生物聚集体。同时，污泥的颜色也在不断变化，逐渐从初始的灰褐色向浅黄色过渡。与对照组相比，强化组中的污泥聚集程度更高一些，而且，在第 8 天就发现了肉眼可见的颗粒。随着时间的推移，不断有更多轮廓清晰的颗粒长成，并在水力剪切力的作用下变得更加密实而光滑。第 23 天，强化组中的污泥完全颗粒化（超过 80%的污泥粒径>0.5mm）。在对照组中，污泥的颗粒化进程则要缓慢一些，直至第 17 天才有零星的颗粒出现，当对照组中的污泥完全颗粒化时系统已经运行了 35d。这些结论充分说明，混凝强化操作对好氧颗粒污泥的形成具有较为明显的促进作用。

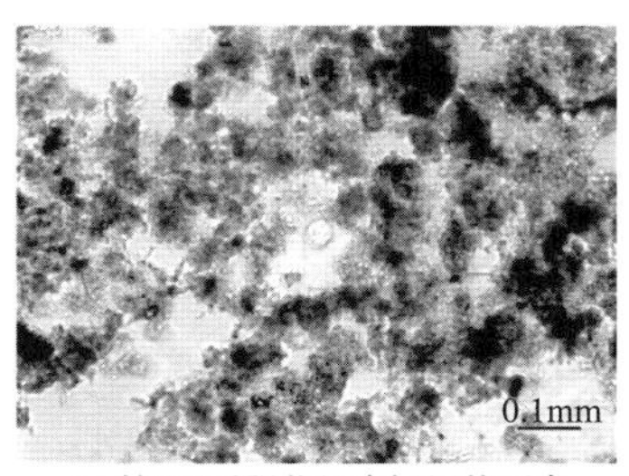

(a) 第2天后强化组内污泥的形态

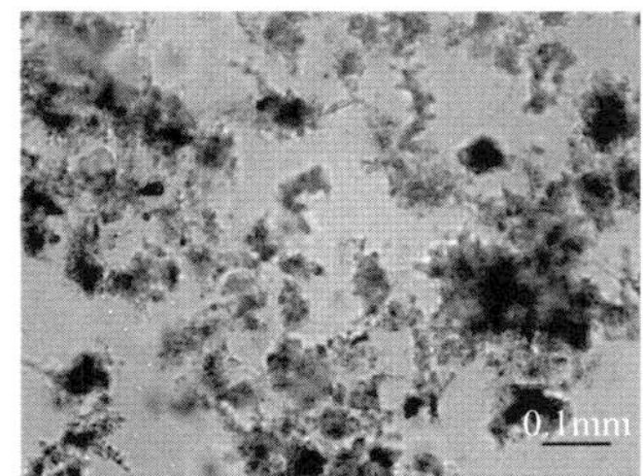

(b) 第2天后对照组内污泥的形态

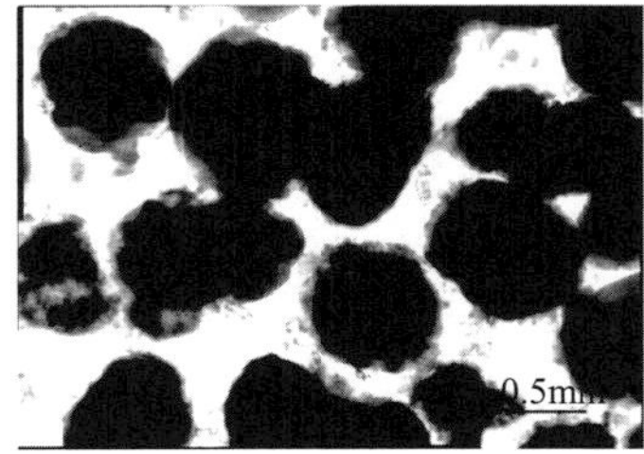

(c) 第20天后强化组内污泥的形态

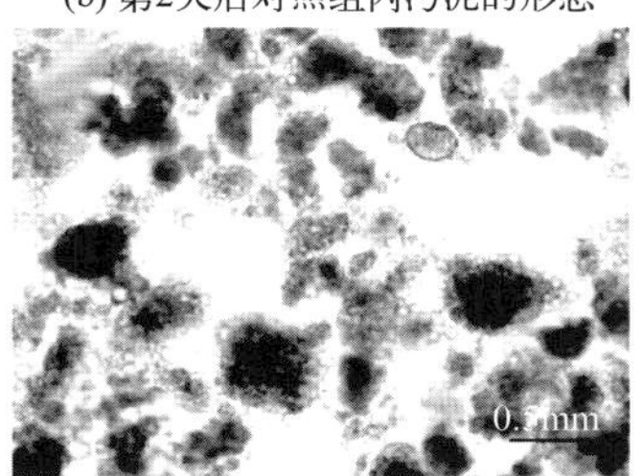

(d)第20天后对照组内污泥的形态

图 3.1

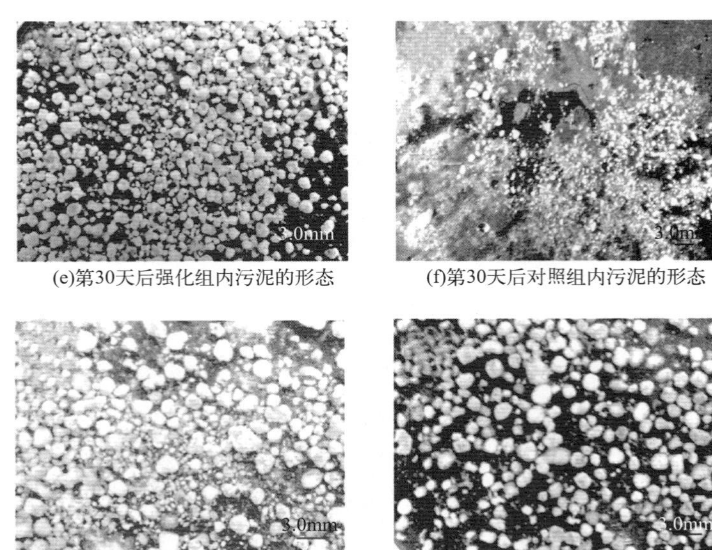

(e)第30天后强化组内污泥的形态　(f)第30天后对照组内污泥的形态

(g) 第50天后强化组内污泥的形态　(h) 第50天后对照组内污泥的形态

图 3.1　两组反应器内污泥在不同阶段的形态变化

3.1.3　强化造粒条件下颗粒污泥的物化特性

3.1.3.1　污泥粒径分布

作为一项比较直观的评价标准，污泥粒径可以体现颗粒污泥的成长情况。图 3.2 为不同时期各反应器内污泥的粒径分布情况。从图中不难看出，混凝强化对颗粒污泥粒径的增长具有重要作用。例如，在第 30 天，强化组中粒径＞1mm 的污泥质量比已经超过 50%，而在同时期的对照组反应器内，粒径＞1mm 的污泥质量比不足 30%。此外，对比两组反应器内成熟颗粒污泥的平均粒径，则可以得到相似的结果（强化组为 3.2mm，对照组为 2.7mm），而且强化组内的颗粒大小更为均匀。

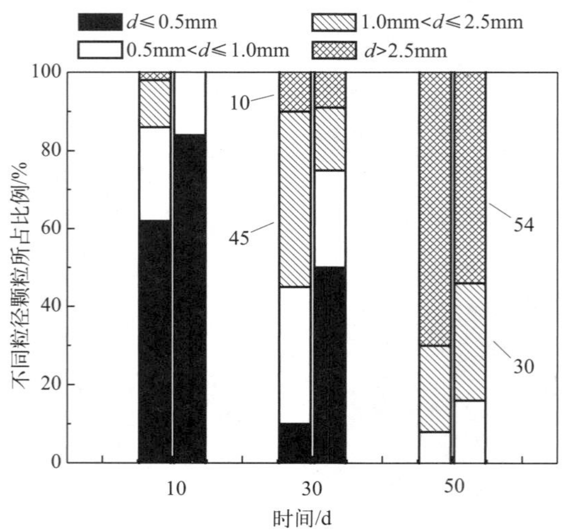

图 3.2　污泥的粒径分布情况（每个阶段内，左为强化组，右为对照组）

3.1.3.2 MLSS和SVI变化

为了创造适当的生物选择压力以促进颗粒污泥的形成，本试验对沉降时间实施了逐步递减的调整模式。因此，在系统运行初期两组反应器内均出现了明显的排泥现象（图3.3）。在对照组反应器中，MLSS在一周之内从最初的7.8g/L骤降为1.6g/L，生物量严重减少。而在混凝操作的帮助下，强化组内许多絮凝能力较差的污泥可以凝聚在一起，形成较为密实的聚集体。在此情况下，污泥的沉降性能够得到一定的提高，从而使更多的微生物得以保留。因此，在整个试验过程中强化组内的MLSS可以保持在2.3g/L以上。生物筛选过程结束后，两组反应器内的微生物含量趋于稳定，并随着颗粒化进程的进行逐渐恢复到一定水平。当污泥完全颗粒化以后，强化组与对照组中的MLSS分别可达到(7.1±0.2)g/L和（6.3±0.3)g/L。

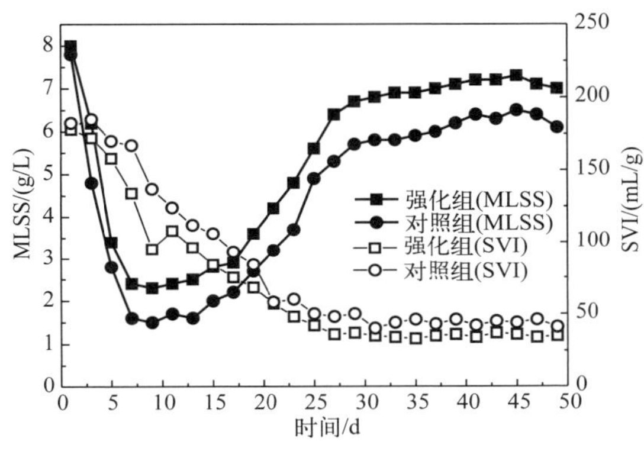

图3.3 不同反应器内MLSS和SVI的变化

SVI是表征污泥沉降性能的重要指标：当SVI值越高，污泥的沉降性越差；当SVI值越低，污泥的沉降性则越好，一般情况下，普通活性污泥的SVI值介于120～150mL/g之间（Nor Anuar et al.，2007）。本次试验过程中，由于在第1周内通过调整沉降时间而施加了生物选择压力，大量的污泥絮体由于沉降性差而被排出反应器，两组SBR中污泥的沉降性能均在短时间内得到了明显的提高，SVI值均呈现出持续下降的趋势（图3.3）。正如上面所述，在水力混合和投加混凝剂的共同作用下，更多的污泥絮体能够相互结合以提高自身的沉降性能。因此，在强化组反应器内SVI的下降趋势更为明显，当混凝操作结束时SVI值已从初始的178mL/g减小为107mL/g，而同时期对照组内污泥的SVI值仍高达142mL/g。对比两组反应器内成熟颗粒污泥的沉降性能，两者的SVI值分别为36mL/g和44mL/g，差别不大，这就说明混凝强化造粒技术对于污泥沉降性能的影响主要集中在颗粒形成的初始阶段。

3.1.3.3 胞外聚合物含量

图3.4描述的是两组反应器内污泥EPS含量在整个试验过程中的变化情况，与接种污泥相比，强化组与对照组中污泥的EPS含量均随其颗粒化的进行而显著增加，当试验结束后两组好氧颗粒污泥的EPS含量分别可达73.6mg/g VSS和62.7mg/g VSS，均明显高

于初始絮状污泥的28.3mg/g VSS和29.0mg/g VSS。这可能是因为污泥在颗粒化过程中，其内部微生物受到沉降时间筛选的压迫而分泌出更多的EPS来加强絮体间的结合，从而提高整体的沉降性。而且，SBR反应器运行过程中的曝气操作及水力剪切也会增加微生物EPS的含量（Adav et al.，2007）。此外，与对照组相比，强化组内污泥EPS含量的增加更为显著，经过10d的培养便达到60.4mg/g VSS。这就说明混凝强化操作也能够刺激微生物分泌更多的EPS，从而增强微生物细胞间的絮凝作用，促进了颗粒污泥的形成。

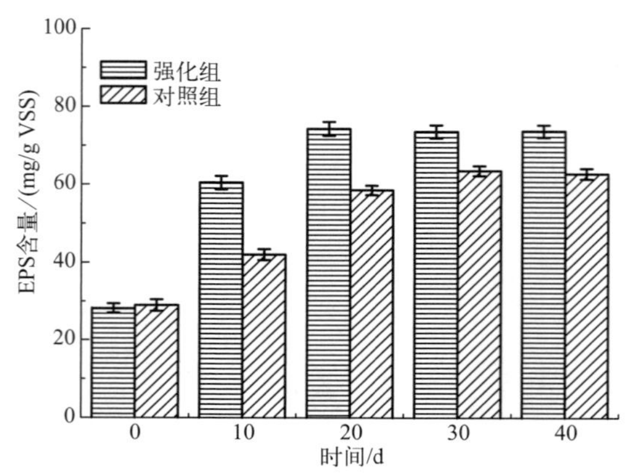

图3.4 污泥颗粒化过程中EPS含量的变化

3.1.3.4 颗粒强度、相对密度与含水率

在本次试验中，分别对两组反应器内成熟颗粒污泥的颗粒强度、相对密度及含水量进行了测定，结果如表3.1所列。其中，颗粒强度反映的是颗粒污泥抗水力剪切的能力。根据表3.1，强化组与对照组中成熟颗粒污泥的颗粒强度分别为98.9%和95.2%，说明在相同水力剪切力的作用下，强化组中的好氧颗粒污泥可以更好地保持结构完整性。这一结果与图3.5所示情况相吻合，印证了强化组颗粒污泥密实而牢固的内部结构。在实际的工程应用中，颗粒强度是一项十分重要的参数，决定着颗粒污泥在运行过程中的结构稳定性，从而影响着整个反应体系的处理效率。

表3.1 普通好氧颗粒污泥与混凝强化颗粒污泥特性对比

指标	强化组	对照组
颗粒强度/%	98.9	95.2
相对密度	1.103±0.1	1.035±0.1
含水率/%	95.0	96.1

颗粒污泥的相对密度能够在一定意义上表征颗粒内部微生物的密集程度，相对密度大的颗粒不但具有较高的生物活性，而且沉降性能优良。通过对比，强化组与对照组内成熟颗粒污泥的相对密度分别为1.103±0.1和1.035±0.1，前者占据优势。这就说明混凝强化造粒条件下所形成的颗粒污泥内部含有更多的微生物且排列更为紧凑和密实。在试验前期，由于生物选择过程，两组反应器均出现排泥现象，而强化组中污泥受混凝剂的影响，

沉降性快速提高，因此反应器内保留了大量的微生物，污泥浓度较高。在混凝作用的持续影响下，这些污泥絮体结合在一起并形成了结构密实的微生物聚集体。

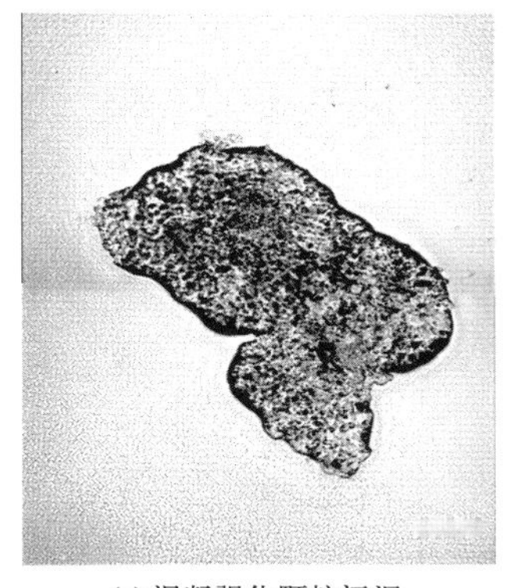

(a) 混凝强化颗粒污泥

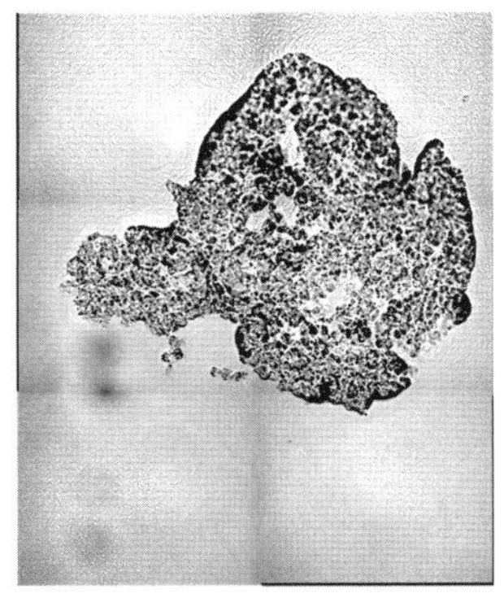

(b) 普通颗粒污泥

图 3.5　两组反应器内颗粒的内部结构

对于一个完整的污水处理系统而言，剩余污泥的处置费用在总体系运行费用中占有相当大的比例（Niu et al.，2013）。而为了减少污泥运输及操作成本，预先通过对污泥进行脱水处理以减小其体积已成为必要手段（Ying et al.，2011）。对比两组 SBR 反应器，强化组与对照组中成熟颗粒污泥的含水率分别为 95.0%和 96.1%，均明显低于普通活性污泥（99%以上）。较低的含水率不仅可以减少后续的污泥处置费用，还能够让污泥腾出更多的空间以供微生物附着，从而增加污泥整体的生物量，提高生物降解能力。

3.1.4　混凝强化造粒条件下好氧颗粒污泥的污染物去除特性

3.1.4.1　COD 去除效果

本次试验中，反应器的进水 COD 浓度始终保持在（700±60）mg/L 的范围内，各组反应器的 COD 去除率见图 3.6。

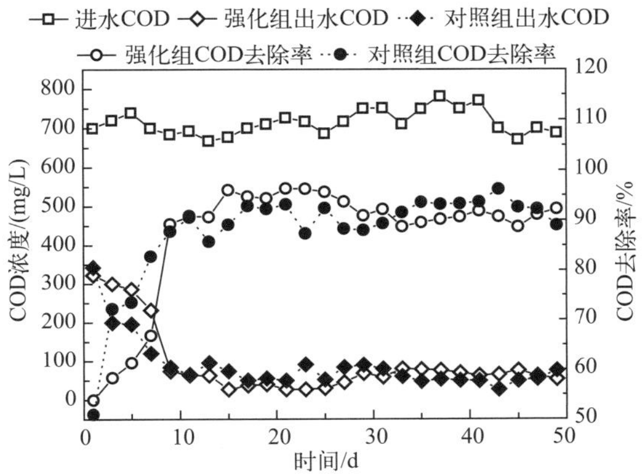

图 3.6　两组 SBR 反应器中 COD 的去除效果

从图 3.6 中可以得知，在系统运行的初始阶段，两组 SBR 反应器的 COD 去除率均不高，强化组与对照组的出水 COD 浓度均高于 200mg/L。这是因为初期的选择性排泥使得各组反应器内的微生物含量明显下降，而且在较强的生物选择压力作用下微生物的代谢活性也会受到一定程度的抑制。

随着系统的运行，微生物活性逐渐恢复，各组反应器的 COD 去除率也迅速增加。第 11 天，强化组的 COD 去除率便已达到了 90.86%，出水 COD 浓度为 63.3mg/L。而且，在接下来的近 20d 时间里，由于不断有新的颗粒生成并逐渐成熟化，强化组反应器的 COD 去除率始终保持在 95%左右，出水 COD 浓度甚至低于 30mg/L。相比之下，同时期的对照组因污泥颗粒化进程较为缓慢，所以其 COD 去除率略低于强化组，在 90%左右浮动。不过，当污泥完全颗粒化以后强化组的 COD 去除率却有所下降，再次降回至 90%左右，这可能是因为颗粒污泥粒径逐渐增大且结构紧密，内部基质传递受阻（Moy et al.，2002；Arrojo et al.，2004；Tay et al.，2002）。

3.1.4.2 NH_4^+-N 去除效能

各组反应器的 NH_4^+-N 去除效果如图 3.7 所示。与 COD 的去除情况一致，受微生物筛选过程的影响，两组反应器在试验初期的 NH_4^+-N 去除效果均不理想，其中，在系统运行的前 3d，强化组和对照组的 NH_4^+-N 去除率均低于 50%。随着系统趋于稳定，微生物数量逐渐增加，污泥内硝化细菌的代谢活性也开始恢复，两组反应器的 NH_4^+-N 去除能力不断增加，并稳定在 72%左右。纵观整个试验过程，强化组与对照组的 NH_4^+-N 去除率差别不大，最高值分别为 75.1%和 79.7%，两者的出水 NH_4^+-N 浓度长期稳定在（13±2）mg/L 和（12±2）mg/L 的范围内。虽然这个值已经接近城市污水排放的一级 B 标准（8mg/L），但是从去除率的角度来讲，两组反应器的表现仍有待提高，而其主要影响因素则可能包括以下两个方面。

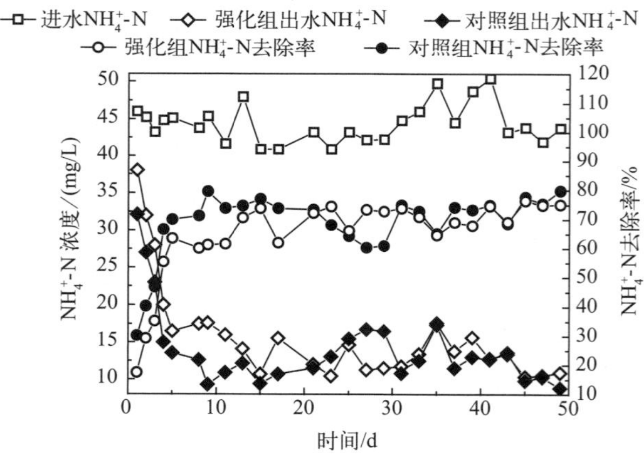

图 3.7 两组 SBR 反应器中 NH_4^+-N 的去除效能

由于好氧颗粒污泥内部存在着氧扩散梯度，会形成好氧、缺氧和厌氧等多种微环境，所以适宜各种微生物生长，种类十分丰富（张龙 等，2005）。而在颗粒污泥的培养过程当中，进水中 C/N 值则影响着这些微生物的群落结构并决定着其中优势菌种的类别。当系统进水 C/N 值较高时，生长速率快的异养菌大量繁殖，会与硝化细菌竞争水中溶解氧及无机营养元素，挤压硝化细菌的生存空间（黄国玲 等，2012）。在本次试验中，虽然反应器内的溶解氧浓度始终保持在较高的水平（6～8mg/L），可以满足各类好氧微生物的生长代谢，但是，与一般异养菌相比硝化细菌的生长速率过于缓慢，很难在竞争过程中处于优势。此外，硝化细菌对于培养环境的 pH 值十分敏感，其适宜生长的 pH 值范围很窄，仅介于 7～8 之间（Tarre and Green，2004）。由于本次试验没有外加碱度，反应体系内的 pH 值会随着微生物硝化等作用的进行而有所下降，当每个周期结束后出水的 pH 值一般在 6.2 左右。因此，在这种偏酸性的培养环境下硝化细菌的代谢活性也会受到一定程度的抑制。

3.1.4.3 有机物降解速率

为了全面了解各反应器内污泥的污染物去除特性，本试验对污泥在不同阶段对有机物的降解速率也进行了研究。其中，在系统运行的第 0 天、第 10 天、第 30 天和第 50 天分别从两组反应器各取出 50mL 的污泥放入 250mL 的烧杯中，然后往各烧杯分别加入 150mL 事先配制好且浓度已知（250mg/L，以 TOC 计）的模拟废水，在充分曝气环境下，每隔半小时取样并测定 TOC 值，其结果如图 3.8 所示。由图中可以看出，在颗粒污泥培养的最初阶段，两组反应器内的接种污泥性质相近，MLSS 浓度均在 7.8mg/L 左右，生物量充足，

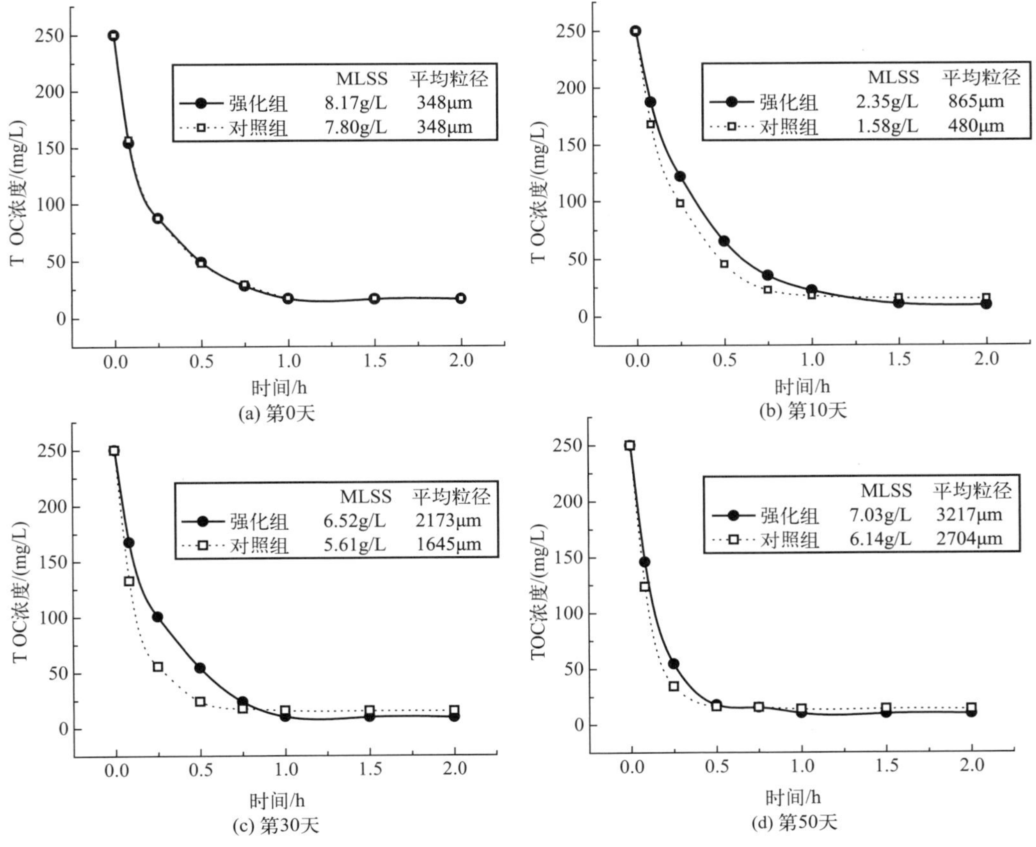

图 3.8 两组 SBR 反应器中污泥对有机基质降解速率的对比

代谢活性强，所以模拟废水的TOC均可以在1h之内从初始的250mg/L迅速降至15mg/L以下。经过10d的培养，各反应器的污泥浓度因生物筛选过程而大幅下降，在强化组SBR内已经可以观察到轮廓清晰且表面光滑的小颗粒，而对照组内的污泥仍保持着絮状形态。对比两组反应器污泥的TOC降解情况，强化组中取出的污泥样品可以在50min内将TOC从250mg/L降低至15mg/L，而对照组污泥样品则只需要45min。在第30天，强化组中的绝大多数污泥均已实现颗粒化，污泥的粒径以及沉降性能都提高了许多。但是，其TOC降解速率与之前相比没有明显变化，TOC从250mg/L降低至15mg/L仍需要46min。然而，对照组中的污泥由于生物量的不断增加且逐渐颗粒化，基质降解速率再次得到了提高，将TOC从250mg/L降至15mg/L只需30min。当系统运行至第50天，两组反应器中的污泥均已实现完全颗粒化，基质降解速率也都有所提高。此时，从强化组取出的污泥样品只需30min便可将初始浓度为250mg/L的TOC降至15mg/L，当反应结束后烧杯中TOC的剩余浓度仅为9.8mg/L。对照组中的污泥样品则仍然保持着高速率降解，只不过最终的TOC剩余浓度略高一些。

纵观整个颗粒污泥的培养过程，对照组中的污泥在有机物降解速率方面具有一定的优势。这可能是因为对照组的污泥粒径普遍偏小，且其中常掺杂有絮状污泥，所以基质亲和力更高一些。而且，在混凝强化造粒操作的影响下强化组内污泥絮体采取的是逐一附着的结合方式，所形成聚集体的结构更为密实。图3.5是两组反应器中颗粒污泥冷冻切片后的显微观察结果，从中不难看出强化组中培养出的好氧颗粒污泥明显具有更为紧密的内部结构。相比之下，对照组中的颗粒污泥，结构较为松散，而且在其内部有一些较为清晰的缝隙存在。这些缝隙可以作为“输送通道”供基质在颗粒污泥内部传递，从而使得颗粒整体具有良好的基质降解速率。同时，这一结果也证实了在好氧颗粒污泥培养过程中，选择压的重要性（Tay et al.，2003；Lei et al.，2004b；Lei et al.，2004a）。与普通的絮状污泥相比，颗粒污泥结构紧凑，内部存在基质传递阻力，基质亲和力较差（Chiu et al.，2007）。当系统中存在大量结构松散的污泥絮体，其会与颗粒污泥竞争水中基质及溶解氧，从而对颗粒污泥的成长造成抑制作用。而生物选择压则会对反应体系内的污泥絮体数量加以控制，使得颗粒污泥拥有更为优良的生长环境。

3.2 混凝强化造粒的操作条件控制及工艺优化

3.2.1 pH值对好氧污泥混凝强化造粒的影响

3.2.1.1 不同pH值条件下颗粒污泥的形态特征

在上一节的试验后期，为了研究好氧颗粒污泥在高有机负荷下的生长状况，进水COD从原来的700～1000mg/L提高到1500～1800mg/L，结果造成反应器内丝状真菌过度繁殖，颗粒污泥也由于表面滋生大量的丝状菌而使自身体积膨胀并有解体现象发生［见图3.9（a）和（d），书后另见彩图］，污泥特性大幅下降。而且，由于pH值缓冲能力有限，反应器内混合液的pH值不断下降，甚至一度低至4.6左右，大多数微生物的代谢活性因此受到抑制，系统对污染物的降解能力大幅降低。与此情况类似，有报道称，在高有机负荷的培养环境下颗粒污泥的稳定性容易发生波动，时常会因为丝状菌的滋生而导致运行失败（Liu and Liu，2006）。虽然丝状菌可能会在培养初期为微生物提供附着场所，从而促进絮体间的聚集，但是，当颗粒污泥逐渐成形并成熟后丝状菌的过量增长则会破坏颗粒的内部结构，影响其沉降性，导致系统大量排泥，因此在好氧颗粒污泥的培养过程中对于丝状菌生长的控制至关重要（Lee et al.，2010）。而根据报道，丝状菌适宜在偏酸性的环境中生长，并且会因离子交换作用进一步降低反应体系的 pH 值（McSwain et al.，2004）。

为了提高好氧颗粒污泥在高有机负荷下的运行稳定性，本节试验通过投加 $NaHCO_3$ 来调整反应体系的 pH 值，并以此考察 pH 值对好氧污泥混凝强化造粒的影响。通过对反应器内 pH 值进行实时检测，本节试验采取间歇投加 $NaHCO_3$ 的策略，使污泥混合液的 pH 值始终保持在 7.5～8.2 之间。经过为期 14d 的运行，SBR 中的颗粒污泥形貌得到明显改善，如图 3.9（书后另见彩图）所示。

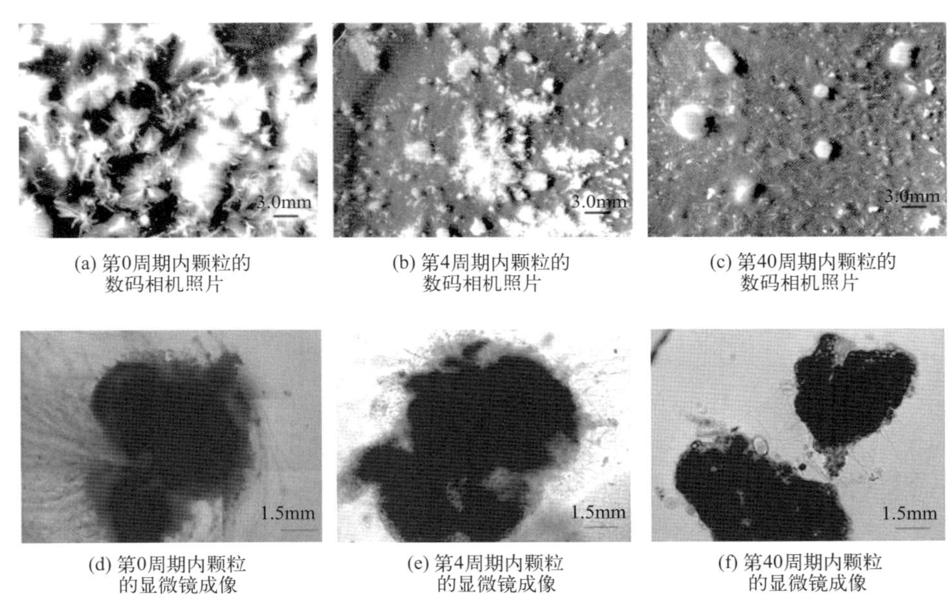

(a) 第0周期内颗粒的数码相机照片　(b) 第4周期内颗粒的数码相机照片　(c) 第40周期内颗粒的数码相机照片

(d) 第0周期内颗粒的显微镜成像　(e) 第4周期内颗粒的显微镜成像　(f) 第40周期内颗粒的显微镜成像

图 3.9　调整 pH 值后颗粒污泥形态的变化情况

从图 3.9（a）可以看出，在 pH 值调整之前，反应器内丝状菌过度生长现象严重，此时颗粒污泥表面被大量的丝状菌所覆盖，很难分辨出之前的球形主体。而且，由于边缘丝状菌间的相互缠绕，颗粒污泥聚集在一起，形成体积较大的毛绒结构。不过，通过电子显微镜的观测可以看出颗粒污泥仍保留有其主体结构［图 3.9（d）］，只是由于外部轮廓被密集的丝状菌所占据，所以难以通过肉眼直接观察到。当系统 pH 值开始调整 4 个周期后，丝状菌的增长现象得到改善，在颗粒污泥表面覆盖的丝状菌数量明显减少，部分颗粒污泥再次呈现出较为清晰的球形轮廓，但是颗粒之间仍存在有明显的“丝连”情况［图 3.9（b）和（e）］。经过 40 个周期的调整，丝状菌粘连结构彻底解体，颗粒污泥再次以单独的球形结构存在［图 3.9（c）］。观测其微观结构［图 3.9（f）］，可以看出在颗粒外部只有少数丝状菌缠绕，此时污泥轮廓清晰，形貌已接近之前的成熟颗粒。而当试验结束后（第 56 个周期），在反应器内已很难观测到明显的丝状菌存在。

3.2.1.2 pH 值对颗粒污泥理化性质的影响

通过上述部分对于污泥形貌的观察，可以看出经过 pH 值调整之后，反应体系内的丝状菌数量明显减少，因此对比不同时期的颗粒污泥，其污泥特性也发生了较大改变。pH 值调节对颗粒污泥特性的影响见表 3.2。经过 4 个周期的调整，反应器内污泥的沉速、相对密度及强度便分别从原来的 23.7m/h、1.013 和 81.3% 增为 38.6m/h、1.021 及 85.6%，3 项指标均有所提高。在此情况下，反应器排泥现象明显缓解，生物量逐渐趋于稳定，而且，随着颗粒强度的增加，污泥解体的频率也在降低。在 40 个周期之后，颗粒污泥的沉速、相对密度及强度则分别达到 51.8m/h、1.047 和 94.2%。此时，无论是沉降性能还是抗水力剪切能力均已得到很大改善，与恶化前好氧颗粒污泥的性质相近，反应体系也基本恢复到稳定状态。

表 3.2 pH 值调节对颗粒污泥特性的影响

周期编号	沉速/(m/h)	相对密度	强度/%
0	23.7	1.013	81.3
4	38.6	1.021	85.6
40	51.8	1.047	94.2

3.2.1.3 pH 值与颗粒污泥去污效果的关系

为了进一步探究 pH 值对好氧污泥混凝强化造粒的影响，本节试验还分析了污泥在 pH 值调整过程中对污染物去除率的变化情况。从图 3.10 可以看出，随着培养环境中 pH 值的不断升高，污泥的 COD 去除能力也在逐渐上升：与调整前的污泥相比，4 个周期后颗粒污泥的 COD 去除率从 86.6%提高到了 88.5%。虽然，在运行周期的初始阶段，由于丝状菌数量减少、微生物群落的比表面积有所下降，导致污泥的 COD 降解速率略低于调整前的阶段，但是周期结束后的出水 COD 浓度还是得到较为明显的降低。而经过 40 个周期的调整后，对于反应器内的颗粒污泥而言，无论是 COD 降解速率还是总的 COD 去除承载量均提高不少，其 COD 去除率可达 91.9%。

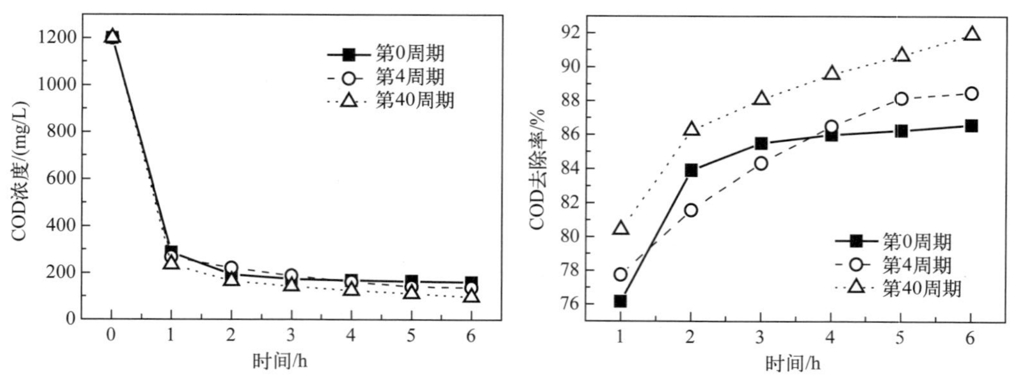

图 3.10 不同周期内好氧颗粒污泥的 COD 去除效果

与COD去除效果相似，污泥的氨氮去除能力也随着pH值的调整而不断提高（图3.11）。经过4个周期的调整，反应器出水的NH_4^+-N浓度从初始的50.4mg/L降低至18.4mg/L，而对应的NH_4^+-N去除率则从40.2%升高到63.1%。与好氧异养菌不同，硝化细菌对于生长环境的要求更为严格，当污泥中存在有大量的丝状菌时，不但会与硝化细菌竞争水体中的溶解氧与营养物质，而且由丝状菌组成并紧紧包裹在颗粒污泥外部的致密网络结构会阻碍基质进入颗粒污泥内部，从而进一步压缩其中硝化细菌的生存空间。当pH值调整后，反应器内的丝状菌明显减少，硝化细菌的生长环境随之得到改善，代谢活性也逐渐提高。调整40个周期后，反应器出水的NH_4^+-N浓度仅为9.8mg/L，此时颗粒污泥的NH_4^+-N去除能力已经恢复到80.4%，甚至较好于恶化前的成熟颗粒污泥。

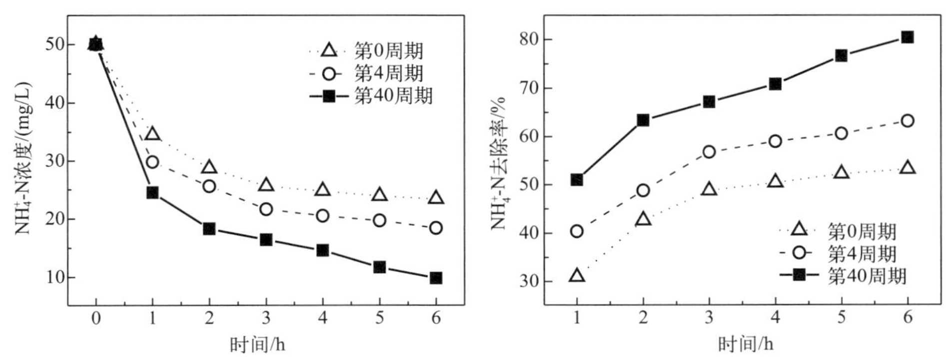

图3.11　不同周期内颗粒污泥的NH_4^+-N去除效果

图3.12描述了pH值调整过程中反应器内NO_x^--N浓度的变化情况。与调整前相比，4个周期后的颗粒污泥在运行周期的初始阶段对于NO_x^--N的累积明显降低，这可能是因为反硝化细菌在较高pH值的环境下其代谢活性得到提高。此时，NO_x^--N在反应器内的峰值为5.81mg/L。经过40个周期的调整，颗粒污泥的微生物群落结构发生较大变化，污泥整体的硝化能力得到明显改善（图3.11），所以在反应周期起始阶段会再次发现NO_x^--N的累积现象，最高浓度可达9.61mg/L。不过，随着反应器继续运行，在反硝化细菌的作用下反应器中NO_x^--N的浓度最终会回归至较低水平。周期结束后，出水NO_x^--N浓度为5.87mg/L。

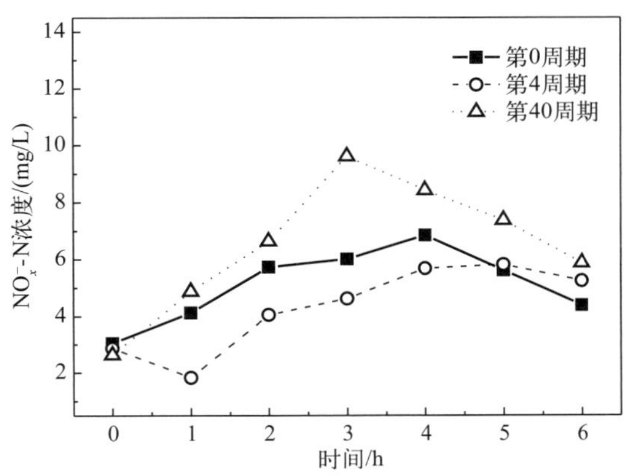

图3.12　不同时期内反应器中NO_x^--N浓度的变化

3.2.2 反应器混合方式与混凝强化造粒的关系

在混凝过程中，当混凝剂铝盐或者铁盐加入反应溶液中会迅速产生一系列的水解产物，这些产物会与水中带有负电荷的胶体颗粒结合并发生电中和，使颗粒脱稳。但是，如果水解产物分布过于集中，会导致附近粒子因表面电子消耗过多而带有正电荷并再次处于稳定状态。因此，混合操作在混凝过程中至关重要，合适的混合方式既能够使混凝剂水解产物与水中胶体颗粒充分接触，又可以避免水解产物在区域内分布不均（Yukselen and Gregory，2004）。为了研究混合方式对好氧污泥混凝强化造粒的作用，本节在混凝操作过程中分别选择了机械搅拌和升流式曝气两种混合方式，以此为基础强化对好氧颗粒污泥的培养，并对污泥在整个过程中形貌、沉降性能以及粒径等性质的变化进行了研究分析。其中两种混合方式的具体操作步骤如下。

① 升流式曝气混合：在空气流量为 1.5L/min 的条件下充分曝气 10min，此时反应器内污泥固体呈悬浮状态。

② 机械搅拌混合：在空气流量为 1.5L/min 的条件下曝气 1min，然后开启搅拌器并以 80r/min 的速度搅拌 9min。

3.2.2.1 不同混合方式下颗粒污泥的形成

在混凝强化作用下，反应器中的污泥絮体互相靠近并形成聚集体，形貌也因此逐渐发生改变，具体变化过程如图 3.13（书后另见彩图）所示。对比图 3.13（a）、（b）可以看出，曝气混合条件下污泥絮体在一个周期之后便形成各种大小不一的菌胶团，且相互间的分布较为独立，各聚集体轮廓较为清晰；而在机械搅拌混合作用下，虽无粒径较大的菌胶团出现，但污泥絮体间的结合则较为紧密，整体的聚集现象更为明显。这可能是因为曝气

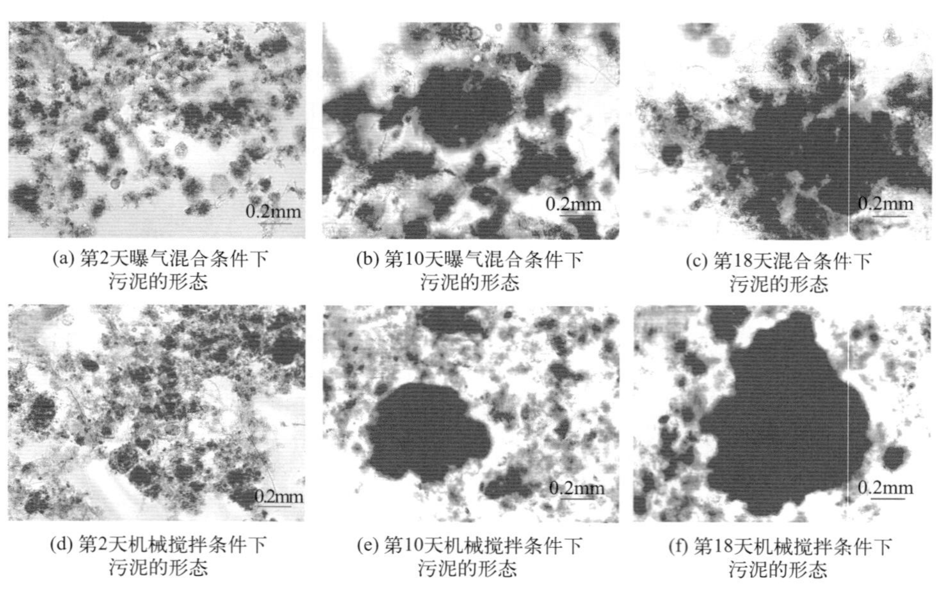

(a) 第2天曝气混合条件下污泥的形态　(b) 第10天曝气混合条件下污泥的形态　(c) 第18天混合条件下污泥的形态

(d) 第2天机械搅拌条件下污泥的形态　(e) 第10天机械搅拌条件下污泥的形态　(f) 第18天机械搅拌条件下污泥的形态

图 3.13 不同混合条件下污泥絮体的聚集过程

混合环境下，反应器内水力剪切作用力更大，便于絮体间相互结合形成微观区域内的聚集体，但是由于升流式曝气在反应器的竖直方向存在强度梯度，所以形成的菌胶团大小不一。而且，在持续的气流冲击下，混凝剂及其水解产物在反应器内无法实现均匀分布，局部区域内的污泥絮体或许会因为与过多的混凝剂结合而带有相反电荷，再次达到稳定状态，从而阻碍了与其他聚集体间的进一步凝聚。

随着系统的运行，两组反应器内都逐渐出现了粒径较大的颗粒污泥［见图 3.13（b）、（e）］，但其形成过程却貌似有所不同。在曝气混合作用下，污泥絮体间相互结合形成不同粒径大小的初始聚集体，然后这些集成粒子进一步聚集与成长，逐渐形成肉眼可见的颗粒污泥［图 3.13（c）］。而在机械搅拌混合环境中，混凝剂及其水解产物在反应器内分布均匀，得以与各区域内污泥絮体充分接触，并且充足的搅拌速度破坏了高倍粒子间的结合，因此，颗粒污泥在机械搅拌作用下的形成符合逐一附着模型（王晓昌，丹保宪仁，2000）。首先，水体中的部分絮体微粒聚集形成初始粒子，然后环绕在其周围的其他絮体则逐个附着在既成粒子表面，与粒子结合，使得其粒径不断增加并最终形成颗粒污泥［图 3.13（f）］。根据分步成长模型（Tambo and Wang，1993），对于由高倍粒子间相互聚集形成的絮体而言，其有效密度会随着粒径的增加而明显降低，所以与机械混合下形成的颗粒污泥相比，曝气混合作用下颗粒污泥的结构较为疏松［图 3.13（c）、（f）］。

综上所述，在不同的混合作用条件下强化造粒反应器内水力剪切微环境有所不同，因此污泥絮体在其中的聚集情况及后续颗粒污泥的成长模式也有所不同。相比于形貌与结构方面的差异，污泥在曝气以及机械搅拌混合下的颗粒形成进度却比较相似，完全颗粒化所需时间分别为 25d 和 23d。

3.2.2.2 混合方式对颗粒污泥性质的影响

图 3.14 描述了不同混合方式下，强化造粒工艺中污泥沉降性能的改变情况。其中，在混凝强化作用下两组反应器内污泥的沉降性能均逐渐提高，当混凝操作结束时曝气及机械搅拌混合组的 SVI 值分别为 114mL/g 和 106mL/g，二者之间并无明显差异。随着反应的进行，各 SBR 反应器内的污泥粒径不断增加，SVI 值持续降低。由于之前在机械搅拌作用下，污泥絮体以逐一附着的方式聚集起来，因此，所形成的颗粒结构更为紧密，其在沉降性能方面的优势也随污泥粒径的增大而逐渐凸显出来，在第 17 天污泥 SVI 值已经降至 50mL/g 以下，而同时期曝气混合强化所形成颗粒污泥的 SVI 值仍在 60mL/g 以上。当系统运行 25d 后，两组反应器内的污泥均完成颗粒化，其沉降性能也趋于稳定，此时曝气及机械搅拌混合组的 SVI 值分别保持在 41mL/g 和 37mL/g 左右。

除了沉降性能以外，本节试验还对两种混合方式下所形成好氧颗粒污泥的强度、相对密度及含水率等基本特性进行了研究分析，具体结果如表 3.3 所列。从表中可以看出，机械搅拌作用下所形成的颗粒污泥具有较高的抗水力剪切能力，其颗粒强度为 97.1%，高于曝气混合下的 94.6%。这可能是因为两种混合方式下污泥絮体的聚集模式不一样，从而导致成熟颗粒污泥的内部结构有所不同。与此前污泥形貌变化的研究结果一致，对比两组反应器内的颗粒污泥相对密度，同样可以得出机械搅拌强化下污泥具有更为密实的内部结构，其相对密度为 1.054，高于曝气混合强化组的 1.026。此外，与机械搅拌作用下所形成的成熟颗粒污泥相比，曝气混合强化下污泥的含水率更高一些，而这可能会增加后续污泥处置的费用。

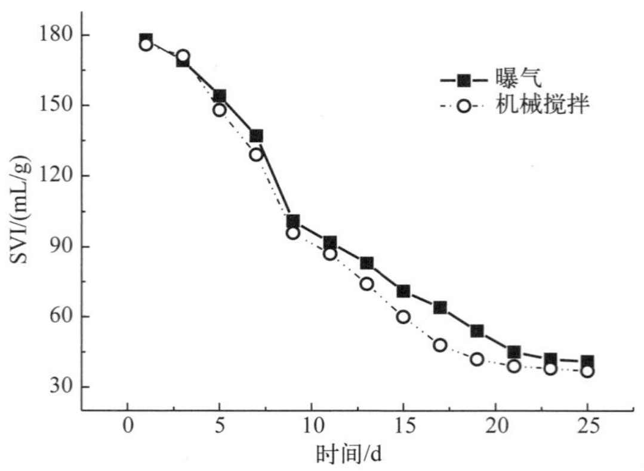

图 3.14 污泥沉降性能的变化

表 3.3 曝气和机械搅拌下颗粒污泥的特性

指标	强度/%	相对密度	含水率/%
曝气	94.6	1.026	97.5
机械搅拌	97.1	1.054	95.3

3.2.2.3 不同混合方式 COD 去除效率对比分析

为了考察不同混合方式对污染物去除效果的影响，图 3.15 和图 3.16 分别展示了两组反应器内污泥在第 8 天（混凝操作结束）及第 25 天（污泥均完全颗粒化）时单周期内的 COD 去除情况。从图 3.15 可以看出，经过混凝操作的强化，两组反应器的污泥在第 8 天均具有良好的 COD 降解能力。此时，无论是曝气混合还是机械搅拌组，反应器内均有肉眼可见的颗粒污泥出现，所以污泥的生物降解能力得到提升，周期结束后每组反应器的 COD 去除率都在 90%左右。与机械搅拌相比，曝气混合强化下的污泥在单周期内具有更高的生物降解速率，这可能与其较为疏松的颗粒结构有关。较多的孔隙可能会成为基质在颗粒污泥内部的传输通道，从而使得水体中的有机质能够更快且与更多的微生物接触。

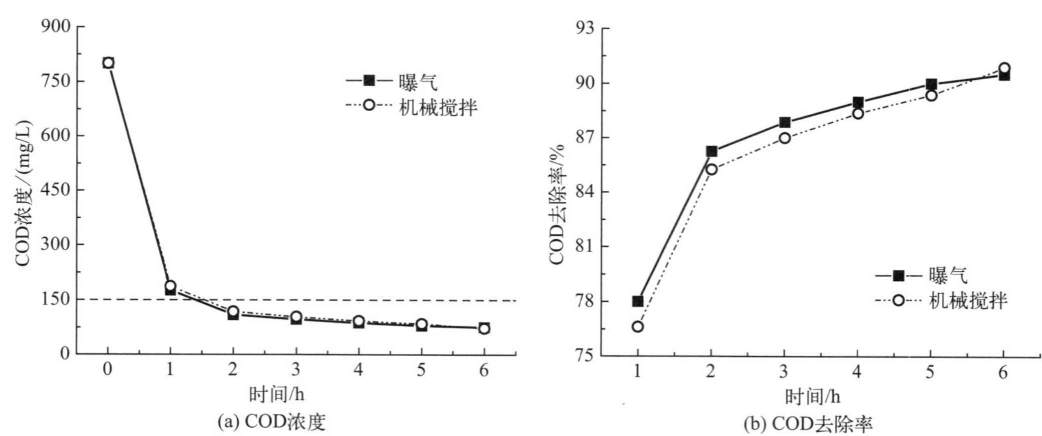

图 3.15 好氧颗粒污泥在第 8 天对 COD 的去除

当系统运行至第 25 天，两组反应器内的污泥都已完成颗粒化进程，其对于污染物的降解能力均得到进一步的提升，相比于第 8 天，此时污泥可以在 1h 之内将反应器进水的 COD 从初始的 800mg/L 迅速降解至 140mg/L 左右，去除率已高于 80%。与机械搅拌强化组相比，曝气混合作用下所形成的好氧颗粒污泥由于结构较为疏松，内部基质传递阻力小，所以其 COD 降解能力在前 3.5h 内具有较为明显的速度优势。但随着反应器继续运行，机械搅拌强化组内的 COD 浓度持续降低，并逐渐开始低于曝气混合组，当周期结束后，其出水 COD 浓度仅为 54mg/L，COD 去除率高达 93.3%，高于曝气混合组反应器的 91.5%。经研究分析，导致这一现象出现的原因可能是机械搅拌强化组内污泥结构紧密，沉降性能更好，在较短的沉降时间（5min）筛选下，会有更多的微生物保留在反应器内（第 25 天，机械搅拌与曝气混合强化反应器的 MLVSS 分别为 6.2g/L 和 5.7g/L），使得整个反应体系的生物降解能力得到提高，从而能够承受更高的有机负荷。

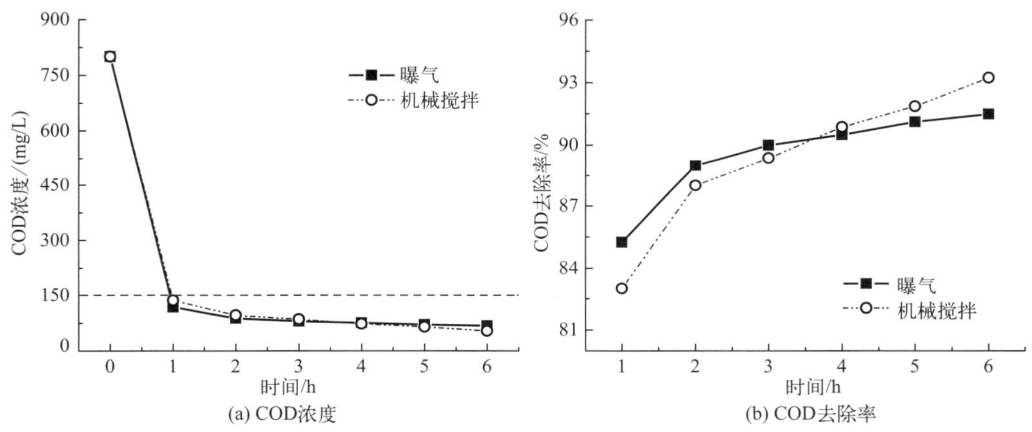

图 3.16　好氧颗粒污泥在第 25 天对 COD 的去除

3.2.3　混凝剂投加时长对混凝强化造粒效果的影响

在之前的研究过程中，混凝操作的实施主要集中在试验启动期，而延长其运行时间后会造成的影响仍属未知。为了探明混凝操作实施期长短对好氧污泥颗粒化的影响，本节试验分别采用长期、短期两种运行方案来强化好氧颗粒污泥的培养，并对试验过程中各反应器内污泥的形貌及特性等进行了动态检测与分析，其中，对于混凝操作的具体实施方案如下：a. 长期组，在整个试验过程当中都实施混凝操作（共 40d）；b. 短期组，只在系统运行的启动期进行混凝操作（第 1 周）。

3.2.3.1　不同投加时间下颗粒污泥形态比较

混凝强化作用下，两组 SBR 反应器内污泥的颗粒化进程均得到了不同程度的促进与推动。其中，在长期实施混凝操作的反应器内，第 7 天便可观察到轮廓清晰的颗粒污泥，15d 后污泥实现完全颗粒化，整个过程只用了 22d。相比之下，短期实施的反应器内污泥的颗粒化进程稍微滞后，用了24d完成颗粒化，比前者晚了2d，但总的来说，两组反应器的差别不大。

图3.17描述了在整个试验期内两组反应器中MLSS及SVI的变化情况。从图3.17(a)可以看出，试验初始阶段，各反应内的污泥浓度在生物选择压的作用下均明显降低。其中，短期混凝强化组的排泥现象在系统运行10d后才逐渐停止，在整个试验过程中，其MLSS最低值为2.0g/L。而由于混凝操作的持续实施，长期组中生物量的减少现象在第8天以后逐渐得到控制，并且，随着颗粒污泥的形成，其反应器内的MLSS首先开始增加。当系统运行至第24天，两组反应器内的污泥均已完全颗粒化，此时长期与短期强化组内的MLSS分别为4.8g/L和4.6g/L，两者再次回归到同一水平。这一现象说明混凝操作对于反应器内生物量的控制主要集中在污泥的驯化阶段，而当系统稳定以后，其生物量的增长可能更多依赖于微生物自身的生长代谢。因此，在后续颗粒污泥的形成过程中，短期组虽然初始生物量较少，但污泥负荷较高，微生物生长速率更快，所以当两组反应器内污泥均实现完全颗粒化后，MLSS值已非常接近。

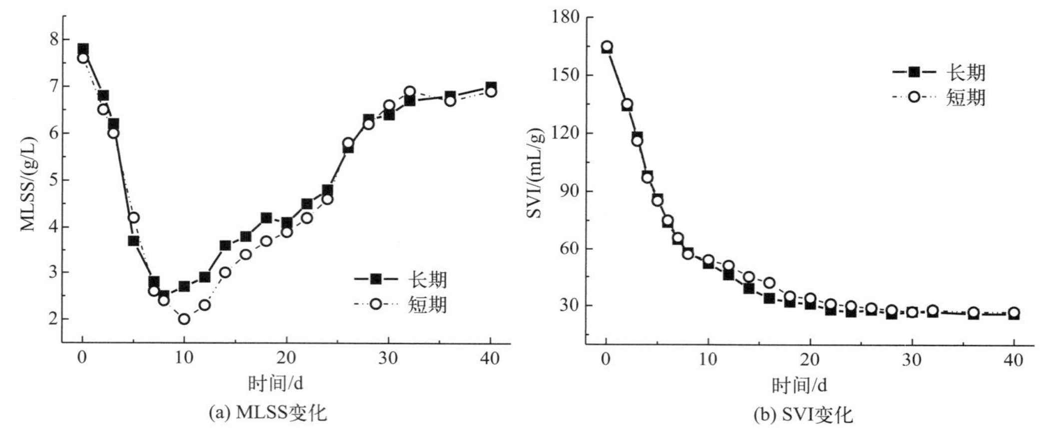

图3.17　两组反应器内MLSS与SVI的变化情况

纵观整个试验过程，在生物选择压力与混凝强化的双重作用下，两组反应器内污泥的沉降性能均得到明显提高。当短期组内的混凝强化操作中止时，其污泥SVI值已从初始的165mL/g降至66mL/g，此时长期强化组内的SVI值为63mL/g，两者均明显低于普通工艺下的SVI值（97mL/g，数据未展现在图3.17中）。随着污泥逐渐向颗粒态转变，各反应器内的SVI值继续降低，而在混凝强化的持续帮助下，长期组内污泥沉降性能的提高速度更快一些［见图3.17（b）］。不过，当两组反应器内污泥均实现完全颗粒化以后，其SVI值也逐渐趋于接近。同样，污泥沉降性能变化的分析结果再次表明混凝强化作用主要凸显于颗粒污泥培养的初始阶段，与短期实施相比，长期实施混凝操作进一步推动了污泥的颗粒化，使得其沉降性能得以更快地改良，而当污泥均实现颗粒态的转变后，混凝操作的强化效果则逐渐弱化。

3.2.3.2　混凝操作实施时间对颗粒污泥性质的影响

图3.18所示的是各组反应器内污泥在不同时期的粒径分布情况。从图中可以看出，

两组反应器内污泥的粒径在其颗粒化过程中增长迅速，均发生了很大的变化。经过10d的培养，长期强化组中粒径>0.5mm的污泥比例已接近40%。此时，对比两组反应器，长期强化组中粒径>1.0mm或≤0.5mm的污泥更多一些，所占比例分别为14%和62%，而在短期组中则分别为11%和57%。这可能跟絮体的聚集方式有关，在混凝强化过程中，混凝剂的投加及机械搅拌破坏了其中高倍絮凝体的形成，使得反应器内的污泥絮体更多地以逐一附着的形式与既成粒子结合，所以会造成污泥在粒径分布上出现一定程度的“两极分化”。而在短期组，当混凝操作中止后，污泥絮体间的聚集模式会从逐一附着逐渐向随机结合转变，各级絮凝体间的结合不再受到阻碍，因此，在短时间内便会有大量的高倍絮凝体产生，从而使得粒径较大的污泥也更多一些。但是，由于这些高倍粒子内部空隙率较高，当其粒径增大到一定值时，在较强的水力剪切作用下难以保持自身的结构完整性，所以在短期组内粒径>1mm的污泥所占比例反倒长期强化组较少一些。随着反应系统的运行，这种分布差异变得更为明朗，在第20天，短期组内粒径在0.5~2.5mm范围内的污泥所占比例为80%，而在长期组内则为65%。当反应器内的污泥完全颗粒化以后，其内部结构逐渐得到稳固，粒径也不断增大；第30天，在长期强化组内已有75%的污泥粒径>2.5mm，而短期组反应器中处于相同粒径范围的污泥所占比例也达到了83%。

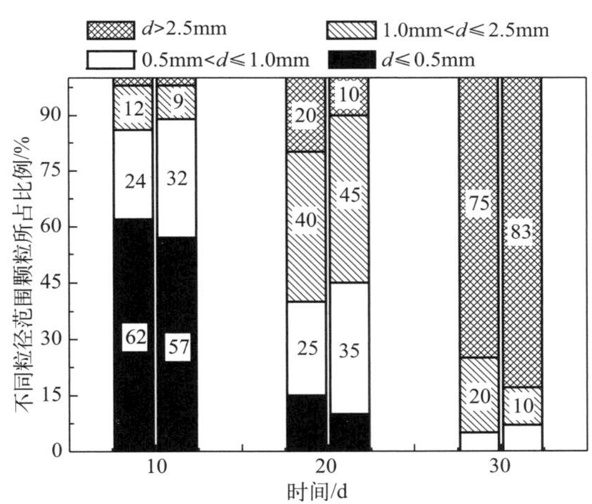

图 3.18　不同时期两组 SBR 内污泥的粒径分布（左：长期组；右：短期组）

本节试验结束后，还对各反应器内成熟颗粒污泥的一些基本特性进行了研究，表3.4所示的即为第40天长期与短期强化组内颗粒污泥在强度、相对密度及含水率方面的参数。从表中可以看出两组强化模式下所培养出的成熟颗粒污泥均具有良好抗水力剪切能力，其颗粒强度分别为97.8%与97.1%。而且，长期与短期混凝强化组内污泥的相对密度也相近，分别为1.061和1.059，这就说明两组好氧颗粒污泥的内部结构均比较密实，在长期的运行过程中可以较好地保持其结构完整性。此外，与普通的活性污泥（99%以上）相比，两组反应器所培养出的好氧颗粒污泥含水率较低，分别为95.7%和95.6%。总体而言，通过这几项指标的对比可以得出长期实施混凝强化与短期实施方案所培养出的颗粒污泥均有优良的污泥特性，两者之间没有明显差异。

表 3.4 不同混凝强化时期成熟颗粒污泥的性质对比

指标	强度/%	相对密度	含水率/%
长期	97.8	1.061	95.7
短期	97.1	1.059	95.6

有报道称，铝盐具有一定的生物毒性，当长期使用时会对周围生态环境造成破坏（Wood，1995）。因此，为了检验混凝剂的使用是否对微生物产生抑制作用，在本节试验中还对不同阶段各反应器中污泥的比耗氧速率进行了测定，并通过与空白组的比值——相对呼吸速率（SOUR）这一指标，评价了长期与短期组内污泥中的微生物活性。

从图 3.19 中可以看出，在整个颗粒污泥的培养过程中，长期与短期混凝强化组内污泥相对于对照组（没有混凝强化操作）的呼吸速率几乎均保持在 100%以上，说明聚合氯化铝的使用并没有对污泥中的微生物活性造成抑制，这一结果与张琳（2012）所报道的相一致。而且，在系统运行的前期，由于混凝操作的强化作用，两个强化组内有更多的微生物聚集起来而形成较为稳定的颗粒态结构，从而可以更好地应对生物选择压，因此，其代谢活性也都较强于对照组，其中在第 10 天，长期与短期强化组的相对呼吸速率分别为 124%和 127%。随着系统的继续运行，各反应器内的污泥均实现颗粒化，其生物活性又都恢复到稳定状态，相互之间没有明显差异。

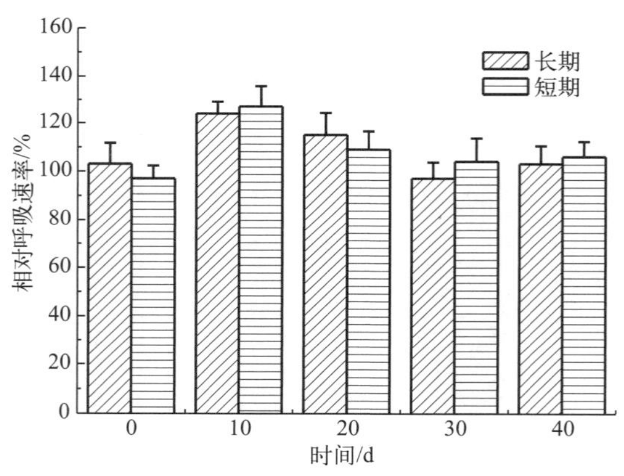

图 3.19 不同时期两组反应器内污泥的生物活性

3.2.3.3 混凝剂投加时间对颗粒污泥去污效果的影响

从图 3.20 中可以看出，在混凝强化作用下，两组 SBR 反应器的 COD 去除效果在试验初期均迅速得到提高，当短期组中的混凝操作中止时，其出水 COD 浓度仅为 66mg/L，而长期组的出水 COD 浓度也只有 62mg/L，其 COD 去除率已达 92.3%。这可能是因为混凝强化操作促使更多的微生物聚集在一起，形成沉降性能更优的絮凝体，从而使得各反应器在初期的生物筛选过程中保留了较多的生物量［如图 3.17（a）所示，MLSS 在 2.0g/L 以上］。随着污泥不断颗粒化，两组反应器的 COD 去除效果继续提升，当系统运行至第 25 天时，长期与短期强化组内的污泥均已实现完全颗粒化，其 COD 去除效率分别为

94.6%和 94.5%。这就说明，此时两组反应器的污泥均具有良好的生物降解能力，并且一直保持至试验结束。

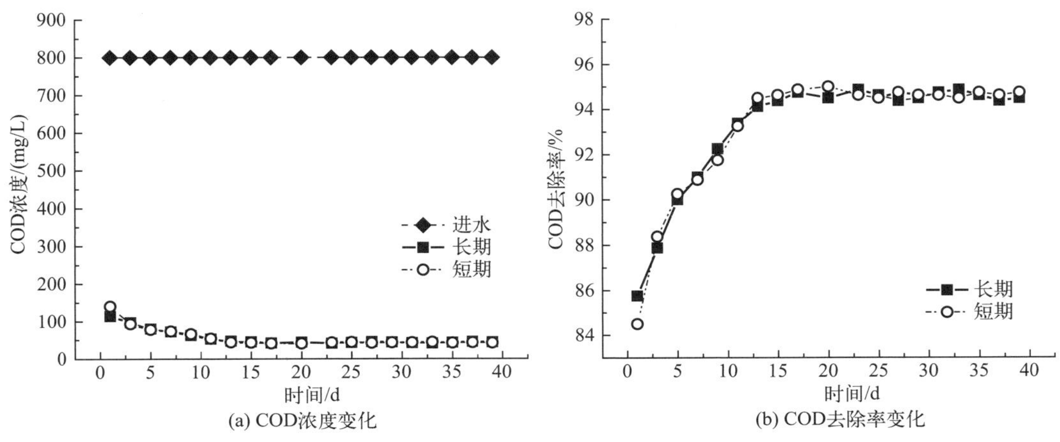

图 3.20 两组反应器对 COD 去除的变化情况

图 3.21 描述的是两组反应器在整个试验过程中其 NH_4^+-N 去除效果的变化情况。为了研究混凝强化操作下所形成的好氧颗粒污泥对高浓度 NH_4^+-N 的去除效果，本试验中进水所采用的 NH_4^+-N 浓度为 200mg/L，而在混凝操作强化下两组反应器的 NH_4^+-N 去除率均较快地提高，并最终稳定在 84%左右。不过，与 COD 相比，长期与短期混凝强化组对 NH_4^+-N 的去除能力还是具有一些差异。在长期强化组，由于混凝操作的持续进行，反应器在试验前期保留了更多的微生物［图 3.17（a）］，其中也包含有硝化细菌。而对于硝化细菌而言，其对周围环境的要求较为严格，且自身的生长速率又很慢，当在反应器内富集硝化细菌时，通常需要较长的时间。因此，相比于长期强化组，短期组 SBR 在混凝操作刚结束时的 NH_4^+-N 去除效率较低，为 68.1%（长期组去除率为 73.5%）。虽然，随着试验的进行，两组反应器内污泥的硝化能力不断提升，但直至第 23 天后两者间的差距才基本可以忽略，此时长期与短期强化组的 NH_4^+-N 去除率分别为 82.8% 与 83.0%。

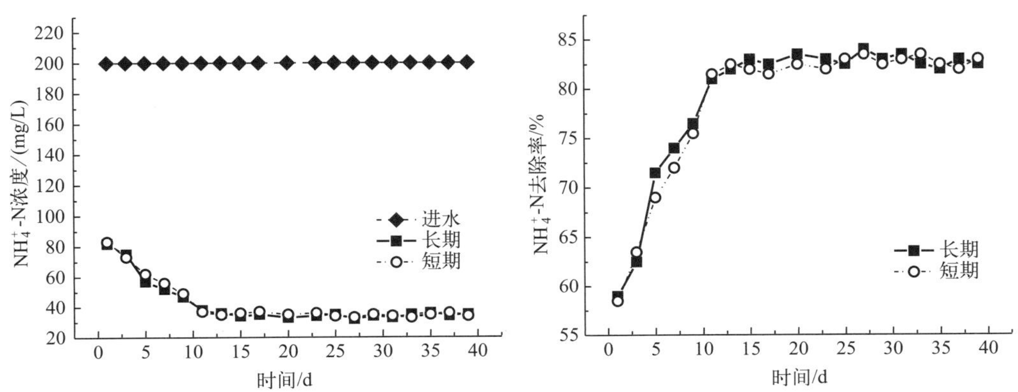

图 3.21 两组反应器对 NH_4^+-N 去除的变化情况

3.2.4 混凝剂投加时间在混凝强化造粒中的作用

对比长期及短期实施混凝强化操作对好氧颗粒污泥形成所带来的不同影响，可以看出混凝强化的有效作用时间主要集中在试验的启动阶段，一味地延长混凝操作时间并未进一步放大其作用效果，反而会增加系统的运行成本，因此，对于混凝强化造粒在好氧颗粒污泥培养过程中的应用应把焦点放在系统运行的前期。而在本试验中，对于好氧颗粒污泥的形成过程而言，其启动期又可以根据污泥自身状态分为两个阶段：一是适应期（反应器运行第 1 周，初始污泥在生物选择压及水力剪切力等共同作用下，其污泥特性不断发生改变，如 MLSS 和 SVI）；二是增长期（反应器运行第 2 周，微生物在适应了周围环境之后，逐渐增长，反应器内的污泥量也趋于稳定并不断升高）。为了更为准确地预测混凝强化造粒的最佳实施时间，本节试验分别在启动期的不同阶段（适应期和增长期）实施混凝强化操作，并对各种环境下所培养出的好氧颗粒污泥的污泥性质及去污效果等进行了测定分析，以此希望为日后混凝强化造粒的实际应用提供更多的理论基础与实践经验。

3.2.4.1 不同投加时段下颗粒污泥的形成

纵观颗粒污泥的整个形成过程，各反应内污泥特性均发生了很大的改变，具体结果如图 3.22 所示。从图 3.22（a）可以看出，由于缺乏混凝操作的强化，增长期组反应器在试验初期排出大量污泥，生物量骤减，其 MLSS 最低时只有 1.3g/L，而此时适应期组内的 MLSS 则为 2.4g/L。虽然，从第 2 周开始增长期组也开始投入混凝强化技术，但其反应器内生物量的减少趋势直至第 10 天后才逐渐发生扭转，这再次说明了混凝强化操作在反应器启动期对微生物所起到的更多是保留作用。随着污泥颗粒化的进行，各反应器内的生物量不断增加，而由于增长期组内的初始生物量较少，在相同的进水条件下，其污泥负荷高，内部微生物增长速率更快，第 25 天后其 MLSS 达到 5.4g/L，已超过适应期组的 5.2g/L。

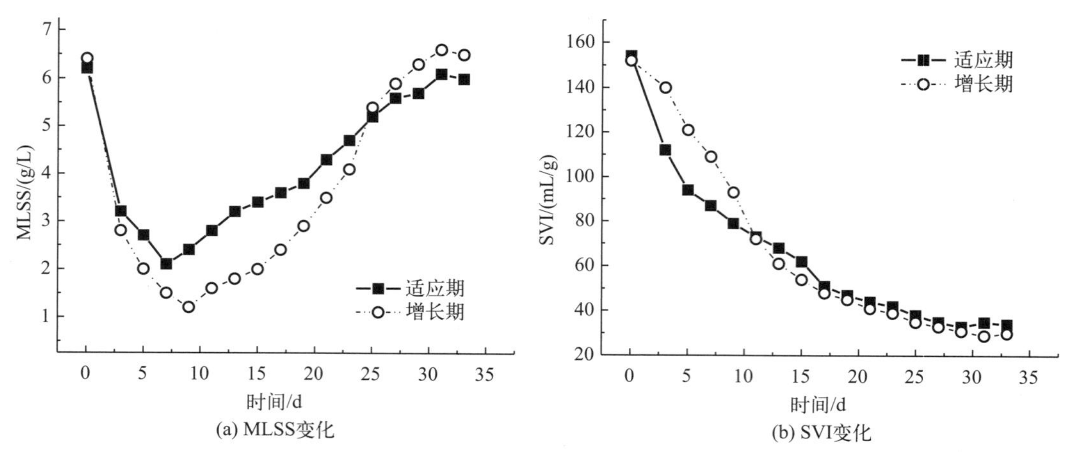

图 3.22 两组反应器内 MLSS 和 SVI 的变化情况

对比两组反应器内污泥 SVI 的变化情况［图 3.22（b）］，可以看出其污泥的沉降性能均得到了很大程度的改善。在生物选择压和混凝强化的共同作用下，适应期组的污泥

SVI在第1周内从初始的154mL/g降至87mL/g，而增长期组也从152mL/g减小到109mL/g。在第2周内，增长期组反应器也开始配有混凝强化操作，在此作用下其内部污泥的沉降性能得到进一步的改善，并且在第13天后其SVI值逐渐低于适应期组。此外，这也可能和微生物群落结构的组成有关，在系统运行的第1周内，适应期组反应器中的污泥在混凝强化作用下聚集在一起，整体沉降性能得到提高，从而避免了被排出反应器外，但是在此过程中生物选择压未能得到充分发挥，反应器中所保留下的未必都是沉降性能良好的微生物，当后期颗粒污泥粒径不断增大，其沉降性能的提高会受到一定程度的限制。不过，当试验结束后两组反应器内培养出的好氧颗粒污泥都具有良好的沉降性能，SVI值均在35mL/g以下。

3.2.4.2 投加期的选择对颗粒污泥性质的影响

图3.23描述的是第40天各反应器内颗粒污泥的沉降速度与粒径之间的关系。从图中可以看出，随着粒径的增大，各组颗粒污泥样品的沉降速度均得到提高，而在相同粒径下，混凝强化组的沉降速度则明显高于对照组，这可能跟颗粒污泥的内部结构有关，在混凝作用下，强化组内污泥以逐一附着的形式聚集，形成更为密实的颗粒态结构，因此其沉降速度更高一些。表3.5所列结果正好证实了这一点：与对照组相比，适应期组与增长期组内颗粒污泥的相对密度更大，分别为1.065和1.057。由于颗粒污泥结构紧密，内部存在基质梯度，当其粒径过大时内部微生物的营养供给会受到阻碍，从而发生内源呼吸，破坏颗粒内部结构，并进一步影响污泥的沉降性能。因此，在本试验中，当颗粒污泥的粒径超过2.0mm后其沉降速度随粒径增大而提高的趋势逐渐减缓。

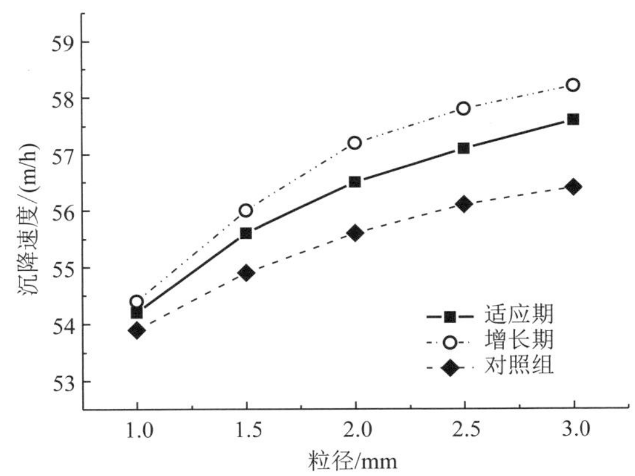

图3.23 各组反应器内颗粒污泥的沉降速度与粒径间的关系

此外，观察表3.5，适应期组与增长期组内颗粒污泥的相对密度分别为1.065和1.057，含水率分别为94.8%和95.1%，两者内部结构的紧密程度应该十分相似。因此，其抗水力剪切能力也比较相近，分别为98.1%和97.9%。不过，正如之前所述，增长期组反应器内的微生物在试验初期经受了更为“严格”的生物筛选过程，最终所保留下来的多为沉降性能较好的菌株，污泥整体的沉降速度也因此而得到提高，所以在一定的粒径范围内，增长期组所培养出的颗粒污泥其沉降速度明显大于适应期组内的污泥（见图3.23）。

表 3.5 各组反应器内颗粒污泥的性质

反应器	强度/%	相对密度	含水率/%
适应期	98.1	1.065	94.8
增长期	97.9	1.057	95.1
对照组	94.7	1.032	96.4

3.2.4.3 不同投加时段下颗粒污泥的 COD 去除效果

图 3.24 所展示的分别是第 10 天、第 20 天和第 30 天，适应期与增长期混凝强化组中污泥在单个周期内对 COD 的去除情况。如图 3.24 所示，在第 10 天，适应期强化组中混合液的 COD 在 2h 内便从初始的 800mg/L 降为 105mg/L，去除率达 86.9%，而在同一时期，增长期组内的 COD 浓度则为 143mg/L，明显高于适应期组。造成这一现象的原因是增长期组内的微生物大多在生物筛选过程中被排出，其生物量骤减；而适应期组内的微生物在混凝强化作用下相互凝聚得以保留，因此其生物降解能力高于前者。随着时间的推移，两组反应器内的微生物适应了各自的生长环境并逐渐开始增长，在此情况下各反应器的生物降解能力均得到提高，在第 20 天，经过 2h 的反应后，适应期组内的 COD 浓度

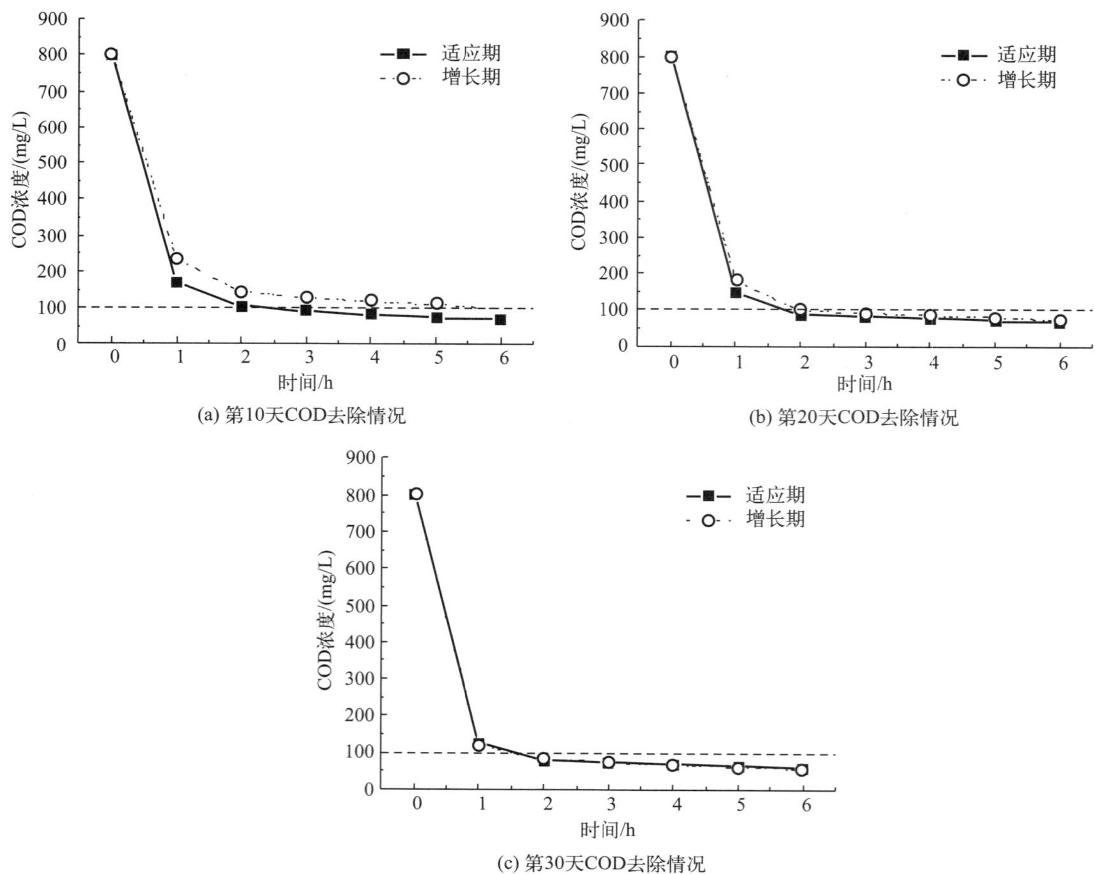

图 3.24 不同时期污泥在单周期内的 COD 去除情况

迅速降至 87mg/L，去除效率已达 89.1%。而且，当反应周期结束后，适应期与增长期组的出水 COD 浓度分别为 68mg/L 和 74mg/L，此时两者的 COD 去除率分别为 91.5%和 90.7%，两者间的差距逐渐减小。当系统运行至第 30 天，两组反应器内的污泥均已完成颗粒化，其对污染物的去除能力也得到进一步的提高，此时对比适应期与增长期混凝强化组的 COD 去除效果，两者之间已无明显差异。

同样，受到反应初期微生物流失的影响，两者在第 10 天对 NH_4^+-N 的去除效果均不理想（见图 3.25）。单周期内，经过 3h 的降解，适应期强化组才把进水中的 NH_4^+-N 浓度从初始的 200.0mg/L 降至 103.2mg/L，此时 NH_4^+-N 去除率为 48.4%，仍不足 50%。相比之下，增长期强化组的 NH_4^+-N 去除能力则更差一些，其在 3h 之内对 NH_4^+-N 去除率仅为 37.2%，当周期结束后，增长期组反应器的出水 NH_4^+-N 浓度仍高达 92.5mg/L。随着系统的运行，各组反应器内的生物量再次得以累积，其生物降解能力也逐渐开始提高，其中在第 20 天，适应期组内 NH_4^+-N 从 200.0mg/L 减小至 101.7mg/L 只需要 2h。但是相比于 COD，各组反应器对于 NH_4^+-N 的去除能力则恢复得比较缓慢，当周期结束后，适应期与增长期混凝强化组的出水 NH_4^+-N 浓度分别为 52.2mg/L 和 80.4mg/L，而 NH_4^+-N 去除率则分别为 73.9%和 59.8%，由此看出两者的硝化能力均还有待提高。之所以会出现这种情况是因为，硝化细菌比普通好氧异养菌的生长速率慢很多（Halling-Sørensen and

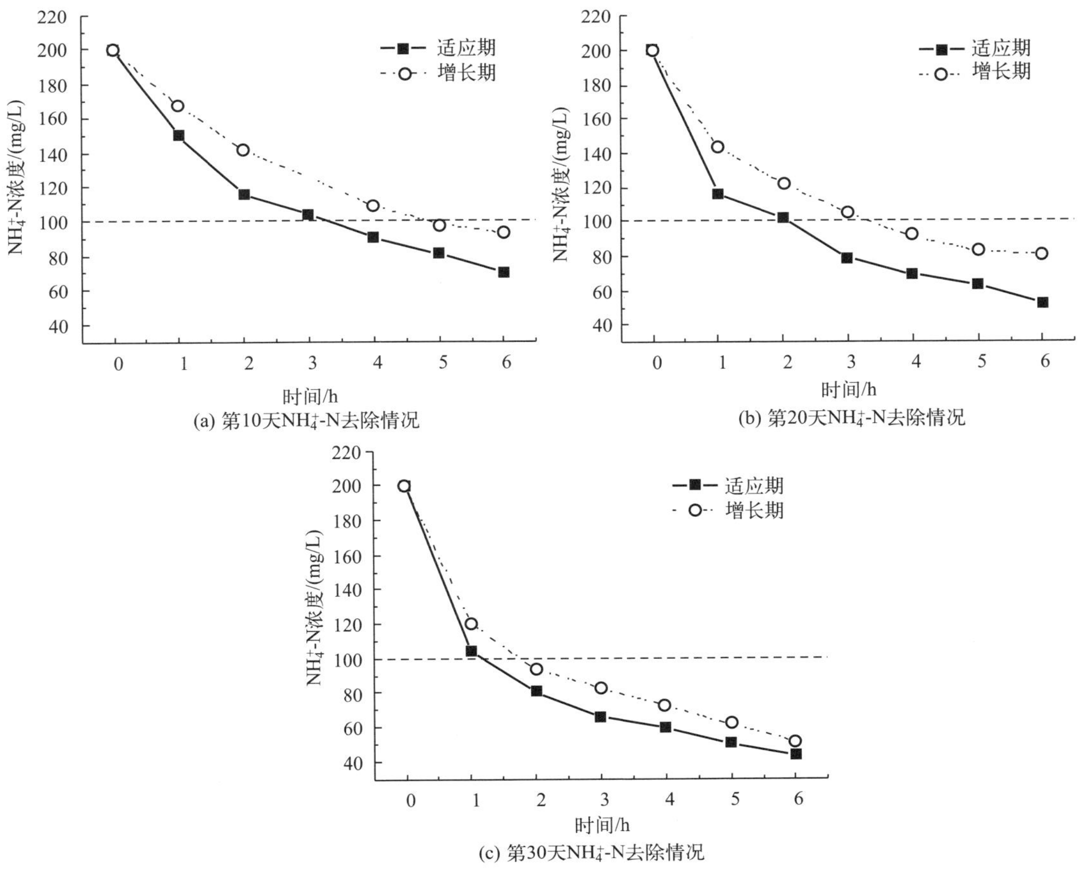

图 3.25　不同时期污泥在单周期内的 NH_4^+-N 去除情况

Jørgensen，1993），而且其在将 NH_4^+-N 氧化为 NH_2OH 的过程中所需的氨单加氧酶对周围环境因素十分敏感，酶活性易于受到抑制（Atherton et al.，1998）。也正是出于同样的原因，适应期混凝强化组中污泥对 NH_4^+-N 的去除效果始终好于增长期组，当反应进行到第 30 天，增长期组反应器在单周期内的 NH_4^+-N 去除率提高为 71.2%，而适应期组则已达 78.5%。以上结果说明，虽然在增长期实施混凝操作会进一步提高颗粒污泥的沉降性能，但其在试验初期损失的生物量会降低系统的生物降解能力，尤其是硝化能力，因此在后续的研究过程中要对反应器内生物量的控制加以重视。

3.3 混凝强化下好氧颗粒污泥的形成机制

3.3.1 混凝剂在好氧污泥强化造粒过程中的作用

经过不断的尝试与调整后，目前对于混凝强化造粒的应用已取得一定的进展，可行的运行条件也在陆续提出。但是，从微观的角度出发，对于混凝操作在强化污泥颗粒化过程中具体作用机理的研究仍属空缺，这将会限制混凝强化造粒技术的进一步优化与发展。为此，本节试验以污泥表面特性、EPS 组分含量及各组分的空间分布等作为评价指标，分析混凝操作对污泥絮体性质的作用机理，确定其直接作用时间，并通过解析物化及生物作用间的耦合关系，来揭示好氧污泥在混凝强化造粒操作下的具体颗粒化过程。

3.3.1.1 PAC 对污泥絮体表面性质的影响

(1) zeta 电位

一般在 pH 中性条件下，细菌表面大多呈负电性，而在静电斥力的作用下带有相同电性的菌体之间难以靠近或者形成聚集体（Rouxhet and Mozes，1990）。因此，细胞表面电荷在生物絮凝过程中起着重要作用，并且影响着微生物聚集体的结构稳定性。图 3.26 描述的是整个颗粒形成过程中，混凝强化组及对照组内污泥 zeta 电位的变化情况。从图中可以看出，随着污泥形态的变化，两组反应器内污泥的 zeta 电位都不断升高，电负性均逐渐降低，当试验结束后两者分别稳定在 5.7mV 和－12.4mV，其绝对值均明显低于初始污泥的 zeta 电位（－34.5mV）。此外，在混凝强化作用下污泥 zeta 电位的提升速度更快，经过 17d 的培养，便提高到了 0.2mV，而同时期对照组内污泥的 zeta 电位则为－16.4mV。这可能是因为 PAC 水解产物与污泥絮体结合后，发生了电中和反应，消耗了大量的细胞表面电荷，从而使得细胞间的静电斥力降低，方便了絮体之间的互相结合与凝聚。

(2) 相对疏水性

与 zeta 电位的变化情况相似，两组 SBR 反应器内污泥的相对疏水性也均在其颗粒化过程中得到了明显的增加（见图 3.27）。对于污泥絮体而言，相对疏水性是一项重要的物理指标，它影响着细胞间的黏附与聚集，细胞表面疏水性的增加会降低其表面吉布斯自由能，从而增强细胞之间的絮凝作用（Gao et al.，2011）。当系统运行到第 5 天，混凝强化组内污泥的相对疏水性便由初始的 42.5%增加至 63.7%，明显大于对照组的 47.1%，说

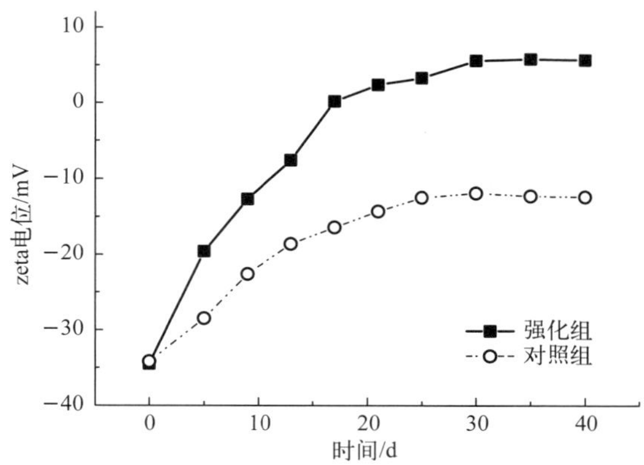

图 3.26　zeta 电位在好氧颗粒污泥形成过程中的变化

明混凝操作有助于提高微生物表面疏水性。随着时间的推移，强化组反应器内污泥相对疏水性的增加速率逐渐减缓，当试验结束后其污泥表面疏水性稳定在（82.1±1.3）%的范围内，几乎是初始污泥的 2 倍，这与之前的一些研究结果相一致（Lettinga et al.，1980）。而在此时，对照组内的污泥也已实现了完全颗粒化，其相对疏水性也提高了不少，达到 76.3%。

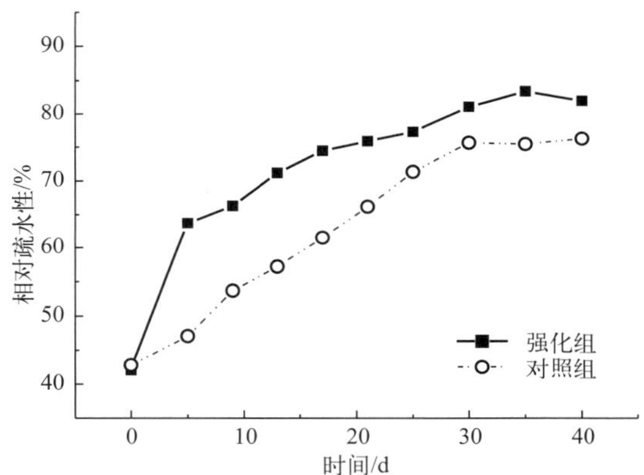

图 3.27　相对疏水性在好氧颗粒污泥形成过程中的变化

3.3.1.2　PAC 的添加对污泥絮体胞外聚合物的作用

(1) EPS 主要组成

作为 EPS 的主要组成物质，胞外蛋白（PN）及多糖（PS）在本章试验中的含量变化如图 3.28 所示。从图中能够看出，两组反应器内污泥的 PN 及 PS 含量均得到明显提高，而且，与多糖相比胞外蛋白的增加更为显著，当反应结束后强化组与对照组内污泥的 PN 值已分别达到 39.8g/g MLSS 和 37.1g/g MLSS。不过，通过对比可以看出，两组反应器内的污泥在多糖含量方面的差异更为明显，而这可能跟混凝操作有关。有研究表明，在缺水及富含金属离子等极端环境下有些微生物会通过分泌 EPS 来保护自身细胞的活性（Ozturk and Aslim，2008）。另有报道称，Ca^{2+} 和 Mg^{2+} 等多价离子的过量投入也会刺激系统内的微生物，并增加其多糖产量（Li et al.，2009；Jiang et al.，2004）。在本次试验中，混凝强化组内的污泥经过 20d 的培养后，其胞外多糖含量从初始的 7.2g/g MLSS 迅速增加到 22.4g/g MLSS，明显高于同时期对照组内污泥的多糖含量（16.3g/g MLSS）。而一般情况下，胞外多糖不仅能够促进细胞间的相互作用，还可通过构建聚合物结构体来增强微生物聚集体的稳定性（Liu et al.，2004）。在此条件下，混凝强化组内污泥的颗粒化过程则会得到进一步的推动与强化。

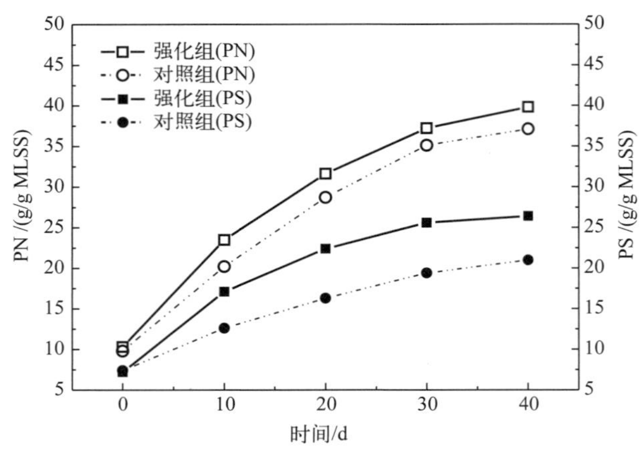

图 3.28 EPS 主要组分的含量变化

(2) EPS 组分空间分布

对于好氧颗粒污泥而言，EPS 不仅能够促进污泥絮体间的聚集，还影响着颗粒结构的稳定性（Stoodley et al.，2002；Mikkelsen and Nielsen，2001；Klausen et al.，2004；Christian et al.，1999）。近几年来，随着科技的进步，研究者逐渐开始通过采用特异性荧光染色并结合 CLSM 观察的手段来探究 EPS 在颗粒污泥内部的空间分布，以此分析 EPS 各组分的作用特点。图 3.29（书后另见彩图）和图 3.30（书后另见彩图）分别反映了在混凝强化组和对照组反应器内，EPS 各组分及活细胞在好氧颗粒污泥中的分布情况。

从图 3.29 可以看出：在强化组反应器内，蛋白质和 α-多糖（α-呋喃葡萄糖及 α-甘露糖）在好氧颗粒污泥内的空间排列情况类似，都占据着整个断面的绝大部分，并在颗粒的边缘位置分布更为密集；β-D-呋喃葡萄糖主要分布于外部轮廓，而在颗粒污泥内部，其空间排列则呈网格结构；脂类遍布整个颗粒断面，分布较为均匀；对于活细胞的分布，则主要集中在颗粒外部，内部的荧光强度较弱。相比之下，在对照组反应器内，EPS 各组分及活细胞在好氧颗粒污泥内的空间分布则有所不同（见图 3.30），说明培养环境决定着好氧颗粒污泥的结构组成。在对照组所培养出的颗粒污泥内部：蛋白质均匀地分布在整个污泥断面，而 α-多糖（α-呋喃葡萄糖及 α-甘露糖）的空间排列情况则与其一致；β-D-呋喃葡萄糖大多集中于颗粒内部，在外部轮廓也有分布；对于脂类和活细胞，两者的分布情况类似，均排列在颗粒污泥的内核位置。

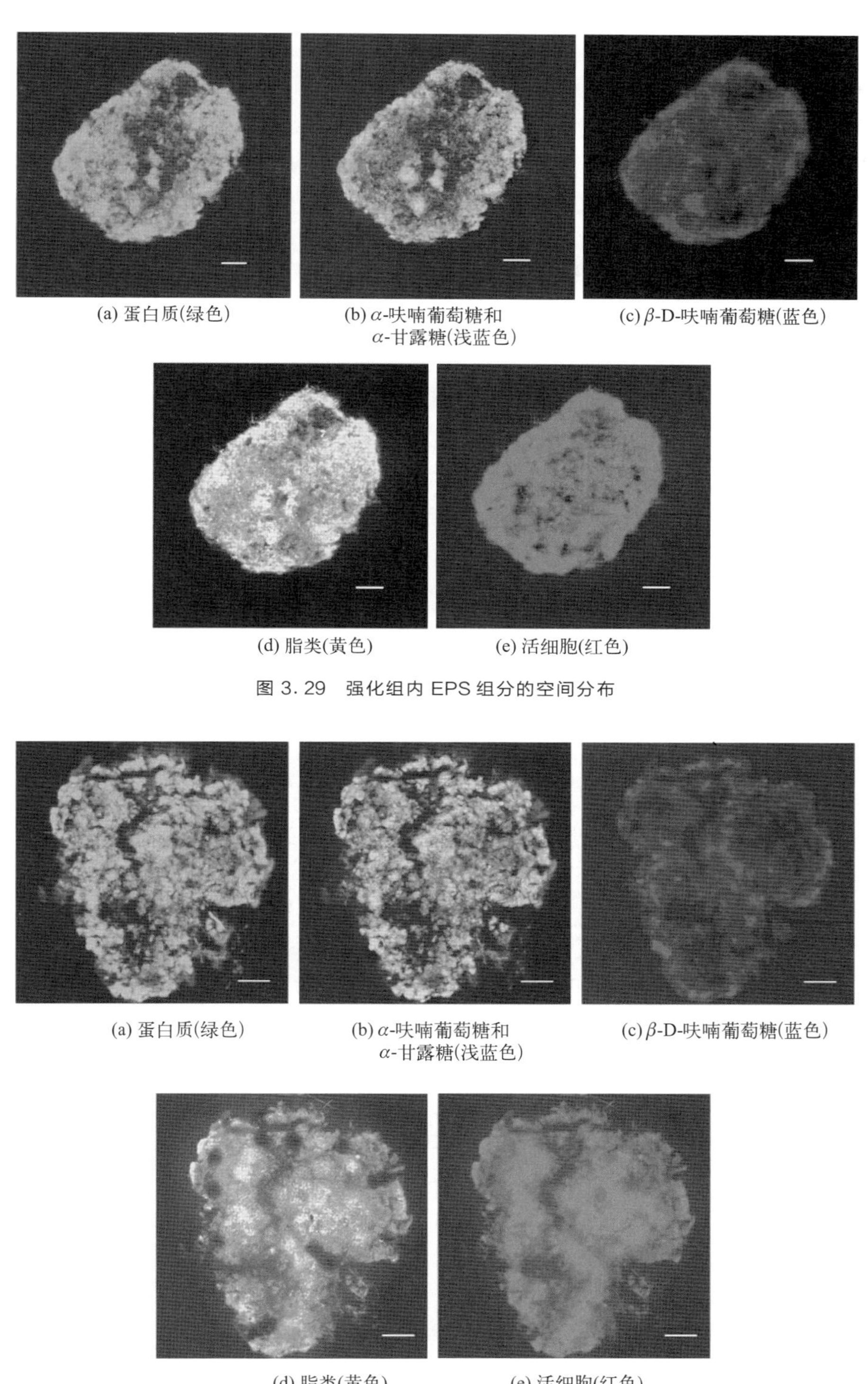

(a) 蛋白质(绿色)　(b) α-呋喃葡萄糖和α-甘露糖(浅蓝色)　(c) β-D-呋喃葡萄糖(蓝色)

(d) 脂类(黄色)　(e) 活细胞(红色)

图 3.29　强化组内 EPS 组分的空间分布

(a) 蛋白质(绿色)　(b) α-呋喃葡萄糖和α-甘露糖(浅蓝色)　(c) β-D-呋喃葡萄糖(蓝色)

(d) 脂类(黄色)　(e) 活细胞(红色)

图 3.30　对照组内 EPS 组分的空间分布

经过对比分析，两组好氧颗粒污泥内部均遍布有蛋白质和α-多糖，而且根据荧光强度能判断出两种物质的含量都比较高，说明其有助于颗粒污泥维持自身的结构稳定性。虽然在不同的SBR反应器内，β-D-呋喃葡萄糖的分布有所不同，但其均占据着颗粒污泥内部的核心位置，并呈网络结构，预示着β-D-呋喃葡萄糖在好氧颗粒污泥的形成过程中扮演着“骨架”的角色。而Adav等（2008）的实验结果证实了这一点：经过对颗粒污泥进行特异性酶解及多重荧光染色等一系列处理后发现，在EPS各主要组分中只有β-D-呋喃葡萄多糖的水解能够引起颗粒污泥解体。此外，对比图3.29和图3.30可以看出，活细胞在不同条件下所培养出颗粒污泥内的分布情况也不相同。在强化组反应器中，更多的微生物活细胞生活在颗粒污泥的外部边缘，这与McSwain等（2005）及Lee等（2010）的研究结果一致；而在对照组中，SYTO 63（红色荧光核酸染色剂）在颗粒内部的荧光强度更高一些。这是因为混凝强化作用，所形成的好氧颗粒污泥具有更为紧凑的内部结构，当粒径增大到一定程度后基质在其内部的传递会受到阻碍，因此分布在颗粒内核的微生物无法得到充足的营养，活性降低，并可能会死亡；而在对照组内，好氧颗粒污泥的内部结构比较疏松，甚至有较为明显的“廊道”存在（见图3.30），基质和氧气的传输会比较流畅，所以分布在颗粒内核区域的微生物也会保持有较高的生物活性。

(3) 三维荧光光谱（3D-EEM）

作为一种快速、有效且灵敏的检测手段，三维荧光光谱分析已被广泛应用到对自然或人工环境中溶解性有机物的分析过程中，而随着人们对EPS的关注度不断增加，越来越多的研究者开始利用这一手段来分析EPS中的蛋白质、腐殖质等组分（Sheng and Yu，2006；Wang et al.，2009；Li et al.，2013；Wang et al.，2013；Liang et al.，2012）。

在本章试验中，对于不同阶段各反应器污泥样品中EPS的光谱信息均进行了测定，具体见图3.31和图3.32（书后另见彩图）。可以看出，在整个污泥颗粒化过程中总共有5个荧光峰被检测到，说明污泥样品中含有较为丰富的荧光基团：a. 峰A［E_x/E_m 285nm/（335～345）nm］和峰B［E_x/E_m（220～230）nm/（330～340）nm］是芳香族蛋白质类；b. 峰C［E_x/E_m（350～365）nm/（425～440）nm］、峰D（E_x/E_m285nm/420nm）及峰E（E_x/E_m425nm/475nm）则为腐殖酸类物质（Chen et al.，2002）。与初始接种污泥相比（图3.31），各组反应器内污泥的EPS荧光特性均随系统的运行而发生了明显的改变（图3.32），当反应进行到第7天，在强化组及对照组反应器内所提取出的EPS中均未检测到峰D，并且峰C的荧光强度也有所降低，而在同时，峰A和峰B的荧光强度则得到提高，并且两组峰均发生了一定程度的“蓝移”，说明其物质结构发生了改变，如苯环数目的减少，长链上共轭键的断裂或者羰基、羟基、氨基及羧基等特殊基团的去除。在随后的运行过程中，随着颗粒污泥的不断出现，各反应器内污泥的EPS荧光光谱继续发生变化，其中峰A和峰B的荧光强度仍在不断增大，而峰C只有在对照组污泥样品中的改变才较为明显，说明蛋白质类物质在污泥的颗粒化过程中起到重要作用，这一结论与Liang等（2015）所报道的一致。而且，与EPS各组分的定量分析结合，可以得出峰A和峰B荧光强度的变化情况均与EPS中PN的含量相关（Wang et al.，2006；Ni et al.，2009）。此外，与对照组相比，峰A和峰B在强化组污泥EPS中的强度更高，说明混凝强化操作使EPS中芳香族蛋白质类物质的含量增加，从而推动好氧颗粒污泥的形成。

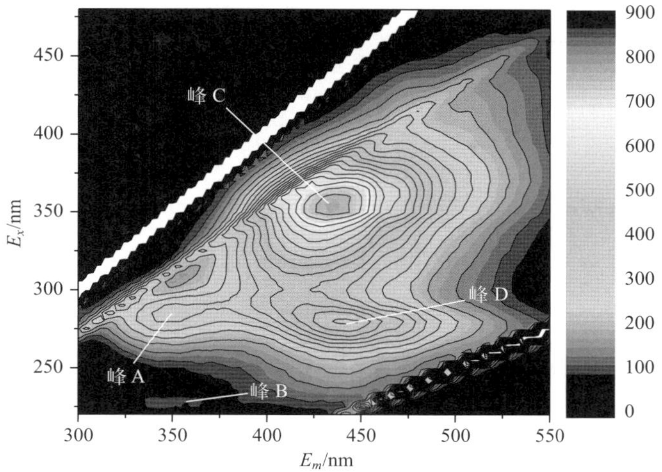

图 3.31　接种污泥的荧光光谱特征

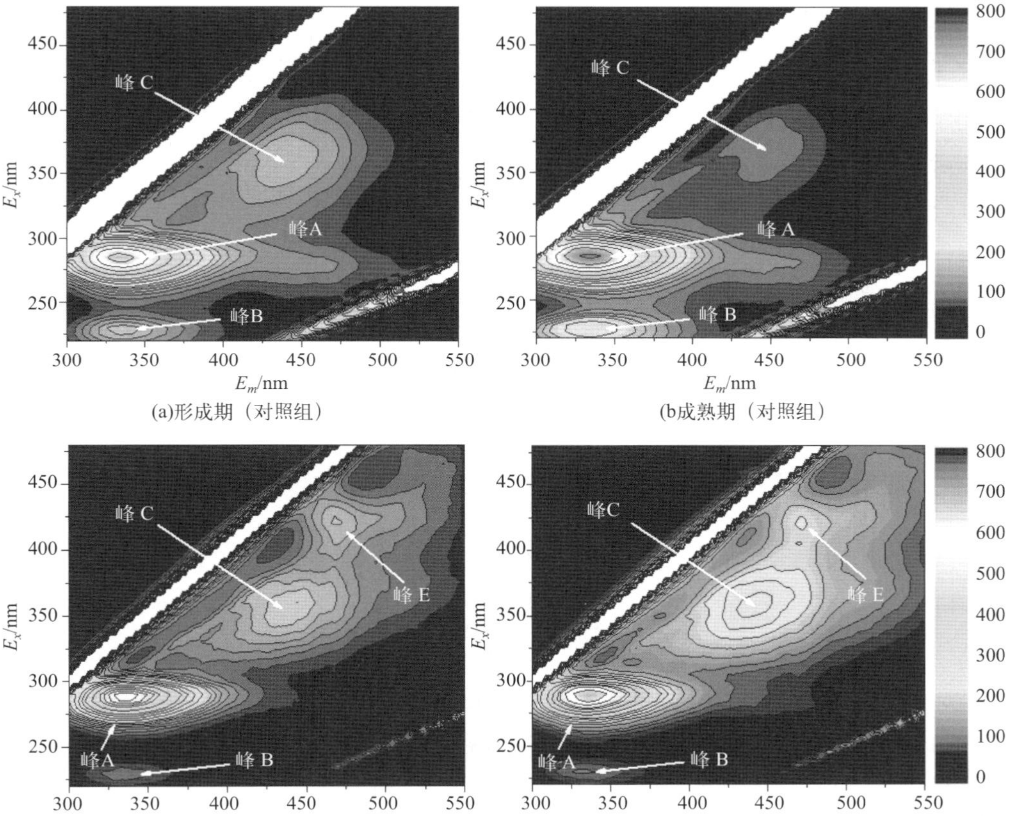

(a)形成期（对照组）　(b成熟期（对照组）

(c)形成期（强化组）　(d)成熟期（强化组）

图 3.32　各组污泥的荧光光谱变化

3.3.1.3　PAC 对污泥絮体间相互作用能的影响

(1) 表面热力学分析与扩展 DLVO 理论

对于一个表面而言，其总的表面张力（γ）可以被划分为 van der Waals 表面张力项

(γ^{LW}）和极性作用项（γ^{AB}）两部分。其中，极性作用项又由电子受体参数及电子供体参数组成：$\gamma^{AB}=\sqrt{\gamma^{+}\gamma^{-}}$ 。因此，在本章试验中污泥中微生物（B）和液体（L）的总表面张力分别可表示为：

$$\gamma_{B}=\gamma_{B}^{LW}+\gamma_{B}^{AB}=\gamma_{B}^{LW}+\sqrt{\gamma_{B}^{+}\gamma_{B}^{-}} \tag{3.1}$$

$$\gamma_{L}=\gamma_{L}^{LW}+\gamma_{L}^{AB}=\gamma_{L}^{LW}+\sqrt{\gamma_{L}^{+}\gamma_{L}^{-}} \tag{3.2}$$

而细菌的各表面张力项及参数则可由式（3.3）计算得（van Oss，1995）：

$$(1+\cos\theta)\gamma_{L}=2\left(\sqrt{\gamma_{B}^{LW}\gamma_{L}^{LW}}+\sqrt{\gamma_{B}^{+}\gamma_{L}^{-}}+\sqrt{\gamma_{B}^{-}\gamma_{L}^{+}}\right) \tag{3.3}$$

式中，θ 为微生物表面与测试液体（L）间的接触角。

在本章试验过程中，所用测试液体分别为纯水、1-溴萘及甲酰胺，其表面张力值及各作用项的分量见表 3.6（Wu and Nancollas，1999）。

表 3.6 测试液体其表面张力值及各作用项

测试液体	γ_{L}	γ_{L}^{LW}	γ_{L}^{AB}	γ_{L}^{+}	γ_{L}^{-}
纯水	72.8	21.8	51.0	25.5	25.5
1-溴萘	44.4	44.4	0	0	0
甲酰胺	58.0	39.0	19.0	2.28	39.6

根据上述的已知参数及基本公式，可以得知微生物自身表面张力及其作用项。而通过运算下列公式，则能够进一步获得微生物与水间的界面张力（van Oss et al.，1988）：

$$\gamma_{BL}=\gamma_{BL}^{LW}+\gamma_{BL}^{AB} \tag{3.4}$$

其中

$$\gamma_{BL}^{LW}=\sqrt{\gamma_{B}^{LW}}-\sqrt{\gamma_{L}^{LW}} \tag{3.5}$$

$$\gamma_{BL}^{AB}=2\left(\sqrt{\gamma_{B}^{+}\gamma_{B}^{-}}+\sqrt{\gamma_{L}^{+}\gamma_{L}^{-}}-\sqrt{\gamma_{B}^{+}\gamma_{L}^{-}}-\sqrt{\gamma_{L}^{+}\gamma_{B}^{-}}\right) \tag{3.6}$$

而在污泥絮体吸附初级粒子或微生物附着到介质表面的过程中，界面吸附自由能（单位面积上）的变化值（ΔG_{adh}）则可以用式（3.7）来表示：

$$\Delta G_{adh}=\Delta G_{adh}^{LW}+\Delta G_{adh}^{AB}=-2(\gamma_{BL}^{LW}+\gamma_{BL}^{AB}) \tag{3.7}$$

其中

$$\Delta G_{adh}^{LW}=-2\gamma_{BL}^{LW} \tag{3.8}$$

$$\Delta G_{adh}^{AB}=-2\gamma_{BL}^{AB} \tag{3.9}$$

在微生物混合液中，菌体间相互作用的总能量可由扩展 DLVO 理论计算得出，并且，它是关于距离的函数。根据扩展 DLVO 理论，微生物个体之间的总作用能（W_{tot}）由静电排斥项（W_{R}）、范德华吸附项（W_{A}）和水和作用项（W_{AB}）三部分组成，即：

$$W_{tot}=W_{R}+W_{A}+W_{AB} \tag{3.10}$$

其中

$$W_{A}=-\frac{A_{BLB}R}{12H} \tag{3.11}$$

$$W_{R}=2\pi\varepsilon R\psi^{2}\ln[1+\exp(-\kappa H)] \tag{3.12}$$

$$W_{AB}=\pi R\lambda G_{adh}^{AB}\exp\left(\frac{l_{0}-H}{\lambda}\right) \tag{3.13}$$

在式（3.11）中，ABLB为有效Hamaker常数，可通过测定接触角并根据式（3.14）计算得出（Liu et al.，2008）：

$$A_{BLB}=(\sqrt{A_{BB}}-\sqrt{A_{LL}})^2=24\pi l_0{}^2(\sqrt{\gamma_B^{LW}}-\sqrt{\gamma_L^{LW}})^2 \tag{3.14}$$

式中，γ_B^{LW} 和 γ_L^{LW} 可根据表面热力学分析而得出，l_0 则为两种界面间的最小平衡距离（≈0.157nm）。另外，在上述公式中，ε 为介电常数，ψ 为Stern电势（可用zeta电位代替），κ 则代表着扩散层厚度，它们均与静电作用项紧密相关；R 为污泥细胞半径（假定其为球形结构）；而 λ 为微生物细胞在液体介质中的相对长度（0.6～13nm），其值与菌体间的相对距离 H 及微生物的疏水性（或亲水性）有关。

（2）污泥絮体间相互作用势能的变化

经过测定，在颗粒化过程中，两组反应器内污泥的接触角均发生了变化，结果如表3.7所列。

表3.7 颗粒化过程中污泥的接触角变化情况　　单位：（°）

测试溶液	第0天		第7天		第14天	
	强化组	对照组	强化组	对照组	强化组	对照组
水	38.6	38.6	42.4	39.5	45.0	43.7
1-溴萘	27.0	27.0	32.1	28.5	32.3	31.0
甲酰胺	59.6	59.6	51.4	57.1	47.4	52.1

将表3.7中的接触角数据代入上述公式中，并进行表面热力学计算，则可以得到在不同阶段两组反应器内污泥絮体间的相互作用势能（见图3.33和图3.34）。从图3.33能够看出，接种污泥间的斥力势能（potential barrier）最高，为2207KT（K 指玻尔兹曼常数，T 指热力学温度），从而限制着絮体间的结合与聚集。不过，随着时间的推移，强化组内污泥絮体间的斥力势能迅速降低，经过7d的培养，便减少至515KT。这可能是因为在混凝强化作用下，污泥表面负电荷因与PAC水解产物结合并发生电中和作用而得到消耗，从而降低了絮体间的静电斥力。当反应器运行至第14天，强化组内絮体间的斥

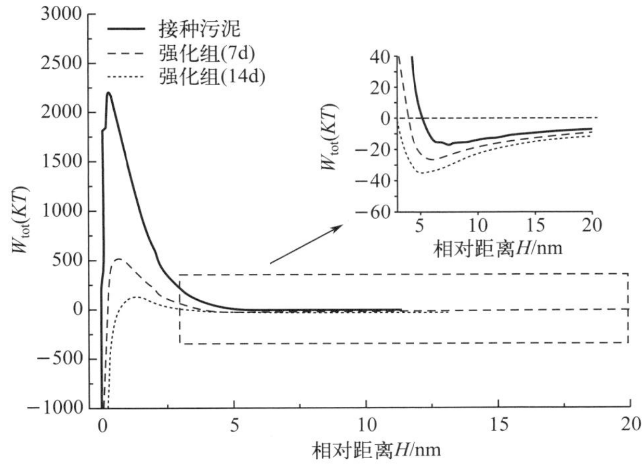

图3.33 强化组内污泥的DLVO位能曲线

力势能仅为 115KT，说明此时污泥之间的结合已变得较为容易，颗粒污泥的形成也明显得到强化。同样，随着污泥颗粒化的进行，对照组内污泥絮体间斥力势能也在逐渐降低，但其变化速率明显低于强化组，当系统运行至第 7 天其斥力势能仍高达 1725KT（见图 3.34）。两组反应器之间的明显差别说明了混凝强化造粒对絮体间的聚集起到重要作用，从而也解释了为何强化组内的好氧污泥能够率先实现颗粒化。

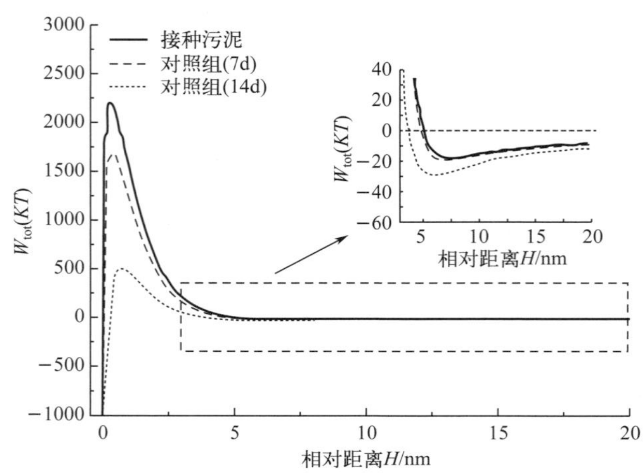

图 3.34 对照组内污泥的 DLVO 位能曲线

此外，第二最小势能（secondary energyminimum）能够表征细胞从吸附界面脱附下来的能力，因此也在一定程度上反映了絮体间的结合情况（Redman et al.，2004）。当第二最小势能的势阱越深，污泥细胞脱落所需要克服的能量则越高，也就说明污泥絮体的结构更为稳定（Liu et al.，2010）。图 3.33 和图 3.34 中的插图分别描述了两组反应器内污泥絮体第二最小势能的变化情况。从图中可以看出，随着系统的运行，强化组与对照组内污泥的第二最小势能的势阱均在逐渐加深，说明两组反应器内污泥絮体的结构在不断增强。而且，与对照组污泥的第二最小势能相比，强化组内污泥势阱的加深速度更快，在最初的 7d 内，便从初始的－17.2KT 变为－26.6KT，而在同时期，对照组污泥第二最小势能的势阱则为－18.5KT，这一现象表明混凝强化造粒有助于增强颗粒污泥的结构稳定性。当系统再运行 7d 后，强化组内污泥第二最小势能的势阱变为－36.0KT，相应地，在对照组内则为－28.7KT，此时两组反应器内的污泥絮体均已具有良好的结构稳定性，从而能够抵抗更为强烈的水力剪切力。

3.3.2 混凝剂对污泥颗粒化过程强化作用的时效性

经过上一节的研究与分析，对于混凝强化造粒在好氧颗粒污泥形成过程中的具体作用已有了初步的认识，其中，混凝操作的实施不仅直接改变了污泥絮体的表面性质，还影响着污泥 EPS 的分泌与组成，降低了细胞个体间的斥力势能，进而促进了絮体间的结合与聚集。不过，对于好氧颗粒污泥的培养而言，混凝强化造粒属于外源性增强措施，无论是投加混凝剂还是机械搅拌作用都会增加工程成本，从而对其广泛应用造成一定的限制。为此，确定混凝强化造粒的直接作用期是非常有必要的，它不但能够节约应用成本，而且可以将未来工艺的优化方向集中化，从而使得研究目标变得更为明确。

在 3.2.3 部分的研究过程中，延长混凝操作的实施时间并未明显增加其对好氧颗粒污泥形成的促进作用，与短期强化组相比，长期强化组内污泥实现完全颗粒化所需的时间仅仅缩短了 2d。而且，对比两组反应器内污泥物化性质的变化情况（见图 3.17），可以看出在颗粒污泥的整个形成过程中，长期与短期强化组内污泥的含量及沉降性能一直比较相近，两者之间唯一较为明显的差别则出现于试验的第 9～10 天，因为此时短期组内的混凝操作已停止了 1～2d。不过，当系统运行到第 15 天左右，长期组内因混凝强化所产生的优势开始减小，两组反应器内污泥的性质又逐渐趋于接近。并且，即使是与对照组做比较，长期强化组内污泥在物化性质方面的优势也会随着污泥颗粒化的完成而逐渐弱化，这些结果均表明，混凝强化造粒的直接作用期主要集中在好氧颗粒污泥培养的起始阶段。

此外，本试验还分析了整个实验过程中混凝剂在长期及短期强化组反应器内的消耗情况（以 Al 含量计，检测时间为一个 SBR 运行周期），具体结果如图 3.35 所示。从图中看出，在试验的初始阶段，两组反应器对混凝剂的消耗量均比较显著，分别为 7.3mg/L 和 7.5mg/L。随着反应的进行，在各反应器内，污泥对混凝剂水解产物的吸附量开始减少，两者间的结合逐渐趋于饱和。当系统运行至第 8 天，短期强化组内停止了混凝剂的投加，所以其消耗量为 0mg/L；在长期强化组内，污泥对混凝剂的消耗量也只有 1.2mg/L。而再经过 1 周的培养，混凝剂在长期组的消耗量变为 0.07mg/L，此时污泥对混凝剂的吸附作用基本可以忽略不计。这一结果充分说明混凝剂与污泥的结合主要发生在试验的启动期（前 2 周内），因此，混凝强化操作对污泥性质及好氧颗粒污泥形成的直接影响也集中在这段时间内。

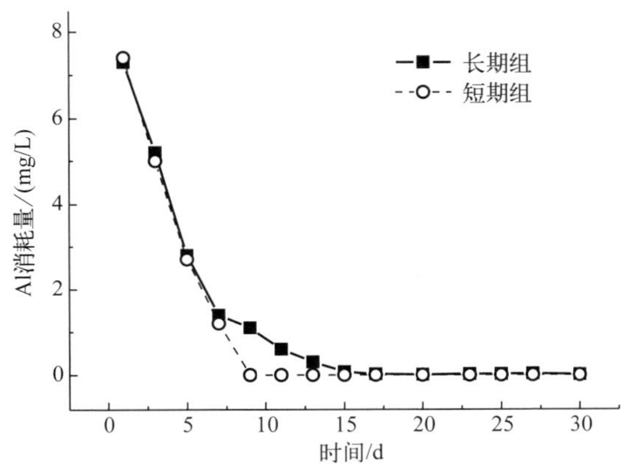

图 3.35 两组反应器内的 Al 消耗量

3.3.3 好氧污泥混凝强化造粒作用机制分析

好氧颗粒污泥的形成是一个系统而又较为复杂的过程，其中包含了诸多因素的作用及影响，它们贯穿了整个污泥颗粒化过程并决定着颗粒污泥的形成，理清这些作用间的相互关系将有助于理解好氧颗粒污泥的形成。而按照作用机理划分，这些影响作用则可大致分为物化作用和生化作用。作为混凝强化造粒过程中出现的两类高分子聚合物，PAC和EPS在颗粒污泥的形成过程中均起到了重要作用，根据两者的作用特点，它们对污泥絮体的影响则刚好分别属于物化作用和生化作用的范畴。因此，为了解析物化与生化作用在好氧污泥颗粒化过程中的相互关系，本节试验以污泥絮体的絮凝性及稳定性（形成颗粒污泥的两项重要参数）作为评价标准，并结合特异性酶解和空白对照等手段，对PAC和EPS各组分在污泥颗粒化过程中所起到的作用进行了耦合性分析，从而揭示了好氧污泥在混凝强化造粒条件下的整个颗粒化历程。

3.3.3.1 PAC和EPS各组分对污泥絮体絮凝性能的作用

图3.36描述的是强化组与对照组反应器内污泥絮凝性能随时间的变化情况。从图中可以看出，在PAC的作用下污泥的絮凝能力迅速得到提高，经过10d的培养就达到(83.2±1.1)%，而同时期对照组反应器内污泥的絮凝性则为（73.7±1.3)%，两者间的差别十分明显。不过，随着系统的运行，强化组内污泥絮体的絮凝性却略有降低，这可能是因为污泥之间发生大量的聚集现象后，其细胞表面的结合位点因絮体比表面积的缩小而逐渐减少。而在对照组反应器内，污泥的絮凝性则在逐渐升高，并当反应进行到第30天时达到（75.8±0.9)%，此时其与强化组［（80.3±1.4)%］间的差距已明显缩小。这一现象说明，PAC对污泥絮凝性能的影响随污泥颗粒化的进行而逐渐弱化。

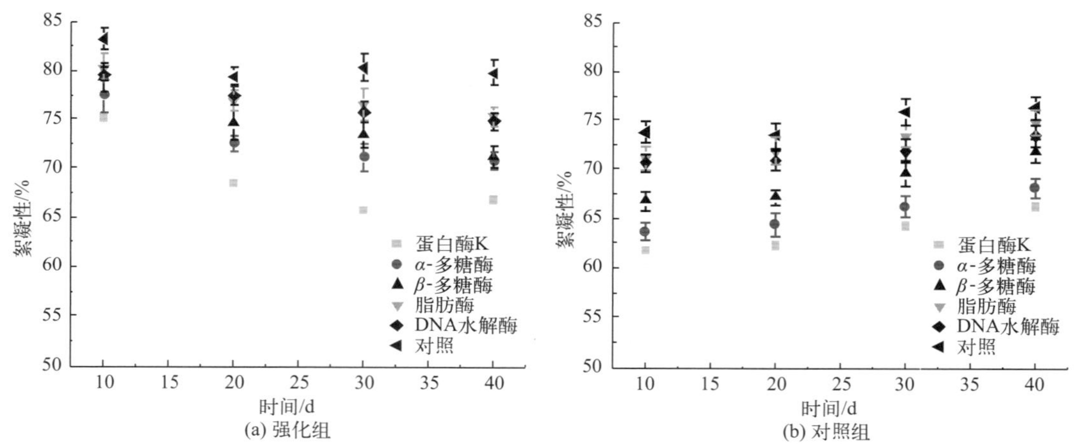

图3.36 酶解后污泥絮凝性的变化

此外，图3.36还展示了各阶段污泥在经过特异性酶解处理后，其絮凝能力的变化情况。通过对比，可以看出EPS各组分的水解均会对污泥的絮凝性造成影响。其中，在第10天，经蛋白酶的水解作用后，强化组内污泥的絮凝性从（83.2±1.1)%降至（75.1±1.3)%，变化幅度最为显著。同样，在对照组反应器内，污泥絮凝性也减少到（61.8±1.0)%。因此，可以得出，蛋白质对污泥的絮凝能力具有重要作用。这一结论与之前Wilen等（2003）所报道的相一致，即蛋白质与污泥絮体的絮凝性紧密相关，对其影响十分关键。而随着污泥颗粒化的进行，在强化组反应器内，蛋白质对污泥絮凝性的影响则愈显重要。当系统运行至第30天，与处理前相比，颗粒污泥在经过蛋白酶K的酶解作用后，其絮凝能力从（80.3±1.4)%减小到了（65.8±1.2)%。此外，经对比分析后，从图3.36

中还能看出，在剩余的 EPS 组分中 α-多糖对污泥的絮凝性也具有明显的作用，其中，当反应器运行至第 40 天，强化组与对照组内污泥经 α-多糖酶处理后，其絮凝性则分别从 (79.6±1.1)%及 (76.3±1.3)%降至 (70.8±0.8)%和 (68.2±1.5)%。

3.3.3.2 PAC 和 EPS 各组分对污泥絮体稳定性的影响

与絮凝性一样，在好氧污泥的颗粒化过程中，其结构稳定性也发生了改变，具体变化情况如图 3.37 所示。从图中可以看出，无论是在强化组或对照组反应器内，污泥的机械强度均随其颗粒化的进行而逐渐提高，经 10d 的培养，对照组污泥的机械强度达到 (87.5±1.2)%，而在混凝作用下，强化组内污泥抗水力剪切能力的提高幅度则更为显著，此时其强度已提高到 (91.2±1.3)%。同时，两组反应器内污泥经特异性酶水解后，其机械强度均出现了不同程度的降低，其中，在强化组反应器内，经蛋白酶 K、α-多糖酶、脂肪酶以及 DNA 水解酶处理后，污泥的强度分别降低至 (88.4±1.3)%、(89.2±0.9)%、(90.5±1.0)%和 (88.7±1.2)%，而在 β-多糖酶的水解作用下，其机械强度则减少为 (86.4±1.0)%，这就说明 EPS 各组分在维持颗粒污泥结构稳定性方面也具有重要作用，而 β-多糖的影响最为显著。

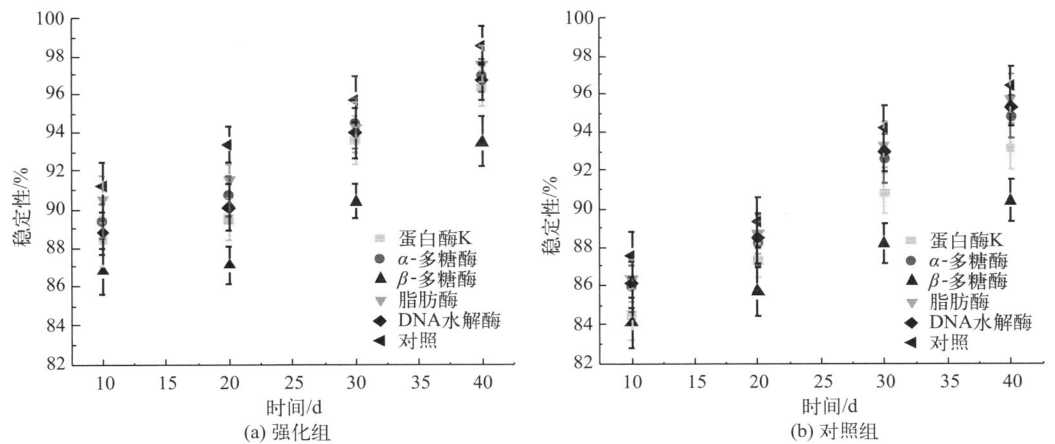

图 3.37 酶解后污泥的稳定性变化

Adav 等 (2008) 通过研究表明，在 EPS 的众多组分中，只有 β-D-呋喃葡萄糖的水解能够引发颗粒污泥的解体，而且再结合荧光染色及 CLSM 观测，发现 β-D-呋喃葡萄糖是颗粒污泥的骨架，对颗粒污泥的稳定性起决定性作用。当系统运行至第 30 天，强化组与对照组内污泥的机械强度分别达到 (95.7±1.1)%和 (94.2±1.3)%，两者之间已无明显差别。而在此时，经 β-多糖酶的处理后，强化组及对照组内污泥的强度则分别减少为 (90.4±0.9)%和 (88.2±1.0)%，说明 β-多糖酶对颗粒污泥结构稳定的影响变得更为突出。

综上所述，对于颗粒污泥的絮凝性及机械强度而言，PAC 和 EPS 均起到重要作用，它们都能够推动污泥的颗粒化进程，并使得颗粒污泥的稳定性增强。而且，在污泥颗粒化的不同时期，作为物化和生化作用的代表，PAC 与 EPS 对污泥特性的影响所占的比重也有所区别，两者之间呈现出良好的耦合关系。其中，PAC 对污泥特性的强化主要集中在反应前期，随着污泥形态的转变，强化组与对照组之间的区别逐渐减小。然而，通过特异性酶解反应可以发现，当颗粒污泥形成并趋于成熟时 EPS 各组分的水解对污泥特性所造成的影响越来越明显，这就说明 EPS 在颗粒污泥的成长过程中具有重要作用。

3.3.3.3 强化造粒过程的物化-生化耦合作用

经过系统性的研究与分析，可以得出在混凝强化造粒条件下好氧污泥的颗粒化是一个物化与生化作用相耦合的综合过程（Liu，2016），如图 3.38 所示。首先，在 PAC 水解产物的电中和作用下，微生物细胞表面的负电荷得到消耗，絮体间的静电斥力减小，然后，污泥絮体在“静电簇”及架桥等作用的帮助下相互结合并形成微生物聚集体（Wu et al.，2009；Wu et al.，2007）。与此同时，在各种选择压（缩短的沉降时间、较强的水力剪切力以及 PAC 对微生物细胞的刺激等）的共同作用下微生物分泌大量的 EPS，进一步促进了颗粒污泥的形成。不过，在颗粒污泥形成的初期阶段物化作用占据主导地位。随着产出率的继续增加，EPS 在微生物细胞表面积累并逐渐形成包裹层，此时水中铝盐只能与 EPS 相结合。而当 EPS 与铝盐间的吸附达到饱和时，系统对于混凝剂的有效利用也将停止。因此，在后续的污泥颗粒化过程中 EPS 所扮演的角色变得越来越重要。同时，在水力剪切力的作用下已形成的颗粒污泥其形态发生改变，整体轮廓逐渐规则化，表面也变得更为光滑。

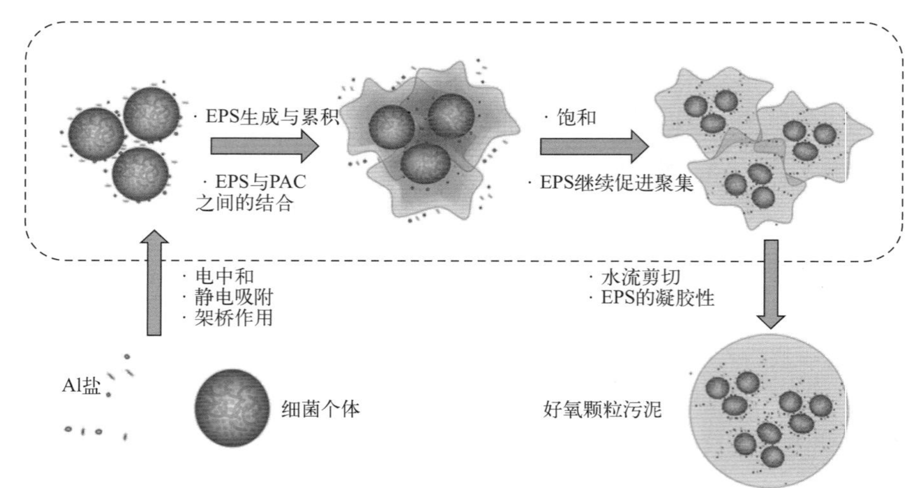

图 3.38 混凝强化造粒过程中物化-生化作用的耦合模型

3.4 典型铝系混凝剂在混凝强化造粒过程中的作用特征

聚合氯化铝（polyaluminium chloride，PAC）是一种无机高分子铝盐，与硫酸铝（aluminum sulfate，AS）相比，PAC 具有更好的实用经济性和更广泛的适用性。在混凝絮凝方面，PAC 在混凝和颗粒去除机理上与 AS 表现出明显的差异，本试验对比研究了短期投加 PAC 和 AS 对好氧颗粒污泥的强化效果。在整个试验过程中，定期测定污泥的物理特性，以评价颗粒化过程。并对反应器的污染物去除性能进行了测试。为了明确铝基混凝剂对 EPS 分泌的影响，对 EPS 进行了定性和定量分析。此外，还对好氧颗粒污泥中的元素组成和分布进行了表征，揭示了不同反应器中的成粒机理。

试验采用了 3 个 2.4L SBR 反应器，高度为 150cm，内部直径 5cm。RC、RP 和 RA 分别代表反应器不投加混凝剂、投加 PAC［纯度为 30%（质量分数）Al_2O_3］和 $Al_2(SO_4)\cdot 18H_2O$。为了促进好氧颗粒污泥的形成，在第 1 周内，通过逐渐缩短沉淀时间（由最初的 15min 缩短至 5min）实现污泥的选择性排放。反应器的体积交换率为 50%，水力停留时间为 12h。在整个试验过程中通过使用 $NaHCO_3$ 将反应器中的悬浮液的 pH 值控制在 7.0 左右，操作温度维持在（25±1）℃，通过空气泵提供曝气，并将气流速率控制在 2.0L/min，导致在每个循环的曝气阶段溶解氧在 6～7mg/L 之间。在启动阶段第 10～16 天短期内投加 PAC 和 AS，以避免启动期间可能由于污泥排放而造成混凝剂的不必要损失。每次排水后，向 SBR 泵入 50mL 新鲜配制的浓度为 20g/L 的混凝剂溶液，使每个反应器中的混凝剂终浓度为 500mg/L。

3.4.1 铝系混凝剂对好氧颗粒污泥形成的强化特征

污泥物理特性的变化如图 3.39 所示。在第 1 周内观察到所有反应器中均观察到 MLVSS 明显下降［图 3.39（a）］，这是因为 SBR 的沉降时间缩短，以产生生物选择压，并将沉降性差的污泥冲洗掉。从第 10～16 天，分别在 RP 和 RA 中投加 PAC 和 AS，结果表明，当混凝剂投加结束（第 16 天）时，两个反应器的 MLVSS 分别增加到 1.63g/L 和 1.80g/L，远高于 RC 反应器的 MLVSS（1.17g/L），这表明投加混凝剂可以促进微生物的聚集和生物量保留。到第 48 天，RC、RP 和 RA 的 MLVSS 分别达到 3.45g/L、4.54g/L 和 4.48g/L。

在污泥沉降方面，最初的几天由于污泥排放导致生物量流失，因此所有反应器的 SVI_{30} 都略微增加。如图 3.39（b）所示，投加混凝剂之后 SVI_{30} 发生了显著变化，第 10～16 天，RC 中 SVI_{30} 值从 114.94mL/g MLSS 降到 105.26mL/g MLSS，RP 和 RA 的 SVI_{30} 值分别从 109.79mL/g MLSS 和 105.94mL/g MLSS 降到 73.89mL/g MLSS 和 80.20mL/g MLSS，这表明 PAC 和 AS 都能改善污泥的沉降性能。随着好氧颗粒化的完成，各反应器的 SVI_{30} 值趋于稳定，且 RP 与 RA 的 SVI_{30} 差异逐渐减小。

通过 zeta 电位表征污泥的表面电位见图 3.39（c），在第 10～16 天投加混凝剂后，污泥的 zeta 电位在 RP 中从－19.8mV 增加到－2.6mV，RA 中从－20.4mV 增加到－5.1mV，而在 RC 中仍保持在－15.6mV，结果表明混凝剂的加入对污泥表面特性有显著改善。此外，在颗粒化过程中，RP 中的污泥的 zeta 电位比 RA 高，这可能与 PAC 水解产物的高电荷有关。

粒径是反映颗粒成长过程的直接参数。定期测定污泥絮体的粒径分布，结果如图 3.39（d）所示。在投加混凝剂之前（第 10 天），75%的污泥的颗粒尺寸＜0.5mm，随着铝系混凝剂投加量的增加，RP 和 RA 培养的污泥粒径迅速增大。到第 20 天，RC、RP 和 RA 中颗粒尺寸在 0.5～1.0mm 分别增至 51%、46%和 42%。经过 30d 的运行，RP 和 RA 反应器已经实现了完全的颗粒化，粒径＞1.5mm 的颗粒比例分别达到 67%和 83%，结果表明，在 RA 中培养的颗粒比在 RP 中的颗粒大，这可能与 PAC 和 AS 的作用机制不同有关。

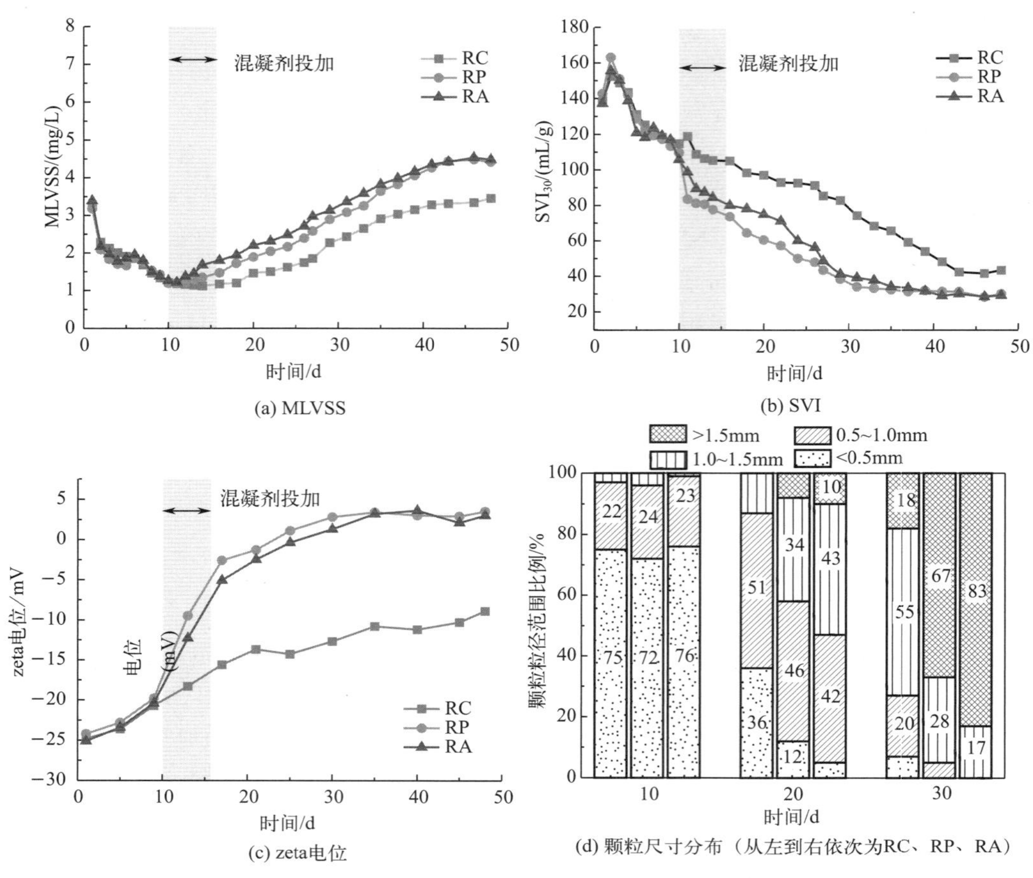

图 3.39 运行期间污泥的物理特性变化

3.4.2 铝系混凝剂对反应器性能的影响

在整个运行期间，测定了各反应器的污染物去除性能，结果如图 3.40 所示。接种污泥对 COD、NH_4^+-N 和 TP 的去除率分别为 94.3%、74.8%和 91.7%。在运行初期，由于生物量的急剧流失，所有 SBR 的出水水质均有所恶化。在第 9 天，进水浓度分别为 1063.0mg/L、50.7mg/L 和 12.4mg/L 时，3 个反应器出水 COD、NH_4^+-N 和 TP 的平均浓度分别为 264.7mg/L、35.3mg/L 和 3.5mg/L，铝系混凝剂的加入提高了 RP 和 RA 对污染物的去除率。在第 16 天，与 RC（75.9%）相比，RP 和 RA 中的 COD 去除率分别达到 81.4%和 80.1%［图 3.40（a）］。

在硝化方面，由图 3.40（b）可以看出最初氨氮出水浓度增加，这是由于硝化细菌生长缓慢，通常在振荡后富集需要一定的时间，所有反应器都需要更多的时间来恢复。但随着颗粒污泥的形成，反应器中的生物量截留率均有所提高，投加混凝剂（RP 和 RA）的反应器中生物量截留率较高。结果表明，在后续运行过程中，RP 和 RA 具有较好的硝化性能，在第 48 天，RP、RA 和 RC 对 NH_4^+-N 的去除率分别为 86.4%、84.5%和 73.2%；投加铝系混凝剂的 RP 和 RA 中的 TN 去除率明显，并且始终高于 RC 中的 TN 去除率

[图 3.40（d）]，这不仅与生物量储备多有关，还与两种反应器中好氧颗粒粒径较大有关，粒径大的好氧颗粒对氧的扩散有较大的阻力，在颗粒内部形成缺氧区，有利于同时硝化反硝化。

对于除磷，铝系混凝剂也发挥了显著作用。投加混凝剂后，RP 和 PA 对 TP 的去除效果均得到明显改善 [图 3.40（c）]。与第 10 天的 72.6%和 73.1%相比，当停止投加混凝剂时 RP 和 RA 的 TP 去除率分别提高到 85.1%和 87.4%，但 RC 的 TN 去除率仅有 78.2%，投加铝盐后磷可以通过形成相应的磷沉淀或被氢氧化铝和多核配合物吸收而被去除。随着颗粒化过程的完成，3 种反应器除磷性能的差异逐渐减小。经过 48d 的运行，RP 和 RA 对 TP 的去除率保持在 94%～96%之间，RC 对 TP 的去除率也在 93%以上。

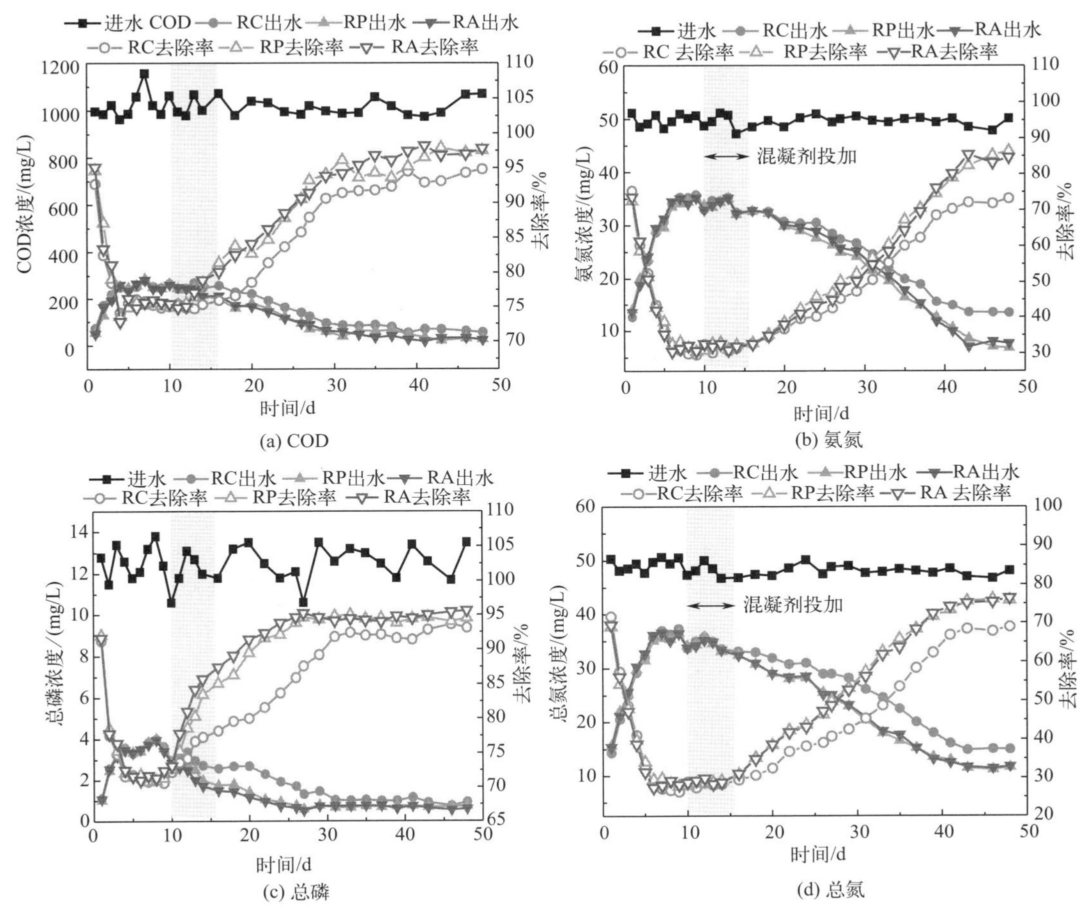

图 3.40　颗粒化过程中反应器内污染物的去除

3.4.3　铝系混凝剂作用下污泥 EPS 的分泌特征

3.4.3.1　EPS 含量

如图 3.41 所示，与接种污泥相比，污泥的 LB-EPS 和 TB-EPS 含量均随颗粒化过程而增加。在第 16 天，RP 和 RA 的 LB-EPS 含量分别增加到（108.53±3.15）mg/g VSS 和（95.82±2.62）mg/g VSS［图 3.41（a）］，而 RC 中 LB-EPS 的含量仅为（87.31±1.66）mg/g VSS；在 RP 和 RA 中 TB-EPS 的含量分别增加到（71.48±1.43）mg/g VSS 和（83.17±1.64）mg/g VSS，高于 RC［（65.60±1.21）mg/g VSS］［图 3.41（b）］，这可能与微生物在干燥、重金属或其他有毒化合物等不利条件下产生更多的 EPS 来保护细菌细胞有关，此外 LB-EPS 的分泌对 PAC 的调节更敏感，而 AS 则主要刺激 TB-EPS 的产生，这可能与两种铝系混凝剂作用部位不同有关。

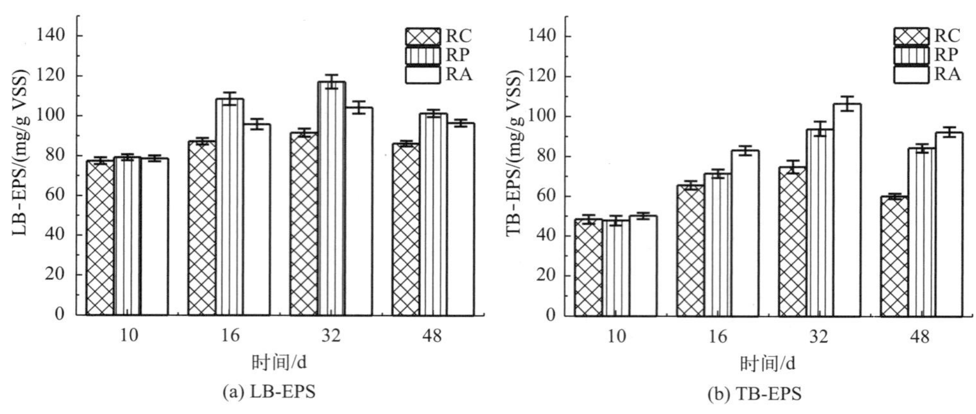

图 3.41　污泥样品 LB-EPS 和 TB-EPS 含量的变化

对 EPS 的主要成分蛋白质和碳水化合物进行定量分析，结果如表 3.8 所列。在投加混凝剂期间对于 TB-EPS 来说，RP 和 RA 的蛋白质含量分别从（25.80±0.52)mg/g VSS 和（27.38±0.44）mg/g VSS 增加到（48.32±1.85)mg/g VSS 和（57.61±1.94)mg/g VSS，与 RC［由（23.94±0.38)mg/g VSS 增加到（40.59±1.13)mg/g VSS］相比，RP 和 PA 的蛋白质含量均显著增加，在随后的颗粒化过程中，RP 和 RA 的蛋白质含量始终高于 RC。与 TB-EPS 相似，LB-EPS 的胞外蛋白分泌也明显受混凝剂的影响。第 32 天，与对照组 RC 的（69.45±1.38）mg/g VSS 相比，RP 和 RA 的蛋白质含量分别增加到（85.61±1.67）mg/g VSS 和（76.33±1.82）mg/g VSS。在本研究中，随着好氧颗粒污泥的形成，所有反应器中的 PN/PS 值逐渐升高（表 3.8），如 TB-EPS，与第 10 天的 2.81、2.45 和 2.38 相比，第 32 天 RC、RP 和 RA 的 PN/PS 值分别增加到 3.15、3.21 和 4.05，3 个反应器中 PN/PS 值的差异说明 EPS 组成受到操作条件的影响。

表 3.8　运行过程中污泥的 EPS 分布

阶段/d	反应器	TB-EPS			LB-EPS		
		蛋白质/（mg/g VSS）	碳水化合物/（mg/g VSS）	PN/PS 值	蛋白质/（mg/g VSS）	碳水化合物/（mg/g VSS）	PN/PS 值
10	RC	23.94±0.38	8.51±0.09	2.81	45.26±1.24	11.71±0.11	3.87
	RP	25.80±0.52	10.55±0.12	2.45	46.54±1.31	12.23±0.14	3.81
	RA	27.38±0.44	11.52±0.16	2.38	46.18±1.28	11.84±0.13	3.90

续表

阶段/d	反应器	TB-EPS			LB-EPS		
		蛋白质/（mg/g VSS）	碳水化合物/（mg/g VSS）	PN/PS 值	蛋白质/（mg/g VSS）	碳水化合物/（mg/g VSS）	PN/PS 值
16	RC	40.59±1.13	13.71±0.15	2.96	58.94±1.47	15.36±0.16	3.84
	RP	48.32±1.85	19.10±0.21	2.53	75.43±1.69	18.24±0.21	4.14
	RA	57.61±1.94	14.54±0.37	3.96	70.16±1.54	13.57±0.15	5.17
32	RC	51.36±1.53	16.29±0.28	3.15	69.45±1.38	16.27±0.24	4.27
	RP	66.18±1.94	20.61±0.41	3.21	85.61±1.67	20.58±0.28	4.16
	RA	74.27±1.75	18.32±0.25	4.05	76.33±1.82	15.46±0.17	4.94
48	RC	45.21±0.61	10.83±0.06	4.17	55.87±1.22	14.92±0.13	3.74
	RP	60.95±0.76	15.82±0.14	3.85	74.61±1.14	17.76±0.08	4.20
	RA	67.03±1.20	13.24±0.18	5.06	65.10±1.43	13.81±0.13	4.71

3.4.3.2 三维荧光光谱分析

图 3.42（书后另见彩图）显示了在第 16 天从 3 个反应器中提取的每个 EPS 组分的三维荧光光谱。对于 LB-EPS 和 TB-EPS，在所有反应器中都可以鉴定到 3 个峰，分别为峰 A、C 和 D，而峰 B 仅在 RP 和 RA 中观察到。这说明混凝剂的加入会影响污泥 EPS 的化学组成。表 3.9 所列为三维荧光光谱中荧光峰的位置和强度，其中峰 A 为芳香类蛋白样物质，其 E_x/E_m 为（215～220）nm/(342～348）nm；峰 B 的 E_x/E_m 为（220～225）nm/308nm，峰 B 也为芳香类蛋白样物质；分别在 275nm/(340～350)nm 和 275nm/306nm 的 E_x/E_m 处观察到峰 C 和峰 D，分别存在酪氨酸蛋白样物质和色氨酸蛋白样物质。对于 LB-EPS 和 TB-EPS，RP 和 RA 中峰 A 的荧光强度明显强于 RC 中峰 A 的荧光强度，且在 RC 中未检测到峰 B，这些结果表明，混凝剂的存在可以产生更多的芳香族蛋白样物质。3 个反应器中峰 C（酪氨酸蛋白样物质）和峰 D（色氨酸蛋白样物质）的强度差异不明显，因此混凝剂的加入对可溶性微生物的分泌影响较小。对于 LB-EPS，与 RC 相比，RP 的峰 A 在 E_m 有略微的蓝移；对于 LB-EPS 和 TB-EPS，RA 的峰 A 也出现蓝移，这可能是由大分子化合物的断裂或某些特殊官能团的减少所致。而 TB-EPS 的 C 峰位置在 RP 和 RA 中分别红移了 4nm 和 2nm，这些结果主要反映了混凝剂的使用对 EPS 功能基团的影响。

采用 FRI 技术进一步分析并定量评估铝系促凝剂对 EPS 分泌的影响，如图 3.43 所示，RC 的 LB-EPS 中荧光响应（$P_{i,n}$）的最高贡献比例为 34.5%（区域Ⅱ），其次为区域Ⅳ（33.0%）、区域Ⅰ（19.2%）、区域Ⅲ（9.8%）和区域Ⅴ（3.5%）。与 RC 相比，RP（41.0%）和 RA（38.6%）中 LB-EPS 在Ⅱ区的累积荧光强度明显增加，表明铝基絮凝剂的存在使 LB-EPS 产生更多的芳香蛋白Ⅱ。对于 TB-EPS，RP 和 RA Ⅱ区的 $P_{i,n}$ 分别为 37.1%和 40.5%，也明显高于 RC 的 32.9%。以上结果表明混凝剂的加入促进了 EPS 中蛋白质的分泌。

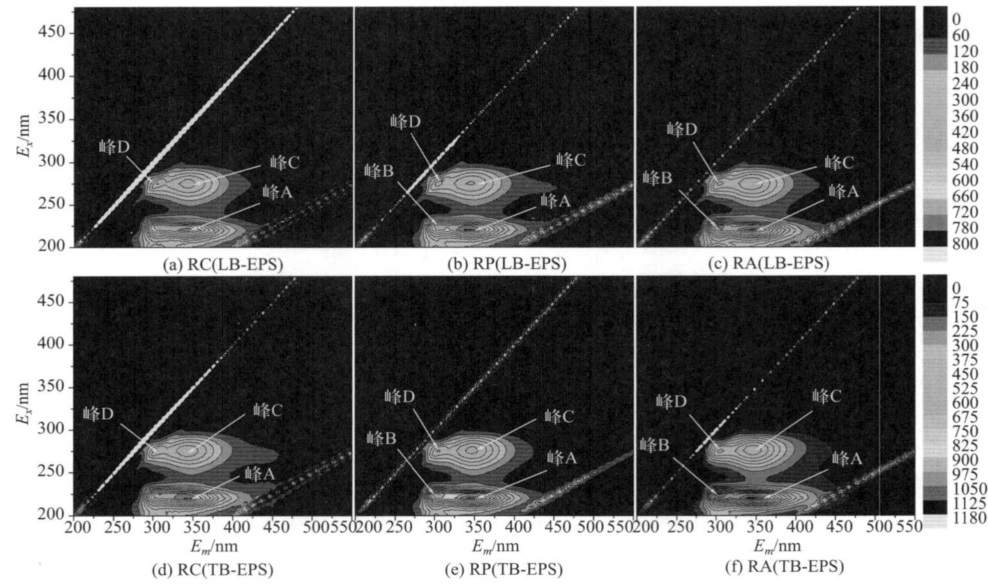

图 3.42　SBR 污泥中 EPS 组分的三维荧光光谱

表 3.9　EPS 样品的荧光光谱特征

项目	反应器类型	峰 A		峰 B		峰 C		峰 D	
		(E_x/E_m)/(nm/nm)	强度	(E_x/E_m)/(nm/nm)	强度	(E_x/E_m)/(nm/nm)	强度	(E_x/E_m)/(nm/nm)	强度
LB-EPS	RC	220/344	718.6	—	—	275/346	379.6	275/306	360.6
	RP	220/340	784.9	220/308	681.3	275/346	366.1	275/306	339.3
	RA	220/342	740.9	220/308	735.6	275/346	408.3	275/306	390.1
TB-EPS	RC	220/344	1054.3	—	—	275/346	630.2	275/306	531.6
	RP	220/344	1103.6	220/308	954.5	275/350	676.5	275/306	553.2
	RA	220/340	1158.2	220/308	1066.1	275/348	704.1	275/306	572.7

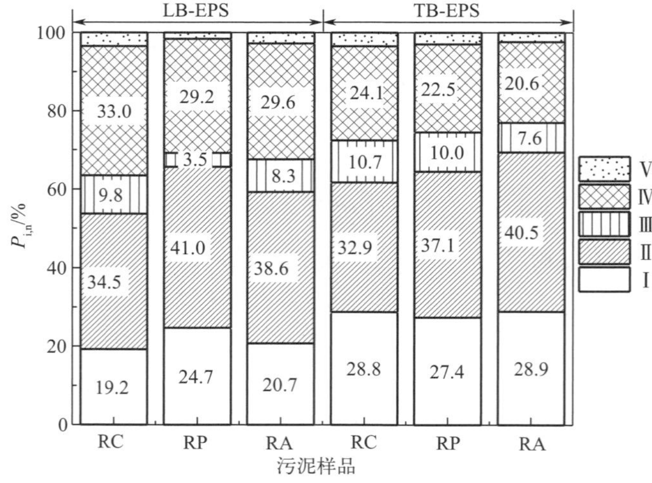

图 3.43　不同反应器中污泥中 EPS 组分的 FRI 分布

3.4.3.3 EPS 组分的 FTIR 光谱

图 3.44 显示了 EPS 组分的 FTIR 光谱，红外谱带被划分为：3295cm^{-1} 处吸收峰是由于 EPS 组分中羟基（—OH）和氨基（—NH_2）的伸缩振动；在 2960cm^{-1} 处的吸收峰是因为甲基和亚甲基 C—H 的对称和不对称伸缩振动；657cm^{-1} 处的强谱带是由蛋白质中 C ═O 和 C—H（酰胺Ⅰ）肽键的伸缩振动引起的，而 1542cm^{-1} 处的强谱带是由蛋白质中 N—H（酰胺Ⅱ）肽键的弯曲振动引起的；1405～1424cm^{-1} 处是蛋白质的 C—N 伸缩振动或 C—H 弯曲振动引起的，可能与胺Ⅲ有关；1248cm^{-1} 处的谱带可能因为核酸或磷酸化蛋白质的 P ═O 不对称伸缩引起的；在 1085cm^{-1} 处的强吸收峰是由多糖的 C—O—C 伸缩振动引起的；“指纹区”（<950cm^{-1}）的谱带证明了硫或磷酸基团的存在。RP 和 RA 提取的 EPS 与 RC 提取的 EPS 的红外光谱略有差异，LB-EPS 和 TB-EPS 的红外光谱变化趋势相似。对于 LB-EPS，由于铝系混凝剂的作用，3295cm^{-1} 处的谱带分别移动到 3291cm^{-1}（RP）和 3293cm^{-1}（RA），强度均有略微降低。另外，在 1657cm^{-1} 和 1542cm^{-1} 的谱带也观察到了强度的降低。投加 PAC 和 AS 后，1424cm^{-1} 处的谱带消失，1248cm^{-1} 处的谱带发生位移。这些谱带均与蛋白质的功能基团有关，结果可能表明 EPS 中的蛋白质在与铝盐的螯合作用中起着重要作用。

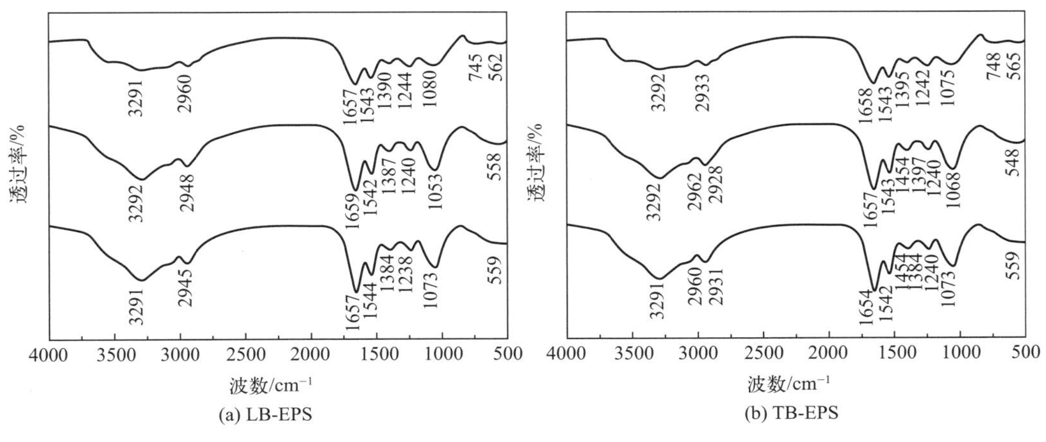

(a) LB-EPS　(b) TB-EPS

图 3.44 FTIR 光谱

3.4.4 强化造粒条件下好氧颗粒污泥中的元素分析

3.4.4.1 含量测定

表 3.10 列出了通过 ICP-MS 测量的好氧颗粒污泥中的矿物元素组成。第 16 天从 RC 提取的污泥样品中，元素 Fe、Ca 和 P 均呈现出高水平，其次是 Mg、Si、Na、K 和 Al。随着好氧颗粒污泥的形成，Fe、Ca、P 含量进一步增加，在第 32 天分别达到 15.08mg/g SS、11.92mg/g SS 和 9.21mg/g SS。金属离子可通过静电中和与带负电荷的微生物细胞结合，然后促进微生物聚集体的形成。此外，金属离子始终参与磷沉淀的生成，从而增强颗粒结构稳定性。

表 3.10 污泥中无机元素含量变化　　单位：mg/g SS

元素	16d			24d			32d		
	RC	RP	RA	RC	RP	RA	RC	RP	RA
Al	1.26	38.46	45.69	1.35	13.40	24.76	1.28	1.82	10.71
Fe	11.28	8.82	8.03	13.50	10.82	9.35	15.08	13.83	12.04
Ca	9.53	7.10	6.35	10.66	8.71	7.13	11.92	9.67	9.15
Mg	3.81	2.45	2.26	3.97	2.73	2.48	3.57	3.27	3.05
Si	3.05	2.94	2.87	2.64	2.61	2.53	2.36	2.47	2.33
K	1.28	1.31	1.35	1.64	1.17	1.28	1.48	1.21	1.26
Na	2.67	2.43	2.55	2.37	2.21	2.14	2.15	2.33	2.62
P	7.93	9.28	9.64	8.52	9.42	10.07	9.21	9.61	10.85

表 3.11 反应过程中 Al 的种类分布　　单位：%

反应器类型	Al_a	Al_b	Al_c
RP	1.63	94.38	3.99
RA	87.54	5.42	7.04

注：Al_a：单体组分，反应时间在 1min 内；Al_b：中聚合物种类，反应时间为 1~120min；Al_c：胶体或凝胶，未反应的部分。

随着铝系混凝剂的加入，RP 和 RA 中的元素组成发生了显著变化。在第 16 天，RP 和 RA 的污泥中最丰富的矿物元素是 Al，其含量已分别达到 38.46mg/g SS 和 45.69mg/g SS，与 PAC 强化颗粒相比，AS 强化颗粒中 Al 的积累量更大，这可能与 PAC 和 AS 的水解过程不同有关。如表 3.11 所列，中聚合 Al（Al_b）是 RP 中的主要 Al 物种，而 RA 中的 Al 物种主要是单体 Al（Al_a），与 PAC 预水解的聚合 Al 不同，AS 原位水解生成的单体 Al 易于转化为低电荷的无定形氢氧化铝［$Al(OH)_3(am)$］，并通过电荷中和和网捕卷扫结合在絮凝体上，使 AS 在絮凝体表面的覆盖度高于 PAC。同时，由于结合位点的竞争，这两个反应器的污泥样品中检测到的 Fe 和 Ca 相对较少。对于磷含量，RP 和 RA 分别为 9.28mg/g SS 和 9.64mg/g SS，均高于 RC（7.93mg/g SS）。

随着混凝剂投加的停止，RP 和 RA 中的 Al 含量降低。为了解释这种现象，可以考虑以下原因。一些松散的 Al 组分不能承受水力剪切力而脱离颗粒。RP 和 RA 提取的污泥中 Al 含量的差异可能是由水解的 Al 种类及其与污泥絮凝体的结合方式不同造成的（图 3.45）。此外，在渗透压存在的条件下，铝馏分与其他金属离子之间也会发生离子交换。因此，随着 Al 含量的降低，RP 和 RA 污泥中 Fe 和 Ca 含量逐渐增加。

3.4.4.2 空间分布

采用元素作图法研究铝在混凝剂强化颗粒中的空间分布，如图 3.46 所示。如图 3.46（a）和图 3.46（b）所示，在第 16 天，从 RP 和 RA 中的颗粒都呈现粗糙的横截面，发现了多孔结构的存在。随着好氧颗粒污泥的形成，可以看出 RP 和 RA 中的颗粒结构更加致密，SEM 观察到的颗粒截面光滑、致密［图 3.46（c）和图 3.46（d）］。从 Al 元素扫描

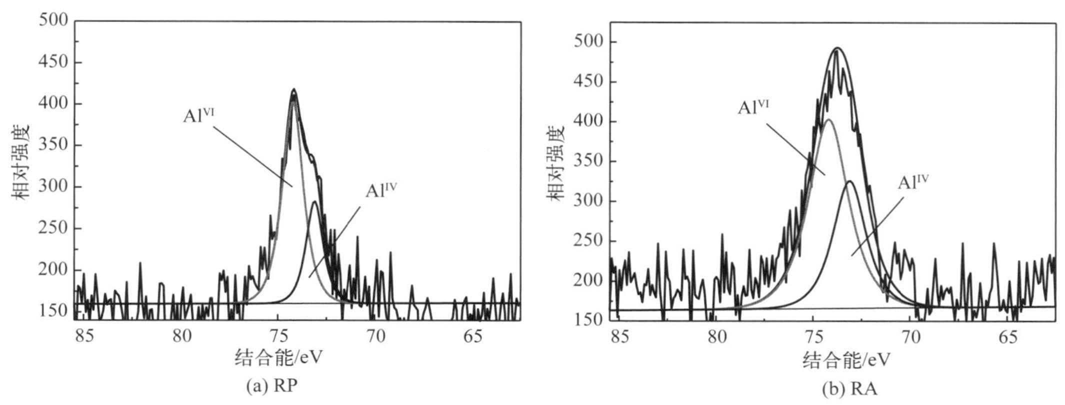

图 3.45　第 16 天从 RP 和 RA 采样的颗粒的 XPS 的 Al 2p 光谱

图显示［图 3.46（e）和图 3.46（f）］，PAC 增强颗粒中的 Al 主要分布在周边，而 AS 增强颗粒的整个截面上都有 Al 的分布，这一现象是由 PAC 和 AS 的混凝机理不同所致，并且如表 3.11 所列，与 PAC 的预水解聚合铝相比，AS 水解成单体铝和低聚铝，因此可以更深地扩散到微生物聚集体中。在第 32 天，从 RP 中取样的颗粒中除外边缘外均未检测到 Al［图 3.46（g）］，相比之下，在 RA 中的颗粒可以观察到一个明显的铝核［图 3.46（h）］，进一步说明了 PAC 和 AS 水解铝形态在好氧颗粒化过程中的不同去向。随着颗粒化的完成，PAC 水解的铝物种被其他金属离子交换或被剪切力剥离，但 AS 中部分水解的 Al 可以保留下来，并以 $Al(OH)_3(am)$ 的形式存在。

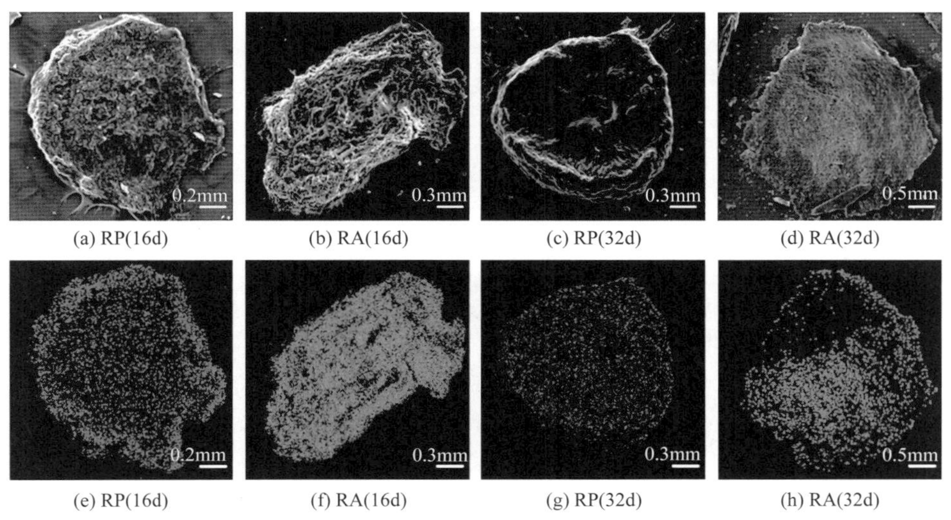

图 3.46　不同阶段颗粒中铝的空间分布

3.4.5　铝系混凝剂对好氧污泥颗粒化的作用机理

颗粒的形成是微生物细胞间自固定和自聚集的过程，是一个耗时的过程。在本研究中，虽然采用了选择性压力来调节污泥中的微生物群落，但 RC 也需要 34d 才能实现完全颗粒化。然而，随着铝系混凝剂的加入，污泥的沉降性显著提高，zeta电位也明显升高，在RP中污泥的完全颗粒化需要30d，而在RA中仅需要26d。这一结果证明了混凝剂在改善污泥物理特性方面的主导作用。随着混凝剂投加量的增加，RP和RA中污泥的表面电荷被带正电荷的水解产物中和，当污泥表面电荷较低时，RP和RA仍出现了明显的颗粒，这说明电荷中和不是唯一的主导作用，还应考虑静电簇和网捕卷扫。

在颗粒化启动阶段，微生物的选择压力使生物量受到了一定的损失。在这种情况下，所有反应器中的出水水质均恶化（图3.40）。在铝系混凝剂的调控下，污泥的物理性质得到了显著改善，截留了较多生物量。结果表明，RP和RA工艺对COD的去除率高于RC，且由于混凝剂的化学强化作用，两种反应器对TP的生物去除率也有所提高。随着混凝剂的加入，RP和RA污泥分泌的EPS比RC污泥多，以应对渗透压或金属抑制引起的环境应激，同时EPS的组成和官能团也受到影响，促进了颗粒的形成。

除上述共同作用外，由于PAC和AS的混凝特性不同，二者强化好氧颗粒化的效果也存在一定的差异。这两种凝结剂增强的详细成粒过程如图3.47所示。PAC的水解产物主要是预水解的聚合铝，如高电荷的Keggin-Al13团簇。在电荷中和和静电簇的作用下，PAC促进的微生物聚集体获得了较低的表面电荷和较好的沉降性。同时，由于聚合铝的分子量较大，不能穿透EPS的层状结构，因此主要影响LB-EPS的生成（图3.41）。随着颗粒的形成，由于离子交换和水力剪切力的作用PAC增强的颗粒中Al含量逐渐降低，因此，在随后的制粒过程中，EPS类凝胶行为将占主导地位。而投加AS后水解，AS中的Al以单体铝和低聚铝的形式存在，然后部分单体铝与有机物中的不饱和配位键发生强烈的反应，从而与絮体迅速结合，絮凝物的表面电荷被中和，并且由于单体铝分子量较小，可能会向深部扩散，刺激TB-EPS的分泌。AS水解后的残余Al组分不稳定，进一步水解为低电荷$Al(OH)_3(am)$。随后$Al(OH)_3(am)$通过静电中和和网捕卷扫作用收集污泥絮凝体，

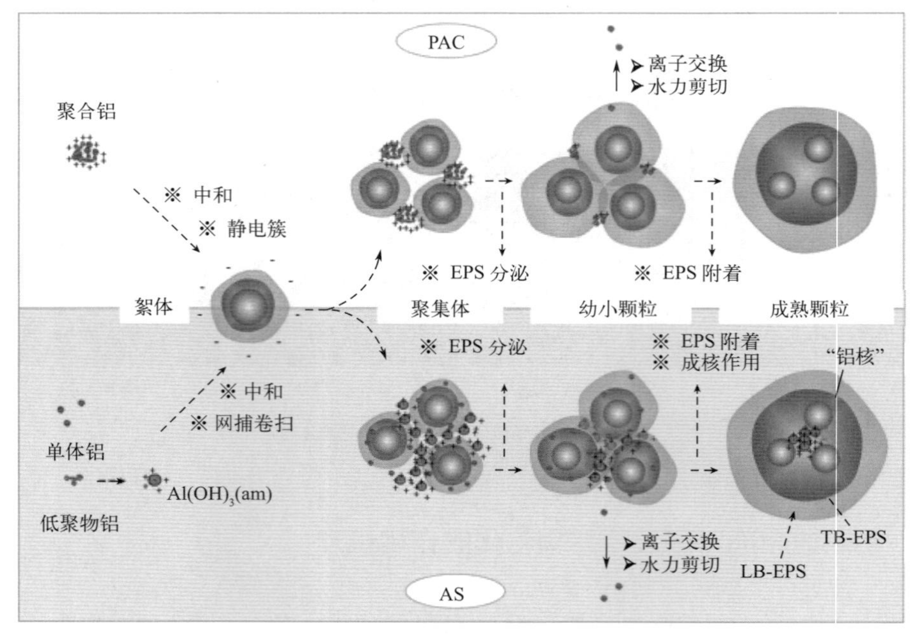

图3.47 铝系混凝剂促进颗粒形成的机理

与高电荷 Keggin-Al13 团簇相比，需要更多的 $Al(OH)_3$(am) 覆盖颗粒表面并中和表面电荷，因此 AS 增强颗粒中的 Al 含量总是高于 PAC 增强颗粒中的 Al 含量。此外，部分 Al 物种在颗粒中心聚集，通过成核作用促进了颗粒的形成，且 AS 增强颗粒的结构稳定性更强，其沉降性的改善明显高于 PAC 增强颗粒［图 3.39（b）］。

参考文献

黄国玲，解庆林，艾石基，等，2012. pH 和 DO 对好氧颗粒污泥去除高氨氮废水的影响研究［J］. 环境科学与管理，37（04）：27-29.

王晓昌，丹保宪仁，2000. 絮凝体形态学和密度的探讨——Ⅰ. 从絮凝体分形构造谈起［J］. 环境科学学报，20（3）：257-262.

张琳，2012. 絮凝剂对好氧颗粒污泥培养过程的研究［D］. 沈阳：沈阳建筑大学 .

张龙，肖文德，李伟，等，2005. SBR 系统中同时硝化反硝化生物脱氮研究［J］. 环境工程，（04）：29-32.

Adav S S，Lee D J，Lai J Y，2007. Effects of aeration intensity on formation of phenol-fed aerobic granules and extracellular polymeric substances［J］. Applied Microbiology & Biotechnology，77（1）：175-182.

Adav S S，Lee D J，Tay J H，2008. Extracellular polymeric substances and structural stability of aerobic granule［J］. Water Research，42（6-7）：1644-1650.

Arrojo B，Mosquera-Corral A，Garrido J M，et al.，2004. Aerobic granulation with industrial wastewater in sequencing batch reactors［J］. Water Research：A Journal of the International Water Association，（14-15）：38.

Atherton P，Mahne S，Tiedje T，et al.，1998. Effects of pH and oxygen and ammonium concentrations on the community structure of nitrifying bacteria from wastewater［J］. Applied & Environmental Microbiology，64（10）：3584-3590.

Chen J，Gu B，Leboeuf E J，et al.，2002. Spectroscopic characterization of the structural and functional properties of natural organic matter fractions［J］. Chemosphere，48（1）：59-68.

Chiu Z C，Chen M Y，Lee D J，et al.，2007. Oxygen diffusion and consumption in active aerobic granules of heterogeneous structure［J］. Applied Microbiology & Biotechnology，75（3）：685-691.

Christian Mayer，Ralf Moritz，Carolin Kirschner，et al.，1999. The role of intermolecular interactions：studies on model systems for bacterial biofilms［J］. International Journal of Biological Macromolecules，26（1）：3-16.

Gao D，Liu L，Liang H，et al.，2011. Aerobic granular sludge：characterization，mechanism of granulation and application to wastewater treatment［J］. Critical Reviews in Biotechnology，31（2）：137-152.

Halling-Sørensen B，Jørgensen SE，1993. The removal of nitrogen compounds from wastewater［M］. Elsevier.

Jiang H L，Tay J H，Tay T L，2004. Changes in structure，activity and metabolism of aerobic granules as a microbial response to high phenol loading［J］. Applied Microbiology and Biotechnology，63（5）：602-608.

Klausen Morten M，Thomsen Trine R，Nielsen Jeppe L，et al.，2004. Variations in microcolony strength of probe-defined bacteria in activated sludge flocs［J］. FEMS microbiology ecology，50（2）：123-132.

Lee D J，Chen Y Y，Show K Y，et al.，2010. Advances in aerobic granule formation and granule stability in the course of storage and reactor operation［J］. Biotechnology Advances，28（6）：919-934.

Lei Q，Tay J H，Yu L，2004a. Selection pressure is a driving force of aerobic granulation in sequencing batch reactors［J］. Process Biochemistry，39（5）：579-584.

Lei Q，Yu L，Tay J H，2004b. Effect of settling time on aerobic granulation in sequencing batch reactor［J］. Biochemical Engineering Journal，21（1）：47-52.

Lettinga G，Velsen A，Hobma S W，et al.，1980. Use of the upflow sludge blanket（USB）reactor concept for biological wastewater treatment，especially for anaerobic treatment［J］. Biotechnology & Bioengineering，22（4）：699-734.

Li X M，Liu Q Q，Yang Q，et al.，2009. Enhanced aerobic sludge granulation in sequencing batch reactor by Mg^{2+} augmentation［J］. Bioresource Technology，100（1）：64-67.

Li Z，Tian Y，Ding Y，et al.，2013. Contribution of extracellular polymeric substances（EPS）and their subfractions to the sludge aggregation in membrane bioreactor coupled with worm reactor［J］. Bioresource Technology，144：328-336.

Liang Z，Qi H Y，Lv M L，et al.，2012. Component analysis of extracellular polymeric substances（EPS）during aerobic sludge granulation using FTIR and 3D-EEM technologies［J］. Bioresource Technology，124：455-459.

Liang Z，Zhou J，Lv M，et al.，2015. Specific component comparison of extracellular polymeric substances（EPS）in flocs and granular sludge using EEM and SDS-PAGE［J］. Chemosphere，121：26-32.

Liu X M，Sheng G P，Jin W，et al.，2008. Quantifying the surface characteristics and flocculability of Ralstonia eutropha［J］. Applied Microbiology & Biotechnology，79（2）：187-194.

Liu X M，Sheng G P，Luo H W，et al.，2010. Contribution of extracellular polymeric substances（EPS）to the sludge

aggregation [J]. Environmental Science & Technology, 44 (11): 4355-4360.
Liu Y, Liu Q S, 2006. Causes and control of filamentous growth in aerobic granular sludge sequencing batch reactors [J]. Biotechnology Advances, 24 (1): 115-127.
Liu Y Q, Liu Y, Tay J H, 2004. The effects of extracellular polymeric substances on the formation and stability of biogranules [J]. Applied Microbiology & Biotechnology, 65 (2): 143-148.
Liu Z, 2016. Poly aluminum chloride (PAC) enhanced formation of aerobic granules: Coupling process between physicochemical-biochemical effects [J]. Chemical Engineering Journal, 284: 1127-1135.
McSwain B S, Irvine R L, Hausner M, et al., 2005. Composition and distribution of extracellular polymeric substances in aerobic floes and granular sludge [J]. Applied & Environmental Microbiology, 71 (2): 1051-1057.
McSwain B S, Irvine R L, Wilderer P A, 2004. The influence of-settling time on the formation of aerobic granules [J]. Water Science and Technology, 50 (10): 195-202.
Mikkelsen L H, Nielsen P H, 2001. Quantification of the bond energy of bacteria attached to activated sludge floc surfaces [J]. Water Science & Technology, 43 (6): 67-75.
Moy Y P, Tay J H, Toh S K, et al., 2002. High organic loading influences the physical characteristics of aerobic sludge granules [J]. Letters in Applied Microbiology, 34 (6): 407-412.
Ni B J, Fang F, Xie W M, et al., 2009. Characterization of extracellular polymeric substances produced by mixed microorganisms in activated sludge with gel-permeating chromatography, excitation-emission matrix fluorescence spectroscopy measurement and kinetic modeling [J]. Water Research, 43 (5): 1350-1358.
Niu M, Zhang W, Wang D, et al., 2013. Correlation of physicochemical properties and sludge dewaterability under chemical conditioning using inorganic coagulants [J]. Bioresource Technology, 144 (1): 337-343.
Nor Anuar A, Ujang Z, van Loosdrecht M C M, et al., 2007. Settling behaviour of aerobic granular sludge [J]. Water Science and Technology, 56 (7): 55-63.
Ozturk S, Aslim B, 2008. Relationship between chromium (Ⅵ) resistance and extracellular polymeric substances (EPS) concentration by some cyanobacterial isolates [J]. Environmental Science & Pollution Research International, 15 (6): 478-480.
Redman J A, Walker S L, Elimelech M, 2004. Bacterial adhesion and transport in porous media: role of the secondary energyminimum [J]. Environmental Science & Technology, 38 (6): 1777-1785.
Rouxhet P G, Mozes N, 1990. Physical-chemistry of the interface between attached microorganisms and their support [J]. Inorganica Chimica Acta, 179 (1): 145.
Sheng G P, Yu H Q, 2006. Characterization of extracellular polymeric substances of aerobic and anaerobic sludge using three-dimensional excitation and emission matrix fluorescence spectroscopy [J]. Water Research, 40 (6): 1233-1239.
Srivastava V C, Mall I D, Mishra I M, 2005. Treatment of pulp and paper mill wastewaters with poly aluminium chloride and bagasse fly ash [J]. Colloids and Surfaces A: Physicochemical and Engineering Aspects, 260 (1-3): 17-28.
Stoodley P, Cargo R, Rupp C J, et al., 2002. Biofilm material properties as related to shear-induced deformation and detachment phenomena [J]. Journal of Industrial Microbiology & Biotechnology, 29 (6): 361-367.
Tambo N, Wang X C, 1993. The mechanism of pellet flocculation in a fluidized-bed operation [J]. AquaAQUAAA, 42 (2).
Tarre S, Green M, 2004. High-rate nitrification at low pH in suspended-and attached-biomass reactors [J]. Applied and Environmental Microbiology, 70 (11): 6481-6487.
Tay J H, Pan S, Tay S T, et al., 2003. The effect of organic loading rate on the aerobic granulation: The development of shear force theory [J]. Water Science & Technology, 47 (11): 235-240.
Tay T L, Ivanov V, Yi S, et al., 2002. Presence of anaerobic bacteroides in aerobically grown microbial granules [J]. Microbial Ecology, 44 (3): 278-285.
van Oss C J, 1995. Hydrophobicity of biosurfaces—Origin, quantitative determination and interaction energies [J]. Colloids & Surfaces B Biointerfaces, 5 (3-4): 91-110.
van Oss C J, Chaudhury Manoj K, Good Robert J, 1988. Interfacial Lifshitz-van der Waals and polar interactions in macroscopic systems [J]. Chemical Reviews, 88 (6): 927-941.
Wang Z, Gao M, Wang Z, et al., 2013. Effect of salinity on extracellular polymeric substances of activated sludge from an anoxic-aerobic sequencing batch reactor [J]. Chemosphere, 93 (11): 2789-2795.
Wang Z, Wu Z, Tang S, 2009. Extracellular polymeric substances (EPS) properties and their effects on membrane fouling in a submerged membrane bioreactor [J]. Water Research, 43 (9): 2504-2512.
Wang Z P, Liu L L, Yao J, et al., 2006. Effects of extracellular polymeric substances on aerobic granulation in sequencing batch reactors [J]. Chemosphere, 63 (10): 1728-1735.
Wilen B M, Jin B, Lant P, 2003. The influence of key chemical constituents in activated sludge on surface and flocculating properties [J]. Water Research, 37 (9): 2127-2139.
Wood M, 1995. A mechanism of aluminium toxicity to soil bacteria and possible ecological implications [J]. Plant and Soil, 171 (1): 63-69.
Wu W, Nancollas G H, 1999. Application of the extended DLVO theory—The stability of alatrofloxacin mesylate solutions [J]. Colloids & Surfaces B Biointerfaces, 14 (1): 57-66.

Wu X, Ge X, Wang D, et al., 2007. Distinct coagulation mechanism and model between alum and high Al13-PACl [J]. Colloids & Surfaces A Physicochemical & Engineering Aspects, 305 (1): 89-96.

Wu X, Ge X, Wang D, et al., 2009. Distinct mechanisms of particle aggregation induced by alum and PACl: Floc structure and DLVO evaluation [J]. Colloids and Surfaces A: Physicochemical and Engineering Aspects, 347 (1): 56-63.

Ying Q, Khagendra B T, Andrew F H, 2011. Application of filtration aids for improving sludge dewatering properties—A review [J]. Chemical Engineering Journal, 171 (2): 373-384.

Yukselen M A, Gregory J, 2004. The effect of rapid mixing on the break-up and re-formation of flocs [J]. Journal of Chemical Technology and Biotechnology, 79 (7): 782-788.

第4章

基于群体感应的好氧颗粒污泥快速培养生物技术

4.1 微生物群体感应效应

群体感应（quorum sensing，QS）是微生物间进行“语言”交流的一种现象。微生物中存在控制群体感应信号分子分泌的基因控制其合成分泌信号分子并释放到微生物体外，当信号分子的浓度超过其阈值时微生物自身接收到信号分子并做出相应的反应，实现某些特定基因的表达，例如毒力因子的表达、生物发光现象、生物膜的合成等（Wang et al.，2011；Choudhary and Schmidt-Dannert，2010；Jiang and Liu，2012），从而适应周围环境的变化。环境中的污染物降解主要依靠环境中微生物的新陈代谢（Zhao and Kong，2018；Huang et al.，2010），微生物间密切配合，彼此协调，更好地净化水质，确保水环境的安全。因此，群体感应作为微生物之间的交流机制在环境领域有重要的研究意义。

4.1.1 细菌的群体感应系统

原核微生物细菌根据其细胞壁的化学组成和细胞壁厚度不同分为革兰氏阳性菌和革兰氏阴性菌，革兰氏阳性菌的群体感应系统主要利用氨基酸和短肽类形成的自由扩散分子（diffusion signal factor，DSF）作为自诱导物质，该类寡肽型信号分子是由体内前体肽类物质经过一定的加工和修饰后生成的成熟的自诱导物质，它无法直接出入细胞膜，需要依靠一定的转运系统 ABC（ATP-binding-cassette）或者相应的膜通道蛋白才能达到出入细胞膜的目的，当该寡肽类信号分子的浓度超过其阈值时则被细胞膜上的组氨酸蛋白激酶识别，促进组氨酸残基（H）磷酸化后传递给受体蛋白并与特定 DNA 靶位结合，从而达到调控基因表达的目的，Schauder 和 Bassler（2001）阐述了革兰氏阳性菌寡肽介导的群体感应过程并绘制了模型图，如图 4.1 所示。

革兰氏阴性菌的群体感应系统是 LuxI-LuxR 型。最早发现的群体感应现象除了黄色黏球菌和哈氏弧菌，其余细菌中的群体感应都与 *Vibrio fischeri* 中的典型系统——由 LuxI-LuxR 蛋白调控的群体感应系统相似，故称之为 LuxI-LuxR 型群体感应系统（王丽，

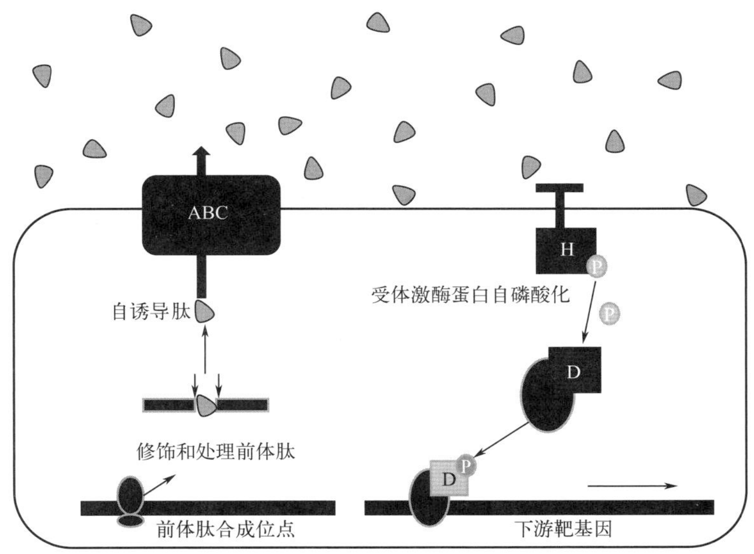

图 4.1 革兰氏阳性菌寡肽型群体感应系统（Schauder and Bassler，2001）

D—DNA；P—磷酸

2010）。Schauder 和 Bassler（2001）阐述了革兰氏阴性菌通过 LuxI/LuxR 信号通路相互交流的机制并绘制了系统模型图，如图 4.2 所示，群体感应由 LuxI 和 LuxR 两种蛋白组成，LuxI 是控制信号分子合成的酶，LuxR 是当信号分子的量达到或者超过某一特定值时与信号分子结合的受体蛋白，形成受体-自诱导物的复合体，激活某些特定基因的表达。

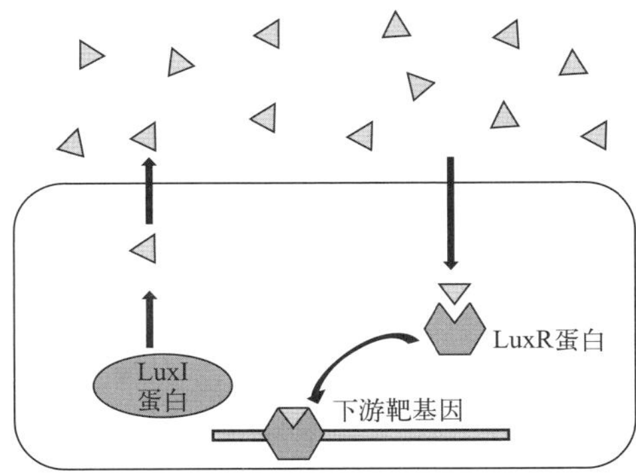

图 4.2 革兰氏阴性菌 LuxI-LuxR 型群体感应系统（Schauder and Bassler，2001）

为了使细菌生活在更加稳定的生态系统中，细菌间不仅要进行种内交流，更要进行种间交流。能够实现革兰氏阳性菌和革兰氏阴性菌之间语言沟通的群体感应系统为 AI-2 类信号通路，这类信号通路又被称为 *V. harveyi* 通路，Schauder 和 Bassler（2001）详细描述了这类通路的结构模型并绘制了感应系统图，如图 4.3 所示。

该类群体感应系统是 20 世纪 90 年代被发现的，该自诱导物由一套 LuxS 蛋白形成。目前，该类自诱导物质在 80 多种革兰氏细菌中被检测到（戴昕 等，2014）。细菌不仅可以识别自身分泌的自诱导物，而且可以识别其他细菌分泌的自诱导物质。细菌与环境中其他微生物有竞争和共生等关系，因此细菌需识别自身所在环境中的其他自诱导物质或者信

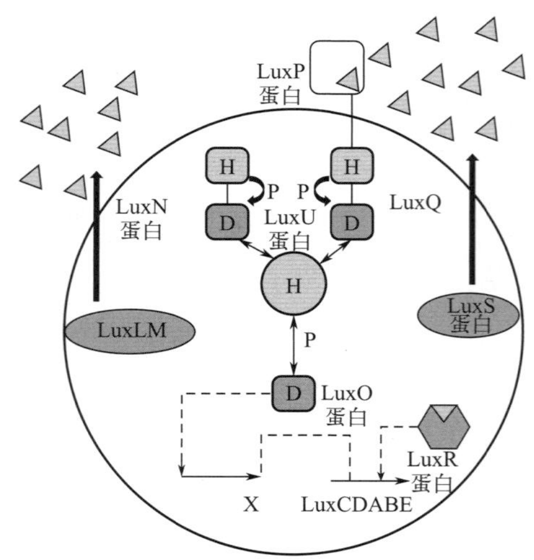

图 4.3 AI-2 类信号通路群体感应系统（Schauder and Bassler，2001）

号分子，根据识别结果对自身生理活动进行调控来更好地进行自身新陈代谢达到适应生存环境的目的（Ma et al.，2017；Mashima and Nakazawa，2017）。

细菌的群体感应现象使得细菌可以有效调节群体内的生物学功能多样性，更好地生存和适应新环境。因此，人类有必要了解和探究细菌的群体感应现象，并更好地利用和调节其协调工作使得细菌更好地为人类服务。

4.1.2 群体感应信号分子的特点及主要类型

酰基高丝氨酸内酯（acyl-homoserine lactones，AHLs）是革兰氏阴性菌之间进行信息传递的“语言”。它主要由一个高丝氨酸内酯环及不同碳链长度的酰基侧链组成，根据其酰基侧链的不同长度分为 C_4-HSL 到 C_{18}-HSL 不等，如图 4.4 所示，酰基侧链中的碳原子数多为偶数，奇数中只有 7；另外，第 3 位上取代基有氢基、羟基和羰基三大类。目前发现的最长侧链是由苜蓿中华根瘤菌合成的带 18 个碳的 AHLs，不同碳链长度和不同的取代基决定了该类信号分子的不同结构和对细菌群体感应的不同调节功能。

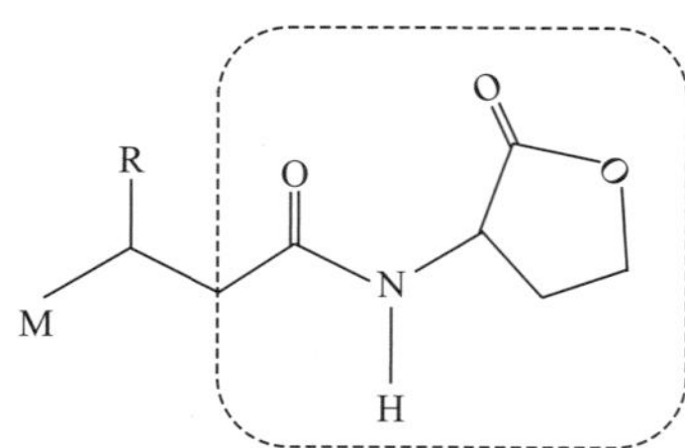

图 4.4 革兰氏阴性菌信号分子 AHLs 结构通式

R—O、H 或 OH；M—CH_3、$CH_3(CH_2)_n$ 或 $CH_3(CH_2)_nCH=CH(CH_2)_m$

高丝氨酸内酯环是亲水性的而其酰基侧链是疏水性的，因此 AHLs 可以在细胞质和细胞膜上自由穿行。当酰基侧链较短时，小分子的 AHLs 可以自由扩散到细胞外，当侧链的碳链长度大于 8 时则需借助细胞膜上的转运蛋白载体实现胞外穿越。不同结构的 AHLs 只能和相应的LuxR蛋白结合，这种结合的强特异性保证了革兰氏阴性菌避免受其他信号分子的干扰，实现种内细胞间的通信（赵丽珺 等，2014）。革兰氏阳性菌种内信息的交换是通过无法自由出入细胞的寡肽类物质进行的，需要ABC转运系统协助或者通过其他蛋白通路的作用到达细胞外。成熟的寡肽信号分子是由DSF信号分子经过加工和修饰后得到的。目前，对于寡肽修饰的具体机制还没有完全研究清楚，但可以确定的是前体肽经过切割然后再修饰最终成为含有内酯或硫代内酯环、羊毛硫氨酸基团的成熟信号分子。不同的细菌其修饰前导肽的组成及肽的长短各不相同，因此形成的DSF分子也不相同，氨基酸残基数目一般在5～17之间。革兰氏阳性菌的DSF受体一般是二元信号系统，胞外DSF累积到一定量时，与受体结合使得此二元信号系统组氨酸蛋白酶被激活，随后将信号分子往下游传递，进而实现目标基因的表达，达到对目标基因的转录调控。另外，革兰氏阳性菌的信号分子不仅有DSF，还有其他的信号分子，如黄色黏球菌（*Myxococcus xanthus*）中由蛋白质降解后的氨基酸混合物组成的A因子和由*csgA*基因编码的蛋白质产物C因子（李华林，闻玉梅，2004）。

实现种间群体感应是一种革兰氏阳性菌和革兰氏阴性菌中都存在的信号分子AI-2。早在1993年人们在研究哈氏弧菌LuxL、LuxM和LuxN基因突变体的过程中发现了控制其生物发光的另一个群体感应系统，并命名该系统的信号分子为AI-2。AI-2及其合成酶存在于超过60种细菌中，如金黄色葡萄球菌（*Staphylococcus aureus*）、沙门菌（*Salmonella*）、大肠埃希菌（*Escherichia coli*）、鼠疫耶尔森氏菌（*Yersinia pestis*）及枯草芽孢杆菌（*Bacillus subtilis*）等。AI-2信号分子介导的群体感应系统参与了如生物发光性、生物膜的形成以及毒力因子的表达等一系列生理过程的调控。

AI-2类信号分子是甲基循环过程中S-腺苷甲硫氨酸（SAM）经过多步酶促反应产生的副产物。研究者对LuxP-AI-2复合体的结构进行了X射线衍射检测。通过三维结构分析认为AI-2类信号分子的化学结构是结合了硼离子的呋喃糖双酯，此结论第一次确定了硼参与了细菌的生命活动（孔祥菲，2009）。AI-2的分子结构如图4.5所示。合成AI-2型信号分子的基因是*luxS*基因，由450～550个碱基对组成。对不同细菌中的LuxS蛋白结构进行分析发现LuxS蛋白虽然来自不同的细菌但是其三维结构却是极其相似的，都是螯合了锌离子的金属蛋白，该蛋白的酶的结合位点和催化活性中心是锌离子所在的位置。相似三维结构的LuxS产生的AI-2可能也具有相似的结构，因此可被不同种属的细菌识别。

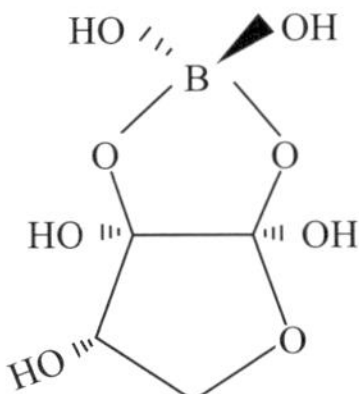

图4.5 AI-2型信号分子结构示意图

此外，周贤轩（2009）在荧光假单胞杆菌（*Pseudomonas fluorescens*）、铜绿假单胞菌（*Pseudomonas aeruginosa*）、费氏柠檬酸杆菌（*Citrobacter freundii*）、聚团肠杆菌（*Enterobacter agglomerates*）和产碱假单胞菌（*Pseudomonas alcaligenes*）中分离得到另外一

类新的信号分子环二肽（即二酮哌嗪类化合物，DKP）。DKP 可以与以 LuxR 为基础的 AHLs 类群体感应系统相互反应。蒋超（2013）也在恶臭假单胞菌 WCS358 中发现了至少 4 种 DKP。人们还在与海外无脊椎动物相关的一些细菌中也分离得到了 DKP，但是该类信号分子的合成机制及功能目前尚不清楚。

4.1.3 信号分子 AHLs 在环境领域的应用现状

随着对群体感应系统研究的深入，研究人员可以利用各种生物技术手段干涉和影响细菌的群体感应系统。群体感应系统的理论知识与水处理技术的发展相结合，为水处理技术的进步提供新的思路和方向。研究表明颗粒污泥系统、膜生物反应器（MBR）和流化床生物膜反应器等广泛应用于水处理领域的技术都与细菌的群体感应效应密切相关。另外，如硝化细菌、厌氧氨氧化细菌以及反硝化细菌等水处理中重要的功能性菌株的水处理功能都受群体感应效应的影响和调控（Burton et al.，2005；Starkenburg et al.，2006）。

生物膜反应器中检测到 AHLs 类信号分子，并且成功分离和筛选出分泌 AHLs 的相关菌株，这些研究成果证实了群体感应系统存在于生物膜反应器中。孙劼（2012）在处理养殖废水的过程中发现，在生物膜上加入 C_6-HSL 和 3-oxo-C_8-HSL 两种信号分子后，生物膜量明显增加，同时出水水质得到明显的提升。李蒙英等（2007）在处理硝基苯甲酸废水的过程中成功分离出 2 株可释放 AHLs 信号分子的菌株，且这 2 株菌可在处理废水过程中形成生物膜。Valle 等（2004）从甲醇废水中筛选到 7 株可以分泌 AHLs 信号分子的菌株，并且甲醇的降解效率可以通过向系统中添加 AHLs 信号分子而得到提升。李俊英等（2008）认为生物膜工艺的挂膜启动时间受群体感应效应的影响，增强系统的群体感应效应可以缩短挂膜启动时间，增强抗冲击负荷能力，从而提高生物膜处理工艺的处理效果。Harshad 等（2014）利用报告菌株从 MBR 反应器中筛选出 200 株能分泌 AHLs 的菌株，通过 16S rRNA 测序表明系统中占优势的是 *Aeromonas* 和 *Enterobacter* 并利用这些筛选出的菌株研究了 AHLs 和生物膜形成的关系。

4.2 信号分子 AHLs 分泌菌的筛选及代谢特征

生物强化（bioaugmentation）是指投加外源微生物菌株、微生物群体甚至基因至受污染环境中，以提高难降解污染物去除能力的一种环境修复技术。AHLs 作为革兰氏阴性菌群体感应效应的重要桥梁，其释放依赖于菌群的生长密度，任何影响菌群密度的因素均可影响 AHLs 的释放，例如环境因子。信号分子 AHLs 在环境中的稳定性和菌株分泌信号分子的能力也是产生群体感应差异的原因和造成生物强化效果变化的主要原因，我们有必要研究生物强化过程中信号分子的释放及分泌能力影响因素。

在生物强化过程中，AHLs 介导的生物膜形成、胞外聚合物分泌、抗生素产生、毒力因子释放、质粒转移等群体感应效应可提高菌体定植效率，促进种群动态发育。对生物强化系统内信号分子释放模式以及菌种类型-信号分子种类-群体感应效应方式间的关系进行研究，将有利于从群体感应的角度提高生物强化系统运行的可预测性和可控制性。

Yates 等（2002）对耶鲁森氏假性结核杆菌（Yale's pseudotuberculosis）所分泌的AHLs进行研究分析，结果显示在22℃的低温时可以检测到3种信号分子（3-oxo-C_6-HSL、C_6-HSL、C_8-HSL），温度升高至28℃时只有信号分子C_6-HSL可以被检测到，将温度升高至37℃后则没有信号分子可被检测到。这一研究结果表明：温度对信号分子的释放和存在有重要的影响，在保证菌体正常生长的温度条件下，温度越低越有利于信号分子的释放和保存，而高温情况下某些信号分子容易被降解。Kang 和 Park 等（2010）对比了利福平突变菌株DR1R、不动杆菌DR1和信号系统缺失突变株aqsI三者的生物膜形成情况，信号分子释放以及十六烷降解情况，结果显示：野生菌株DR1可产生3种信号分子并快速完成生物膜形成过程，十六烷的降解效率更高；突变菌株DR1R只能产生1种信号分子而突变株aqsI则不能形成生物膜且不能在环境中定植。Jiang 等（2012）分别研究了*Propioniferax* sp. PG-02和丛毛单胞菌PG-08以及两种菌的混合体在污泥中的定植和苯酚的降解情况，结果显示，高效苯酚降解菌PG-02和丛毛单胞菌PG-08通过信号分子进行交流，使得PG-02产生的黏附蛋白与和PG-08半乳糖类似的糖受体之间形成糖类聚合物，形成的聚合物以生物膜的形式包裹投加菌，形成一道保护屏障，从而保证了投加菌株的定植，使得苯酚的降解效率提高了2～5倍。Kim 等（2005）研究了铜绿假单胞菌氧含量与信号分子的释放关系，结果显示在氧充足的条件下，随着铁离子的消耗信号分子的释放也逐渐呈下降趋势；在缺氧的条件下，若环境中缺铁离子则信号分子释放的情况更好，信号分子的释放量可达氧充足条件下释放的2倍。Wagner 等（2003）研究了好氧和厌氧条件对信号分子释放的影响，结果表明信号分子3-oxo-C_{12}-HSL在厌氧条件下释放量更多，而信号分子C_4-HSL则在好氧条件下培养释放量更多，信号分子3-oxo-C_{12}-HSL和C_4-HSL在不同的好氧培养基中释放量也不尽相同。Mor 和 Sivan（2008）研究了以聚苯乙烯为赤红球菌（*Rhodococcus ruber*）的培养底物时的群感效应，结果表明当聚苯乙烯不足时反而对信号分子的释放起到促进作用。Sanin 等（2003）研究了饥饿状态下细菌的群感效应，结果发现细胞疏水能力更强，比非饥饿状态下更容易吸附在介质表面。以上研究结果表明：培养基的组成、碳源以及培养基氧含量对细菌信号分子释放产生更多的影响。

4.2.1 信号分子AHLs释放菌株的分离筛选与鉴定

4.2.1.1 报告菌株的活化和纯化

取报告菌株A136和CV026，在不添加任何抗生素的灭菌LB培养基中30℃在恒温振荡培养箱活化两代，此步骤的目的在于使从冰箱中取出的保存菌株A136和CV026活化，使其活性较高。随后，分别加入相应的抗生素在30℃下于振荡培养箱培养，此步骤的目的在于排除杂菌干扰，保证培养基中成活的菌株为报告菌株。最后，在加入1.2%琼脂的LB固体培养基中用接种环划线，观察平板上菌落形状颜色一致即获得纯菌株。以上步骤是为了活化和防止报告菌株在保存和运输途中被其他杂菌污染，若可确定报告菌株的纯度，则最后一步固体培养基划线可省略。

4.2.1.2 报告菌株的基本生长特性

报告菌株A136和CV026在其生长过程中可分泌一些有色物质，这些物质在可见光波下会有一个最大的吸收波长，菌液生物含量与吸光度成正比，因此可以采用紫外分光光度法选波长 600nm 处测定其吸光度用以推算其菌液的生长浓度，从而确定菌株生长对数期、稳定期，明确菌株的生长情况。具体操作如下：报告菌株 A136 和 CV026 在加有不同抗生素的 LB 液体培养基中于 30℃恒温振荡培养箱连续培养，每隔 6h 取样 10mL 于高速离心机 8000*g*（*g* 为重力加速度，9.80m/s^2）、4℃离心 5min 后，弃上清液，用灭菌后去离子水重新溶解并用紫外分光光度计 TU-1901 测定其 OD_{600}，测定过程中以去离子水为参比进行分光光度计调零。报告菌株的生长动力学曲线如图 4.6 所示。

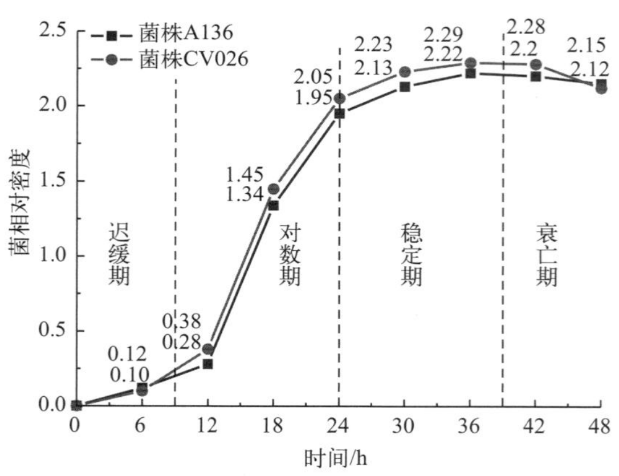

图 4.6 报告菌株 A136 和 CV026 的生长动力学曲线

由图 4.6 可知，报告菌株 A136 和 CV026 的生长都大致可以分为 4 个阶段：迟缓期、对数期、稳定期和衰亡期。迟缓期（lag phase）又叫调整期，当细菌接种至灭菌后新鲜培养基，对新环境有一个短暂适应过程，一般不适应者会因转种而死亡。在此阶段曲线平坦稳定，细菌几乎不繁殖。迟缓期可长可短，一般是 1h 到 4h 不等，影响迟缓期长短的主要因素有接种菌的菌活性和接种量、培养基的组成成分和培养条件等。本研究以 OD_{600} 表征菌相对密度。报告菌株 A136 和 CV026 在生长 6h 时 OD_{600} 分别为 0.12 和 0.10，12h 时分别达到 0.28 和 0.38。由此可见菌株 CV026 的适应性更强，在培养的前 6h，比菌株 A136 菌相对密度低 0.02，经过 6h 的培养后反超菌株 A136，反而高了 0.10。

综合来看，报告菌株 A136 和 CV026 的迟缓期比一般菌株稍长，可能的原因是其生长的 LB 液体培养基中都有不同浓度的抗生素，抗生素的存在对其菌相对密度的增长有一定的限制作用，因此其调整期更长。经过迟缓期后报告菌株 A136 和 CV026 均进入对数期。对数期（logarithmic phase）：报告菌株 A136 和 CV026 在对数期生长曲线斜率最高，此时活菌数量增长速率最快。对数期的长短由培养条件和细菌的状态而定，可以持续几个小时甚至持续几天。处于对数期的细菌活性较高，细菌形态和染色结果都最成熟。报告菌株 A136 和 CV026 在第 9～24 小时处于对数期，这期间菌相对密度增长极快，OD_{600} 在第 24 小时分别达到 1.95 和 2.05。自进入对数期后，报告菌株 CV026 的 OD_{600} 值一直大于报告菌株 A136，说明同样的培养条件下，菌株 CV026 的菌相对密度要高于 A136，但差异不是很大。此时，培养基营养物质消耗较快，细菌繁殖速度远远大于死亡速度，因此总体活菌数目呈指数上升趋势。第 24～39 小时菌株进入稳定期（stable phase），该阶段菌群总数基本不变，小幅度升高或者降低。该阶段菌株由于培养基营养物质缺乏、培养基毒素物质的累积和培养环境 pH 值下降等因素，使得菌株的死亡率和出生率基本持平。因此，研究细菌形态过程中不建议以该生长阶段的菌株为对象。报告菌株 A136 和 CV026 的 OD_{600} 在第 36 小时均达到最大值分别为 2.22 和 2.29。随后，菌株进入衰亡期（decline phase），由于菌株经历了迟缓期、对数期和稳定期，营养物质几乎消耗殆尽，细菌的死亡率大于出生率，因此总体表现为下降的结果。此时细菌细胞畸形难以辨认，新陈代谢十分缓慢，处于此阶段的菌株一般不作为研究对象。由于营养物质的匮乏，在衰亡期部分活细胞以死亡细胞作为营养物质以维持自身的生长代谢。报告菌株 A136 和 CV026 培养 39h 之后均进入衰亡期，OD_{600} 分别下降为 2.15 和 2.12。培养 48h 之后菌株 OD_{600} 仍然在持续降低。

(1) 信号分子释放菌株的筛选及显色反应

自然界中存在成千上万种微生物，在这些微生物中存在可分泌 AHLs 类信号分子的大多属于革兰氏阴性菌。活性污泥法是传统的水处理工艺，活性污泥法之所以能够处理污水是通过微生物的新陈代谢来降解污水中的有机污染物。因此，活性污泥中所含微生物的数量和种类直接关系到出水水质。群体感应是微生物之间沟通的语言，微生物之间通过感知周围环境中信号分子的浓度变化来调整自身的生理活动以更好地适应环境。因此研究活性污泥中微生物的群体感应具有重要的理论和实际意义。

图 4.7（书后另见彩图）中显示的是活性污泥中菌株的单菌落纯化结果。单个菌落单独培养富集后再用稀释划线法进行纯化，保证所筛选的每一株菌是单独的纯化菌落。图 4.7（a）展示了稀释划线法稀释得到的单菌落图，该单菌落呈橘黄色，菌落呈圆形，四周圆润又有光泽；图 4.7（b）展示了呈乳白色的单菌落，其菌落直径较小且呈米粒状；图 4.7（c）展示了颜色呈白色的单菌株，菌落直径大且呈圆形；图 4.7（d）展示了另一单菌株，呈淡黄色菌落，菌落也呈圆形且直径大小不一。图 4.7 展示了本研究中颜色菌落形态有明显特征的单菌落，根据肉眼观察单菌落形态本研究共筛选了 10 株单菌，分别记为 L1～L10 并用上述菌株的液体保存法保存于－20℃冰箱备用。

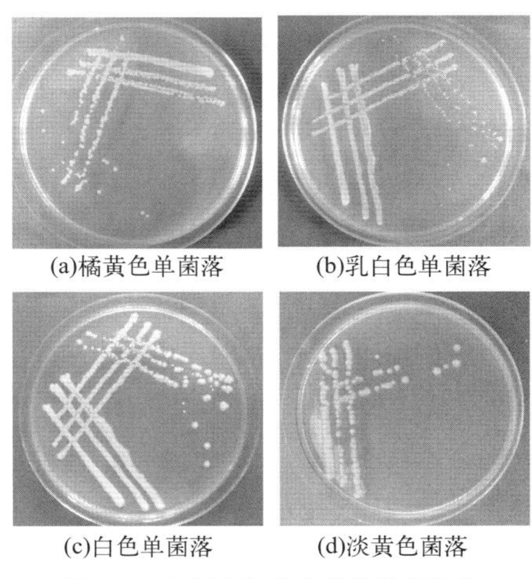

图 4.7　活性污泥菌株的单菌落纯化

显色反应原理：报告菌株根癌农杆菌 A136 含有 PtraI-lacZ 融合基因和 TraR 基因，本身无法分泌 AHLs 信号分子。当报告菌株的周围存在 AHLs 信号分子时，就会诱导 lacZ 基因表达水解 X-Gal 产生明显的颜色变化，根癌农杆菌 A136 对酰基侧链长度为 C_4-HSL～C_{14}-HSL 或 3-oxo-C_4-HSL 至 3-oxo-C_{12}-HSL 的 AHLs 不同程度的敏感（Lin et al.，2010）。报告菌株 CV026 本身也不能分泌 AHLs 信号分子，当外源 AHLs 信号分子存在时会产生特征性的紫色，CV026 对酰基侧链长度为 C_4-HSL～C_8-HSL 的 AHLs 有不同程度的敏感。因此，根癌农杆菌 A136 和紫色杆菌 CV026 可作为筛选分泌 AHLs 菌株的感应菌株。报告菌株（A136、CV026）与活性污泥中单菌株的显色反应见图 4.8（书后另见彩图）。如图 4.8（a）为报告菌株 A136 菌株在有菌株 L2 所分泌 AHLs 存在的条件下，水解 X-Gal 产生的颜色变化。用同样的方法分别检测紫色杆菌 CV026 与 L1-L10 是否会有紫色产生，不同之处在于紫色杆菌 CV026 涂布后不需要再涂 X-Gal，无菌风吹干后直接与 L1～L10 相互作用，过夜培养后若发生颜色改变则为 AHLs 分泌菌，颜色改变如图 4.8（b）所示。

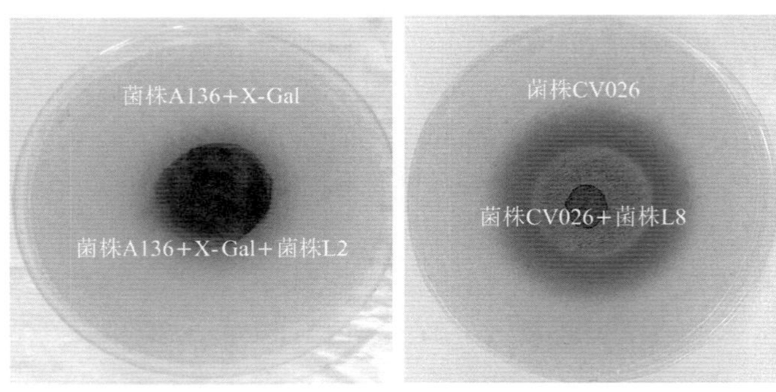

(a) 菌株A136和菌株L2产生绿色变化 (b) 菌株CV026和菌株L8产生紫色变化

图 4.8 报告菌株（A136、CV026）与活性污泥中单菌株的显色反应图

菌株 L1～L10 与报告菌株是否发生显色变化，其结果如表 4.1 所列。菌株 L2 和 L4 与根癌农杆菌 A136 有较深的绿色变化出现，L2 与菌株 CV026 也有较浅的紫色颜色变化。L5 和 L10 与根癌农杆菌虽有颜色变化产生，但是颜色非常浅，说明虽然这两株菌能够分泌 AHLs，

表 4.1 用紫色杆菌 CV026 和根癌农杆菌 A136 感应菌株筛选分泌 AHLs 的菌株

菌株编号	根癌农杆菌 A136	紫色杆菌 CV026
L1	-	-
L2	+ + +	+
L3	-	-
L4	+ + +	-
L5	+ +	
L6	-	-
L7	-	+ +
L8	-	+ + +
L9	-	-
L10	+ +	-

注：+ + + 表示颜色深；+ + 表示颜色较浅；+ 表示颜色非常浅；- 表示无颜色变化。

但分泌的量较少。同时也说明 L2 和 L4 可分泌较多的 AHLs。L7 和 L8 可与紫色杆菌 CV026 产生紫色，L8 的紫色较深，如图 4.8（b）所示，因此菌株 L8 可分泌较多的 AHLs。L7 虽然也可产生紫色变化，但是颜色较浅，若隐若现，可见其分泌 AHLs 的量也是十分有限的。

（2）信号分子释放菌株 A-L2 的分子生物学鉴别及形态

从活性污泥中分离的 10 株菌中 6 株可分泌 AHLs，分别为 L2、L4、L5、L7、L8、L10。分别将筛选的可分泌 AHLs 菌株用液体 LB 培养基保存于－80℃冰箱中备用。选取菌株 L2 为后续实验重点研究对象。当 16S rDNA 序列同源性高于 97%时，被认为是同属的（Vandamme et al.，1996；Howitt et al.，2018）。对菌株 L2 的基因组 DNA 进行提取并对 L2 菌株进行 PCR 扩增，然后将产物克隆到 pMD 18-T 载体中，取样品 100μL，由上海派森诺生物科技股份有限公司对其 16S rDNA 进行鉴定，其凝胶电泳如图 4.9 所示。

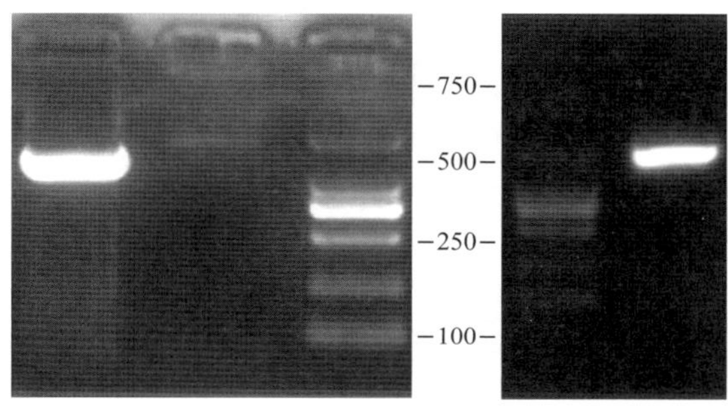

图 4.9 菌株 L2 凝胶电泳图

将测序结果输入到 NCBI GenBank 官网数据库，进行 BLAST 比对，比对基因序列并寻找相似基因序列经处理后（反补序列）用软件 MEGA7.0 制作系统发育树，发育树见图 4.10。将图 4.10 中序列上传到 NCBI 进行同源性比对分析发现 L2 菌与嗜水气单胞菌（*Aeromonas hydrophila*）相似性很高，相似度为 99.95%，因此命名为菌株 A-L2，该研究后续实验都将该菌株以 A-L2 命名。最后，将此序列上传到 Gen Bank，得到其登录号为 MH890460。

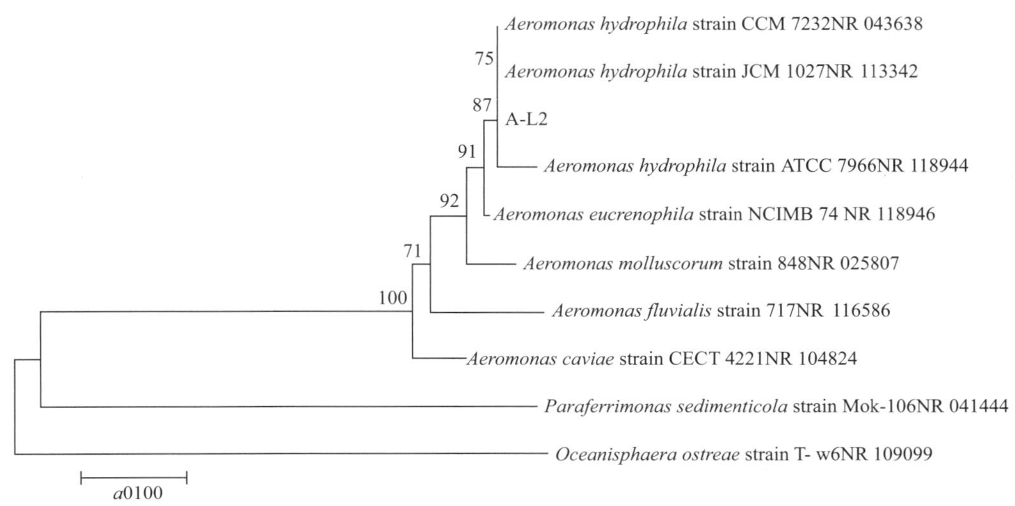

图 4.10 基于 16S rDNA 的菌株 A-L2 相关物种的系统发育树

本研究利用扫描电镜观察了菌株 A-L2 的形态结构，结果如图 4.11 所示。在 LB 平板培养基上菌落直径 3～4mm，呈乳白偏黄色，不透明、表面湿润光滑，通过革兰氏染色后呈阴性，菌体呈短杆状，部分呈竹节状排列。嗜水气单胞菌（*Aeromonas hydrophila*）属于气单胞菌属，该类菌株一般呈杆状，若环境或者条件发生变化时，其形态也可变为球状或者丝状（Nan et al.，2018）。

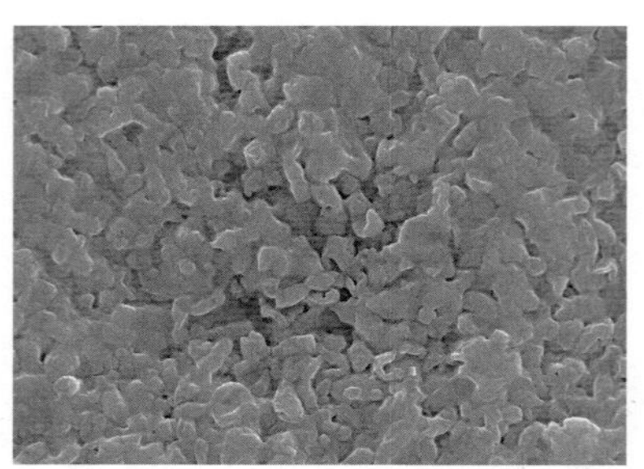

图 4.11　细菌 A-L2 SEM 结构图

4.2.2　信号分子释放菌株 A-L2 所分泌 AHLs 的定性分析

革兰氏阴性菌分泌的 AHLs 类信号分子由一个高丝氨酸内酯环和不同碳链长度的酰基侧链组成，其碳链长度有 C_4～C_{14}，另外有酰基侧链上有含一个—OH 自由基和不含有—OH 自由基的区别。目前发现的主要酰基高丝氨酸内酯有 13 种，具体如表 4.2 所列。

表 4.2　主要的 AHLs 信号分子

名称	分子式	分子量
C_4-HSL	$C_8H_{13}NO_3$	171.19
C_6-HSL	$C_{10}H_{17}NO_3$	199.25
C_7-HSL	$C_{11}H_{19}NO_3$	213.27
C_8-HSL	$C_{12}H_{21}NO_3$	227.3
C_{10}-HSL	$C_{14}H_{25}NO_3$	255.35
C_{12}-HSL	$C_{16}H_{29}NO_3$	283.41
C_{14}-HSL	$C_{18}H_{33}NO_3$	311.46
3-oxo-C_4-HSL	$C_8H_{13}NO_4$	187.19
3-oxo-C_6-HSL	$C_{10}H_{15}NO_4$	213.23
3-oxo-C_8-HSL	$C_{12}H_{21}NO_4$	243.3
3-oxo-C_{10}-HSL	$C_{14}H_{23}NO_4$	259.34
3-oxo-C_{12}-HSL	$C_{16}H_{27}NO_4$	297.39
3-oxo-C_{14}-HSL	$C_{18}H_{31}NO_4$	325.44

本研究对菌株A-L2所分泌的AHLs类信号分子利用日本岛津公司的高效液相-离子阱-飞行时间质谱（LCMS-IT-TOF，Shimadzu Corporation. Kyoto，Japan）进行分析。选择13个不同分子量的AHLs信号分子作为目标化合物（郭纬业，2012；葛启隆 等，2014），如表4.2所列。流动相A为含有0.1%甲酸的超纯水，流动相B为含有0.1%甲酸的色谱级乙腈，本研究所用色谱柱为C_{18}柱（Shimpack XR-ODS，2.2μm全多孔填料，2.0mm×75mm，Shimadzu，Japan），设定色谱柱温度为40℃，流动相流速为0.2mL/min，进样体积为10μL。液相色谱的洗脱程序为：10% B稳定5min，20min时溶剂B的浓度上升至100%，并保持2min。质谱操作条件为：离子源，ESI（电喷雾电离）源，正离子模式（ESI+）；蒸发器温度300℃；毛细管温度230℃；AUX气体流量15arb❶；气体流量60arb；扫气量3arb；喷雾电压3000V；扫描范围，质荷比150～350，二级质谱扫描质荷比范围50～210。以全扫描模式获取数据得到菌株A-L2分泌的AHLs的一级质谱图如图4.12所示。由图4.12可知，菌株A-L2所分泌信号分子的质荷比主要为171.15、199.28、279.16和301.14。

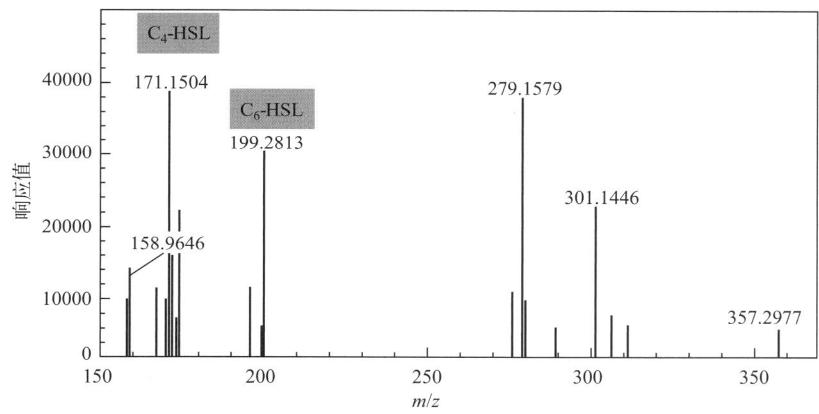

图4.12 菌株A-L2分泌的AHLs（C_4-HSL、C_6-HSL）的一级质谱图

在Swift等（1997）的研究中，嗜水气单胞菌（*Aeromonas hydrophila*）通过基因LuxI和AhyI控制以大约70∶1的比例产生*N*-丁酰-高丝氨酸内酯（C_4-HSL）和*N*-己酰-高丝氨酸内酯（C_6-HSL），其分子量分别为171.19和199.25。

以质荷比为171.15和199.28的物质分别作为研究对象。在正离子模式下，母离子被打碎后剩余的残基侧链由于带负电而分别结合了一个H^+，所以设置其母离子分别为172.15和200.28，根据文献设置子离子为酰基内酯环的分子量102进行二级质谱的研究，结果得出C_4-HSL和C_6-HSL的二级质谱图分别如图4.13和图4.14所示。在MS/MS模式下，如图4.13和图4.14所示得出菌株A-L2分泌的两种信号分子母离子分别为172.13和200.15，经打碎后分别得到质荷比为71.11和99.24的碎片，两者共同都有一个质荷比为102.04的碎片，推断该碎片为高丝氨酸内酯环，因此确定C_4-HSL和C_6-HSL为菌株A-L2分泌的两种主要信号分子。

❶ arb：任意单位。

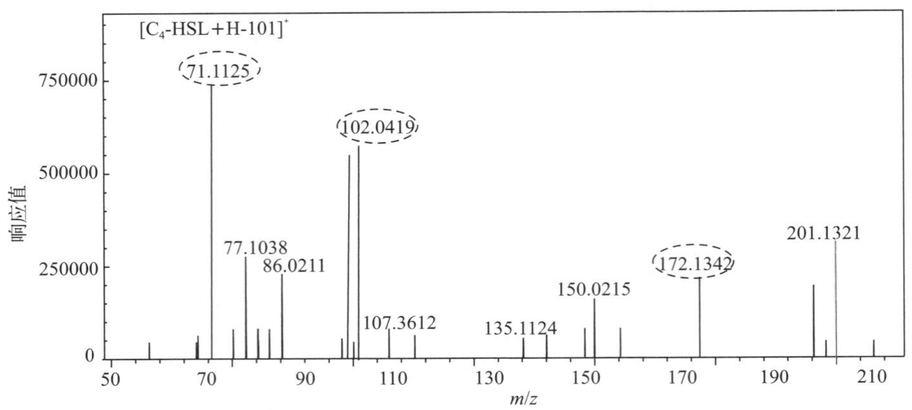

图 4.13　菌株 A-L2 分泌的 C_4-HSL 的二级质谱图

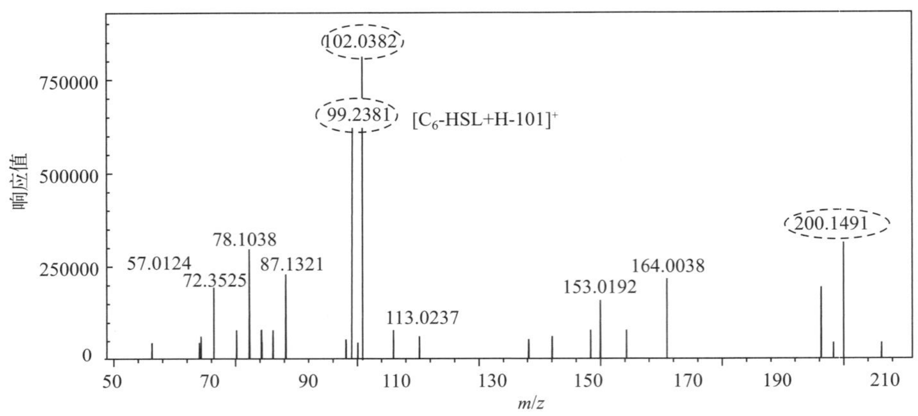

图 4.14　菌株 A-L2 分泌的 C_6-HSL 的二级质谱图

结合前人的研究报道，两种信号分子的主体都是高丝氨酸内酯环结构，高丝氨酸内酯环各含有一个 N 原子，且结构相同，不同的是酰基侧链的碳链长度不同，它们之间相差 2 个—CH_2，分子量为 28。C_4-HSL 的分子量为 171，C_6-HSL 的分子量为 199，它们之间正好相差 28，因此，确定菌株 A-L2 分泌的信号分子为 C_4-HSL 和 C_6-HSL，其分子结构分别见图 4.15（a）和图 4.15（b）。Sun 等（2018）用 LC-MS 鉴定活性污泥系统中水相和泥相中的群体感应信号分子。Marketon 等（2003）研究了信号分子的结构组成，Huang（2016）在关于 AHLs 信号分子的综述中报道了信号分子的结构组成和合成，为本研究提供了重要的理论依据。

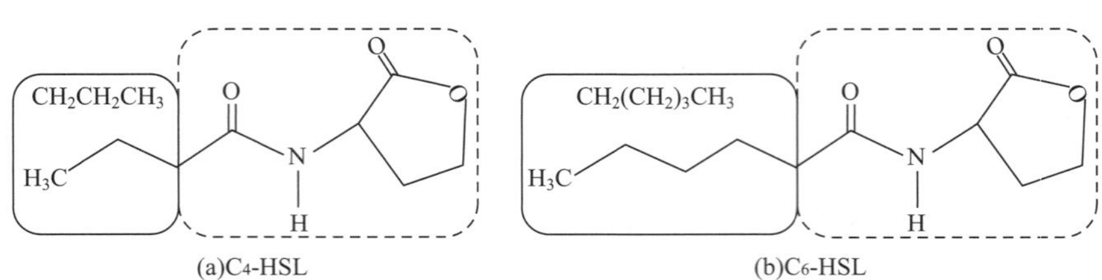

图 4.15　C_4-HSL 和 C_6-HSL 的分子结构示意

根据鉴定结果，了解和掌握信号分子 C_4-HSL 和 C_6-HSL 的理化性质以便后续研究参考。根据 C_4-HSL 和 C_6-HSL 标准品的安全技术说明书，得 C_4-HSL 和 C_6-HSL 的主要理化性质如表 4.3 所列。C_4-HSL 和 C_6-HSL 的禁配物均为强氧化剂。

表 4.3 C_4-HSL 和 C_6-HSL 的主要理化性质

品名	颜色	贮存温度/℃	正辛醇/水分配系数
C_4-HSL	白色片状固体	-4	无数据资料
C_6-HSL	白色粉末	-20	1.116

正辛醇/水分配系数（$\lg P_{ow}$）是某一化学物质在正辛醇相和水相的浓度的比值，是衡量某一物质脂溶性的重要指标，当 $\lg P_{ow}$ 值较大时则说明该物质是非常憎水的，不易溶于水；当 $\lg P_{ow}$ 值<10 时说明该物质是亲水性的，因此相应的有较高的水溶性。C_6-HSL 的正辛醇/水分配系数较小，因此说明该菌株分泌的信号分子都是易溶于水的。C_4-HSL 易溶于甲醇，同时也溶于水。这为后续信号分子 C_4-HSL 和 C_6-HSL 的定量方法的建立奠定了基础。C_4-HSL 的熔点或凝固点为 89.8℃，C_6-HSL 的熔点目前无数据资料显示。

4.2.3 信号分子分泌菌株的 AHLs 释放模式研究

4.2.3.1 信号分子释放菌株 A-L2 的生长特性

嗜水气单胞菌广泛分布于自然界的各类水体中，在水温 14.0～40.5℃ 内均可繁殖，pH 值在 6.0～11.0 范围内均可生长，在含盐量为 0～4%的水体中也可存活。菌株 A-L2 属于弧菌科，气单胞菌属。菌株 A-L2 两端钝圆，单个或成双存在，在普通琼脂培养基上形成边缘整齐、表面湿润、隆起、光滑、半透明灰白色至淡黄色的圆形菌落。在 15000 倍电子显微镜下可见极生单鞭毛，具有运动力，无芽孢，无荚膜。菌株 A-L2 含有 R 质粒，与产生对磺胺、四环素、链霉素以及氯霉素的抗药性有关，另外还对氨苄青霉素有一定的耐受性。

将菌株 A-L2 接种于灭菌后的新鲜 LB 液体培养基中于 37℃ 恒温振荡培养箱连续培养，每隔 6h 取样 10mL 于灭菌离心管中，利用高速离心机 8000g、4℃ 离心 5min 后，弃上清液，用灭菌后去离子水重新溶解并用紫外分光光度计 TU-1901 测定其 OD_{600}，测定过程中以去离子水为参比进行分光光度计调零。根据菌株浓度和 OD_{600} 之间的线性关系，构建其生长动力学曲线，如图 4.16 所示。

以 OD_{600} 来代表菌株 A-L2 的菌相对密度。由图可知，菌株 A-L2 在 0～9h 处于迟缓期，在营养物质充足的条件下菌株生长缓慢，逐步适应新的环境；在 9～24h 菌株处于对数期，该时期菌株充分利用环境中的各类营养物质，不断繁殖，菌相对密度不断增大；之后于 24～39h 处于稳定期，该时期菌株的增长速率与死亡速率基本持平，因此在生长曲线上显示 OD_{600} 基本稳定在 2.5 左右。39h 之后由于营养物质的匮乏，使得菌株的死亡速率大于生长速率，总体趋势下降。菌株 A-L2 的生长动力学曲线与一般菌株无异，基本都是经历了迟缓期、对数期、稳定期和衰亡期 4 个时期。

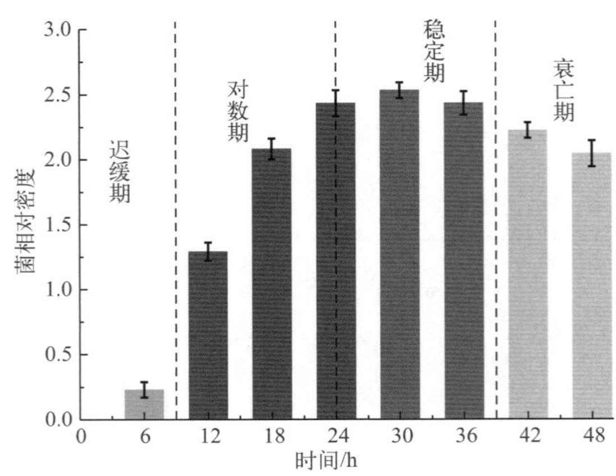

图 4.16 菌株 A-L2 的生长动力学曲线

4.2.3.2 信号分子释放菌株 A-L2 生长过程中 AHLs 的分泌能力

(1) 菌株 A-L2 信号分子 AHLs 分泌能力的动态变化

用灭菌后 LB 液体培养基接种处于对数期的菌株 A-L2，于 37℃恒温摇床振荡培养，每隔 6h 取样，利用报告菌株 A136 测定其 β-半乳糖苷酶活性来表征 AHLs 分泌能力，测定结果如图 4.17 所示。

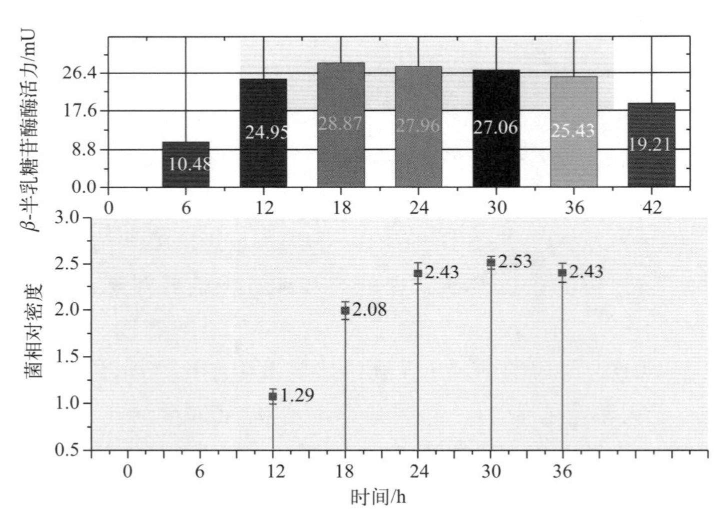

图 4.17 菌株 A-L2 不同生长阶段 AHLs 分泌能力的变化

注：U 为酶活力单位

AHLs 可诱导群体感应菌株 A136（pCF218/pCF372）中 *lacZ* 基因表达 β-半乳糖苷酶，水解底物 ONPG 产生黄色（綦国红 等，2007；邱健 等，2007）。当 AHLs 的含量越高，菌株所产生的 β-半乳糖苷酶的活性越高，因此可通过检测 β-半乳糖苷酶的活性来间接反映 AHLs 的活性水平。

由图 4.17 可知，短链 AHLs 的分泌能力随着菌株 A-L2 的生长而增强。在第 18 小时，β-半乳糖苷酶的活性达到最大为 28.87mU，之后随着培养时间的增加而逐渐降低，在菌株 A-L2 生长过程中未检测到长链 AHLs，这与高效液相-质谱分析的结果是一致的。菌株 A-L2 在 18～24h 的 AHLs 分泌能力基本是稳定的，因此后续研究取样都是在 24h 取样，由于该时期菌株 A-L2 不仅处于对数期，而且 AHLs 分泌能力较强，因此是 AHLs 整体最稳定的时期。24h 之后，菌株 AHLs 分泌能力随着培养时间的增长而逐渐减弱。在菌株 A-L2 生长过程中的 AHLs 分泌能力随菌相对密度的增加而变化，当细菌相对密度达到最大值（对数生长后期 18～24h）时，AHLs 的分泌能力最强，表明菌株 A-L2 对数生长期中 AHLs 分泌能力最强。随着细菌进入衰变阶段，β-半乳糖苷酶的活性逐渐降低，即分泌信号分子的能力降低。Wang 等（2012）研究了假单胞菌 HF-1 的 AHLs 分泌能力变化，在第 12 小时达到最大，AHLs 分泌能力变化趋势与本研究基本一致。Hu 等（2016b）研究认为由于长链的 AHLs 的细胞膜渗透性较低，直接影响其提取和检测，因此未见长链 AHLs 被检测到，关于这一观点仍需进一步研究确认，结合 UPLC-MS/MS 结果本研究认为菌株 A-L2 所分泌的信号分子为两种短链 AHLs，分别为 C_4-HSL 和 C_6-HSL。

由图 4.16 和图 4.17 可知，当菌株 A-L2 处于对数期时，AHLs 分泌能力最强；当菌株 A-L2 处于稳定期和衰亡期时，其信号分子 AHLs 分泌的能力也稳定一段时间而后有所降低，因此可得菌株 A-L2 分泌信号分子 AHLs 的能力和其 OD_{600} 值密切相关。

(2) 菌株 A-L2 生长过程 AHLs 分泌量的累积

菌株 A-L2 在其生长过程中可分泌 C_4-HSL 和 C_6-HSL 两种信号分子，表 4.4 显示了菌株 A-L2 在不同生长阶段的 C_4-HSL 和 C_6-HSL 量的变化过程，总体来说两种信号分子都是不断累积的。

表 4.4 不同生长阶段菌株 A-L2 分泌 C_4-HSL 和 C_6-HSL 累积量

时间/h	C_4-HSL 累积量/（μg/L）	C_6-HSL 累积量/（μg/L）
0	N	N
6	N	N
12	N	N
18	0.53	N
24	0.58	1.03
30	0.62	1.37
36	0.74	1.42
42	0.66	1.24
48	0.55	1.39

注：N 表示无法检测到累积量。

在菌株 A-L2 生长的缓慢期，菌株 A-L2 培养第 6 小时和第 12 小时显色反应结果如图 4.18（书后另见彩图）所示，可知体系中有 C_4-HSL 和 C_6-HSL 的存在，但是由于分泌量太低，分别低于 0.5μg/L 和 1.0μg/L，无法进行定量。随着时间的推移，C_4-HSL 和 C_6-HSL 均呈逐渐增加和积累的趋势。C_6-HSL 的分泌量始终高于 C_4-HSL。C_4-HSL 和 C_6-HSL 的累积量在 36h 达到了最高值分别为 0.74μg/L 和 1.42μg/L，说明了菌株 A-L2 对短链 AHLs 的释放量随时间增加而增加，在第 36 小时达到最大值，之后随着培养时间的增加而减少。在第 42 小时，C_4-HSL 和 C_6-HSL 的量都有所减少，一方面是由于菌株生长环境中营养物质的消耗，使得菌株的分泌量下降，另一方面是由于前 42h 分泌的信号分子有一部分被分解，因此总体呈现了信号分子的量降低的趋势。第 48 小时信号分子 C_4-HSL 仍然持续降低而 C_6-HSL 的量有所回升，这是因为 C_4-HSL 比 C_6-HSL 分解的速度更快（Morohoshi，2019；Murugayah et al.，2018）。

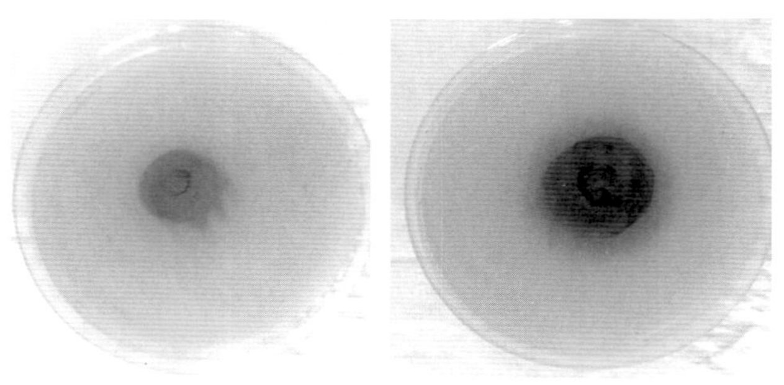

图 4.18　菌株 A-L2 培养第 6～12 小时与报告菌株 A136 的显色反应结果

4.2.3.3　环境因子对菌株 A-L2 信号分子 AHLs 释放效应的影响

(1) 离子强度对 QS 释放菌株 A-L2 信号分子 AHLs 分泌能力的影响

离子强度可衡量溶液中存在离子所产生的电场强度。溶液中离子的浓度越大，离子所带的电荷数目越多，离子与它的离子氛之间的作用越强，离子强度越大。本研究采用单因素研究法，首先以传统的 LB 培养基为初始条件，逐渐改变某一因素而保持其他因素不变，来探索菌株 A-L2 对信号分子的最佳释放模式。首先，控制酵母提取物为碳源，胰蛋白胨为氮源，以添加不同浓度的 NaCl 来探索离子强度对菌株 A-L2 分泌短链 AHLs 的影响，以离子强度为 0%作为阴性对照，培养温度为 37℃，pH 值为 7.0，结果如图 4.19（书后另见彩图）所示。

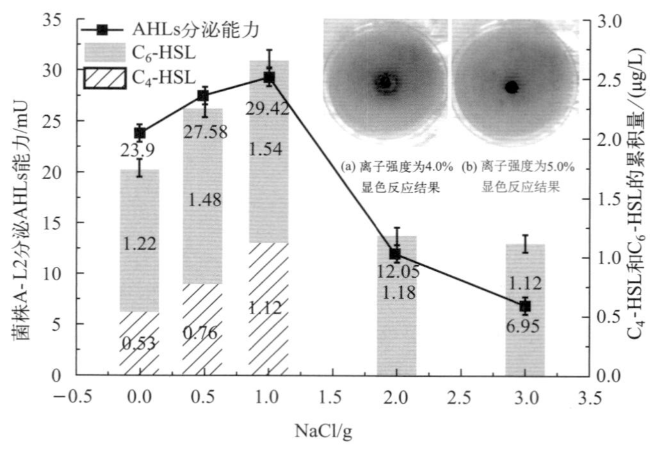

图 4.19　不同离子强度对菌株 A-L2 的 C_4-HSL 和 C_6-HSL 分泌量和分泌能力的影响

与对照组相比，一定浓度（0.5%～1.0%）的离子强度对菌株 A-L2 产生短链信号分子有明显的促进作用。当离子强度为 1.0%时，C_4-HSL 和 C_6-HSL 信号分子的分泌量均达到最高，分别为 1.12μg/L 和 1.54μg/L，此时菌株 A-L2 分泌信号分子的能力也最强。当基质离子强度为 2.0%时，由于菌株 A-L2 的生长受到限制，AHLs 的分泌受到抑制，最终收集到的菌液 OD_{600} 仅为 0.46，C_4-HSL 的分泌量低于最低定量限而无法被定量，C_6-HSL 的分泌量为 1.18μg/L。因此，一定量的离子强度可以使得菌株 A-L2 产生应激反应，产生更多的 AHLs 且分泌能力较强，当离子强度过大时反而会产生相反的抑制作用。当离子强度为 3.0%时，检测到 β-半乳糖苷酶的活性。但是信号分子 C_4-HSL 依旧无法定量，C_6-HSL 的分泌量为 1.12μg/L。当离子强度为 4.0%和 5.0%时菌株 A-L2 经 72h 培养后几乎没有生长，OD_{600} 值约为 0.05。图 4.19（a）和图 4.19（b）分别为离子强度为 4.0%和 5.0%时的显色反应结果。因此，信号分子 C_4-HSL 和 C_6-HSL 的分泌量很低，低于其最低定量限，但通过显色反应结果，可以判断有少量的信号分子产生。

以上结果表明，低离子强度和高离子强度应激都能抑制自诱导分子的分泌。C_4-HSL 和 C_6-HSL 的最佳离子强度含量均为 1.0%。低离子强度和高离子强度胁迫均能抑制 C_4-HSL 和 C_6-HSL 的分泌，本研究结果与 Yarwood 等（2003）的研究结果一致。当离子强度为 0～1%时，高渗压下信号分子的分泌量较高和分泌信号分子能力较强，说明高渗压下 AHLs 的分泌增加。Wang 等（2012）研究了纯培养中高效尼古丁降解菌短链 AHLs 的释放模式和存在条件。结果表明，低温、酸性 pH、高渗压和微量元素有利于菌株 HF-1 信号分子的释放和稳定存在，有利于诱导群体感应，从而促进了生物技术设备的成功运行。

（2）碳源对 QS 释放菌株 A-L2 信号分子 AHLs 分泌能力的影响

碳源为细菌的生长过程提供能量和营养物质，为细胞的生长和分裂增殖提供必要的物质基础，是细胞生长不可或缺的元素。由上节可知，离子强度的最佳量为 1%。因此，固定离子强度为 1%，胰蛋白胨为氮源，培养温度为 37℃，pH 值为 7.0，改变碳源，探索碳源对菌株 A-L2 释放模式的影响，结果如图 4.20 所示。

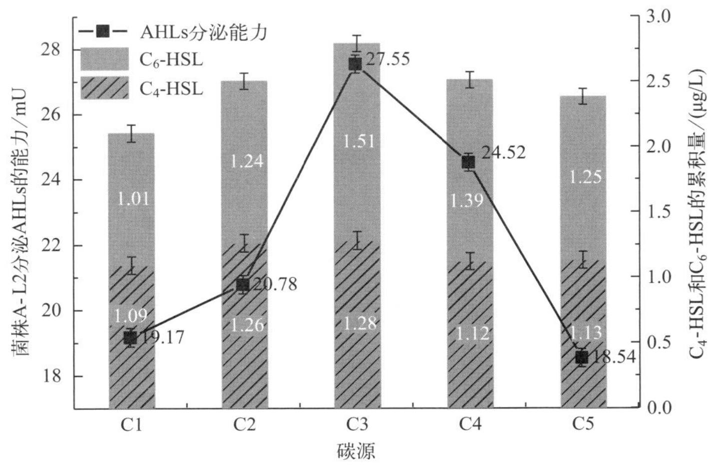

图 4.20　培养基中不同碳源对菌株 A-L2 的 C_4-HSL 和 C_6-HSL 分泌量和分泌能力的影响

C1—果糖；C2—木糖；C3—葡萄糖；C4—蔗糖；C5—麦芽糖

本研究分别利用5种不同碳源作为培养基成分，探索了不同碳源对菌株A-L2分泌信号分子的量和分泌能力大小产生的影响。总体来看，AHLs分泌能力由高到低对应的碳源依次为葡萄糖、蔗糖、木糖、果糖和麦芽糖。总体来说，C_4-HSL的分泌高于C_6-HSL。因此，碳源对C_4-HSL的分泌有更大的影响。菌株A-L2在不同碳源培养基中培养24h的菌密度相差不大，葡萄糖作为碳源最有利于菌株的生长，OD_{600}增长最快。以葡萄糖作为碳源时，C_4-HSL和C_6-HSL的分泌量是最多的，分别为1.28μg/L和1.51μg/L，且AHLs分泌能力也是最高的，因此葡萄糖为菌株A-L2产生信号分子的最佳碳源。不同的碳源对于同一菌株的生长和代谢产物的累积影响很大，因此不同碳源对AHLs分泌量影响能力大小为：葡萄糖>木糖>蔗糖>麦芽糖>果糖。以葡萄糖为碳源时，一方面菌株生物量增长较快，培养相同的时间，菌株OD_{600}也高于其他对照组；另一方面，由于葡萄糖效应，葡萄糖作为碳源时可被优先利用，其分解代谢产物可阻遏某些诱导酶体系编码基因的转录（戴蕾 等，2018；李婷婷 等，2016）。因此，葡萄糖为最佳碳源。

(3) 氮源对QS释放菌株A-L2信号分子AHLs分泌能力的影响

微生物生长和产物合成需要氮源。氮源主要用于菌体细胞物质（氨基酸、蛋白质、核酸等）和含氮代谢物的合成（解丕苓和于修烛，2013）。培养基中使用的氮源可分为两大类：有机氮源和无机氮源。常用的无机氮源包括各种铵盐、硝酸盐和氨水等，其中有机氮源主要有蛋白胨、牛肉膏、酵母提取物等。本研究固定碳源为葡萄糖，离子强度为1%，培养温度为37℃，pH值为7.0，以常用的培养基氮源作为研究对象，考察不同的有机氮和无机氮对菌株A-L2分泌AHLs类信号分子的能力和产量的影响，结果如图4.21所示。

本研究利用常用的培养基氮源分别作为菌株A-L2生长的营养物质。菌株A-L2的培养基中加入不同的氮源后，检测其分泌信号分子的能力。结果如图4.21所示，AHLs分泌能力从高到低对应的氮源分别为：胰蛋白胨、酪蛋白胨、硫酸铵、氯化铵、磷酸氢二铵（孔西曼 等，2017）。以胰蛋白胨为氮源时，C_4-HSL和C_6-HSL的分泌量最高分别达到0.76μg/L和1.55μg/L。通常来讲，微生物以硫酸铵和氯化铵作为氮源物质时，环境中pH值会降低，磷酸氢二铵作为氮源时，环境pH值会升高，相对于弱酸性而言弱碱性不利于微生物的生长。因此，以磷酸氢二铵为氮源时，菌株A-L2的群感效应最差，这与pH值对菌株A-L2群感效应影响的结果相互佐证。胰蛋白胨是以酪蛋白为原料，经消化、脱色等一系列工艺制得，因此更容易被微生物利用（Khan et al.，2014）。因此，菌株A-L2达到最佳群感效应时对应的氮源为胰蛋白胨。不同氮源可以通过影响微生物新陈代谢而影响信号分子的分泌。探明菌株A-L2分泌AHLs能力强且分泌量大的碳源和氮源对后续研究利用信号分子进行生物强化作用有重要的实际意义。微生物的生长和某些特性的表达也受营养物质的影响。Mor和Sivan（2008）研究了红球菌菌株的培养营养物质对群体感应的影响，结果发现疏水性物质苯丙乙烯作为底物更有利于群体感应的发生。

(4) pH值对QS释放菌株A-L2信号分子AHLs分泌能力的影响

pH值是水溶液最重要的理化参数之一，凡涉及水溶液的自然现象、化学变化以及生产过程都与pH值有关。通过上述研究确定了培养基的最佳碳源为葡萄糖，氮源为胰蛋白胨，离子强度为1%。固定上述因素，温度为37℃，改变pH值分别为5～9，探究菌株A-L2在不同pH值下菌株A-L2的AHLs分泌能力。如图4.22所示，弱酸弱碱条件下的

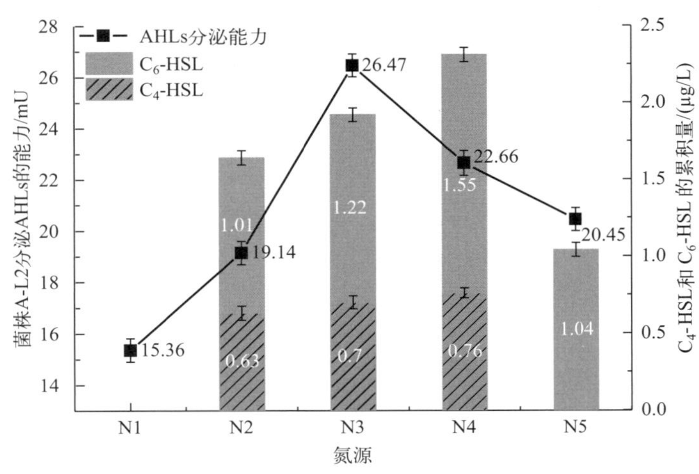

图 4.21 不同氮源对菌株 A-L2 的 C_4-HSL 和 C_6-HSL 分泌量和分泌能力的影响

N1—磷酸氢二铵；N2—硫酸铵；N3—胰蛋白胨；N4—酪蛋白胨；N5—氯化铵

AHLs 较中性 pH 条件下（对照组 pH＝7.0），C_4-HSL 和 C_6-HSL 的分泌量较低，分泌能力较弱。当 pH 值为 5.0 时，AHLs 的分泌能力最弱。这是因为菌株 A-L2 的生长和繁殖在 pH＝5.0 时受到明显影响，因此信号分子的分泌量也较低，菌株培养 72 h 后菌液 OD_{600} 仅为 0.32，C_4-HSL 的分泌量为 0.51μg/L，C_6-HSL 的分泌量低于最低定量限。其他 pH 值条件下培养的菌株 OD_{600} 都可以达到 1.0 以上，当 pH 值为 7.0 时 AHLs 分泌能力最强，β-半乳糖苷酶活性可达到（26.59±1.07）mU，C_4-HSL 和 C_6-HSL 的分泌量也最高，分别达到 0.76μg/L 和 1.48μg/L。菌株 A-L2 在 pH＝5.0 时基本处于不生长状态，在 pH＝7.0 时 AHLs 分泌量最大，pH＝9.0 时 AHLs 分泌量很小。弱酸或者中性环境对菌株 A-L2 信号分子的分泌量影响不明显，但弱酸（pH＝6.0）环境下细菌群体密度要低于中性环境，原因可能是不利的环境（弱酸）可以刺激细菌群体感应应激机制而大量分泌 AHLs。菌株 A-L2 的最适生长 pH 值为 7.0，这与 Grade 等（2010）的研究结果相似，嗜水气单胞菌最适的 pH 值为 6.5～7.5，由于不同生物生活的环境不同，所以不同来源的细菌最适 pH 值也会略有不同。pH 值对群体感应的影响与温度相似。与碱性环境相比，酸性环境更有利于 AHLs 的稳定存在。一方面，pH 值影响菌株 A-L2 的生长，另一方面也影响信号分子的稳定性。Yates 等（2002）利用 ^{13}C 核磁共振（NMR）分析了信号分子在不同酸碱度环境的存在状态，结果发现当 pH 值从 1.0 增加到 2.0 时大部分的 HSL 环都被打开。当 C_3 酰基链引入 HSL 环时，在 pH 值为 2.0 时，C_3-HSL 几乎完全消失。当 pH 值上升到 6.0 时，大约 70％的环被打开；当 pH 值上升到 7.0 时，所有的环都被打开。C_4-HSL 出现在 pH 值为 5.0～8.0 范围内；当 pH 值从 5.0 下降到 2.0 以下时，C_4-HSL 所有的环都打开了。

（5）温度对 QS 释放菌株 A-L2 信号分子 AHLs 分泌能力的影响

温度的高低可以直接影响微生物生长过程中需要的各种酶的活性，因此是至关重要的影响 AHLs 分泌的因素，因此本研究还探索了菌株 A-L2 在培养过程中温度对其 C_4-HSL 和 C_6-HSL 分泌量和分泌能力的影响，结果如图 4.23 所示。由图可知，温度对菌株 A-L2 的信号分子分泌的影响比较显著。菌株 A-L2 分泌 AHLs 能力在 30℃最强，低温会抑制菌

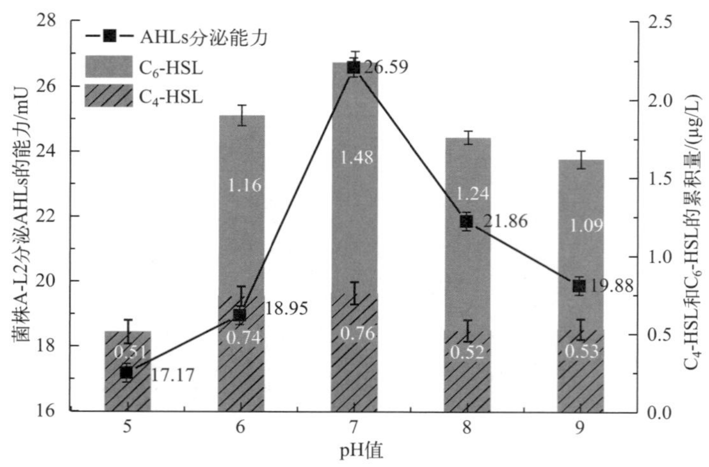

图 4.22 不同 pH 值对菌株 A-L2 的 C_4-HSL 和 C_6-HSL 分泌量和分泌能力的影响

株 A-L2 的生长，同时 AHLs 的分泌量也非常少，当温度大于 45℃时菌株 A-L2 处于休眠状态。培养温度在 45℃时 AHLs 的分泌明显低于 30℃的分泌量。原因可能是高温会加速嗜水气单胞菌自身消耗 AHLs 或者抑制细菌产生 AHLs 的量。菌株 A-L2 在 30℃时，C_6-HSL 的分泌量达到最高，C_4-HSL 和 C_6-HSL 的分泌量分别为 0.71μg/L 和 1.58μg/L，并且菌株分泌的 AHLs 的能力也是最高的。当温度为 35℃时，C_4-HSL 的分泌量达到最高，C_4-HSL 和 C_6-HSL 的分泌量分别为 0.78μg/L 和 1.55μg/L，因此本研究认为 30～35℃为菌株 A-L2 最适培养温度。Yates 等（2002）对培养 24h 的假结核杆菌进行了 AHLs 分析，发现在温度为 22℃时可以检测到 3-oxo-C_6-HSL、C_6-HSL 和 C_8-HSL 信号分子，当温度为 28℃时仅检测到 C_6-HSL 信号分子，37℃时未检测到信号分子。这表明信号分子在不同温度下的释放和存在有很大的不同。在不影响细菌生长的情况下，低温有利于信号分子的释放和持久，而高温则容易降解信号分子。

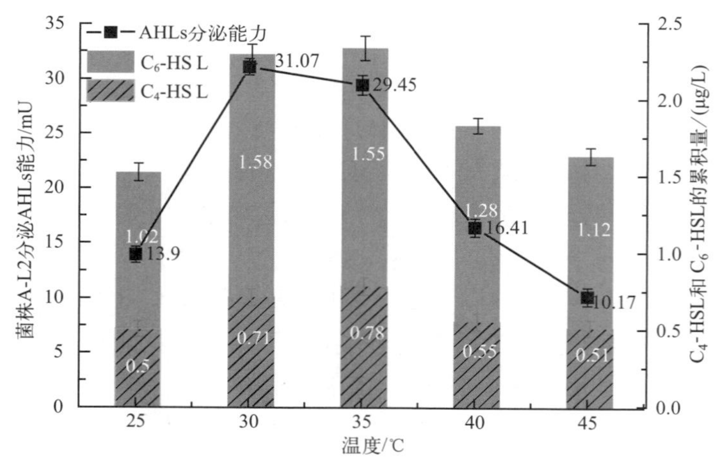

图 4.23 不同温度对菌株 A-L2 的 C_4-HSL 和 C_6-HSL 分泌量和分泌能力的影响

当温度低于 30℃时，C_4-HSL 含量随着温度的上升而增加；当温度高于 30℃时，C_4-HSL 的分泌受到抑制；而 30℃时 C_6-HSL 含量最高，可达 1.58μg/L。在不同的培养温度下，检测了菌株 A-L2 分泌 AHLs 的能力。当培养温度高于 35℃或低于 30℃时，菌株 A-L2 分泌 AHLs 的能力较弱。在 30℃时，分泌 AHLs 的能力最强，与 30℃时菌株的最佳生长温度一致。这些结果表明，培养温度对诱导剂的分泌有一定的影响。C_4-HSL 和 C_6-HSL 的最佳分泌温度分别为 30℃ 和 35℃。结合菌株 A-L2 的最佳生长温度、信号分子的总量最高并兼顾较大的 β-半乳糖苷酶活性 3 个条件，初步确定最佳温度为 35℃。

4.2.3.4 信号分子 AHLs 释放菌株 A-L2 释放模式的优化

(1) BBD 模型构建方法

因素分析法是利用统计体系分析现象总变动中各个因素影响程度的一种统计分析方法，包括连环替代法、差额分析法、指标分解法等（Liu et al.，2014）。因素分析法是现代统计学中一种重要而实用的方法，它是多元统计分析的一个分支，使用这种方法能够使研究者把一组反映事物性质、状态、特点等的变量简化为少数几个能够反映出事物内在联系的、固有的、决定事物本质特征的因素。本研究对菌株 A-L2 的最佳释放模式进行了多因素分析，分别讨论了环境因子对信号分子 C_4-HSL 和 C_6-HSL 的分泌量和信号分子分泌能力的影响。首先根据菌株 A-L2 在生物代谢过程中各因素的交互影响进行初步筛选分析，选取温度、pH 值、离子强度、碳源和氮源 5 个因素进行最优信号分子分泌条件的筛选，如表 4.5 所列。根据 P-B 实验设计进行了摇瓶实验，具体操作如下：在 250mL 的锥形瓶中分别以不同的碳源、氮源以及不同浓度的氯化钠配制菌株生长培养基，再以 1mol/L 的 NaOH 调节 pH 值分别为 5、6、7、8、9，最后再分别以 25℃、30℃、35℃、40℃、45℃的条件培养，整个实验过程中采用单因素分析法，分别进行实验，每组实验设计 3 个平行样品，在振荡培养箱中培养 8h 后，取 10mL 菌液根据 AHLs 的水相萃取方法用色谱级乙酸乙酯将样品中的信号分子 C_4-HSL、C_6-HSL 萃取出来后用液相质谱联用仪测定两种信号分子的量，并通过 β-半乳糖苷酶活性测定，测出其信号分子的分泌能力。

通过 Plackett-Burman 实验选取温度、酸碱度和离子强度作为主要的环境影响因子，如表 4.6 所列，通过 Design Expert 软件 Response Surface 中的 Box-Behnken 构建出其模拟后公式，分别为式（4.1）、式（4.2）和式（4.3），分别对应 C_4-HSL、C_6-HSL 的分泌量和 AHLs 分泌能力的计算公式，最后用 Origin 2020 绘图。

表 4.5 实验设计（因素和水平）

序号	因素	最低值	最高值
A	pH 值	5	9
B	温度/℃	25	45
C	离子强度/（g/mL）	0	3
D	碳源/（mg/L）	1	5
E	氮源/（mg/L）	1	5
F	振荡速度/（r/min）	120	200

表 4.6 Box-Behnken 模型实验因子设计

变量	因素	最低值	最高值
X1	pH 值	5	9
X2	温度/℃	25	45
X3	离子强度/(g/mL)	0	3

(2) 信号分子 C_4-HSL 的最优释放条件分析

式 (4.1) 显示了信号分子 C_4-HSL 经优化后的最佳分泌环境条件，主要体现了 pH 值、温度以及离子强度三者之间的主要关系。

$$C_4\text{-HSL 分泌量}=0.5352X_1+0.1023X_2-0.1281X_3+0.0321X_1X_3-0.0418X_1^2-1.6508e^{-3}X_2^2-0.0448X_3^2-2.339 \quad (4.1)$$

式中 X_1——酸碱度；

X_2——温度，℃；

X_3——离子强度，%。

由图 4.24 可知，BBD 模型设计信号分子 C_4-HSL 的残差正态图十分接近直线，实际实验参数与模型设计的计算值较接近。因此，根据该模型的拟合实际公式，利用 Origin 2020 绘制以 C_4-HSL 为因变量的等高线图和 3D 响应曲面图。值得注意的是，在确定两个自变量后，其他值以模型拟合的最佳数值代入公式，因此每个等高线和响应曲面图对应的自变量都是两个，在本研究中分别以温度、pH 值和离子强度三者两两变化得出 C_4-HSL 的分泌解析图，如图 4.25（书后另见彩图）所示。图 4.25 (a) 是以 pH 值和温度作为自变量，C_4-HSL 的分泌量为因变量；图 4.25 (b) 是以 pH 值和 NaCl 浓度为自变量的解析结果图，图 4.25 (c) 则为温度和 NaCl 浓度为自变量的解析图，将以上 3 图结合起来分析得 C_4-HSL 的最佳释放模式。

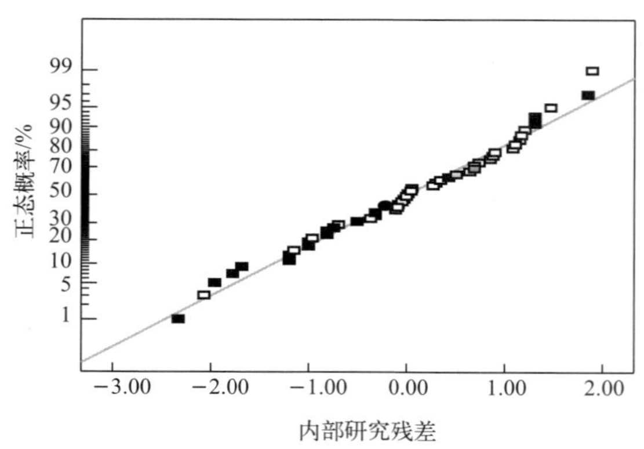

图 4.24 BBD 模型设计 C_4-HSL 的残差正态图

温度对 C_4-HSL 的分泌量和 AHLs 分泌能力影响作用很大。控制温度为 30℃时，菌株的信号分子分泌量最高，分泌能力最强。设定温度为 35℃，pH 值分别为 5、6、7、8、9，结果发现 pH 值为 7.0 时，AHLs 的总体活性和分泌量最高，但是 C_6-HSL 的分泌量却有大幅度的降低，分析原因可能是 C_6-HSL 较 C_4-HSL 酰基侧链更长，结构更不稳定，在

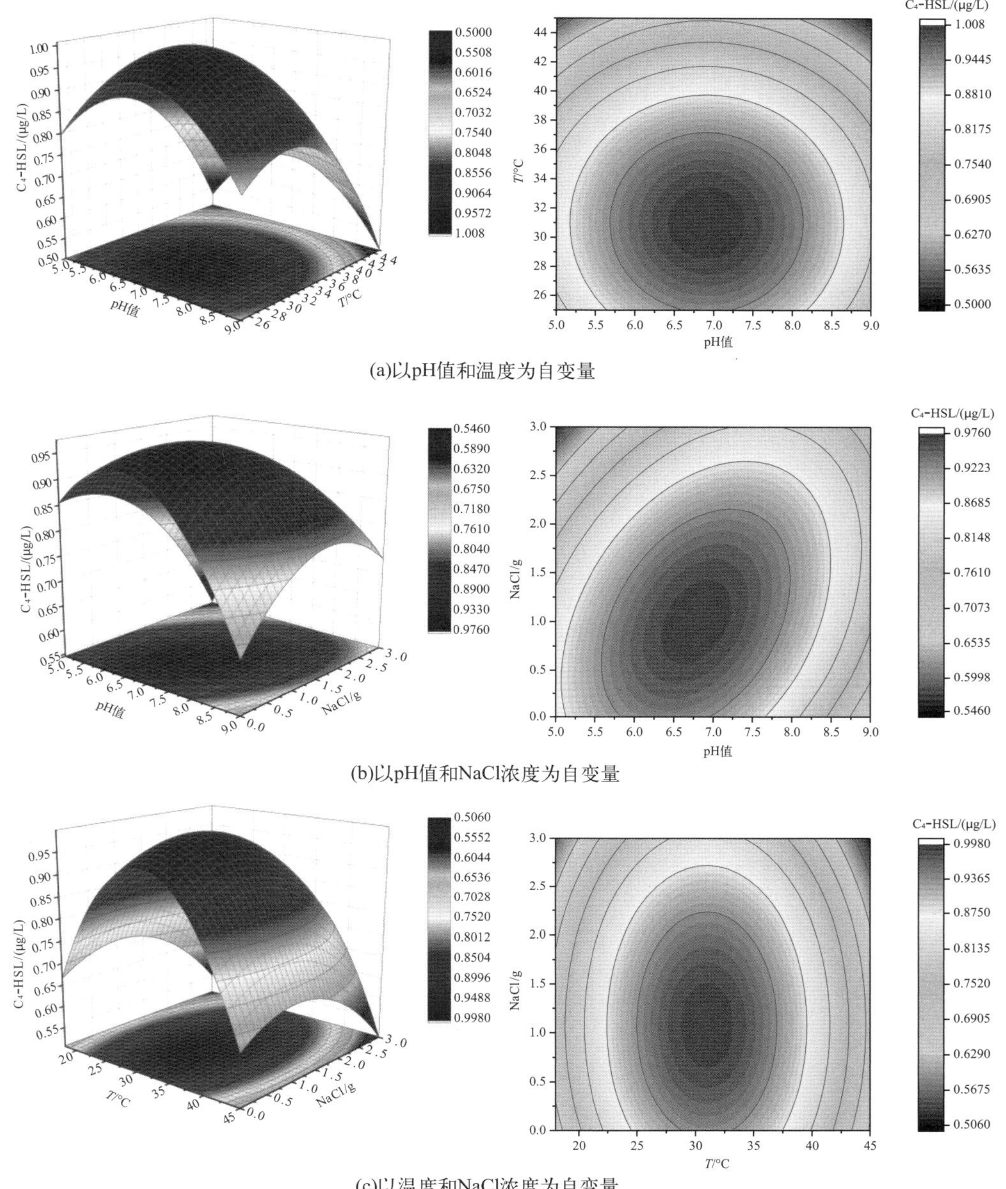

(a)以pH值和温度为自变量

(b)以pH值和NaCl浓度为自变量

(c)以温度和NaCl浓度为自变量

图 4.25　多因素综合优化菌株 A-L2 信号分子 C_4-HSL 分泌解析图

温度变化较大时，就会产生较大的变化。设定温度为 35℃，pH 值为 7.0，探究发现以胰蛋白胨为氮源时，总体的信号分子分泌量和分泌能力都更高。以葡萄糖作为唯一碳源时，也可以达到最优的结果。最后优化了离子强度的影响，发现加入 1.0%的 NaCl 更加有利于信号分子的分泌和分泌能力的增加。

(3) 信号分子 C_6-HSL 的最佳释放条件

根据实验结果，构建信号分子 C_6-HSL 的 BBD 模型，其构建方法与 C_4-HSL 的方法一致，根据模型计算结果得出 C_6-HSL 的计算公式为式（4.2）。

$$C_6\text{-HSL 分泌量}=0.2174X_1+0.0332X_2+0.1018X_3-0.0163X_1^2-5.4814\mathrm{e}^{-4}X_2^2-0.0364X_3^2-0.0409 \quad (4.2)$$

式中　X_1——酸碱度；

X_2——温度，℃；

X_3——离子强度，%。

根据信号分子 C_6-HSL 的释放模式构建的 BBD 模型，根据模型可得其残差与方差预测值的对应关系（图 4.26）。由图 4.26 可知，图中点值分布杂乱无章，并无任何规律可循，因此可得该模型的建立是成功的。有研究表明，BBD 模型的残差与方程预测值的对应关系图越乱越好（Jiang et al.，2018），说明模型设计的随机性更高，预测值与实际值越接近，实验结果越准确，因此可得 C_6-HSL 的模型设计也是准确的。式（4.2）是根据模型结果所得的 C_6-HSL 的释放公式，同样利用软件 Origin 2020，结合软件分析结果可得 C_6-HSL 的最佳释放模式的等高线图和 3D 响应曲面图，结果如图 4.27（书后另见彩图）所示。嗜水气单胞菌体内存在两种群体感应调控系统：一种是控制 AHLs 类信号分子分泌的 QS1 群体感应系统；另一种是控制 AI-2 类信号分子的 QS2 类感应系统。由于信号分子的分泌能力与微生物的生理活动紧密相关，因此在研究菌株 A-L2 的信号分子释放过程中，追求信号分子分泌能力的最大化也是十分必要的。

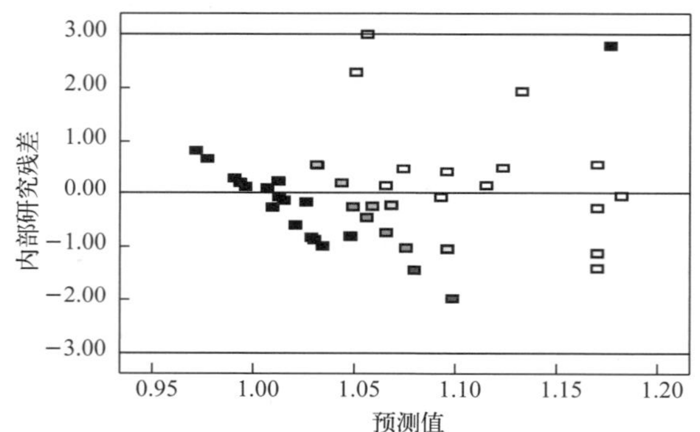

图 4.26　C_6-HSL 信号分子残差与方程预测值的对应关系

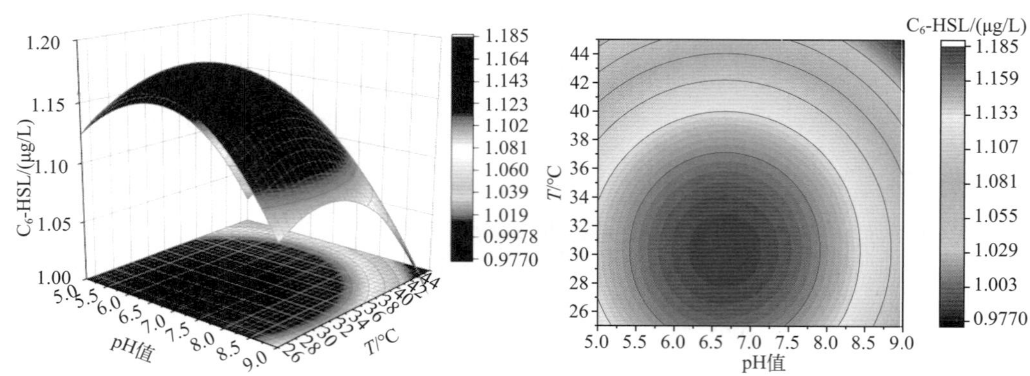

(a)以pH值和温度为自变量

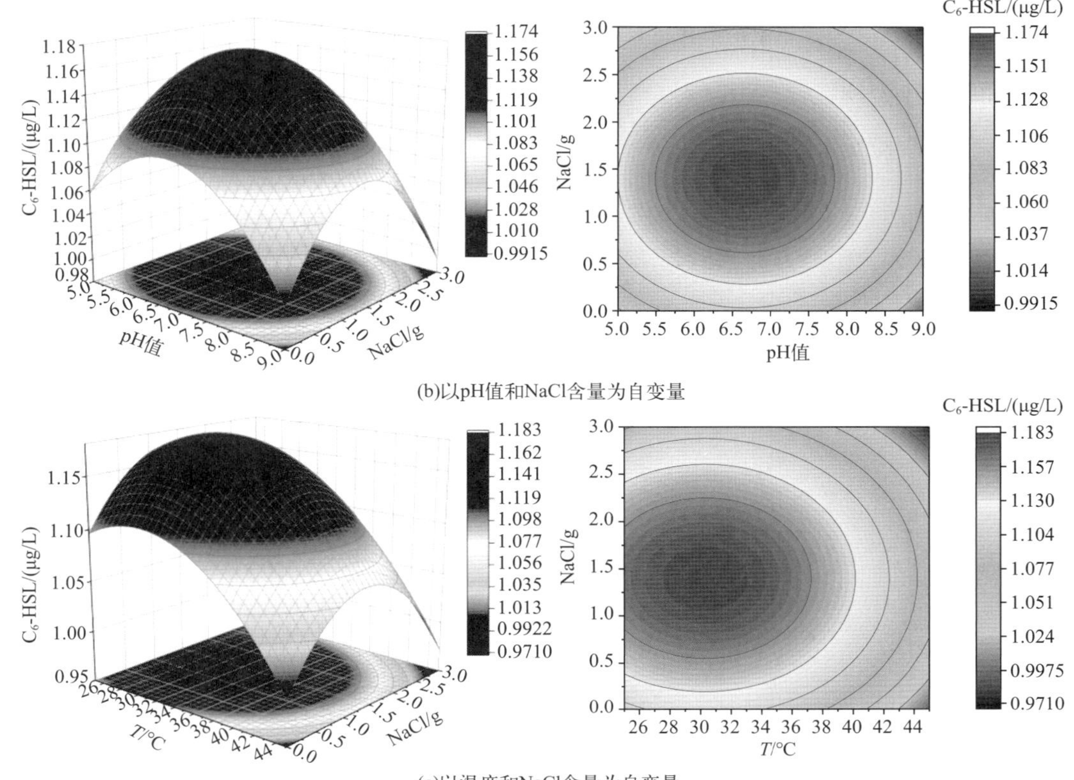

(b)以pH值和NaCl含量为自变量

(c)以温度和NaCl含量为自变量

图 4.27　多因素综合优化菌株 A-L2 信号分子 C_6-HSL 分泌解析图

由图 4.27 可知，信号分子 C_6-HSL 在温度为 35℃的中性环境下分泌量更多，且补充 0.5%～1%的氯化钠后，更加有利于菌株 A-L2 对信号分子 C_6-HSL 的释放，该实验结果与 C_4-HSL 的释放结果基本相似。由图 4.27（a）可知，当环境 pH 值为 7.0、温度为 35℃时，C_6-HSL 的分泌量最高，可达 1.185μg/L。当离子强度为 1%、pH 值为 7.0～7.2 时，C_6-HSL 的分泌量可达 1.174μg/L，由此可得补充一定的氯化钠有利于 C_6-HSL 的释放，且信号分子 C_6-HSL 的分泌量始终高于信号分子 C_4-HSL 的分泌量，由此可得，菌株 A-L2 在分泌的两种信号分子中，C_6-HSL 较 C_4-HSL 而言，其分泌量更多，更占优势，因此只有当 C_4-HSL 的分泌量达到一定的累积时才会起到相应的作用。根据 BBD 模型的预测，C_4-HSL 的分泌量最高可达 1.008μg/L，而 C_6-HSL 的分泌量可达最高为 1.185μg/L。由于信号分子本身由微生物分泌，其分泌量相对较低，因此 0.1～0.2μg/L 的差别也可使得微生物的生理形态和某些特定的基因被激活，因此环境因子的影响更显重要，研究菌株 A-L2 的释放模式更为必要。以 β-半乳糖苷酶活性表征的菌株 A-L2 信号分子分泌能力计算公式为式（4.3）。

$$\beta\text{-半乳糖苷酶活性}=27.4490X_1+5.3193X_2+6.8136X_3-0.0833X_1X_2-0.1817X_1X_3-0.1693X_2X_3-9e^{-3}X_2-1.8647X_1^2-0.0696X_2^2-2.6733X_3^2-199.2041 \tag{4.3}$$

式中　X_1——酸碱度；

X_2——温度，℃；

X_3——离子强度，%。

图 4.28 显示了菌株 A-L2 信号分子 AHLs 分泌能力的模型计算值与实际值的拟合情况，以证明该模型的设计是否合理。结果显示，根据信号分子分泌能力的模型计算值和信号分子总活性的实际值基本处于一条直线，两者越靠近一条直线说明模型设计越合理（Hu et al.，2018），因此本研究的模型设计总体来说是科学的。根据模型设计拟合后得到信号分子 AHLs 的分泌能力拟合公式，如式（4.3）所示。最后，根据该公式利用 Origin 2020 绘制 AHLs 分泌能力的等高线图和 3D 响应曲面图，结果如图 4.29（书后另见彩图）所示。

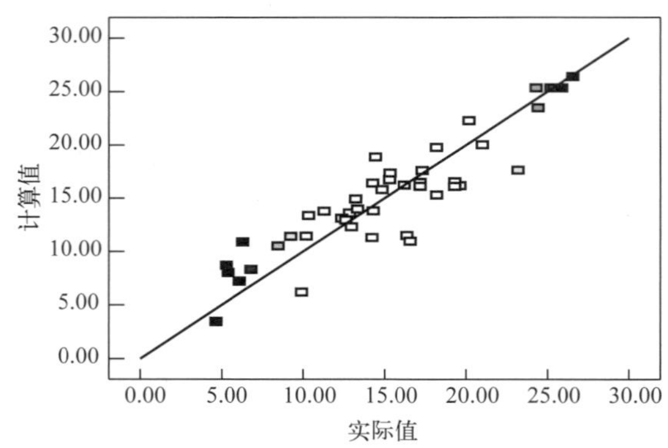

图 4.28 信号分子 AHLs 分泌能力的模型计算值与实际值

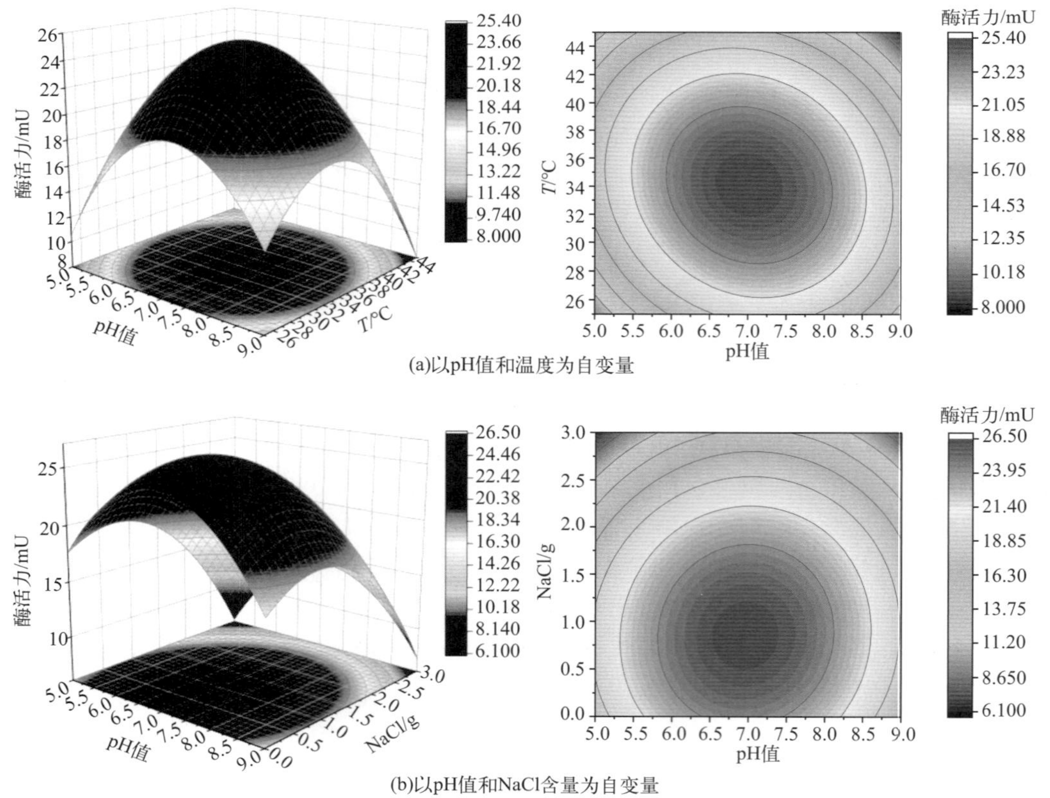

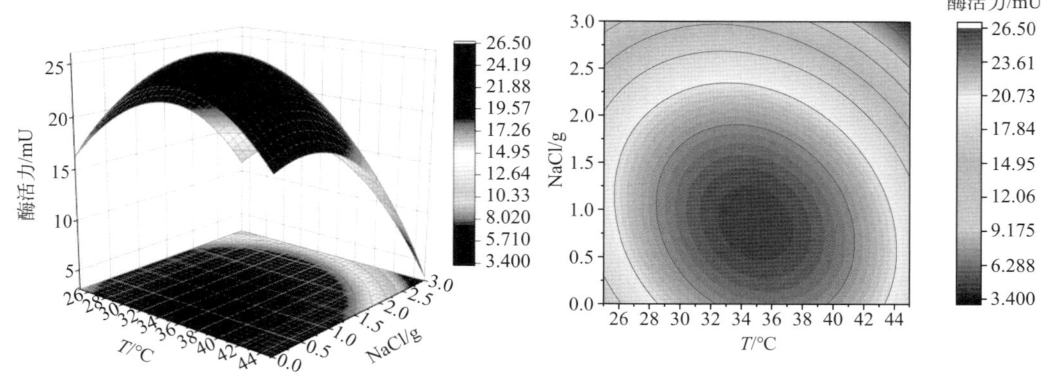

(c)以温度和NaCl含量为自变量

图 4.29　多因素综合优化菌株 A-L2 信号分子分泌能力解析图

菌株 A-L2 释放信号分子分泌能力也通过 BBD 模型解析，结果如图 4.29 所示。结果表明，信号分子的分泌能力也受环境因子的影响。当菌株 A-L2 处于中性环境，温度为 32℃，补充 0.5%～1% 的氯化钠时菌株分泌信号分子的能力最强。这与 C_4-HSL 和 C_6-HSL 的分泌量达到最大值时的最佳条件接近。因此，当菌株 A-L2 分泌更多的 AHLs 类信号分子时其分泌能力也相应地更大。信号分子分泌能力的强弱直接影响微生物在生命活动和新陈代谢中的作用效果，因此本研究以期在获得最大量的 C_4-HSL 和 C_6-HSL 信号分子的同时可使得菌株分泌信号分子的能力最强。嗜水气单胞菌中存在两套群体感应系统，产 AHLs 类信号分子的是 QS1 系统。另外，嗜水气单胞菌还可分泌 AI-2 型信号分子，该系统为 QS2 系统。

4.2.3.5　基于 BBD 模型的菌株 A-L2 信号分子释放模式

图 4.30 总结了 BBD 模型分析的菌株 A-L2 的最佳释放模式，结果显示以 3 号碳源葡萄糖为碳源，3 号氮源胰蛋白胨为氮源，pH 值为 7.0 时，温度为 35℃，补充以 1%的氯化钠时，菌株 A-L2 可最大量地分泌信号分子 C_4-HSL 和 C_6-HSL，与此同时，信号分子的分泌能力也可达到最大值。该模式为菌株 A-L2 的信号分子释放最佳模式。结合菌株 A-L2 的生长最佳条件、信号分子 C_4-HSL 和 C_6-HSL 的分泌累积量最佳条件和信号分子分泌能力的最佳条件得出菌株 A-L2 的最佳释放模式。菌株 A-L2 来自活性污泥，是自然界中普遍存在的一类菌株，生命力顽强，对环境适应能力强。结合上述分析和菌株 A-L2 的生长动力学特征我们发现，该模式下菌株 A-L2 不仅可以保证自身的正常生理活动而且有利于信号分子 C_4-HSL 和 C_6-HSL 的释放。随着培养时间的增长，两种信号分子都在环境中不断累积，利于菌株 A-L2 群体感应效应的发生。因此，该模式既可以兼顾菌株 A-L2 的正常新陈代谢又可以使菌株 A-L2 的群体感应效应最大化发挥，是菌株的最佳信号分子释放模式。

4.3　信号分子分泌菌作用下好氧颗粒污泥的形成特性

SBR 是处理城市和工业废水的一种有效技术，其主要特点是培养形成的好氧颗粒污泥与活性污泥相比，具有附着势强、密度高、结构紧凑、沉降能力强、抗有毒物质和有机负

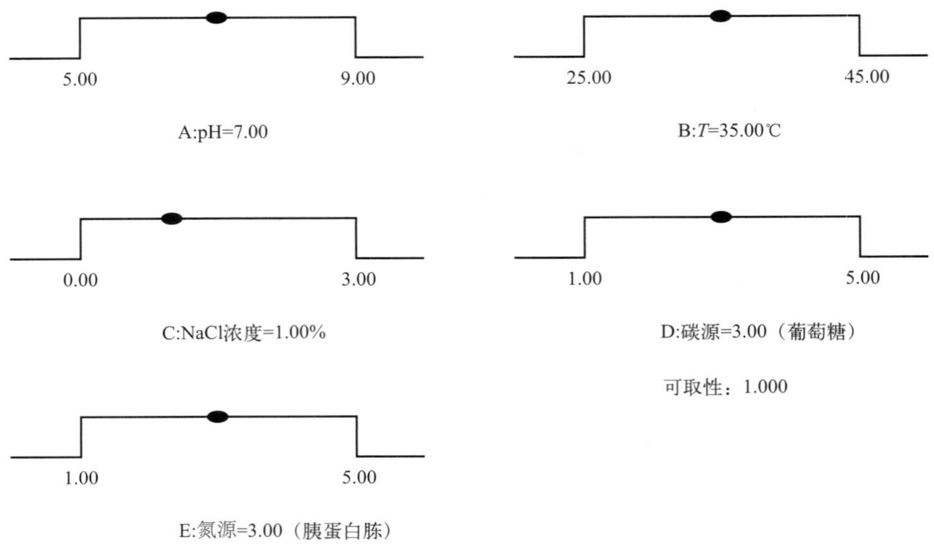

图 4.30 BBD 模型分析菌株 A-L2 最佳释放模式

荷冲击、沉降速度快等优点（Zhang et al.，2016；Yin，2019）。好氧颗粒污泥是细菌种群与胞外聚合物（EPS）自聚集形成的一种球形生物膜（Tan et al.，2014）。在 SBR 系统中培养好氧颗粒污泥的过程是一个从活性污泥到致密团聚体，再到颗粒污泥，最后到成熟颗粒的渐进过程。

研究表明，在好氧颗粒污泥中检测到了几种不同碳链长度的 AHLs。通过群体感应显色反应，发现 SBR 系统颗粒污泥中 AHLs 的含量高于絮凝污泥，此外，在 SBR 系统中细菌分泌的 AHLs 信号分子与好氧污泥颗粒化呈正相关。已有研究表明，微生物附着和 EPS 在好氧颗粒的形成和发育过程中起着重要作用。据报道，添加 40μL 外源 AHLs 可显著提高 EPS 的产量，多糖含量增加 14%～36%，蛋白质含量增加 6%～16%。生物反应器中适当的 AHLs 浓缩物可以提高生物膜活性和活性污泥特性。此外，外源 AHLs 可以显著提高细菌活性和污泥颗粒化（Hu et al.，2016a）。但是，添加更高浓度的 AHLs 会破坏系统的平衡，从而降低细菌的活性，尤其是硝化细菌的活性（Clippeleir et al.，2011）。此外，添加外源 AHLs 的成本很高，这限制了其在实际应用中的广泛推广，并且外源性 AHLs 也很难获得持续性的效果。AHLs 由微生物分泌，难以大量生产。因此，添加 AHLs 分泌菌株是一种更经济有效的生物学方法。

研究所用的 AHLs 分泌菌株来源于种子活性污泥，对 SBR 系统环境具有良好的适应性。在不引入其他微生物的情况下，保持了原有的生态平衡，分泌 AHLs 的菌株产生的内源 AHLs 可用于好氧污泥颗粒化。与普通的信号分子相比，能产生信号分子的菌株成本较低，且产量可随时调整。此外，为评价 QS 在好氧颗粒污泥形成中的重要性，本研究进行了好氧颗粒污泥形成过程中 EPS、C_4-HSL 和 C_6-HSL 的含量及污泥的理化特性等参数变化分析，更深入地研究了 AHLs 分泌菌对好氧颗粒形成的促进作用，为基于群体感应的颗粒污泥研究提供更多依据。

本研究采用两套圆柱形实验装置（SBR1 和 SBR2）。每个 SBR 塔高 45cm，内径 10cm，工作容积 3L，如图 4.31 所示。

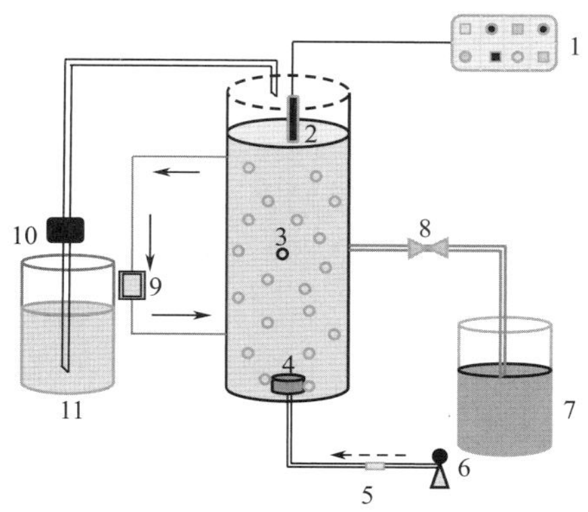

图 4.31 好氧颗粒污泥造粒系统示意

1—自动控制系统；2—水位计；3—取样口；4—曝气头；5—转子流量计；6—蠕动泵；7—出水；8—流量计；9—温度控制；10—流量计；11—合成污水

SBR1（对照组）和 SBR2（强化组）均在厌氧/好氧交替序批式反应器中运行，周期为 6h。这个循环包括 5min 的进料，60min 的厌氧搅拌，285～287min 的曝气，沉降 3～5min，排放 5min。体积变化率为 50%。利用 $NaHCO_3$ 将反应器内水的 pH 值控制在 6.5，温度人为维持在（25±1)℃，溶解氧（DO）含量保持在 3～5mg/L。用于好氧颗粒污泥培养的种子活性污泥取自西安市第四污水处理厂二次沉淀池，相关参数及特性见表 4.7。SBR1 和 SBR2 系统均加入人工合成废水，合成废水的化学组成为：葡萄糖，375mg/L（400mg/L，COD）；NH_4Cl，158.20mg/L（80mg/L，氨氮）；$FeSO_4 \cdot 7H_2O$，20mg/L；KH_2PO_4，25mg/L；$MgSO_4 \cdot 7H_2O$，25mg/L；$NaHCO_3$，300mg/L；$CaCl_2 \cdot 2H_2O$，30mg/L；$FeCl_3 \cdot 6H_2O$，1.50μg/L；微量元素溶液，1mL/L。微量元素溶液稀释后的组成为：H_3BO_3，0.15μg/L；$CoCl_2 \cdot 6H_2O$，0.15μg/L；$Na_2Mo_7O_{24} \cdot 2H_2O$，0.06μg/L；$CuSO_4 \cdot 5H_2O$，0.03μg/L；$MnCl_2 \cdot 2H_2O$，0.12μg/L；$ZnSO_4 \cdot 7H_2O$，0.12μg/L；$CoCl_2 \cdot 6H_2O$，0.15μg/L；KI，0.03μg/L（Liu et al.，2019）。

表 4.7 初始活性污泥的性质

上清液			污泥絮体			
TOC/（mg/L）	TP/（mg/L）	TN/（mg/L）	TOC/（mg/L）	MLSS/（mg/L）	SVI/（mL/g）	pH 值
18.6±2.8	22.3±2.1	24.6±2.3	3246.3±162.2	8440.2±102.2	113.25±5.2	6.8±0.2

在驯化期（0～7d），SBR1 和 SBR2 系统采用相同的运行方式，逐步缩短沉降时间，通过水力选择筛选出沉降能力较差的污泥。具体操作条件为：沉降时间由初始值 15min 缩短到 5min，曝气时间相应增加，与前人研究的方法基本一致（Liu，2016）。驯化 7d 后，将筛选出的菌株加入 SBR2 体系，每周 1 次，在相同条件下进行 SBR1 和 SBR2 体系的培养。具体步骤如下：将 60mL（体积比＝60mL/3000mL＝2%）在 30℃ OD_{600}＝2.0 的 LB 液体培养基中培养的菌株悬浮液在 8000r/min 高速离心机中离心 5min 除去上清液，然后在进水期将残留菌加入 SBR2 体系。为了确定菌株的最适投加量，将分泌 AHLs 的菌株以体积比 1%、2%、4% 和 8% 进行实验。综合考虑性价比和实际应用的可能性，将菌株 A-L2 以 2% 的体积比（离心前体积为 60mL）接种到 SBR2 体系中。

(1) AHLs分泌菌株分泌AHLs的定性和定量评价

采用色谱级乙酸乙酯（CGEA）和高效液相色谱/串联质谱（HPLC-MS/MS）对AHLs进行定性和定量分析。具体的AHLs提取方法见4.2.2部分相关内容。

C_4-HSL和C_6-HSL标准产品采购自美国西格玛。采用飞行时间-高效液相色谱/串联质谱（HPLC-TOF-MS/MS）对AHLs分泌菌株的AHLs进行定性分析。采用日本GL Sciences公司的垫片式VPODS柱（5μm，250mm×4.6mm）对AHLs进行定性分析。柱温为40℃，流速为0.2mL/min，注射量为3μL。采用Waters LC-MS/MS系统对SBR1和SBR2体系中的C_4-HSL和C_6-HSL进行了定量分析。所有样品用Waters ACQUITY LC（美国沃特斯）系统进行分析，流速为0.20mL/min，进样体积为10μL。色谱柱为Waters ACQUITY UPLC BEH C-18色谱柱（1.7μm，2.1mm×50mm，Waters，Ireland）。梯度洗脱过程的参数如表4.8所列。选择12个不同分子量的AHLs信号分子作为目标化合物，数据是在全扫描模式下获得的。

表4.8 梯度洗脱程序参数

时间/min	流动相B/%	流动相A/%	曲线
0	50	50	1
2	60	40	6
5	100	0	6
7	100	0	1
7.8	50	50	1
10	50	50	1

(2) EPS的提取与分析

参照Liu等（2019）的方法，对EPS的提取方法进行了改进。从反应器中同一位置取20mL的混合物，用破碎机（ESW-1500N，中国荣岩）在40W下破碎4min；然后将污泥混合液置于80℃的水浴中1h；并将上清液离心过滤。总EPS含量用TOC表征，并用Vario TOC立方体测定。以葡萄糖为标准，采用苯酚-硫酸法定量多糖（PS）含量，而以牛血清白蛋白（Sigma）为标准，采用改进的Lowry方法分析蛋白质（PN）含量。每个指标测量3次以获得平均值。

(3) 颗粒尺寸、形态和水质指标的分析测定

采用湿筛分法分析污泥颗粒的粒径分布，并用激光粒度分析仪（LS230/SVM，Beckman，USA）测定污泥颗粒的平均粒径。用照相机连续记录污泥的形态，观察污泥在生长过程中的变化。根据《水和废水检验标准方法》中的标准测定方法，测定了污泥容积指数（SVI_{30}）、悬浮物（SS）、沉降速度、化学需氧量（COD）、总氮（TN）、总磷（TP）等常规指标。

4.3.1 好氧污泥颗粒化过程中理化性质的变化

本研究的主要目的是强化好氧颗粒污泥的形成，当污泥充分颗粒化并稳定后实验结束。在 42d 的培养过程中，两个反应器中颗粒污泥的粒径、SVI_{30}、SS 和沉降速度不断变化，如图 4.32 所示，在驯化期间（0～7d），两组的平均粒径、SVI_{30}、SS 和凝固速度无显著性差异。SBR1 和 SBR2 系统初始污泥颗粒的平均粒径分别为 35.91μm 和 32.12μm，如图 4.32（a）所示。经过约 7d 的驯化，SBR1 和 SBR2 系统的颗粒污泥平均粒径分别为 46.23μm 和 45.32μm；这些粒径分别比初始污泥的粒径大 10.32μm 和 13.20μm。本研究结果与前人的研究结果一致（Liu et al.，2014）。在颗粒形成过程中，SBR1 和 SBR2 系统的颗粒污泥平均粒径迅速增加，在第 28 天分别达到 133.53μm 和 164.37μm。总体而言，SBR2 的颗粒污泥平均粒径比 SBR1 增加得快。SBR1 和 SBR2 系统污泥的 SVI_{30} 逐渐下降，分别稳定在 42.52mL/g 和 28.45mL/g，表明 SBR1 和 SBR2 系统污泥致密，具有良好的混凝沉降性能［图 4.32（b）］。培养第 35 天，SBR1 和 SBR2 体系中 SS 含量分别为 3.53mg/L 和 3.68mg/L［图 4.32（c）］。污泥的沉降速度随颗粒粒径的增大而增大，沉降性能提高。如图 4.32（d）所示，在颗粒污泥形成过程中，SBR2 体系的沉降速度远高于 SBR1 体系，表明 SBR2 体系的污泥密度较大，颗粒尺寸较大。由于生物量的快速增长，

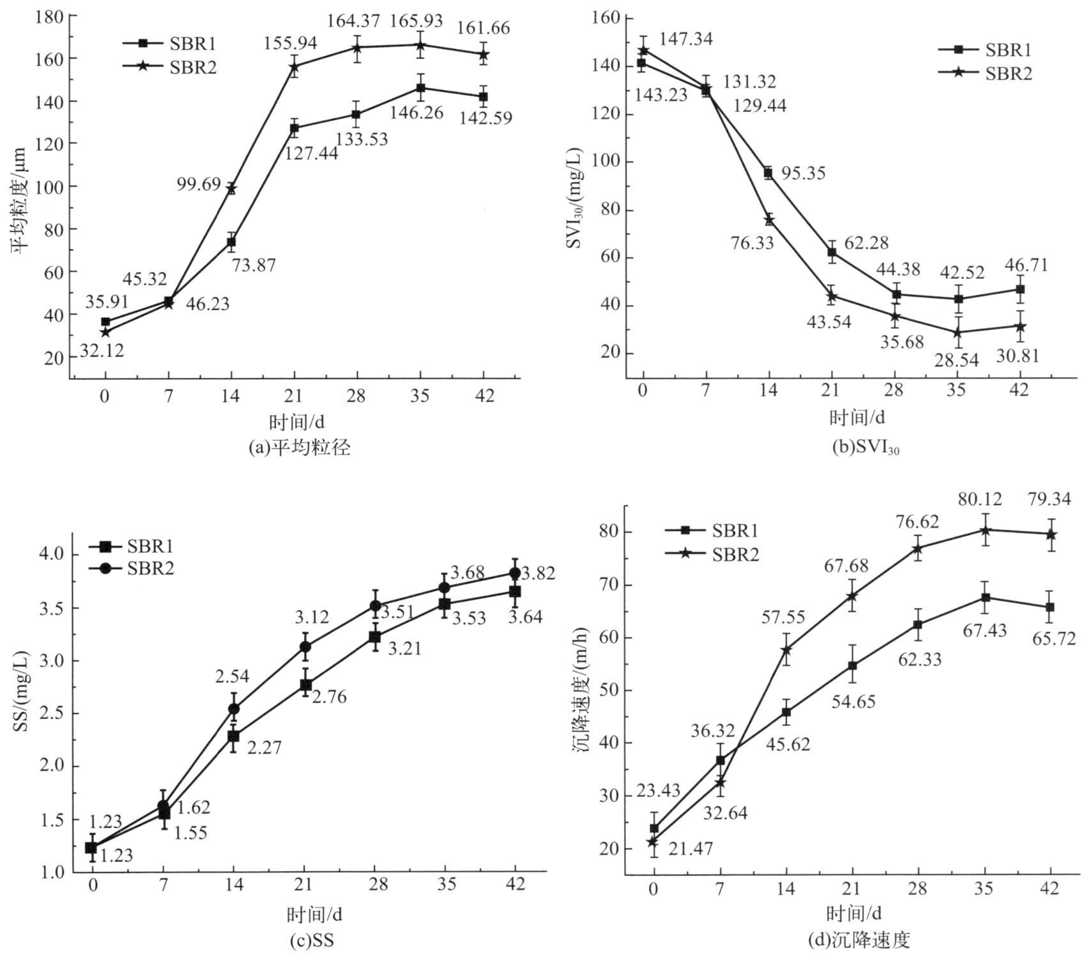

图 4.32 好氧污泥造粒过程中粒径、SVI_{30}、SS 和沉降速度的变化

系统中的微生物和相应的分泌物较多（Nancharaiah and Kiran，2018）。另一方面 C_4-HSL 和 C_6-HSL 的含量积累，且 SBR2 体系中的 C_4-HSL 含量高于 SBR1 体系。当 C_4-HSL 和 C_6-HSL 的含量高于阈值时，SBR 系统中的细菌聚集，进一步促进颗粒污泥的形成。SBR2 系统中 C_4-HSL 和 C_6-HSL 的含量首先超过阈值，并能保持在一定水平，SBR2 系统中颗粒污泥的粒径快速稳定增长。因此，颗粒污泥中 AHLs 的含量大于活性污泥中 AHLs 的含量。研究表明，在 SBR 系统中颗粒污泥比絮凝污泥含有更多的 AHLs（Wang et al.，2014）。

SBR1 和 SBR2 系统的颗粒污泥平均粒径进入成熟期后略有增加，达到 165.93μm 和 146.26μm，然后略有下降。在好氧颗粒污泥培养过程中，SBR2 系统的平均颗粒污泥粒径始终大于 SBR1 系统。因此，菌株 A-L2 的加入可能为反应器提供了持续的 AHLs 供应，从而促进了颗粒污泥的形成。颗粒污泥形成过程中的形态变化如图 4.33 所示（书后另见彩图）。初始活性污泥呈深褐色，结构松散，SBR1 和 SBR2 体系的污泥形态基本相同。约 7d 后，污泥进入形成阶段。在颗粒形成初期，污泥呈细尖状，随后颜色变为淡黄色。由于颗粒总体尺寸较小，颗粒内的微生物也会接触到氧气，所以形成的颗粒更致密，随着培养时间的增加而变黄。SBR2 体系中颗粒污泥的粒径较大，在整个形成过程中粒径增长较快。在第 18 天，SBR2 系统中的颗粒尺寸与 SBR1 系统中的最终颗粒尺寸一样大，这也被 Wu 等（2017）证实。菌株 A-L2 加入 SBR2 体系后，较高水平的 C_4-HSL 和 C_6-HSL 可诱导较多的 EPS 产生和快速的细菌聚集。SBR2 体系中好氧颗粒污泥的微生物群落更丰富，细胞排列更密集，物料传递速度快，比表面积大，污泥接触和传质效果增强，污泥形态比较表明，A-L2 的加入通过影响系统中信号分子的含量促进了好氧颗粒污泥的形成。

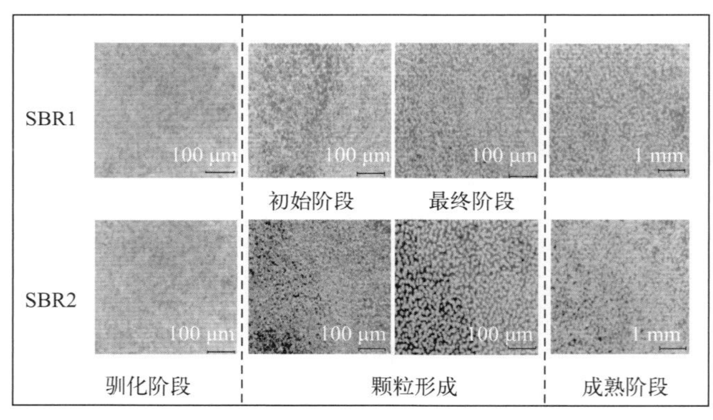

图 4.33 好氧污泥造粒过程中的形态变化

4.3.2 好氧污泥颗粒化过程中信号分子含量的变化

嗜水气单胞菌菌株在好氧造粒过程中产生 C_4-HSL 和 C_6-HSL，这往往是 ATP 依赖性的（Yong and Zhong，2013），与在纯培养实验室系统中通常报道的微摩尔浓度的信号分子相比，AHLs QS 信号分子在颗粒生态系统中以纳摩尔浓度出现。本研究进行了好氧颗粒污泥培养过程中污泥混合液中 C_4-HSL 和 C_6-HSL 含量的变化，结果如图 4.34 所示，两种体系中 C_6-HSL 的 AHLs 含量最低点分别为 11.32ng/L 和 12.40ng/L。菌株 A-L2 在

SBR2 体系中接种后，C_4-HSL 和 C_6-HSL 含量不断增加；虽然这两种信号分子在 SBR1 和 SBR2 体系中都有所增加，但在 SBR2 体系中增加更明显。在颗粒污泥形成过程中，SBR1 和 SBR2 系统中 C_4-HSL 和 C_6-HSL 达到最大值。两个体系中 C_4-HSL 的最大含量分别为 58.87ng/L 和 75.22ng/L。SBR2 体系中的好氧颗粒污泥颗粒尺寸较大，结构致密，生成的 C_4-HSL 和 C_6-HSL 较多。

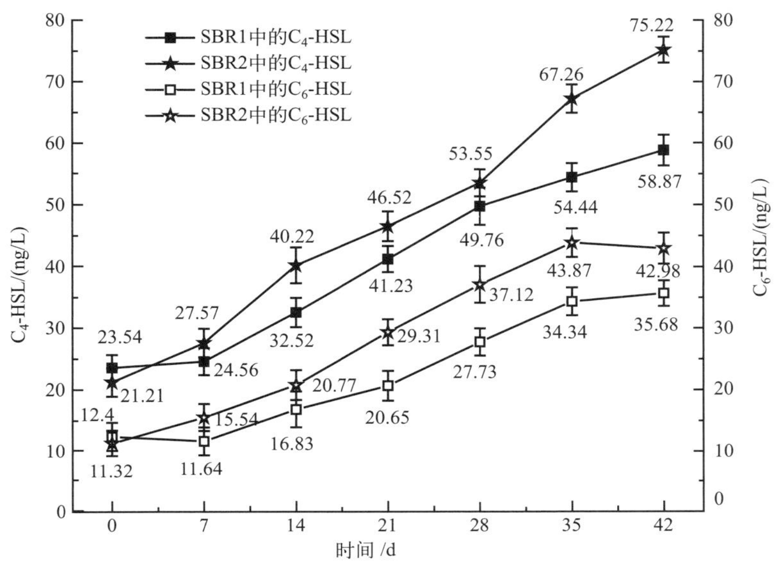

图 4.34　SBR1 和 SBR2 体系污泥混合液中 C_4-HSL 和 C_6-HSL 含量的变化

SBR1 和 SBR2 体系中 C_6-HSL 的最大含量分别为 34.34ng/L 和 43.87ng/L。在成熟期，SBR2 系统中 C_4-HSL 和 C_6-HSL 的含量分别为 75.22ng/L 和 42.98ng/L，比同期 SBR1 系统高 16.35ng/L 和 7.30ng/L。产生这种差异的主要原因是菌株 A-L2 来源于种子污泥源，对系统具有较高的适应性，因此它可以迅速进入工作状态，分泌信号分子，调节微生物生理功能的表达。Yong 等（2013）证明 C_4-HSL 和 C_6-HSL 与颗粒形成密切相关。当 AHLs 浓度高于阈值时，它们不仅会影响 QS 菌株，也会影响其他菌株。虽然不是所有的细菌都是 QS 信号分子的直接贡献者，但它们可能在 QS 依赖表型的表达中发挥重要作用。研究表明不产生 AHLs 的大肠杆菌（大肠埃希菌）可以通过孤立 AHLs 受体 SDIA 对 AHLs 做出反应，导致基因表达的特异性变化（Galloway et al.，2011）。C_4-HSL 和 C_6-HSL 的含量下降部分原因是颗粒形成期细菌的积累和成熟期细胞的死亡。总之，菌株 A-L2 的加入对 C_4-HSL 和 C_6-HSL 的浓度影响较大，有利于颗粒污泥的形成。Tan 等（2014）观察到短链 AHLs（C_4-HSL 和 C_6-HSL）的浓度随着造粒的开始而增加。

4.3.3　好氧污泥颗粒化过程中的 EPS 分泌特性

颗粒污泥是一种特殊的生物膜，其主要成分是 EPS，EPS 的主要成分是多糖（PS）和蛋白质（PN）（Wang et al.，2019）。EPS 是分泌在微生物细胞表面的能够促进微生物细胞聚集、维持细胞结构稳定的有机大分子物质。EPS 对好氧颗粒污泥的形成有重要影响，微生物分泌的 EPS 通常被认为是形成生物膜、污泥絮体或颗粒的主要支架（Yang and Li，2009）。

两组 EPS 的变化及 EPS 组成如图 4.35 所示。总体而言，PN、PS 和 PN/PS 的含量在整个过程中均呈上升趋势，且在好氧颗粒形成过程中上升最快。在培养的前 7d，调整沉降时间使其缩短，各反应器内污泥的 EPS 含量均有显著增加，说明较短的沉降时间促进了 EPS 的分泌。这是因为在污泥颗粒化过程中，微生物受到沉降时间筛选的压力。颗粒污泥为了防止被从反应器中淘汰，分泌更多的 EPS 以促进絮凝和改善沉降性能（Chen et al.，2018）。SBR1 和 SBR2 体系中的微生物经过 7～28d 的稳定运行后，逐渐适应新的生长环境。SBR2 系统污泥中 EPS 含量的增加速度快于 SBR1 系统。这种促进作用是由加入菌株 A-L2 后 SBR 体系中 C_4-HSL 和 C_6-HSL 的增加所致。在信号分子的引导下，微生物分泌更多的 EPS。Galloway 等（2011）进行的分析表明造粒过程中伴随着 EPS 产量的变化，AHLs 补充研究也导致 EPS 合成的增加。第 35 天，EPS 含量达到最大值，分别为 159.39mg/g MLSS 和 162.39mg/g MLSS，这可能与微生物的稳定生长以及细胞通过分泌或自溶产生大量 EPS 有关。在整个处理过程中，污泥中 PN、PS 和 EPS 的含量均大于 SBR1 系统，因此 SBR2 系统的颗粒污泥粒径较大，结构较致密。SBR2 系统的最大 PN 和 PS 水平分别为 129.80mg/g MLSS 和 18.65mg/g MLSS，此时 PN 与 PS 的比值为 6.96。SBR1 系统的最大 PN 和 PS 水平分别为 108.98mg/g MLSS 和 18.53mg/g MLSS，如图 4.35（a）所示。主要区别在于 SBR2 体系中蛋白质含量较高，而多糖含量基本相同。PN 和 PS 含量显著增加，与污泥中 EPS 含量的变化趋势一致，说明菌株 A-L3 的加入能促进 PN 和 PS 的分泌。这些结果表明，蛋白质在污泥颗粒化过程中起着重要作用，高浓度的 PN 在微生物细胞之间起着桥梁作用。这是因为 PN 具有较高的疏水性和表面电负性，与 PS 相比，它更容易通过静电相互作用与金属离子结合，从而降低表面电荷，促进污泥絮凝。

如图 4.35（b）所示，最高 PN/PS 值＞7.00。研究表明，EPS 中多糖含量随有机负荷的增加而增加，而蛋白质含量随有机负荷的增加而减少，也表明在低负荷条件下，蛋白质在好氧颗粒污泥的形成中起着更重要的作用。Dahalan 等（2015）证明 AHLs 介导的 QS 参与了好氧颗粒的形成，这可能是通过 EPS 表达来实现的。根据 Lv 等（2018）的研究，在厌氧颗粒污泥系统中分别添加 C_4-HSL、C_6-HSL、C_8-HSL、3OC_6-HSL 和 3OC_8-HSL（每天添加浓度为 20μmol/L，总混合体积为 200mL）时，结果表明，C_6-HSL、C_8-HSL 和 3OC_8-HSL 可显著提高厌氧颗粒污泥系统中 EPS 的浓度（15.10%～32.50%）。在此浓度（20μmol/L）下添加 AHLs 明显比本研究中每周添加 2%浓度的 A-L2 要昂贵得多。

4.3.4 好氧污泥颗粒化过程中的污染物去除效能

在好氧颗粒形成过程中，除了研究污泥的物理特性外，还研究了 SBR1 和 SBR2 体系中各种污染物的去除效果。COD、TN 和 TP 的去除率见图 4.36。在运行过程中，各反应器出水 COD 浓度逐渐下降，第 7 天后基本稳定。如图 4.36（a）中所示，菌株 A-L2 的加入主要在颗粒污泥形成阶段（7～28d）起重要作用，SBR1 和 SBR2 系统出水的 COD 含量

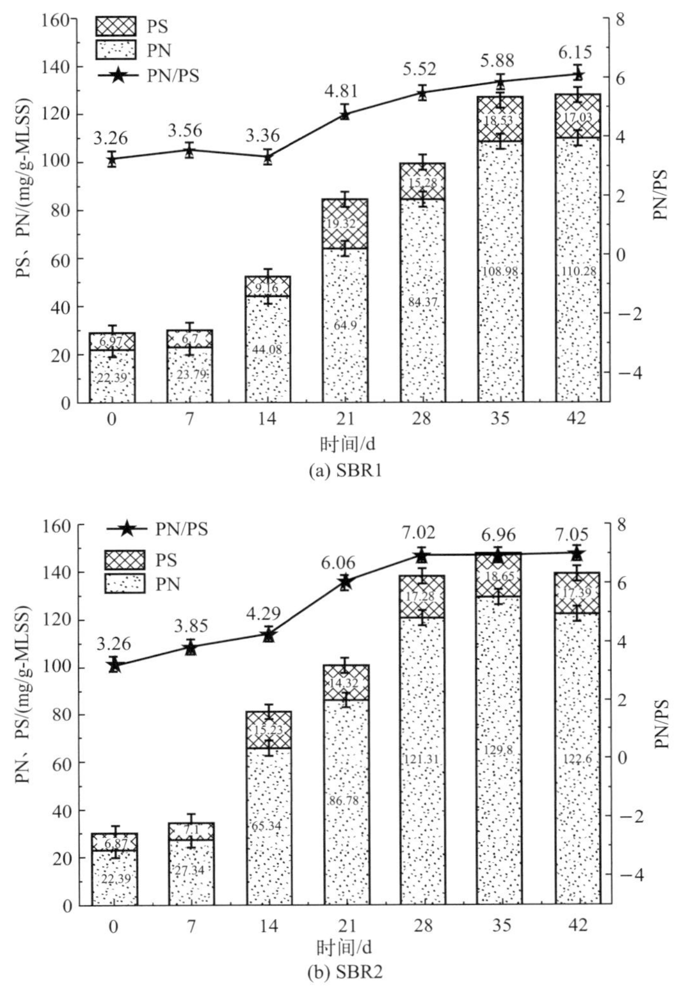

图 4.35　好氧污泥造粒过程中 PN、PS 和 PN/PS 的变化

差异明显（$P<0.01$）。合成废水的 COD 含量为 400mg/L。SBR1 系统 COD 去除率为 87.43%时，出水 COD 浓度为 50.28mg/L，出水水质符合《城镇污水处理厂污染物排放标准》（GB 18918—2002）一级 B 标准。SBR2 对 COD 的去除率为 94.55%，出水 COD 含量为 21.80mg/L。同时，SBR2 体系的出水 COD 浓度低于 SBR1 体系的 50%。出水水质达到一级 A 标准。SBR1 和 SBR2 系统对 TN 的去除率在前 7d 较低，然后在颗粒形成期间逐渐升高，如图 4.36（b）所示，SBR1 和 SBR2 系统对 TN 的去除率在第 7 天分别为 34.53%和 42.34%，在第 28 天分别稳定在 82.31%和 87.31%。结果表明，接种菌株 A-L2 对 TN 的去除无明显影响。在好氧颗粒污泥形成过程中，SBR1 系统的 TP 浓度符合一级 B 标准，而 SBR2 系统的 TP 浓度符合一级 A 标准，如图 4.36（c）所示。在污泥驯化期，出水水质不稳定，甚至出现污泥膨胀现象。随着污泥驯化期的结束，SBR 系统中的生物量含量增加，微生物对污染物的降解也随之提高。因此，污泥驯化阶段的污染物去除率低于颗粒化阶段。从总体上看，SBR2 系统的水质优于 SBR1 系统，这是由于颗粒污泥形成速度快，颗粒尺寸大，颗粒污泥结构致密。SBR2 体系中的颗粒尺寸大，结构致密，与

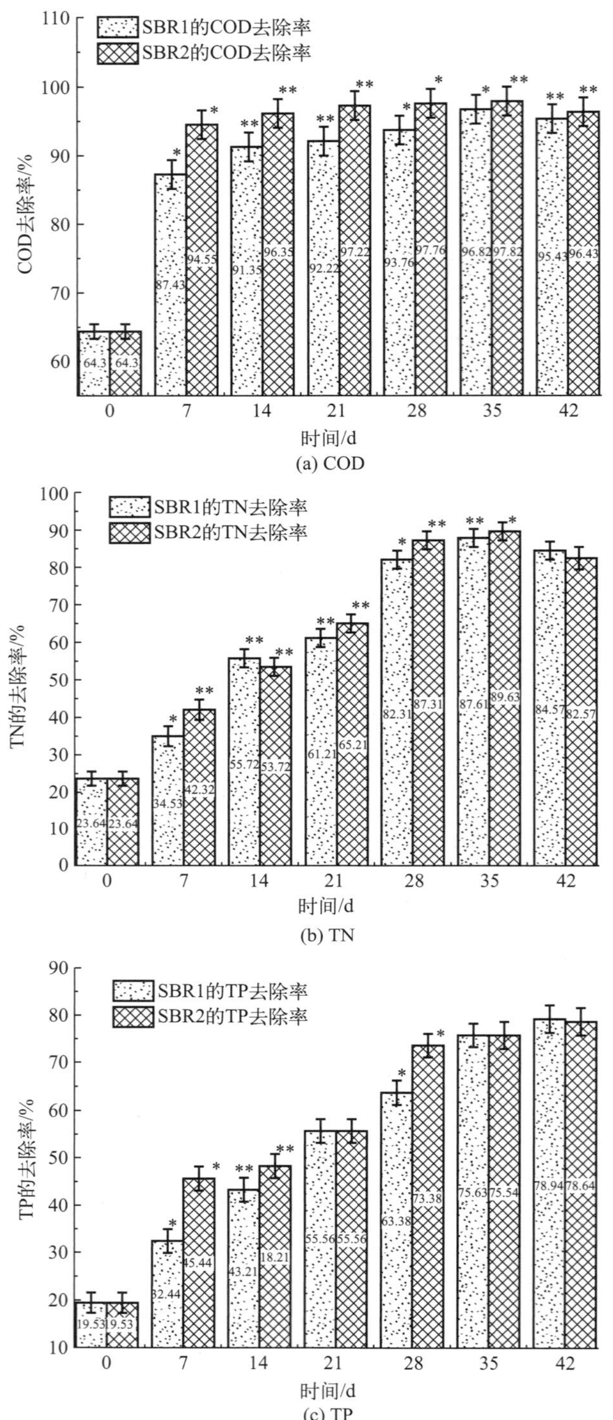

图 4.36 在好氧颗粒污泥形成过程中，SBR1 和 SBR2 体系中 COD、TN 和 TP 的去除率

$*$—$p<0.05$；$**$—$p<0.01$

溶解氧接触强烈，去除率更高。此外，AHLs 还能显著提高细菌活性和污泥颗粒化速率，这表现在 SBR2 系统对各种污染物的去除率较高。SBR2 体系在颗粒形成过程中，可以提

高产品质量，使其达到一级 A 标准。AHLs 分泌菌的加入有利于提高产品质量。Lv 等（2018）研究了外源 AHLs 对厌氧颗粒污泥废水处理性能的改善，发现信号分子 C_4-HSL、C_6-HSL、C_8-HSL 和 3OC_8-HSL 的加入提高了 COD 去除率。其中 C_8-HSL 对 COD 去除率的提高最大，在第 10 天平均提高 12.10%。与对照相比，在第 7 天，COD、TN 和 TP 的去除率分别提高了 7.12%、7.79%和 13.00%。因此，与外源 AHLs 处理方法相比，引入内源性菌株 A-L2 被证明是一种廉价而高效的处理方法。

本研究利用能分泌 AHLs 的菌株 A-L2 的生物学特性，在 SBR 系统中促进好氧污泥颗粒化。SBR2 系统中 AHLs 的增加显著改善了污泥的理化性质、微生物聚集和 EPS 产量。因此，在 SBR2 体系中 A-L2 菌株通过分泌更多的 C_4-HSL 和 C_6-HSL 来促进好氧颗粒污泥的形成。此外，菌种 A-L2 的接种促进了出水水质的改善。

参考文献

戴蕾，胡秋林，汪海波，2018. 环境因子对鱼胶原重组纤维超微结构和理化性能的调控作用 [J]. 武汉轻工大学学报，37：14-22.

戴昕，周佳恒，朱亮，等，2014. 生物聚集体中群体感应作用的研究进展 [J]. 应用生态学报，25：7.

葛启隆，岳秀萍，王国英，2014. 一株苯酚降解菌的分离鉴定及响应面法优化其固定化 [J]. 中国环境科学，34：518-525.

郭纬业，2012. 浅论统计分析在企业经济运行分析中的应用 [J]. 中国乡镇企业会计，(08)：110-111.

蒋超，2013. 柚皮苷的酶法转化及其转化产物的生物活性研究 [D]. 厦门：集美大学.

孔西曼，张公亮，王佳莹，等，2017. 环境因素对即食海参蜂房哈夫尼菌群体感应的影响 [J]. 现代食品科技，33：7.

孔祥菲，2009. 细菌群体感应信号分子 AI-2 的合成与降解的研究 [D]. 上海：上海交通大学.

李华林，闻玉梅，2004. AI-2，一种新的细菌自体诱导分子 [J]. 生命科学，16：138-143.

李俊英，王荣昌，夏四清，2008. 群体感应现象及其在生物膜法水处理中的应 [J]. 应用与环境生物学报，14：138-142.

李蒙英，陆鹏，张迹，等，2007. 生物膜中群体感应因子细菌的分离及成膜能 [J]. 中国环境科学，27：194-198.

李婷婷，杨兵，励建荣，2016. 一株嗜水气单胞菌的分离鉴定和不同条件对其群体感应 AHLs 活性的影响 [J]. 现代食品科技：32 (02)：12-19.

綦国红，董明盛，王岁楼，2007. *N*-酰基-高丝氨酸内酯类群体感应信号分子检测方法的建立 [J]. 农业生物技术学报，(04)：694-697.

邱健，贾振华，马宏，等，2007. 一株降解 *N*-酰基高丝氨酸内酯酵母菌菌株的分离鉴定及其降解特性 [J]. 微生物学报，(02)：355-358.

孙頔，2012. 生物膜法养殖污水处理中群体感应现象的初步研究 [D]. 青岛：中国海洋大学.

王丽，2010. 植物源细菌群体感应抑制因子的筛选及其对生物膜形成的影响 [D]. 南京：南京农业大学.

解丕苓，于修烛，2013. 赤藓糖醇发酵培养基的优化条件研究 [J]. 畜牧与饲料科学，34：4.

赵丽珺，谢晶，乔丽君，2014. 冷却猪肉中特定腐败菌的靶向筛选 [J]. 食品科学，35 (09)：174-180.

周贤轩，2009. 大肠杆菌的细胞间通讯及信号传递 [D]. 合肥：中国科学技术大学.

Burton E O，Read H W，Pellitteri M C，et al.，2005. Identification of acyl-homoserine lactone signal molecules produced by *Nitrosomonas europaea* strain Schmidt [J]. Applied and Environmental Microbiology，71：4906-4909.

Chen H，Li A，Cui D，et al.，2018. *N*-Acyl-homoserine lactones and autoinducer-2-mediated quorum sensing during wastewater treatment [J]. Applied Microbiology and Biotechnology，102 (3)：1119-1130.

Choudhary S，Schmidt-Dannert C，2010. Applications of quorum sensing in biotechnology [J]. Applied Microbiology and Biotechnology，86：1267-1279.

Clippeleir H D，Defoirdt T，Vanhaecke L，et al.，2011. Long-chain acylhomoserine lactones increase the anoxic ammonium oxidation rate in an OLAND biofilm [J]. Applied Microbiology & Biotechnology，90：1511-1519.

Dahalan F A，Abdullah N，Yuzir A，et al.，2015. A proposed aerobic granules size development scheme for aerobic granulation process [J]. Bioresource Technology，181：291-296.

Galloway W R J D, Hodgkinson J T, Bowden S D, et al., 2011. Quorum sensing in Gram-negative bacteria: Small-molecule modulation of AHL and AI-2 quorum sensing pathways [J]. Chemical Reviews, 111: 28.

Grade C, Bjarnsholt T, Givskov M, 2010. Quorum sensing regulation in *Aeromonas* hydrophila [J]. Journal of Molecular Biology, 396 (4): 849-857.

Harshad L H, Paul D, Kweon J H, 2014. Isolation and molecular characterization of biofouling bacteria and profiling of quorum sensing signal molecules from membrane bioreactor activated sludge [J]. International Journal of Molecular Sciences, 15: 2255-2273.

Howitt S H, Blackshaw D, Fontaine E, et al., 2018. Comparison of traditional microbiological culture and 16S polymerase chain reaction analyses for identification of preoperative airway colonization for patients undergoing lung resection [J]. Journal of Critical Care, 46: 84.

Hu H, He J, Liu J, et al., 2016a. Biofilm activity and sludge characteristics affected by exogenous *N*-acyl homoserine lactones in biofilm reactors [J]. Bioresource Technology, 211: 339-347.

Hu H Z, He J G, J, Liu H R, et al., 2016b. Biofilm activity and sludge characteristics affected by exogenous *N*-acyl homoserine lactones in biofilm reactors [J]. Bioresource Technology, 211: 339-347.

Hu L, Zhang G, Liu M, et al., 2018. Optimization of the catalytic activity of a $ZnCo_2O_4$ catalyst in peroxymonosulfate activation for bisphenol A removal using response surface methodology [J]. Chemosphere, 212: 152-161.

Huang D L, Zeng G M, Feng C L, et al., 2010. Changes of microbial population structure related to lignin degradation during lignocellulosic waste composting [J]. Bioresource Technology, 101: 4062-4067.

Huang J H, 2016. Acyl-homoserine lactone-based quorum sensing and quorum quenching hold promise to determine the performance of biological wastewater treatments: An overview [J]. Chemosphere, 157: 135-151.

Jiang B, Liu Y, 2012. Roles of ATP-dependent *N*-acylhomoserine lactones (AHLs) and extracellular polymeric substances (EPSs) in aerobic granulation [J]. Chemosphere, 88: 1058-1064.

Jiang H, Yang L, Xing X, et al., 2018. Chemometrics coupled with UPLC-MS/MS for simultaneous analysis of markers in the raw and processed Fructus Xanthii, and application to optimization of processing method by BBD design [J]. Phytomedicine, 57: 191-202.

Kang Y S, Park W, 2010. Contribution of quorum-sensing system to hexadecane degradation and biofilm formation in *Acinetobacter* sp. strain DR1 [J]. Journal of Applied Microbiology, 109: 1650-1659.

Khan Z, Jain K, Soni A, et al., 2014. Microaerophilic degradation of sulphonated azo dye-Reactive Red 195 by bacterial consortium AR1 through co-metabolism [J]. International Biodeterioration & Biodegradation, 94: 167-175.

Kim E J, Wang W, Deckwer W D, 2005. Expression of the quorum-sensing regulatory protein LasR is strongly affected by iron and oxygen concentrations in cultures of *Pseudomonas aeruginosa* irrespective of cell density [J]. Microbiology, 151: 1127-1138.

Lin Q, Wen D H, Wang J L, 2010. Biodegradation of pyridine by *Paracoccus* sp. KT-5 immobilized on bamboo-based activated carbon [J]. Bioresource Technology, 101: 5229-5234.

Liu Y J, Liu Z, Wang F K, et al., 2014. Regulation of aerobic granular sludge reformulation after granular sludge broken: Effect of poly aluminum chloride (PAC) [J]. Bioresource Technology, 158: 201-208.

Liu Z, 2016. Poly aluminum chloride (PAC) enhanced formation of aerobic granules: Coupling process between physicochemical-biochemical effects [J]. Chemical Engineering Journal, 284: 1127-1135.

Liu Z, Li N, Gao M, et al., 2019. Synergistic strengthening mechanism of hydraulic selection pressure and poly aluminum chloride (PAC) regulation on the aerobic sludge granulation [J]. Science of the Total Environment, 650: 941-950.

Lv L Y, Li W G, Zheng Z J, et al., 2018. Exogenous acyl-homoserine lactones adjust community structures of bacteria and methanogens to ameliorate the performance of anaerobic granular sludge [J]. Journal of Hazardous Materials, 354: 72-80.

Ma R, Qiu S, Jiang Q, et al., 2017. AI-2 quorum sensing negatively regulates rbf expression and biofilm formation in *Staphylococcus aureus* [J]. International Journal of Medical Microbiology : IJMM, 307 (4-5): 257.

Marketon MM, Glenn SA, Eberhard A, et al., 2003. Quorum sensing controls exopolysaccharide production in sinorhizobium meliloti [J]. Journal of Bacteriology, 185.

Mashima I, Nakazawa F, 2017. Role of an autoinducer-2-like molecule from veillonella tobetsuensis in *Streptococcus gordonii* biofilm formation [J]. Journal of Oral Biosciences, 59 (3): 152-156.

Mor R, Sivan A, 2008. Biofilm formation and partial biodegradation of polystyrene by the actinomycete *Rhodococcus ruber* [J]. Biodegradation, 19: 851-858.

Morohoshi N, 2019. Distribution and characterization of *N*-acylhomoserine lactone (AHL) -degrading activity and AHL lactonase gene (qsdS) in *Sphingopyxis* [J]. Journal of Bioscience and Bioengineering, 127 (4): 411-417.

Murugayah S A, Warring S L, Gerth M L, 2018. Optimisation of a high-throughput fluorescamine assay for detection of *N*-acyl-L-homoserine lactone acylase activity [J]. Analytical Biochemistry, 566: 10-12.

Nan C, Jiang J J, Gao X J, et al., 2018. Histopathological analysis and the immune related gene expression profiles of mandarin fish (Siniperca chuatsi) infected with *Aeromonas hydrophila* [J]. Fish & Shellfish Immunology, 83: 410-415.

Nancharaiah Y V, Kiran K, 2018. Aerobic granular sludge technology: Mechanisms of granulation and biotechnological applications [J]. Bioresource Technology, 247: 1128-1143.

Sanin S L, Sanin F D, Bryers J D, 2003. Effect of starvation on adhesive properties of xenobiotic degrading bacteria [J]. Process Biochemistry, 38: 909-918.

Schauder S, Bassler B L, 2001. The languages of bacteria [J] . Genes & Development, 15 (12): 1468-1480.

Starkenburg S R, Chain P, Sayavedra-Soto L A, et al. , 2006. Genome sequence of the chemolithoautotrophic nitrite-oxidizing bacterium nitrobacter winogradskyi Nb-255 [J]. Applied & Environmental Microbiology, 72: 2050.

Sun Y P, He K, Yin Q D, et al. , 2018. Determination of quorum-sensing signal substances in water and solid phases of activated sludge systems using liquid chromatography-mass spectrometry [J]. Journal of Environmental Sciences, 69: 85-94.

Swift S, Karlyshev A V, Fish L, et al. , 1997. Quorum sensing in *Aeromonas* hydrophila and *Aeromonas salmonicida*: Identification of the LuxRI homologs AhyRI and AsaRI and their cognate *N*-acylhomoserine lactone signal molecules [J]. Journal of Bacteriology, 179: 5271-5281.

Tan C H, Koh K S, Xie C, et al. , 2014. The role of quorum sensing signalling in EPS production and the assembly of a sludge community into aerobic granules [J]. Isme Journal, 8: 1186-1197.

Valle A, Bailey M J, Whiteley A S, 2004. *N*-acyl-l-homoserine lactones (AHLs) affect microbial community composition and function in activated sludge [J]. Environmental Microbiology, 6: 424-433.

Vandamme P, Pot B, Gillis M, et al. , 1996. Polyphasictaxonomy, a consensus approach to bacterial systematics [J]. Microbiological Reviews, 60: 407-438.

Wagner V E, Bushnell D, Passador L, 2003. Microarray analysis of *Pseudomonas aeruginosa* quorum-sensing regulons: Effects of growth phase and environment [J]. Journal of Bacteriology, 185: 2080-2095.

Wang J H, Quan C S, Wang X, et al. , 2011. Minireview: Extraction, purification and identification of bacterial signal molecules based on *N*-acyl homoserine lactones [J]. Microbial Biotechnology, 4: 479-490.

Wang M Z, Zheng X, He H Z, et al. , 2012. Ecological roles and release patterns of acylated homoserine lactones in *Pseudomonas* sp. HF-1 and their implications in bacterial bioaugmentation [J] . Bioresource Technology, 125: 119-126.

Wang M Z, Zheng X, Zhang K, et al. , 2014. A new method for rapid construction of a *Pseudomonas* sp. HF-1 bioaugmented system: Accelerating acylated homoserine lactones secretion by pH regulation [J]. Bioresource Technology, 169C: 229-235.

Wang S, Ma X, Wang Y, et al. , 2019. Piggery wastewater treatment by aerobic granular sludge: Granulation process and antibiotics and antibiotic-resistant bacteria removal and transport [J]. Bioresource Technology, 373: 350-357.

Wu L J, Li A J, Hou B L, et al. , 2017. Exogenous addition of cellular extract *N*-acyl-homoserine-lactones accelerated the granulation of autotrophic nitrifying sludge [J]. International Biodeterioration & Biodegradation, 118: 119-125.

Yang S F, Li X Y, 2009. Influences of extracellular polymeric substances (EPS) on the characteristics of activated sludge under non-steady-state conditions [J]. Process Biochemistry, 44: 91-96.

Yarwood J M, Schlievert P M, 2003. Quorum sensing in staphylococcus infections [J]. Journal of Clinical Investigation, 112: 1620-1625.

Yates E A, Philipp B, Buckley C, et al. , 2002. *N*-acylhomoserine lactones undergo lactonolysis in a pH-, temperature-, and acyl chain length-dependent manner during growth of Yersinia pseudotuberculosis and *Pseudomonas aeruginosa* [J]. Infection and Immunity, 70: 5635-5646.

Yin F, 2019. Effect of nitrogen deficiency on the stability of aerobic granular sludge [J]. Bioresource Technology, 275: 307-313.

Yong Y C, Zhong J J, 2013. Regulation of aromatics biodegradation by rhl quorum sensing system through induction of catechol meta-cleavage pathway [J]. Bioresource Technology, 136: 761-765.

Zhang Q G, Hu J J, Lee D L, et al. , 2016. Aerobic granular processes: Current research trends [J]. Bioresource Technology, 210: 74-80.

Zhao H, Kong C H, 2018. Elimination of pyraclostrobin by simultaneous microbial degradation coupled with the Fenton process in microbial fuel cells and the microbial community [J]. Bioresource Technology, 258: 227-233.

第5章

低有机负荷下好氧污泥快速造粒的培养特性

5.1 有机负荷对好氧颗粒污泥形成过程的影响

有机负荷对好氧颗粒污泥的形成起到关键作用。目前，大量研究表明有机负荷在1.2～15kg COD/(m^3·d)之间，都可以成功培养出好氧颗粒污泥，但过低的有机负荷会严重抑制好氧颗粒污泥的形成，导致采用好氧颗粒污泥技术处理低有机负荷污水时有局限性，因此在实际应用中好氧颗粒污泥技术大多被用于处理高浓度有机废水。

实验废水采用人工模拟废水，碳源采用混合碳源（Zhang et al.，2011）。其中R1反应器[4.8kg COD/(m^3·d)]：NaAc，465.2mg/L；丙酸钠，1172mg/L；NH_4Cl，152.8mg/L；K_2HPO_4，37.41mg/L；KH_2PO_4，29.25mg/L；$MgSO_4$，97mg/L；$CaCl_2$，75mg/L；EDTA，10mg/L；微量元素取1mL/L。微量元素：$FeCl_3·6H_2O$，1.5μg/L；H_3BO_3，0.15μg/L；$CuSO_4·5H_2O$，0.03μg/L；KI，0.03μg/L；$MnCl_2·4H_2O$，0.12μg/L；ZnCl，0.058μg/L；$CoCl_2·6H_2O$，0.15μg/L；$Na_2MoO_4·2H_2O$，0.06μg/L。R2反应器[1.2kg COD/(m^3·d)]：NaAc，116.3mg/L；丙酸钠，293mg/L；进水中C∶N∶P的值以及其他元素含量与R1相同。R3反应器中有机负荷由1.2kg COD/(m^3·d)每14d增加1.2kg COD/(m^3·d)直至增加到4.8kg COD/(m^3·d)，即调整NaAc和丙酸钠的浓度，且NaAc与丙酸钠比例一直保持不变，进水中C∶N∶P的值以及其他元素含量与R1和R2相同。

5.1.1 不同有机负荷条件下好氧颗粒污泥的形成

5.1.1.1 好氧污泥的颗粒化过程

从反应器开始运行到污泥颗粒化进程结束，整个过程分为污泥驯化期、颗粒形成期和颗粒成熟期3个阶段（龙向宇 等，2008）。在实验中用光学显微镜及数码相机定期对3组反应器内污泥形态进行观察，并记录好氧颗粒污泥形成的整个过程，具体结果如图5.1（书后另见彩图）所示。

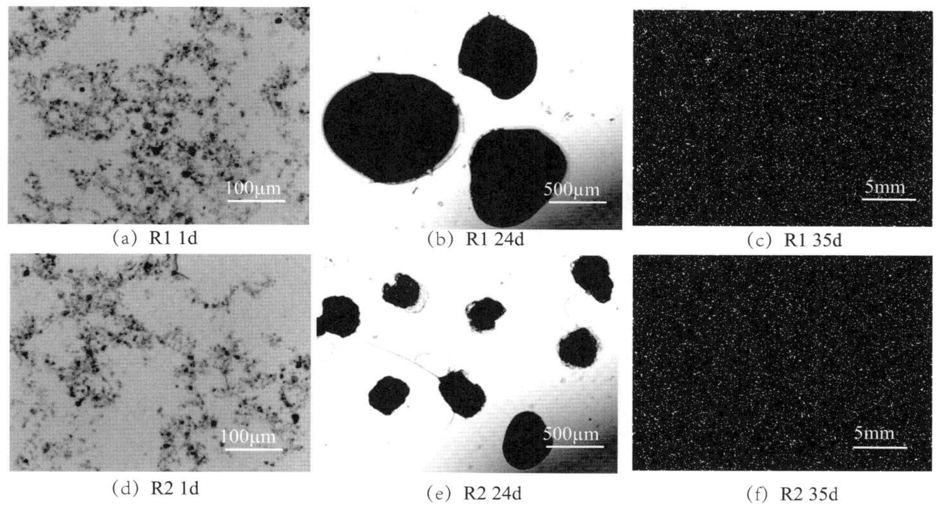

(a) R1 1d　(b) R1 24d　(c) R1 35d
(d) R2 1d　(e) R2 24d　(f) R2 35d

图 5.1　R1、R2 反应器中颗粒形成过程的形态变化

接种污泥为深褐色絮状，结构松散，沉降性能较差。为防止污泥大量流失，将初始沉降时间设置为 15min，在随后的 7d 内逐渐调整为 5min。运行 3d 后 3 组反应器中污泥由深褐色变为黄褐色。经过一周的培养，R1、R2 和 R3 反应器中污泥颜色进一步变浅，R2 和 R3 变为黄色，R1 则颜色偏白。在第 8 天，R1 中开始出现黄白色小颗粒，即污泥开始进入颗粒形成期，同时丝状菌较多。有研究表明，在好氧颗粒污泥的形成初期，丝状菌可以作为颗粒污泥内核的骨架，为菌胶团附着提供载体，从而形成稳定的聚集体（Wang et al.，2004）。第 14 天，R1 中已有大量小颗粒（平均粒径为 0.53mm），同时存在少量不规则的大颗粒，且大颗粒结构较为松散。随着颗粒化进程，颗粒尺寸逐渐变大。第 21 天，R1 中几乎都是颗粒，没有絮状污泥，即认为 R1 完成颗粒化，进入成熟期。运行到第 30 天，R1 中颗粒污泥的平均粒径达到 1.5mm。运行到第 42 天，R1 中都为黄色、米粒状的颗粒污泥，结构密实，表面光滑，粒径达到 2.5mm 左右几乎没有絮状污泥。

相比之下，R2 在第 17 天才开始出现小颗粒，在第 29 天进入成熟期，其颗粒形成过程与 R1 基本一致，但形成过程中 R2 丝状菌比 R1 中明显少很多，且 R2 形成周期比较长，颗粒平均粒径比较小，完全颗粒化后平均粒径为 1.2mm 左右，颗粒外形较 R1 更加规则。

由图 5.2（书后另见彩图）可知，前 14d，R3 中污泥的形态与 R2 中污泥类似，第 17 天开始出现小颗粒，同时丝状菌较多。第 24 天，R3 中已有大量小颗粒（平均粒径为 0.49mm），同时存在少量不规则的大颗粒。与同时段 R2 中污泥相比，R3 中小颗粒的数量更多，这说明当有机负荷较低时，增加进水 COD 浓度能促进微生物形成微小聚集体，但并不能有利于粒径较大颗粒的生长。第 30 天，R3 中颗粒污泥的平均粒径达到 1mm。运行到第 45 天，R3 中颗粒污泥的平均粒径达到 1.6mm。运行到第 56 天，R3 中黄色、米粒状的颗粒污泥，粒径达到 2.5mm 左右，结构密实，表面光滑，几乎没有絮状污泥。

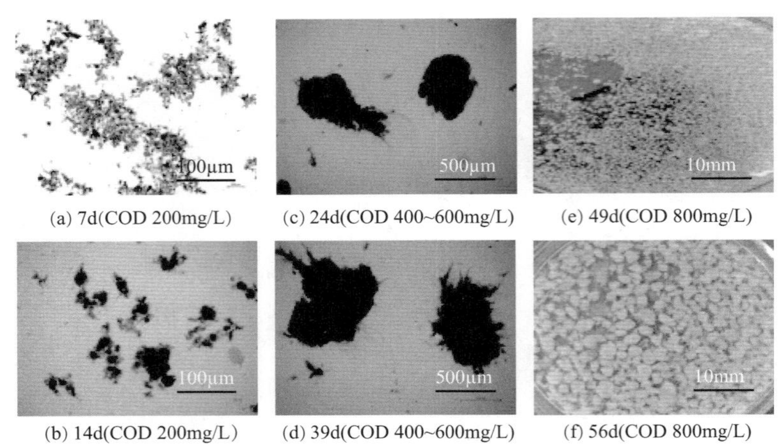

(a) 7d(COD 200mg/L)　(c) 24d(COD 400~600mg/L)　(e) 49d(COD 800mg/L)
(b) 14d(COD 200mg/L)　(d) 39d(COD 400~600mg/L)　(f) 56d(COD 800mg/L)

图 5.2　R3 反应器中颗粒形成过程的形态变化

5.1.1.2　好氧颗粒污泥的物理特性

(1) SVI 和 MLSS

初始污泥的 MLSS 为 8.4g/L，SVI_{30} 为 114.93mL/g。沉淀时间在 1～7d 内由 15min 逐渐调整为 5min。随着沉淀时间的逐渐缩短，反应器排出沉降性较差的污泥，因此 3 个反应器中的 MLSS 和 SVI 出现了较大的波动（表 5.1）。第 6 天，R1 中 MLSS 下降至 3.85g/L，R2 中 MLSS 下降至 2.2g/L，R3 中 MLSS 下降至 2.32g/L。R1 和 R2 中的 SVI 值都小于 100mL/g，但 R1 中的 SVI 值明显小于 R2 且 MLSS 值大于 R2，说明高有机负荷更有利于提高污泥的沉降性能和促进污泥的生长。R3 中的 SVI 值会随有机负荷的提高而突然增加，第 15 天，R3 中的 SVI 值达到 117.2mL/g，第 29 天，R3 中的 SVI 值达到 109.3mL/g，第 43 天，R3 中的 SVI 值达到 106.7mL/g，但污泥适应几天之后 SVI 值会减小。颗粒形成期，3 组反应器中 MLSS 值没有明显增加，在颗粒成熟期，R1 和 R3 中污泥量增加速率明显高于 R2，且 R1 中污泥量是 R2 中污泥量的 4.4 倍左右，充分说明高有机负荷更有利于污泥的聚集，使得反应器内能维持较高的生物量水平。

表 5.1　不同有机负荷下 SVI 和 MLSS 的变化

培养时间/d	R1		R2		R3	
	SVI/(mL/g)	MLSS/(g/L)	SVI/(mL/g)	MLSS/(g/L)	SVI/(mL/g)	MLSS/(g/L)
2	50.4	3.97	88.0	3.16	92.1	3.18
6	46.4	3.85	81.8	2.20	84.7	2.32
11	48.9	5.26	89.5	2.16	83.2	2.17
15	55.4	5.43	85.5	1.52	117.2	2.54
20	59.8	5.36	87.7	1.31	105.5	2.62
25	66.9	5.58	89.3	1.21	87.4	2.72
29	69.1	6.28	80.7	1.2	109.3	3.22

续表

培养时间/d	R1		R2		R3	
	SVI/(mL/g)	MLSS/(g/L)	SVI/(mL/g)	MLSS/(g/L)	SVI/(mL/g)	MLSS/(g/L)
34	57.6	6.86	61.2	1.22	103.4	3.52
39	51.3	6.45	75.5	1.27	86.2	3.74
43	58.2	6.42	77.2	1.35	106.7	3.83
48	50.3	6.44	83.5	1.43	92.9	3.85
53	53.8	6.37	82.3	1.44	83.4	3.82

(2) 强度、相对密度和含水率

强度、相对密度和含水率是表征污泥特性的重要指标。好氧颗粒污泥只有在具备了一定的颗粒强度和相对密度后才能进一步抵抗由反应器中的机械压力和水流剪切力导致的颗粒形变和破损。同时，较大的颗粒相对密度可以使颗粒污泥保持一个良好的泥水分离效果，从而在反应器内部维持一个较为稳定的生物量水平。R1、R2 中成熟颗粒污泥的强度、相对密度和含水率测定结果如表 5.2 所列。

表 5.2 成熟颗粒污泥的基本特性

反应器	颗粒强度/%	相对密度	含水率/%
R1	97.94	1.072	94.51
R2	95.53	1.037	96.74
R3	98.57	1.084	94.23

由表 5.2 可见，高有机负荷反应器 R1 中好氧颗粒污泥的强度、相对密度比低有机负荷反应器 R2 中好氧颗粒污泥的分别高 2.41%、0.035，而 R1 中好氧颗粒污泥的含水率比 R2 中低 2.23%，R3 中好氧颗粒污泥的强度、相对密度比 R1 中好氧颗粒污泥的分别高 0.63%、0.012，而 R3 中好氧颗粒污泥的含水率比 R1 中低 0.28%，说明高有机负荷条件下培养的好氧颗粒污泥结构更加密实。高有机负荷反应器 R1 中颗粒污泥的粒径是低有机负荷反应器 R2 中颗粒污泥粒径 2 倍左右，即 R1 中颗粒污泥表面积较大，在相同曝气量下，颗粒污泥受到的水力剪切力较大，因此只有附着牢固、结构紧密的污泥才能不被排出反应器从而形成颗粒污泥，所以高有机负荷条件下形成的好氧颗粒污泥结构更密实、沉降性能更好。

5.1.1.3 污泥对污染物的去除效能

好氧颗粒污泥技术要运用到实际污水处理工艺中，其对污水的处理效果是实施可行性的重要评判标准之一。因此，在好氧污泥颗粒化过程中定期对出水指标 COD 和氨氮进行了测定，从而观察污泥对有机污染物的去除效能，测定结果如图 5.3 所示。

由图 5.3 可见，在驯化阶段，3 个反应器中污泥对 COD、氨氮的去除率分别在 40%～60%、20%～50%之间，说明接种污泥对 COD、氨氮有一定的去除能力，但由于反应器在驯化阶段不断排出沉降性能较差的污泥，造成大量的污泥流失，从而导致污泥对污染物

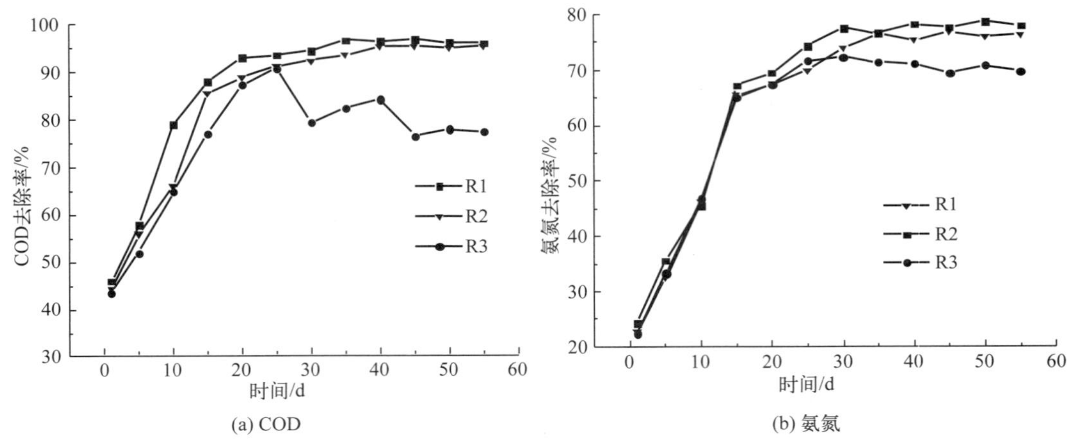

(a) COD (b) 氨氮

图 5.3 各组反应器内污染物去除效果

的去除效能较差。

随着好氧污泥颗粒化的进程，污泥对污染物的去除能力逐渐增强。颗粒形成期，R1 和 R2 中污泥对 COD 的去除率分别达到 93%、92.4%，对氨氮的去除率分别达到 73.9%、74.3%，二者没有太大差异，说明有机负荷的高低对污染物的去除效能没有明显的影响。但总体来说，高有机负荷 R1 中 COD 去除率更高，可能是因为高有机负荷促进了微生物的生长；而低有机负荷 R2 中氨氮去除率更高，可能的原因是高有机负荷更有利于促进反应器中能够被异养型微生物利用的物质的生长，从而促进异养型微生物的大量增加，抑制了能够进行硝化作用的自养型微生物的生长，因此导致硝化作用被削弱，系统对氨氮的去除率下降。

颗粒成熟期，R1 和 R2 中污泥对 COD、氨氮的去除率逐渐趋于稳定，对 COD 的去除率均超过 95%，对氨氮的去除率达到 75%以上。氨氮的去除率在 70%～80%之间，不能再有所提高，李昱欢（2017）认为有两个原因：一是与好氧异养菌相比，硝化细菌的生长周期较长且生长速度较慢，因此，底物充足时，硝化细菌对溶解氧和营养物质的竞争能力较弱，导致硝化细菌在营养竞争中处于劣势；二是有研究者指出，好氧颗粒污泥中的硝化细菌适宜在 pH 值为 8～9 环境下生长，只有 pH 达到此偏碱性条件时，好氧颗粒污泥对氨氮的去除率才能达到 90%以上。而在本次实验中，反应器内的 pH 值始终保持在 7～8，硝化菌在这样的环境下活性较低，从而在一定程度上阻碍了硝化的进程。

R3 反应器中污泥对 COD 的去除率前期不断提高，但后期随着有机负荷的升高而降低，而氨氮的去除率在整个好氧污泥颗粒化过程中都比较低，最高只有 72.3%。于凤庆（2012）研究发现污泥对有机污染物的去除效能与有机物-污泥负荷 Ns 有关，Ns 在 0.55～0.73kg COD/(kg MLSS·d) 之间时，污泥对有机污染物的去除效能最好；Ns 在 0.02～0.73kg COD/(kg MLSS·d) 之间时，污泥对氨氮的去除效能都较好，Ns 偏小或偏大都会导致去除率下降。R3 中有机负荷调为 2.4kg COD/(m^3·d) 时，Ns 在 0.59～0.75kg COD/(kg MLSS·d)；有机负荷调为 3.6kg COD/(m^3·d) 时，Ns 在 0.77～0.89kg COD/(kg MLSS·d)；有机负荷调为 4.8kg COD/(m^3·d) 时，Ns 在 1kg COD/(kg MLSS·d) 左右。有机负荷调高时，反应器中污泥的量没有相应地提高，导致 Ns 偏大，从而影响了污泥对有机污染物的去除效能。虽然R1中有机负荷比R2中高，但是两个反应器中Ns在好氧颗粒污泥形成过程中相差很小，且均在0.55～0.73kg COD/(kg MLSS·d)之间，R1中Ns在0.56～0.68kg COD/(kg MLSS·d)之间，R2中Ns在0.68～0.74kg COD/(kg MLSS·d)之间，因此，R1和R2中污泥对有机污染物的去除率相近，都高于95%。

5.1.2 不同有机负荷对污泥EPS分泌特性的影响

5.1.2.1 EPS含量及组成

在污泥颗粒化过程中，R1和R2反应器中污泥EPS含量都明显增加［图5.4（a）］，与初始污泥EPS含量54.82mg/g MLSS相比，R1中EPS含量在运行第13天增至220.5mg/g MLSS，而R2中EPS含量则在运行第25天增至182.57mg/g MLSS，可见高有机负荷R1中EPS含量增长速率明显高于R2，说明高有机负荷更有利于促进EPS的分泌，且虽然高低负荷条件下都出现了EPS含量的增加，但时间节点不同，所以颗粒污泥的形成时间也不同，R1中好氧污泥第8天开始进入颗粒形成期，第21天进入成熟期，而R2则在第17天才开始进入颗粒形成期，在第27天进入成熟期。颗粒成熟期，两组反应器中EPS含量均有所降低，但仍然比驯化期EPS含量高，表明EPS有利于促进污泥颗粒化进程，且为了维持颗粒污泥的特殊结构，其EPS含量通常高于絮状污泥，这与王浩宇等（2012）的研究成果一致。

胞外蛋白质（extracellular protein，PN）和胞外多糖（extracellular polysaccharide，PS）是EPS的主要成分，关于PN和PS对污泥性能的影响成为了众多学者的研究热点。但是关于污泥絮凝的主要影响物质是PN还是PS没有定论，Adav等（2008）研究认为PS是污泥颗粒化的主要影响物质，利用PS的阳离子吸附架桥作用，颗粒与颗粒之间形成交叉网状结构，从而促进菌胶团的形成。然而，也有研究者提出PN具有高疏水性和表面电负性，有助于颗粒间黏附絮凝（唐朝春 等，2014），因此PN才是污泥颗粒化的主要影响物质。

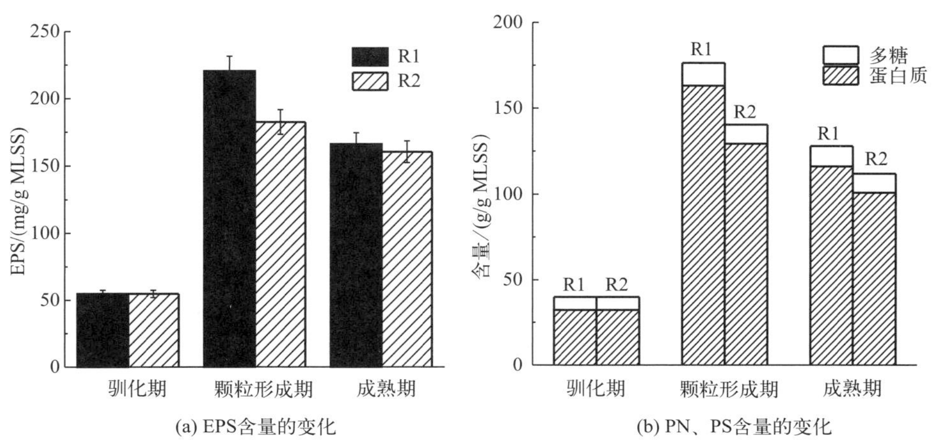

图5.4 不同阶段R1、R2中EPS含量和PN、PS含量的变化

R1：4.8kg COD/(m^3·d)；R2：1.2kg COD/(m^3·d)

在本实验中［图 5.4（b）］，随着颗粒污泥的形成，PN 和 PS 的含量整体均呈上升趋势，R1 中 PN 和 PS 含量明显比 R2 增加得多，且 R1 中 PN 增加量也明显比 PS 多，说明高负荷更有利于促进 PN 和 PS 含量的增加，且对 PN 的影响更为显著。另外，两组反应器中颗粒污泥的形成均伴随着 PN 含量的明显增加，这就说明 PN 是污泥絮凝中的主要因素。由表 5.3 可见，R1 中 PN/PS 值由初始的 4.2 升高到 12.40，R2 中 PN/PS 值由初始的 4.2 升高到 12.19，说明 PN/PS 值的升高对污泥絮凝有很重要的作用，这可能是 PN 疏水区与 PS 亲水区共同作用的结果，PN/PS 值增加有助于减小细菌与水分子之间的结合，从而促进菌胶团的形成（Xie，2010；Wang et al.，2006）。

表 5.3 不同阶段 R1、R2 中 PN/PS 值的变化

PN/PS 值	初始	颗粒形成期	成熟期
R_1	4.2	12.40	9.86
R_2	4.2	12.19	9.18

在好氧颗粒污泥形成的过程中，R3 反应器中 EPS、PN、PS 的含量以及 PN/PS 值的总体变化趋势与 R1 相同，在颗粒形成期，EPS、PN、PS 的含量以及 PN/PS 值呈上升趋势；在颗粒成熟期，EPS、PN、PS 的含量以及 PN/PS 值又有所下降，但比接种污泥的高。

第 14 天（图 5.5），R3 中 EPS 含量由接种污泥的 54.82mg/g MLSS 增加至 126.07mg/g MLSS，PN 含量由接种污泥的 32.32mg/g MLSS 增加至 83.46mg/g MLSS，PS 含量由接种污泥的 7.7mg/g MLSS 增加至 9.19mg/g MLSS，PN/PS 值由初始的 4.2 增长至 9.08。有机负荷调为 2.4kg COD/(m^3·d) 后，反应器运行到第 18 天，R3 中 EPS 含量减少至 80.49mg/g MLSS，PN 含量减少至 53.74mg/g MLSS，PS 含量减少至 6.11mg/g MLSS，PN/PS 值降低至 8.71。随着反应器中污泥逐渐适应有机负荷的调整后，三者的含量又有逐渐增加，运行至第 30 天，R3 中 EPS 含量增加至 269.71mg/g MLSS，PN 含量增加至 189.24mg/g MLSS，PS 含量增加至 13.32mg/g MLSS，PN/PS 值增长至 14.21。每一次调整有机负荷后，反应器中 EPS、PN 和 PS 的含量都会有所降低，可能是因为有机负荷突然

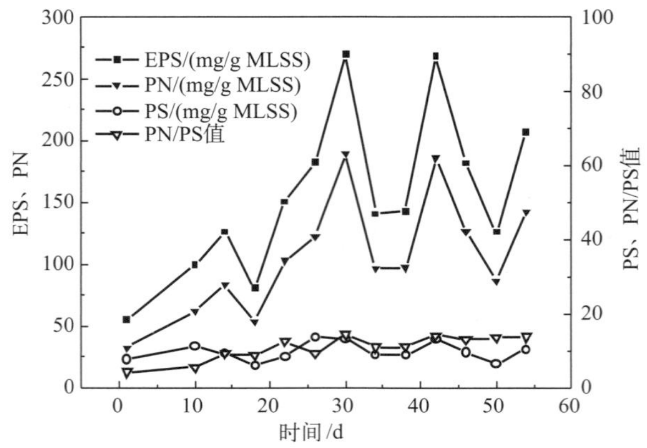

图 5.5 不同阶段 R3 中 EPS、PN、PS 含量和 PN/PS 值的变化

R3：由 1.2kg COD/(m^3·d) 逐渐增加至 4.8kg COD/(m^3·d)

变化使微生物代谢活性受到抑制（关伟 等，2009），污泥适应了新的有机负荷条件后，三者的含量又会增加。因此，高有机负荷更有利于促进 EPS 的分泌，且与目标负荷启动方式相比，采用递增负荷启动方式更能促进 EPS 的分泌，在好氧颗粒污泥形成过程中 R3 中污泥 EPS 含量可增加至 269.71mg/g MLSS。

采用递增负荷启动方式的反应器 R3 中，有机负荷的提高对 PN、PS 的分泌都有促进作用，且对 PN 的影响更为显著，在好氧颗粒污泥形成过程中，PN 含量可增加至 189.24mg/g MLSS，而 PS 含量至多为 13.5mg/g MLSS，PN/PS 值可增长至 14.21。这与刘孟媛等（2012）的研究发现矛盾，这可能是因为反应器类型和培养基质等的不同。

5.1.2.2 EPS 的三维荧光光谱分析

FRI（荧光区域积分法）方法把激发、发射波长所形成的荧光区域分为 5 个区域，A：E_x（激发波长）为 220～250nm，E_m（发射波长）为 280～330nm；B：E_x 为 220～250nm，E_m 为 330～380nm；C：E_x 为 220～250nm，E_m 为 380～500nm；D：E_x 为 250～280nm，E_m 为 280～380nm；E：E_x 为 280～400nm，E_m 为 380～500nm。其中 A 为酪氨酸类芳香族蛋白质的荧光峰，B、D 为色氨酸类芳香族蛋白质的荧光峰，C 代表富里酸类物质，E 为腐殖酸类物质（Maie et al.，2007）。图 5.6（书后另见彩图）显示，在整个污泥颗粒化进程中，R1 和 R2 污泥 EPS 中都只检测出峰 A、峰 B 和峰 D 这 3 类峰，说明有机负荷的高低未对 EPS 的组分造成影响。三维荧光谱图中荧光强度与 EPS 含量密切相关，由表 5.4 可知 R1 中污泥 EPS 峰 A、峰 B 和峰 D 的荧光强度明显高于 R2，这与测定的 EPS 含量及蛋白含量结果是吻合的。

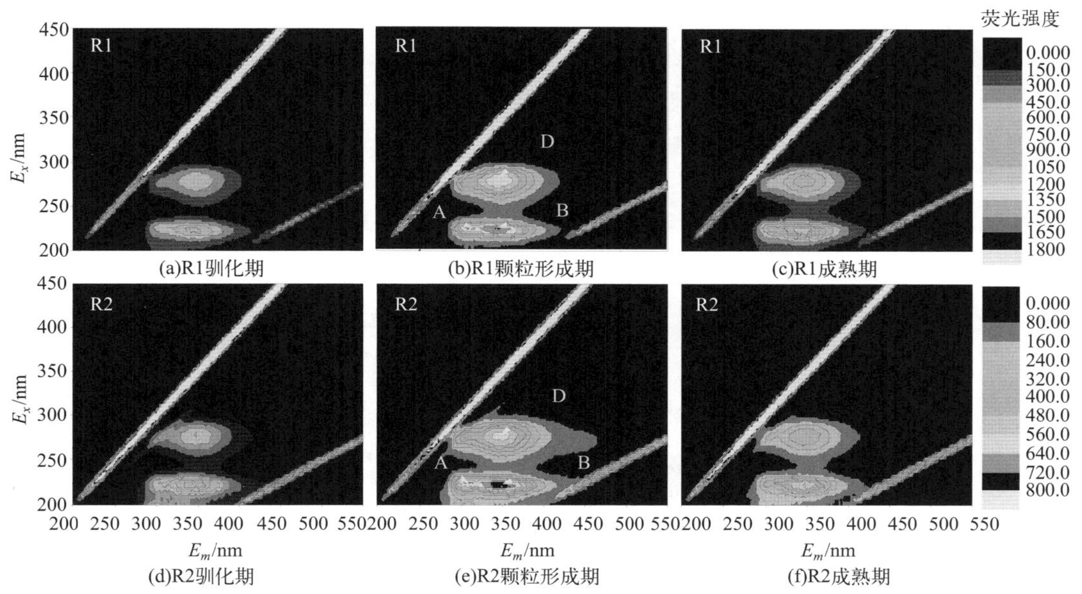

图 5.6 R1、R2 颗粒形成过程中 EPS 三维荧光图谱

表 5.4 不同培养阶段 R1、R2 中污泥 EPS 三维荧光光谱分析结果

项目		峰 A		峰 B		峰 D	
		E_x/E_m/(nm/nm)	强度	E_x/E_m/(nm/nm)	强度	E_x/E_m/(nm/nm)	强度
初始污泥		225/304	389.13	220/346	360.87	276/344	263.39
R1	驯化期	225/304	575.5	223/345	798.9	279/346	586.3
	形成期	225/314	1480	223/345	1652	279/346	1402
	成熟期	225/308	896.7	223/345	1148	279/346	857.7
R2	驯化期	225/304	256.1	220/350	409.6	279/349	375
	形成期	225/309	645.5	220/350	807.4	279/349	581.9
	成熟期	225/306	404.9	220/350	578.8	279/349	396

从表 5.4 可以看出，与初始污泥相比，R1 中峰 A 在颗粒形成阶段和成熟阶段分别红移 10nm 和 4nm，荧光峰 B 沿 E_x 和 E_m 分别有 3nm 红移和 1nm 蓝移，荧光峰 D 沿 E_x 和 E_m 分别有 3nm 红移和 2nm 红移；而 R2 中峰 A 在颗粒形成期和成熟期分别红移 5nm 和 2nm，荧光峰 B 沿 E_m 分别有 4nm 红移，荧光峰 D 沿 E_x 和 E_m 分别有 3nm 红移和 5nm 红移，红移与荧光基团中羰基、羧基、羟基和胺基的增加有关（Zhu et al.，2012），蓝移与大分子分解成小分子有关（Swietlik et al.，2004）。荧光峰位置的移动说明有机负荷的高低对好氧颗粒污泥中 EPS 的结构产生影响。

图 5.7（书后另见彩图）显示，在整个污泥颗粒化进程中，R3 污泥 EPS 中都只检测出峰 A、峰 B 和峰 D 这 3 类峰，说明改变有机负荷未对 EPS 的组分造成影响，与 R1 和 R2 中荧光对比结果一致。第 56 天，R3 图中在荧光峰 E 处有显示，说明 EPS 中含有腐殖质，但由于 EPS 中腐殖质含量较少，且样品稀释倍数较大，因此荧光谱图中没有显示出代表腐殖质的荧光峰。三维荧光谱图中荧光强度与 EPS 含量成正比关系，由表 5.5 可知，在污泥颗粒化进程中，R3 代表蛋白质的峰 A、峰 B 和峰 D 荧光强度变化显著，峰 A 荧光强度可以达到 1960，峰 B 荧光强度可以达到 1876，峰 D 荧光强度可以达到 1714，而反应器 R1 中峰 A 荧光强度最高达到 1480，峰 B 荧光强度最高达到 1652，峰 D 荧光强度最高达到 1402。可见，与 R1 反应器中污泥 EPS 的各峰荧光强度相比，R3 中代表蛋白的荧光峰强度更强，这与测定的 EPS 和蛋白含量结果一致。从表 5.5 可以看出，在整个进程中，峰 A、峰 B、峰 D 沿 E_x 和 E_m 都有蓝移和红移，说明 EPS 的组成不断发生变化，EPS 对污泥颗粒化进程有重要促进作用。

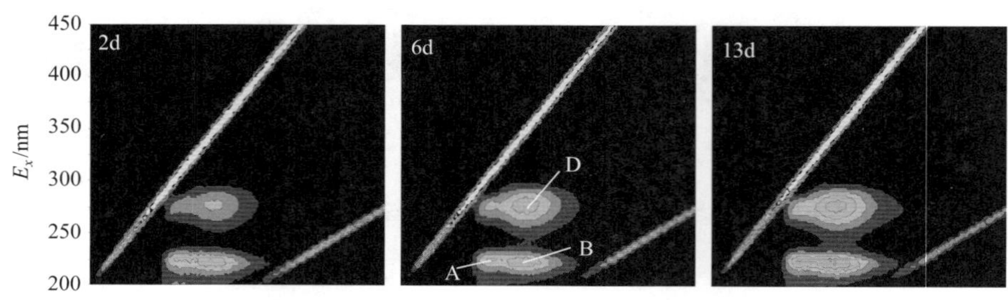

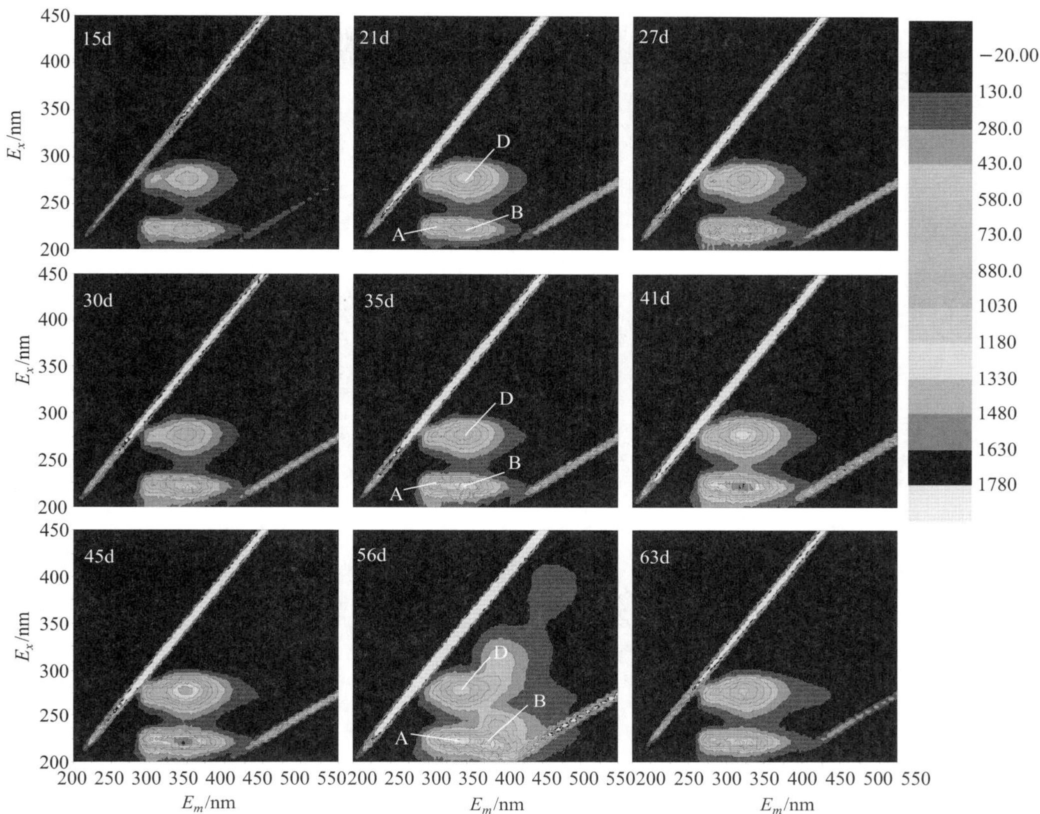

图 5.7　R3 颗粒形成过程中 EPS 三维荧光光谱图

表 5.5　不同培养阶段 R3 中污泥 EPS 三维荧光光谱分析结果

培养阶段		峰 A		峰 B		峰 D	
COD /[kg/(m³·d)]	时间/d	E_x/E_m/(nm/nm)	强度	E_x/E_m/(nm/nm)	强度	E_x/E_m/(nm/nm)	强度
1.2	2	225/310	653	220/346	709.8	275/350	486.3
	6	225/304	603.7	225/344	725	275/348	677.9
	13	225/304	770.6	225/348	921.9	280/344	786.9
2.4	15	225/310	773.6	220/344	893.1	275/346	663.7
	21	225/306	911.3	225/344	1054	280/346	1153
	27	225/312	1129	220/354	1276	280/346	950.1
3.6	30	225/304	977.7	220/350	1317	280/348	848.2
	35	225/310	1293	225/342	1401	280/342	1011
	41	225/314	1312	220/342	1649	280/348	1250
4.8	45	225/304	1439	220/346	1730	280/348	1446
	56	225/304	1960	220/340	1876	280/346	1714
	64	225/306	1143	220/348	1240	280/346	1070

结合测定的 EPS、蛋白质和多糖的含量以及 EPS 的三维荧光图分析，反应器 R3 中好氧颗粒污泥能分泌更多的 EPS、蛋白质和多糖，且 R3 中颗粒污泥强度更高，说明与采用目标负荷启动方式相比，采用递增负荷启动方式培养的好氧颗粒污泥稳定性更好，耐冲击负荷能力更强，有机负荷的不断变化不仅会促进 EPS 的分泌，还能不断驯化反应器中的微生物。刘孟媛等（2012）发现采用目标负荷启动方式的反应器中更容易发生丝状菌膨胀，逐步递增负荷启动的方式会驯化微生物根据外界环境的变化而变化，有机负荷变化时会伴随一定量微生物的淘汰和筛选，从而使丝状菌的增殖得到有效的抑制，因此培养的颗粒污泥性质相对稳定。

5.1.2.3 EPS 的红外光谱分析

为进一步研究 R1、R2 中污泥 EPS 的官能团的差异，采用傅里叶红外（FITR）分析 EPS，以期明确有机负荷对 EPS 官能团的影响。测定结果见图 5.8，通过对不同波段 EPS 成分 FTIR 图谱分析，1040cm^{-1} 特征峰是由 C—O 与 O—H 的伸缩振动引起的（Tu et al.，2012），指的是糖类最常见的功能基团，糖类物质有助于好氧颗粒污泥的形成及稳定（Adav et al.，2008）。1550cm^{-1}、1230～1270cm^{-1} 所表征的物质是蛋白质二级结构 Amide Ⅱ 和 Ⅲ，此类物质有利于细胞聚集、黏附（Badireddy et al.，2010；Tielen et al.，2005）。1400cm^{-1} 的特征峰是由天冬氨酸去质子化羧基中 C ═O 对称伸缩振动引起的，1637～1660cm^{-1} 的特征峰与蛋白质的 Amide Ⅰ 振动有关，2850～2980cm^{-1} 的特征峰是由 C—H 伸缩振动引起的（Jian et al.，2015），750～950cm^{-1} 的特征峰是由样品中不饱和键所引起（Seviour et al.，2012）。

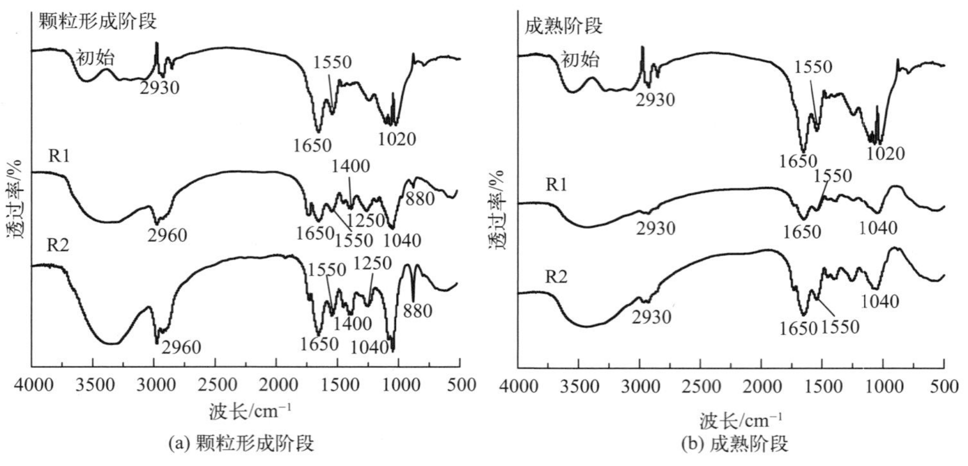

图 5.8 R1、R2 颗粒污泥形成过程中 EPS 分布红外光谱图

图 5.8 显示，在颗粒形成阶段，R1 和 R2 中均出现与蛋白质相关的 1250cm^{-1} 和 1400cm^{-1} 特征峰，但在成熟阶段，这两种峰都逐渐消失，这与测定的蛋白质含量变化相吻合，说明在好氧污泥颗粒化进程中蛋白质有重要促进作用。在颗粒形成过程中，表征多糖结构的特征峰由初始的 1020cm^{-1} 变化为 1040cm^{-1}，说明多糖在好氧污泥颗粒化进程中具有一定促进作用。由图 5.8 可看出 R1、R2 中 EPS 的官能团基本相同，表明有机负荷的

高低未对 EPS 的官能团产生影响。在好氧颗粒污泥形成过程中，EPS 官能团特征峰的强度不断变化，都是先增强后减弱，这与蛋白质、多糖及 EPS 的含量测定结果一致。

由图 5.9 可知，在不同有机负荷条件下，R3 中 EPS 的官能团特征峰都是相同的，只有 880cm^{-1} 特征峰消失，但是反应器 R1 和 R2 中，此峰也随着好氧污泥颗粒化进程而消失，表明这与有机负荷的调整无关，从而说明有机负荷的改变不会对 EPS 的组分有明显的影响。在反应器 R3 中，与蛋白质的 Amide Ⅰ振动有关的 1650cm^{-1} 特征峰、表征物质是蛋白质二级结构 AmideⅡ和Ⅲ的 1550cm^{-1} 和 1230～1270cm^{-1} 特征峰、由 C—O 与 O—H 的伸缩振动引起的表征糖类的 1040cm^{-1} 特征峰，在整个好氧污泥颗粒化过程中一直存在。而颗粒成熟期，反应器 R1 中表征蛋白质的 1230～1270cm^{-1} 特征峰逐渐消失，说明不同的负荷启动方式会对 EPS 官能团产生影响，这与测定的蛋白质含量结果一致。在颗粒成熟期，与采用目标负荷启动方式的反应器 R1 相比，采用逐步递增负荷启动方式的反应器 R3 中蛋白质含量更多。EPS 官能团的其他特征峰与 R1 中的大致相同。

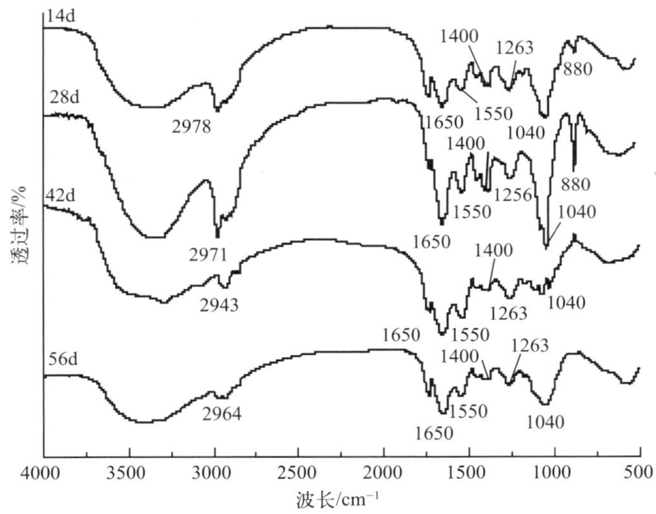

图 5.9 R3 颗粒污泥形成过程中 EPS 分布红外光谱图

5.1.3 不同有机负荷条件下污泥 EPS 分级组分特征

由图 5.10 可以看出，EPS 各组分的 TOC 存在明显差异。驯化期，亲水性物质 HI 的 TOC 含量最高，其次是疏水酸性物质 HOA，而疏水碱性物质 HOB 和疏水中性物质 HON 所占比例则较少。随着好氧污泥颗粒化的进程，HOA 的含量大幅增加，R1 和 R2 中 HOA 的含量由初始的 10.87mg/g MLSS 分别增长至 104.15mg/g MLSS、92.72mg/g MLSS。其次含量增长较多的是 HON，R1 和 R2 中 HON 的含量由初始的 8.99mg/g MLSS 分别增长至 56.47mg/g MLSS、43.61mg/g MLSS。HOB 含量增长较少，R1 和 R2 中 HOB 的含量由初始的 6.47mg/g MLSS 分别增长至 25.51mg/g MLSS、15.56mg/g MLSS。HI 含量变化不大，R1 和 R2 中 HI 的含量由初始的 28.49mg/g MLSS 分别增长至 34.11mg/g MLSS、30.12mg/g MLSS。可见，疏水性物质尤其 HOA 在好氧污泥颗粒化进程中起主要作用。在整个好氧颗粒污泥形成过程中，HI 含量的增量虽然较少，但在 EPS 中所占比例一直不小，说明 HI 中含有促进污泥生长的重要营养物质。

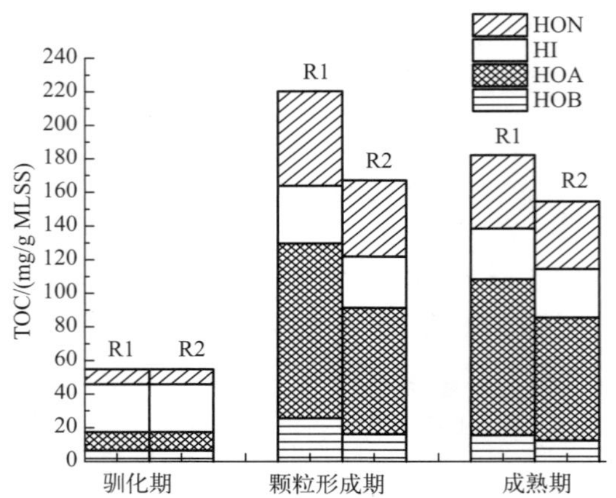

图 5.10 R1、R2 颗粒污泥形成过程中 EPS 组成含量的变化

虽然高低负荷条件下都出现了 EPS 各组分含量的增加，但时间节点不同颗粒污泥的形成时间也不同。由图 5.10 可见高有机负荷 R1 中各组分含量增长速率明显高于 R2，说明高有机负荷更有利于促进 EPS 组分的分泌，且有机负荷对疏水性物质尤其是 HOA 含量的增长有显著影响，但对 HI 的含量没有明显影响。颗粒成熟期，两组反应器中 EPS 各组分含量均有所降低，但仍然比驯化期的含量高，表明这些组分有利于促进污泥颗粒化进程，且为了维持颗粒污泥的特殊结构，其含量通常高于絮状污泥，这与上文中测定的 EPS 含量的变化一致。

5.2 低有机负荷下碳源类型在污泥颗粒化进程中的影响

城市生活污水成分复杂，其中有机污染物主要分为溶解态有机污染物和颗粒态有机污染物，颗粒态有机物在城市污水总 COD 中占有重要比例，是城市污水有机物的重要组成部分（中国工程院，2011）。大量的研究和报道指出在世界各地区，非溶解态有机物在污水处理系统有机负荷中的比例均很大，荷兰某城市污水中颗粒态有机物占总 COD 的 50%，波兰北部城市污水中颗粒态有机物占总 COD 的 60%，而南非某城市达到 70%～90%（王彬斌，2014）。已有很多学者对颗粒态有机物的去除展开研究，杨春维等（2017）利用好氧颗粒污泥对实际玉米淀粉废水进行处理，发现 COD 为 800～950mg/L 时，COD 去除率可达 90%以上，同时具有较好的脱氮效果。张智明（2016）以可溶性淀粉为主要进水碳源研究其对好氧污泥颗粒化与结构稳定的影响。结果成功培养得到好氧颗粒污泥，COD 去除率达 90%以上，且沉降性能较好，但颗粒污泥表面吸附大量淀粉，其基质和 DO 的传质阻力较大，限制了颗粒粒径增长与系统脱氮性能。反应器的 COD、TN 去除性能可通过增设缺氧段得到提升，认为好氧颗粒污泥技术可高效处理淀粉类难降解物质，在实际城镇污水处理中具有极大的应用前景。

目前利用颗粒污泥去除水中颗粒态有机污染物的研究与应用，主要集中于高有机负荷，而以城市生活污水为典型的低有机负荷废水中颗粒态有机物去除效果的研究较少。本研究中，平行运行两组 SBR 反应器：其中 R1 为对照组，碳源为无水乙酸钠和丙酸钠（COD 当量 1∶1），有机负荷为 0.6kg COD/(m^3·d)；而在 R2 中则利用淀粉作为颗粒态的模型有机物，在进水基质中保持 0.63kg COD/(m^3·d) 不变，随后在运行过程中逐渐增大淀粉比例，以此探究颗粒性碳源对好氧颗粒污泥形成的影响。以填补颗粒污泥在有机负荷下去除颗粒态有机污染物的研究空白，从而为好氧颗粒污泥在城市生活污水中进一步推广应用奠定理论与实验基础。

5.2.1 好氧颗粒污泥形成过程及污泥特性对碳源类型的响应

5.2.1.1 好氧颗粒污泥的形成

(1) 污泥形貌

在好氧颗粒污泥的形成进程中，利用光学显微镜和数码相机定期对两组反应器（R1 和 R2）内的污泥形态进行观察及记录，具体结果如图 5.11（书后另见彩图）所示。

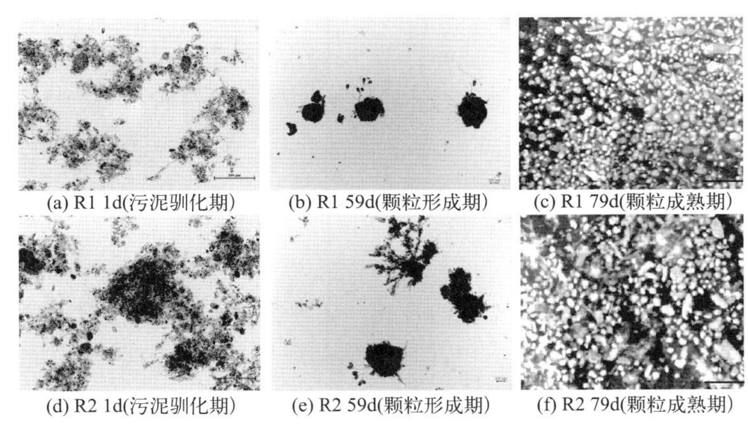

图 5.11 颗粒污泥形成过程中的形态变化

接种污泥为深褐色絮状，结构松散，沉降性能较差，平均粒径为 54.07μm 左右。为防止污泥大量流失，将初始沉降时间设置为 15min，在随后的 20d 内逐渐调整为 5min。运行 9d 后两组反应器中污泥由深褐色变为黄褐色，污泥平均粒径也增加至 70μm 左右。经过 36d 的培养，R1 中污泥颜色进一步变浅，由黄褐色变为黄色，开始出现黄白色小颗粒伴有大量明显的丝絮状污泥，粒径平均值达到 113.5μm 左右，即污泥开始进入颗粒形成期。有研究表明，在好氧颗粒污泥的形成初期，丝状菌可以作为内核，为颗粒形成提供骨架，为菌胶团附着提供载体，从而形成稳定的聚集体（Wang et al.，2004）。随着颗粒化进程，颗粒尺寸逐渐变大。到第 59 天，污泥颗粒尺寸增长至 304μm，同时存在少量不规则的大颗粒污泥。第 70 天，R1 中几乎都是微黄色、米粒状的颗粒污泥，结构密实，形状规则，平均粒径达到 430μm 左右，没有絮状污泥，即认为 R1 完成颗粒化，进入成熟期。运行到第 106 天，R1 中颗粒污泥粒径达到 750μm 左右。运行到第 151 天，R1 中颗粒污泥粒径达到 1102μm 左右。此时的颗粒污泥呈浅黄色、米粒状，结构密实，表面光滑，几乎没有絮状污泥。这与吴杰（2010）的研究结果是相符的，低有机负荷下大部分有机物直接被颗粒表层细胞利用，导致内层微生物营养匮乏，活性受到抑制，难以形成大的颗粒。相反，高有机负荷下 COD 更能克服颗粒内部传质阻力，达到颗粒内部，为内层微生物提供充足的营养，形成更大的颗粒聚集体。郎龙麒等（2015）利用 SBAR 培养好氧颗粒污泥的研究结果表明，低有机负荷［0.75kg COD/(m^3·d)］下培养的成熟小颗粒粒径为 0.35mm，而较高有机负荷［1.6kg COD/(m^3·d)］下培养的大颗粒粒径为 1.35mm。

与 R1 相比，在反应器运行的第一阶段（0～31d），R2 和 R1 进水基质保持一致，R2 中污泥的形态及粒径变化与 R1 中类似。接种污泥为深褐色絮状，结构松散，沉降性能较差，平均粒径为 54.07μm 左右。在反应器运行的第二阶段（32～81d），在 R2 的进水基质中增加了淀粉，淀粉占总碳源的比例为 25%。随后 R2 中污泥粒径的增长速度明显高于 R1。R2 在第 33 天开始出现黄白色小颗粒，粒径平均值达到 105.2μm 左右，即污泥比 R1 提前 3 d 开始进入颗粒形成期，同时有较多丝状菌。随着颗粒化进程，颗粒尺寸逐渐变大。到第 59 天，污泥颗粒尺寸增长至 367μm，同时存在少量不规则的大颗粒污泥。第 66 天，R2 中几乎都是微黄色、米粒状的颗粒污泥，平均粒径达到 476μm 左右，没有絮状污泥，即认为 R2 完成颗粒化，进入成熟期。运行到第 79 天，R2 中颗粒污泥粒径达到 622μm 左右，比同时期 R1 中颗粒平均粒径高 130μm。Wang 等（2013）的研究证实淀粉具有黏性可迅速吸附在絮体表面，在絮体之间起到桥连作用，促进菌胶团的形成。张杰等（2016）研究发现，在培养颗粒污泥的过程中添加淀粉，颗粒污泥粒径增长速率更快，颗粒污泥形成时间更短，证实淀粉可以加速污泥的颗粒化。这是因为淀粉的添加可能会刺激微生物分泌淀粉酶，从而使微生物分泌的 EPS 中蛋白质含量增多，增强了细胞疏水性，促进微生物的聚集，从而加速颗粒污泥的形成。这说明淀粉不仅可以作为碳源被微生物分解利用，还可作为絮凝剂加速污泥絮体的聚集，促进颗粒污泥的形成。在反应器运行的第三阶段（82～118d），R2 的进水基质中淀粉占总碳源的比例增加到了 50%。运行到第 84 天，R2 中颗粒污泥平均粒径达到 676μm，比同时期 R1 中颗粒平均粒径大 167μm，颗粒污泥的颜色变为黄色，且出现不少白色黏性物质。运行到第 87 天左右，R2 中的成熟颗粒污泥开始出现解体。这与王杰等（2015）的研究结果是一致的，成熟期的好氧颗粒污泥粒径较大，微生物含量高，需要足够的碳源，但淀粉作为大分子聚合物，其水解速率较低，低于微生物对其水解产物的利用速率，当进水碳源中淀粉含量较高时，颗粒污泥中丝状菌易过量生长，颗粒污泥稳定性易变差。当然，颗粒内部底物和 DO 的传质限制是最终导致粒径较大、结构密实的好氧颗粒污泥解体的根本原因。运行到第 115 天，颗粒污泥稳定性变差，解体为众多小颗粒，平均粒径减小到 581μm。在反应器运行的第四阶段（119～151d），R2 进水基质淀粉占总碳源的比例为 75%。颗粒污泥进一步失稳，粒径大幅度减小，运行到第 151 天，颗粒污泥的颜色变为微黄色，颗粒形状明显不规则，平均粒径减小至 346μm，同时伴有许多丝絮状物。

（2）污泥粒径变化

在好氧颗粒污泥培养过程中，采用激光粒度分布测定仪测定两组反应器中的污泥粒径变化，如图 5.12 所示。

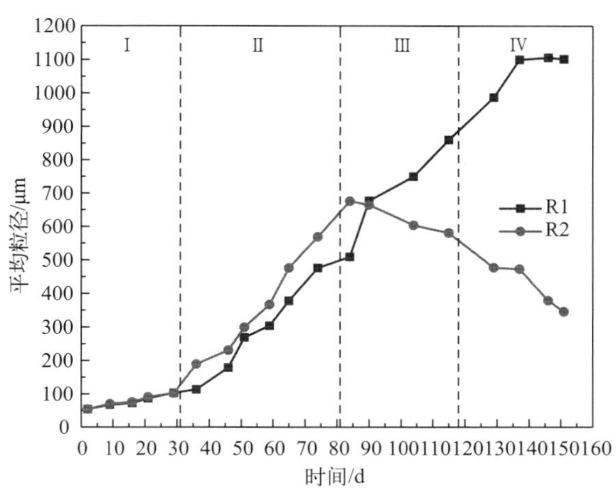

图 5.12　两组 SBR 反应器中好氧颗粒污泥的粒径变化

在反应器运行的第一阶段（0～31d），R2 的进水基质与 R1 保持一致，R2 中污泥的粒径变化与 R1 中几乎相同。接种污泥为深褐色絮状，结构松散，沉降性能较差，平均粒径为 54.07μm 左右。运行到第 31 天，R1 和 R2 反应器中污泥粒径均增加至 105μm 左右。在反应器运行的第二阶段（32～81d），R1 进水基质维持不变，R2 进水基质中淀粉占总碳源的比例增加至 25%。运行到第 36 天，R1 和 R2 中颗粒污泥平均粒径分别达到 113.5μm 和 189μm，R2 比同时期 R1 中颗粒平均粒径高 75.5μm。运行到第 74 天，R1 和 R2 中颗粒污泥平均粒径分别达到 476μm 和 569μm，R2 比同时期 R1 中颗粒平均粒径高 93μm。R2 反应器中颗粒污泥粒径的增长速度明显高于 R1 反应器。这与张杰等（2016）的研究结果是相符的，淀粉作为碳源，可以加速污泥的颗粒化，有利于颗粒污泥的粒径增长。在反应器运行的第三阶段（82～118d），R1 进水基质维持不变，R2 进水基质中淀粉占总碳源的比例为 50%。运行到第 84 天，R1 和 R2 中颗粒污泥平均粒径分别达到 509μm 和 676μm，R2 比同时期 R1 中颗粒平均粒径高 167μm。此时，R2 中的颗粒污泥平均粒径达到了最高值 676μm。颗粒污泥的粒径越大，内部传质越差。颗粒污泥与活性污泥一样也是菌胶团和丝状菌的结合体，而菌胶团对碳源的贮存能力明显高于丝状菌，但 R2 由于进水碳源淀粉所占比例较高，淀粉作为碳源需要先转化为 VFA（挥发性脂肪酸）物质才能被微生物贮存，耗能多，贮存少，从而无法抑制丝状菌的过量生长，难以维持稳定的颗粒污泥结构。导致运行到第 104 天，R1 中污泥平均粒径增加至 750μm，而 R2 中污泥平均粒径减小至 604μm，R1 比同时期 R2 中颗粒平均粒径高 146μm。运行到第 115 天，R1 中污泥平均粒径增加至 860μm，而 R2 中污泥平均粒径减小至 581μm，R1 比同时期 R2 中颗粒平均粒径高 279μm。在反应器运行的第四阶段（119～151d），R1 进水基质维持不变，R2 进水基质淀粉占总碳源的比例为 75%。R1 中颗粒污泥尺寸继续增大，R2 中颗粒污泥尺寸进一步减小。运行到第 129 天，R1 中污泥平均粒径增加至 987μm，而 R2 中污泥平均粒径减小至 477μm，R1 比同时期 R2 中颗粒平均粒径高 510μm。运行到第 146 天，R1 中污泥平均粒径增加至 1106μm，而 R2 中污泥平均粒径减小至 379μm，R1 比同时期 R2 中颗粒平均粒径高 727μm。

5.2.1.2 污泥特性

(1) 污泥浓度及沉降指数变化

两组反应器中 MLSS 以及颗粒污泥 SVI_{30} 变化见图 5.13。

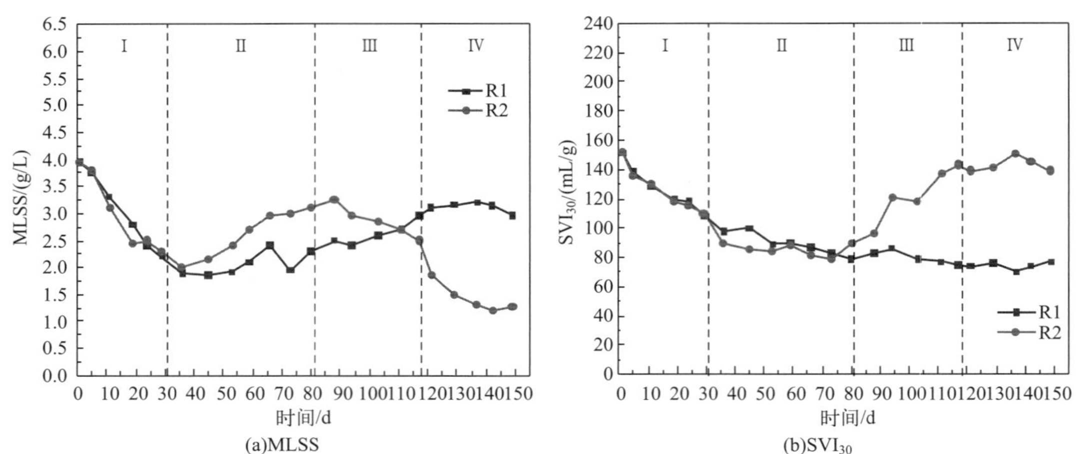

图 5.13 两组反应器中 MLSS 和 SVI_{30} 的变化

初始污泥的 MLSS 为 3.95g/L，SVI_{30} 为 151mL/g。沉淀时间在 20d 内由 15min 逐渐调整为 5min。两组反应器中的 MLSS 和 SVI 均呈现下降趋势，第 19 天，R1 中 MLSS 下降至 2.8g/L，R2 中 MLSS 下降至 2.45g/L，R1、R2 的 SVI_{30} 值下降至 120mL/g 左右。这主要是因为随着沉淀时间的逐渐缩短，沉降性较差的污泥在一定的沉降时间内被反应器排出，导致 MLSS 下降。虽然外界环境突然改变，大量污泥流失，但未被筛选出反应器的污泥具有较好的沉降性能，所以 SVI_{30} 值降低（唐堂 等，2018）。

在 R1 反应器运行的前 45d，其 MLSS 呈下降趋势，第 24 天降至 2.4g/L，第 45 天降至 1.85g/L。反应器在运行过程中不断淘汰沉降性能较差的污泥，而沉降性能较好的污泥逐渐成为污泥系统的主体。第 66 天，污泥 MLSS 增长至 2.4g/L。污泥进入颗粒污泥成熟期后，随着微生物的不断聚集，生物量增长，颗粒污泥的粒径进一步增大，MLSS 值总体上呈逐渐增大的趋势。运行到第 117 天，污泥 MLSS 增长至 2.95g/L，运行到第 137 天终增至 3.2g/L。SVI 值表示污泥容积指数，是衡量污泥沉降性能的指标，能较好地反映出颗粒污泥的沉降性能。本实验 R1 反应器中污泥的 SVI_{30} 值整体上呈先下降后稳定的趋势［图 5.13（b）］。从反应器运行开始，SVI_{30} 值由 151.26mL/g 逐渐降低，第 19 天降至 120mL/g。进入颗粒形成期，微生物增殖加快，生物量不断增长，SVI_{30} 值逐渐下降，污泥沉降性能也逐渐趋好。到第 40 天 SVI_{30} 值下降至 102.84mL/g；第 66 天，SVI_{30} 值降至 87mL/g。进入颗粒成熟期后，颗粒污泥的结构更密实紧凑，沉降性能进一步稳定在一个更好的水平，其 SVI_{30} 值基本保持在 75.00mL/g。

在 R2 反应器运行的第一阶段（0～31d），由于接种污泥及运行条件均与 R1 相同，故污泥的 MLSS 与 SVI_{30} 的变化规律与 R1 几乎一致（图 5.13）。R2 作为实验组，在反应器运行的前 36d，其 MLSS 呈下降趋势，第 24 天降至 2.5g/L，第 36 天降至 2g/L。在反应器运行的第二阶段（32～81d），R2 进水基质中添加了淀粉，淀粉占总碳源的比例为 25%。污泥颗粒快速形成，反应器运行第 59 天，MLSS 增加至 2.7g/L，比同时期 R1 中污泥的 MLSS 值高出 0.6g/L，可看出污泥浓度增加的速度明显比 R1 快。反应器运行第 73 天，SVI_{30} 减少至 79mL/g，减少的速度明显比 R1 快，说明 R2 中污泥沉降性能变好的趋势更明显。说明碳源中淀粉的添加，有利于促进污泥的生长和提高污泥的沉降性能。这是因为在进水碳源中添加适量的淀粉，能起到絮凝作用，促进污泥絮体之间的聚集，有利于提升污泥的沉降性能（Teh et al.，2014）。在反应器运行到第二阶段，R2 中污泥均测得较好的沉降性能，SVI_{30} 值始终在 80～90mL/g 范围内。在反应器运行的第三阶段（82～118d）和第四阶段（119～151d），R2 进水基质中淀粉占总碳源的比例分别为 50% 和 75%。R2 中污泥的 MLSS 总体上呈下降趋势，相反，R2 中污泥的 SVI_{30} 值总体上呈先上升后稳定的趋势。反应器运行第 117 天，MLSS 值下降至 2.5g/L，SVI_{30} 值上升至 143mL/g，反应器运行第 142 天，R2 中污泥的 MLSS 值下降至 1.2g/L，SVI_{30} 值上升至 145mL/g。可以看出 R2 中污泥的生物量降低，沉降性能变差，好氧颗粒污泥的稳定性降低。说明在进水碳源中添加过量的淀粉，不利于颗粒污泥的稳定性。这与王杰等（2015）的实验结果是相符的。

(2) 机械强度

机械强度是表征污泥特性的重要指标。好氧颗粒污泥只有在具备了一定的颗粒强度和相对密度后才能进一步抵抗由反应器中的机械压力和水流剪切力导致的颗粒形变和破损。测定两组反应器中成熟颗粒污泥的机械强度，可得到 R1、R2 成熟颗粒的强度分别为 94.44%、91.67%，可以看出颗粒污泥的机械强度的相对密度大小顺序为 R1＞R2，R1 比 R2 颗粒污泥的机械强度高出 2.77%。说明与 R2 相比，R1 中的好氧颗粒污泥具有更好的结构稳定性。

(3) 颗粒污泥的微观结构

由于两组反应器的进水条件不同，所以颗粒成熟时间和形态以及微观结构也有所差别。R2 形成颗粒比 R1 形成颗粒的时间短，但先解体，除此之外，R2 和 R1 的内部结构和其他物理指标也有所差别。图 5.14 为 R1 和 R2 两组反应器运行第 85 天的成熟颗粒污泥的扫描电镜照片。

图 5.14（a）～(c) 为 R1 颗粒污泥的扫描电镜照片，可看出 R1 颗粒污泥呈较规则的椭球状，表面光滑，边界清晰，整体结构密实，具有较好的颗粒污泥结构强度和稳定性。其颗粒表面生物相丰富，表面微生物主要是大量球菌和杆菌，还有部分丝状菌，丝状菌相互交织缠绕包裹着颗粒污泥内部的球菌和杆菌，从而使球菌和杆菌附着于颗粒上而不易流失，并能有效抵御水力冲击，说明 R1 是以丝状菌为骨架缠绕吸附，大量微生物相互凝聚，所以 R1 的颗粒较为密实。此外，颗粒污泥内部存在一定量的孔隙，孔隙较小，这类孔隙可能为生物气逸散的气孔和种间氢转移的通道，孔隙的存在也有利于有机基质通过扩散进入颗粒内部。

图 5.14（d）～(f) 为 R2 颗粒污泥的扫描电镜照片，可看出 R2 颗粒污泥形状较规则，呈椭球形，表面光滑，有清晰的轮廓，而 R2 颗粒污泥表面分布有大量丝状菌，这些丝状菌相互缠绕交错形成网状结构，包裹着颗粒污泥内部的球菌和杆菌，从而防止颗粒污泥的解体和微生物流失。R2 颗粒污泥中颗粒孔隙较大较多，颗粒内部细菌之间结合不够紧密，

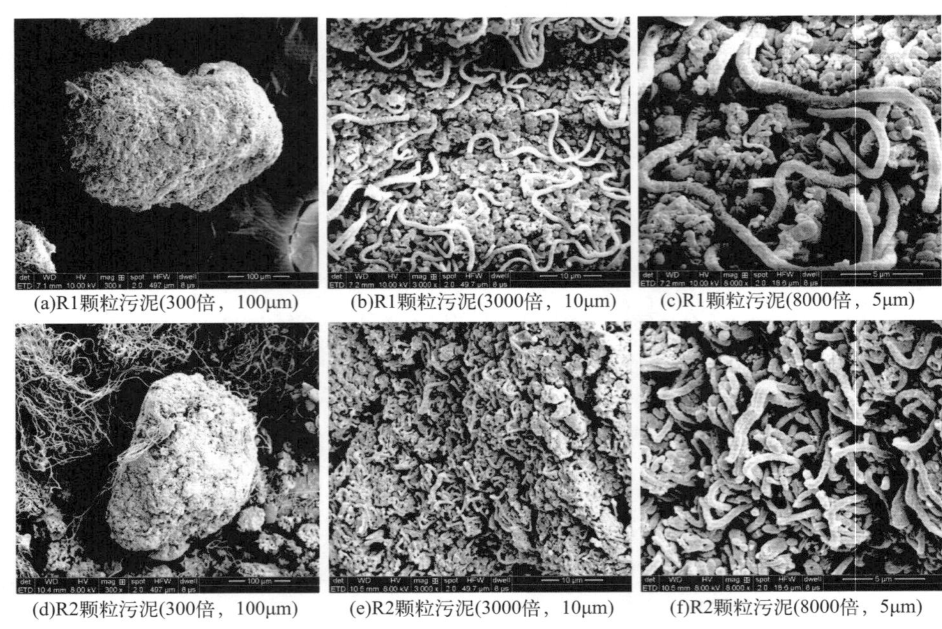

(a)R1颗粒污泥(300倍，100μm)　(b)R1颗粒污泥(3000倍，10μm)　(c)R1颗粒污泥(8000倍，5μm)

(d)R2颗粒污泥(300倍，100μm)　(e)R2颗粒污泥(3000倍，10μm)　(f)R2颗粒污泥(8000倍，5μm)

图 5.14　颗粒污泥 SEM 观察

丝状菌分布较多，颗粒较松散，易破碎解体。结合 R2 中颗粒污泥形成过程的形态、粒径及沉降性能的变化，推测 R2 中颗粒污泥在第 87 天左右开始解体的原因是 R2 反应器中丝状菌的过度繁殖。

5.2.2　不同碳源类型下好氧颗粒污泥的污染物去除效果

5.2.2.1　COD 去除效能

COD 的进出水浓度以及去除效果如图 5.15 所示，其中进水 COD 浓度为（200±50）mg/L。在反应器运行 0～31d 内，R1 与 R2 的 COD 去除率较高，基本保持在 90%左右，接种污泥对 COD 的去除能力较好，其原因可能是接种污泥的沉降性能较好，且微生物含量高，而此时两组反应器中 COD 含量相对较少，易被微生物消耗利用。随着反应器的运行，两组反应器的 COD 去除率有一定波动。第 36 天，R1 中的 COD 去除率由 91.70%下降至 81.00%，推测是由于反应器在驯化阶段不断排出沉降性能较差的污泥，造成一定量的污泥流失，从而导致污泥对污染物的去除效能变差。反应器运行稳定后，R1 中 COD 的去除率很快便恢复到一个较好的水平，到第 45 天，污泥对 COD 的去除率几乎达到 100%。此后 COD 去除率虽有一定的波动，但 COD 去除率基本维持在 85%以上。颗粒污泥进一步长大和成熟，生物量更多，颗粒污泥更稳定，其对污染物的去除能力也到达最佳，COD 去除率进一步提升，反应器运行第 142 天和第 149 天，污泥对 COD 去除率更是分别达到 91.4%和 93.56%，基本稳定在 90%以上。这与郭宁（2014）的研究结果一致。

在反应器运行的第一阶段（1～31d），R2 与 R1 的进水条件完全相同。因此，在这一阶段 COD 的去除率基本与 R1 一致。但从在进水基质中开始添加淀粉后，R2 与 R1 中污泥对污染物的去除性能有所差异。在反应器运行的第二阶段（32～81d），第 36 天 R2 中污

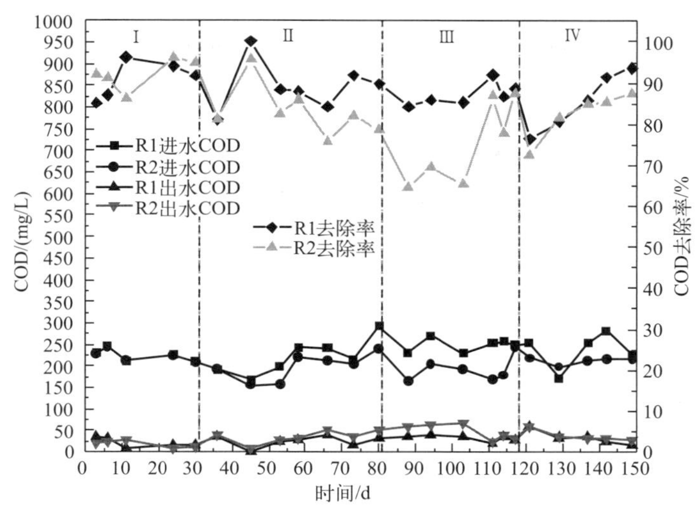

图 5.15 两组反应器的 COD 去除效果

泥对 COD 的去除率为 81.00%，与 R1 相同；第 45 天 R2 中污泥对 COD 的去除率为 95.70%，比 R1 低 4.3%；第 80 天，R2 中污泥对 COD 的去除率为 78.80%，比 R1 低 10.50%。在反应器运行的第三阶段（82～118d），第 88 天、第 94 天、第 103 天，R2 反应器中的 COD 去除率下降至 65%左右，推测是由 R2 中颗粒污泥的解体行为导致的。第 111 天，R2 的 COD 去除率回升至 86.77%。第四阶段（119～151d），反应器运行第 142 天和第 149 天，R2 中污泥对 COD 的去除率更是分别达到 85.32%和 87.44%，基本稳定在 85%以上。

总体来看，两组反应器的 COD 去除率相近，分别稳定在 90%和 85%以上。刘宏波等（2009）的研究表明，进水有机负荷的降低，对颗粒污泥系统有机物去除效果影响不大，出水 COD 稳定，去除率在 90%左右。但是，与 R1 相比，R2 中污泥对 COD 的去除效果略差。这说明淀粉的添加，导致好氧颗粒污泥的微生物组成及其活性与 R1 产生差异（严迎燕 等，2016），导致了 R2 中颗粒污泥对有机污染物 COD 的去除性能变差。

5.2.2.2 氮类化合物去除效果

两组反应器中污染物的去除效果见图 5.16。分析图 5.16（a），在反应器运行前 20d 两组反应器的氨氮去除率均在 99%以上，说明接种污泥对氨氮的降解能力较强，接种污泥中硝化菌（氨氧化细菌 AOB 和亚硝酸盐氧化细菌 NOB）的代谢活性较好。第 24 天，两组反应器的氨氮去除率皆大幅度下降，R1 的氨氮去除率降低至 40%，R2 的氨氮去除率降低至 44%，推测原因是两组反应器经过 20d 的排泥，生物量（MLSS）有所降低，污泥的沉降性能变差（SVI 变高），排泥使得污泥龄较短，而氨氧化细菌（AOB）的生长速率较慢，难以富集，从而影响了反应器的氨氮去除率；再者，脱氮过程总体上消耗碱度，而在运行过程中没有外加碱，pH 值的降低使硝化细菌的活性受到一定程度的抑制。第 30 天到第 45 天，随着反应器运行条件的稳定，硝化细菌的数量和代谢活性得到恢复。在第 46 天到第 151 天，R1 出水稳定后，其氨氮去除率基本稳定在 95%以上。这与张明（2015）和于凤庆（2012）的研究是相符的。而 R2 中污泥对氨氮的去除率波动范围较大，基本在40%～100%之间。与R2相比，R1中污泥对氨氮的去除效果明显较好。且从R2中污泥的氨氮去除率变化的整体趋势来看，随着R2进水中混合碳源中的淀粉占比逐步递增（0%～25%～50%～75%），R2的氨氮去除率呈逐步下降的趋势。严迎燕等（2016）研究了不同碳源（乙酸钠、葡萄糖、淀粉）对颗粒污泥生物脱氮过程的影响，结果显示，以淀粉为碳源时，氨氮和COD的去除率最低，氨氮的去除率在碳源改为淀粉时甚至低于启动阶段。

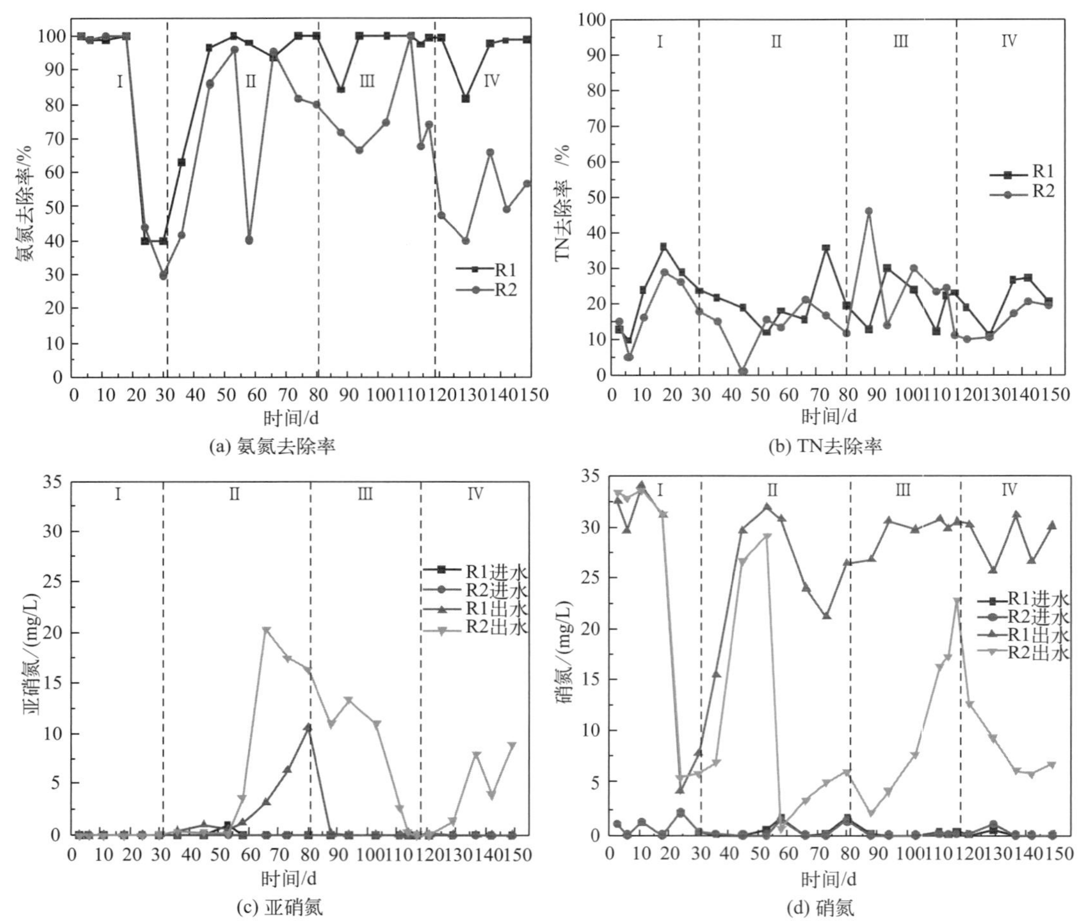

(a) 氨氮去除率

(b) TN去除率

(c) 亚硝氮

(d) 硝氮

图5.16 两组反应器中污染物的去除效果

从图5.16（b）可看出，随着两组反应器的运行，R1和R2中TN的去除率不断波动，且R2的TN去除率波动略大，但总体趋势上，R1与R2的TN去除率基本维持在较低的水平（10%～30%），R1的TN去除率略高于R2。这是因为有机负荷低导致反硝化细菌生长较慢，而且颗粒粒径较小使得颗粒内部难以形成缺氧环境，从而影响反硝化过程的进行。有研究表明，污染物（TN）的去除率与有机负荷成正相关关系（王春 等，2009）。由于不同的C/N值对TN的去除会产生不同的影响，在进水含氮量保持稳定的情况下，随着进水COD含量的提高，同步硝化反硝化生物脱氮效果明显提高，分析认为当氮含量低时，污泥表面的好氧区的异养菌首先将有限的有机物代谢分解，能扩散进入污泥内部缺氧区的有机物很少，反硝化菌所需的碳源无法满足，因而影响同步硝化反硝化进行，TN 去除效果变差。而当有机负荷较高时，异养菌活力增强且水中溶解氧含量降低，使得活性污泥微环境中存在不同程度的好氧-缺氧区，并且有机物的含量能够保证不同阶段不同微生物对碳源的需要，这是反硝化能够顺利进行的必要条件，因此随着有机负荷提高 TN 去除率增大。

分析图 5.16 可以看出，总体来看，R1 的 TN 去除率基本低于 30%，但其氨氮去除率基本维持在 95%以上，且亚硝酸盐含量几乎没有积累，硝酸盐含量明显积累很多，推测因为 R1 污泥的硝化菌（氨氧化细菌 AOB 与亚硝酸盐氧化细菌 NOB）代谢活性好，硝化过程充分，但由于低有机负荷，影响反硝化过程的进行，导致反硝化过程不明显。与 R1 相比，R2 的 TN 去除率同样基本低于 30%，表明 R2 与 R1 均由于低有机负荷，导致反硝化进程受到限制。但 R2 与 R1 中的 TN 浓度同等降低，且 R2 氨氮去除率低于 R1 的情况下，R2 中亚硝酸盐和硝酸盐皆有一定积累且亚硝酸盐积累量明显高于 R1，表明 R2 中的氨氧化过程充分，氨氮化细菌（AOB）代谢活性较好，但亚硝酸盐氧化硝化过程缓慢不明显，亚硝酸盐氧化细菌（NOB）代谢活性较差。

5.2.2.3　磷的去除效率

从图 5.17 可以看出，在两组反应器进水条件相同的第一阶段，由于是反应器运行初期，两组反应器 TP 的去除效果波动较大，去除率也相近。而在两组反应器运行稳定后的第二、第三、第四阶段，由于反应器 R1 和 R2 始终维持低有机负荷 0.6kg COD/(m^3·d) 的进水基质浓度，颗粒污泥对 TP 的去除效果不明显，R1 和 R2 中的 TP 去除率皆低于 40%。有研究表明，进水有机负荷对 TP 的去除有一定的影响，当进水有机负荷较高时好氧颗粒污泥系统具有较好的 TP 去除效果，而当有机负荷逐渐下降时 TP 的去除率也呈下降趋势（Wu et al.，2012）。张杰等（2016）在研究淀粉对除磷污泥的影响时发现，30% 的进水 COD 由淀粉提供时不会影响系统的除磷效果，淀粉最终作为有机物被消耗，停止添加淀粉，系统仍能稳定运行。

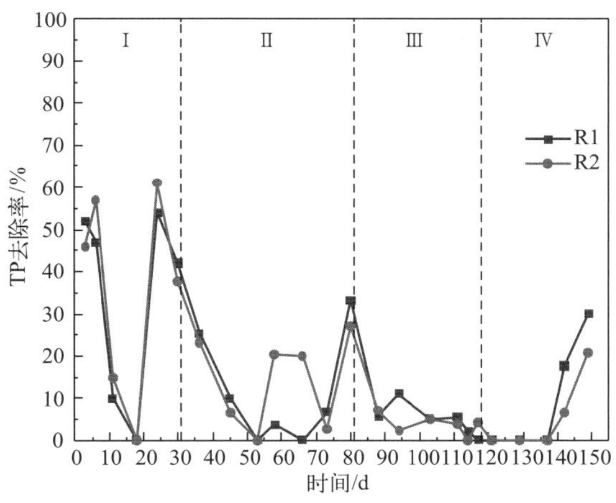

图 5.17　两组反应器对磷的去除效果

5.2.3 碳源类型对污泥颗粒化中微生物种群结构演替的影响

5.2.3.1 微生物种群多样性和丰富度分析

S0 为初始污泥样品，R1 和 R2 分别为两组反应器中的好氧颗粒污泥样品。3 组样品经高通量测序后，微生物种群分布中 Alpha 多样性指数以及丰富度指数相关的各项指标如表 5.6 所列。饱和覆盖度（coverge）表征各样品测序结果的饱和覆盖度，是测得的测序结果占整体基因组序列组的比例，其数值越趋近 1，样品中序列被测出的概率越高，则结果的可靠性越高。对测序结果进行 OTU 分类，相似度水平为 0.97。从表 5.6 中可以看出，3 组污泥样品的覆盖率均在 99%以上，说明污泥样品中的绝大部分微生物种群都已被检测出来，测序深度合适，测序结果能够较准确地反映污泥的生物特性，可以表征污泥中微生物的真实情况。Ace 指数和 Chao 指数都是常用的分子生物学中估计物种总数的指标，可用来反映微生物菌群丰富度。Chao 值是用来估计在理想状态下，即在无限个测序量状态下不同分类单元丰富度的估计值。Ace 是另一种与 Chao 算法不同的可反映微生物种群丰富度的常用指标，其数值越大，表明样品中的微生物种群越丰富。相似度为 97%时，Ace 指数 S0＞R1＞R2，Chao 指数 S0＞R1＞R2，说明初始污泥比颗粒污泥中微生物种群的丰富度更高，两组反应器中微生物种群的丰富度大小顺序排序为 R1＞R2。OTU 数大小顺序为 S0＞R1＞R2，Ace 指数和 Chao 指数大小顺序与 OTU 完全一致，说明测序深度比较合适。

表 5.6 污泥样品的微生物多样性指数表

样本	序列	OTU	Shannon 指数	Ace 指数	Chao 指数	饱和覆盖度	Simpson 指数
S0	54694	812	5.6339	860.67	875.9	0.999048	0.00788
R1	59994	373	3.5936	464.28	490.7	0.998358	0.07804
R2	53525	268	3.4650	335.07	330.5	0.998739	0.05737

Shannon 指数和 Simpson 指数通常用来表征微生物种群多样性，能够对菌群组成的丰富度及均匀度进行综合评价。Shannon 指数越大，Simpson 指数越小，说明样品生物种群多样性越高。对于 Simpson 指数和 Shannon 指数的特点，Magurran（1988）认为 Simpson 指数对于富集种（相对多度＞0.72）的变化更为敏感，而 Shannon 指数对于稀疏种（相对多度＜0.72）的变化更为敏感。Sinpson 指数比 Shannon 指数对物种均匀度更敏感，而 Shannon 指数对物种丰富度更为敏感，即在对物种均匀度不同而丰富度相近的群落作比较时，采用 Sinpson 指数来代表种群多样性更接近真实结果；而对均匀度相近，丰富度差别较大的群落作比较时，采用 Shannon 指数反映微生物多样性更为合理（许晴 等，2011）。3 组污泥样品的 Shannon 指数大小顺序为 S0＞R1＞R2；Simpson 指数大小顺序为 S0＜R2＜R1，说明初始污泥比颗粒污泥的种群多样性更高，而且相比 R1，R2 的种群多样性较低。

5.2.3.2 微生物群落结构和功能

为了更清楚地描述和比较不同污泥样品之间的微生物相似性和差异性，可以通过

OTU 分布韦恩图计算不同样品中特有和相同 OTU 的数量。韦恩图可以清楚直观地反映不同污泥样品中 OTU 的相似性和重叠性。由图 5.18（书后另见彩图）可知，3 组污泥样品微生物中共有 1453 个 OTU。4 组样品的 OTU 数量大小顺序为 S0＞R1＞R2，初始污泥样品（S0）中得到的 OTU 数目最多，达到 812 个 OTU，其次 R1 的 OTU 数目为 373，而 R3 污泥样品中所含的操作分类单元 OTU 最少，只有 268 个。3 组样品共有相同种类 137 个，占总 OTU 数目的 9.43%，S0、R1、R2 所特有的微生物种类分别是 534 个、43 个、19 个。从微生物种类的角度上来说，不同污泥样品中微生物种类差异较小。

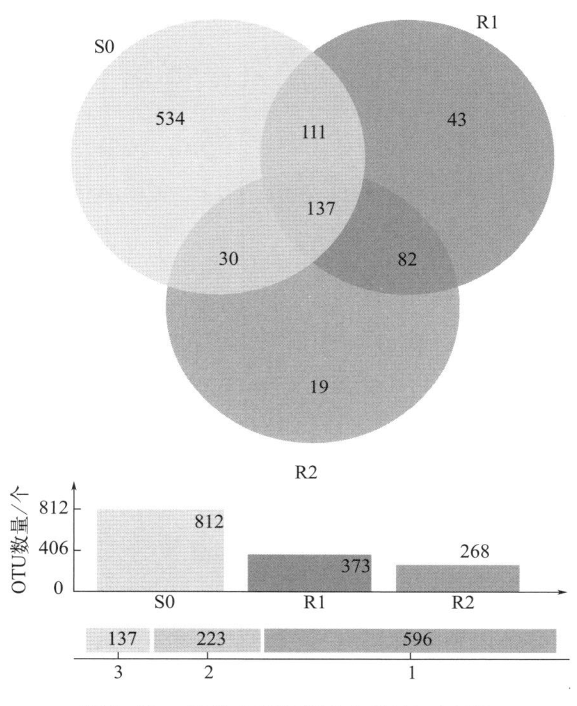

图 5.18　不同污泥样品操作分类单元韦恩图

图 5.19（书后另见彩图）是高通量测序分析探测到的污泥样品中门水平的分布情况。从图中可看出，初始污泥 S0 和两组反应器中好氧颗粒污泥 R1 和 R2 中的优势菌门都是变形菌门（Proteobacteria）和拟杆菌门（Bacteroidetes）。这与其他人的研究结果是一致的（侯爱月 等，2016）。其中 3 组样品中的变形菌门（Proteobacteria）分别占细菌总数比例的 31.17%、64.12%、58.24%，拟杆菌门（Bacteroidetes）分别占细菌总数的 22.01%、27.03%、40.76%，这两个菌门的细菌构成了反应器中的主要微生物。分析得到，低有机负荷下，污泥颗粒化过程中，微生物群落结构组成确实发生了改变，细菌菌群有一定的演替变化，部分细菌被富集，如变形菌门（Proteobacteria）和拟杆菌门（Bacteroidetes）。与初始污泥相比，两组反应器中的微生物变形菌门（Proteobacteria）所占比例更高。变形菌门细菌中包含多种有机物降解细菌及一些反硝化细菌等具有脱氮功能的微生物，传统硝化过程中起主要作用的 AOB 和 NOB 在分类上也归属于变形细菌门（郝伟，2019）。硝化螺旋菌包含 NOB 和 *Comammox*，是参与硝化作用的重要的细菌，硝化螺旋菌的丰度与环境中的氨氮、亚硝氮浓度显著相关，并且受温度影响（任红星，2016）。

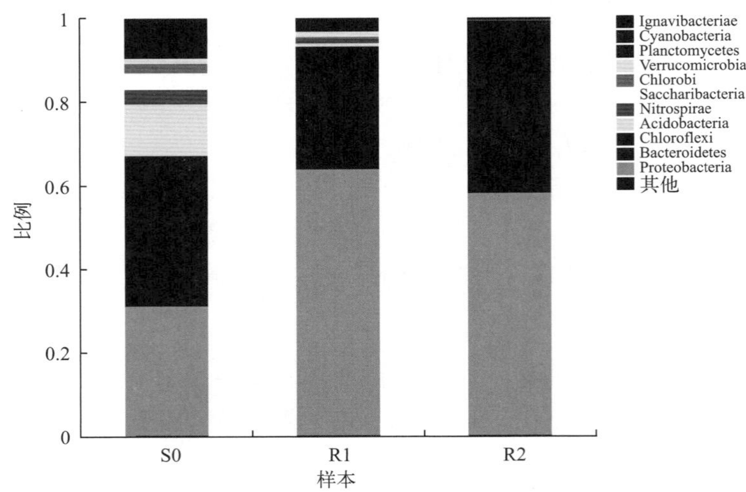

图 5.19 3组污泥样品中微生物群落结构在门水平上的群落组成图

初始污泥 S0 中硝化螺旋菌门（Nitrospirae）占细菌总数 3.58%，这就可以合理解释两组反应器开始运行时，R1 和 R2 中污泥对氨氮的去除率就维持在一个较高的水平。而好氧颗粒污泥 R1 和 R2 中的硝化螺旋菌门（Nitrospirae）占细菌总数比例分别降低至 0.92%和 0.04%，推测一方面是由于进水有机碳源的存在使异养菌占据了优势地位，系统中的溶解氧主要被增殖速度较快的异养菌代谢有机物所消耗，而硝化细菌的代谢和生长受到抑制；另一方面是因为在反应器运行初期，不断调整沉降时间导致大量污泥流失，而氨氧化细菌本身生长较慢，难以在反应器中富集。而与 R2 相比，R1 中的硝化螺旋菌门（Nitrospirae）占细菌总数比例明显较高，这与 R1 中污泥对氨氮的去除率明显高于 R2 相一致。

图 5.20（书后另见彩图）是纲水平上初始污泥与两组反应器中好氧颗粒污泥中微生物群落的分布情况。初始污泥 S0 中的优势菌群为 Betaproteobacteria（16.63%）和 Sphingobacteriia（18.90%）；好氧颗粒污泥 R1 中的优势种群为 Betaproteobacteria（19.38%）和 Gammaproteobacteria（25.68%）；好氧颗粒污泥 R2 中的优势菌群与初始污泥相同，为 Betaproteobacteria（33.43%）和 Sphingobacteriia（23.09%）。与初始污泥相比，R1 中 Betaproteobacteria 占总细菌的比例略有提高，增加了 2.75%；Gammaproteobacteria 的占比显著提高，增加了 18.63%；Sphingobacteriia 的占比显著降低，减少了 14.37%。与初始污泥相比，R2 中 Betaproteobacteria 占总细菌的比例显著提高，增加了 16.8%；Gammaproteobacteria 的占比略有降低，减少了 1.55%；Sphingobacteriia 的占比略有提高，增加了 4.19%。从纲水平能够直接看出 R2 中好氧颗粒污泥菌群结构与初始污泥差异较小，而 R1 与初始污泥差异较大。初始污泥 S0 中 Alphaproteobacteria 仅占细菌总数的 2.25%，但好氧颗粒污泥 R1 和 R2 中其所占比例分别提高至 12.46%和 14.32%，初始污泥 S0 中 Cytophagia 几乎不存在，经过驯化培养，其在 R1 和 R2 中的占比分别提高至 15.09%和 15.18%；反之，初始污泥 S0 中 Deltaproteobacteria 占细菌总数的 5.04%，而 R1 和 R2 样品中 Deltaproteobacteria 的占比降低至 4.67%和 1.26%，初始污泥 S0 中 Nitrospira 占细菌总数的 3.58%，而 R1 和 R2 样品中 Nitrospirae 的占比降低至 0.92%和 0.04%。以上分析结果体现出污泥驯化过程中不同进水条件下的两组反应器分别有选择性和针对性地对菌群进行筛选和富集。

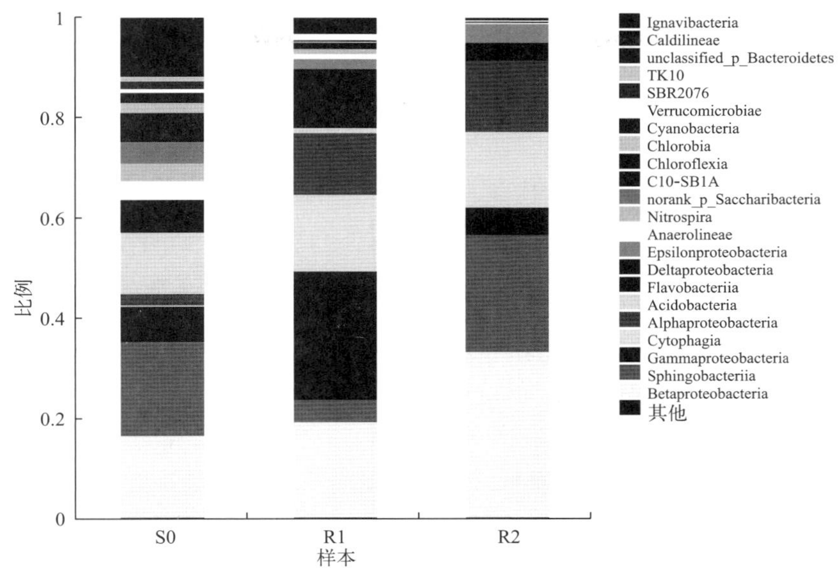

图 5.20　3 组污泥样品中微生物群落结构在纲水平上的群落组成图

图 5.21（书后另见彩图）是反应器内污泥样品中微生物群落结构在属水平上的组成图。由图可见，在属分类水平上，两组反应器驯化培养的好氧颗粒污泥 R1 和 R2 与初始污泥 S0 的群落组成差异更为显著。

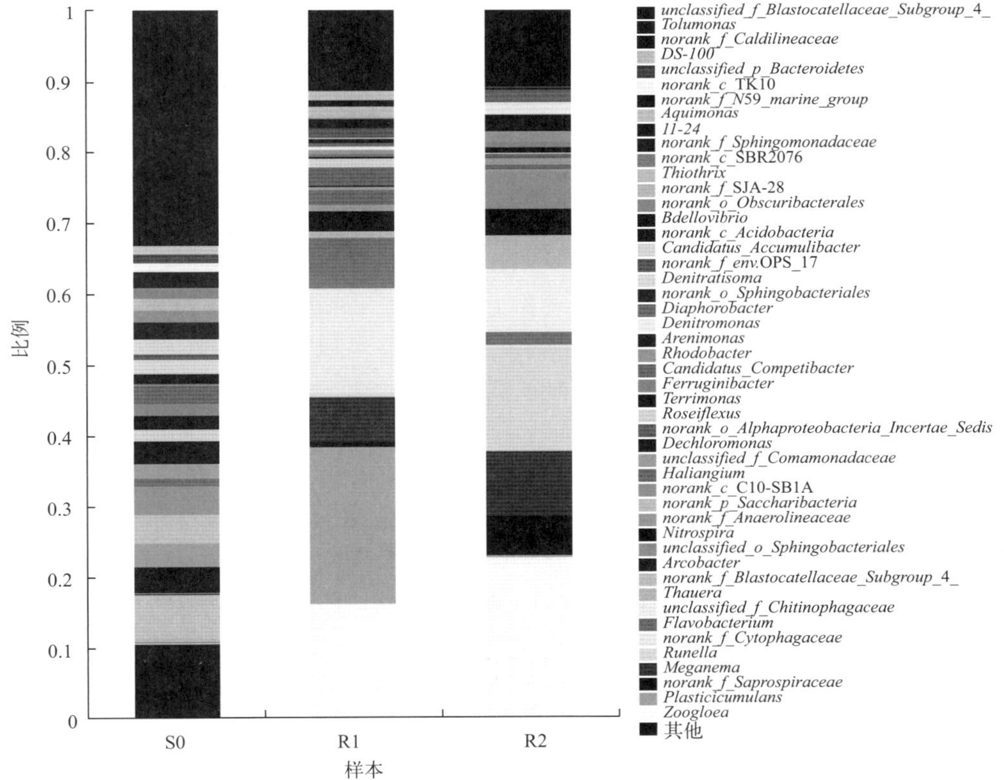

图 5.21　3 组污泥样品中微生物群落结构在属水平上的群落组成图

动胶菌属（*Zoogloea*）在初始污泥 S0 中所占比例为 0.12%，在好氧颗粒污泥 R1、R2 中所占比例大幅增加至 15.96%和 22.55%；同样地，与黄杆菌属（*Flavobacterium*）在初始污泥 S0 中的占比 0.19%相比，其在好氧颗粒污泥 R1 和 R2 中占比分别为 7.10%和 1.93%。*Zoogloea* 具有表面疏水性，它与 *Flavobacterium* 都可以分泌大量的 EPS，更有利于微生物的凝聚，也对成熟颗粒污泥系统的稳定运行起到了重要作用。Wang 等(2012) 提到动胶菌属（*Zoogloea*）具有强的吸附及氧化分解有机物能力，在污水生物处理中发挥重要作用。有文献报道，动胶菌属（*Zoogloea*）有较强的吸附和氧化有机物的能力，在污水生物处理中发挥重要作用（Liu et al.，2011）。初始污泥 S0 中动胶菌属（*Zoogloea*）与黄杆菌属（*Flavobacterium*）的总占比为 0.31%，好氧颗粒污泥 R1 和 R2 中其占总细菌的比例增加至 23.06%与 24.48%。而 *Sphingobacteria* 在初始污泥 S0 中的占比为 0.22%，在 R1 中几乎不存在，在 R2 中的比例增至 5.32%。戴昕（2014）在研究好氧颗粒污泥工艺运行过程中重要功能菌群时，结合污泥颗粒化阶段 EPS 分析认为，具有 PN 分泌功能的 *Zoogloea* spp. 和 *Sphingobacteria* spp. 等菌株在生物处理系统内高度富集，利于颗粒污泥形成。联系两组反应器中污泥颗粒化过程中 *Zoogloea* 和 *Sphingobacteria* 占总细菌中比例的变化，这也就可以合理解释 R2 比 R1 提前 3d 率先出现颗粒污泥，进入颗粒污泥形成期的情况。

初始污泥 S0 和好氧颗粒污泥 R1、R2 中的厌氧绳菌属（*Rhodocyclaceae*）占总细菌比例较低，这与 R1 与 R2 中除磷效果较差的情况相一致。孙成江（2015）有关交替曝气两级生物滤池反硝化除磷工艺菌群的研究表明，其系统当中优势反硝化除磷菌群从属于红环菌属（*Rhodocyclaceae*）、假单胞菌属（*Pseudomonadaceae*）和生丝微菌属（*Hyphomicrobiaceae*）。*Chitinophagaceae* 和 *Meganema* 在初始污泥 S0 和好氧颗粒物污泥 R1 中的比例很低，而 R2 中 *Chitinophagaceae* 占比 8.85%，*Meganema* 占总细菌的 9.08%。有研究发现，从活性污泥污水处理厂中可以分离出 *Meganema* 丝状细菌，其与污泥沉降性能差（膨胀）有关（Figueroa et al.，2015）。这与 R2 中好氧颗粒污泥的形态特性相一致，符合 R2 中好氧颗粒污泥的结构较松散以及因丝状菌过量生长而解体的情况。

有研究表明，尽管聚-β-羟基烷酸酯（PHA）积累是细菌中的共同特征，但是微生物富集培养物达到的最高 PHA 含量是在被称为 *Plasticicumulans* 的反应器系统中实现的，从工业废水和城市生活污水富集培养 *Plasticicumulans* 可以用于 PHA 的生产（Tamis et al.，2014）。聚-β-羟基烷酸酯（PHA）是一类由微生物在生长受限的条件下合成的储藏性物质，它既具有与传统塑料相似的热塑性又具有可降解性，是理想的石化塑料替代品，在包装和化工等领域有广泛的应用前景和实践意义，而使用微生物富集培养物从污水中生产 PHA 是低成本处置工业废水等和生产 PHA 聚合物的有效方法。*Plasticicumulans* 在初始污泥 S0 中几乎不存在，R2 中 *Plasticicumulans* 占微生物群体的 0.21%，但 R1 中 *Plasticicumulans* 所占比例显著增加至 22.23%。R1 与 R2 中 *Plasticicumulans* 的占比存在显著差异，推测是由两组反应器的进水碳源不同造成的，R1 采用乙酸钠和丙酸钠为碳源，R2 采用乙酸钠、丙酸钠和淀粉作为碳源，并且逐步提高淀粉的占比。碳源种类的不同会造成好氧颗粒污泥合成 PHA 的不同，进而影响其稳定性能。王杰等（2015）的研究表明，不同碳源条件下，颗粒污泥的 PHA 贮存能力也会有所差异，与淀粉作为碳源相比，颗粒污泥对乙酸钠具有较好的转化能力，合成 PHA 的量显著较高，故以乙酸钠作碳源有利于颗粒污泥稳定性能的维持。黄惠珺等（2010）对不同碳源类型下活性污泥中 PHA 的贮存及转化进行了监测，研究发现当以乙酸及丙酸为碳源时，PHA 贮存量明显最大，而在其他碳源条件下，PHA 贮存量相对较低。

在初始污泥 S0 中，处于优势地位的种群有 *Saprospiraceae*（10.29%），处于次优势地位的种群有 *Blastocatellaceae*（6.03%）、*Saccharibacteria*（4.14%）、*Nitrospira*（3.58%）和 *Anaerolineaceae*（3.29%），经过系统驯化培养后，细菌群落结构发生了显著变化，成熟好氧颗粒污泥样品 R1 中优势种群转变为以 *Plasticicumulans*（22.23%）、*Zoogloea*（15.96%）和 *Cytophagaceae*（14.71%）为主的微生物类群，次优势种群包括 *Flvobacterium*（7.10%）以及 *Meganema*（6.44%）；成熟好氧颗粒污泥样品 R2 中优势种群转变为以 *Zoogloea*（22.25%）和 *Runella*（14.66%）为主的微生物类群，次优势种群包括 *Meganema*（9.08%）、*Chitinophagaceae*（8.80%）、*Saprospiraceae*（5.71%）、*unclassified-o-Sphingobacteriales*（5.32%）和 *Thauera*（4.75%）。这体现了低有机负荷下，反应器 R1 与 R2 在不同的进水基质下，其驯化培养的好氧颗粒污泥的微生物群落组成以及群落演替规律有一定的相似性和显著的差异性。

5.3 低有机负荷下胞外 DNA 在污泥颗粒化中的作用

5.3.1 eDNA 在污泥颗粒化中的含量变化

使用两种不同的 RAPD（随机扩增多态性 DNA）引物对反应器中同一组好氧颗粒污泥样品中提取的胞外 DNA（eDNA）和胞内 DNA（iDNA）的 RAPD 比较分析，如图 5.22 所示。对比分析同一污泥样品提取出的 eDNA 和 iDNA 的条带，可明确显示其相似性和明显的差异性，虽然不能完全排除提取过程中某些细胞裂解的发生以及随之而来的某些 iDNA 对于 eDNA 的污染，但是重要的是检测到 eDNA 和 iDNA 的明显差异性，表明同一污泥样品提取出的 eDNA 和 iDNA 存在差异，进一步佐证本研究中所采用提取方法有效。

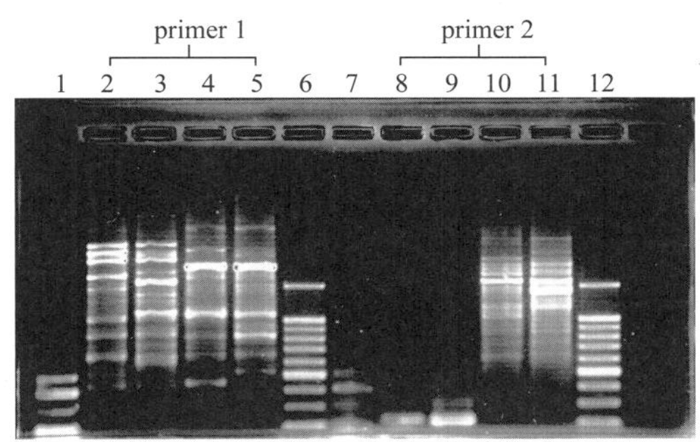

图 5.22 同一组颗粒污泥样品中的 eDNA 和 iDNA 的 RAPD 分析

泳道 1 和 7 为 marker1［500bp（1bp=0.01%）］；泳道 6 和 12 为 marker2（1500bp）；泳道 2、3、4 和 5 的随机引物为 primer1，其中泳道 2 和 3 的样品分别为 R1 和 R2 污泥样品

的 eDNA，而泳道 4 和 5 分别为 R1 和 R2 污泥样品的 iDNA；泳道 8、9、10 和 11 的随机引物为 primer2，其中泳道 8 和 9 分别为 R1 和 R2 污泥样品的 eDNA，而泳道 10 和 11 分别为 R1 和 R2 污泥样品的 iDNA。

图 5.23 是两组反应器中好氧污泥颗粒化过程中 eDNA 含量的变化情况。从图中可以看出，在各 SBR 反应器运行前期（0～60d），两组反应器的颗粒污泥样品所提取的 eDNA 总体上不断增长，而在各 SBR 反应器运行系统稳定后，eDNA 的含量总体上稳定在 10000ng/g 左右，波动不大。推测认为 eDNA 在颗粒污泥形成期起重要作用，有利于颗粒污泥的形成和 SBR 系统的稳定，而在颗粒污泥形成后，eDNA 对于颗粒污泥的生长和成熟没有显著作用。这与 Xiong 等（2012）的研究结果是一致的。此外，两组反应器的进水条件不同，但 R1 和 R2 中的胞外 DNA（eDNA）浓度均低于 20000ng/g，且 eDNA 含量或趋势没有明显的不同，R2 中颗粒污泥样品的 eDNA 浓度略高于 R1。而由图可看出，在第 80～110 天期间，eDNA 不断升高。eDNA 的浓度被认为是细胞裂解的残余物，所以推测是由于在第 87 天，R3 中颗粒污泥开始解体所造成的。eDNA 水平是动态的，其含量可能取决于物种组成和实际生长条件。

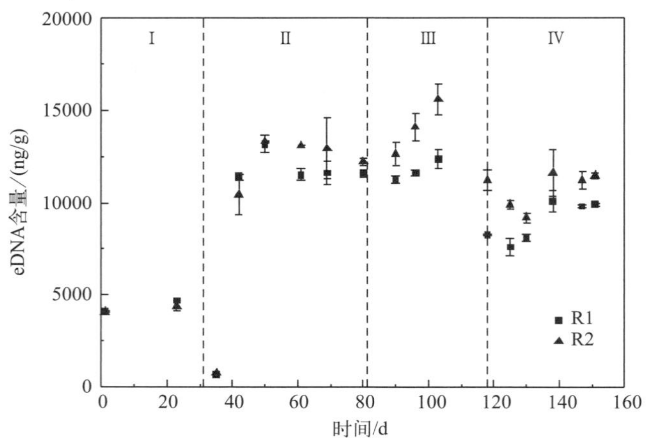

图 5.23 两组反应器污泥颗粒化过程中 eDNA 含量的变化

5.3.2 eDNA 在污泥颗粒化中的分布规律

由图 5.24（书后另见彩图）可明显看出，eDNA 的染色区域一般与总细菌重合，而在图 5.22 中，可看出 eDNA 和 iDNA 的条带模式的相似性是明显的，表明 eDNA 来自污泥内的细胞，来自天然存在的裂解细胞或者来自排泄的 DNA。研究发现大多数 eDNA 与微小菌落中活细胞的位置十分接近，这表明大多数 eDNA 来自活性分泌物或者细胞裂解（Xiong et al.，2012）。有关活性污泥多物种生物膜的研究表明，其中 eDNA 的组成与细胞 DNA 的组成显著不同，这些生物膜中 eDNA 的产生是存在物种依赖的，他们发现不同数量的 eDNA 与某些细菌类型有关，*Accumulibacter* 和 *Nitrosomonas* 以及其他细菌都是 eDNA 的生产者，这种代谢活动可能与 eDNA 在生物膜中结构上的作用有关（Cheng et al.，2011）。由图 5.24 可明显看出，NOB 与 eDNA 浓度高的区域位置较为一致，NOB 存在的区域，eDNA 染色后的荧光效果明显亮于其他位置，因此推测可能与某些特定细菌将 DNA 以不同水平释放到胞外有关，特定细菌物种可能会排出可能有助于颗粒结构的 DNA，从而可能有助于改善系统中颗粒污泥的结构稳定性，NOB 可能与这些特定的细菌物种有一定的关系。这与 Dominiak 等（2011）的研究结果是相符的。

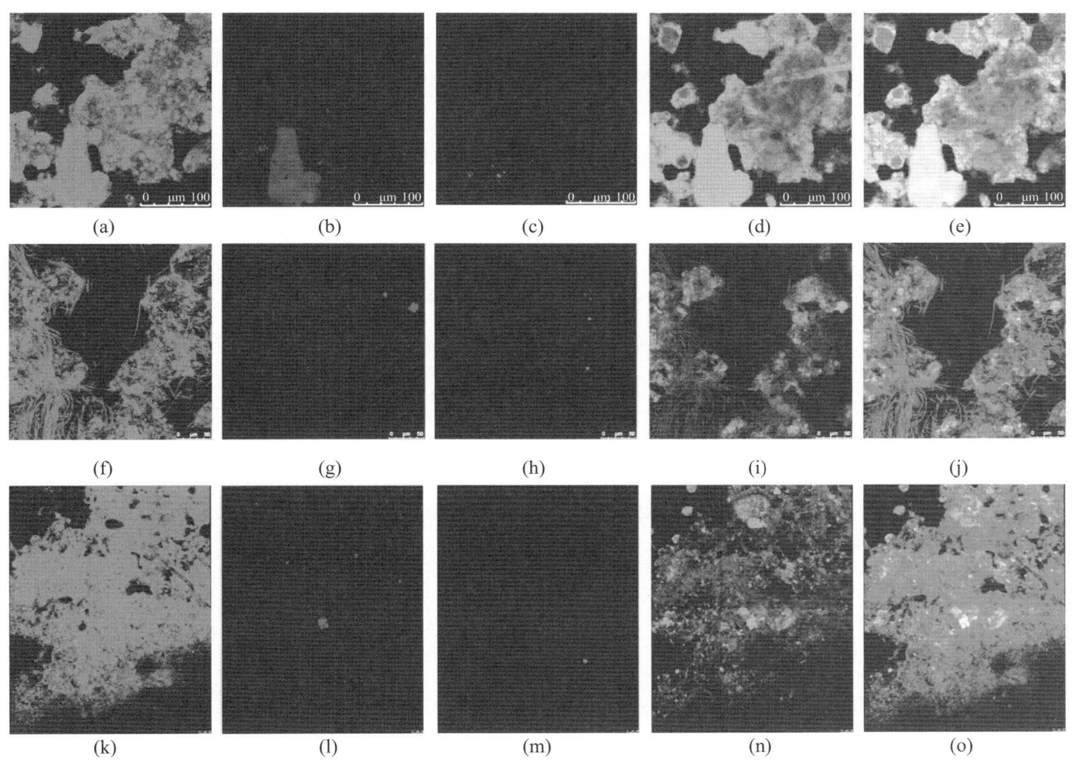

图 5.24　R1、R2 颗粒污泥荧光染色图

(a)、(b)、(c)、(d) 分别为 R1 颗粒污泥中总细菌（红色）、NOB（蓝色）、AOB（紫色）和 eDNA（绿色）的分布，(e) 为 FISH 合成图片，标尺为 100μm；图 (f)、(g)、(h)、(i) 分别为 R2 颗粒污泥中总细菌（红色）、NOB（蓝色）、AOB（紫色）和 eDNA（绿色）的分布，(j) 为 FISH 合成图片，标尺为 50μm；图 (k)、(l)、(m)、(n) 分别为 R2 颗粒污泥中总细菌（红色）、NOB（蓝色）、AOB（紫色）和 eDNA（绿色）的分布，(o) 为 FISH 合成图片，标尺为 50μm。

5.3.3　eDNA 在污泥颗粒化中的作用机制

皮尔逊积矩相关系数（Pearson product-moment correlation coefficient，PPMCC），又称 Pearson 相关系数，常用于度量两个变量之间线性相关性的强弱。通过显著性检验，置信度为 95%和 99%分别对应显著性水平 $P=0.05$ 和 $P=0.01$。如果检验两个变量的相关性在 95%或 99%的置信区间内时，显著性水平 $P<0.05$ 或 $P<0.01$，则这两个变量的相关性是成立的。对 eDNA 含量与 EPS 含量、颗粒污泥粒径、沉降性能等各指标之间的 Pearson 相关系数进行计算。

由表 5.7 可知：

① 两组反应器 R1 和 R2 中好氧颗粒污泥的 eDNA 含量与粒径之间有显著的正相关性。与 R1 进水碳源为乙酸钠和丙酸钠条件下相比，R2 添加颗粒性碳源淀粉后好氧颗粒污泥中 eDNA 含量与粒径的相关性更强，说明相比于 R1，R2 中污泥平均粒径的增长与 eDNA 含量的变化联系更密切。

② 两组反应器 R1 和 R2 中好氧颗粒污泥的 eDNA 含量与 MLSS 之间有显著的负相关关系。与 R1 进水碳源为乙酸钠和丙酸钠条件下相比，R2 添加颗粒性碳源淀粉后好氧颗粒污泥中 eDNA 含量与 MLSS 的负相关性更强，说明相比于 R1，R2 中污泥 MLSS 的降低与 eDNA 含量的变化联系更密切。

③ 两组反应器 R1 和 R2 中好氧颗粒污泥的 eDNA 含量与 SVI 之间没有相关性。说明 R1 和 R2 中好氧颗粒污泥的 eDNA 变化对其沉降性能几乎无影响。

表 5.7 各反应器中污泥样品的 eDNA 含量与 EPS 总量、平均粒径、MLSS、SVI 的相关性分析

反应器	系数	平均粒径	MLSS	SVI
R1	r	0.727	-0.560①	0.214
	P	0.041	0.030	0.443
R2	r	0.831	-0.652②	0.205
	P	0.011	0.008	0.464

①$P<0.05$ 表示具有相关性。

②$P<0.01$ 表示具有显著相关性。

注：r 为相关性系数，P 为显著性水平。

5.4 基于载体投加的低有机负荷下好氧污泥快速造粒过程

此实验通过在不同 SBR 反应器中微生物生长的对数期分别投加聚合硫酸铁（polymeric ferric sulfate，PFS）、硫酸铝（aluminum sulfate，AS）和硅藻土来强化好氧颗粒污泥的形成，研究聚合硫酸铁、硫酸铝和硅藻土对污泥特性、EPS 分泌以及微生物种群结构的影响，并揭示不同载体在强化造粒过程中的作用机制，探究通过投加载体来强化低有机负荷下好氧污泥颗粒化的可能性。

在本研究中使用了 4 个相同的序批式反应器（R1、R2、R3 和 R4），其直径为 0.1m，高度为 0.4m，工作体积为 3.0L。对照反应器 R1 为无载体反应器，R2～R4 分别为 PFS、AS 和硅藻土反应器。SBR 的运行周期为 6h，包括进水 5min、厌氧 60min、曝气 285min、沉淀 5min 和出水 5min。将温度控制在 (25±2)℃，且将反应器中混合液的 pH 值维持在约 7.2。

5.4.1 载体投加对好氧颗粒污泥形成及污泥特性的强化

5.4.1.1 粒径分布

在整个实验过程中定期测定污泥粒径的变化，结果如图 5.25（书后另见彩图）所示。

在整个好氧颗粒污泥形成的过程中，投加载体对好氧污泥颗粒化的促进作用显著，且投加AS的效果最为明显。在第20天，R3中超过50%的污泥粒径>400μm，而其他3个反应器中的比例分别为20%（R1）、39%（R2）和31%（R4），这是因为AS的水解可以很容易地转化为低电荷的无定形氢氧化铝，然后通过电荷中和和网捕卷扫与污泥絮凝物结合。在这种情况下，AS强化的好氧颗粒污泥可能更能抵抗水力剪切，并具有最大的粒径。与R1相比，其他3个反应器均实现了更快的成粒，这表明载体的加入显著提高了成粒速率。R2和R3中粒径>800μm的成熟颗粒比例分别为74%和82%，高于R1（57%）和R4（53%）。此外，R2和R3中的颗粒具有更致密的结构和更光滑的表面，这可能是因为添加PFS和AS不仅可以为微生物的初始附着提供表面，而且还可以通过静电中和和架桥促进微生物聚集。

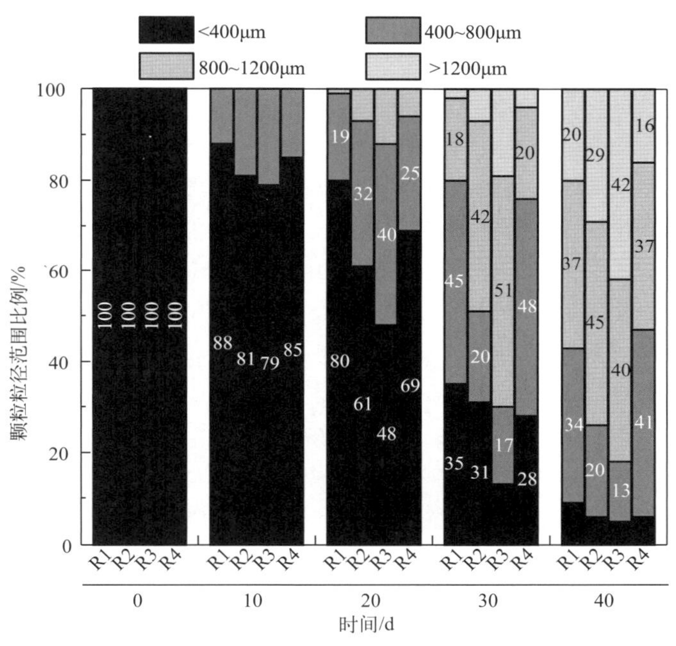

图 5.25　SBR反应器中污泥颗粒粒径分布

5.4.1.2　生物质状况

培养过程中4组反应器中污泥的MLSS和MLVSS指标如图5.26（a）所示。在最初的几天，MLSS和MLVSS在反应器中都有明显的下降。随着对培养条件的适应，生物量在所有反应器中逐渐积累，在第11天达到约3g/L的MLSS。但随后出现了轻微的污泥膨胀，导致MLSS和MLVSS在随后的几天内下降。第11天，R2中F/M（食微比）最高，为0.23g COD/(g SS·d)。在低F/M比条件下，丝状菌对低负荷基质的同化能力远强于絮体形成菌，因此丝状菌在低负荷基质条件下占优势。随着载体剂量的增加，R2、R3和R4的MLSS再次迅速上升，峰值分别为4.09g/L、3.97g/L和4.75g/L。在这3个反应器中也观察到MLVSS增加，而R1中的MLVSS仍然下降。结果表明，载体的加入有利于生物质在系统中的截留，硅藻土的作用尤为明显。

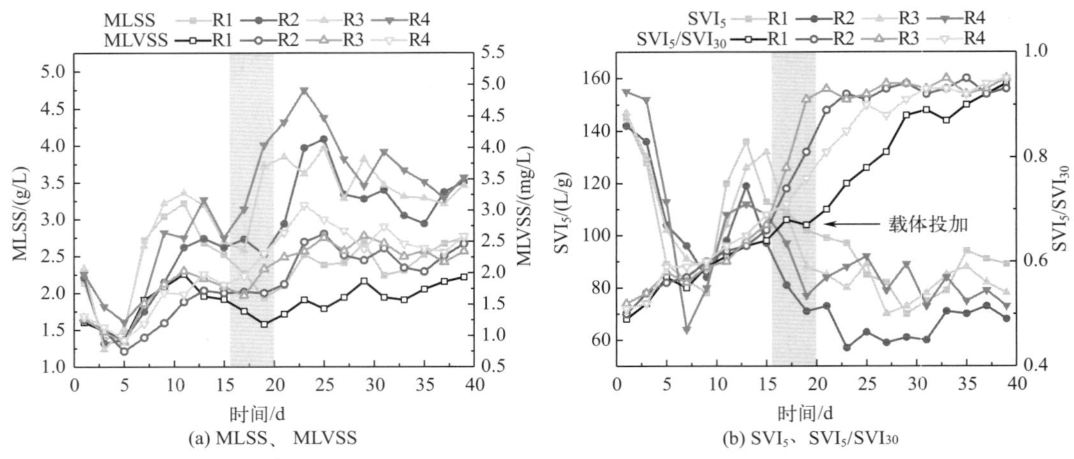

图 5.26 颗粒化过程中污泥的动态变化

5.4.1.3 沉降性能

由图 5.26（b）可见，沉降时间调整期，SVI 值由最初的 140mL/g 左右逐渐降低至 80mL/g 左右，这是由于随着沉降时间的缩短，沉降性能较差的污泥絮体逐渐排出反应器，4 组反应器的沉降性能均得到明显提高。由于 MLSS 降低和污泥膨胀，R1 中的 SVI_5 值从第 9 天的 78mL/g 上升到第 13 天 136mL/g，在其他 3 个反应器中也出现类似的现象。第 16 天投加载体后，R2、R3 和 R4 的 SVI_5 迅速下降，且 SVI_5 值明显低于 R1，说明载体的投加可以显著提高好氧颗粒污泥的沉降性能，在外加载体的作用下，污泥絮体可以通过混凝或吸附的方式被捕获，并聚集成更加致密的结构，从而提高了污泥絮体的沉降能力。R2 的 SVI_5 降幅最大，并且 R2 中污泥完成颗粒化所用的时间最短，说明相较于 AS、硅藻土，PFS 对污泥颗粒化进程的促进作用最为显著。当 SVI_5/SVI_{30} 超过 0.9 时，完全实现了好氧颗粒化（Liu et al.，2007）。在本研究中，R1 反应器的 SVI_5/SVI_{30} 值在第 35 天才超过 0.9，明显晚于其他 3 个反应器，这也说明载体对好氧颗粒化有促进作用。其中 SVI_5/SVI_{30} 超过 0.9 所需的天数顺序为 R3＜R2＜R4。在 AS 强化反应器中首次实现了完全造粒。

5.4.2 不同培养条件下好氧颗粒污泥系统的性能对比

如图 5.27（a）所示，随着好氧颗粒污泥的形成所有反应器中的 COD 均有所增加，在第 21 天，R1、R2、R3 和 R4 中的 COD 分别达到 76.5%、90.8%、86.7%和 86.4%。与对照组相比，载体强化反应器保留了更多的生物量，COD 去除效果明显提高。随着颗粒污泥的成熟，4 个反应器对 COD 去除率的差异逐渐缩小，运行 36d 后 4 个反应器对 COD 的去除率均在 90%以上。

对于 NH_4^+-N 的去除，由于污泥的排放，启动期间所有反应器中 NH_4^+-N 的出水浓度都有波动［图 5.27（b）］。随着生物量的积累，氨氮去除率逐渐提高，运行 21d 后 4 个反应器的氨氮去除率分别达到 69.6%、80.4%、78.3%和 73.9%。随着载体投加量的增加，

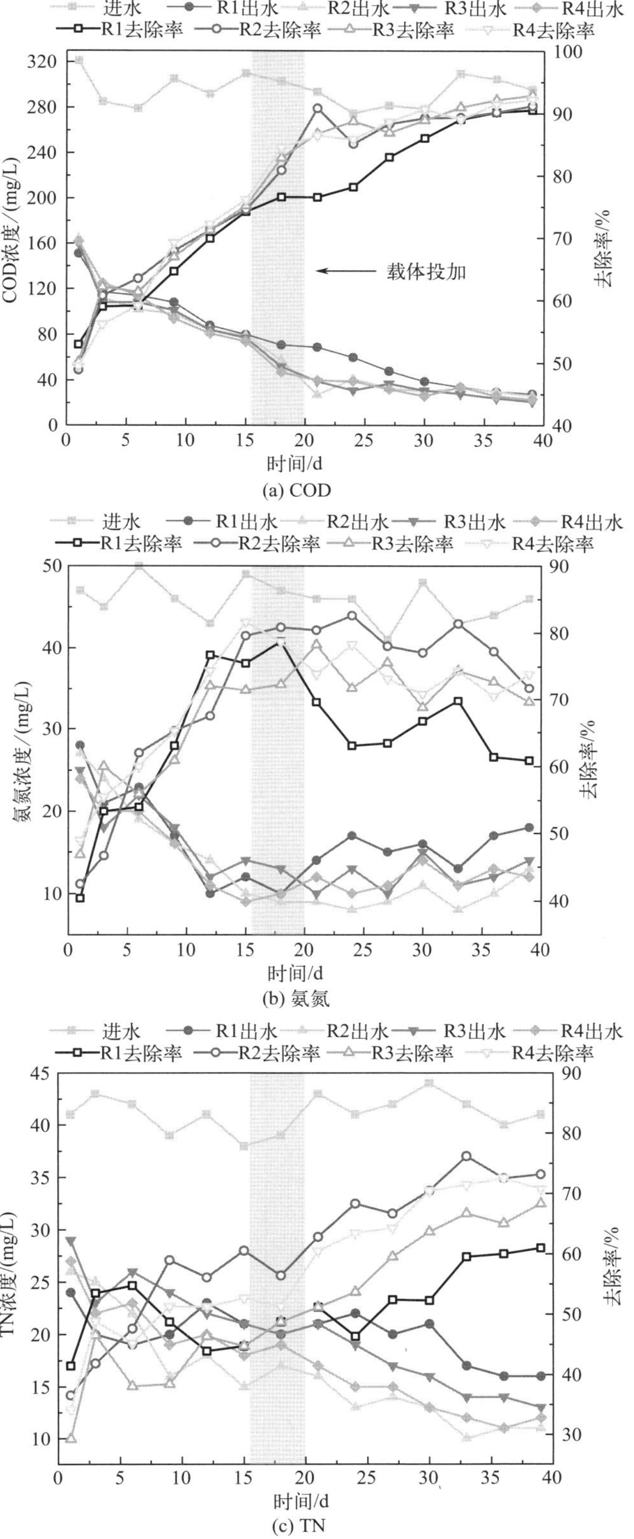

(a) COD

(b) 氨氮

(c) TN

图 5.27 颗粒化过程中反应器内污染物的去除

R2、R3 和 R4 培养的污泥对氨氮的去除效果明显优于 R1，其中 R2 的氨氮去除效果最好。铁作为氧化酶的活性中心，对于电子传递链和氧传递是不可缺少的，因此可以增强氨单加氧酶的活性（Qian et al.，2017）。实验结束时，氨氮去除率下降，尤其是 R1，这可能与丝状菌的竞争和抑制有关。

在 TN 去除方面，在最初几天内也观察到类似的波动，这可能归因于反硝化细菌的冲洗［图 5.27（c）］。随着好氧颗粒污泥的形成，反应器中保留了更多的生物量，TN 的去除性能逐渐提高。由于碳源不足，各反应器的反硝化过程受到抑制，TN 的去除率始终低于氨氮的去除率。对于好氧颗粒污泥，由于在颗粒核心形成缺氧区，理论上在曝气阶段，反硝化可以与硝化同时发生（同时硝化-反硝化，SND）（Wagner et al.，2016）。实验结束时，与其他 3 个反应器相比，R1 反应器的 TN 去除率最低，但其粒径与 R4 反应器相近。该结果可能归因于 R1 中颗粒的松散结构。R1 中颗粒污泥表面富含丝状菌，会压缩颗粒污泥内部的缺氧区空间，从而抑制 SND 过程。

5.4.3 载体投加对污泥 EPS 含量及化学特性的影响

5.4.3.1 EPS 含量变化

对以 PN、PS 和 PN/PS 值为特征的 EPS 的含量和组成进行了测定，结果见图 5.28。在启动阶段，4 个反应器中的 EPS 分泌都得到了显著刺激，尤其是 PN。经过 10d 培养，R1、R2、R3、R4 中 PN 含量变化分别增加到（78±0.9）mg/g MLVSS、（75±1.7）mg/g MLVSS、（77±2.0）mg/g MLVSS 和（80±0.8）mg/g MLVSS。PN/PS 值分别从第 0 天的 4.1、4.0、4.5 和 3.8 增加到第 10 天的 6.0、6.8、6.4 和 6.2。

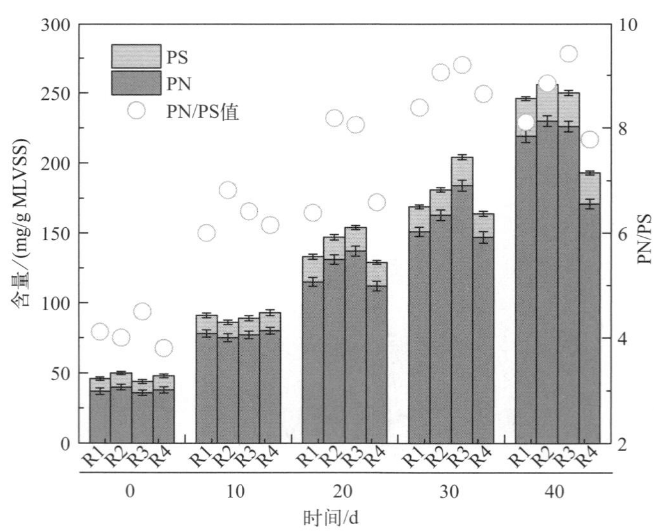

图 5.28 4 种反应器中 EPS 的 PN、PS 以及 PN/PS 变化

在第 16 天投加外源载体后，4 个反应器的 EPS 含量有差异，第 20 天时 R2 和 R3 的 EPS 含量明显高于 R1 和 R4，这表明 PFS 和 AS 均能促进污泥 EPS 的分泌，这是因为当

阳离子存在时，微生物可能会受到化学冲击，而在微生物细胞表面富集 EPS 可以保护微生物细胞免受渗透压引起的应激。40d 后 R1、R2 和 R3 的 EPS 含量差异不大，而 R4 EPS 含量较低，这可能与 R4 的 F/M 值最低有关，此时 EPS 可用于内源呼吸。

5.4.3.2 成熟颗粒污泥中 EPS 分布规律

采用三维荧光光谱（3D-EEM）技术直接表征污泥样品中 EPS 的组成。根据激发/发射波长的边界可将荧光光谱（EEM）等高线图分为 5 个区域，Ⅰ：E_x 为 220～250nm，E_m 为 280～330nm；Ⅱ：E_x 为 220～250nm，E_m 为 330～380nm；Ⅲ：E_x 为 220～250nm，E_m 为 380～500nm；Ⅳ：E_x 为 250～280nm，E_m 为 280～380nm；Ⅴ：E_x 为 280～400nm，E_m 为 380～500nm；其中Ⅰ、Ⅱ类分别为芳香类蛋白物质 A、B，Ⅲ为富里酸类物质 C，Ⅳ为溶解性微生物代谢产物 D，Ⅴ为腐殖酸类物质 E（Yu et al.，2011）。其中Ⅰ、Ⅱ、Ⅳ区为与微生物代谢产物相关的区域。成熟颗粒污泥的三维荧光光谱可以作为半定量手段进行相对分析。如图 5.29（书后另见彩图）所示，对比成熟期 R1、R2、R3、R4 污泥中的 EPS，发现均存在峰 B 和峰 D。说明载体的投加并未改变 EPS 的基本组分。图谱峰的荧光强度与 EPS 的含量密切相关。从表 5.8 看出，R2、R3 和 R4 中峰 B 和峰 D 的荧光强度均高于 R1，说明载体的投加提高了 EPS 中芳香类蛋白和溶解性微生物代谢产物的含量。与 R1 峰 B 相比，R2 沿 E_x 方向出现 5nm 红移，沿 E_m 方向出现 16nm 的蓝移。R3 和 R4 沿 E_m 方向分别出现 6nm 蓝移和 4nm 红移。红移主要与羰基、羟基、烷氧基、胺基等基团的增加有关，蓝移则是由于大分子的芳香族化合物分解为小分子结构，如芳香环和链状结构上共轭基团数量的减少，线性结构向非线性结构转化，以及特征官能团如羰基、羟基和胺基的消失（Swietlik et al.，2004），因此载体的投加对颗粒污泥 EPS 的结构产生了一定影响。

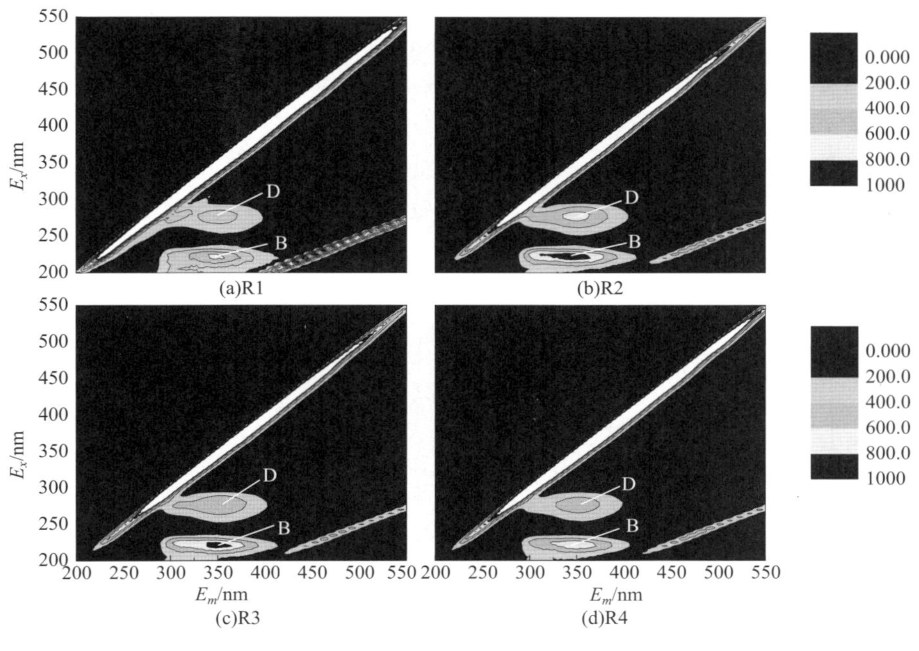

图 5.29 成熟颗粒污泥中 EPS 三维荧光图

表 5.8 成熟颗粒污泥三维荧光光谱分析结果

反应器	峰 B		峰 D	
	E_x/E_m/（nm/nm）	强度	E_x/E_m/（nm/nm）	强度
R1	220/354	759.8	280/350	432.7
R2	225/338	960.3	280/348	672.5
R3	220/348	930.0	275/348	594.6
R4	220/358	769.4	280/350	532.3

5.4.4 快速造粒过程中污泥微生物群落演替特征

5.4.4.1 微生物群落多样性

为了解不同 SBR 中接种物和成熟颗粒样品的微生物特性，采用 16S rDNA 扩增子高通量测序技术进行分析，微生物种群分布中 Alpha 多样性指数以及丰富度指数相关的各项指标如表 5.9 所列。饱和覆盖率（coverage）表征各样品测序结果的饱和覆盖度，是测得的测序结果占整体基因序列组的比例，其数值越趋近于 1，样品中序列被测出的概率越高，则结果的可靠性越高。对测序结果进行 OTU 分类，相似度水平为 0.97。从表 5.9 可以看出，5 个污泥样品的覆盖率均在 95%以上，说明绝大部分的微生物种群都已被检测出来，测序深度合适，测序结果能够较准确地反映污泥的生物特性，可以表征污泥中微生物的真实情况。Chaol 值是用来估计在理想状态下，即在无限个测序量状态下，不同分类单元丰富度的估计值。ACE 是另一种反映微生物种群丰富度的常用指标，与 Chaol 的区别在于两者算法不同，其数值越大，表明样品中的微生物种群越丰富。相似度 97%时，ACE 指数 R4＞R3＞R1＞R2＞S0，Chaol 指数 R4＞R3＞R1＞R2＞S0，说明与初始污泥相比，成熟颗粒污泥中微生物种群的丰富度更高。另外，投加不同载体对微生物种群丰富度产生了一定影响，投加硅藻土形成的成熟颗粒污泥中菌群丰富度最高，投加聚合硫酸铁形成的成熟颗粒污泥中菌群丰富度最低。实际获得 OTU 数为 S0＞R3＞R4＞R1＞R2，ACE 指数和 Chaol 指数大小与实际获得 OTU 数并不完全一致，这可能与测序深度有关。

表 5.9 污泥样品的 Alpha 多样性

样本	序列	OTU	Shannon 指数	ACE 指数	Chaol 指数	饱和覆盖率	Simpson 指数
S0	87157	6263	6.58	38207.22	24377.1	0.954657	0.0046
R1	82286	3130	3.86	83631.21	31601.39	0.967832	0.0611
R2	70803	2735	3.70	79612.70	27266.51	0.967784	0.0923
R3	92464	3840	4.44	86772.85	33256.09	0.965392	0.0354
R4	96326	3290	3.55	89034.21	35908.01	0.971192	0.1111

Shannon 指数和 Simpson 指数通常用来表征微生物的种群多样性，能够对菌群组成的丰富度及均匀度进行综合评价。Shannon 指数越大，Simpson 指数越小，说明样品生物种群多样性越高。对于 Simpson 指数和 Shannon 指数的特点，Magurran（1988）认为 Simpson 指数对于富集种（相对多度＞0.72）的变化更为敏感，而 Shannon 指数对于稀疏种（相对多度＜0.72）的变化更为敏感。5 组污泥样品的 Shannon 指数分别为 6.58、3.86、3.70、4.44、3.55；Simpson 指数分别为 0.0046、0.0611、0.0923、0.0354、0.1111，所以种群多样性排序为 S0＞R3＞R1＞R2＞R4，而根据 ACE 指数和 Chaol 指数，微生物种群丰富度排序为 R4＞R3＞R1＞R2＞S0，说明在初始污泥中，微生物种群均匀度最高，拉高了多样性指标；而投加硅藻土后形成的颗粒污泥中微生物种群均匀度最低，导致多样性指数降低。随着颗粒污泥的养成，重要功能菌群得以积累。

5.4.4.2 微生物群落结构分析

细菌群落结构门水平上的组成见图 5.30（书后另见彩图）。5 组样品中的优势菌门都是变形菌门（Proteobacteria），分别占细菌总数比例的 42.81％、85.47％、81.64％、74.01％、85.03％，其次是拟杆菌门（Bacteroidetes），分别占细菌总数的 28.7％、12.89％、14.31％、23.41％、13.17％，这两个菌门的细菌构成了反应器中的主要微生物。与初始污泥（S0）相比，4 组成熟反应器中的微生物中变形菌门（Proteobacteria）所占比例更高，而拟杆菌门（Bacteroidetes）所占的比例有所降低。变形菌门细菌中包含多种有机物降解细菌及一些反硝化细菌等具有脱氮功能的微生物，传统硝化过程中起主要作用的 AOB 和 NOB 在分类上也归属于变形菌门。

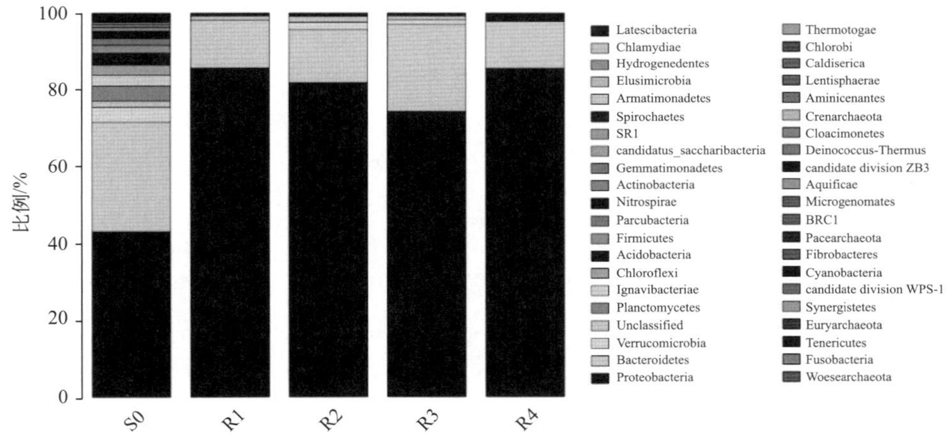

图 5.30 细菌群落结构门水平上的组成

图 5.31（书后另见彩图）是高通量测序分析探测到的污泥样品中纲水平的分布情况。本研究样品中 Proteobacteria 包括 4 个纲：Alphaproteobacteria、Betaproteobacteria、Deltaproteobacteria 和 Gammaproteobacteria，其中 Alphaproteobacteria 包括光能自养菌和化能自养菌以及其他一些与动植物有关的种类。Betaproteobacteria 大多数是好氧或兼性好氧异养菌，能以有机物作为电子供体，是污水处理过程中 COD 等有机物降解的主要参与者，在废水中广泛存在。Deltaproteobacteria 主要包括好氧黏细菌和严格厌氧的一些种类以及具有其他生理特征的厌氧细菌。Freitag 等（2003）在研究厌氧条件下海洋沉积物中氨的代谢情况时发现，Gammaproteobacteria 主要参与碳和氮的氧化，在厌氧氨氧化过程中起着非常

重要的作用。其中 Betaproteobacteria 在 S0、R1、R2、R3、R4 反应器的污泥样品中占比最高，分别为 19.67%、45.29%、45.11%、39.06%、34.56%。其次是 Alphaproteobacteria，分别占细菌总数的 3.65%、24.16%、27.95%、19.96%、40.33%。与初始污泥相比，经驯化成熟后的颗粒污泥中 Betaproteobacteria 和 Alphaproteobacteria 所占比例增加，而 Sphingobacteriia 所占比例减少。这体现了污泥驯化过程中对变形菌门和拟杆菌门的筛选作用。

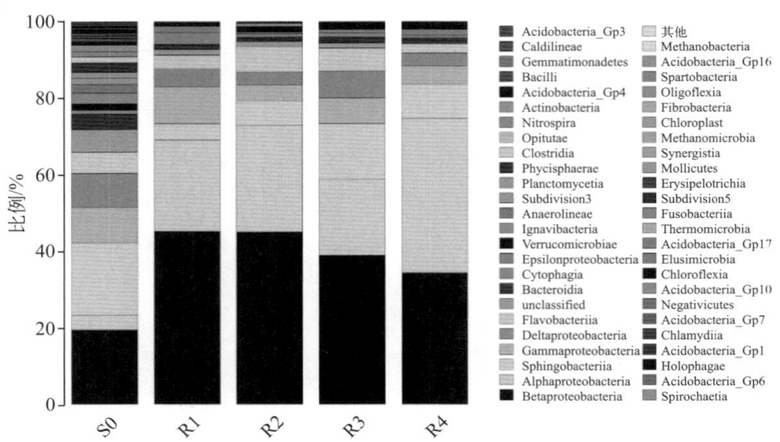

图 5.31　细菌群落结构纲水平上的组成

图 5.32（书后另见彩图）是反应器内微生物群落结构在属水平上的组成图。菌胶属（*Zooloea*）在初始污泥中所占比例为 0.25%，而其在成熟颗粒污泥中所占比例大幅增加，R1、R2、R3、R4 分别为 21.34%、23.95%、19.7%、18.47%，同样与初始污泥中黄杆菌属（*Flavobacterium*）占比 0.38%相比，4 组成熟颗粒中占比分别为 2.49%、5.36%、3.15%、1.59%。*Zooloea* 具有表面疏水性，它与 *Flavobacterium* 都可以分泌大量的 EPS，更有利于微生物的凝聚，也对成熟颗粒污泥系统的稳定运行起到了重要作用。另外，成熟颗粒污泥中的脱氮副球菌（*Paracoccus*）、索氏菌属（*Thauera*）、噬氢菌属（*Hydrogenophaga*）、噬酸菌属（*Acidovorax*）和固氮弓球菌属（*Azoarcus*）所占比例增加，它们能以硝酸盐、氨和氨基酸作氮源，为氨氮的去除提供了微生物基础，所以成熟颗粒污泥的脱氮效果也优于初始污泥。在 4 组成熟颗粒污泥中，R1 中丝硫菌属（*Thiothrix*）所占比例最高，占微生物群体的 8.18%，而 R2 所占比例最少，占微生物群体的 2.27%，所以与污泥形态特性相对应，R1 结构最为松散并因丝状菌膨胀而解体，而 R2 的污泥结构最为紧密。可见颗粒污泥中的反硝化细菌如索氏菌属（*Thauera*）、噬氢菌属（*Hydrogenophaga*）、噬酸菌属（*Acidovorax*）等异养微生物所占比例较高，而氨氧化细菌如亚硝化单胞菌属（*Nitrosomonas*）、亚硝化螺菌属（*Nitrosospira*）等自养微生物所占比例较低。推测一方面是由于进水有机碳源的存在使异养菌占据了优势地位；另一方面是污泥龄较短，而氨氧化细菌本身生长较慢，难以在反应器中富集。因此，导致氨氧化细菌数量太少，影响了氨氮的整体去除率。

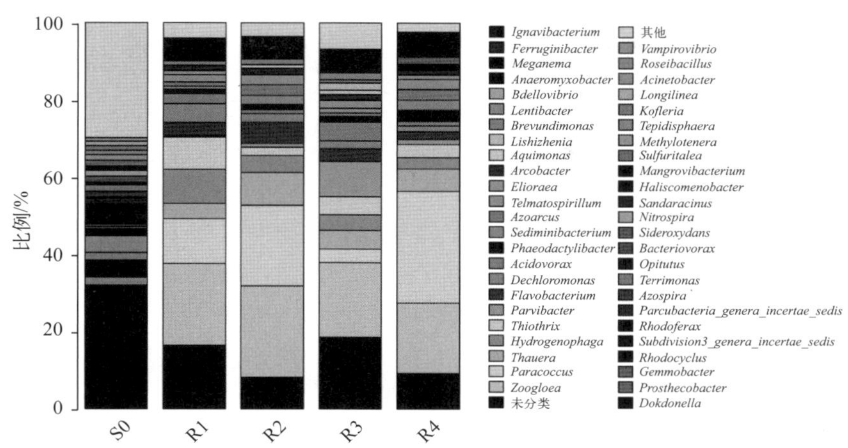

图 5.32 细菌群落结构属水平上的组成

5.4.4.3 预测生物群落的潜在功能

通过与 KEGG 代谢途径数据库的蛋白质序列比较，发现添加载体改变了功能基因的丰度。如图 5.33（书后另见彩图）所示，在本次研究中层级 1 确定了 5 个主要的通路，其中新陈代谢最活跃，占比 41.87%～42.69%，其次是基因信息处理（15.53%～17.23%）、环境信息处理（11.23%～14.28%）、未分类（8.92%～9.31%）和细胞过程（3.31%～4.21%）。

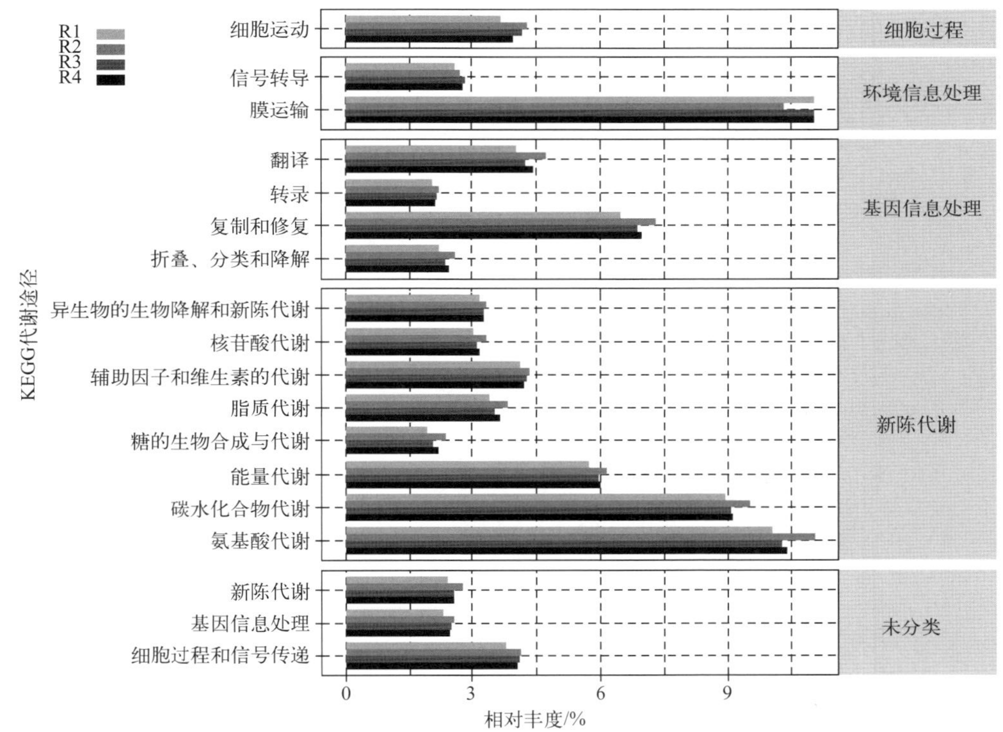

图 5.33 好氧颗粒污泥在 R1、R2、R3 和 R4 位点的 KEGG 通路分析

在代谢子系统中，主要代谢模式为氨基酸代谢（10.34%～10.71%）、碳水化合物代谢（9.11%～9.36%）和能量代谢（5.97%～6.03%）。这些是微生物生理和生物化学的基本代谢途径。复制和修复是遗传信息加工的主要途径，分别占 6.82%、7.11%、6.93%、6.98%，而膜运输和细胞运动分别是环境信息处理和细胞过程的主要途径。根据 KEGG 功能序列可以看出，PFS、AS 和硅藻土的导入促进了功能基因的相对丰度，其中 PFS 的相对丰度更高。投加 PFS 时，R2 中氨基酸和碳水化合物代谢相关基因丰度最高，这能够解释 R2 对 COD 和氮去除率的提高。此外，复制和修复与 DNA 修复和蛋白质重组、转录因子、转录机制、染色体和氨基酰 tRNA 生物合成密切相关，R2 的相对丰度最高，为 7.11%，其次为 R4（6.98%）和 R3（6.93%），说明添加载体可以改善细菌对遗传信息的加工。

参考文献

戴昕，2014. 好氧颗粒污泥工艺运行过程重要功能菌群研究 [D]. 杭州：浙江大学.

关伟，肖莆，周晓铁，等，2009. 污泥中胞外聚合物（EPS）的研究进展 [J]. 化学工程师，23（6）：35-39.

郭宁，2014. 不同 COD 负荷对好氧颗粒污泥性状以及 N_2O 释放影响的研究 [D]. 济南：山东大学.

郝伟，2019. 低有机负荷下不同载体对好氧污泥颗粒化及微生物种群的影响 [D]. 西安：西安建筑科技大学.

侯爱月，李军，王昌稳，等，2016. 不同好氧颗粒污泥中微生物群落结构特点 [J]. 中国环境科学，36（04）：1136-1144.

黄惠珺，王淑莹，王中玮，等，2010. 不同碳源类对活性污泥 PHA 贮存及转化的影响 [J]. 化工学报，（6）：1510-1515.

郎龙麒，万俊锋，王杰，等，2015. SBAR 内不同有机负荷下 2 种好氧颗粒污泥形成及除磷性能 [J]. 环境工程学报，9（01）：51-57.

李昱欢，2017. 好氧污泥强化造粒过程中不同元素的空间分布规律及微生物群落演替特征 [D]. 西安：西安建筑科技大学.

刘宏波，杨昌柱，濮文虹，等，2009. 有机负荷对颗粒化 SBR 反应器的影响研究 [J]. 环境科学，30（05）：1449-1453.

刘孟媛，周丹丹，高琳琳，等，2012. 有机负荷条件对间歇式气提内循环反应器中好氧颗粒污泥形成的影响 [J]. 环境科学，33（10）：3529-3534.

龙向宇，龙腾锐，唐然，等，2008. 阳离子交换树脂提取活性污泥胞外聚合物的研究 [J]. 中国给水排水，24（3）：29-33.

任红星，2016. 饮用水给水系统中微生物群落时空分布及其动态变化规律研究 [D]. 杭州：浙江大学.

唐堂，王硕，王玉莹，等，2018. SBR 不同沉降时间的污泥特性研究 [J]. 中国给水排水，34（03）：85-90.

唐朝春，刘名，陈惠民，等，2014. 废水生物处理系统中胞外多聚物的研究进展 [J]. 化工进展，33（6）：1576-1581.

王彬斌，2014. 颗粒态有机物及胞外聚合物对活性污泥结构和特性影响研究 [D]. 西安：西安建筑科技大学.

王春，李志华，王晓昌，2009. 负荷及盐度对好氧颗粒污泥 EPS 的影响 [J]. 环境工程学报，3（4）：591-594.

王浩宇，苏本生，黄丹，等，2012. 好氧污泥颗粒化过程中 Zeta 电位与 EPS 的变化特性 [J]. 环境科学，33（5）：1614-1620.

王杰，彭永臻，杨雄，等，2015. 不同碳源种类对好氧颗粒污泥合成 PHA 的影响 [J]. 中国环境科学，35（8）：2360-2366.

孙成江，2015. 交替曝气两级生物滤池反硝化除磷工艺效能及其菌群结构研究 [D]. 济南：济南大学.

吴杰，2010. 不同有机负荷下好氧颗粒污泥特性研究 [D]. 西安：西安建筑科技大学.

许晴，张放，许中旗，等，2011. Simpson 指数和 Shannon-Wiener 指数若干特征的分析及“稀释效应”[J]. 草业科学，28（4）：527-531.

严迎燕，李平，吴锦华，等，2016. 碳源类型对短程同步硝化反硝化过程 N_2O 释放的影响 [J]. 中国给水排水（11）：100-104.

杨春维，郑逸宇，张昕然，等，2017. 内循环塔式好氧颗粒污泥反应器处理玉米淀粉生产废水 [J]. 吉林师范大学学报（自然科学版），38（01）：90-94.

于凤庆，2012. 不同有机负荷条件下活性污泥微生物群落结构的演替分析 [D]. 天津：天津大学.

张杰，张金库，李冬，等，2016. 淀粉对除磷污泥颗粒化的影响 [J]. 哈尔滨工业大学学报，48（2）：21-26.

张明，2015. 基于 AQUASIM 的活性污泥颗粒化数学模型研究 [D]. 合肥：合肥工业大学.

张智明，2016. 不同进水碳源对好氧污泥颗粒化与结构稳定影响研究 [C] //2016 中国环境科学学会学术年会论文集：9.

中国工程院，2011. 中国环境宏观战略研究 [M]. 中国环境科学出版社.

Adav S S, Lee D J, Tay J H, 2008. Extracellular polymeric substances and structural stability of aerobic granule [J]. Water Research, 42 (6-7): 1644-1650.

Badireddy A R, Chellam S, Gassman P L, et al., 2010. Role of extracellular polymeric substances in bioflocculation of activated sludge microorganisms under glucose-controlled conditions [J]. Water Research, 44 (15): 4505-16.

Cheng M, Cook A E, Fukushima T, et al., 2011. Evidence of compositional differences between the extracellular and intracellular DNA of a granual sludge biofilm [J]. Letters in Applied Microbiology, 53 (1): 1-7.

Dominiak D M, Nielsen J L, Nielsen P H, 2011. Extracellular DNA is abundant and important for microcolony strength in mixed microbial biofilms [J]. Environmental Microbiology, 13 (3): 710-721.

Figueroa M, A. Val del Río, Campos J L, et al., 2015. Filamentous bacteria existence in aerobic granular reactors [J]. Bioprocess and Biosystems Engineering, 38 (5): 841-851.

Freitag T E, Prosser J I, 2003. Community structure of ammonia-oxidizing bacteria within anoxic marine sediments [J]. Applied & Environmental Microbiology, 69 (3): 1359.

Jian M, Tang C, Liu M, 2015. Adsorptive removal of Cu^{2+} from aqueous solution using aerobic granular sludge [J]. Desalination & Water Treatment, 54 (7): 2005-2014.

Liu T, Chen Z L, Yu W Z, et al., 2011. Characterization of organic membrane foulants in a submerged membrane bioreactor with pre-ozonation using three-dimensional excitation emission matrix fluorescence spectroscopy [J]. Water Research, 45 (5): 2111-2121.

Liu Y Q, Tay J H, 2007. Characteristics and stability of aerobic granules cultivated with different starvation time [J]. Applied Microbiology and Biotechnology, 75 (1), 205-210.

Magurran A E, 1988. Ecological diversity and its measurement [M]. Princeton University Pre.

Maie N, Scully N M, Pisani O, et al., 2007, Composition of a protein-like fluorophore of dissolved organic matter in coastal wetland and estuarine ecosystems [J]. Water Research, 41 (3): 563-570.

Qian G S, Hu X M, Li L, et al., 2017. Effect of iron ions and electric field on nitrification process in the periodic reversal bio-electrocoagulation system [J]. Bioresource Technology, 244: 382-390.

Seviour T, Yuan Z, Loosdrecht M C M V, et al., 2012. Aerobic sludge granulation: A tale of two polysaccharides [J]. Water Research, 46 (15): 4803-4813.

Swietlik J, Dabrowska A, Raczykstanistawiak U, et al., 2004. Reactivity of natural organic matter fractions with chlorine dioxide and ozone [J]. Water Research, 38 (3): 547-58.

Tamis J, Kätlin Lužkov, Jiang Y, et al., 2014. Enrichment of *Plasticicumulans* acidivorans at pilot-scale for PHA production on industrial wastewater [J]. Journal of Biotechnology, 192: 161-169.

Teh C Y, Wu T Y, Juan J C, 2014. Potential use of rice starch in coagulation - flocculation process of agro-industrial wastewater: Treatment performance and flocs characterization [J]. Ecological Engineering, 71: 509-519.

Tielen P, Strathmann M, Jaeger K E, et al., 2005. Alginate acetylation influences initial surface colonization by mucoid *Pseudomonas aeruginosa* [J]. Microbiological Research, 160 (2): 165-176.

Tu X, Song Y, Yu H, et al., 2012. Fractionation and characterization of dissolved extracellular and intracellular products derived from floccular sludge and aerobic granules [J]. Bioresource Technology, 123: 55-61.

Wagner, Jamile, Ribeiro, et al., 2016. Formation of aerobic granules for the treatment of real and low-strength municipal wastewater using a sequencing batch reactor operated at constant volume [J]. Water Research, 105 (15): 341-350.

Wang B B, Zhang L, Peng D C, et al., 2013. Extended filaments of bulking sludge sink in the floc layer with particulate substrate [J]. Chemosphere, 93 (11): 2725-2731.

Wang Q, Du G, Chen J, 2004. Aerobic granular sludge cultivated under the selective pressure as a driving force [J]. Process Biochemistry, 39 (5): 557-563.

Wang Y X, Kong X Q, Feng Q, et al., 2012. Pilot-scale study on treatment of municipal sewage by moving-bed biofilm reactor with the hydrophobically modified polyurethane cubes as biofilm carriers [J]. Huan Jing Ke Xue, 33 (10): 3489-3494.

Wang Z P, Liu L L, Yao J, et al., 2006. Effects of extracellular polymeric substances on aerobic granulation in sequencing batch reactors [J]. Chemosphere, 63 (10): 1728-1735.

Wu L, Peng C Y, Peng Y Z, et al., 2012. Effect of wastewater COD/N ratio on aerobic nitrifying sludge granulation

and microbial population shift [J]. Journal of Environmental Sciences, 24 (2): 234-241.
Xie B, Gu J D, Lu J, 2010. Surface properties of bacteria from activated sludge in relation to bioflocculation [J]. Journal of Environmental Sciences, 22 (12): 1840-1845.
Xiong Y, Liu Y, 2012. Essential roles of eDNA and AI-2 in aerobic granulation in sequencing batch reactors operated at different settling times [J]. Applied Microbiology & Biotechnology, 93 (6): 2645-2651.
Yu G H, Wu M J, Luo Y H, et al., 2011. Fluorescence excitation-emission spectroscopy with regional integration analysis for assessment of compost maturity [J]. Waste Management, 31 (8): 1729-1736.
Zhang H, Feng D, Jiang T, et al., 2011. Aerobic granulation with low strength wastewater at low aeration rate in A/O/A SBR reactor [J]. Enzyme & Microbial Technology, 49 (2): 215-222.
Zhu L, Qi H Y, Lv M L, et al., 2012. Component analysis of extracellular polymeric substances (EPS) during aerobic sludge granulation using FTIR and 3D-EEM technologies [J]. Bioresource Technology, 124: 455-459.

第6章

解体颗粒污泥原位修复与强化策略

6.1 解体颗粒污泥再形成的过程优化

在好氧颗粒污泥的形成过程中，反应器的操作条件具有重要作用，它在一定程度上决定着污泥最终是否能够实现颗粒化。当成熟的颗粒污泥解体后，其污泥特性会发生改变，如果反应器仍保持原有的操作条件或许是不合适的。因此，为了促进解体污泥能够实现再次颗粒化（Kong et al.，2009；Dulekgurgen et al.，2008），本节分别研究了沉降时间和有机负荷对解体污泥性质的影响，并通过调试来确定有利于解体污泥实现再次颗粒化的操作条件。

6.1.1 沉降时间对解体颗粒污泥再形成的影响

图6.1描述了好氧颗粒污泥在解体前后其沉降速度的变化情况。其中，与第80天相比，反应器继续运行10d后其内部污泥的沉降速度已从56.2m/h降至49.3m/h，这就说明当颗粒污泥解体后其沉降性能明显降低。在此情况下，原先SBR反应器所设定的沉降时间或许太短，从而可能会造成大量微生物的流失，并最终导致整个运行系统的失败。为此，本节试验分别采用了两组平行试验来研究沉降时间对解体污泥的影响，其中，一组保持原来的沉降时间（5min），而另外一组则采用了在颗粒污泥培养初期所实施的逐步递减策略（在1周内从15min降至5min）。在这两种不同的实施策略下，各组反应器内解体污泥的性质都发生了变化，具体情况见下列分析。

从图6.2可以看出，在好氧颗粒污泥发生解体后，两组反应器内的生物量均出现了不同程度的降低。其中，经过14d的培养，对照组内的MLSS已从解体前的6.3g/L减少至1.7g/L；而在逐步递减策略的帮助下，调整组内的污泥浓度则为4.4g/L，两组反应器之间的差别十分明显。这一结果说明在颗粒污泥解体后，反应器的沉降时间应该做出相应的调整，否则污泥会因其自身沉降性能的降低而大量排出，从而影响到整个反应体系的生物降解能力。随着系统的运行，对照组内的污泥量继续降低，8d后其MLSS仅为1.2g/L。

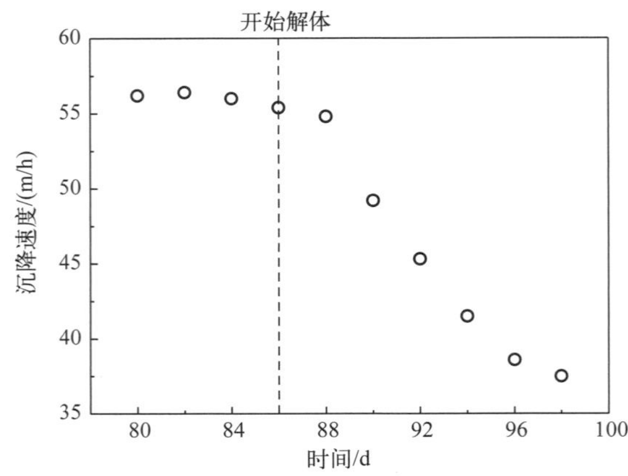

图 6.1　颗粒污泥解体后其沉降速度的变化

此时，在数码相机观测下，对照组反应器内只残存有少量白色的絮状污泥，并且丝状菌在其中占据主导地位［见图 6.3（书后另见彩图）］。而在调整组内，解体污泥逐渐适应了反应器的运行条件，污泥浓度不断上升，并且在第 118 天再次实现颗粒化。不过，与对照组一样，此时调整组内丝状菌的数目也明显增多，在新形成的颗粒污泥外部就分布有大量的丝状菌。之所以出现这种情况，可能是因为在颗粒污泥解体后的培养过程中，由于生物量的损失，两组反应器的污泥负荷均有所提高，因此丝状菌也得到了一定程度的富集（Tsuneda et al.，2003）。

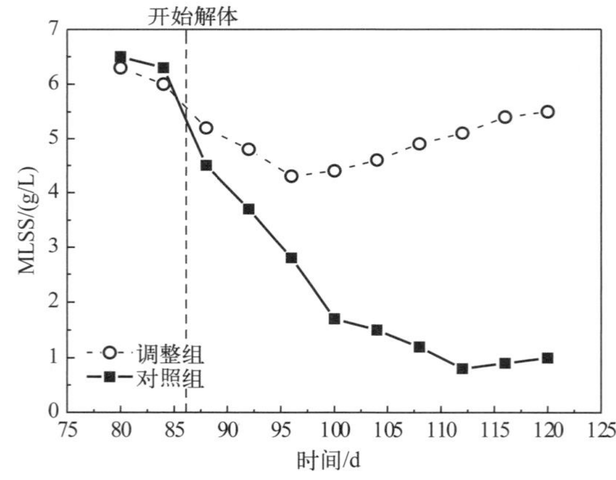

图 6.2　两组反应器内 MLSS 的变化

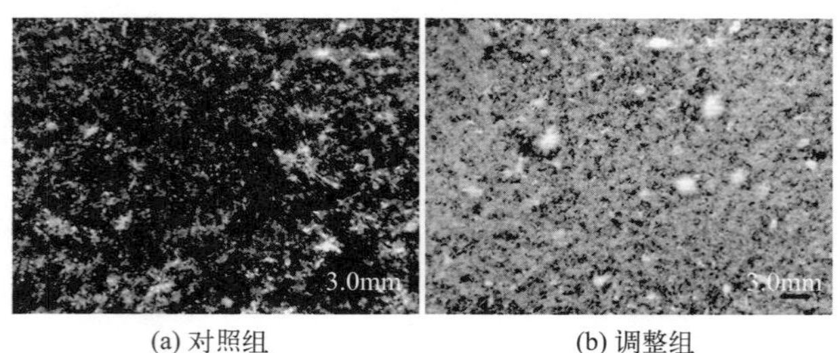

图 6.3　两组反应器内污泥的形态对比

此外，本节还分别研究了两组反应器对 COD 及氨氮的去除效率，结果如图 6.4 和图 6.5 所示。从图 6.4 中可以看出，当污泥的颗粒结构被破坏后，各反应器的 COD 去除能力均出现了不同程度的降低，其中，在第 100 天（颗粒污泥解体 2 周后），调整组的 COD 去除率已降低至 90.8%，而在对照组内，由于生物量的大量流失，其对 COD 的去除能力更低，仅为 79.6%。随着系统的继续运行，调整组内污泥的性质逐渐趋于稳定，并有絮体间的聚集发生，而且反应器的生物降解能力也得到了一定提高，当再次有颗粒污泥出现时，其 COD 去除率已恢复至 91.9%。相比之下，对照组内的污泥含量则一直保持在较低水平，直至反应结束也没有恢复到原有水平。因此，其对 COD 的去除能力也十分有限，仅为 76%左右。

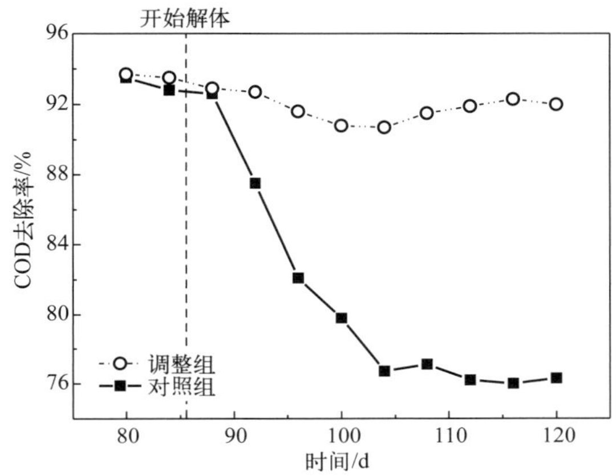

图 6.4　两组反应器内的 COD 去除率

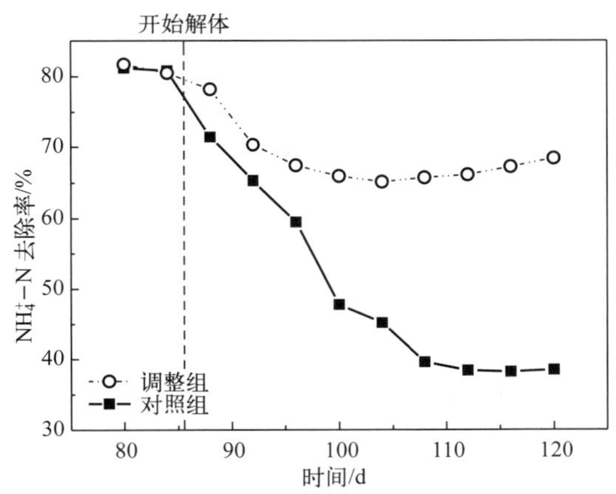

图 6.5　两组反应器内的氨氮去除能力

图 6.5 描述了整个试验过程中两组反应器对于 NH_4^+-N 去除率的变化历程。与 COD 的降解情况类似，各组 SBR 的 NH_4^+-N 去除能力也均随着颗粒污泥的解体而降低，并且幅度更大。这可能是因为反应器内污泥负荷的增加促进了异养微生物的生长，从而压缩了硝化细菌的生存空间，同时系统内大量出现的丝状菌也与硝化细菌形成竞争，进一步抑制了污泥的硝化能力。此外，在好氧颗粒污泥解体后，污泥内部的好氧-缺氧-厌氧微环境被打

破，其反硝化能力受到限制，因此原先系统内稳定的 pH 体系在微生物硝化作用及丝状菌滋生过程中受到破坏，混合液的 pH 值不断降低（黄国玲 等，2012）（见图 6.6）。在此情况下，对于环境 pH 值极为敏感的硝化细菌，其代谢活性势必会受到抑制（Tarre and Green，2004；张鉴达，2006）。不过，在调整组反应器内，由于沉降时间的调整使得大多数微生物都得以保留，污泥的硝化能力也随着其形态的变化而逐渐得到改善，当试验结束时调整组内对 NH_4^+-N 的去除率已恢复至 68.4%，而在对照组内则只有 38.5%。

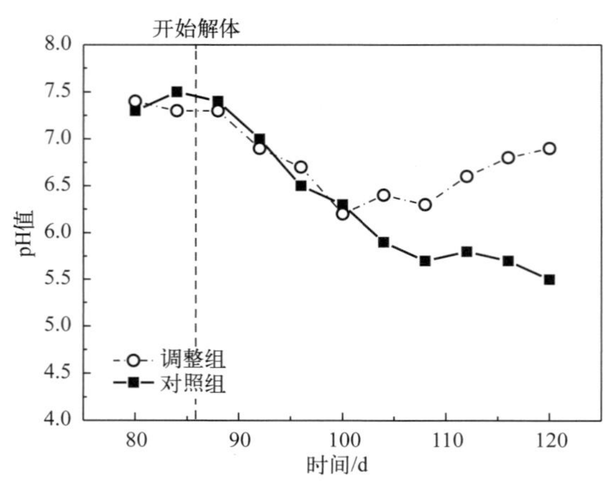

图 6.6　两组反应器内 pH 值的变化情况

6.1.2　有机负荷对解体颗粒污泥再次颗粒化的作用

通过上节的分析与讨论，可以得出在适当的培养条件下，解体后的污泥能够再次实现颗粒化。不过，在好氧颗粒污泥的再形成过程中，两组反应器内均出现了大量的丝状菌，pH 体系也受到了影响，同时污泥的生物降解能力也有所降低。而造成这种情况发生的原因可能是各组反应器在颗粒污泥解体初期大量排泥，而进水有机负荷却保持不变，从而使得其内部的污泥负荷过度增加。因此，本节试验分别设置了两组反应器来观察有机负荷对解体颗粒污泥性质的影响，并希望能够借此得到更为适合污泥再次颗粒化的培养策略。与上节一样，本节试验的运行周期也为 40d，其中对照组反应器的进水 COD 浓度与颗粒解体前保持一致，为 1200mg/L；而为了避免反应器在排泥过程中污泥负荷过高，调整组在前 20d 内将进水 COD 浓度降低至 800mg/L，其后再提高到原先水平。此外，根据上节的研究结果，两组反应器在颗粒解体后均对沉降时间进行了相应的调整。因此，当好氧颗粒污泥解体后，两组反应器内虽有排泥现象发生，但大部分微生物得以保留，其 MLSS 均保持在 4g/L 以上（见图 6.7）。

从图 6.7 中还可以看出，与对照组相比，调整组在试验初期具有更多的微生物，这可能是因为其污泥负荷较低，内部没有出现大量的丝状菌，因此污泥的沉降性更好。随着系统的运行，两组反应器内污泥逐渐趋于稳定，生物量也开始增加，当试验结束时，调整组与对照组的 MLSS 已分别恢复至 5.1g/L 和 5.5g/L。不过，在试验的后半段（第 100～120 天），虽然两组反应器的进水有机负荷已调整到同一水平，但对照组内 MLSS 的增加

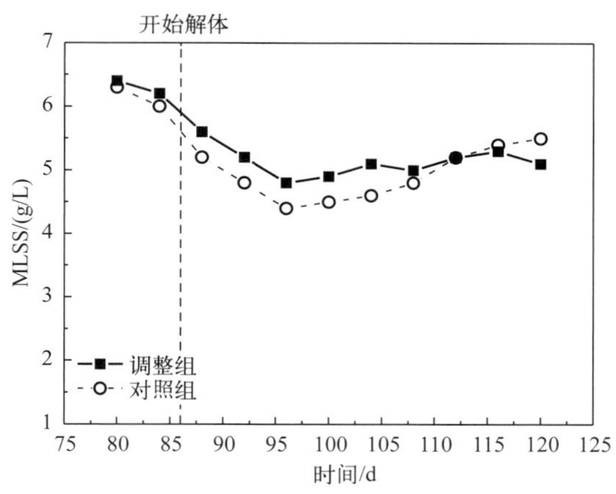

图 6.7　两组反应器内 MLSS 的变化

速度却要高于调整组，这可能是由两组 SBR 内微生物群落结构不同所造成的。在试验前期，为了控制污泥负荷，调整组将进水 COD 浓度降低，其 C/N 值也随之减小。在此情况下，反应器内的培养环境利于硝化细菌等代谢速度较慢的微生物生长，异养微生物所占比例将会降低。当进水 COD 浓度重新提高后，污泥中的微生物群落会再次发生较大更替，所需要的适应时间也更长一些。

图 6.8 描述的是两组反应器对于 COD 去除率的变化情况。从图中可以看出，在整个试验过程中，两组 SBR 反应器都具有较高的生物降解能力，其 COD 去除率均保持在 90%以上。而且，与对照组相比，调整组内生物量受颗粒解体的影响较小，其 COD 去除能力更为稳定。此外，本节试验还研究了各反应器中的 NH_4^+-N 去除效果，具体结果如图 6.9 所示。可以看出，在对照组反应器内，当颗粒污泥解体后其 NH_4^+-N 去除能力受到较大影响，经过 18d 的运行便减小为 65.1%。虽然，在后续的运行过程中，系统逐渐趋于稳定，对照组内微生物的降解能力也开始恢复，但是，与 COD 相比其 NH_4^+-N 去除率的增速十分缓慢。究其原因，可能是由硝化细菌的生长速率过于缓慢所导致的。同样，在调整组内，其 NH_4^+-N 去除能力也因生物量的减少而受到波动，但降低幅度明显小于对照组，当

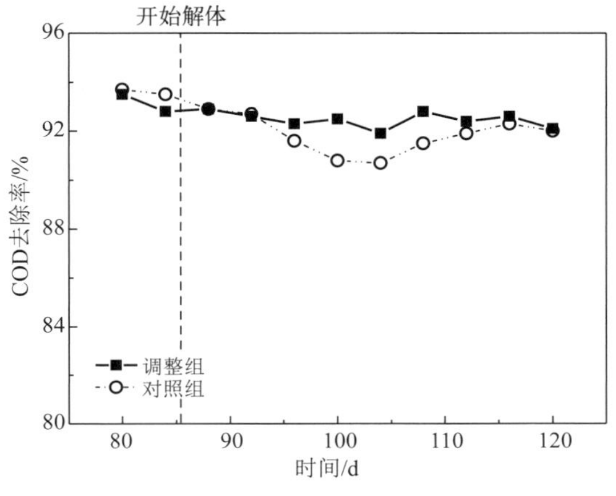

图 6.8　两组反应器内的 COD 去除

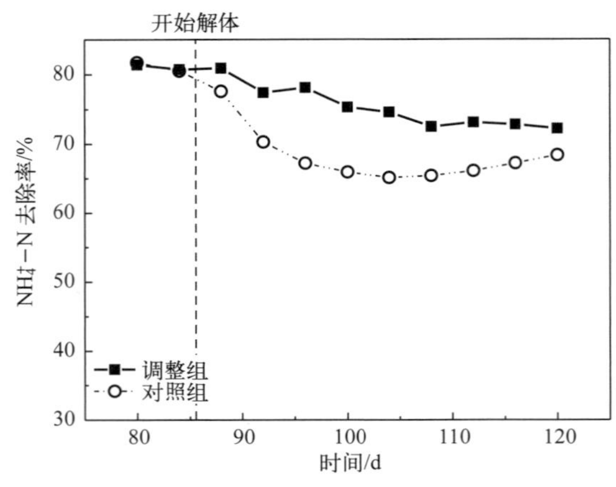

图 6.9 两组反应器内的氨氮去除

试验进行到第 100 天，其 NH_4^+-N 去除率仍高于 75%。此外，在进水有机负荷再次提高之后，调整组中硝化细菌的代谢活性受到一定的抑制，其 NH_4^+-N 去除率也略有降低。不过，在后续的运行过程中，随着微生物对培养环境的适应，调整组内污泥的硝化能力又逐渐稳定下来，保持在 74%左右。

6.2 “再生”颗粒污泥的污泥特性

在上一节的研究过程中，经过初步的调试已确定较为合适的反应器操作条件来促进解体污泥聚集并再次形成颗粒结构。不过，在实际应用之前，对于“再生”颗粒污泥的性质，应该进行更为全面的了解与认识。因此，本节试验以原颗粒污泥（即解体前的成熟颗粒污泥）作为参照，通过对比分析来研究解体污泥再次颗粒化后所具有的污泥特性，从而为以后好氧颗粒污泥工艺的运行与改进提供更多的理论基础。

6.2.1 “再生”颗粒的物化性质

表 6.1 分别列出了好氧颗粒污泥在解体前及解体再形成颗粒后的物化性质。通过对比，可以看出再生颗粒污泥与原颗粒污泥的粒径大小相近，分别为 2.9mm 和 3.1mm。此外，颗粒污泥在解体再形成颗粒后其颜色变得较深，整体轮廓也不太规则。对比沉降性能，再生颗粒污泥与原颗粒污泥的沉降速度分别为 54.7m/h 和 59.6m/h，这就说明好氧颗粒污泥在解体再形成颗粒后其沉降性能会有所降低。而且，当颗粒污泥解体以后会分散为大小不一的絮体，在后续污泥再次颗粒化的过程中，这些不规则的高分子将会以随机附着的形式聚集在一起，因此所形成的再生颗粒污泥其结构较为疏松，含水率较高，相对密度低于原颗粒污泥。另外，与解体前的好氧颗粒污泥相比，解体后再形成的颗粒污泥内部含有一些微生物残体及无机碎片，其生物量略有降低，其中，VSS/TSS 从（90.5±0.3)%减小至（81.4±0.5)%。

表 6.1 再形成颗粒与原颗粒污泥的性质对比

指标	再生颗粒污泥	原颗粒污泥
平均粒径/mm	2.9	3.1
沉降速度/(m/h)	54.7	59.6
VSS/TSS/%	81.4±0.5	90.5±0.3
相对密度	1.083±0.1	1.101±0.2
含水率/%	95.7	94.8

为了评价再次形成的颗粒污泥的抗水力剪切强度，本试验分别在不同的曝气强度下（空气流量分别为 1mL/min、250mL/min、500mL/min、750mL/min、1000mL/min 及 2000mL/min）测试了污泥样品的完整系数，并与原成熟颗粒污泥进行了对比，具体结果如图 6.10 所示。从图中可以看出，伴随着曝气强度的不断增加，两组颗粒污泥的完整系数均有所降低。与原成熟颗粒污泥相比，再次形成的颗粒污泥经水力冲刷后，其完整系数较低，而且，两者间的差距随曝气强度的提高而逐渐增大。其中，当曝气强度增加至 750mL/min 时，再生颗粒污泥的完整系数已降低为 94.2%，而原颗粒污泥的完整系数仍高达 96.5%，这就说明再形成的颗粒污泥其抗水剪切能力低于解体前的颗粒污泥。在后续测试的过程中，当曝气强度达到 2000mL/min 后，再生颗粒污泥的完整系数能够保持在 87%以上，说明其机械强度可以满足实际工程应用。

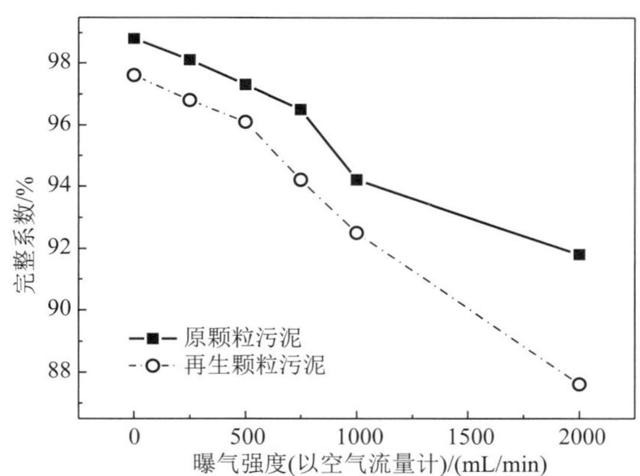

图 6.10 不同曝气强度下颗粒污泥的完整系数

6.2.2 “再生”颗粒的基质降解能力

为了研究污泥在不同阶段的微生物活性及污染物去除能力，本试验分别对再生颗粒污泥及原颗粒污泥进行了基质降解动力学分析，并与接种污泥进行了对比。其中，具体测定过程如下。

取 40mL 新鲜的污泥样品（接种污泥、原成熟颗粒污泥和再生颗粒污泥），置于 250mL 的烧杯中，然后加入 160mL 刚配制好的基质溶液（以葡萄糖作为基质，COD 浓度按照需要进行相应的调整），曝气 1h（空气流量为 2L/min）后测定各烧杯内液体的即时 COD 浓度。

微生物的基质比降解速率则可按照以下公式计算：

$$\mu=\frac{S_0-S_t}{X_t} \tag{6.1}$$

式中 S_0——初始的基质浓度，mg/L；

S_t——t 时间后烧杯中的基质浓度，mg/L；

X_t——微生物浓度，mg/L。

把式（6.1）代入 Monod 方程 $\mu=\mu_{max}\frac{S}{K_s+S}$，则可得到：

$$\frac{S_0-S_t}{X_t}=\mu_{max}\frac{S}{K_s+S} \tag{6.2}$$

即

$$\frac{X_t}{S_0-S_t}=\frac{K_s}{\mu_{max}S_t}+\frac{1}{\mu_{max}} \tag{6.3}$$

在不同的初始 COD 浓度下，测定 1h 内各污泥样品的基质降解情况，具体结果如表 6.2、表 6.3 及表 6.4 所列。

表 6.2 再生颗粒污泥的基质降解情况

序号	S_0/（mg/L）	S_t/（mg/L）	MLVSS/（mg/L）	t/h	X_t/（S_0-S_t）	1/S_t
1	1085.37	187.35	3862	1	4.30	0.005338
2	1670.72	243.62	4102	1	2.87	0.004105
3	2359.14	464.71	3907	1	2.06	0.002152
4	2986.03	635.14	4031	1	1.71	0.001574
5	3472.55	702.54	3854	1	1.39	0.001423
6	4135.18	987.23	3827	1	1.22	0.001013
7	4786.37	1983.68	3728	1	1.33	0.000504
8	5561.76	2875.83	3684	1	1.37	0.000348

根据式（6.3），以 $\frac{1}{\mu_{max}}$ 为横坐标、$\frac{X_t}{S_0-S_t}$ 为纵坐标对表 6.2 中的相应数据进行线性拟合，结果如图 6.11 所示。此时，直线的斜率为 $\frac{K_s}{\mu_{max}}$，截距则为 $\frac{1}{\mu_{max}}$。

从图 6.11 的线性拟合可以得到以下方程：

$$y=580.78x+0.83653 \tag{6.4}$$

其中，直线的斜率为 580.78，截距为 0.83653，由此可以计算出：

$$\mu_{max}=1/0.83653=1.20\ (h^{-1}) \tag{6.5}$$

$$K_s=1.20580.78=696.94\ (mg/L) \tag{6.6}$$

在此情况下，再生颗粒污泥的基质降解动力学方程则为：

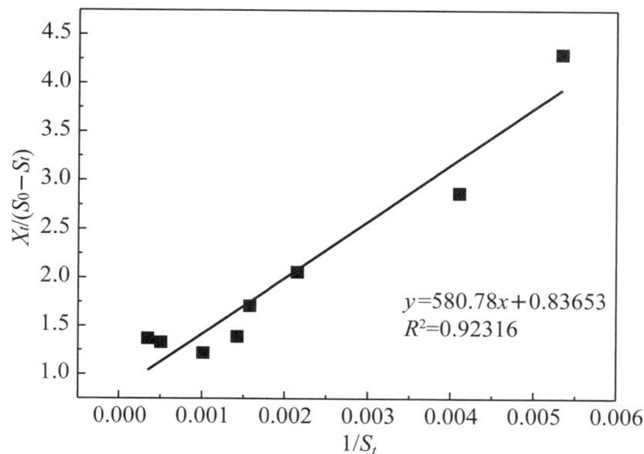

图 6.11　再形成颗粒污泥的基质降解动力学

$$\mu = \frac{1.20S}{696.94 + S} \tag{6.7}$$

表 6.3　原成熟颗粒污泥的基质降解情况

序号	S_0/(mg/L)	S_t/(mg/L)	MLVSS/(mg/L)	t/h	X_t/(S_0-S_t)	1/S_t
1	1085.37	118.41	4125	1	4.27	0.008445
2	1670.72	178.38	4201	1	2.82	0.005606
3	2359.14	314.25	4338	1	2.12	0.003182
4	2986.03	516.37	4418	1	1.79	0.001937
5	3472.55	604.92	4392	1	1.53	0.001653
6	4135.18	734.3	4366	1	1.28	0.001362
7	4786.37	981.68	4107	1	1.08	0.001019
8	5561.76	1362.74	4083	1	0.97	0.000734

根据式（6.3），以 $\frac{1}{\mu_{max}}$ 为横坐标、$\frac{X_t}{S_0 - S_t}$ 为纵坐标对表 6.3 中的相应数据进行线性拟合，结果如图 6.12 所示。

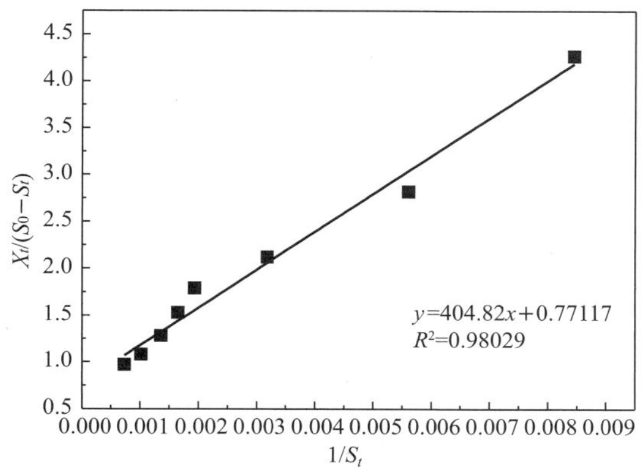

图 6.12　原颗粒污泥的基质降解动力学

从图 6.12 的线性拟合可以得到以下方程：

$$y=404.82x+0.77117 \tag{6.8}$$

其中，直线的斜率为 404.82，截距为 0.77117，由此可以计算出：

$$\mu_{max}=1/0.77117=1.30\ (h^{-1}) \tag{6.9}$$

$$K_s=1.30404.82=526.27\ (mg/L) \tag{6.10}$$

在此情况下，原成熟颗粒污泥的基质降解动力学方程则为：

$$\mu=\frac{1.30S}{526.27+S} \tag{6.11}$$

表 6.4 接种污泥的基质降解情况

序号	S_0/(mg/L)	S_t/(mg/L)	MLVSS/(mg/L)	t/h	X_t/(S_0-S_t)	1/S_t
1	1085.37	327.63	2138	1	2.82	0.003052
2	1670.72	598.56	2254	1	2.10	0.001671
3	2359.14	1176.39	2281	1	1.93	0.00085
4	2986.03	1587.28	2176	1	1.56	0.00063
5	3472.55	1865.47	2357	1	1.47	0.000536
6	4135.18	2615.92	2384	1	1.57	0.000382
7	4786.37	3257.86	2263	1	1.48	0.000307
8	5561.76	4104.15	2292	1	1.57	0.000244

根据式 (6.3)，以 $\frac{1}{\mu_{max}}$ 为横坐标、$\frac{X_t}{S_0-S_t}$ 为纵坐标对表 6.4 中的相应数据进行线性拟合，结果如图 6.13 所示。

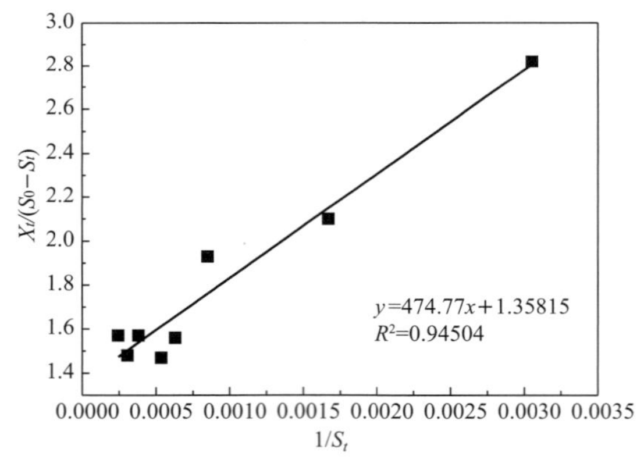

图 6.13 接种污泥的基质降解动力学

从图 6.13 的线性拟合可以得到以下方程：

$$y=474.77x+1.35815 \tag{6.12}$$

其中，直线的斜率为 474.77，截距为 1.35815，由此可以计算出：

$$\mu_{max}=1/1.35815=0.74\ (h^{-1}) \tag{6.13}$$

$$K_s = 0.74474.77 = 351.33 \text{ (mg/L)} \tag{6.14}$$

在此情况下，接种污泥的基质降解动力学方程则为：

$$\mu = \frac{0.74S}{351.33 + S} \tag{6.15}$$

综上所述，3 种污泥的基质降解动力学参数均已得到，具体结果见表 6.5。

表 6.5 动力学参数对比表

参数	再生颗粒	原成熟颗粒	接种污泥
μ_{max}	1.20	1.30	0.74
K_s	696.94	526.27	351.33

从表 6.5 可以看出，再生颗粒污泥与原成熟颗粒污泥对于基质的最大比降解速率（μ_{max}）均明显大于接种污泥，说明在基质充足的条件下颗粒污泥的微生物活性要高于接种的絮状污泥，这一结果与之前的报道相一致（谢珊 等，2003；张鉴达，2006）。此外，对比两组颗粒污泥，则原成熟颗粒污泥的最大比降解速率大于再生颗粒污泥，而其基质半饱和常数（K_s）却小于后者，这就说明污泥在经过解体及再次颗粒化之后对基质的降解能力会有所降低。

6.3 混凝强化造粒技术在解体颗粒污泥原位修复中的应用

在前面的研究过程中，通过实施混凝强化造粒技术可以有效地缩短污泥颗粒化所需时间，而且所培养出的好氧颗粒污泥其各方面性能较优。这就说明混凝操作可以促进细胞间的结合与凝聚，从而有助于微生物聚集体的形成。因此，混凝强化造粒技术的实施或许同样可以增强解体污泥的再次颗粒化，使得 SBR 内部污泥能够更快地恢复到颗粒形态。为了证实这一猜想，本试验在解体颗粒污泥的再形成过程中增设了混凝强化操作，并对污泥性质进行了跟踪研究。同时，通过与对照组进行对比，逐步明确混凝操作在污泥再次颗粒化期间所起到的具体作用。

6.3.1 混凝强化作用下解体颗粒污泥的再形成

在本次试验中，分别采用了两组工况一致的反应器来培养颗粒污泥，经过 25d 的运行，各反应器内的污泥均实现完全颗粒化。随着时间的推移，颗粒污泥的粒径继续增大并最终稳定在 3.6mm 左右，并且各方面性质一直保持良好。但是，经过长时期的运行之后，两组反应器内的颗粒污泥都出现不同程度的恶化，并均在第 86 天开始出现颗粒解体现象。当系统运行到第 90 天，两组 SBR 内绝大多数的好氧颗粒污泥均已解体，混合液中的污泥形态趋于稳定，此时较为完整颗粒所占比例均已不足 20%，污泥的平均粒径也低于 0.8mm。在此情况下，一组增设了混凝操作，记为强化组；而另外一组继续保持原来的运行模式，记为对照组。经过 5d 的运行，强化组内的解体颗粒逐渐聚集在一起，并有形态不规则的小颗粒出现，而对照组内的污泥形态仍保持不变。当试验进行到第 97 天，强化组内已形成为数不少的再生颗粒污泥，并且这些污泥的外部轮廓变得光滑而密实。在第 103 天，强化组内的污泥再次实现完全颗粒化，此时颗粒污泥的平均粒径为 3.5mm，与解体前的情况相近。然而，在对照组内，解体后的污泥絮体直到第 105 天才有明显的聚集现象发生，反应器中也再次出现了小颗粒。当系统运行至第 112 天，对照组内绝大多数污泥的粒径都已大于 2.5mm，完全颗粒化进程再次完成。不过，与强化组相比，对照组内再生颗粒污泥的运行稳定性较差，在第 135 天便再次出现了颗粒解体的现象，而强化组内颗粒的完整性则一直保持至第 154 天。

根据上述的结果，为了方便后面的研究，可将本试验分为 3 个阶段：

① A 阶段（第 25～86 天）：第 1 个颗粒污泥成熟期。

② B 阶段（第 86～112 天）：颗粒污泥解体及再次颗粒化过程。

③ C 阶段（第 112～154 天）：第 2 个颗粒污泥成熟期。

6.3.2 混凝强化对解体颗粒污泥性质的影响

基于上节的划分，本试验对于不同阶段中各反应器内污泥的性质进行了动态研究，并做了对比分析。图 6.14 描述了从颗粒污泥解体开始，两组反应器内污泥浓度的变化情况。从图中可以看出，当颗粒污泥解体后两组反应器内的污泥浓度均有所下降，不过，在混凝强化的帮助下，强化组内保留了较多的生物量，并且随着微生物对环境的适应，反应器内的污泥浓度逐渐升高，当系统运行至第 103 天，其 MLSS 便恢复到 4.56g/L，与解体前的水平相当。而在对照组内，污泥则经历了更长时间的调整，其 MLSS 一度低于 4g/L。虽然在后续过程中，两组反应器内的污泥浓度均得到提高，但直至 C 阶段，对照组内的 MLSS 仍低于强化组，此时后者的 MLSS 已达到 5.14g/L。

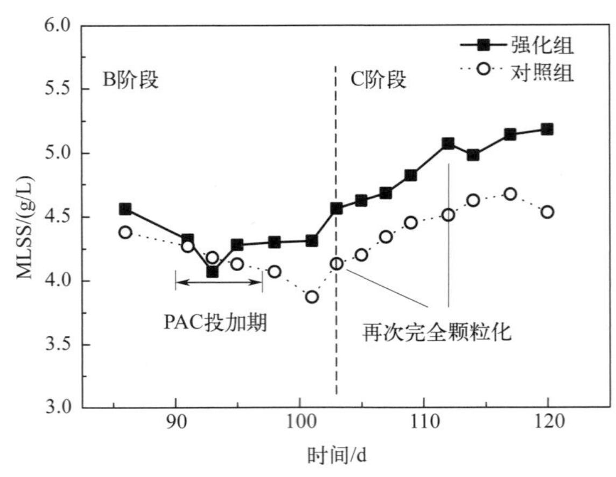

图 6.14 污泥再次颗粒化过程中 MLSS 的变化

在颗粒污泥再次形成的过程中，两组反应器内污泥的沉降性能也发生了一定的改变，具体结果如图 6.15 所示。从图中可以看出，实施混凝操作之后强化组内污泥的沉降性能得到明显提高，当系统运行到第 101 天，其 SVI 值已降低至 25.94mL/g。正因为如此，强化组才能够在颗粒污泥解体之后保留较多的生物量。在后续的试验过程中，强化组内污泥逐渐聚集并再次实现颗粒化，而其沉降性却略有降低，不过 SVI 值一直保持在 40mL/g 以下。相比之下，对照组内污泥沉降性能的变化较为缓慢，直至第 114 天才降至 28.99mL/g，但是由于其内部所形成的再生颗粒污泥的运行稳定性较差，不久便发生解体，因此污泥的 SVI 值再次上升。

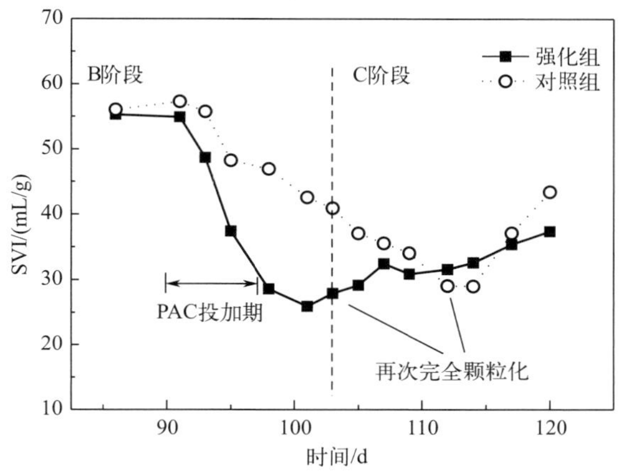

图 6.15　污泥再次颗粒化过程中 SVI 的变化

图 6.16 描述了在整个试验过程中两组反应器内污泥表面性质的变化情况。由图可知，在 A 阶段的后期，两组 SBR 内污泥的表面性质均开始出现不同程度的降低，当系统运行到第 86 天，强化组与对照组内均发生了颗粒解体现象，此时两者内部污泥的表面疏水性已分别减小为 60.8%和 59.7%，zeta 电位则分别为－22.8mV 和－23.1mV。当实施混凝操作之后，强化组内污泥的表面性质得到明显改善，其中，细胞表面疏水性迅速增大到 83.3%，zeta 电位也变为－18.3mV。有研究表明，细胞表面疏水性的增加能够促进微生物絮体间的结合，它是生物颗粒形成的直接驱动力（Liu et al.，2004）。同时，污泥表面电负性的降低则减小了絮体间的静电斥力，从而进一步推动了微生物间的聚集。在此条件下，强化组内污泥逐渐实现了再次颗粒化，而其表面疏水性及 zeta 电位则分别稳定在 (76.8±0.3)%和－（10.5±0.4）mV。同样，在对照组反应器内，随着形态的改变，污泥的表面性质也逐渐提高，但与强化组相比，其改变速度则较为缓慢，直至第 147 天，其细胞疏水性才增加为 73.5%。

此外，本试验还测定了两组反应器内的污泥絮体在不同阶段的 EPS 分布情况，具体结果如图 6.17 所示。从图中能够观察到，在系统的整个运行过程中，强化组与对照组内污泥的 S-EPS 含量没有明显的变化，都始终保持在（10.26±1.4）mg/g SS 的范围内，而 LB-EPS 的含量却在污泥再次颗粒化过程中明显提高，当系统运行至第 90 天时，强化组与对照组内污泥的 LB-EPS 含量已分别达到 38.71mg/g SS 和 35.42mg/g SS。不过，随着再次颗粒化的进行，两组反应器内污泥的 LB-EPS 含量逐渐降低，并最终回归到 A 阶段时的水平。相比之下，两组污泥的 TB-EPS 含量虽也有波动，但变化幅度却小于 LB-EPS，这就说明在解体污泥再次颗粒化的过程中，LB-EPS 可能起到重要作用。对于 EPS 而言，它是具有流变性的多层结构，其中，TB-EPS 的结构较为稳定，主要附着在细胞壁外侧，并

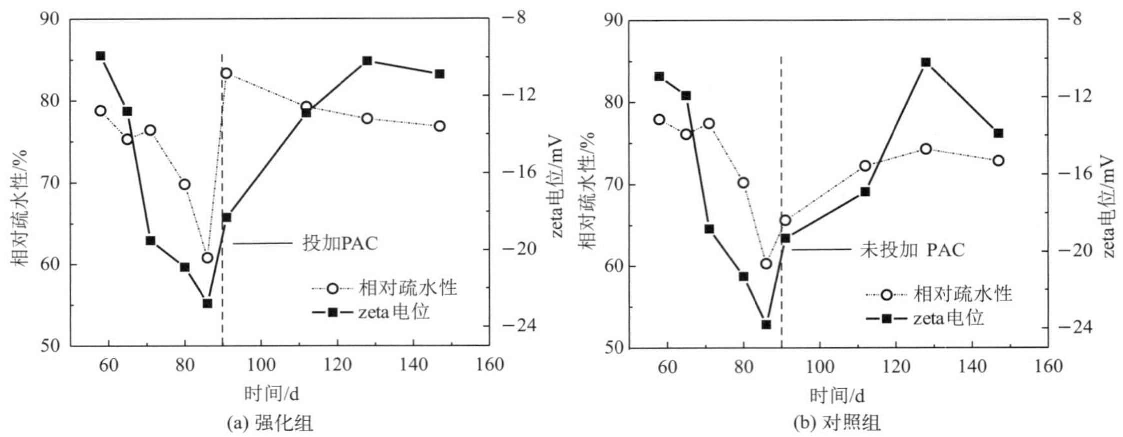

图 6.16 颗粒污泥的表面性质

与细胞表面紧密结合；而 LB-EPS 则为疏松的结构体，可扩散到周围环境中，当系统内的碳源不足时，LB-EPS 可作为能源物质而被微生物所消耗（Sheng et al.，2010）。因此，当颗粒污泥处于成熟期时，基质在其内部的传递会因污泥的粒径过大而受到限制，在此情况下，颗粒污泥内部的微生物将发生内源呼吸，LB-EPS 的含量也会相应地减少。另外，对比两组反应器可以看出，在混凝强化的作用下，污泥的 LB-EPS 及 TB-EPS 含量均得到提高，这也在一定程度上推动了颗粒污泥的再次形成。

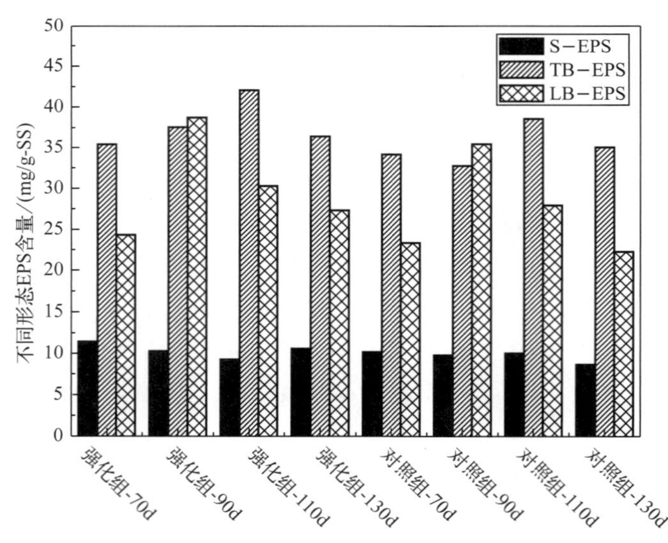

图 6.17 不同时期 EPS 的分布情况

6.3.3 混凝强化下颗粒污泥再生过程中污染物去除效能

表 6.6 列出了两组反应器内污泥在不同阶段对污染物的去除率。从表中可知，在 B 阶段，各组反应器的生物降解能力均有所下降，这可能是因为当颗粒解体后，污泥的沉降性

变差，系统排泥量增加，因此反应器内生物量逐渐减少，对污染物的去除能力也相应地降低了。但是，随着污泥再次颗粒化的进行，两组反应器的COD去除率均得到了提高，当系统运行至C阶段，强化组与对照组的COD去除率已分别增加至95.61%及96.94%，甚至高于A阶段，这可能是因为再生颗粒污泥的结构较疏松于解体前的成熟颗粒，基质更容易进入颗粒内部并被内核微生物所利用。对比两组反应器，强化组SBR在混凝强化操作下保留了更多的微生物，因此具有更高的基质降解能力，其中，在对NH_4^+-N去除方面的优势更为明显，当强化组内部污泥再次实现完全颗粒化以后（C阶段），其NH_4^+-N去除率已提高到74.97%，而对照组则为68.82%。

表6.6 污泥的污染物去除特性

运行阶段	COD去除率/%		NH_4^+-N去除率/%	
	强化组	对照组	强化组	对照组
A阶段	94.13	93.26	71.26	71.47
B阶段	92.16	90.56	65.68	63.57
C阶段	95.61	96.94	74.97	68.82

6.4 混凝强化条件下解体颗粒污泥的“再生”机制

当好氧颗粒污泥的培养运行到了一定的阶段，颗粒污泥的粒径就会达到一个极限值，此时颗粒污泥受到传质限制而解体。通过向解体颗粒污泥中添加无机混凝剂（PAC），解体的颗粒迅速团聚并重新形成完整的颗粒污泥，颗粒再生过程如图6.18所示。这可能是因为金属盐的水解产物中和了污泥的表面电荷并使悬浮液不稳定。随后，在羟基的桥接作用下，污泥絮体聚集。同时，在阳离子存在的情况下，微生物分泌EPS来保护自身免受渗透压的影响，并以胞外蛋白质含量的增加为主。而蛋白质中氨基酸的疏水基团对促进生物絮凝作用有很大贡献。这使得发生解体的颗粒能够再次聚集，并出现初始的重新形成的颗粒。随着反应器的运行，在高水力剪切作用下被EPS所包裹的污泥微生物通过细胞融合相互结合，颗粒得到强化，且再生颗粒污泥具有规则的形状。综上所述，无机混凝剂的投加可以促进颗粒的重塑和结构强化，表明无机混凝剂的化学调理适合于好氧颗粒污泥解体后的原位修复。

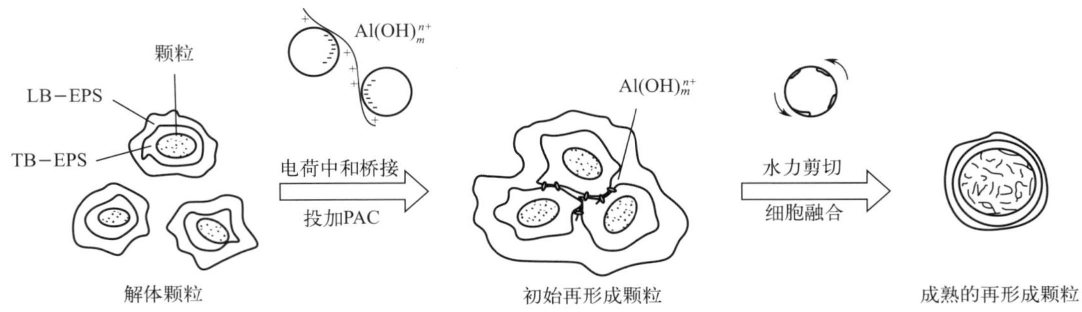

图6.18 混凝强化条件下解体颗粒的再生机制

参考文献

黄国玲，解庆林，艾石基，等，2012. pH 和 DO 对好氧颗粒污泥去除高氨氮废水的影响研究 [J]. 环境科学与管理，37（4）：27-29.

谢珊，李小明，曾光明，等，2003. 好氧颗粒污泥的性质及其在脱氮除磷中的应用 [J]. 环境污染治理技术与设备，4（7）：70-73.

张鉴达，2006. 好氧颗粒污泥的培养及其工艺研究 [D]. 济南：山东大学.

Dulekgurgen E，Artan N，Orhon D，et al.，2008. How does shear affect aggregation in granular sludge sequencing batch reactors? Relations between shear，hydrophobicity，and extracellular polymeric substances [J]. Water Science and Technology，58（2）：267.

Kong Y H，Liu Y Q，Tay Joo Hwa，et al.，2009. Aerobic granulation in sequencing batch reactors with different reactor height/diameter ratios [J]. Enzyme and Microbial Technology，45（5）：379-383.

Liu Y Q，Liu Y，Tay Joo Hwa，2004. The effects of extracellular polymeric substances on the formation and stability of biogranules [J]. Applied Microbiology and Biotechnology，65（2）：143-148.

Sheng G P，Yu H Q，Li X Y，2010. Extracellular polymeric substances（EPS）of microbial aggregates in biological wastewater treatment systems：A review [J]. Biotechnology Advances，28（6）：882-894.

Tarre Sheldon，Green Michal，2004. High-rate nitrification at low pH in suspended-and attached-biomass reactors [J]. Applied and Environmental Microbiology，70（11）：6481-6487.

Tsuneda Satoshi，Nagano Tatsuo，Hoshino Tatsuhiko，et al.，2003. Characterization of nitrifying granules produced in an aerobic upflow fluidized bed reactor [J]. Water Research，37（20）：4965-4973.

第7章

高效降解喹啉好氧颗粒污泥的快速培养

喹啉是一种重要的化工原料，广泛存在于煤化工废水中，随意排放会对环境和人体健康造成不可控的危害，传统处理方法物理与化学法处理成本较高，并会产生有害副产物，而生物降解喹啉是一种环境友好且经济的方法，其中高效降解菌去除喹啉类物质已有不少研究，但关于好氧颗粒污泥在喹啉类废水处理领域的应用研究鲜有报道。而好氧颗粒污泥作为一种生物处理技术，具有生物量大、耐受性高、抗毒性强等优点。因此以模拟喹啉废水为处理对象，探究在不同运行周期条件下降解喹啉好氧颗粒污泥的快速造粒及特性，分析好氧颗粒污泥对含喹啉模拟废水的污染物处理能力及在喹啉胁迫下的微生物演替规律，有助于加强对降解喹啉好氧颗粒污泥的认识，为今后针对降解喹啉好氧颗粒污泥培养奠定理论基础，并且为开发高效处理喹啉废水提供理论支撑和新思路，从而寻求更快、更好去除废水喹啉的方法。

本章分别设定不同运行周期（R1：8h；R2：12h），在低负荷喹啉下培养降解喹啉好氧颗粒污泥，对比两个反应器的污泥颗粒化进程，观察污泥的形貌变化，找到较好的运行周期，以达到快速造粒的效果。

7.1 不同运行周期对降解喹啉颗粒污泥形成的影响

7.1.1 污泥形态对运行周期的响应特征

此阶段实验采用两个SBR反应器R1、R2，共运行78d，污泥形貌变化如图7.1（书后另见彩图）以及图7.2（书后另见彩图）所示，分别取自初始污泥与其他各阶段培养末期的污泥进行取样拍照。

初始污泥为深褐色，结构松散，沉降性能差，在反应前期为避免污泥大量流失，将每周期排出的絮状污泥倒进反应器内。随着实验的进行，反应器内污泥逐渐由深褐色转变为

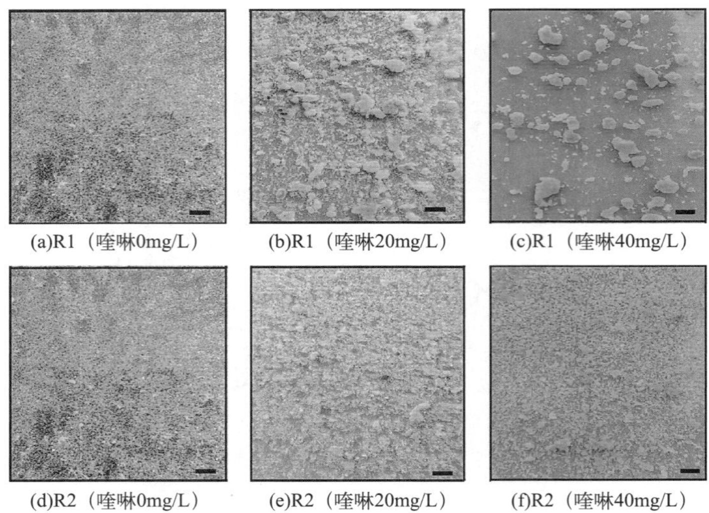

图 7.1 颗粒污泥宏观形貌变化（标尺为 5mm）

黄褐色，沉降性能也得到了明显的改善，污泥结构逐渐趋于密实。在第 7 天时，发现 R1 中已出现不少初生颗粒污泥，但 R2 的颗粒进展缓慢。在整个培养过程中，R1 中污泥平均粒径比 R2 增长得快，R1 的结构也相较于 R2 更加密实完整，在实验进行到第 34 天时，R1 系统基本实现颗粒化，R2 系统颗粒化程度低。随着驯化与选择，在第 65 天时，观察污泥形貌发现 R1 系统中污泥已完全颗粒化，R2 系统部分颗粒化，R1 相比 R2 的颗粒化程度更高，颗粒更大也更加完整规则，R1 平均粒径为 850μm，R2 平均粒径为 350μm，并且培养成熟的降解喹啉好氧颗粒污泥外观呈淡红色。而 R2 颗粒化程度低主要是由于系统运行周期较长，反应器内有机物含量减少，饥饿期增加易引起颗粒解体，导致好氧颗粒污泥培养失败或尺寸变小，这与其他研究学者得出结果相一致。如 Tomar 等（2018）研究发现，在稳定阶段，运行周期分别为 6h、8h、12h 下降解苯酚废水，平均粒径为 1334μm、520μm、97μm。因此表明在培养好氧颗粒污泥时需要适宜的运行周期，结合实验现象说明 8h 运行周期培养降解喹啉好氧颗粒污泥相比于 12h 运行周期，能够达到快速造粒的效果。

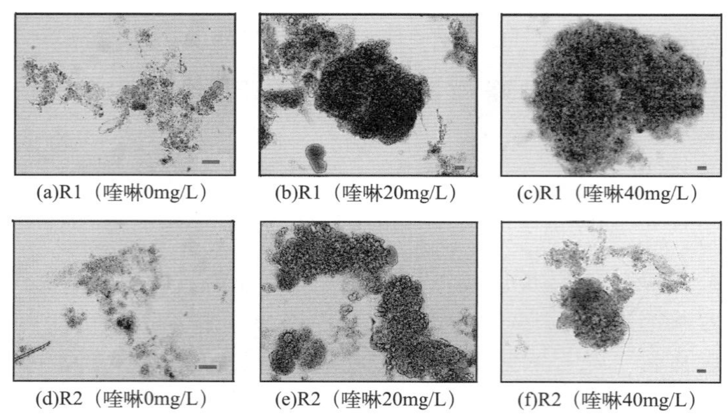

图 7.2 颗粒污泥微观结构变化（标尺为 100μm）

从图 7.2 可以明显观察到 R1 的颗粒污泥在粒径和完整性上要高于 R2，在喹啉浓度为 20mg/L 时，已经有成熟的好氧颗粒污泥出现。在喹啉浓度为 40mg/L 时，成熟降解喹啉好氧颗粒污泥粒径最大可达 1000μm，而 R2 的污泥粒径最大为 400μm。

7.1.2 不同运行周期下污泥的物理特性

在整个培养过程中，R1 污泥的平均粒径增长速度快于 R2。在实验的第 65 天，R1 中的污泥的平均粒径为 850μm，而 R2 中的污泥的平均粒径仅为 350μm。通过对污泥形态的观察，可以看出 R1 系统中的污泥均已颗粒化。R2 系统污泥部分颗粒化。这与 Liu 等的研究结果一致，即 HRT 最短时，污泥颗粒化程度最好（HRT 分别为 4h、6h、8h）（Liu et al.，2016）。周期持续时间过短，不利于好氧颗粒污泥的形成。在好氧颗粒污泥的培养过程中，在相同的负荷条件下，周期持续时间的延长意味着饥饿时间的延长。饥饿时间过长会引起微生物的内源呼吸，从而消耗 EPS，不利于污泥絮体的聚集（Li et al.，2022）。因此，可以发现在本研究中，8h 的循环持续时间更有利于培养降解喹啉好氧颗粒污泥。

两组反应器的 MLSS 与 SVI_{30} 的变化如图 7.3 所示。在第一阶段，由于系统处于启动恢复期，污泥活性不高且初始污泥沉降性能较差，因此未投加喹啉，其 SVI_{30} 值为 101.52mL/g，本次培养采取逐渐缩小沉降梯度的方式，导致系统排泥，两组反应器前期 MLSS 略有下降，随着逐渐适应，MLSS 开始增加，且 SVI_{30} 呈下降趋势。在第二阶段投加 20mg/L 的喹啉后，两组反应器 MLSS 迅速下降，SVI_{30} 显著升高，这是因为经过一段时间的驯化，两组反应器中的污泥微生物逐渐适应喹啉胁迫，微生物生物量开始积累。比较两种反应器，R1 在前两个阶段的生物量和污泥沉降性能均优于 R2，这可能是 R2 较长的饥饿期导致了好氧颗粒污泥性能的劣化（Rojas-Z et al.，2021）。因此，R1 系统在喹啉胁迫下具有更高的抗性。从第三个阶段开始，喹啉的投加浓度增加至 40mg/L，发现此时并未对污泥浓度与沉降性能有较大影响，并且随着好氧颗粒污泥的逐渐成熟，污泥浓度持续增加，沉降性能显著提升，表明颗粒污泥比絮状污泥对喹啉具有更高的承受能力，微生物已逐渐适应喹啉的胁迫抑制（Liu et al.，2023）。实验结束时，两组反应器的 MLSS 分别提高到 3.25g/L、2.95g/L，SVI_{30} 稳定在 40mL/g 左右，说明污泥的生物量逐渐积累，沉降性能优良，好氧颗粒污泥生长良好。

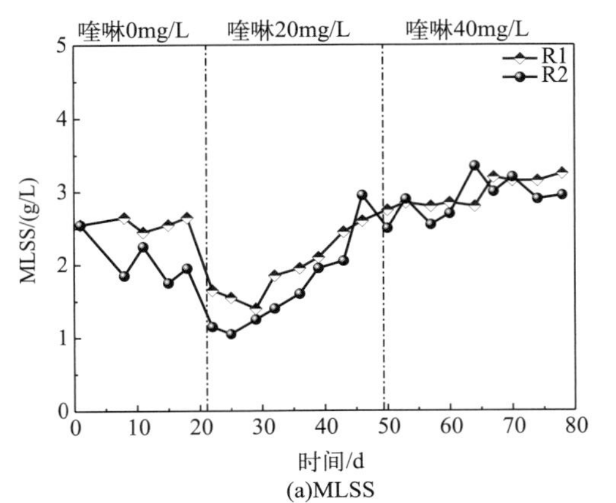

(a)MLSS

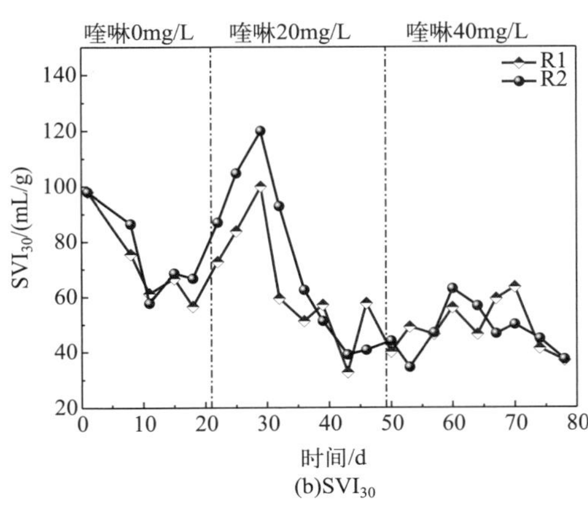

(b)SVI_{30}

图 7.3 两组反应器中 MLSS 与 SVI_{30} 的变化

比好氧速率（SOUR）是通过测定有机物的分解速率表征好氧颗粒污泥中细菌微生物的代谢活性（徐亚同 等，2001）。将两组反应器中污泥 SOUR 在不同阶段的变化情况绘制成箱线图，如图 7.4 所示。箱线图能够剔除异常点的干扰，并且最大优点是能够展示出各组数据的离散程度；此外，箱盒主体包含总数据的 25%～75%，上下两条横线代表除异常值外的最大值与最小值，中间横线代表中位值。

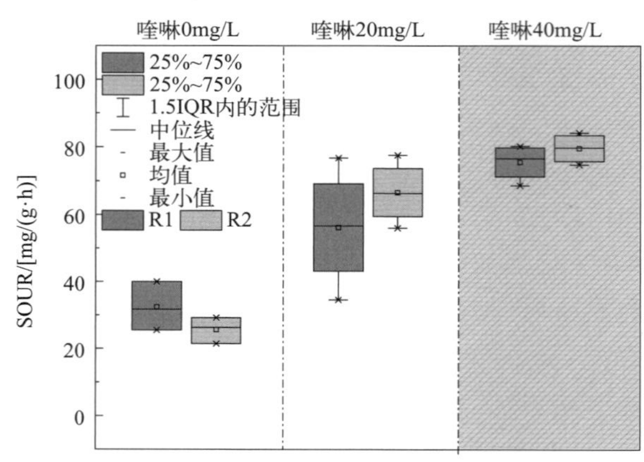

图 7.4 两组反应器中 SOUR 的变化

由图 7.4 可知，在初期未加喹啉驯化阶段，两系统污泥的 SOUR 较低，分别约为 31.73mg/(g・h)、26.32mg/(g・h)，经过一段时间驯化，R1 反应器中污泥 SOUR 最高可达 39.98mg/(g・h)，而 R2 污泥 SOUR 一直较低。当喹啉浓度为 20mg/L 时，R1 反应器污泥 SOUR 的最大值为 76.75mg/(g・h)，R2 反应器污泥 SOUR 的最大值为 77.59mg/(g・h)，可以看出 R2 系统中污泥 SOUR 比 R1 略高。当喹啉浓度为 40mg/L 时，R1 反应器中污泥 SOUR 的最大值为 80.24mg/(g・h)，R2 反应器中污泥 SOUR 的最大值为 84.16mg/(g・h)。说明经过培养，好氧颗粒污泥逐渐具有较高的微生物活性，并且成熟好氧颗粒污泥的 SOUR 高于絮状污泥的 SOUR，而 R2 的 SOUR 相比 R1 增长更快，这可能是因为较长的 HRT 相对增加了水流剪切力，刺激了微生物细胞的呼吸作用和代谢活性；代谢活性的增强反过来有助于提高微生物的稳定性，来对抗长期水流剪切力的作用（Tay et al.，2001）。

7.2 不同运行周期下降解喹啉颗粒污泥的污染物去除效能

7.2.1 COD 及喹啉去除效果

反应器运行期间 COD 以及喹啉的去除效果如图 7.5 所示。整个实验过程中保持 COD 当量恒定在 800mg/L 左右。

由图 7.5（a）可知，在未投加喹啉前反应器的 COD 去除率良好，均高于 95%，并且 R2 的去除效果略好于 R1，这可能是因为在较长的循环时间下，可以提高对有机物的降解

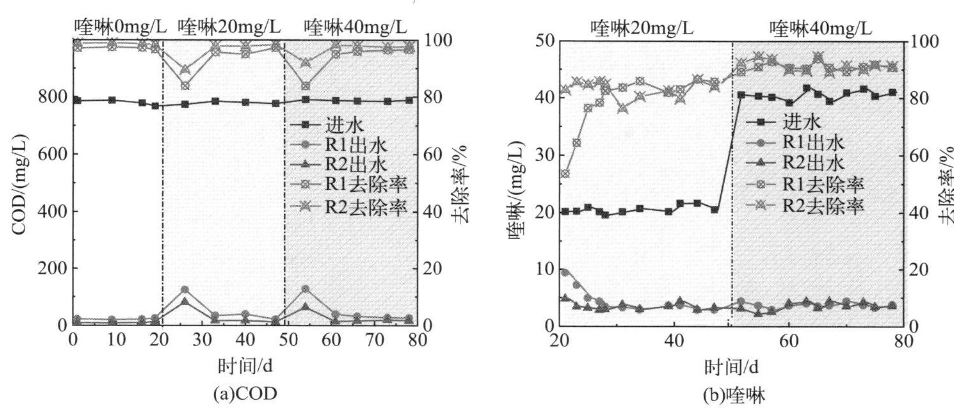

图 7.5 两组反应器中 COD 与喹啉的去除效果

程度。Corsino S F 等（2016）发现，由于 HRT 增加，较长的反应时间保证了较高的 COD 去除率。因此，好氧颗粒污泥具有更多的时间来降解有机物，从而显著提高 COD 去除率。在第二阶段投加 20mg/L 的喹啉后，喹啉的投加对 COD 的去除有较大的影响。由于喹啉对污泥微生物有明显的胁迫作用，两个反应器出水 COD 浓度均有所升高，随后去除率分别下降到 83.84%和 89.46%。随着污泥微生物对喹啉胁迫的逐渐适应，两个反应器的 COD 去除能力逐渐恢复并趋于稳定。第三阶段喹啉投加浓度增加至 40mg/L，与上一阶段去除效果相似，在初始几天内反应器出水情况有短暂的恶化，随后会逐渐提高，最终系统 COD 去除率达到稳定状态，稳定时 R1、R2 对 COD 去除率分别为 95.79%、97.89%。

反应器对喹啉去除效果见图 7.5（b），在第二阶段加入 20mg/L 的喹啉后，初始的几天内，R1 反应器对喹啉的去除效能较低，去除率仅为 53.54%，出水喹啉浓度可达 10.25mg/L。而 R2 反应器对喹啉具有较好的去除效果，去除率可达到 82.75%，出水喹啉浓度可稳定在 3.9mg/L 左右。这两组反应器之间的差别说明对于未驯化过的污泥，反应器对喹啉的降解能力一般，往往需要较长的水力停留时间，这与 Jindakaraked 等（2021）的研究结果相一致。但经过一段时间的驯化后，两组反应器在第二阶段结束时对喹啉的去除效果基本相同。对喹啉的去除率均在 80%以上，出水质量浓度稳定在 3.70mg/L 左右。在最后阶段，两组反应器仍有较好的喹啉去除效果，去除率保持在 90%以上。

7.2.2 污泥系统脱氮除磷特性

两组反应器氨氮、TN、硝态氮、亚硝态氮和 TP 的变化情况如图 7.6 所示。总体上看，两组反应器对氨氮的去除一直保持良好水平，出水氨氮浓度均在 1mg/L 以下，氨氮去除率均维持在 98%以上，去除效果未受到喹啉的影响。

但在喹啉的影响下，TN 去除率和出水硝态氮浓度呈现规律性变化。在第一阶段，R1 和 R2 系统的平均 TN 去除率分别为 85.25%和 76.54%，两个系统的 TN 去除率逐渐提高。在第二、第三阶段 TN 的去除情况在每次改变喹啉浓度后先降低后逐渐升高，最终趋于稳定。这种情形可能是由以下几方面的原因造成的：一方面喹啉的添加可能抑制了反硝化菌的活性，在出水中也发现了硝态氮浓度的显著上升，并且结合 MLSS 含量的降低也反

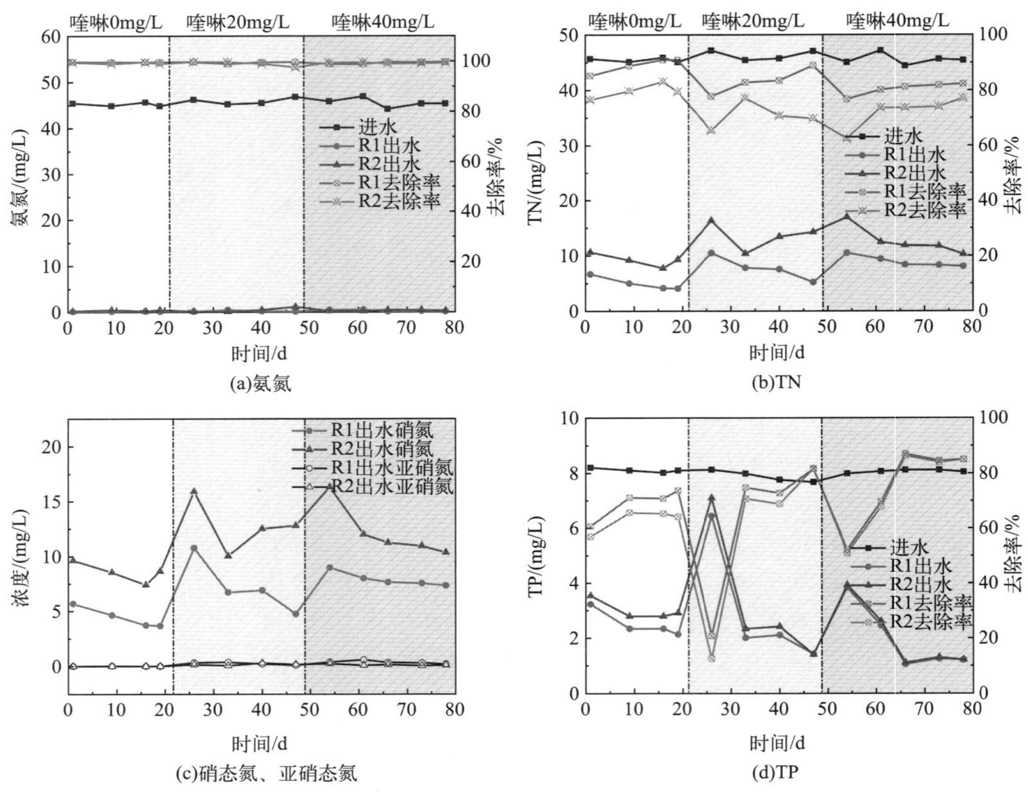

图 7.6 两组反应器中污染物去除效果

映出喹啉对污泥微生物造成了胁迫；另一方面主要是好氧生物降解喹啉时，吡啶环通过裂解首先将氮元素以铵态氮的形式释放，铵态氮在好氧环境下被硝化菌转化为硝态氮（Sun et al.，2009；Yan et al.，2015）。因此，随着对喹啉的适应，两组反应器中反硝化菌的代谢活性逐渐恢复，系统对 TN 的去除率也有所提高。与 R1 反应器相比，R2 反应器的流出物中 NO_3^--N 含量始终较高，这可能是由于 R2 的循环持续时间较长。它导致污泥颗粒化的减少，这反过来又导致好氧颗粒污泥内的缺氧区域减少。因此，该系统没有为反硝化细菌提供合适的生长环境，不充分的反硝化导致 NO_3^--N 的过度积累（Bao et al.，2021）。当系统后期稳定时，两个反应器的出水 NO_3^--N 分别稳定在 7.54mg/L 和 11.25mg/L，TN 去除率分别为 81%和 73%。反应进行到后期，好氧颗粒污泥的粒径逐渐增大，内部分层结构也更加明显，但 TN 去除率并未进一步提高，这可能是因为运行周期内的好氧反应阶段过长，缺氧阶段过短（王晓艳 等，2019）。而硝态氮出水含量略有下降，但含量依旧较高，这主要是由于好氧生物降解喹啉时会促进硝化作用，抑制反硝化作用，并且 Yan 等（2015）的研究也得出相同结论。而整个实验过程中，由于长期处于曝气环境下，因此并未出现亚硝态氮的累积，出水浓度基本为零，并且反应器一直维持良好的硝化效果，氨氮去除率在 98%以上。说明亚硝酸盐氧化菌（nitrite oxidizing bacteria，NOB）在迅速增长，进而表明实验浓度范围内喹啉并未对 NOB 的活性造成显著影响，这与 Fu 等（2015）的研究结论相符。

TP 的去除效果与 TN 具有相似之处，在第一阶段两系统去除率稳定在 69.07%、62.96%，R1 去除效果略好于 R2，而首次加入喹啉后，去除率分别迅速下降至 20.71%、12.55%，表明喹啉对 PAOs 具有显著抑制作用，之后随着系统逐渐适应且污泥量逐渐增加，对 TP 的去除效果逐渐好转，分别达到 81.54% 和 81.75%。再次改变喹啉浓度为 40mg/L 时，与上一阶段类似，但抑制效果与上一阶段相比降低许多，去除率先下降后逐渐提高，最后趋于稳定，两系统 TP 出水浓度为 1.09mg/L 左右。说明喹啉的胁迫对 PAOs 的抑制是短期且可恢复的，同时也会提高 PAOs 对喹啉胁迫的承受能力。随着好氧颗粒污泥粒径的增大，喹啉对 PAOs 的胁迫作用也会受到传质的影响，这同样也反映出喹啉的生物降解同时出现在好氧颗粒污泥的表层与内层，这与 Oliveira 等（2021）的研究结果一致。随着反应的进行，好氧颗粒污泥逐渐形成好氧-缺氧-厌氧的分层结构后，TP 去除率进一步提高，去除率可达 85%。

7.3 污泥 EPS 在不同运行周期下的响应特征

7.3.1 EPS 的含量变化

LB-EPS、TB-EPS 中 PN、PS 含量及 PN/PS 的变化如图 7.7 所示。初始污泥中的 LB-EPS 与 TB-EPS 含量并不高，分别为 1.59mg/g MLSS、1.859mg/g MLSS 和 36.32mg/g MLSS、62.53mg/g MLSS。而随着反应的进行，两个反应器中 EPS 含量均显著增加，其中 PN 的增加是主要的，TB-EPS 的增加幅度显著大于 LB-EPS。研究表明 TB-EPS 的分泌对好氧颗粒污泥的形成具有显著影响，并且还表明 PN 在颗粒化过程中起重要作用。随着喹啉初始浓度的增加，两种体系中 EPS 的含量均先降低后逐渐增加。此外，TB-EPS 在受到喹啉影响后，其含量仍能恢复到添加喹啉前的水平，甚至更高，其中 PN 的增长是主要因素，而 PS 的含量基本保持不变。这一方面反映了污泥微生物在喹啉胁迫下刺激 EPS 分泌大量的 PN 来抵抗外界的不利环境；另一方面，这可能是因为污泥微生物具有将含氮化合物转化为 PN 的能力（Jiang et al.，2018）。各种研究已经发现，PN/PS

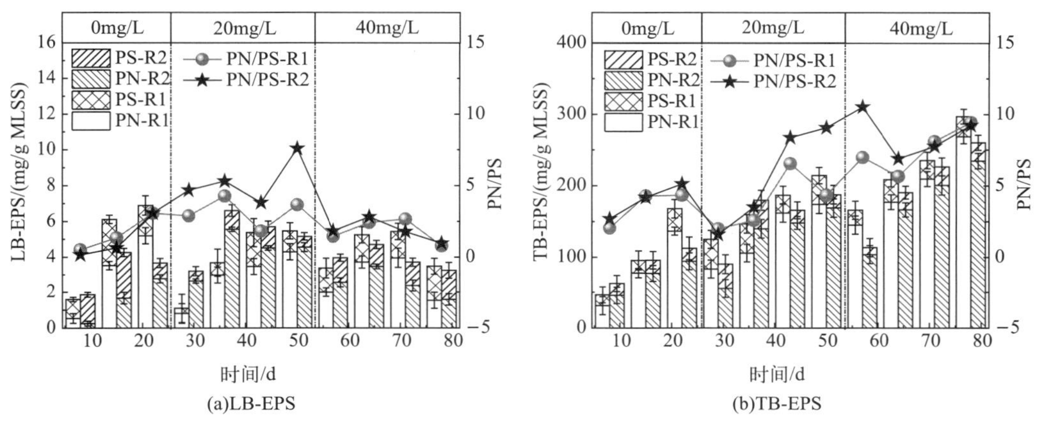

图 7.7　两组反应器中 EPS 组分变化

值随着污泥的粒化而逐渐增加（Liu et al.，2022），这与本研究中的数据和现象一致。通过比较两种反应器中 EPS 含量和 PN/PS 值的变化，发现 R1 中 TB-EPS 的含量逐渐高于 R2。Tomar 等（2018）观察到，与 24h 相比，6h 的运行周期减少了 1/4，而好氧颗粒污泥的 EPS 含量增加了 2 倍，表明好氧颗粒污泥的 EPS 分泌量与反应器的循环持续时间呈负相关。因此，在 8h 的反应器中的 EPS 增长高于在 12h 培养期的，并且颗粒化程度相应地更好。TB-EPS 的 PN/PS 比 LB-EPS 的 PN/PS 高，两者比值可达 10 以上，说明 TB-EPS 培养好氧颗粒污泥降解喹啉的效果更显著。

7.3.2 EPS 的荧光特性组分变化

EPS 是微生物分泌到胞外的大分子黏性物质，其中含有大量蛋白质、腐殖酸等荧光物质，它们之间通过架桥等作用可维持好氧颗粒污泥的三维结构，在微生物聚集和颗粒化中起到核心作用（Zhu et al.，2012；陆佳 等，2018）。研究人员利用三维荧光技术对 EPS 荧光物质组分进行定性检测以及半定量分析，能够获得荧光组分的强度与结构差异，具有灵敏度高、操作简便和应用范围广等优点（王晓慧 等，2016）。因此，将提取的 LB-EPS 与 TB-EPS 通过三维荧光分析法来对其中的荧光特性组分进行分析研究。目前，荧光区域主要划分为 5 个部分，具体波长范围如表 7.1 所列（Yu et al.，2011）。不同时期好氧颗粒污泥的 LB-EPS 与 TB-EPS 中荧光特性组分变化如图 7.8（书后另见彩图）所示，对照数据与荧光谱图分析得出各类荧光峰的具体位置和强度，如表 7.2 与表 7.3 所列。

表 7.1 荧光区域的具体波长范围及代表物质

区域	波长范围		对应物质
	激发波长（E_x） /nm	发射波长（E_m） /nm	
Ⅰ	200~ 250	280~ 330	酪氨酸类芳香族蛋白质
Ⅱ	200~ 250	330~ 380	色氨酸类芳香族蛋白质
Ⅲ	200~ 250	380~ 500	富里酸类物质
Ⅳ	250~ 280	280~ 380	溶解性微生物代谢产物
Ⅴ	280~ 400	380~ 500	腐殖酸类物质

经过三维荧光检测的 LB-EPS 与 TB-EPS 样本均取自各阶段培养末期，由图 7.8 可以看到，在好氧颗粒污泥培养以及喹啉的作用下，基本检测出 3 组荧光峰，通过对比表 7.1 中的区域划分，可知峰 A 是芳香族蛋白质，峰 B 是溶解性微生物代谢产物，峰 C 是腐殖酸类物质。

由表 7.1 与表 7.2 以及图 7.8 可知，随着颗粒化进程以及喹啉的影响，两组反应器 TB-EPS 荧光峰的类型并无大的变化，但各类荧光峰强度均有所增强，这表明在污泥颗粒化进程以及喹啉作用下，TB-EPS 中荧光物质并未发生大的变化，但含量发生了显著变化。而 R2 的 LB-EPS 峰型在第二次改变喹啉浓度后发生较大改变，推测喹啉改变了污泥的某些荧光组分。其次 TB-EPS 荧光峰强度呈逐渐增加，表明 TB-EPS 在降解喹啉好氧颗粒污泥颗粒化中起重要作用。在 TB-EPS 中，两组反应器峰 A 的强度分别增加至 352.5、

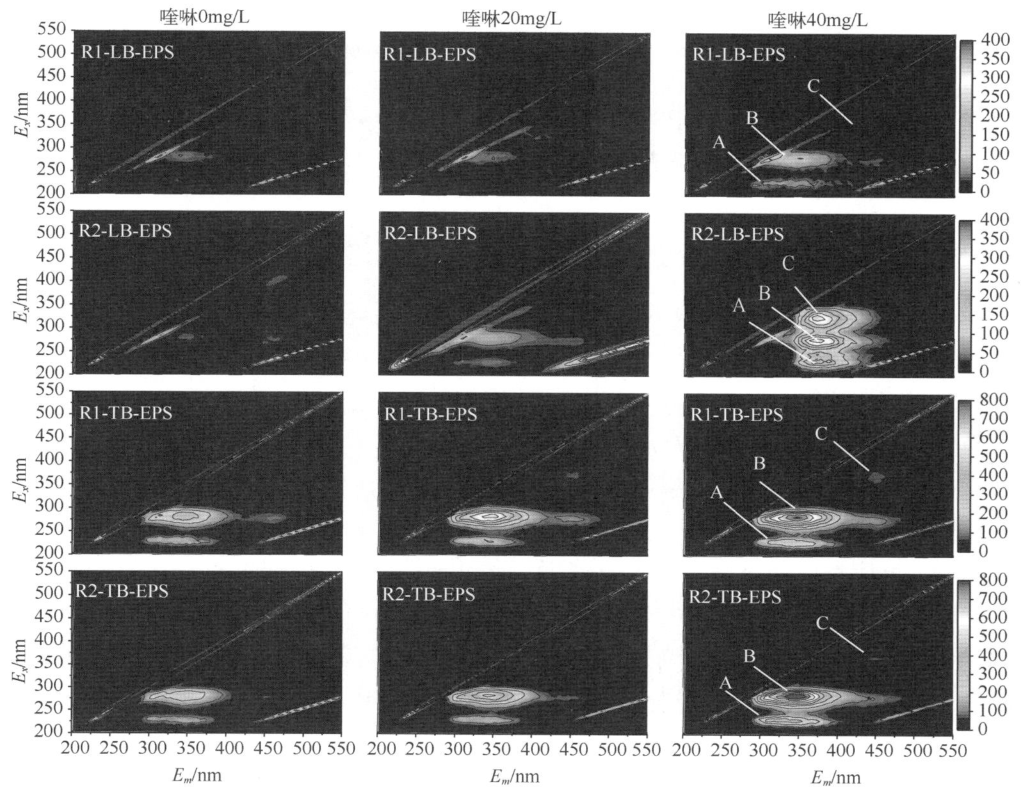

图 7.8 两组反应器中 LB-EPS 与 TB-EPS 三维荧光光谱图

295.3，峰 B 的强度分别增加至 813.0、885.9，峰 C 的强度分别增加至 75.35、71.43。可以看出，蛋白质类荧光物质在颗粒化进程中明显增多，表明蛋白质类物质与颗粒化进程密切相关（Zhu et al.，2015）。而溶解性微生物代谢产物增加得更多，这主要由于溶解性微生物代谢产物中富含多种有机官能基团，参与到喹啉的生物降解中，孙蔚青等研究发现喹啉会诱导污泥产生更多溶解性微生物代谢产物，并且溶解性代谢产物的增加有利于缓解喹啉对微生物的毒性抑制，使微生物有更适宜的生长环境（孙蔚青 等，2011；Wu et al.，2016）。两系统峰 C 荧光强度的增强体现出喹啉会促使好氧颗粒污泥产生更多腐殖酸类物质（Wang et al.，2014）。然而，当反应进行到最后，两组反应器 LB-EPS 中，峰 A 的强度分别增加至 92.56、211.90，峰 B 的强度分别增加至 102.21、338.43，峰 C 的强度分别增加至 23.67、327.50。在 LB-EPS 中，整个颗粒化进程以及投加喹啉过程中，其荧光强度也有增强，体现出 LB-EPS 中荧光物质与污泥颗粒化也有着密切的联系。

表 7.2 两组反应器中 LB-EPS 荧光物质强度

项目		峰 A		峰 B		峰 C	
		E_x/E_m /（nm/nm）	强度	E_x/E_m /（nm/nm）	强度	E_x/E_m /（nm/nm）	强度
R1	0mg/L	225/330	42.97	280/335	55.42	320/400	13.84
	20mg/L	225/320	19.95	280/345	53.68	320/400	34.18
	40mg/L	225/340	92.56	280/345	102.21	315/400	23.67

续表

项目		峰 A		峰 B		峰 C	
		E_x/E_m /(nm/nm)	强度	E_x/E_m /(nm/nm)	强度	E_x/E_m /(nm/nm)	强度
R2	0mg/L	225/345	22.56	275/345	37.87	390/450	36.50
	20mg/L	225/345	30.34	280/345	51.82	325/365	54.20
	40mg/L	230/370	211.90	270/370	338.43	325/365	327.50

Zhou 等（2000）研究表示荧光峰在 E_x 或 E_m 轴沿着长波方向移动称为红移，沿着短波方向移动称为蓝移。由表 7.2 与表 7.3 可知，在 TB-EPS 中，随着喹啉浓度的增加，峰 A 均沿着 E_m 方向发生了 5～10nm 不同程度的红移，峰 B 沿 E_x 方向发生了 5nm 的红移，表明荧光物质发生了羰基、羧基等的增加变化（陆佳 等，2018）。而峰 C 沿着 E_x 方向均发生了 5～10nm 不同程度的蓝移，表明可能与荧光基团中大分子物质分解为小分子有关（王晓慧 等，2016）。在 LB-EPS 中，R1 反应器的峰 A、峰 B 与峰 C 均沿 E_m 方向都发生了红移，R2 反应器的峰 A 和峰 B 发生了近 30nm 的严重红移，猜测可能受到喹啉的影响，导致改变了部分荧光物质特性组分，而峰 C 并未发生明显移动。两组反应器不同的蓝移与红移现象表明了在喹啉的胁迫下，LB-EPS 与 TB-EPS 含量及结构在动态变化这两个层次的 EPS 分泌与污泥颗粒化进程以及喹啉作用有着密切关联。

表 7.3 两组反应器中 TB-EPS 荧光物质强度

项目		峰 A		峰 B		峰 C	
		E_x/E_m /(nm/nm)	强度	E_x/E_m /(nm/nm)	强度	E_x/E_m /(nm/nm)	强度
R1	0mg/L	225/325	166.6	280/340	346.4	370/435	39.34
	20mg/L	225/345	217.1	280/350	654.0	370/450	71.89
	40mg/L	225/330	352.5	280/345	813.0	370/445	75.35
R2	0mg/L	225/335	142.1	280/340	275.1	370/450	26.18
	20mg/L	225/345	167.7	280/340	530.8	370/445	42.03
	40mg/L	225/345	295.3	280/340	885.9	370/445	71.43

7.4 不同运行周期下降解喹啉颗粒污泥微生物群落演替规律

7.4.1 微生物种群多样性与丰富度分析

样本的 Alpha 多样性指数如表 7.4 所列，其中共有 5 个污泥样本，R-0、R1-20、R2-20、R1-40、R2-40 分别代表未加喹啉时（第 1 天）、喹啉浓度为 20mg/L 时（第 45 天）以及喹啉浓度为 40mg/L 时（第 75 天）的样本。

表 7.4 不同时期样本的 Alpha 多样性指数

样本	OTU	Chao1 指数	Simpson 指数	Shannon 指数	样本覆盖率/%
R-0	1759.50	1772.91	0.89	5.61	99.84
R1-20	684.60	701.79	0.91	5.29	99.95
R2-20	888.00	935.63	0.85	4.98	99.87
R1-40	1199.60	1214.79	0.95	5.96	99.87
R2-40	781.30	822.80	0.88	4.74	99.87

如图 7.9（书后另见彩图）所示，为不同时期污泥样本的 Chao1 指数与 Shannon 指数的稀疏曲线。根据 Chao1 指数由大到小排列分别为 R-0＞R1-40＞R2-20＞R2-40＞R1-20，可以看出初始污泥的 Chao1 指数最大，但经过驯化培养后，R1-40 样本的 Chao1 指数要大于 R2-40，其次 Shannon 指数由大到小排列分别为 R1-40＞R-0＞R1-20＞R2-20＞R2-40，经过驯化培养，R1-40 的 Shannon 指数最高。

Alpha 多样性衡量指标的指数数值越大，表明物种丰度越大（Shi et al.，2020）。由表 7.4 结合图 7.9 可知，R1 反应器的 Chao1 指数、Shannon 指数在 R1-20 样本中相较于 R-0 样本均有所下降，说明喹啉首次加入对微生物造成了明显抑制，导致微生物多样性降低。而 R1-40 样本相较于 R1-20 样本各项指数均有所上升，即微生物的丰富度与多样性出现了增长，说明微生物适应了喹啉的毒性抑制并且优势菌属多样性逐渐提高。R2 的 Chao1 指数、Simpson 指数和 Shannon 指数在 R2-20 样本中相较于 R-0 样本均有所下降，同样说明喹啉首次加入对微生物造成了明显抑制，导致微生物多样性降低。而在 R2-40 样本中相较于 R2-20 样本的各项多样性指数继续有所下降，说明较长的 HRT 会造成微生物大量流失，导致微生物的丰富度继续下降。因此 8h 培养周期相较于 12h 培养周期，微生物的物种丰富度和多样性更好。

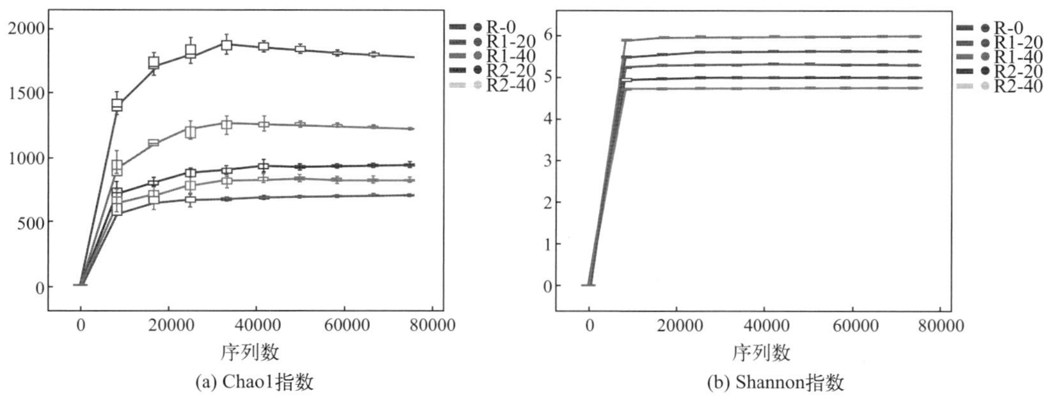

图 7.9 不同时期下 Chao1 与 Shannon 指数的稀疏曲线

5 个污泥样本的等级丰度曲线（rank-abundance 曲线）如图 7.10（书后另见彩图）所示，曲线越宽表示物种丰富度越高，曲线越平坦表示物种组成均匀程度越高。曲线急速下降处对应的序列表明该处优势菌群的比例越高，换句话说，该处微生物群落的多样性就越低。根据图 7.10 中曲线的宽度与形状判断，初始污泥中的细菌微生物多样性最高，随着污泥颗粒化的进程，当喹啉浓度为 20mg/L 时，两组反应器内微生物多样性均有所降低，这主要由于喹啉首次加入会对微生物造成一定的胁迫抑制，当喹啉浓度为 40mg/L 时，R1 反应器的微生物多样性和丰富度均有提高，但 R2 反应器的生物多样性在持续降低，这主要是因为 12h 的水力停留时间导致大量微生物被冲刷，生物多样性和丰富度也因此降低（Wang et al.，2021）。这也与 Alpha 多样性指数分析结果相一致。

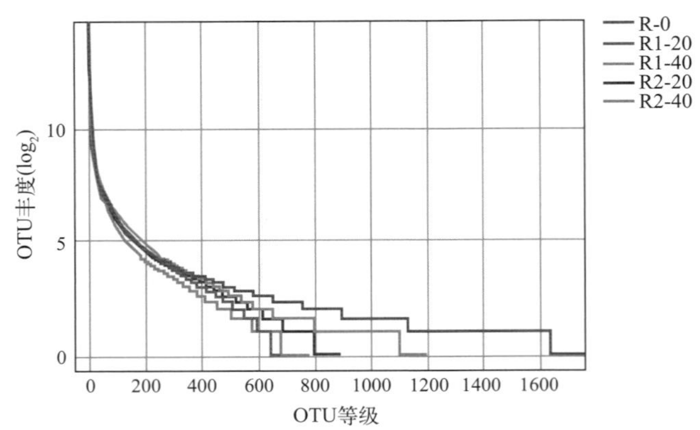

图 7.10　不同时期下污泥样本的等级丰富度曲线

两组反应器在不同时期下微生物之间的相似性和差异性如图 7.11 所示（书后另见彩图），5 个污泥样本的 OTU 数目由大到小排列为：R-0＞R1-40＞R2-20＞R2-40＞R1-20。5 个污泥样本共享 142 个 OTU，各自独有的 OTU 数目由大到小排列为：R-0＞R1-40＞R2-20＞R2-40＞R1-20，独有 OTU 数目分别为 1307、623、296、247、170，并且各阶段反应器中独有的 OTU 数目均大于共有 OUT 数目，说明经过培养驯化，微生物对喹啉耐受性提高，反应器内微生物多样性得到提高。此外，R1 反应器中成熟好氧颗粒污泥具有更高的微生物多样性，R1-40 组的微生物多样性高于 R1-20 组。而 R2 反应器中成熟好氧颗粒污泥的微生物多样性相较于 R1 要低，并且在 R2-40 组中独有的微生物种类低于 R2-20 组，表明 R2 反应器在提高喹啉负荷后，微生物多样性在持续降低。因此 8h 运行周期相比 12h 培养的好氧颗粒污泥具有更高的微生物多样性。

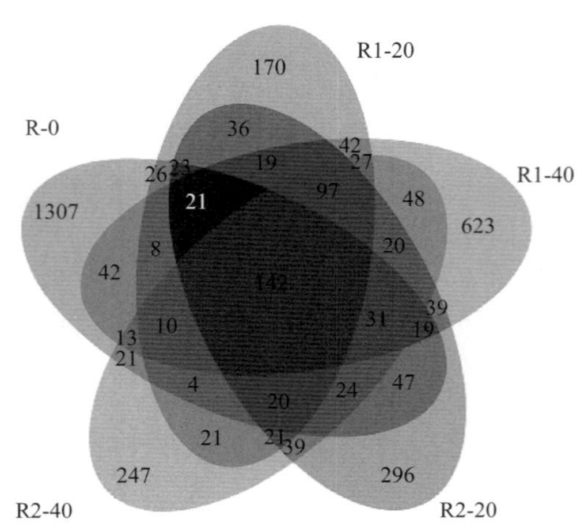

图 7.11　不同时期污泥样品操作单元韦恩图

图 7.12 根据各阶段污泥样本的 Chao1 指数、Faith _ pd、Goods _ coverage、Shannon 指数、Simpson 指数、Pielou_e、Observed_species 绘制了 Alpha 多样性指数箱线图。如图 7.12 所示，每个方格组表示一种 Alpha 多样性指数，在每个箱线图顶端有说明。将每个多样性指数按照两组反应器进行逐个对比，每个横坐标为各个分组标签，纵坐标代表 Alpha 多样性指数的值。在箱线图中，各个位置代表的含义见 7.1.2 部分。另外，多样性指数标签下的数字为 Kruskal-Wallis 检验的 P 值。

可以看出 R1 样品的 Shannon 指数、Chao1 指数、Simpson 指数等均较高。Shannon 指数越高，表明群落的多样性越高，物种分布越均匀；Chao1 指数越大，OTU 数目越多，说明该样本物种数比较多；Simpson 指数值越大，说明群落优势菌属占比越高。可以看出 R1 反应器的各项指数数值均要大于 R2，尤其是 Shannon 指数、Simpson 指数等，再次表明了 R1 反应器内污泥微生物的丰富度与多样性均要优于 R2。因此 8h 运行周期培养的降解喹啉好氧颗粒污泥相比 12h 具有更高的丰富度与多样性。

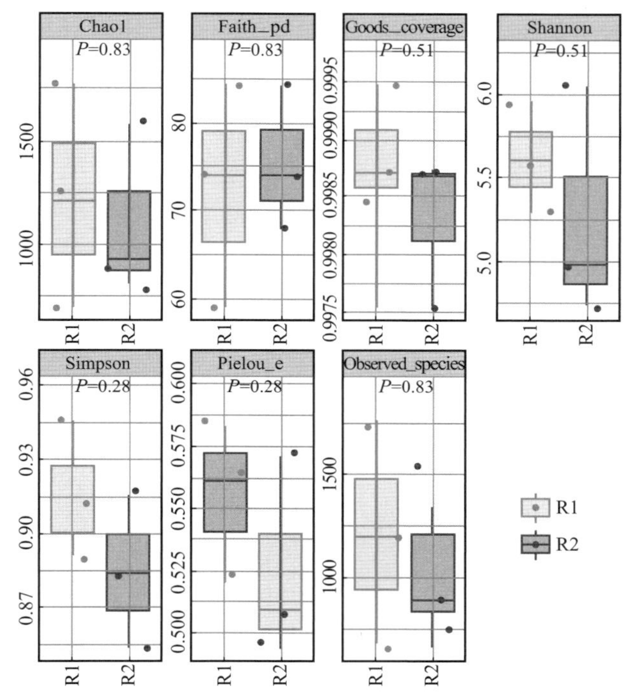

图 7.12 Alpha 多样性指数箱线图

7.4.2 物种群落结构分析

(1) 纲水平的相对丰度

两系统基于不同纲水平下微生物群落结构分析变化情况如图 7.13（书后另见彩图）所示。在纲分类水平下，初始污泥中占主导地位菌纲有 γ-变形菌纲（Gammaproteobacteria）、α-变形菌纲（Alphaproteobacteria）、拟杆菌纲（Bacteroidia）、δ-变形菌纲（Deltaproteobacteria）等，相对丰度分别为 91.63%、2.69%、3.52%、0.62%。初始污泥中主要以变形菌纲为主，变形菌纲在污水处理中具有脱氮除磷和去除有机物的能力（Fu and Zhao，2015）。因此，其相对丰度最高也说明了初始污泥对污染物能够进行有效降解。当喹啉浓度为 20mg/L 时，R1 反应器中优势菌纲 Gammaproteobacteria、Alphaproteobacteria、Bacteroidia、Deltaproteobacteria 的相对丰度分别为 72.31%、12.51%、10.31%、2.89%，R2 反应器中优势菌纲 Gammaproteobacteria、Alphaproteobacteria、Bacteroidia、Deltaproteobacteria 的相对丰度分别为 75.28%、7.95%、11.54%、2.90%。其中 Alphaproteobacteria、Bacteroidia 等的相对丰度均出现了一定的增长，说明这些菌纲逐渐适应了喹啉的抑制。当喹啉浓度为 40mg/L 时，R1 与 R2 系统中优势菌纲为 Gammaproteobacteria、Alphaproteobacteria、Bacteroidia、Deltaproteobacteria，其中 R1 系统中优势菌纲的相对丰度分别为 67.48%、14.78%、10.90%、2.06%，R2 系统中优势菌纲的相对丰度分别为 76.27%、12.20%、6.82%、2.44%。其中 Gammaproteobacteria 菌纲相对丰度最高，其具有硝化作用，其次是以乙酸盐为底物时常见的 Alphaproteobacteria（Fu and Zhao，2015）。此外，相对丰度前三的 Gammaproteobacteria、Alphaproteobacteria、Deltaproteobacteria 变形菌纲对于氮杂环化合物的降解都有着重要作用，说明经过驯化培养，不同运行周期体系下降解喹啉的微生物功能菌群得到了一定富集（Sun et al.，2021）。

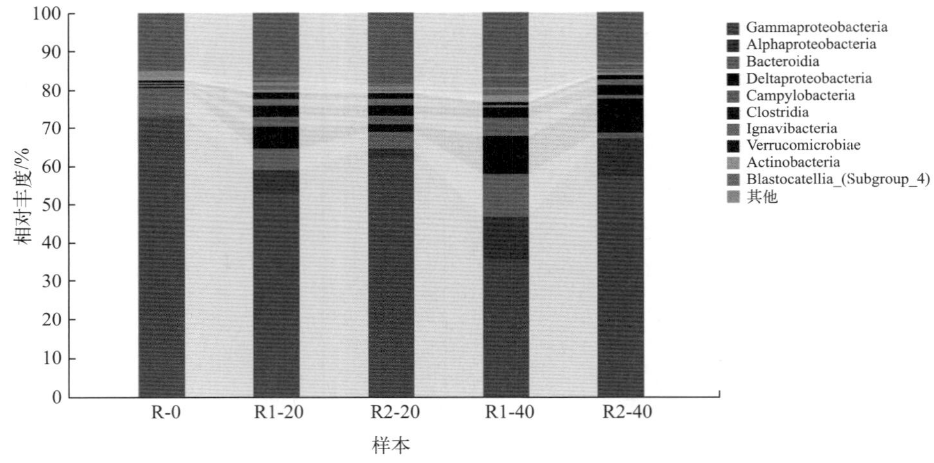

图 7.13 两组反应器在不同时期纲水平下的相对丰度

(2) 属水平的相对丰度

在不同属水平下，前 15 个相对丰度较高的菌属如图 7.14（书后另见彩图）所示，初始污泥中占主导地位的菌属分别有陶厄氏菌属（*Thauera*）、动胶菌属（*Zoogloea*）等，其相对丰度分别为 73.15%、7.28%。当喹啉浓度为 20mg/L 时，R1 反应器中优势菌属 *Thauera*、食酸菌属（*Acidovorax*）、*Zoogloea*、副球菌属（*Paracoccus*）、黄杆菌属（*Flavobacterium*）、固氮弓菌属（*Azoarcus*）的相对丰度分别为 52.96%、6.18%、5.42%、5.79%、2.56%、3.03%，R2 反应器中优势菌属 *Thauera*、*Acidovorax*、*Zoogloea*、*Paracoccus*、*Flavobacterium*、*Azoarcus* 的相对丰度分别为 62.31%、2.31%、4.19%、2.07%、2.54%、2.43%。当喹啉浓度为 40mg/L，R1 反应器中优势菌属

Thauera、*Acidovorax*、*Zoogloea*、*Paracoccus*、*Flavobacterium*、*Azoarcus* 的相对丰度为 35.44%、11.35%、11.00%、9.95%、4.99%、2.51%，R2 反应器中优势菌属 *Thauera*、*Acidovorax*、*Zoogloea*、*Paracoccus*、*Flavobacterium*、*Azoarcus* 的相对丰度分别为 57.36%、9.74%、1.44%、8.97%、0.90%、2.68%。其中 *Thauera* 具有反硝化脱氮作用以及对喹啉的生物降解具有显著作用，乙酸钠会促使 *Acidovorax* 生长，并且该菌也能够将喹啉中的氮铵态化（Fu and Zhao，2015；Yu et al.，2020）。而 *Paracoccus*、*Flavobacterium*、*Azoarcus* 等菌属在加入喹啉后相对丰度变化最为明显，R1 中系统相对丰度分别增加至 9.7%、4.99%、2.51%，R2 中丰度同样也增加至 8.97%、0.90%、2.68%，说明这几种菌对喹啉具有一定的适应能力，并且也表明了其在造粒过程中的关键作用。如 *Flavobacterium* 是颗粒污泥系统中的优势菌属，其能够分泌 PN 且对有机物的去除有重要作用（Maszenan et al.，2011）。*Thauera* 与 *Paracoccus* 均属于脱氮功能菌，其中 *Thauera* 属于厌氧和缺氧兼性反硝化菌，在缺氧环境中能够进行高效脱氮，且能分泌大量的 EPS，在运行期间可以保障反应器的高效脱氮并促进好氧颗粒污泥的形成（郭海娟 等，2020）。而 *Paracoccus* 对喹啉能够进行高效生物降解，其对喹啉等氮杂环化合物的矿化发挥着重要作用（Xu et al.，2020）。其次，*Azoarcus* 是反硝化菌群，该菌的相对丰度逐渐增加证实了好氧颗粒污泥内部缺氧区的形成，可以进行反硝化（Tavana et al.，2019）。但 *Thauera* 在喹啉的胁迫下其相对丰度在逐渐降低，R1 反应器中相对丰度下降了 51.55%。*Dechloromonas*、*Acinetobacter*、*Sphaerotilus*、*Dokdonella* 等菌属在加入喹啉后逐渐消失了，说明这些菌属并不能适应喹啉的毒性抑制。在以往研究中，假单胞菌属（*Pseudomonas*）也是喹啉生物降解的重要细菌，两组反应器中该菌丰度也在逐渐增加（Wang et al.，2020）。R1 与 R2 差距最明显的是 *Zoogloea*，而 *Zoogloea* 也被称为菌胶团，这也是导致 R1 与 R2 颗粒形态差异的主要原因，由于微生物 EPS 的分泌能够促进菌胶团的形成，同时菌胶团又能够抵御外界不良环境，促进 EPS 的分泌，因此能够加速微生物的聚集，减少颗粒形成周期（陈颖 等，2021）。因此，R1 反应器中各菌属的相对丰度均高于 R2，同时 R1 反应器的 EPS 含量也高于 R2。

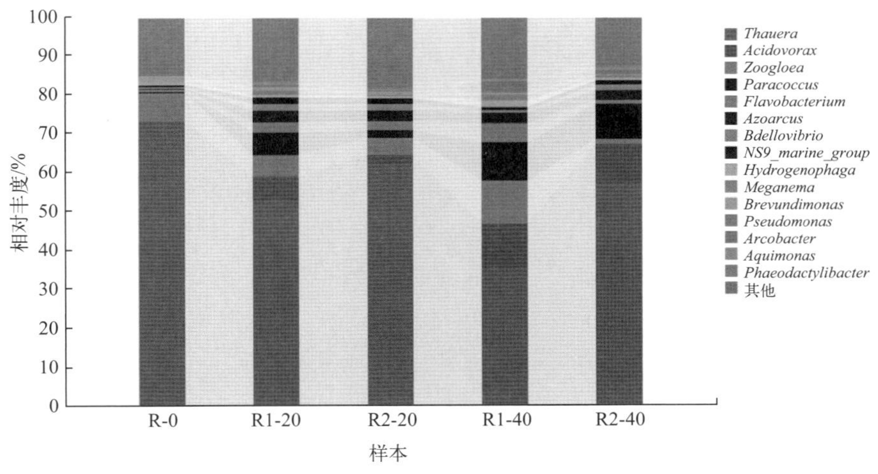

图 7.14　两组反应器在不同时期属水平下的相对丰度

7.4.3 物种差异性分析

物种属水平下组成热图如图 7.15（书后另见彩图）所示，样本按照物种组成数据的欧式距离进行 UPGMA（一种常用的聚类分析方法）聚类，结合微生物属水平的丰度变化情况图 7.14，可以显示出不同反应器和演替阶段的菌属丰度变化。

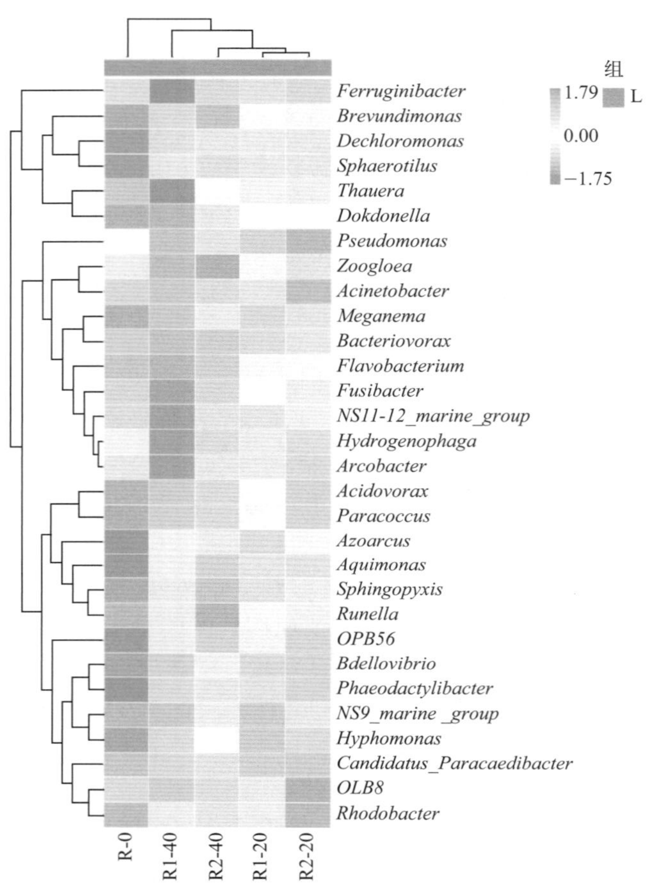

图 7.15 两组反应器不同时期物种属水平热图

在未加喹啉时，两系统中优势菌属分别有 *Ferruginibacter*、*Brevundimonas*、*Dechloromonas*、*Sphaerotilus*、*Thauera*、*Dokdonella* 等，并且发现 R1 系统的优势菌属相对丰度更高。当喹啉浓度为 20mg/L，两系统的优势菌属基本为 *Bdellovibrio*、*Phaeodactylibacter*、*NS9 _ marine _ group*、*Hyphomonas* 等，该阶段两系统的优势菌属基本相同，还发现初始污泥中的优势菌属丰度在逐渐下降，与喹啉浓度的增加呈负相关，这很有可能是喹啉对微生物群落进行选择性抑制，促进了耐受性更高、去除喹啉能力较强的菌属生长。当喹啉浓度增加至 40mg/L 后，可以看出 R1 反应器的微生物种群丰富度、多样性比 R2 反应器更高，并且丰度增长较快的优势菌属基本都在 R1 反应器内，如 *Pseudomonas*、*Zoogloea*、*Acinetobacter*、*Meganema*、*Bacteriovorax*、*Flavobacterium*、*Fusi-*

bacter、*NS11-12 _ marine _ group*、*Hydrogenophaga*、*Arcobacter* 等，而 R2 反应器内丰度变化较快的优势菌属为 *Acidovorax*、*Paracoccus*、*Aquimonas*、*Sphingopyxis* 等菌属。这些菌属中既有降解喹啉的高效菌属，如 *Pseudomonas*、*Paracoccus*、*Arcobacter* 等菌属，也有好氧颗粒污泥体系中的常见的降解有机物、脱氮除磷、促进 EPS 分泌的功能菌属，如 *Zoogloea*、*Flavobacterium*、*Acinetobacter* 等菌属，它们共同为好氧颗粒污泥构成了更加稳定的微生物多样性环境（张晓君 等，2014；Maszenan et al.，2011）。

7.4.4 物种代谢通路差异分析

为了预测微生物的主要功能，对其主要 KEGG 代谢通路进行了分析，如图 7.16（书后另见彩图）所示，对未加喹啉（R-0）、投加 40mg/L 喹啉（R1-40、R2-40）的 3 组 KEGG 代谢通路图进行比对。

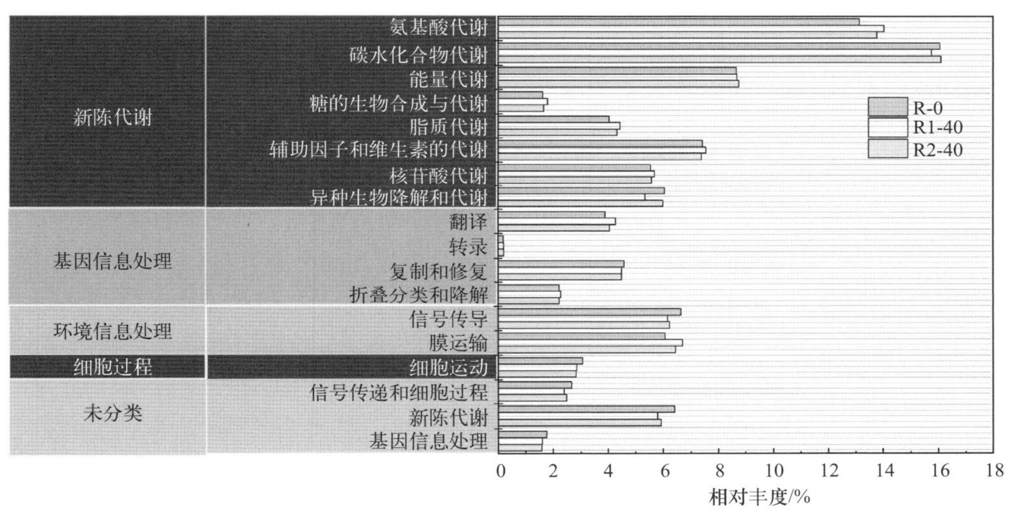

图 7.16 两组反应器的 KEGG 代谢通路

共获得 5 类主要的一级通路：新陈代谢（metabolism，62.55%～63.59%）、环境信息处理（environmental information processing，12.66%～12.85）、遗传信息处理（genetic information processing，10.89%～11.22%）、未分类（unclassified，9.78%～10.82%）、细胞过程（cellular processes，2.82%～3.05%）。其中新陈代谢是最重要的一级通路，为了进一步揭示喹啉对好氧颗粒污泥微生物群落特定代谢通路的影响，分析了二级通路中相对丰度较高的氨基酸代谢（amino acid metabolism，13.15%～14.04%）、碳水化合物代谢（carbohydrate metabolism，15.76%～16.11%）、膜运输（membrane transport，6.05%～6.70%）。氨基酸代谢在 R1-40 分组中的相对丰度最高（14.04%），而在 R2-40 组较低（13.79%），这说明 R2-40 组的氨基酸代谢能力较弱而导致脱氮能力较差，而 R1-40 组表现较好（唐琳钦 等，2021）。此外，R1-40 的碳水化合物代谢（15.76%）的相对丰度低于 R2-40（16.11%），这说明了 R2-40 组对碳源的降解更加彻底，这与第 7.2.1 节讨论结果相一致。另外，膜运输在 R1-40 组中的相对丰度最高（6.70%），而在R2-40分组中较低（6.44%），表明了R1-40组的细胞更加稳定且细胞膜运输能力更强，因此R1-40组颗粒污泥形态结构更好，这与微生物的分析结果和污泥形貌观察得出的结论相一致（Zhao et al.，2021）。

参考文献

陈颖，陈垚，李聪，等，2021. 好氧颗粒污泥结构特点及稳定性研究进展［J］. 工业水处理，41：28-35.

郭海娟，顾一宁，马放，等，2020. 好氧颗粒污泥处理市政污水性能与微生物特性研究［J］. 环境科学学报，40：3688-3695.

陆佳，刘永军，刘喆，等，2018. 有机负荷对污泥胞外聚合物分泌特性及颗粒形成的影响［J］. 化工进展，37：1616-1622.

孙蔚青，胡学伟，宁平，等，2011. 溶解性微生物产物在水处理领域中的研究进展［J］. 水处理技术，37：5-9.

唐琳钦，王安柳，宿程远，等，2021. 不同氮源对好氧颗粒污泥理化特性及微生物群落影响［J］. 广西师范大学学报（自然科学版），39：144-153.

王晓慧，刘永军，刘喆，等，2016. 用三维荧光和红外技术分析好氧颗粒污泥形成初期胞外聚合物的变化［J］. 环境化学，35：125-132.

王晓艳，买文宁，唐启，2019. 好氧颗粒污泥的培养及其对污染物去除特性研究［J］. 环境污染与防治，41：1064-1069.

徐亚同，史家梁，张明，等，2001. 污染控制微生物工程［M］. 北京：化学工业出版社，244.

张晓君，谢珍，马晓军，2014. 难降解污染物喹啉微生物降解的国内研究进展［J］. 微生物学通报，41：6.

Bao N Q，Armenta M，Carter J A，et al.，2021. An investigation into the optimal granular sludge size for simultaneous nitrogen and phosphate removal［J］. Water Research，198（15）：117-119.

Corsino S F，Biase A D，Devlin T R，et al.，2016. Effect of extended famine conditions on aerobic granular sludge stability in the treatment of brewery wastewater［J］. Bioresource Technology，226：150.

Fu Z，Zhao J，2015. Impact of quinoline on activity and microbial culture of partial nitrification process［J］. Bioresource Technology，197：113-119.

Jiang Y，Wei L，Yang K，et al.，2018. Investigation of rapid granulation in SBRs treating aniline-rich wastewater with different aniline loading rates［J］. The Science of the Total Environment，646：841-849.

Jindakaraked M，Khan E，Kajitvichyanukul P，2021. Biodegradation of paraquat by *Pseudomonas putida* and *Bacillus subtilis* immobilized on ceramic with supplemented wastewater sludge［J］. Environmental Pollution，286：117307.

Li Z，Meng Q，Wan C，et al.，2022. Aggregation performance and adhesion behavior of microbes in response to feast/famine condition：Rapid granulation of aerobic granular sludge［J］. Environmental Research，208：112780.

Liu X Y，Pei Q Q，Han H Y，et al.，2022. Functional analysis of extracellular polymeric substances（EPS）during the granulation of aerobic sludge：Relationship among EPS，granulation and nutrients removal［J］. Environmental Research，208：112692.

Liu Y Q，Zhang X，Zhang R，et al.，2016. Effects of hydraulic retention time on aerobic granulation and granule growth kinetics at steady state with a fast start-up strategy［J］. Applied Microbiology & Biotechnology，100（1）：469-477.

Liu Z，Yang R，Li Z，et al.，2023. Role of cycle duration on the formation of quinoline-degraded aerobic granules in the aspect of sludge characteristics，extracellular polymeric substances and microbial communities［J］. Environmental Research，216：114589.

Maszenan A M，Liu Y，Ng W J，2011. Bioremediation of wastewaters with recalcitrant organic compounds and metals by aerobic granules［J］. Biotechnology Advances，29：111-123.

Oliveira A S，Amorim C L，Mesquita D P，et al.，2021. Increased extracellular polymeric substances production contributes for the robustness of aerobic granular sludge during long-term intermittent exposure to 2-fluorophenol in saline wastewater［J］. Journal of Water Process Engineering，40：101977.

Rojas-Z U，Fajardo-O C，Moreno-Andrade I，et al.，2021. Effect of the famine phase length on the properties of aerobic granular sludge treating greywater［J］. Water Science & Technology，84（416）：906-916.

Shi J，Xu C，Han Y，et al.，2020. Enhanced anaerobic degradation of nitrogen heterocyclic compounds with methanol，sodium citrate，chlorella，spirulina，and carboxymethylcellulose as co-metabolic substances［J］. Journal of Hazardous Materials，384：121496.

Sun F，Xu Z，Fan L，2021. Response of heavy metal and antibiotic resistance genes and related microorganisms to different heavy metals in activated sludge［J］. Journal of Environmental Management，300：113754.

Sun Q，Bai Y，Zhao C，et al.，2009. Aerobic biodegradation characteristics and metabolic products of quinoline by a

Pseudomonas strain [J]. Bioresource Technology, 100: 5030-5036.

Tavana A, Pishgar R, Tay J H, 2019. Impact of hydraulic retention time and organic matter concentration on side-stream aerobic granular membrane bioreactor [J]. Science of the Total Environment, 693: 133525.

Tay J H, Liu Q, Liu Y, 2001. The effects of shear force on the formation, structure and metabolism of aerobic granules [J]. Applied Microbiology and Biotechnology, 57: 227-233.

Tomar S K, Chakraborty S, 2018. Characteristics of aerobic granules treating phenol and ammonium at different cycle time and up flow liquid velocity [J]. International Biodeterioration & Biodegradation, 127: 113-123.

Wang B B, Peng D C, Hou Y P, et al., 2014. The important implications of particulate substrate in determining the physicochemical characteristics of extracellular polymeric substances (EPS) in activated sludge [J]. Water Research, 58: 1-8.

Wang P Y, Chen H, Wang Y, et al., 2020. Quinoline biodegradation characteristics of a new quinoline-degrading strain, *Pseudomonas citronellolis* PY1 [J]. Journal of Chemical Technology & Biotechnology, 95: 2171-2179.

Wang X, Li J, Zhang X, et al., 2021. Impact of hydraulic retention time on swine wastewater treatment by aerobic granular sludge sequencing batch reactor [J]. Environmental Science and Pollution Research, 28: 5927-5937.

Wu N, Wei D, Zhang Y, et al., 2016. Comparison of soluble microbial products released from activated sludge and aerobic granular sludge systems in the presence of toxic 2,4-dichlorophenol [J]. Bioprocess and Biosystems Engineering, 40: 1-10.

Xu W, Zhao H, Cao H, et al., 2020. New insights of enhanced anaerobic degradation of refractory pollutants in coking wastewater: Role of zero-valent iron in metagenomic functions [J]. Bioresource Technology, 300: 122667.

Yan N, Wang L, Chang L, et al., 2015. Coupled aerobic and anoxic biodegradation for quinoline and nitrogen removals [J]. Frontiers of Environmental Science & Engineering, 9: 738-744.

Yu G H, Wu M J, Luo Y H, et al., 2011. Fluorescence excitation-emission spectroscopy with regional integration analysis for assessment of compost maturity [J]. Waste Management, 31: 1729-1736.

Yu Z, Zhang Y, Zhang Z, et al., 2020. Enhancement of PPCPs removal by shaped microbial community of aerobic granular sludge under condition of low C/N ratio influent [J]. Journal of Hazardous Materials, 394: 122583.

Zhao L, Su C, Wang A, et al., 2021. Comparative study of aerobic granular sludge with different carbon sources: Effluent nitrogen forms and microbial community [J]. Journal of Water Process Engineering, 43: 102211.

Zhou Z, He X, Zhou M, et al., 2000. Chemically induced alterations in the characteristics of fouling-causing bio-macromolecules-Implications for the chemical cleaning of fouled membranes [J]. Water Research, 108 (1): 115-123.

Zhu L, Qi H Y, Lv M L, et al., 2012. Component analysis of extracellular polymeric substances (EPS) during aerobic sludge granulation using FTIR and 3D-EEM technologies [J]. Bioresource Technology, 124: 455-459.

Zhu L, Zhou J, Lv M, et al., 2015. Specific component comparison of extracellular polymeric substances (EPS) in flocs and granular sludge using EEM and SDS-PAGE [J]. Chemosphere, 121: 26-32.

第8章

好氧颗粒污泥强化造粒新进展

好氧颗粒污泥技术是未来污水处理中最具前景的革新技术之一，尽管目前世界各地的污水处理厂（waste water treatment plants，WWTPs）已有对好氧颗粒污泥的成功应用案例，如Nereda®工艺的应用，现已成功实现于13个国家的48家污水处理厂，其中包括42家市政污水厂和6家工业污水厂（Xu et al.，2019），但要实现好氧颗粒污泥技术的大规模应用，还有很多问题亟待解决。好氧颗粒污泥驯化速度慢，长期运行时好氧颗粒污泥容易发生崩解，阻碍了该技术的工程应用（Zhang et al.，2016）。除了好氧颗粒污泥形成机制不明确、颗粒污泥不稳定外，好氧污泥颗粒化时间长是好氧颗粒污泥在污水处理厂中应用时存在的不可忽略的重要瓶颈。一般在不采用强化方法的情况下，传统活性污泥工艺中的好氧颗粒污泥形成周期＞25～35d（Han X et al.，2022b），增加了设备占用、能耗和人工成本。为了打破这一瓶颈，迫切需要提出有效的策略来保证好氧污泥的成功造粒，缩短好氧颗粒污泥的形成周期。

8.1 生物强化造粒技术

生物强化造粒技术是目前引起研究者广泛关注的一类技术，其在促进好氧颗粒污泥形成方面显示出巨大的潜力。迄今为止，通过接种一些特殊菌株来促进好氧污泥造粒已经取得了一定的研究成果，尽管对适宜菌株的分离比较复杂，但可以将这些微生物作为微生物制剂进行培养，用于污水处理厂。根据接种微生物的不同，生物强化好氧污泥造粒技术可分为两类：一类是絮凝菌强化造粒，另一类是球丝菌强化造粒（孢子/球团形式）。随着研究的不断发展，利用该种方法强化好氧污泥造粒的目标也将一步一步得到实现。

8.1.1 絮凝菌强化造粒

在自然界的水生系统中，细菌通常以聚集体（也称为生物膜）的形式存在，且这种聚集体往往具有较高的有机物降解能力。由于好氧颗粒污泥的本质也是一种生物膜，因此这种微生物聚集作用对好氧颗粒污泥的形成至关重要，对细菌聚集体形成的研究也有助于完善好氧颗粒污泥强化造粒的策略。通过以往的研究已知，细胞聚集包括自聚集和共聚集。自聚集是基因相同的微生物细胞之间的黏附，而共聚集是不同微生物菌株细胞之间的黏附（Afonso et al.，2021），形成这种聚集体的絮凝菌往往具有较高的细胞表面疏水性。在絮凝菌增强好氧污泥造粒的过程中，接种的自聚集絮凝菌会自发聚集，而接种的共聚集絮凝菌则会在絮凝体中充当桥连菌，这将有助于快速形成微生物聚集体，缩短反应器启动期，加速好氧颗粒污泥的形成（Han X et al.，2022b）。

（1）接种自聚集絮凝菌的强化造粒

目前对于自絮凝菌强化好氧污泥造粒的研究主要集中在接种纯培养菌种的强化造粒中。研究人员通常在不添加活性污泥的情况下将纯培养絮凝菌直接接种至反应器中，反应器通过从开放环境中逐渐引入其他功能微生物，这些微生物在一定的选择压力下可以与自聚集细菌细胞间黏附，又由于絮凝菌的自聚集能力强，因此可在数天内形成好氧颗粒污泥。

Huang 等（2018）筛选出了深海自絮凝菌株 *Psychrobacter aquimaris* X3-1403（Ps. A. X3-1403），通过该菌株培养出好氧颗粒污泥并探究了其絮凝机制。结果显示培养30h后，盐度为3%的含盐废水中大多数好氧颗粒污泥直径在350μm左右，见图8.1（书后另见彩图）。Huang 等（2018）还发现EPS、颗粒污泥间的碰撞、重构和水动力剪切力对大而致密的好氧颗粒污泥形成和稳定起着重要作用。

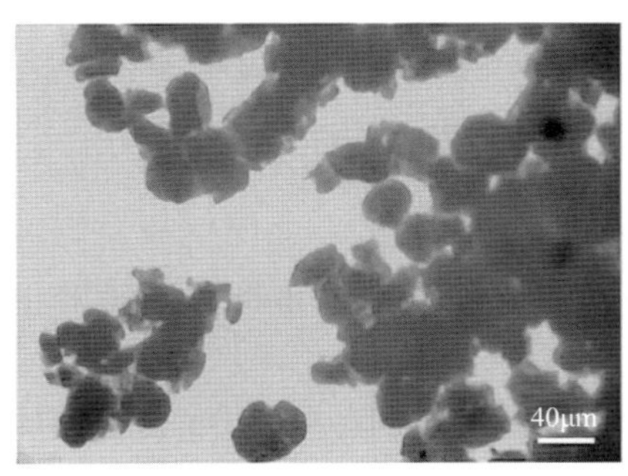

(a) 光学显微镜图

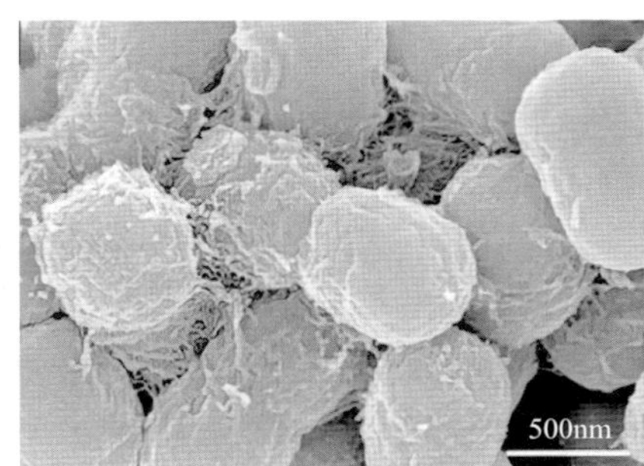

(b) SEM图

图 8.1 接种 Ps. A. X3-1403 形成的好氧颗粒污泥图像（Huang et al.，2018）

Ghosh 和 Chakraborty（2021）分别接种 *Brevibacterium paucivorans* strain SG001 和 *Staphylococcus hominis* strain SG003 处理高盐炼油废水，进行快速好氧污泥造粒的规模化研究。反应在10d内即形成200～300μm大小的好氧颗粒污泥，21～25d内好氧颗粒污泥成熟，成熟后的好氧颗粒污泥粒径分别为（1430±10）μm和（1560±50）μm，均实现了好氧污泥的快速颗粒化，见图8.2（书后另见彩图）。

（2）接种共聚集絮凝菌的强化造粒

在早期的研究中，研究者常用具有共聚集特性的细菌与活性污泥的混合物接种至好氧颗粒污泥反应器中，以缩短造粒时间、提高成熟好氧颗粒污泥的性能。例如：Jiang 等（2006）向序批式反应器中加入 *Propioniferax-like* PG-02 和 *Comamonas* sp. PG-08 这两

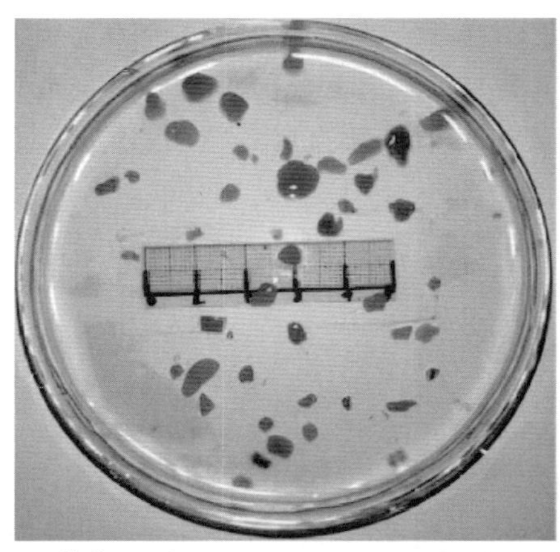

(a)接种*Brevibacterium paucivorans* strain SG001形成的好氧颗粒污泥的光学显微镜图

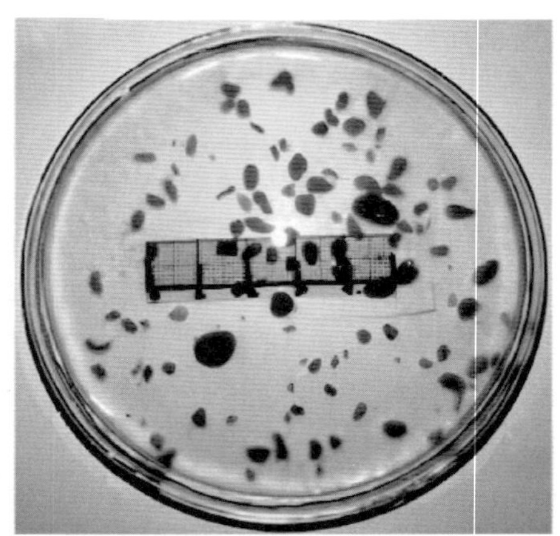

(b)接种*Staphylococcus hominis* strain SG003形成的好氧颗粒污泥的光学显微镜图

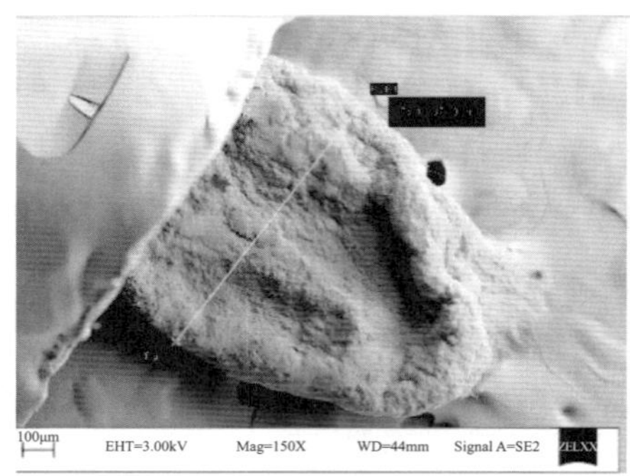

(c)接种*Brevibacterium paucivorans* strain SG001形成的好氧颗粒污泥的SEM图

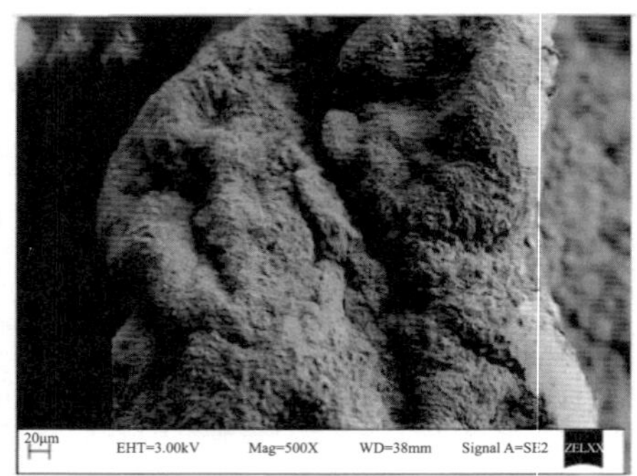

(d)接种*Brevibacterium paucivorans* strain SG003形成的好氧颗粒污泥的SEM图

图 8.2 好氧颗粒污泥形态图像（Ghosh and Chakraborty，2021）

种具有共聚集特性的细菌并用其处理苯酚废水，同时研究了该过程中的好氧污泥造粒性能。结果发现这两种菌株通过凝集素糖与菌株 PG-02 上的黏附蛋白和菌株 PG-08 上的补充糖受体相互作用而聚合。两种菌株共同接种后第 7 天就出现了平均粒径大小为 200～600μm 的好氧颗粒污泥，而仅接种 PG-08 的反应器则需要 21d 才能实现污泥成粒，这表明共聚集菌株协同作用可以明显缩短好氧污泥造粒时间。再例如：Ivanov 等（2006）通过对好氧颗粒污泥中分离出的可快速沉降的微生物聚集体进行重复选择和批量培养，获得了具有强化造粒能力的富集培养物。并从其中分离出了 *Klebsiella pneumoniae* strain B 和 *Pseudomonas veronii* strain F 两种细菌，两种细菌同时存在时拥有很高的共聚集指数（58%）。将这些具有高共聚集指数（58%）的菌株与活性污泥的混合物接种至 SBR 中并培养 8d 后，系统中形成了平均直径为（446±76）μm 的好氧颗粒污泥，而对照组中则没有观察到好氧颗粒污泥的形成。

随着研究的逐步深入，研究者发现好氧污泥的造粒不依赖于接种时活性污泥的加入，仅依靠絮凝菌本身便可使微生物聚集并实现污泥的颗粒化，且形成的好氧颗粒污泥具有处理特定污染物的能力。Liang 等（2018）选择 *Rhizobium* sp. NJUST18 和 *Shinella granuli* NJUST29（聚集能力强，但吡啶降解能力较差）和 *Paracoccus versutus* NJUST32（吡啶降解能力强，但聚集能力差）作为好氧污泥造粒接种菌，利用几种菌间的不同组合培养好氧颗粒污泥，研究形成的好氧颗粒污泥性质并探究其成粒机制。结果发现，NJUST18+NJUST29组合表现出更强的共聚集能力，拥有更高含量的EPS和第二信使（c-di-GMP），并于短短42d运行时间后就在接种NJUST18+NJUST29组合的序批式反应器（SBR）中发现了直径为200～500μm的好氧颗粒污泥，见图8.3（书后另见彩图）。此外，Khan等（2019）用两种不同的方法（即自适应法与共聚集法）培养磺胺降解好氧颗粒污泥，成功利用细菌的共聚集作用研制出了磺胺降解好氧颗粒（sulfolane degrading aerobic granules，SDAG）。并发现共聚集在形成目标特异性好氧颗粒污泥中占主导地位，且相比于自适应法，共聚集法生成好氧颗粒污泥的时间更短、形成的颗粒污泥更加稳定，见图8.3。

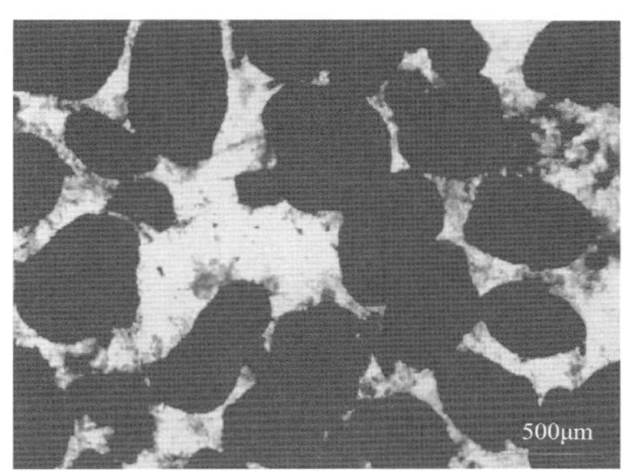

(a)接种NJUST18＋NJUST29组合菌种的SBR中42d时的好氧颗粒污泥（Liang et al., 2018）

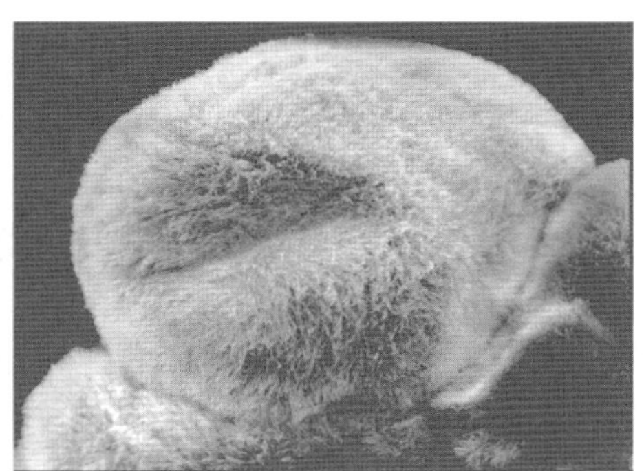

(b)接种磺胺降解菌（SDB）的SBR中的磺胺降解好氧颗粒污泥（Khan et al., 2019）

图8.3　共聚集法培养的好氧颗粒污泥形态图

目前，关于细菌共聚集的分子间作用机制还有待进一步的研究，因此其在好氧污泥造粒方面的应用也有待进一步发展。未来可分离出更多具有典型有机物降解、胞外酶分泌、有毒化合物耐受及极端环境耐受等不同功能的絮凝菌。通过接种这些多功能微生物，可以实现好氧颗粒污泥的快速培养以处理不同种类的废水（Han X et al.，2022b）。

8.1.2　菌丝球强化造粒

导致好氧颗粒污泥运行不稳定和颗粒污泥易裂解的一个重要的原因就是当其核心微生物无法获得外部底物时会消耗周围的EPS进行生长，而当EPS耗尽后，颗粒内部会发生裂解，最终形成中空脆弱的结构（Xu et al.，2019）。因此一个稳定的载体作为核心有利于好氧颗粒污泥的形成与稳定。目前，菌丝球作为一种新型的环境友好型生物载体，因其多孔性、稳定性和独特的生物相容性而受到研究者的广泛关注（Li et al.，2022）。

(1) 菌丝球的概念与性质

“真菌球”或“菌丝球”的概念大约在1927年被提出，并主要应用于发酵领域（Zhang et al.，2011b）。在污水处理领域中，不同的真菌菌株具有降解各种环境污染物的能力，从染料到药物化合物、重金属、微量有机污染物和内分泌干扰污染物。因此菌丝球作为吸附剂，吸附和去除染料、重金属等污染物是先前研究的热点（Espinosa-Ortiz et al.，2016）。进入21世纪后，利用菌丝球作为生物质载体固定功能微生物并处理有机废水的方法越来越受到重视。

菌丝球是由真菌的孢子在适宜的环境条件下萌发、缠绕，并在水力剪切力等作用下形成的真菌球团。其主要的形成过程可分为孢子聚集、孢子萌发、菌丝缠结和菌丝球形成4个阶段（Li et al.，2020）。正是由于这一阶段性形成过程，菌丝球具有独特的结构，其结构大致可分为3层，即密实的表面层、松散缠绕的中间层和松散的核心层，Han等（2022b）详细介绍了菌丝球在好氧污泥强化造粒过程中的效果并给出了菌丝球的形态图像，见图8.4(a)。Li等（2022）整理和介绍了菌丝球作为生物载体在废水处理、资源和能源回收中的应用现状和发展趋势，总结了其结构和表面特征，见图8.4（b）（书后另见彩图）。

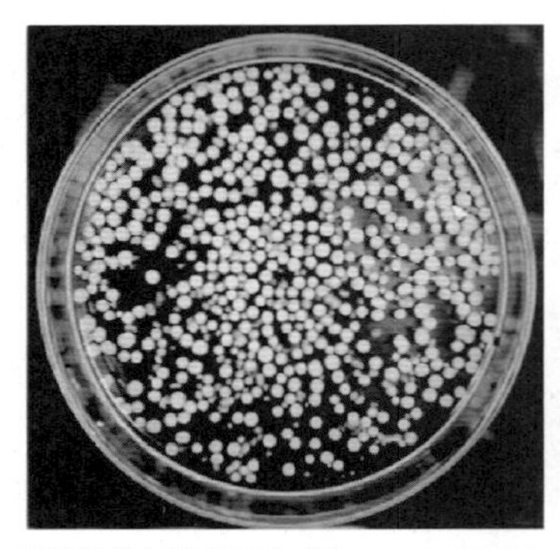

(a)菌丝球的形态图像（Han et al., 2022b）

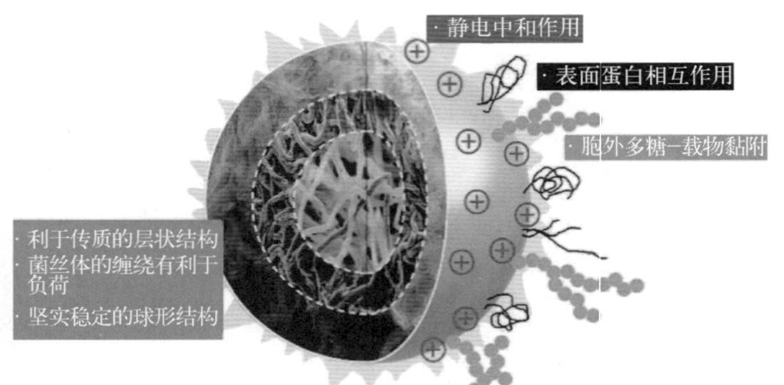

(b)菌丝球的结构和表面性质示意图（Li et al., 2022）

图8.4　菌丝球的形态结构图

菌丝球特殊的分层结构使得其形成了由内到外的营养物质和氧浓度梯度，这种梯度有利于传质，而这也是菌丝球作为多种物质载体的必要条件之一。除此以外，菌丝球的球状结构使其具有相当大的比表面积，可以吸附更多的微生物、生物炭或纳米材料等物质，进而形成结构更加坚固、性能更加稳定的生物载体。相比于其他化学载体来说，菌丝球更特别的是可以与其他微生物形成共生系统，一些研究表明，菌丝球可通过电荷中和、多糖黏附、表面蛋白等相互作用与其他微生物结合（Wrede et al.，2014），因此作为载体的菌丝球具有良好的生物相容性。另外，菌丝球本身具有良好的吸附性能且可以分泌降解有机污染物的相关酶，有利于提升好氧颗粒污泥的污水处理能力。总的来说，菌丝球具有球形、结构坚固、性能稳定、环保及生物相容性好等特点，是强化污水处理中好氧造粒过程的优质载体。

(2) 菌丝球强化造粒过程

菌丝球在废水处理工艺中的应用主要通过接种菌丝球于反应器中，将其作为生物质载体固定功能微生物，进而用于处理废水。Li等（2022）总结了目前研究中的菌丝球技术在强化造粒过程中的应用，按接种方式总体上可分为三类［图8.5（书后另见彩图）］：

① 接种纯培养菌丝球；

② 接种已固定功能微生物的菌丝球（即球团-细菌体系）；

③ 接种已固定功能微生物的吸附材料的菌丝球（即材料-球团-细菌体系）。

3种菌丝球的性质虽然存在差异，但皆可在开放环境中培养出成熟的好氧颗粒污泥。

关于菌丝球促进好氧颗粒污泥的形成已有相关报道，但具体的机制尚不明确，还待进

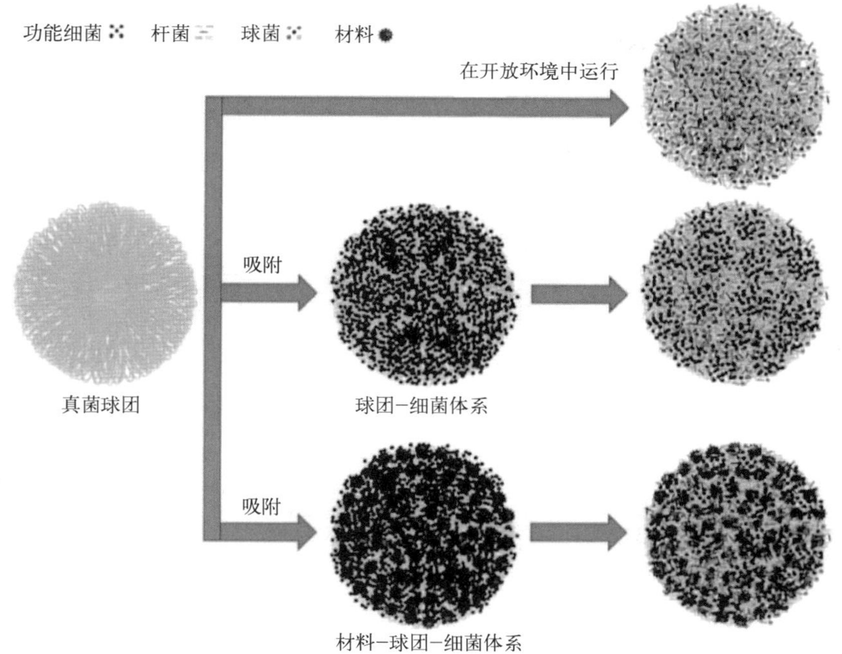

图 8.5 菌丝球团技术的 3 种主要途径（Han X et al.，2022b）

一步研究。菌丝球是在不太苛刻的环境下由真菌丝缠绕形成的，具有多孔的网络结构，为微生物提供了理想的住所，并作为生物载体促进好氧颗粒污泥形成。Geng 等（2020）对比培养了添加菌丝球与没有添加菌丝球的好氧颗粒污泥 SBR 反应器，结果发现添加了菌丝球的反应器不仅造粒时间缩短，微生物保留量也得到了显著提高，而且其成熟好氧颗粒污泥的粒径（3100μm）大于未添加菌丝球反应器中的成熟好氧颗粒污泥的粒径（2300μm），见图 8.6（书后另见彩图）。

(a) 接种了菌丝球的好氧颗粒污泥　　(b) 没接种菌丝球的好氧颗粒污泥

图 8.6 SBR 中的好氧颗粒污泥形态图（Geng et al.，2020）

除了在 SBR 中，Xiao 等（2022）在 MBR 中也利用菌丝球培养出了典型的好氧颗粒污泥，反应器运行到 120d，添加了菌丝球的 MBR 形成的好氧颗粒污泥直径为 680～760μm，远高于普通 MBR 中的好氧颗粒污泥直径（200μm），见图 8.7（书后另见彩图）。此外，他们还发现在 MBR 中添加菌丝球可使后生动物在造粒初期大量生长，这有助于菌丝球与细菌快速聚集形成防御颗粒，形成物理保护，以防止后生动物捕食，这也是加入菌丝球可以加速好氧污泥造粒的一个原因。

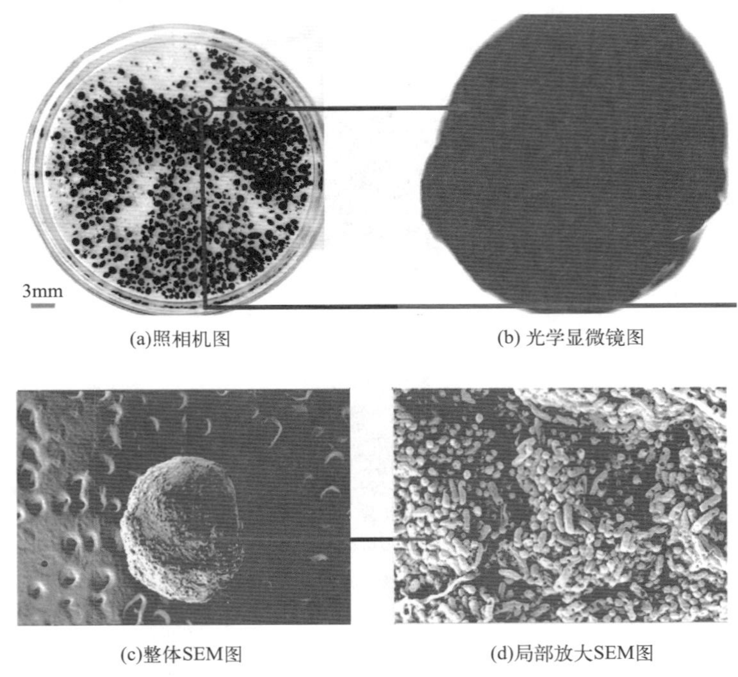

图 8.7　连续流 MBR 中 110d 时的好氧颗粒污泥形态图（Xiao et al.，2022）

虽然研究已经证明菌丝球可以一定程度上促进好氧污泥造粒，但其本身仍存在机械强度较低、真菌菌丝断裂不规则、载菌量有限等缺点（Han X et al.，2022b）。很多研究者也通过向菌丝球系统中加入惰性材料，如电气石（Zhang et al.，2011a）、生物炭（Yu et al.，2020）、磁铁矿（Sun et al.，2022）等，加强了菌丝球的稳定性，提高了微生物的数量与活性。这些研究都证明了材料-球团-细菌体系比普通球团-细菌体系更有利于好氧污泥颗粒化。

目前，关于菌丝球应用的研究主要集中于废水处理性能上，对于应用于好氧污泥造粒方面的研究还很少。菌丝球体系反应器在开放环境和一定的选择压力下长期运行后，废水和空气中的其他微生物会黏附在反应器中的菌丝球上，形成沉降速度较好的含菌团的颗粒污泥。因此，实际上很难区分真菌颗粒污泥、丝状菌颗粒污泥、丝状菌为主颗粒污泥和好氧颗粒污泥。并且，关于菌丝球促进好氧污泥造粒的原理与方法的研究成果仍然寥寥可数，有待引起更多的关注。

总体而言，无论其他功能微生物来自活性污泥、开放环境还是直接接种，絮凝菌或菌丝球的存在都有利于好氧颗粒污泥快速形成。但需要指出的是，絮凝菌或菌丝球在长期运行后可能无法在好氧颗粒污泥系统中保持优势，导致这一现象的主要原因是群落演替。实际上，这两种生物增强方法的主要作用是加速好氧颗粒污泥的形成，缩短出水水质较差的反应器启动周期。

8.2 物理场强化造粒技术

在好氧污泥颗粒化的研究进程中，许多物理场因素都被证明有利于好氧颗粒污泥的形成，如静磁场、直流电场等。目前已有在外加了静磁场、直流电场等物理场的反应器中获得了成熟的好氧颗粒污泥的报道，因此该方法对于促进好氧颗粒污泥形成、改善好氧颗粒污泥稳定性和处理性能来说蕴含着巨大的潜力。但截至目前，对于其强化好氧污泥造粒的机理尚不清楚，有待进一步研究。

8.2.1 静磁场强化造粒

早在1979年就有研究证明，由于生物体中存在磁性，因此磁场（MF）可以明显影响微生物的代谢，这被称为磁性生物效应（Moore，1979）。例如，弱MF可以增加微生物对酚的生物降解性。另一项研究表明，厌氧氨氧化活性随MF强度的不同而不同。生物体的代谢、细胞膜通透性和酶活性也被证明与磁性生物效应有关（Chen et al.，2022）。此外，污水在磁场中容易被“磁化”，这可能使水的理化性质发生改变。因此，研究者开始探索利用外加磁场来强化污水生物处理法，且目前已有研究报道磁场可促进微生物的初步聚集，改善污泥的沉降性能，加速好氧污泥颗粒化过程。

2012年，Wang等（2012）利用外加静磁场增强好氧硝化污泥造粒，并发现48.0mT静磁场能促进污泥中铁化合物的积累，铁的聚集可以提高好氧颗粒污泥的凝固性能，刺激胞外聚合物（EPS）的分泌，将好氧污泥完全颗粒化所需的时间从41d缩短到25d。近两年，由于好氧颗粒污泥技术在大规模应用时遇到的快速启动及稳定运行问题，利用外加静磁场强化好氧污泥造粒再次引起了研究者的注意。Liu等（2022）研究了磁场强度对好氧污泥造粒过程的影响，再次证明了磁场对好氧颗粒污泥的形成有积极的影响，特别是当磁场强度为50mT时，可以促进好氧颗粒污泥的形成，增强颗粒污泥的沉降性，刺激EPS的分泌，并且提出此作用过程的可能机理，见图8.8。磁场可通过分离和排列细胞的正负电荷来增强静电力，从而增强细胞的黏附性和表面疏水性（Omar et al.，2018）。因此，磁场增强了细胞间的接触。另外，磁场还可刺激EPS的分泌，促进EPS产物的富集，从而促进好氧颗粒污泥成熟。本研究还发现，外加磁场可通过增强群体感应和增加信号分子含量来加速好氧颗粒污泥的形成以及调节微生物群落结构，如可通过抑制丝状细菌*Thiothrix*的过度生长等来维持好氧颗粒污泥的稳定。

Chen等（2022）在序批式反应器中外加弱磁场和外源信号分子的双重作用下研究了处理低强度废水时好氧颗粒污泥的造粒过程，并观察了其微生物群落演替情况。结果表明外加10mT的弱磁场也有利于好氧污泥造粒，并在外加磁场的反应器中经84天培养后获得了成熟的好氧颗粒污泥，见图8.9（书后另见彩图）。

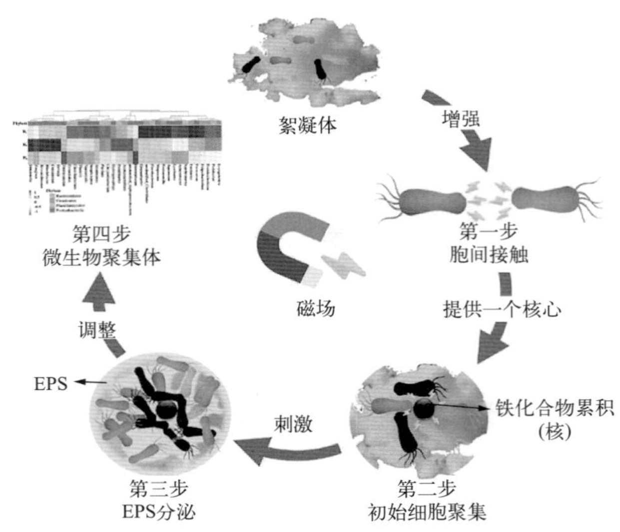

图 8.8 磁场增强好氧污泥造粒机理图（Liu et al.，2022）

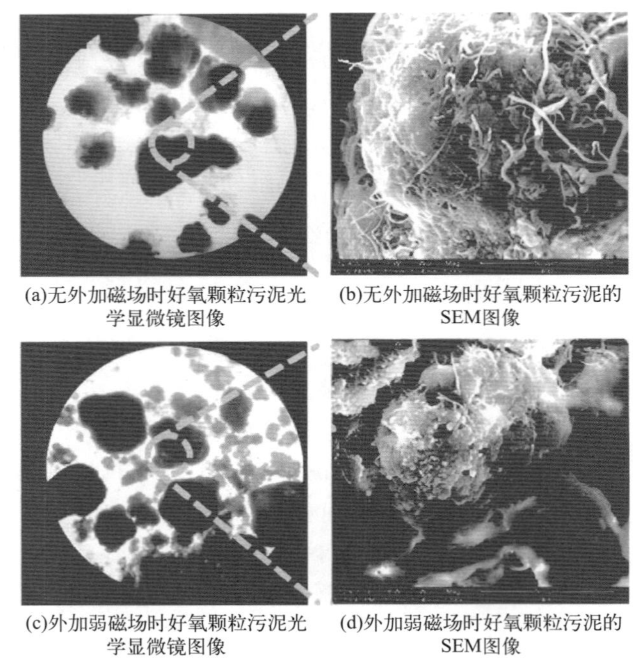

图 8.9 反应器中 84d 时好氧颗粒污泥形态图（Chen et al.，2022）

8.2.2 直流电场强化造粒

已有研究证明电场对微生物的代谢、生理、形状和运动均有影响（Huang et al.，2014）。Luo 等（2005）通过使用指数生长阶段的混合苯酚降解细菌培养物研究了不同直流电对细菌黏附所涉及的细胞表面特性的影响，结果发现当苯酚降解细菌暴露于 20mA 直流电（direct current，DC）时，细胞表面性质（包括表面疏水性、静电荷和表面细胞外物质）发生显著变化。此外，很多研究证明了适当施用 DC 可以促进微生物的代谢，提高微生物群落的活性和稳定性。因此，添加直流电场对于促进好氧污泥造粒、提高好氧颗粒污泥稳定性蕴含着巨大的潜力。

2014 年，Huang 等（2014）在 SBR 中施加了 5V 的直流电场来增强颗粒污泥的硝化作用和结构稳定性。在反应器启动的 23d 后，在有无外加电场的反应器中均发现了不规则的好氧颗粒污泥，并于 80d 后发现了更加稳定的好氧颗粒污泥，尤其是在施加了直流电场的反应器中，好氧颗粒污泥平均粒径从初始的 190μm 增加到 800μm 左右，并趋于稳定，所得颗粒污泥形态见图 8.10（书后另见彩图）。该研究还发现电增强作用刺激了 EPS 的分泌，增加了好氧颗粒污泥中二价和三价阳离子的积累，从而提高了好氧颗粒污泥的稳定性。此外，电场的施加还会对好氧颗粒污泥中的微生物群落及其分布产生一定的影响，可以有效富集部分功能微生物，特别是硝化细菌，该现象除了会影响好氧颗粒污泥对污染物的去除效果，还会对好氧颗粒污泥的结构及稳定性产生影响。

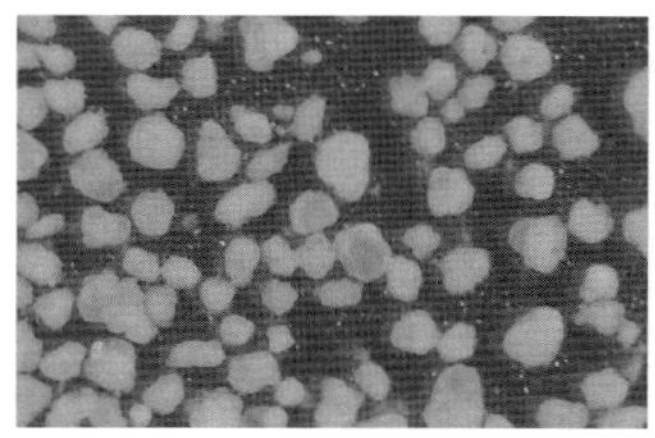

(a)增加了直流电场的好氧颗粒污泥

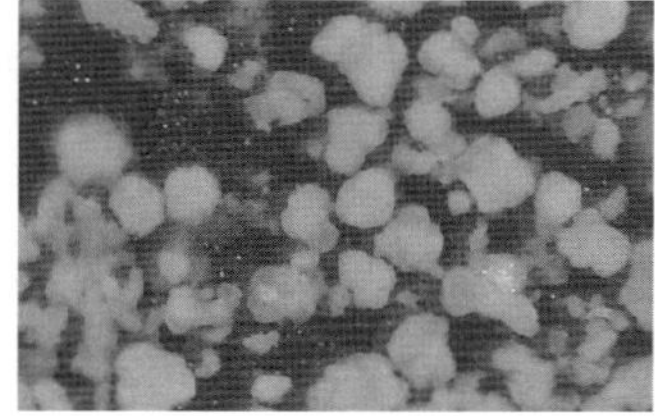

(b)未增加直流电场的好氧颗粒污泥

图 8.10　SBR 中 110d 的好氧颗粒污泥形态图（Huang et al.，2014）

近两年研究人员也做了一些相关的研究。Battistelli 等（2019）探讨了低密度电流对实验室级的 MBR 处理城市污水性能的影响，发现低强度电流的应用刺激了异养和自养微生物的生长和活性，影响了微生物的群落和结构。Feng 等（2022）构建了电增强型序批式反应器（electro-enhanced sequencing batch reactor，E-SBR），并在 1.5V 的电压下实现了反应器的快速启动，实验发现在外加电场下，反应器中的微生物丰富度和多样性均高于传统 SBR；另外，适当的外部电刺激可以改善微生物的代谢，从而加速微生物的生长，提高处理效率。但是，直流电场对好氧污泥造粒影响的机理还有待研究。

8.3　载体介质强化造粒技术

在好氧颗粒污泥的形成和稳定运行中，稳定的核心对保持结构稳定至关重要。传统好氧颗粒污泥以自身为成粒核心，以胞外聚合物（EPS）或丝状细菌为基质和骨架，并嵌入微生物群落。然而，微生物和 EPS 中的大部分成分是可生物降解的。在传质阻力的影响下，好氧颗粒污泥核心的微生物无法获得外部底物，从而消耗周围的 EPS 进行生长，进一步导致好氧颗粒污泥发生裂解。因此，如何提高好氧颗粒污泥稳定性的研究大多集中在如何提高核心的稳定性上。

根据细胞核假说，载体材料可以提供有利于细菌黏附和聚集的细胞核（Wang et al.，

2020）。因此，研究者开发并尝试了多种不同的载体材料来强化好氧污泥造粒。例如，生物炭、磁性纳米颗粒、颗粒活性炭、碳纤维、Fe-负载活性炭、聚苯胺、海藻酸钠等。以下选取几种应用较多的材料加以详细介绍。

8.3.1 生物炭强化造粒

活性污泥法污水处理工艺中，通常需要将剩余污泥进行处理，在现有的处理办法中，将剩余污泥热解的方式可以大大减少污泥体积，产生热解油，并以生物炭的形式将碳隔离，是一种可持续的污泥处理解决方案，且该方法最大限度地降低了环境风险（Cao and Pawłowski，2012；Zhang et al.，2022）。剩余污泥、农业废弃物等生物质热解生成的生物炭具有高比表面积、多孔结构、营养成分丰富、稳定性高、导电性好等特点，往往作为吸附剂、载体基质和催化剂载体被广泛应用于土壤修复和废水处理。

近年来，在好氧颗粒污泥强化工艺的研究中，出现了以污泥生物炭作为载体介质的强化造粒手段，这为提高好氧颗粒污泥系统的处理效率开辟了新的途径。Zhang 等（2017）利用生物炭成功加快了好氧污泥造粒进程，并在运行 60d 后于反应器中获得了表面光滑、结构致密的生物碳基好氧颗粒污泥，其粒径在 90d 后达到 500～1500μm［图 8.11（书后另见彩图）］，明显高于普通的好氧颗粒污泥，说明添加生物炭后反应器中形成的好氧颗粒污泥具有良好的沉降性能、较高的生物量保持力和良好的降解能力。但该研究并未明确指出生物炭作为载体应用于好氧污泥快速造粒及其长期稳定的潜在机制。

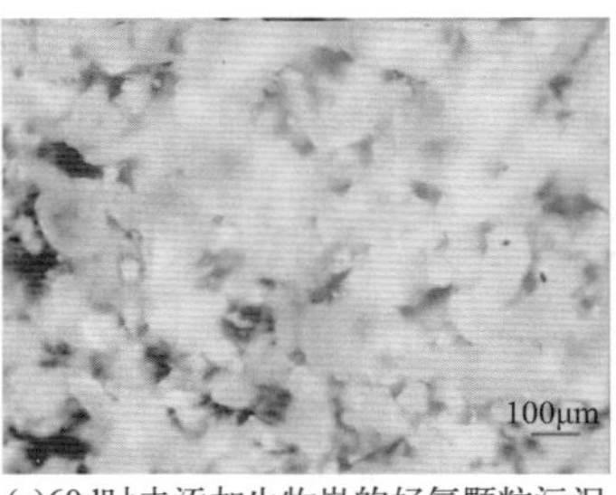

(a)60d时未添加生物炭的好氧颗粒污泥

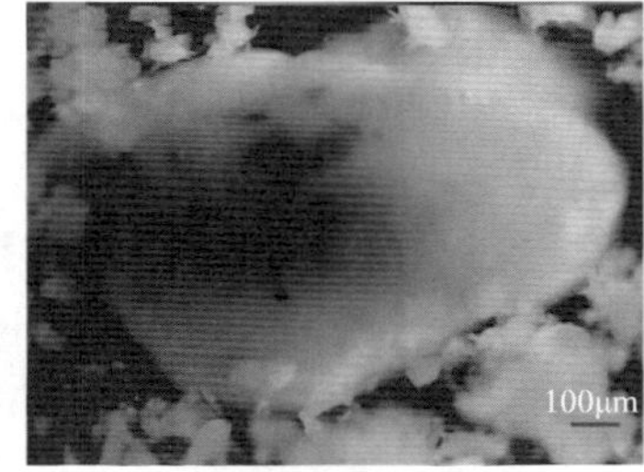

(b)60d时添加了生物炭的好氧颗粒污泥

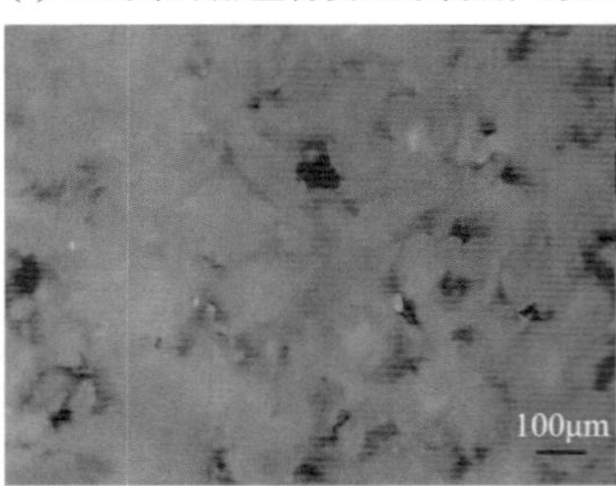

(c)90d时未添加生物炭的好氧颗粒污泥

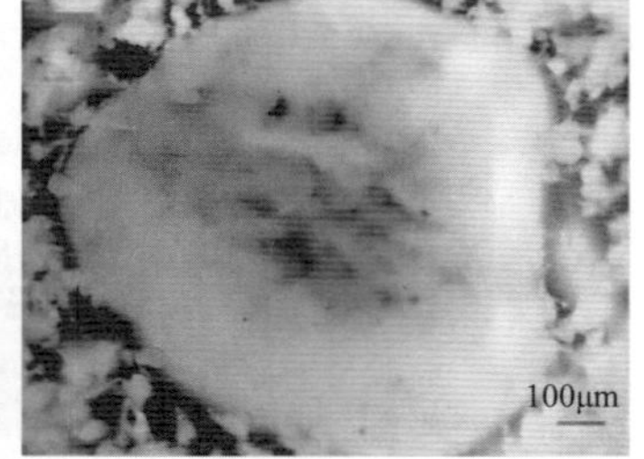

(d)90d时添加了生物炭的好氧颗粒污泥

图 8.11 反应器中的好氧颗粒污泥形态图（Zhang et al.，2017）

近两年随着研究的逐步深入，生物炭促进好氧污泥造粒的原因也得到了进一步探索。首先是生物炭的物理结构，不论是用农业产品还是活性污泥制成的生物炭都具有较高的表面积以及高度发达的孔隙结构，这些孔隙常呈蜂窝状，Zhang 等（2017）、Ming 等

(2020)、Wang 等（2020）分别利用不同原料制备的生物炭来强化好氧污泥造粒，并利用 SEM 表征了不同原料制成的生物炭结构，见图 8.12。生物炭有利于造粒的一个关键因素是生物炭具有合适的孔径范围，其孔径范围比活性炭大，可以支持生物膜的生长。接种后，在曝气过程中，蜂窝状生物炭与活性污泥在污泥悬液中充分混合。细菌可以沉积在生物炭表面，可作为生物膜形成的载体（Zhang et al.，2017）。在强剪切力作用下，越来越多的微生物聚集在生物炭表面，并渗透到生物炭孔隙中，有利于微生物量的保留，进而促进好氧污泥造粒。

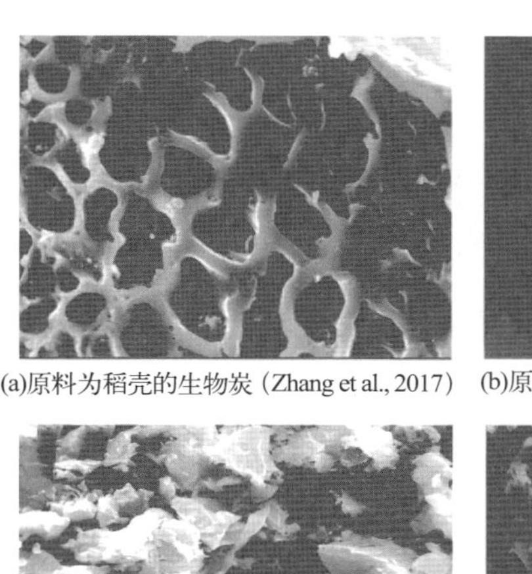

(a)原料为稻壳的生物炭（Zhang et al., 2017）

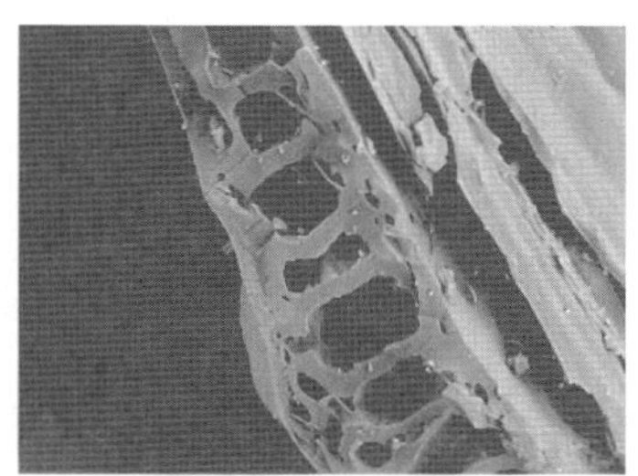

(b)原料为米糠的生物炭（Ming et al., 2020）

(c)原料为核桃壳的生物炭（Ming et al., 2020）

(d)原料为废弃石油活性污泥的生物炭（Wang et al., 2020）

图 8.12　不同原料制成的生物炭结构 SEM 图

从物质组成上来看，生物炭具有独特的结构和丰富的大分子有机物成分，因此可作为有利于细菌生长结合的核，并通过有机-矿物相互作用加速微生物聚集体的形成，促进好氧颗粒污泥的形成（Brodowski et al.，2006）。另外，所有生物炭均含有 C、O、Si 和 Mg、Ca、Al、Mo 等金属元素，其中 C 元素占主导地位。众所周知，微量金属对维持微生物生命活动很重要。且生物炭表面带电荷的金属阳离子（包括 Ca^{2+}、Mg^{2+} 和 Al^{3+} 在内）会与带负电荷的细胞膜相互作用，从而促进微生物黏附并诱导 EPS 的产生，同时金属离子可作为细菌附着的细胞核，进一步促进好氧污泥造粒（Ming et al.，2020）。

基于以往的研究成果，Wang 等（2020）提出了以生物炭为介质载体的强化好氧污泥造粒的可能机制，见图 8.13。该机制认为以生物炭为介质载体强化好氧污泥造粒主要分为 4 个阶段。首先，向反应器中添加含有微生物的生物炭；第二阶段，微生物黏附在生物炭上，并在不利条件下分泌更多的 EPS，EPS 和黏性物质与微生物结合并桥接，进而形成微生物聚集体；第三阶段，在适宜条件下，反应器中好氧颗粒污泥初步形成；第四阶段，在水力剪切力与颗粒污泥的碰撞和摩擦的共同作用下，初步形成的颗粒污泥进一步形成成熟的好氧颗粒污泥。

通过最近的研究可知，添加生物炭的悬浮活性污泥可以更快地转化为好氧颗粒污泥，

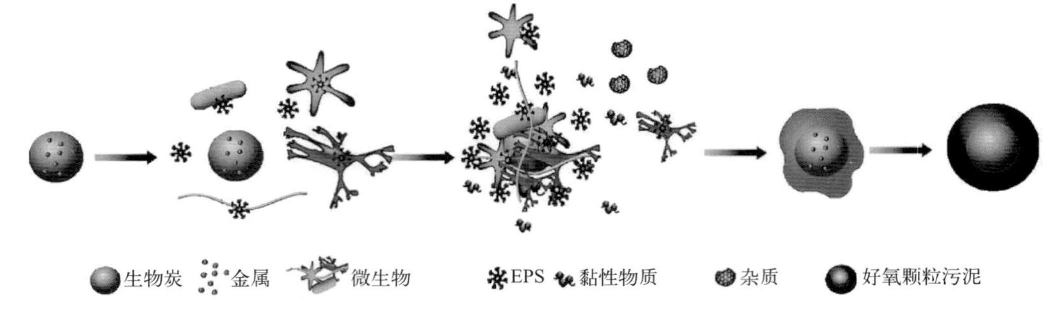

图 8.13 以生物炭为介质载体的强化好氧污泥造粒机制图（Wang et al.，2020）

且具有更好的沉降性能，并可保持长期稳定。Zhang 等（2022）对比了 SBR 中添加与未添加污泥生物炭的好氧污泥造粒过程，并于实验进行至 52d 时获得了成熟的好氧颗粒污泥，见图 8.14（书后另见彩图）。研究发现在丝状增殖过程中，生物炭存在时好氧颗粒污泥胞外聚合物（EPS）含量显著增加，说明污泥生物炭可能会刺激好氧颗粒污泥中 EPS 的分泌，并保证好氧颗粒污泥长期运行的稳定性，这也是生物炭可促进好氧污泥造粒的原因之一。另外，污泥生物炭中矿物质含量较高，所形成的好氧颗粒污泥中 Ca、P 含量也较普通好氧颗粒污泥更高，而广泛报道表明 Ca 和 P 更可能存在于好氧颗粒污泥的核心处，增加颗粒污泥的机械强度，因此较高的 Ca 和 P 含量可以增强好氧颗粒污泥的稳定性。此外，对于好氧颗粒污泥中微生物群落的研究说明，只需在接种物中添加一次污泥生物炭，就可以刺激好氧颗粒污泥中产生更多的微生物。生物炭能够为好氧颗粒污泥的形成提供更好的生态位，从而促进更多微生物的生长与繁殖。而且生物炭可抑制好氧颗粒污泥中丝状菌 *Thiothrix* 的增殖，使得好氧颗粒污泥的沉降能力更好，物理特性更稳定。

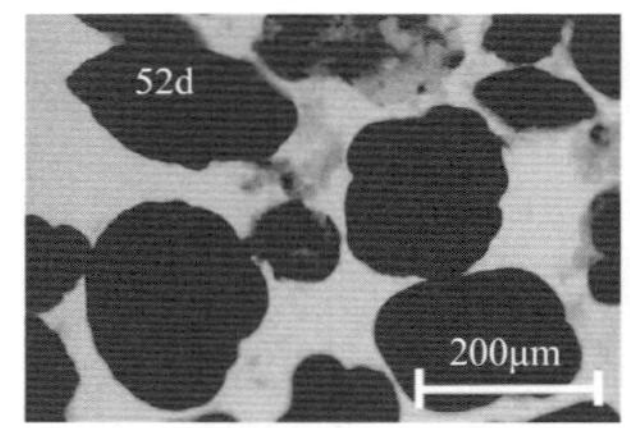

(a)添加生物炭的好氧颗粒污泥

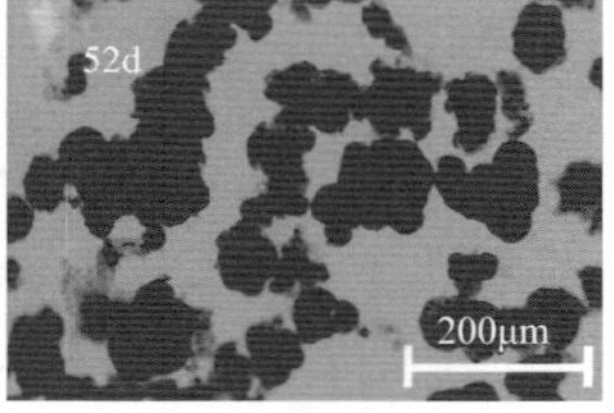

(b)未添加生物炭的好氧颗粒污泥

图 8.14 好氧颗粒污泥形态图（Zhang et al.，2022）

生物炭作为好氧颗粒污泥处理废水的载体介质，对好氧颗粒污泥既有积极的影响，也有消极的影响。一方面，污泥生物炭可以为细菌的聚集提供附着表面，生物炭中的营养物质对附着的微生物有利，从而促进好氧颗粒污泥的形成并增强其稳定性。另一方面，生物炭的某些成分，特别是污泥生物炭中的多环芳烃，对好氧颗粒污泥中的微生物来说可能具有毒性。因此，对于以污泥生物炭为载体的好氧颗粒污泥形成机制以及长期稳定机理的研究尚未得到结论，阻碍了其进一步的实际应用。

8.3.2 颗粒活性炭强化造粒

在废水处理过程中，颗粒活性炭最初因其粗糙不规则的表面和独特的吸附性能被用作微生物固定化和附着生物膜生长的支撑介质（Li et al.，2011）。常见的城市污水有机物浓度低，要实现好氧污泥造粒十分困难。在此背景下，Li 等（2011）开发了在处理低浓度废水的生物反应器中使用颗粒活性炭（granular activated carbon，GAC）进行快速好氧造粒的有效技术。该研究在辅以选择性排放慢沉降污泥的操作下，成功在低有机浓度废水中实现了好氧污泥造粒，并发现 GAC 的添加使得产生的好氧颗粒污泥沉降速度更快，泥水分离性能大大提高，且颗粒污泥具有强芯，可以保持成熟好氧颗粒污泥的长期稳定。

自从 GAC 被证明可以作为成核剂促进好氧污泥造粒后，研究者将其用于各种不同水质的废水处理过程中，研究其对污泥造粒的影响，并对其造粒机制也展开了进一步研究。Zhou 等（2015）研究了不同粒径的 GAC 对好氧污泥造粒过程及聚集行为的影响，结果发现适当大小（200μm）的 GAC 可以作为成核剂促进微生物聚集，形成好氧颗粒污泥，而 600μm 的 GAC 则对造粒过程没有促进作用。另外，GAC 表面较高的 zeta 电位降低了双电层斥力势能，减少了相近微生物之间的静电排斥作用，从而促进了微生物聚集，这是 GAC 促进污泥造粒的原因之一。之后，Tao 等（2017）在强化生物除磷（enhanced biological phosphorus removal，EBPR）条件下探索了 GAC 促进好氧污泥造粒的可能机制，并将整个造粒过程分为滞后、造粒和成熟 3 个阶段。在滞后阶段，GAC 为污泥的附着提供了核，从而增强了污泥形态的规格化。在造粒阶段，由于好氧颗粒污泥中细菌的生长，其尺寸显著增大。另外，GAC 也降低了颗粒污泥间碰撞引起的压缩，从而加速了好氧颗粒污泥的形成。

近几年，关于 GAC 促进好氧造粒的研究得到进一步发展。Liang 等（2019）进一步揭示了添加 GAC 形成的好氧颗粒污泥特性。研究发现添加了 GAC 形成的好氧颗粒污泥成熟时间比对照组（未添加 GAC 形成的好氧颗粒污泥）提前了 12d，并且其粒径可达到（1200±800）μm，见图 8.15（书后另见彩图）。且添加了 GAC 形成的好氧颗粒污泥的表面更致密、更光滑、抗水力剪切力更高，其可能原因是微生物为了黏附在 GAC 上，分泌了不同于一般情况下微生物分泌的 EPS。此外，该好氧颗粒污泥 EPS 的多糖与普通好氧颗粒污泥的并无明显差异，但蛋白质的含量更高，增强了微生物聚集体的疏水性、结合力和黏附强度；该好氧颗粒污泥微生物含量和种类与普通好氧颗粒污泥相比无明显差异，但污泥表面微生物排列完全不同且沉降性更好。

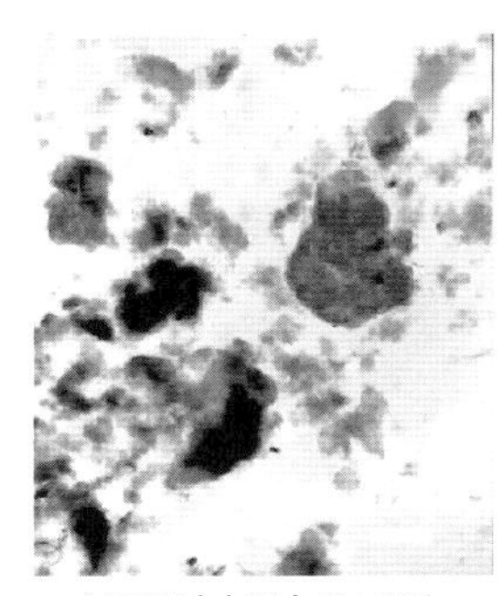

(a)30d时未添加GAC形成的好氧颗粒污泥

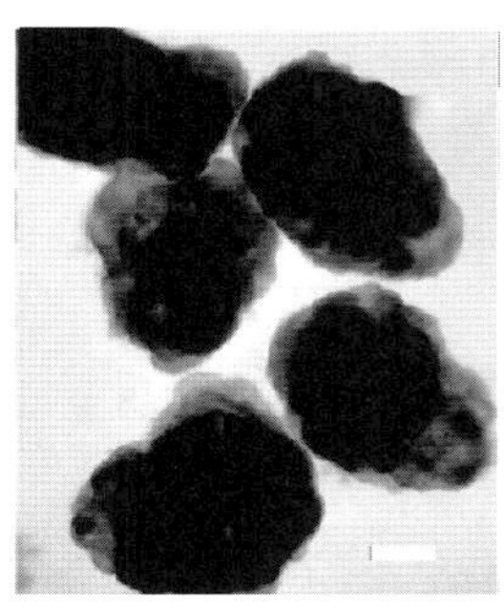

(b)60d时未添加GAC形成的好氧颗粒污泥

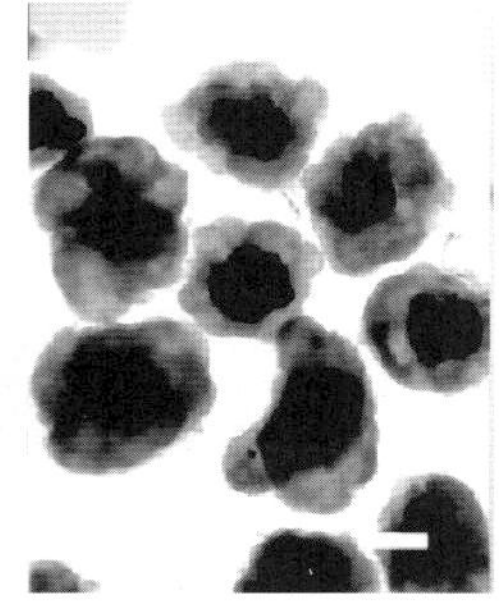

(c)30d时添加了GAC形成的好氧颗粒污泥

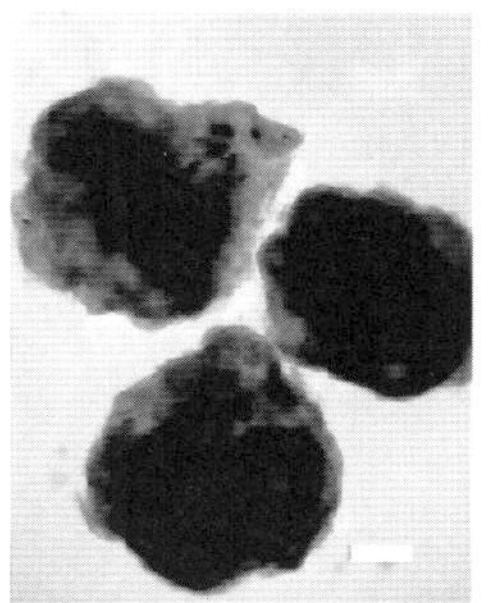

(d)60d时添加了GAC形成的好氧颗粒污泥

图 8.15　好氧颗粒污泥形态的光学显微镜图（Liang et al.，2019）

此外，关于GAC促进好氧污泥造粒的机制也得到了进一步揭示。Han等（2022a）利用GAC在高盐废水中成功得到了嗜盐好氧颗粒污泥（halophilic aerobic granular sludge，HAGS），并且发现添加GAC可使制粒时间由对照组的60d缩短至35d。本研究提出GAC对造粒的强化机制基于物理和生物学方面，见图8.16。首先，GAC具有良好的表面特性，有利于污泥黏附，增强微生物初始聚集；随后，细胞通过胞间自固定聚集作用，由EPS黏合形成小微生物聚集体。另外，在GAC添加体系中分泌信号分子的细菌会显著富集，进而一些功能性信号分子，如AHLs和c-di-GMP，调节微生物分泌EPS（特别是疏水蛋白）。污泥EPS和表面疏水性的增加促进了好氧污泥颗粒化过程，提高了好氧颗粒污泥结构的稳定性。

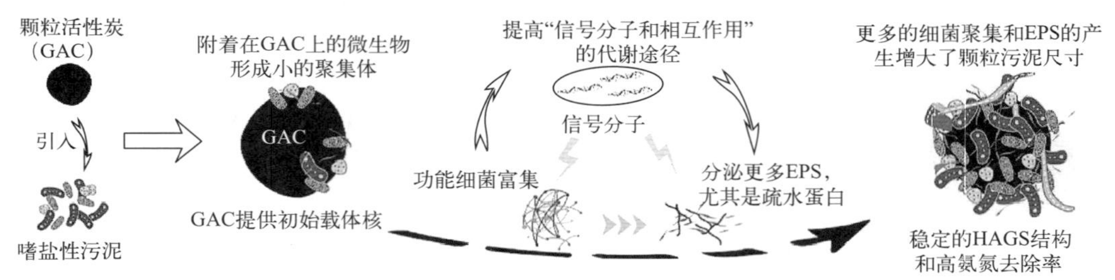

图8.16 GAC刺激HAGS快速造粒的机制图（Han et al.，2022a）

8.3.3 碳纤维强化造粒

目前，以初始核来增强好氧污泥造粒已经取得了成效，但研究发现在好氧颗粒污泥长期运行过程中，核心部分EPS会被消耗，从而导致好氧颗粒污泥失去稳定性，发生裂解（Xu et al.，2019）。用丝状细菌代替部分EPS作为基质骨架已被证明可以有效提高好氧颗粒污泥的稳定性。但好氧颗粒污泥中丝状菌的生长难以控制，过多的丝状菌会降低好氧颗粒污泥的稳定性。基于此，研究人员提出了利用碳纤维（carbon fibers，CFs）来有效增强好氧颗粒污泥基体骨架，从而强化造粒。

CFs是一种具有较高生物相容性和稳定性的环保材料，微生物可生长附着在碳纤维上，见图8.17。Li等（2017）以碳纤维为原料研发了一种新型厌氧生物膜-碳纤维膜生物反应器（ABMBR）来处理从低至高强度的废水，实验发现以CFs为载体可有效提高反应器内生物群落的多样性，且反应器中CFs基生物膜有效地缓解了膜污染，提高了微生物的活性。

(a)新碳纤维

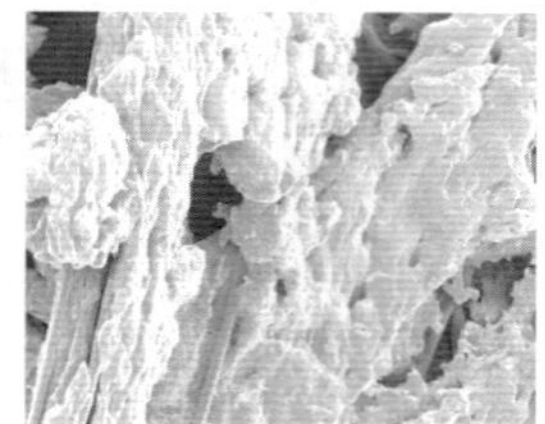

(b)有微生物附着的碳纤维

图8.17 碳纤维SEM图像（Li et al.，2017）

Xu 等（2019）利用不同长度的碳纤维为骨架成功培育出了好氧颗粒污泥。研究发现在加入了碳纤维的反应器中，好氧颗粒污泥成熟时间相比于未添加碳纤维的反应器缩短了30d，添加了短碳纤维和长碳纤维生成的好氧颗粒污泥粒径分别达到（2650±30）μm、（2060±50）μm，沉降速度分别达到71m/h、79m/h，见图 8.18。另外，该研究还对碳纤维促进好氧污泥造粒的机制以及成熟好氧颗粒污泥的性质做了进一步探究，发现成熟颗粒污泥的粒径虽略小于未添加碳纤维形成的好氧颗粒污泥，但颗粒污泥结构更加密实，稳定性得到了提高，且长 CFs 的效果优于短 CFs。

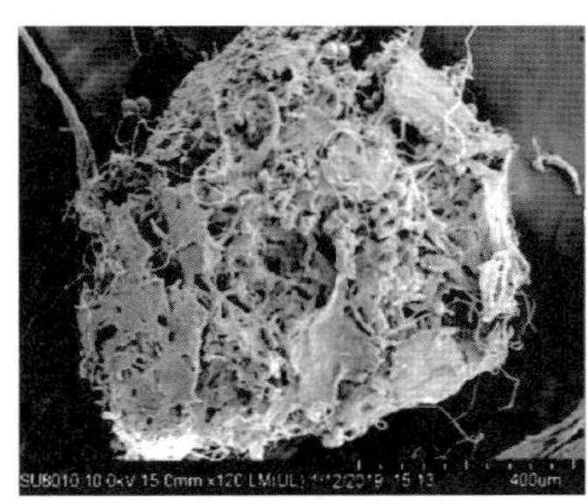

(a)未添加碳纤维形成的好氧颗粒污泥

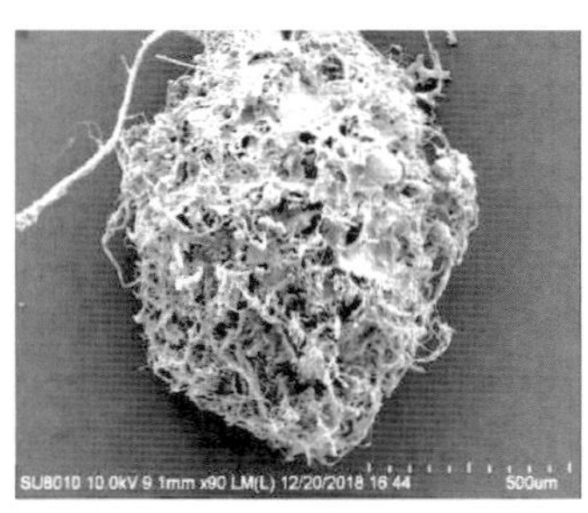

(b)添加了短碳纤维形成的好氧颗粒污泥

(c)添加了长碳纤维形成的好氧颗粒污泥

图 8.18 好氧颗粒污泥 SEM 图像（Xu et al.，2019）

CFs 促进好氧污泥造粒的原因大致有 3 点：

① 控制丝状菌的生长。研究发现，添加了碳纤维的反应器微生物群落中丝状菌所占的比例较小，因此其他功能菌可以有效地利用底物进行繁殖，从而促进好氧污泥造粒。且不同于丝状菌的是，碳纤维作为好氧颗粒污泥的骨架，其在污泥造粒过程中的作用可能是骨架连接基质，而不是为丝状细菌等微生物提供菌落。

② 增加反应器内部的剪切力。添加了 CFs 后，絮凝体除了与自身发生碰撞外，还可以与 CFs 发生碰撞，从而增加了碰撞的概率和强度，形成了近似高剪切力的环境，已有研究表明较高剪切力有利于好氧颗粒污泥的形成（Tay et al.，2001）。

③ CFs 影响 EPS 的分泌和分布。添加了碳纤维的反应器中 LB-EPS 的 PN 和 PS 逐渐转化为 TB-EPS，且好氧颗粒污泥的内部主要是 CFs 和 β-d-吡喃葡萄糖多糖，在 EPS 的黏附下，二者一起提供骨架来维持好氧颗粒污泥结构稳定。在先前的报道中，普通好氧颗粒污泥主要以 β-d-吡喃葡萄糖多糖作为 EPS 基质的骨架来支撑颗粒污泥结构（Ren et al.，2008），但其与 CFs 相比较为脆弱，因此添加碳纤维能够更好地提高好氧颗粒污泥的稳定性。

8.3.4 磁性纳米颗粒强化造粒

随着磁性纳米颗粒应用的发展，其利于好氧污泥造粒的性质也引起了研究者的关注。磁性纳米颗粒具有高表面积、生物相容性好、低毒性、生理条件稳定以及易于被活性污泥絮凝体吸附的特点，在废水处理领域已得到应用（Ghaedi et al.，2015；Gupta and Nayak，2012；Ni et al.，2013）。常用的磁性纳米颗粒为 Fe_3O_4 纳米颗粒，Domingos 等（2019）通过添加纳米磁铁矿来提高活性污泥的聚集性能，提高其沉降性，并通过 SEM、

TEM 表征了纳米磁铁矿的结构，见图 8.19，可以看出磁性纳米颗粒在纳米尺度上呈球形结构。

(a)放大100倍的纳米磁铁矿SEM图

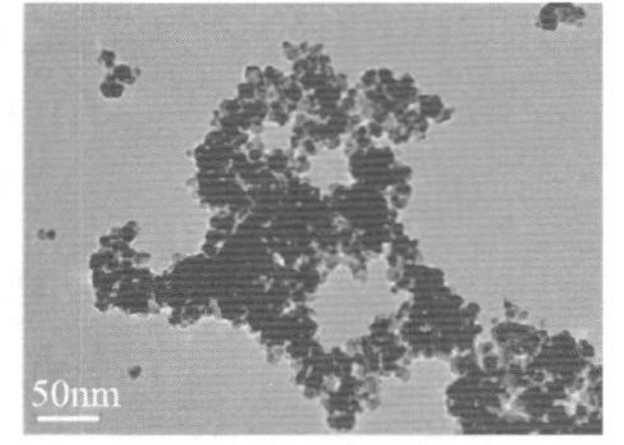

(b)直径50nm的纳米磁铁矿TEM图

图 8.19 纳米磁铁矿（Domingos et al.，2019）

2017 年，Liang 等（2017）研究了在活性污泥系统中引入磁性纳米颗粒（magnetic nanoparticles，MNPs）的新型造粒策略。该研究发现，添加了 MNPs 的好氧颗粒污泥成熟时间仅需 20d，与对照组（未添加 MNPs）相比缩短了 25d，且添加了 MNPs 的好氧颗粒污泥致密，丝状结构较少，边缘清晰，而对照组的好氧颗粒污泥普遍松散，边缘不规则，如图 8.20 所示。另外，添加了 MNPs 的好氧颗粒污泥沉降性能更好，分泌更多 EPS，微生物的数量与密度也更高。该研究证明了磁性纳米颗粒对好氧污泥造粒有显著的促进作用。

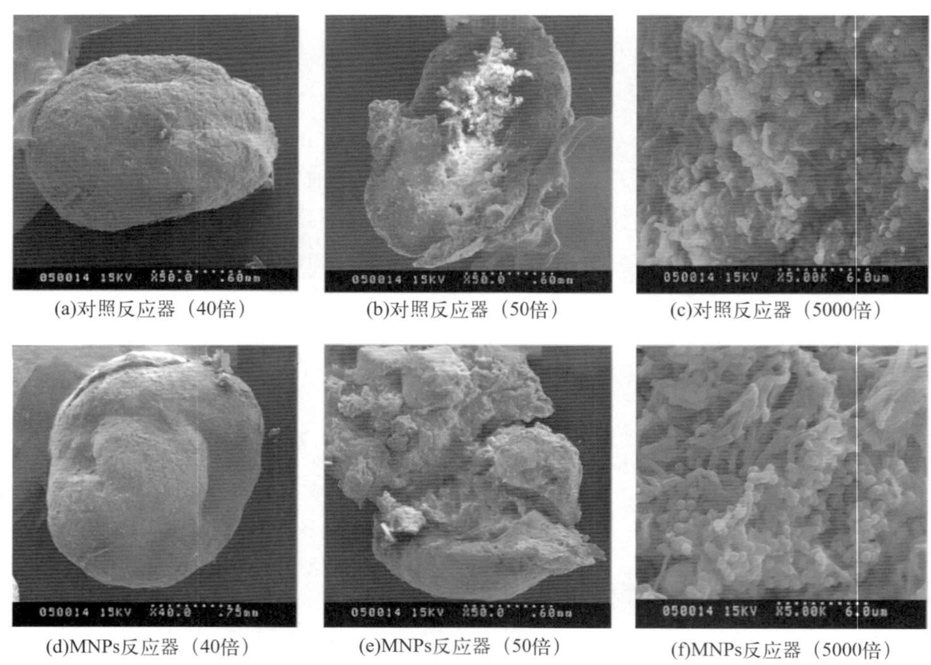

(a)对照反应器（40倍） (b)对照反应器（50倍） (c)对照反应器（5000倍）

(d)MNPs反应器（40倍） (e)MNPs反应器（50倍） (f)MNPs反应器（5000倍）

图 8.20 好氧颗粒污泥的 SEM 图像（Liang et al.，2017）

磁性纳米颗粒对好氧污泥造粒的促进机制目前还不明确，有待进一步研究。但该问题目前已经取得了一定的进展。

① MNPs 呈球形，比表面积大导致其表面能高，因此 MNPs 可能有聚集的倾向，从

而使表面能最小化（Wu et al.，2008），另外，MNPs间可产生磁场与磁性吸引力，不仅能够吸引好氧颗粒污泥，还可以吸引细菌，形成更大的絮凝体（Domingos et al.，2019），进而形成初始核加速造粒。

② MNPs中的阳离子可以通过静电电荷吸引在带负电荷的细菌细胞之间形成桥梁，从而形成致密的污泥聚集体。Ren等（2018）研究发现Fe_3O_4纳米颗粒可电离出Fe^{2+}与Fe^{3+}，Fe^{2+}和Fe_3O_4可以促进造粒过程中矿物晶体的形成，从而加速好氧污泥颗粒化，且Fe_3O_4可富集有利于絮凝的细菌，并提高其活性，这都使得成熟的好氧颗粒污泥拥有致密的微生物结构。

③ MNPs可促进EPS蛋白质和多糖的分泌，提高了好氧颗粒污泥的疏水性与稳定性。

④ MNPs可影响微生物的种类和数量，其不仅能富集有利于絮凝的细菌，还对丝状菌的生长有抑制作用。研究表明，过多的丝状菌会导致好氧颗粒污泥的裂解，因此抑制丝状菌的过度生长有利于好氧颗粒污泥的形成。

除了采用磁性颗粒促进造粒外，磁性复合材料也被证明可以促进好氧颗粒污泥的形成。Ouyang和Qiu（2023）将磁性Fe_3O_4@聚苯胺（Fe_3O_4@PANI）添加到序批式反应器中培养好氧颗粒污泥。结果表明，该核壳结构复合材料结合了PANI和Fe_3O_4的优势，促进了好氧颗粒污泥的形成。添加了该复合材料形成的好氧颗粒污泥粒径为（643±46）μm，其结构更加致密且稳定性更好，见图8.21。

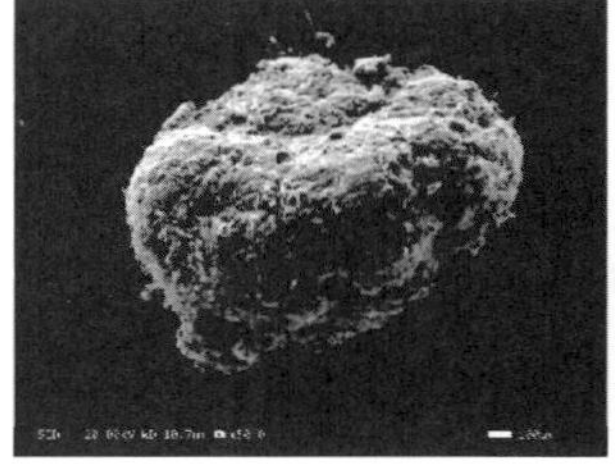

(a)未添加复合材料的好氧颗粒污泥

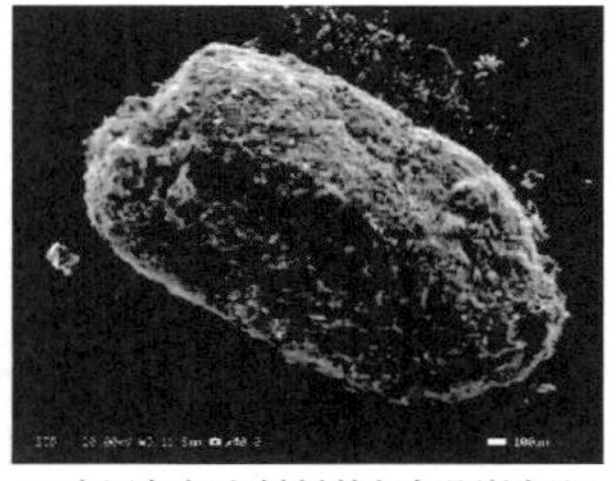

(b)未添加复合材料的好氧颗粒污泥

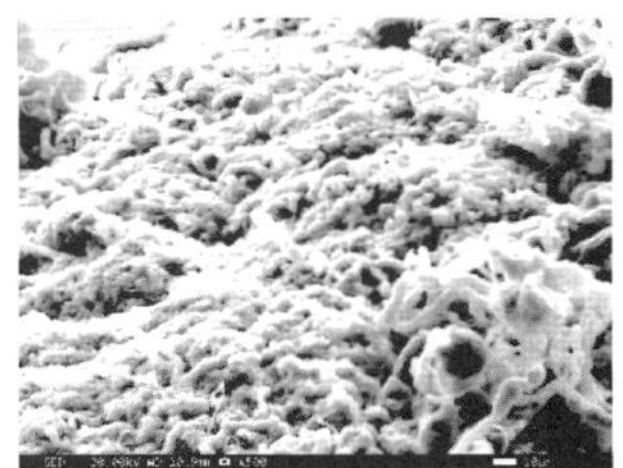

(c)添加了复合材料的好氧颗粒污泥

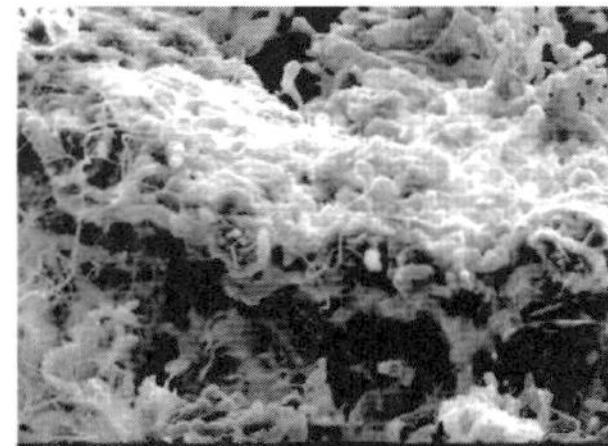

(d)添加了复合材料的好氧颗粒污泥

图8.21 反应器中的好氧颗粒污泥的SEM图像（Ouyang and Qiu，2023）

8.4 群体感应强化造粒技术

大量研究表明，群体感应现象在好氧颗粒污泥的形成中起着重要的作用，信号分子可以通过改变微生物生长模式、调节微生物 EPS 分泌等影响污泥造粒过程以及好氧颗粒污泥的稳定性。目前，通过添加信号分子来增强好氧颗粒污泥稳定性的研究多集中于对 AHLs 的研究上，越来越多的证据表明 AHLs 介导的 QS 与好氧造粒过程呈正相关。特定 AHLs 化合物的浓度在造粒起始阶段明显增加了 100 倍（Zhang，2020）。应用信号分子来强化造粒的途径主要有两种：一种是通过直接投加信号分子来调控系统中微生物的代谢等来强化好氧污泥造粒；另一种是通过投加信号分子分泌菌来达到促进污泥造粒的目的。

不同种类、浓度的信号分子对好氧颗粒污泥系统的影响不同，研究人员通过使用检测、分解等手段来探索与造粒过程关联最紧密的信号分子，并将其加入反应器以实现快速造粒或维持颗粒稳定。Zhang 等（2023）在好氧颗粒污泥中检测并提取了 3 种 AHLs，并以此来调节系统的群体感应进而调控底物代谢，以使好氧颗粒污泥稳定运行。实验结果表明，3 种 AHLs（C_8-HSL、3OHC$_8$-HSL、3OH12-HSL）通过提高底物降解酶的活性，加速底物代谢，刺激 EPS 分泌并促进结构稳定的好氧颗粒污泥的形成。并且，相对于简单底物（葡萄糖），AHLs 对复杂底物（可溶性淀粉）代谢的影响更加显著。Shuai 等（2021）通过批量实验研究了不同种类、不同浓度的信号分子对好氧活性污泥系统的影响。结果表明，加入 C_6-HSL 可以显著改变微生物组成，抑制群体淬灭（quorum quenching，QQ）菌的活性，增强 QS 菌的活性，提高成熟好氧颗粒污泥的稳定性，并优化其水处理性能。

除了直接加入信号分子，投加产信号分子的菌株来提高信号分子的浓度也被证明是强化好氧污泥造粒的有效途径。Gao 等（2022）从好氧颗粒污泥中提取出了 *Aeromonas* sp.（A-L3），并发现菌株 A-L3 能分泌 C_4-HSL 和 C_6-HSL，将其加入 SBR 中后发现好氧颗粒污泥的形成时间缩短，污泥尺寸更大，结构更致密，且沉降速度更快，见图 8.22（书后另见彩图）。此外，添加内源菌株 A-L3 还促进了胞外聚合物（EPS）的分泌，提高了好氧颗粒污泥对化学需氧量（COD）、总氮（TN）和总磷（TP）的去除率。部分菌种及其产信号分子类型见表 8.1。

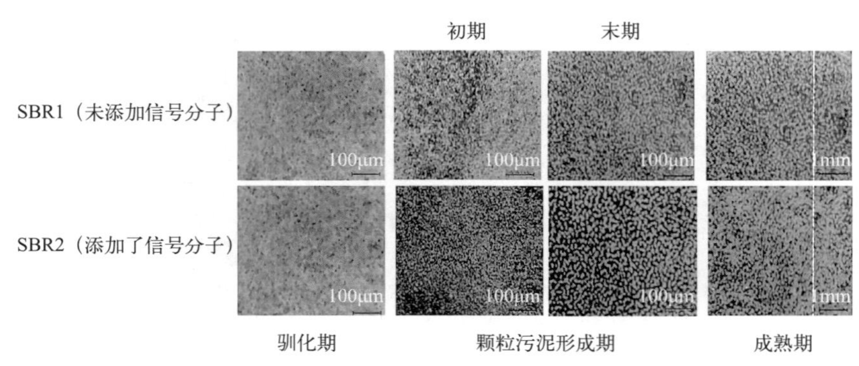

图 8.22 好氧污泥颗粒化过程中的形态变化（Gao et al.，2022）

表 8.1 部分产信号分子菌种及其所产信号分子类型

菌种	信号类型
Aeromonas sp.	AHLs、AI-2
Caulobacter sp.	AHLs
Caulobacter vibrioides strain	AHLs

菌种	信号类型
Flavobacterium sp.	AHLs、c-di-GMP
Microbacterium azadirachtae	AHLs
Novosphingobium sp.	AHLs
Paracoccus sp.	c-di-GMP
S. americanum strain	c-di-GMP
Shinella yambaruensis	AHLs
Sphingomonas sp.	AHLs、c-di-GMP

直接添加 AHLs 化学品或产生 AHLs 的菌株来强化好氧污泥造粒在实际应用中存在很多现实的问题。对于直接添加 AHLs 化学品来说，存在着制备此化学品的高成本问题以及其面临的化学、生物降解问题；对于直接添加产 AHLs 的菌株来说，可能存在菌株流失严重以及外源性细菌和内源性细菌之间营养竞争等问题，以上问题都仍待解决。故而，两种方法的可行性还有待进一步探究（Zhang，2020）。

因此，利用信号分子强化好氧污泥造粒的新实现途径也在进一步研究中。Zhang（2020）探究了两种促进好氧污泥造粒的途径，即添加 QS 菌株的 AHLs 上清液和海藻酸钠包封的具有分泌 AHLs 能力的细菌细胞。研究发现在实验的第 60 天，对照反应器与添加了 AHLs 上清液的反应器中均出现了好氧颗粒污泥，但最终对照反应器的好氧颗粒污泥失稳解体，而添加了 AHLs 上清液的反应器中高浓度的 AHLs 使形成的好氧颗粒污泥结构致密，最大限度地减少了丝状细菌的生长，从而保证了好氧颗粒污泥的稳定性。与此同时，添加了细菌细胞的反应器中从始至终只出现了微生物聚集体，见图 8.23（书后另见彩图）。

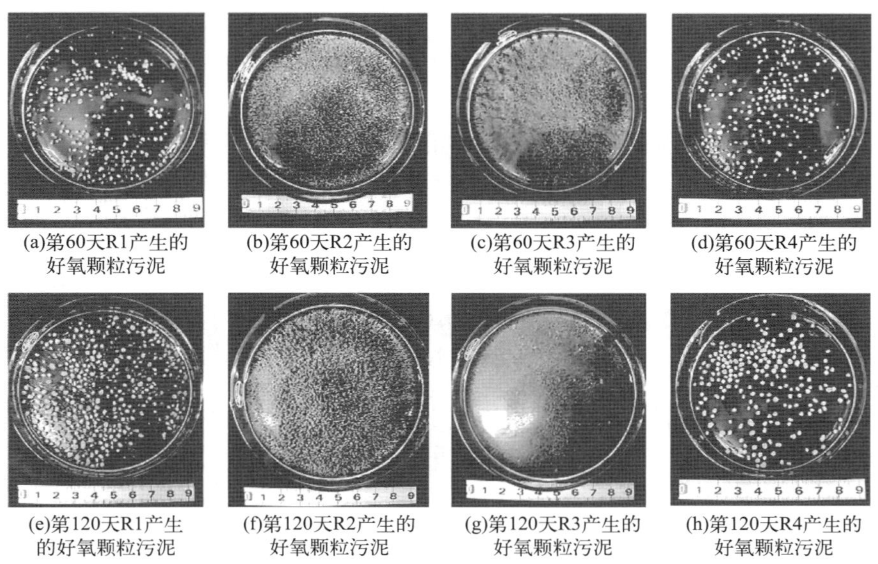

图 8.23 好氧颗粒污泥形态图（Zhang，2020）

R1—对照反应器；R2—细菌细胞反应器；R3—闲置细菌细胞反应器；R4—AHLs 上清液反应器

该研究结果表明，通过添加富含 AHLs 的上清液对好氧颗粒污泥进行 QS 调控，形成了的好氧颗粒污泥沉降性能良好、营养物质去除率高、完整性系数较高、生物活性良好、AHLs 含量和 EPS 产量高。相比之下，添加细菌细胞的反应器中生物活性逐渐降低，说明外源添加细菌细胞对好氧颗粒污泥形成的影响微乎其微甚至为负，因此这种方式不利于促进好氧颗粒污泥的形成。

截至目前，已知的信号分子强化好氧污泥造粒的实现途径还存在很多局限，研究人员一方面寻找着更加有效、经济、可行的方法［例如与其他条件结合来强化好氧污泥造粒（Chen et al.，2022）等］，另一方面更加深入地探究有利于好氧污泥造粒的群体感应现象，试图开发、利用和调控信号分子，来发掘其在好氧污泥造粒中的隐藏潜力。

8.5 工艺调控强化造粒技术

除了用前文中提到的新物质与技术来强化好氧污泥造粒外，调整反应器的运行条件来实现快速稳定造粒也取得了新的研究成果。目前，快速造粒的定义尚不明确，快速造粒的方法与策略也没有形成完整的体系，在实际面对各种复杂的待处理废水时，快速培养好氧颗粒污泥的策略也不尽相同（Zhang et al.，2019）。因此，目前的研究重点集中于不同的反应器或不同的待处理废水的实际情况中，结合已经发现的影响因素，利用不同的培养条件来探索更有利于好氧污泥造粒与水质净化的条件，或改变反应条件来探索好氧颗粒污泥的性能变化。

SBR 是培养好氧颗粒污泥最常用的反应器类型。Sales 等（2022）在 SBR 中研究了好氧颗粒污泥快速启动的策略，研究发现在无氧进料 40min（反应器 RC1）和 60min（反应器 RC2）的条件下接种细菌 15d 后反应器就形成了好氧颗粒污泥，且粒径大于 200μm，见图 8.24（书后另见彩图）。且长时间无氧投料（60min）的策略使好氧颗粒污泥结构更紧密，直径更大，沉降能力更好，生物量更多。到了第二阶段（50d 后），厌氧循环过程中的碳氮比从第一阶段的 4 调整到 8，其他条件不变，反应器对 COD 和 NH_4^+-N 的去除率大大提高。因此，本研究提出在厌氧循环中采用碳氮比为 8，进料时间为 60min，是 SBR 反应器启动和培育大而稳定好氧颗粒污泥的最佳推荐策略。

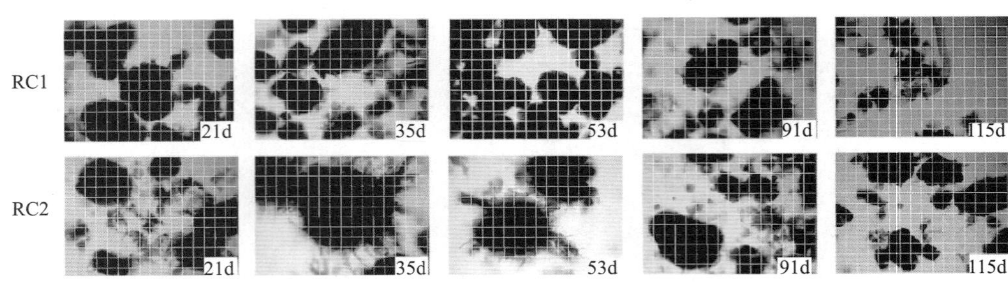

图 8.24　反应器运行过程中的好氧颗粒污泥图像（Sales et al.，2022）

除了 SBR 外，连续流反应器在实际水处理工艺中具有较强的实用性，因此增强其好氧污泥造粒的运行策略也颇受重视，Chen 等（2019）将长期运行的连续流内循环膜生物反应器（IC-MBR）的连续曝气条件改为短时间曝气，结果在不到1个月的时间内好氧颗粒污泥的平均尺寸由原来的200μm增大到近400μm，且污泥结构致密，边缘清晰，见图8.25（书后另见彩图）。这说明调整曝气策略使好氧颗粒污泥在很短的时间内完全改变了生物质的表面亲水性、理化性质、微生物群落结构等特征，为丝状细菌（糖化菌）的生长创造了适宜的条件。

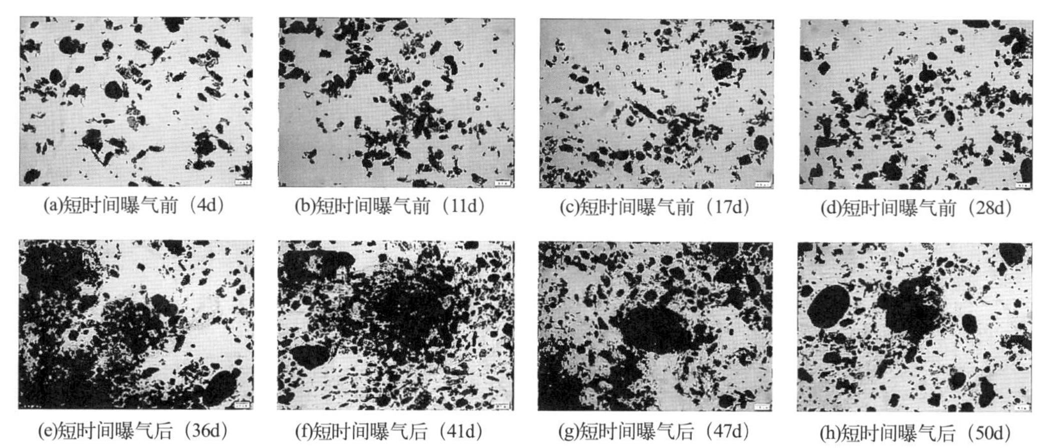

图8.25　培养过程中不同阶段的颗粒污泥形态图（Chen et al.，2019）

对于实际应用来说，中试规模的实验结果具有重要的参考价值。Miyake（2023）首次在处理低强度城市废水的中试规模连续流工艺中研究并评估了好氧颗粒污泥增强策略的适用性。该研究采用侧流式序批式反应器（SBR）培养好氧颗粒污泥，形成的好氧颗粒污泥供应给主流连续流反应器。在侧流SBR中采用短曝气和长曝气交替重复步骤的新操作循环，使好氧颗粒污泥产量提高了50%，且成熟的好氧颗粒污泥表面光滑，颗粒大小约为500μm，见图8.26（书后另见彩图）。在主流连续流反应器中，由于好氧颗粒污泥增加且采用高OLR培养条件，污泥沉降性随好氧颗粒污泥保留量的增加而提高。运行初始，主流反应器中颗粒污泥直径平均为200μm左右，并未检测到直径为500μm大小的好氧颗粒污泥，这是由于好氧颗粒污泥发生了破碎和磨损，因此反应器中仅存在碎片化好氧颗粒污泥。随着厌氧池中易降解有机物浓度的增加，由于底物渗透到好氧颗粒污泥内部，加速了颗粒污泥尺寸的增长，并且好氧颗粒污泥破碎率降低以及破碎化好氧颗粒污泥生长速率增加，这导致了主流反应器中碎片化好氧颗粒污泥的增长，最终有11%的好氧颗粒污泥粒径≥516μm，见图8.26。

除了改变曝气策略外，改变饱食-饥饿条件也被证明可以强化好氧污泥造粒。以往的饱食-饥饿策略都与其他条件［如水力停留时间（HRT）或负荷率（OLR）］紧密相关，未有用于检验所提供的饱食-饥饿条件的程度与所实现的好氧污泥造粒成功之间相关性的研究。Sun等（2021）采用多个完全搅拌槽反应器（completely stirred tank reactors，CSTR）串联而成的塞流反应器（PFRs）在实际生活污水中培养好氧颗粒污泥，通过改变串联的CSTR的数量来改变塞流性质，从而改变饱食-饥饿条件模式，影响好氧污泥造粒进程。结果发现，好氧颗粒污泥的特征取决于PFRs中建立的饱食/饥饿比，其中PFRs的饱食/饥饿比由与微生物生长速率高于（饱食）或低于（饥饿）微生物衰变速率相关的度

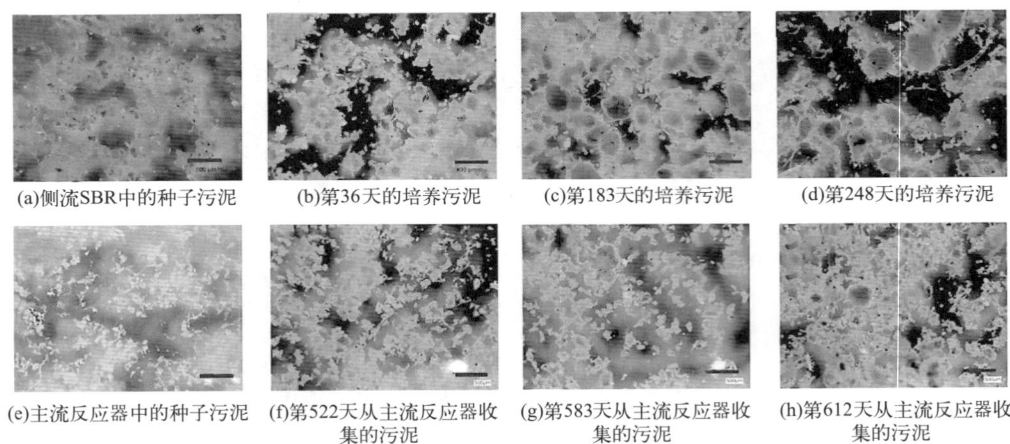

图 8.26 侧流 SBR 颗粒化过程中与主流反应器中的好氧颗粒污泥图像（Miyake，2023）

量来定义。在 8 室和 10 室 PFRs 中都能形成好氧颗粒污泥，但当室数减少到 6 室时，好氧颗粒污泥的形成受到影响，当室数进一步减少到 4 室时好氧污泥造粒完全失败。在 8 室 PFRs 中，致密的球形好氧颗粒污泥已经占主导地位，约 75%的颗粒污泥粒径在 1000～3000μm 范围内，见图 8.27（书后另见彩图），说明通过调节反应器适当延长饥饿期更有利于好氧污泥造粒。

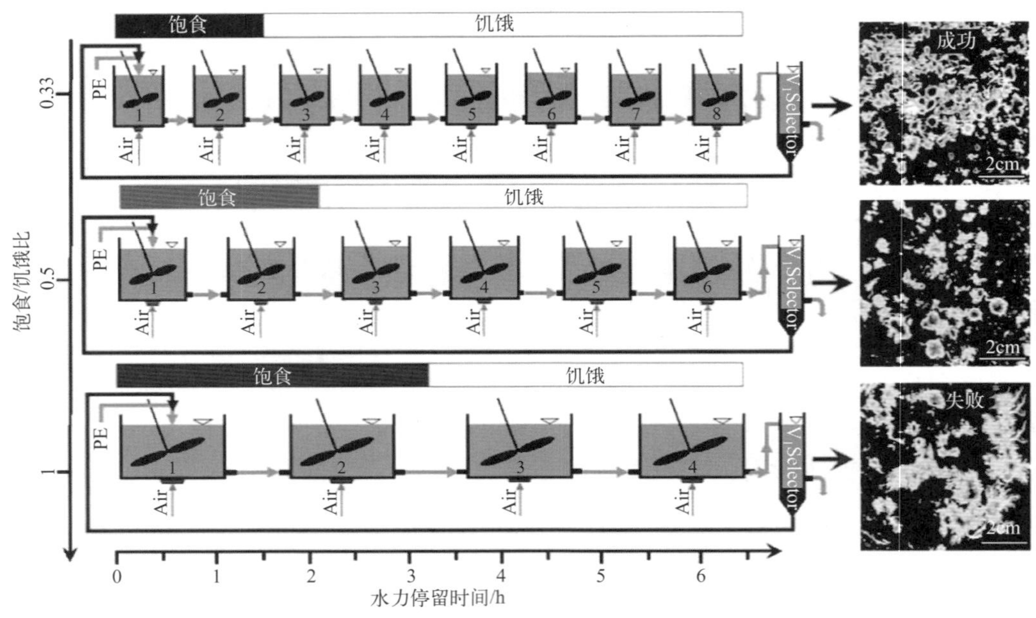

图 8.27 不同饱食-饥饿条件的 PFRs 以及其中成熟好氧颗粒污泥形态图（Sun et al.，2021）

此外，对于不同水质的废水来说，好氧颗粒污泥系统的运行情况也存在差异，需针对具体的水质特征来探究最适宜的好氧颗粒污泥反应器运行条件。以高盐废水为例，高盐废水的产生遍及各行各业，其高渗透压的特征导致大多数微生物难以生存，因此在处理高盐废水时，好氧颗粒污泥体系的运行条件需要进一步探索。Tang（2022）在 3%盐度废水条件下研究了不同 OLR 对好氧颗粒污泥形成的影响，结果表明 OLR 的增加会使好氧颗粒污泥形成速度加快，颗粒污泥尺寸增大，微生物多样性降低，而过高的 OLR 会使操作初期污泥损失严重，形成蓬松的丝状颗粒污泥，导致造粒不稳定，TOC 去除率波动较大。该研究表明，好氧颗粒污泥快速形成的适宜 OLR 为 3.6kg COD/(m^3 · d)，好氧颗粒污泥出现需要 7d，成熟需要 25d，见图 8.28（书后另见彩图），该 OLR 下培养的耐盐好氧颗粒污泥浓度最高，沉降性最好，但长期稳定性仍有待验证。

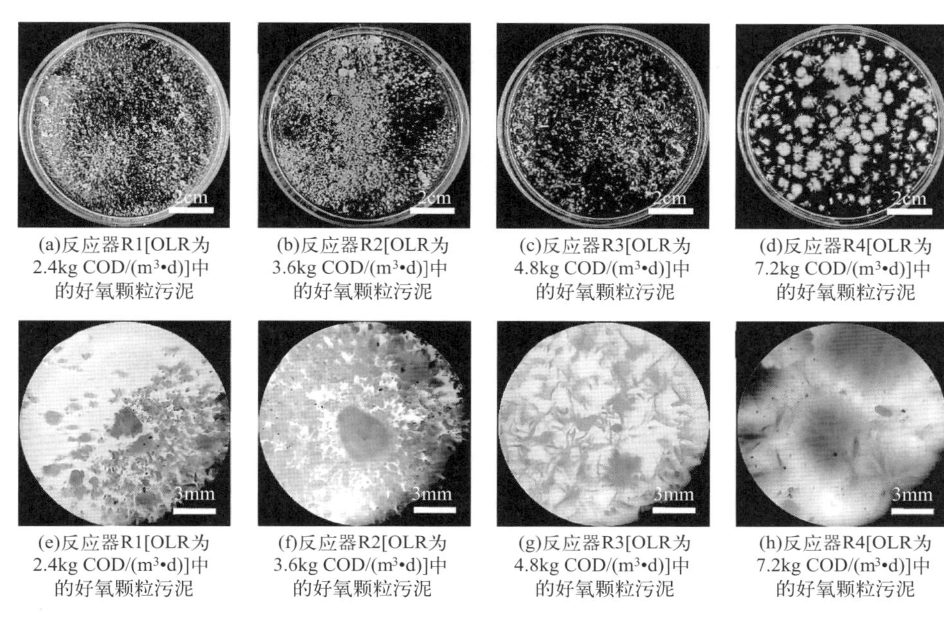

(a)反应器R1[OLR为2.4kg COD/(m^3•d)]中的好氧颗粒污泥　(b)反应器R2[OLR为3.6kg COD/(m^3•d)]中的好氧颗粒污泥　(c)反应器R3[OLR为4.8kg COD/(m^3•d)]中的好氧颗粒污泥　(d)反应器R4[OLR为7.2kg COD/(m^3•d)]中的好氧颗粒污泥

(e)反应器R1[OLR为2.4kg COD/(m^3•d)]中的好氧颗粒污泥　(f)反应器R2[OLR为3.6kg COD/(m^3•d)]中的好氧颗粒污泥　(g)反应器R3[OLR为4.8kg COD/(m^3•d)]中的好氧颗粒污泥　(h)反应器R4[OLR为7.2kg COD/(m^3•d)]中的好氧颗粒污泥

图 8.28　第 31 天不同好氧颗粒污泥的大小分布和形态（Tang，2022）

另外，Niu（2023）研究了不同 pH 值的高盐废水中升高的 OLR 对好氧污泥造粒和长期运行的影响。结果表明，对于高盐高浓度有机废水，中性环境最有利于好氧颗粒污泥造粒和长期运行［7.2kg COD/(m^3 · d) 条件下保持结构完好，14.4kg COD/(m^3 · d) 条件下去除率高］，酸性环境则相反［2.4kg COD/(m^3 · d) 条件下保持结构完好，7.2kg COD/(m^3 · d) 条件下去除率高］。

参考文献

Afonso A C，Gomes I B，Saavedra M J，et al.，2021. Bacterial coaggregation in aquatic systems [J]. Water Research，196：117037.

Battistelli A A，Belli T J，Costa R E，et al.，2019. Application of low-density electric current to performance improvement of membrane bioreactor treating raw municipal wastewater [J]. International Journal of Environmental Science and Technology，16 (8)：3949-3960.

Brodowski S，John B，Flessa H，et al.，2006. Aggregate-occluded black carbon in soil：Occluded black carbon in soil [J]. European Journal of Soil Science，57 (4)：539-546.

Cao Y，Pawłowski A，2012. Sewage sludge-to-energy approaches based on anaerobic digestion and pyrolysis：Brief overview and energy efficiency assessment [J]. Renewable and Sustainable Energy Reviews，16 (3)：1657-1665.

Chen G，Bin L，Tang B，et al.，2019. Rapid reformation of larger aerobic granular sludge in an internal-circulation membrane bioreactor after long-term operation：Effect of short-time aeration [J]. Bioresource Technology，273：462-467.

Chen R, Shuai J, Xie Y, et al., 2022. Aerobic granulation and microbial community succession in sequencing batch reactors treating the low strength wastewater: The dual effects of weak magnetic field and exogenous signal molecule [J]. Chemosphere, 309: 136762.

Domingos D G, Henriques R O, Xavier J A, et al., 2019. Increasing activated sludge aggregation by magnetite nanoparticles addition [J]. Water Science and Technology, 79 (5): 993-999.

Espinosa-Ortiz E J, Rene E R, Pakshirajan K, et al., 2016. Fungal pelleted reactors in wastewater treatment: Applications and perspectives [J]. Chemical Engineering Journal, 283: 553-571.

Feng J, Zhang Q, Tan B, et al., 2022. Microbial community and metabolic characteristics evaluation in start-up stage of electro-enhanced SBR for aniline wastewater treatment [J]. Journal of Water Process Engineering, 45: 102489.

Gao Z, Chen H, Wang Y, et al., 2022. Advances in AHLs-mediated quorum sensing system in wastewater biological nitrogen removal: Mechanism, function, and application [J]. Water Science and Technology, 86 (8): 1927-1943.

Geng M, Ma F, Guo H, et al., 2020. Enhanced aerobic sludge granulation in a sequencing batch reactor (SBR) by applying mycelial pellets [J]. Journal of Cleaner Production, 274: 123037.

Ghaedi M, Hajjati S, Mahmudi Z, et al., 2015. Modeling of competitive ultrasonic assisted removal of the dyes-methylene blue and Safranin-O using Fe_3O_4 nanoparticles [J]. Chemical Engineering Journal, 268: 28-37.

Ghosh S, Chakraborty S, 2021. Aerobic granulation of single strain oil degraders: Salt tolerance enhancing organics and nitrogen removal from high-strength refinery wastewater [J]. Journal of Water Process Engineering, 42: 102104.

Gupta V K, Nayak A, 2012. Cadmium removal and recovery from aqueous solutions by novel adsorbents prepared from orange peel and Fe_2O_3 nanoparticles [J]. Chemical Engineering Journal, 180: 81-90.

Han F, Zhang M, Liu Z, et al., 2022a. Enhancing robustness of halophilic aerobic granule sludge by granular activated carbon at decreasing temperature [J]. Chemosphere, 292: 133507.

Han X, Jin Y, Yu J, 2022b. Rapid formation of aerobic granular sludge by bioaugmentation technology: A review [J]. Chemical Engineering Journal, 437: 134971.

Huang W, Wang W, Shi W, et al., 2014. Use low direct current electric field to augment nitrification and structural stability of aerobic granular sludge when treating low COD/NH_4^+-N wastewater [J]. Bioresource Technology, 171: 139-144.

Huang Z, Wang Yafei, Jiang L, et al., 2018. Mechanism and performance of a self-flocculating marine bacterium in saline wastewater treatment [J]. Chemical Engineering Journal, 334: 732-740.

Ivanov V, Wang X H, Tay S T L, et al., 2006. Bioaugmentation and enhanced formation of microbial granules used in aerobic wastewater treatment [J]. Applied Microbiology and Biotechnology, 70 (3): 374-381.

Jiang H L, Tay J H, Maszenan A M, et al., 2006. Enhanced phenol biodegradation and aerobic granulation by two coaggregating bacterial strains [J]. Environmental Science & Technology, 40 (19): 6137-6142.

Khan M F, Yu L, Tay J H, et al., 2019. Coaggregation of bacterial communities in aerobic granulation and its application on the biodegradation of sulfolane [J]. Journal of Hazardous Materials, 377: 206-214.

Li A, Li X, Yu H, 2011. Granular activated carbon for aerobic sludge granulation in a bioreactor with a low-strength wastewater influent [J]. Separation and Purification Technology, 80 (2): 276-283.

Li L, Liang T, Zhao M, et al., 2022. A review on mycelial pellets as biological carriers: Wastewater treatment and recovery for resource and energy [J]. Bioresource Technology, 355: 127200.

Li L, Liu W, Liang T, et al., 2020. The adsorption mechanisms of algae-bacteria symbiotic system and its fast formation process [J]. Bioresource Technology, 315: 123854.

Li N, He L, Lu Y Z, et al., 2017. Robust performance of a novel anaerobic biofilm membrane bioreactor with mesh filter and carbon fiber (ABMBR) for low to high strength wastewater treatment [J]. Chemical Engineering Journal, 313: 56-64.

Liang J, Li W, Zhang H, et al., 2018. Coaggregation mechanism of pyridine-degrading strains for the acceleration of the aerobic granulation process [J]. Chemical Engineering Journal, 338: 176-183.

Liang X Y, Gao B Y, Ni S Q, 2017. Effects of magnetic nanoparticles on aerobic granulation process [J]. Bioresource Technology, 227: 44-49.

Liang Z, Tu Q, Su X, et al., 2019. Formation, extracellular polymeric substances, and structural stability of aerobic granules enhanced by granular activated carbon [J]. Environmental Science and Pollution Research, 26 (6): 6123-6132.

Liu Y, Guo L, Ren X, et al., 2022. Effect of magnetic field intensity on aerobic granulation and partial nitrification-denitrification performance [J]. Process Safety and Environmental Protection, 160: 859-867.

Luo Q, Wang H, Zhang X, et al., 2005. Effect of direct electric current on the cell surface properties of phenol-degrading bacteria [J]. Applied and Environmental Microbiology, 71 (1): 423-427.

Ming J, Wang Q, Yoza B A, et al., 2020. Bioreactor performance using biochar and its effect on aerobic granulation [J]. Bioresource Technology, 300: 122620.

Miyake M, 2023. Pilot-scale demonstration of aerobic granular sludge augmentation applied to continuous-flow activated sludge process for the treatment of low-strength municipal wastewater [J]. Journal of Water Process Engineering, 10: 103392.

Moore R L, 1979. Biological effects of magnetic fields: Studies with microorganisms [J]. Canadian Journal of Microbiology, 25 (10): 1145-1151.

Ni S Q, Ni J, Yang N, et al., 2013. Effect of magnetic nanoparticles on the performance of activated sludge treatment system [J]. Bioresource Technology, 143: 555-561.

Niu X, 2023. Aerobic granular sludge treating hypersaline wastewater: Impact of pH on granulation and long-term operation at different organic loading rates [J]. Journal of Environmental Management, 330 (15): 117164.

Omar A H, Muda K, Toemen S, et al., 2018. Study on the effect of a static magnetic field in enhancing initial state of biogranulation [J]. Journal of Water Supply: Research and Technology, 67 (5): 484-489.

Ouyang L, Qiu B, 2023. Positive effects of magnetic Fe_3O_4 @polyaniline on aerobic granular sludge: Aerobic granulation, granule stability and pollutants removal performance [J]. Bioresource Technology, 368: 128296.

Ren T T, Liu L, Sheng G P, et al., 2008. Calcium spatial distribution in aerobic granules and its effects on granule structure, strength and bioactivity [J]. Water Research, 42 (13): 3343-3352.

Ren X, Chen Y, Guo L, et al., 2018. The influence of Fe^{2+}, Fe^{3+} and magnet powder (Fe_3O_4) on aerobic granulation and their mechanisms [J]. Ecotoxicology and Environmental Safety, 164: 1-11.

Sales M, Marinho T, Marinho I C, et al., 2022. Start-up strategies to develop aerobic granular sludge and photogranules in sequential batch reactors [J]. Science of the Total Environment, 828: 154402.

Shuai J, Hu X, Wang B, et al., 2021. Response of aerobic sludge to AHL-mediated QS: Granulation, simultaneous nitrogen and phosphorus removal performance [J]. Chinese Chemical Letters, 32 (11): 3402-3409.

Sun Y, Ali A, Zheng Z, et al., 2022. Denitrifying bacteria immobilized magnetic mycelium pellets bioreactor: A new technology for efficient removal of nitrate at a low carbon-to-nitrogen ratio [J]. Bioresource Technology, 347: 126369.

Sun Y, Angelotti B, Brooks M, et al., 2021. Feast/famine ratio determined continuous flow aerobic granulation [J]. Science of the Total Environment, 750: 141467.

Tang R, 2022. Do increased organic loading rates accelerate aerobic granulation in hypersaline environment? [J]. Journal of Environmental Chemical Engineering, 10 (6): 108775.

Tao J, Qin L, Liu X, et al., 2017. Effect of granular activated carbon on the aerobic granulation of sludge and its mechanism [J]. Bioresource Technology, 236: 60-67.

Tay J H, Liu Q S, Liu Y, 2001. The effects of shear force on the formation, structure and metabolism of aerobic granules [J]. Applied Microbiology and Biotechnology, 57 (1-2): 227-233.

Wang X, Ming J, Chen C M, et al., 2020. Rapid aerobic granulation using biochar for the treatment of petroleum refinery wastewater [J]. Petroleum Science, 17 (5): 1411-1421.

Wang X H, Diao M H, Yang Y, et al., 2012. Enhanced aerobic nitrifying granulation by static magnetic field [J]. Bioresource Technology, 110: 105-110.

Wrede D, Taha M, Miranda A F, et al., 2014. Co-cultivation of fungal and microalgal cells as an efficient system for harvesting microalgal cells, lipid production and wastewater treatment [J]. Plos One, 9 (11): 113497.

Wu W, He Q, Jiang C, 2008. Magnetic iron oxide nanoparticles: Synthesis and surface functionalization strategies [J]. Nanoscale Research Letters, 3 (11): 397.

Xiao X, Ma F, You S, et al., 2022. Direct sludge granulation by applying mycelial pellets in continuous-flow aerobic membrane bioreactor: Performance, granulation process and mechanism [J]. Bioresource Technology, 344: 126233.

Xu J, Pang H, He J, et al., 2019. Enhanced aerobic sludge granulation by applying carbon fibers as nucleating skeletons [J]. Chemical Engineering Journal, 373: 946-954.

Yu T, Wang L, Ma F, et al., 2020. A bio-functions integration microcosm: Self-immobilized biochar-pellets combined with two strains of bacteria to remove atrazine in water and mechanisms [J]. Journal of Hazardous Materials, 384: 121326.

Zhang B, 2020. A sustainable strategy for effective regulation of aerobic granulation: Augmentation of the signaling molecule content by cultivating AHL-producing strains [J]. Water Research, 169: 115193.

Zhang D, Li W, Hou C, et al., 2017. Aerobic granulation accelerated by biochar for the treatment of refractory wastewater [J]. Chemical Engineering Journal, 314: 88-97.

Zhang Q, Hu J, Lee D J, 2016. Aerobic granular processes: Current research trends [J]. Bioresource Technology, 210: 74-80.

Zhang S, Li A, Cui D, et al., 2011a. Biological improvement on combined mycelial pellet for aniline treatment by tourmaline in SBR process [J]. Bioresource Technology, 102 (19): 9282-9285.

Zhang S, Li A, Cui D, et al., 2011b. Performance of enhanced biological SBR process for aniline treatment by mycelial pellet as biomass carrier [J]. Bioresource Technology, 102 (6): 4360-4365.

Zhang X, Liu Y, Li J, et al., 2022. Enhancing effects of sludge biochar on aerobic granular sludge for wastewater treatment [J]. Processes, 10 (11): 2385.

Zhang Y, Dong X, Nuramkhaan M, et al., 2019. Rapid granulation of aerobic granular sludge: Amini review on operation strategies and comparative analysis [J]. Bioresource Technology Reports, 7: 100206.

Zhang Z, Wang L, Ji Y, et al., 2023. Understanding the *N*-acylated homoserine lactones (AHLs) -based quorum sensing for the stability of aerobic granular sludge in the aspect of substrate hydrolysis enhancement [J]. Science of the Total Environment, 858: 159581.

Zhou J, Zhao H, Hu M, et al., 2015. Granular activated carbon as nucleating agent for aerobic sludge granulation: Effect of GAC size on velocity field differences (GAC versus flocs) and aggregation behavior [J]. Bioresource Technology, 198: 358-363.

第9章 好氧颗粒污泥技术的工程化应用

好氧颗粒污泥工程化应用常通过序批式反应器或现有的连续流反应器来实现。截至2018年底，世界上运行的基于好氧颗粒污泥技术的污水处理厂数量接近40家（Nereda®技术约30家，S::Select®技术约10家）。在2020年和2021年，多达13个全规模的好氧颗粒污泥污水处理厂已经或正在建设中。此外，从2020年到2025年，除了从2010年到现在正在运行的好氧颗粒污泥设施，还有11座好氧颗粒污泥水厂处于设计阶段，这表明这种生物水处理技术的利用呈快速增长的趋势（Hamza et al.，2022）。随着研究不断发展，除了中试规模的应用与研究外，越来越多全规模的长期应用也逐步实现，适用的处理对象也不断增多，不同类型的废水均可取得良好的处理效果。此外，新技术的研究也为好氧污泥造粒在水处理方面的应用提供了更多的新方案与新思路。

9.1 中试规模的工程化应用

9.1.1 城市污水处理

在好氧颗粒污泥的中试规模应用研究中，常将城市污水作为主要的处理对象，但经研究发现，普通的生活污水往往为中低强度废水。例如，中国大部分污水处理厂的进水COD浓度在200～400mg/L之间。在这种条件下，好氧颗粒污泥的培养非常困难，通常需要几个月的时间，限制了颗粒污泥在工程实践中的应用（Yang，2023）。为此，研究人员经过不断的优化、调试与应用，逐渐实现了在处理市政污水中好氧污泥造粒与稳定运行。

2003年，荷兰代尔夫特理工大学与荷兰DHV公司在荷兰Ede污水处理厂首次建立了好氧颗粒污泥的SBR中试系统。实验采用2个平行设置的序批式反应器（SBR），装置高6.00m、直径0.60m，接种活性污泥（AS），进水COD在270～400mg/L。运行1年后

80%的好氧颗粒污泥直径>0.21mm（王明阳 等，2018）。该系统对氨氮有较好的处理效果，虽然出水 SS 无法达到当地的排放标准，但其成功运行为日后荷兰大规模的好氧颗粒污泥污水处理厂的建设提供了经验（赵锡锋 等，2020）。

随后，Ni 等（2009）在中国合肥朱砖井污水处理厂建立了中试柱状 SBR，工作容积为 $1m^3$，内径为 0.5m，高度为 6m（见图 9.1）。该反应器采用微孔曝气器进行曝气，溶解氧（DO）浓度保持在 2mg/L 左右，接种后，SBR 初始操作周期为 4h，一个循环由 5min 进水、185～200min 曝气、15～30min 沉降和 20min 出水组成。废水从反应器顶部引入，在整个运行过程中，水力停留时间为 6～8h，出水率在 50%～70%之间变化（Ni et al.，2009）。该研究采用水厂市政污水，经由初沉池沉淀后直接引入 SBR 中，进水成分见表 9.1。运行 300d 后，反应器活性污泥以好氧颗粒污泥为主（约 85%）。颗粒粒径在 0.2～0.8mm 范围内，具有较好的沉降能力，沉降速度为 18～40m/h。颗粒化后的系统对 COD 去除率保持在 85%～95%，NH_4^+-N 去除率保持在 90%～99%，经系统处理后，出水 SS 约为 15mg/L，处理性能良好。另外该实验还表明，反应器的容积交换率和沉降时间是在中试规模下培养好氧颗粒污泥并稳定处理低 COD 污水的 2 个重要参数（王明阳 等，2018）。

(a) SBR反应器实物图[显示了上隔间（树脂玻璃）以及下隔间（钢）]

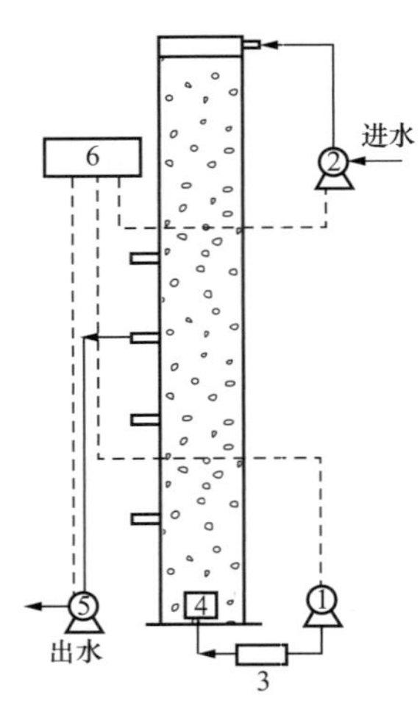

(b) SBR反应器的结构和流程图

图 9.1 朱砖井污水处理厂 SBR 中试反应器（Ni et al.，2009）

1—气泵；2—进水泵；3—质量流量控制器；4—曝气机；5—电磁阀；6—时间控制器

表 9.1 市政污水的组成成分表（Ni et al.，2009）

成分	含量
总 COD/（mg/L）	95~200
可溶 COD/（mg/L）	35~120
NH_4^+-N/（mg/L）	10~40
TN/（mg/L）	12~50
pH 值	6.5~7.5
VSS/（mg/L）	90~200

此外，Su 等（2012）在中国北京的高碑店污水处理厂建立了 SBR 中试系统，采用 AAA（alternating anaerobic/aerobic，AAA）序批培养模式，用两个相同的反应器培养好氧颗粒污泥，其工作容积为 85L，直径 0.25m，高 2.0m（R1 和 R2，R2 为对照）。充填时间为 10min，排出时间为 5min，厌氧、曝气和沉降时间根据循环长度逐渐改变。该研究取厌氧消化污泥作为接种污泥，以典型生活污水为进水底物，从水厂初沉池直接引入 AAA SBR 中，进水成分见表 9.2。实验第 8 天即出现大量的小污泥颗粒（直径 80μm 的絮状污泥聚集体和直径 700μm 的颗粒状污泥聚集体），且仅用 45d 就完成了污泥颗粒化，平均粒径为 750μm，SVI_{30} 为 20～35mL/g（Su et al.，2012）。在随后的运行中 COD、TN、TP 的去除率可分别稳定在 92%、81%和 85%。该研究还首次证明了高污泥含量（质量浓度 12.3～20.0g/L）、低 COD 污泥负荷（21～56g/kg）条件有利于好氧污泥在反应器启动阶段颗粒化，通过控制污泥浓度和污泥负荷量可以优化操作条件，加速好氧颗粒污泥形成（王明阳 等，2018）。

表 9.2 市政污水的组成成分表（Su et al.，2012）

成分	含量
COD/（mg/L）	200~320
TN/（mg/L）	38~55
TP/（mg/L）	6.0~13.0
SS/（mg/L）	80~150
pH 值	6.8~7.4

除了 SBR 之外，好氧颗粒污泥在连续流工艺中的实现也为水厂提标改造提供了更加有效、更加节能的方案。余诚等（2023）基于河北省某污水处理厂原厌氧池构建了中试规模 $3000m^3/d$（Ⅰ、Ⅱ系列）的微氧-好氧耦合沉淀一体式反应器，该反应器由微氧池，好氧池及置于好氧池内部、基于三相分离器的沉淀分离装置组成，装置流程见图 9.2。其中系列Ⅰ：微氧池 11.0m×6.0m×6.5m，好氧池 13.5m×6.0m×3.8m，好氧池内沉淀分离装置 13.5m×6.0m×1.0m；系列Ⅱ：微氧池 13.8m×6.0m×6.5m，好氧池 13.5m×6.0m×3.8m，好氧池内沉淀分离装置 13.5m×6.0m×1.0m。进水流量、污泥回流量、剩余污泥外排量及曝气量均采用变频控制器控制。污泥质量浓度保持在 4～7g/L，采用气提回流控制污泥回流比约 200%，每日排泥控制污泥龄 26～30d，调整曝气量使得微氧池溶解氧（DO）为 0.2～0.5mg/L，好氧池 DO 为 1.0～3.0mg/L。

该研究以低浓度市政污水为基质，由旋流沉砂池出水直接引入反应器，其水质指标见表 9.3，并成功在连续流模式下培育了好氧颗粒污泥。Ⅰ系列和Ⅱ系列出水 NH_4^+-N 分别为（1.3±1.1）mg/L 和（1.0±0.8）mg/L，平均去除率分别为 97.7%和 98.2%。出水 NH_4^+-N 基本保持在 2mg/L 以下，满足地方标准要求的 2.0mg/L，达标时间占比分别为 81.8%和 93.5%。其中，Ⅰ系列由于曝气设备故障导致超标时间多于Ⅱ系列。出水 TN 分别为（9.9±2.8）mg/L 和（9.1±2.6）mg/L，平均去除率分别为 84.8%和 85.7%。出水 TN 基本保持在 10mg/L 左右，满足地方标准要求的 15.0mg/L，达标时间占比分别为 94.8%和 96.1%。此外，此中试系统不仅获得了良好的出水水质，而且由于二沉池耦合在

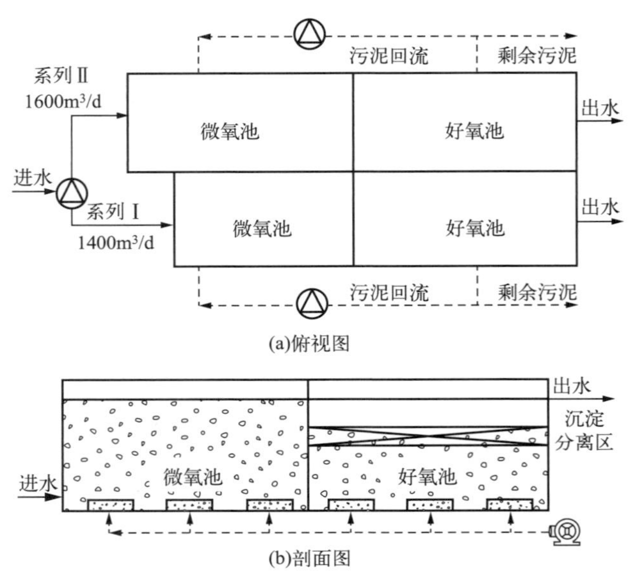

图 9.2 中试装置流程示意图（余诚 等，2023）

好氧池内部，省去了二沉池，缩小了占地面积，同时将硝化液回流和污泥回流合二为一，降低了系统的运行能耗。

表 9.3 市政污水的组成成分表（余诚 等，2023）

成分	含量
COD/（mg/L）	328.1±73.6
TN/（mg/L）	67.2±14.7
TP/（mg/L）	6.0±1.7
NH_4^+-N/（mg/L）	57.3±14.6
C/N 值	4.9

截至目前，好氧颗粒污泥技术在连续流反应器中的工程应用还鲜有研究，但有利于运行的条件正在被逐步揭示，各种新型的优化工艺也被相继提出，大规模的应用指日可待。

9.1.2 工业污水处理

中试规模的应用中绝大多数研究都聚焦于 SBR 反应器上，其沉降性能好、抗冲击负荷能力强、适用于中小型规模水处理、具有良好的水处理性能等特点使其在工业生产废水的处理中具有良好的应用潜能。好氧颗粒污泥处理工业废水涉及多个领域，例如屠宰废水、纺织印染废水、造纸废水、含盐废水、人工纳米材料废水等。

屠宰废水中具有较高浓度的悬浮颗粒物质（600～1000mg/L），采用传统的活性污泥工艺处理时，必须预先分别设置气浮池和细格栅以去除油脂类物质和悬浮颗粒，而采用好氧颗粒污泥技术则可以直接略掉细格栅单元，大大降低了基建投资和运行费用，出水 SS 浓度低于 30～45mg/L，SS 去除率稳定在 95%以上（王硕 等，2014）。Morales 等（2013）

采用中试规模的 SBR 处理养猪废水，研究在工作容积为 100L 的气泡柱反应器进行，反应器在室温（18～22℃）下运行，循环 3h，其中进料 3min，曝气 165～171min，沉降 4～10min 和出水 2min。体积交换比为 50%，水力停留时间（HRT）为 6h。该研究以城市污水处理厂收集的活性污泥为接种污泥，采取两种不同的废水进水策略，在第一阶段，将 OLR 保持在 1.9kg COD/(m^3·d) 左右，以促进好氧颗粒污泥的形成，而在第二阶段，增加猪浆在饲料中的比例，进水成分见表 9.4。研究结果发现，两种不同的进料没有改变好氧颗粒污泥的物理性质，颗粒污泥状态稳定。另外，尽管反应器具有良好的生物质选择能力，但它无法清除粪浆中的固体。因此，需对这些固体进行预处理或后处理，以达到所需的出水值。好氧颗粒污泥可以承受这类废水中常见的 OLR [1.74～6.26kg CODs/(m^3·d)]、NLR [氮负荷，0.3～1.7kg N/(m^3·d)] 和 CODs/N 值（1.9～9.4g CODs/g N）的变化。有机物去除率不受 OLR 变化的影响，而是受猪浆中不可生物降解部分的影响，去除率在第一阶段平均为（73±12）%，在第二阶段平均为（61±18）%。进水 pH 值平均为 7.6±0.6；氨氮主要氧化为亚硝酸盐，第一阶段氨氮平均去除率为（56.4±13.9）%，第二阶段氨氮平均去除率为（76.6±8.7）%。

表 9.4 养猪废水的组成成分表（Morales et al.，2013）

成分	阶段 I	阶段 II
时间/d	1～76	77～307
CODt/（mg/L）	660±95	1890±552
CODs/（mg/L）	487±80	1003±261
OLR/[kg CODs/(m^3·d)]	1.91±0.34	4.00±1.02
NH_4^+-N/（mg/L）	148±70	249±68
NLR/[kg N/(m^3·d)]	0.31±0.06	1.00±0.27
CODs/N（g/g）	3.89±1.44	4.27±2.33
TSS/（g/L）	0.11±0.06	0.47±0.17
VSS/TSS/（g/g）	0.92±0.04	0.87±0.08

纺织印染废水是最难处理的工业废水之一，其中包含重金属、染料（偶氮染料、蒽醌染料、酞菁染料等）等多种污染，因此具有色度高、毒性高、难以生物降解、处理难度大等特点（Yaseen and Scholz，2019）。好氧颗粒污泥内部的分层结构能使有毒物质的浓度沿颗粒径向呈梯度下降分布，使得颗粒污泥中的微生物受有毒物质毒性的影响小。此外，好氧颗粒污泥的胞外聚合物含量高，胞外聚合物中的多糖和蛋白上的羧基、羟基、氨基等官能团可以为重金属的吸附提供吸附位点；且分层结构为染料发生厌氧、好氧反应提供了氧化还原环境。大量研究表明好氧颗粒污泥对重金属、染料等有毒难降解污染物具有良好的处理能力（翟俊 等，2023）。

在研究早期，研究者通常在合成废水中驯化培养好氧颗粒污泥，随后再用于处理实际废水（李黔花，2019）。另外，也出现了许多通过改良工艺或反应器构型来促进好氧颗粒污泥系统运行稳定、增强污染物去除性能的研究（Guo et al.，2023；Lotito et al.，2012）。然而，该方面的实际应用却不多，有案例利用好氧颗粒污泥在连续流污水处理厂中处理实际纺织印染废水，污水处理设施见图 9.3，该设施每天的实际废水处理量为 1200～2400m^3（Malik et al.，2021）。废水首先经过工厂入口处一个孔径为 3mm 的筛网进行预处理，以消除粗颗粒和细颗粒，并最大限度地减少后续阶段的沉淀和设备堵塞。废水样本来自巴基斯坦拉合尔的一家纺织废水处理厂，其组分见表 9.5。该案例的 COD 去除效果较好，能达到 90%以上，油脂去除率在 62.5%以上，TSS 去除率可达 80%以上，但没有对脱色率进行说明，并且该污水处理厂只运行了 90d，因此关于颗粒污泥的稳定性问题有待进一步的探究。

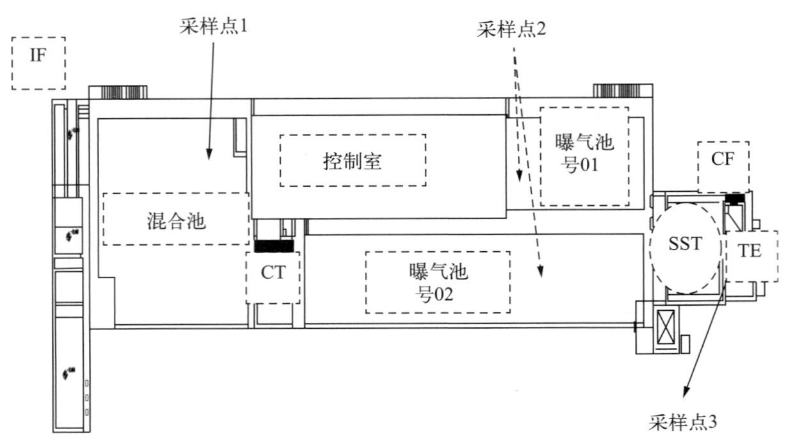

图 9.3 纺织工业污水处理厂的污水处理流程图（Malik et al.，2021）

IF—废水进水口；CT—冷却塔；SST—二级沉淀池；CF—滤布过滤器；TE—处理后出水

表 9.5 纺织污水组成成分表（Malik et al.，2021）

成分	含量
BOD_5/（mg/L）	580~ 1080
COD_5/（mg/L）	1000~ 1900
温度/℃	40~ 50
pH 值	9~ 12
色度（铂钴比色法测量）	< 1500
TSS/（mg/L）	75~ 800
TDS/（mg/L）	2500~ 5000

造纸废水中含有大量卤代有机化合物，由于卤代有机化合物具有致癌或毒性作用，因此其在环境中的排放日益成为人们关注的问题。在纸浆和造纸工业的漂白工艺中会使用氯和氯代化合物，进而产生卤代有机化合物，这些化合物大部分是可吸附的，在废水中，这些化合物被称为“可吸附有机卤化物”（adsorbable organic halide，AOX）（Farooqi and Basheer，2017）。

为了评估好氧颗粒污泥工艺处理造纸废水的性能，Farooqi 等（2017）在印度北阿坎德邦的污水处理厂建立了 1 座中试 SBR 来处理造纸和纸浆工业废水，SBR 直径为 0.6m，有效高度为 3m，总容积为 3.394m^3，高径比（H/D）为 5∶1，实验装置见图 9.4。常见纸浆造纸工业废水的组成见表 9.6。进水中可吸附有机卤化物（AOX）的重钙离子浓度为 15～20mg/L，COD 浓度为 2000～3000mg/L。反应器顶部进水，中间出水，水力停留时间（HRT）为 6h，COD 负荷为 4.5kg/(m^3·d)，成功运行了 780d。该系统培养了成熟的好氧颗粒污泥，污泥浓度为 7～8g/L，SVI 值为 60～70mL/g，污泥粒径可达 2～4mm，出水 COD 和 AOX 浓度分别低于 250mg/L 和 5mg/L，COD 去除率为 88%，AOX 去除率为 79%。该研究结果证明在纸浆和造纸工业废水中 AOX 的大量减少下，好氧颗粒污泥仍能保持长期稳定以及良好的处理性能，且 SBR 节约占地与能耗，因此好氧颗粒污泥工艺可代替传统活性污泥工艺使造纸废水达到出水标准。

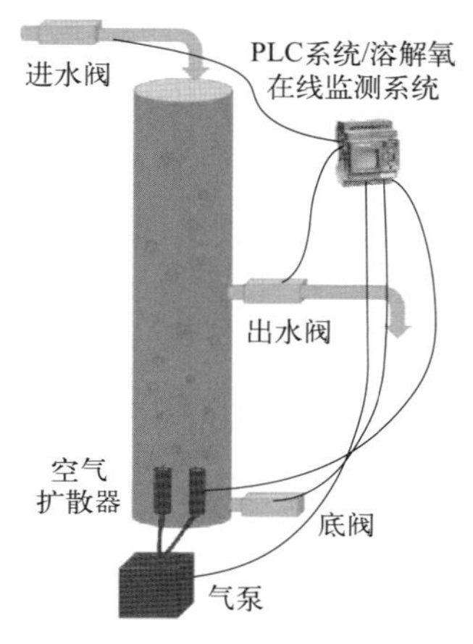

(a)中试SBR反应器流程示意图

(b)中试SBR反应器实物图

图 9.4　印度北阿坎德邦奈制浆造纸厂中试 SBR 反应器（Farooqi and Basheer，2017）

表 9.6　纸浆造纸工业废水的组成（Farooqi and Basheer，2017）

成分	含量
COD/（mg/L）	2000～3000
BOD/（mg/L）	600～1350
AOX/（mg/L）	10～22
TSS/（mg/L）	2500～4000
pH 值	7.5～8.5

除了专门针对各种不同类型工业废水的处理外，许多研究采用工业与生活混合废水作为待处理废水。例如，Liu 等（2010）在新加坡裕廊再生水厂的初级沉淀池附近设了一座中试规模 SBR，用于处理从住宅、工厂、商业和工业场收集的废水。该厂的废水包括 40%的生活污水和 60%的工业废水，其中可溶性 COD 为 250～1800mg/L，平均值为 1000mg/L；NH_4^+-N 为 39～93mg/L，平均值为 60mg/L。经处理后，系统 COD、NH_4^+-N 和无机氮（NO_x^--N）的去除率分别为 80%、98%和 50%。实验证明在中试规模下由 SBR 培养出好氧颗粒污泥并维持长期、稳定、高效处理化工废水是可行的。

丁立斌等（2014）在某城镇污水处理厂建立一套 SBR 中试装置，该反应器由钢制材料制成，高为 6.0m，直径为 2.0m，最大处理量为 $120m^3/d$，见图 9.5。采用该污水厂的原污水作为进水，其中工业废水约占 70%、生活污水约占 30%，其组成成分见表 9.7。反应器启动阶段（前 7d）一个运行周期的时间分配如下：进水 10min，曝气 120min，沉淀 60min，出水 30min，闲置 20min。反应器稳定运行阶段一个运行周期的时间分配如下：进水 40min，曝气 120min，沉淀 20min，出水 50min，闲置 10min。所有操作均由设定好的控制系统自动运行。本装置运行至第 87 天，颗粒平均粒径在 300μm 左右，SVI 值为 38mL/g，MLSS 为 8550mg/L，对 NH_4^+-N 和 BOD_5 的平均去除率分别可达到 99% 和 95%以上。且经过对比发现，中试 SBR 系统的单位面积 COD 和 NH_4^+-N 去除量分别为该污水厂 SBR 的 5.45 倍和 3.60 倍，单位面积处理效率优于该污水厂 SBR。尽管好氧颗粒污泥技术具有较低的技术成熟度、可靠性和稳定性，导致该技术的 SBR 综合效能仍然低于传统活性污泥 SBR，但也已接近实际应用。

图 9.5 中试 SBR 系统（丁立斌 等，2014）

表 9.7 污水厂进水组分表（丁立斌 等，2014）

成分	含量
COD/（mg/L）	500~1000
BOD_5/（mg/L）	100~250
TP/（mg/L）	2~4
NH_4^+-N/（mg/L）	30~80

9.2 全规模的工程化应用

9.2.1 Nereda® 工艺

目前，好氧颗粒污泥技术工程化应用最成功的是由荷兰 Royal Haskoning DHV（中文简称“德和威”）公司实施的 Nereda® 技术。其运行模式在第 1.4 部分已有详细介绍。至

2022 年初，在欧洲、非洲、澳大利亚、北美洲和南美洲，已运行的 Nereda® 工艺污水处理设施已有 50 多座，总处理能力超过 1300 万人口当量（约 $260\times10^4 m^3/d$）。在已建成投运的项目中，不乏日处理能力数万乃至数十万吨的大型污水处理厂，这表明该工艺可以应用于不同规模的市政污水和工业废水处理厂（吴志明 等，2022）。目前，该工艺已进入中国并建成了全规模的污水处理厂。

荷兰 Utrecht 污水处理厂于 2017 年采用 Nereda® 工艺进行提标改造，2018 年开始正式运行，是荷兰迄今为止建造的规模最大的采用 Nereda® 工艺的污水厂。该厂平均日流量 $76300m^3/d$，峰值流量为 $14100m^3/h$。原污水厂采用传统活性污泥法，仅沉淀池就有 14 座，改造后只需 6 套 Nereda® 反应器以及不到 40%的占地面积即可处理相同的水量。由于 Nereda® 工艺占地紧凑，因此在原有曝气池和沉淀池左侧的有限区域内就可新建 Nereda® 处理系统，如图 9.6 所示。

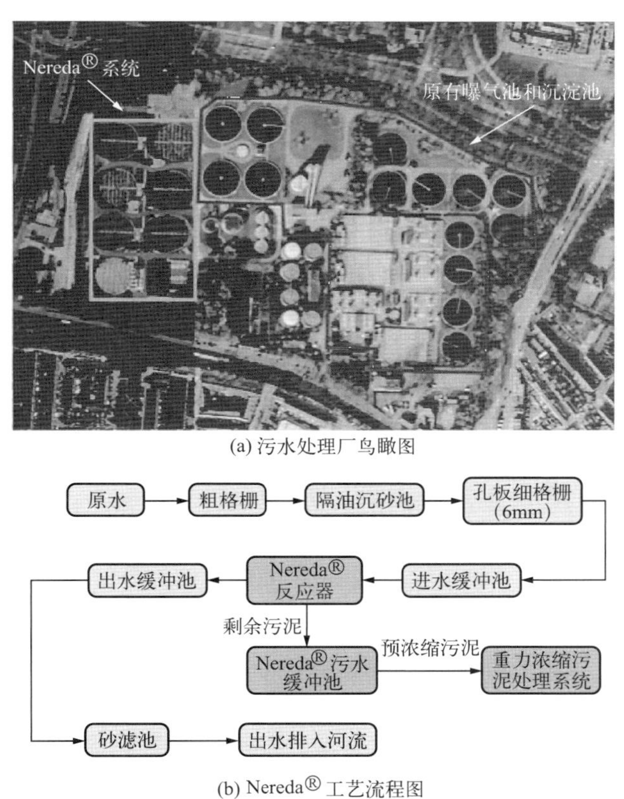

图 9.6　Utrecht 污水处理厂的鸟瞰图和 Nereda® 工艺流程（吴志明 等，2022）

该污水处理厂新建的 Nereda® 系统共有 6 座圆形池，单座池容积 $12000m^3$，直径 46m，水深 7.3m，设计水温为 10～24℃。此外，Nereda® 系统还包括 1 座 $12000m^3$ 的进水缓冲池、2 座 $500m^3$ 的预浓缩污泥缓冲池以及 1 座 $4000m^3$ 的出水缓冲池。在不投加任何化学药剂的情况下，该污水厂出水 TN 和 TP 分别低于 5mg/L 和 0.5mg/L，比原活性污泥系统出水相应指标低 50%，出水可直接排入与厂区紧邻的河流，水厂的进出水指标见表 9.8。

表 9.8 Utrecht污水处理厂运行数据（吴志明 等，2022）

成分	运行指标			
	进水		出水（砂滤后）	
	平均值	95%保证率	平均值	95%保证率
COD/（mg/L）	622	818	26	35
BOD_5/（mg/L）	270	380	3	7
TSS/（mg/L）	280	380	7	13
TKN/（mg/L）	56	74	2	4
TN/（mg/L）	—	—	5	9
NH_4^+-N/（mg/L）	—	—	0.4	2.0
PO_4^{3-}-P/（mg/L）	—	—	0.3	0.9
TP/（mg/L）	8	11	0.5	1.3

注：运行指标为2020年9月~2021年8月期间的数据。

荷兰Garmerwolde污水处理厂于2005年被改造成AB两段式活性污泥系统，之后因无法达到所需的营养物去除目标以及无法满足不断增长的处理水量的需求，需要对污水厂进行升级。改造方案最终采用了Nereda®技术作为生化处理工艺，新建2套9500m^3的Nereda®反应器以及1座4000m^3的进水缓冲池，并与现有的AB系统并列运行以扩大处理能力，同时提高脱氮除磷能力。该污水厂于2013年启动了提标改造工程，建造了2套直径为41m的Nereda®反应器来处理约41%的进水，占地面积却比原AB处理系统的25%（澄清池直径为48m）还小。该污水厂Nereda®系统与AB系统平面布置如图9.7所示。

Nereda®反应器的启动主要有两个阶段：第一阶段是颗粒化阶段；第二阶段是处理效率提升阶段。

① 第一阶段：由于在调试期间对出水TN和TP分别提出了小于15mg/L和1mg/L的要求，因此该阶段污水系统的进水负荷需要根据出水指标适时调整，以满足出水排放要求。在运行3个月后系统流量达到了设计要求，对TN、TP和COD的去除趋于稳定。TP完全通过Nereda®系统生物反应即可达到去除目标，TN和TP均满足上述出水要求。

② 第二阶段：经过第一阶段的启动期后，坚固密实的颗粒床（MLSS＞8g/L）已形成，并在此后能长期保持稳定，5min的污泥容积指数（SVI）可达45mL/g。颗粒污泥中有超过80%的粒径＞0.2mm，超过60%的粒径＞1mm。启动完成后Nereda®系统出水TN和TP平均值分别为6.9mg/L和0.9mg/L，所有指标都符合出水要求。第二阶段即2014年3～12月的进、出水平均值如表9.9所列。而同样的运行期间，在投加大量反硝化碳源以及用于改善污泥性质的混凝剂和除磷铁盐的情况下，传统AB系统出水TN和TP平均值分别为9.9mg/L和0.9mg/L。

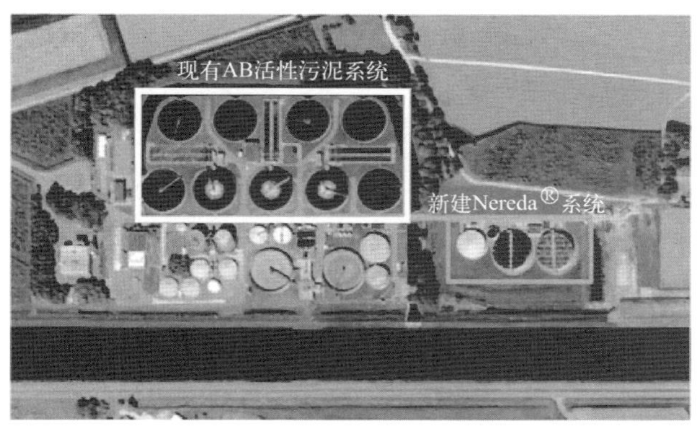

(a)污水处理厂鸟瞰图

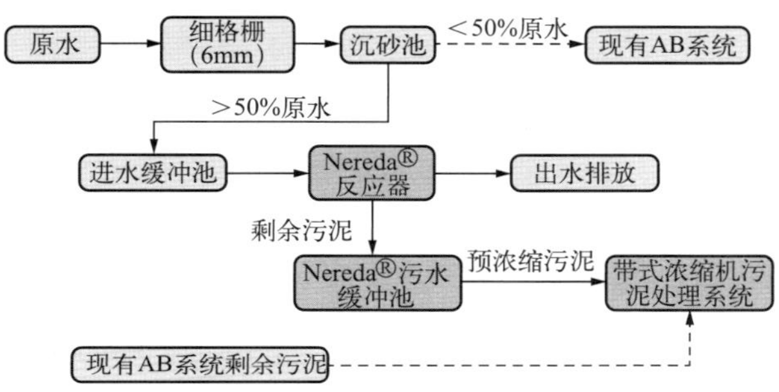

(b) Nereda® 工艺流程图

图 9.7 Garmerwolde 污水处理厂的鸟瞰图和 Nereda® 工艺流程（吴志明 等，2022）

表 9.9 Garmerwolde 污水处理厂的运行数据（吴志明 等，2022）

成分	进水	出水要求	Nereda® 出水
COD/（mg/L）	506	125	64
BOD_5/（mg/L）	224	20	9.7
TSS/（mg/L）	236	30	20
TN/（mg/L）	49.4	7.0	6.9
NH_4^+-N/（mg/L）	39.0	—	1.1
TP/（mg/L）	6.7	1.0	0.9

国内首座好氧颗粒污泥技术工业化污水处理厂——龙游县城南工业污水处理厂位于浙江省衢州市龙游县城南工业开发区。污水厂一期、二期处理规模为 40000m^3/d，工艺为格栅旋流沉砂池＋循环式活性污泥法（CAST，二期 A^2O）＋反硝化深床滤池＋消毒接触池。三期为好氧颗粒污泥处理工程，处理规模为 20000m^3/d，水厂三期工程鸟瞰图见图 9.8。

水厂好氧颗粒污泥技术处理工程工艺流程见图 9.9。该工艺进水为城市污水与工业废水组成的混合废水，其中工业废水占比达 70%以上，具体设计进出水水质见表 9.10。污水从进水管道首先进入粗格栅间，截留较大的污物以保护水泵等重要设备。经过粗格栅后，污水进入进水泵房；经水泵提升，进入细格栅；经过细格栅截留下较为细小的污物，

图 9.8　龙游县城南工业污水处理厂三期工程鸟瞰图

随后污水进入曝气沉砂池；在曝气沉砂池中去除密度较大的砂砾后，进入调节池隔油段，对油脂进行去除并启动一定的预沉淀作用，之后进入调节池，调节池起到对工业污水均质恒量的作用；之后污水依次经过生物池、高效澄清池及反硝化深床滤池进行脱氮除磷及SS的去除，之后经过次氯酸钠消毒，随后排放进入衢江。三期工程于2020年正式投入运行，运行至今，在实际运行过程中来水水质时有波动，出水指标达到设计要求，满足排放标准，对于好氧颗粒污泥技术在我国的工程化具有重要借鉴意义。

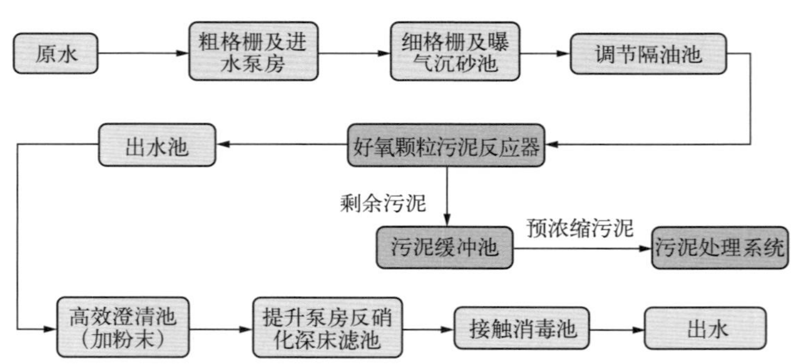

图 9.9　龙游县城南工业污水处理厂好氧颗粒污泥工艺流程图

表 9.10　污水处理厂好氧颗粒污泥工艺设计进出水水质表

成分	设计进水	设计出水
COD/（mg/L）	500	40
BOD_5/（mg/L）	220	10
SS/（mg/L）	200	10
TN/（mg/L）	45	12（15）
NH_4^+-N/（mg/L）	30	2（4）
TP/（mg/L）	2.5	0.3
石油类/（mg/L）	20	—
TDS/（mg/L）	2000	—

9.2.2 S::Select® 技术

在实际污水处理中，污泥膨胀是影响水处理效果的重要问题，好氧颗粒污泥技术为这一问题的解决提供了新方案，S::Select® 技术通过将悬浮污泥（絮凝体）转化为好氧颗粒污泥，从根本上改变了活性污泥的生物系统，显著提高了污泥沉降性能，改善了污染物去除效果，使污泥膨胀问题得到了可持续解决。

瑞士 EssDe GmbH 公司设计的 S::Select® 技术（参见 2015 年发布的专利 EP2792646B1）依赖于连续流系统和水力旋流器中生物质的选择，因此在足够高的压力下有足够强的重力。这些力将生物质分离成较重的部分（富含厌氧氨氧化微生物）和较轻的部分（富含 AOB）。较重的部分主要含有厌氧氨氧化颗粒污泥，回流至反应器中用于改善 BNR（生物脱氮）。此外，水力旋流器施加的高压促进了颗粒污泥表面生长的丝状生物的脱离，微生物分泌更多的 EPS，从而形成生物膜，并且提高了颗粒污泥的稳定性和沉降性能。S::Select® 技术来源于该公司的 EssDe® 工艺，该工艺常用于污泥脱氮处理中，且在处理高浓度有机废水以及污水处理同步脱氮除碳中有良好的效果。在 EssDe® 工艺中，通过使用专利的水力旋流器技术对剩余污泥进行选择性分离，保留污泥龄长的细菌，并以此来保持亚硝酸盐的产生与消耗平衡，实现了短程硝化反硝化过程。因此，该工艺的反应器中有两种不同的污泥龄，见图 9.10。大部分的碳被固定在一个非常高负荷的阶段，并可能与沉淀相结合，然后被吸附并立即被泵入消化系统。这不仅通过避免活性污泥的生长和内源性呼吸来节省额外的（曝气）能量，而且还能产生更多的气体，从而产生更多的能量。在能耗上，EssDe® 工艺缩减了传统水厂 60% 的能源消耗，可以完全不需外加碳源。因此，产生的多余污泥量极少，相应的处理费用也得到了降低。在工程应用中，EssDe® 工艺简单且方便，既适用于连续性的过程中，也可被设计在序批式的过程中，非常适用于水厂的提标改造。

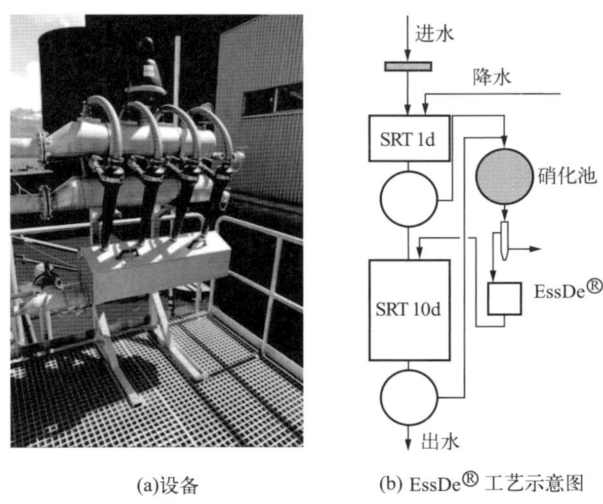

(a)设备　　(b) EssDe® 工艺示意图

图 9.10 EssDe® 设备及主流的 EssDe® 工艺示意图

S::Select®技术在应用中采用了同一集团开发的特定控制系统（S::Control®）。该系统与水力旋流器一起安装，基于 pH 值和氧化还原电位来控制曝气和 SRT，同时又反过来影响 NH_4^+-N 和 NO_x^--N 转化率。据报道，S::Control®对于出水质量的可靠性和系统的稳定性至关重要。

在 S::Select®工艺中，常规活性污泥被转化为好氧颗粒污泥。生长缓慢的细菌（如硝化细菌）被富集，生长迅速的细菌（如异养细菌）优先被减少。污泥比密度（g/cm^3）显著提高，沉降速率相应提高。回流污泥大量减少。丝状生物在位置上处于劣势，在操作过程中不再是破坏性因素。活性污泥装置的性能大大提高，而且更加稳定。剩余污泥可以更好地浓缩，在消化池中的停留时间变长，污泥的稳定程度提高。整个装置的能量平衡得到显著改善。在目前的全规模应用中，S::Select®工艺常被作为改善污泥性能，提高水厂出水水质，减少水厂占地面积的水厂提标改造方案，见表 9.11。

表 9.11 S:: Select®工艺在世界各地全规模污水厂中的应用

位置	年份	处理规模	废水类型	处理结果
瑞士	2014 年	90000PE	市政污水	沉降速率 4~ 5m/h，处理量提高 50%，出水 COD、TN 和 TSS 降低
德国	2015 年	40000PE	市政污水	沉降速率 5m/h，SVI< 70mL/g
德国	2016/2017 年	45000PE	市政污水	无膨胀污泥，沉降速率 4~ 5m/h，处理量提高 50%，COD、TN 和 TSS 降低
德国	2017 年	55000PE	市政污水	无膨胀污泥，沉降速率> 3m/h，显著节省碳酸钙用量，处理能力提高 75%
波兰	2018 年	40000PE	市政污水	污泥沉降性能明显改善，沉降速率> 3m/h
以色列	2017 年	800000PE	市政污水	沉降率高，水力应力条件优化，处理能力强
智利	2018 年	50000PE	市政污水	无膨胀污泥，沉降速率> 6m/h，处理能力显著提高（清洗周期减少 30%）
德国	2019 年	250000PE	市政污水	解决了污泥漂浮问题，沉降速率> 3m/h，处理量和出水质量较高，工艺稳定
德国	2019 年	15000m^3/d	工业污水	沉降速率> 3m/h，显著节省化学品的成本，改善污泥沉降，出水质量更高，过程更稳定
丹麦	2019 年	230000PE	市政污水	沉降率高，容量显著提高
瑞士	2020 年	62000PE	市政污水	沉降率高，容量明显增大

注：1PE（人口当量）≈0.5m^3/d。

通过大量的工程实践应用，S::Select®工艺的优点也进一步明晰，包括：

① S::Select®产生好氧颗粒污泥并可保持这种最佳污泥特性，大大加速了最终澄清池中污泥的沉降，污泥膨胀现象得到显著改善。更紧凑的污泥形成了一个更紧密的絮体过

滤器，显著减少了水厂排出污泥量。

② 活性污泥沉降速度快得多（保证 3m/h），因此生物反应器池和沉淀池的体积可以设置得更小，污泥比活性显著提高。

③ 除硝化能力外，反硝化能力也有很大程度的提高。这导致了强碱性恢复、稳定的絮凝剂结构、低悬浮液浓度和非常好的可见深度。

④ 丝状生物是絮凝体的一部分，由于其比表面积大，性能良好。它们与颗粒一起在最终沉淀池中形成密集的污泥床，这提供了显著的过滤效果，并确保极低的悬浮液值，同时以高沉降速率快速沉降。

目前，该技术在新建污水厂与污水厂提标改造中的应用也在逐年增长。

9.3 工程化应用新技术

好氧颗粒污泥技术作为水处理界的创新技术，在我国的工程化应用中面临许多瓶颈，我国城镇生活污水具有有机物浓度普遍较低、污水处理厂原水碳氮比低、水质波动大等特点，均不利于好氧颗粒污泥工艺稳定运行。在好氧颗粒污泥的工程化应用中，如何保证颗粒的快速形成、保证系统的稳定运行，是目前污水处理领域急需攻克的技术难题，为此，除了现有的方案外，研究人员亦致力于开发新技术以提出更优的应用方案。

北控速粒技术是北控水务根据中国的低碳氮比污水水质特点，基于好氧颗粒污泥技术自主研发打造的新技术产品。该团队实现“原碳分配调控技术”“污泥速沉调控技术”等 4 项核心技术突破，成功研发速粒分配器、速粒筛选器和速粒反应强化器等设备，创建了速粒数据库、速粒软件系统和速粒运行平台的控制系统。该技术具有紧凑性、低碳性和智能性的特点同时具备良好的污泥沉降性能，在实现污水化学需氧量、氨氮、总氮、总磷高标准去除的同时，能耗可降低 20%以上，项目占地可缩减 50%，建设周期可缩减 2/3，投资节省 20%以上。

集成北控速粒和装配式水厂理念，该研发团队打造了具有可在工程现场快速组装的北控速粒模块化装配式水厂，见图 9.11。与传统污水处理厂相比，该产品除具有节约占地、节能降耗等差异化优势外，装配式理念也显著提高污水处理厂建设质量、缩短建设周期、降低施工影响。

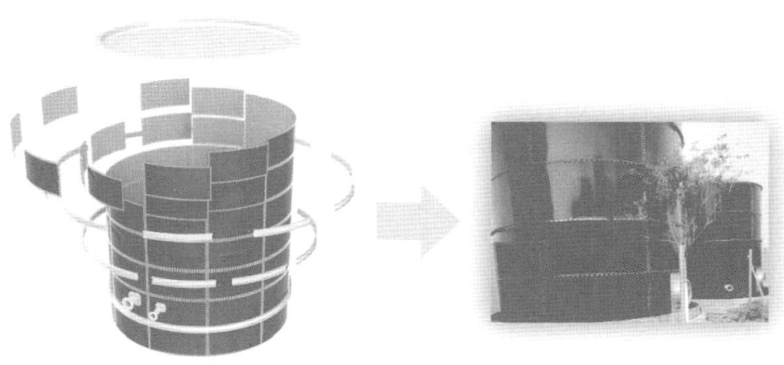

图 9.11　北控速粒模块化装配式水厂理念示意及实物图

对于该技术的应用现状及产业化情况，北控水务在济南建立千吨级生产性验证工程，首次打造并成功运行了第一个基于好氧颗粒污泥理念的快速装配式污水处理项目，创造了超过 700 多天的连续稳定运行记录，积累各项数据十几万条，证实了该技术可节约占地、节省投资、节能降耗、缩短建设周期，见图 9.12。

图 9.12 北控速粒技术济南千吨级生产性验证工程

目前，北控速粒装配式产品主要适配 20000t/d 处理规模以内的污水处理项目，可在分散式污水、中小规模城镇污水、工业点源污水和重点区域村镇污水等场景快速应用。但该技术的工程应用尚在起步阶段，其性能与特点有待进一步研究。

此外，Yang 等（2023）提出了一种新型的两段式好氧颗粒污泥系统，该系统集成了 EBPR（enhanced biological phosphorus removal，EBPR）和 PN/A（partial nitritation/anammox，PN/A）功能，在提高城市废水中养分去除以及资源和生物能源回收方面具有良好的前景，其工艺流程见图 9.13（书后另见彩图）。该工艺由两个容积为 10L 的 SBR 串联而成。城市污水进入第一个 SBR（EBPR 反应器）时，该反应器在厌氧和好氧交替条件下运行，利用废水中的有机碳实现生物除磷。沉淀后上清液进入第二个 SBR（PN/A 反应器），该反应器在微有氧环境下运行，以自养方式去除废水中的氮。EBPR 反应器中以北京高碑店污水处理厂厌氧/缺氧/好氧（A^2O）池中的活性污泥为接种污泥，而 PN/A 反应器中则以 PN/A 中试反应器处理富氨废水中收集的污泥为接种污泥。反应器进水的主要组成成分见表 9.12。

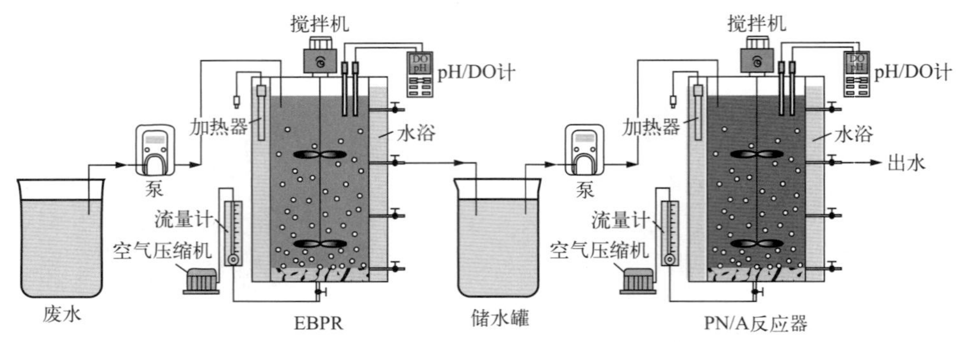

(a) EBPR和PN/A两阶段好氧颗粒污泥流程的示意图

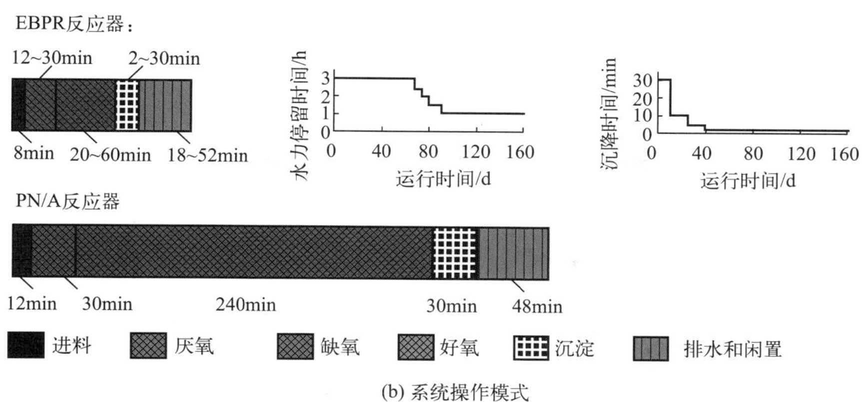

(b) 系统操作模式

图 9.13 两段式好氧颗粒污泥系统工艺流程图（Yang et al.，2023）

表 9.12 系统进水组成成分表（Yang et al.，2023）

成分	含量
COD/（mg/L）	289.1±83.2
BOD_5/（mg/L）	123.1±30.6
TP/（mg/L）	6.1±1.3
TN/（mg/L）	53.6±6.7
NH_4^+-N/（mg/L）	46.4±6.7
NO_2^--N/（mg/L）	0.1±0.1
NO_3^--N/（mg/L）	0.5±0.3
COD/TN	5.4

在该系统中，EBPR 反应器中的好氧颗粒污泥经 20 天形成，在 60 天达到成熟，比以往用低强度城市废水培养好氧颗粒污泥的方法快，且不需要外部添加有机碳和颗粒污泥作为接种物的一部分，PN/A 反应器中亦实现了好氧污泥成功造粒，整体系统启动时间为 60 天。两段式好氧颗粒污泥系统对污水的处理结果显示，该工艺可同时去除低有机强度、低碳氮比的城市废水中的氮磷。在不使用化学药剂的情况下，对 COD、氨氮、TN 和 TP 的最终去除率分别为 87%、90%、81% 和 91%。最终出水 TN（10.4mg/L）和 TP（0.6mg/L）均达到国内污水处理厂排放标准（GB 18918—2002）的 A 级要求，具有良好的工程应用潜力。

参考文献

丁立斌，马俊杰，李军，等，2014. 好氧颗粒污泥 SBR 中试运行效能评价 [J]. 中国给水排水，30（21）：87-90.

李黔花，2019. 好氧颗粒污泥处理印染废水的实验研究 [D]. 西安：西安建筑科技大学.

王明阳，曹素兰，王孙艳，等，2018. 好氧颗粒污泥的工程应用及其研究进展 [J]. 水处理技术，44（11）：11-18.

王硕，于水利，徐巧，等，2014. 好氧颗粒污泥特性、应用及形成机理研究进展 [J]. 应用与环境生物学报，20（4）：732-742.

吴志明，陈学春，赵欣，等，2022. Nereda@好氧颗粒污泥工艺的脱氮除磷性能及工程实例 [J]. 中国给水排水，38

(22)：16-21.
余诚，王凯军，张凯渊，等，2023. 连续流好氧颗粒污泥技术处理低浓度市政污水的中试研究［J］. 环境工程学报，17(03)：713-721.
翟俊，陈茸茸，金静，等，2023. 好氧颗粒污泥处理纺织印染废水研究进展［J］. 土木与环境工程学报（中英文），45(04)：182-191.
赵锡锋，李兴强，李军，2020. 好氧颗粒污泥技术中试研究及应用进展［J］. 中国给水排水，36（8）：30-37.
Farooqi I H，Basheer F，2017. Treatment of adsorbable organic halide（AOX）from pulp and paper industry wastewater using aerobic granules in pilot scale SBR［J］. Journal of Water Process Engineering，19：60-66.
Guo T，Qian Z，Li F，et al.，2023. Aerobic granular sludge coupling with Fe-C in a continuous-flow system treating dyeing wastewater on-site［J］. Environmental Technology & Innovation，30：103065.
Hamza R，Rabii A，Ezzahraoui F，et al.，2022. A review of the state of development of aerobic granular sludge technology over the last 20 years：Full-scale applications and resource recovery［J］. Case Studies in Chemical and Environmental Engineering，5：100173.
Liu Y Q，Moy B，Kong Y H，et al.，2010. Formation，physical characteristics and microbial community structure of aerobic granules in a pilot-scale sequencing batch reactor for real wastewater treatment［J］. Enzyme and Microbial Technology，46（6）：520-525.
Lotito A M，Fratino U，Mancini A，et al.，2012. Effective aerobic granular sludge treatment of a real dyeing textile wastewater［J］. International Biodeterioration & Biodegradation，69：62-68.
Malik A，Hussain M，Uddin F，et al.，2021. Investigation of textile dyeing effluent using activated sludge system to assess the removal efficiency［J］. Water Environment Research，93（12）：2931-2940.
Morales N，Figueroa M，Fra-Vázquez A，et al.，2013. Operation of an aerobic granular pilot scale SBR plant to treat swine slurry［J］. Process Biochemistry，48（8）：1216-1221.
Ni B J，Xie W M，Liu S G，et al.，2009. Granulation of activated sludge in a pilot-scale sequencing batch reactor for the treatment of low-strength municipal wastewater［J］. Water Research，43（3）：751-761.
Su B，Cui X，Zhu J，2012. Optimal cultivation and characteristics of aerobic granules with typical domestic sewage in an alternating anaerobic/aerobic sequencing batch reactor［J］. Bioresource Technology，110：125-129.
Yang Y，Peng Y，Cheng J，et al.，2023. A novel Two-stage aerobic granular sludge system for simultaneous nutrient removal from municipal wastewater with low C/N ratios［J］. Chemical Engineering Journal，462：142318.
Yaseen D A，Scholz M，2019. Textile dye wastewater characteristics and constituents of synthetic effluents：A critical review［J］. International Journal of Environmental Science and Technology，16（2）：1193-1226.

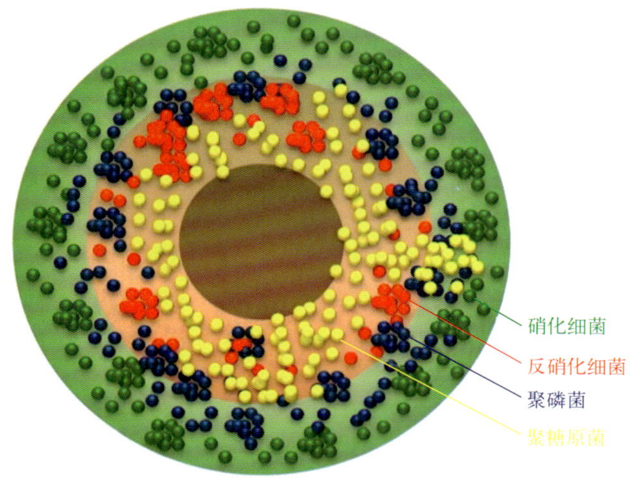

图 1.2 好氧颗粒污泥中微生物的分布（Nancharaiah and Kiran Kumar Reddy，2018）

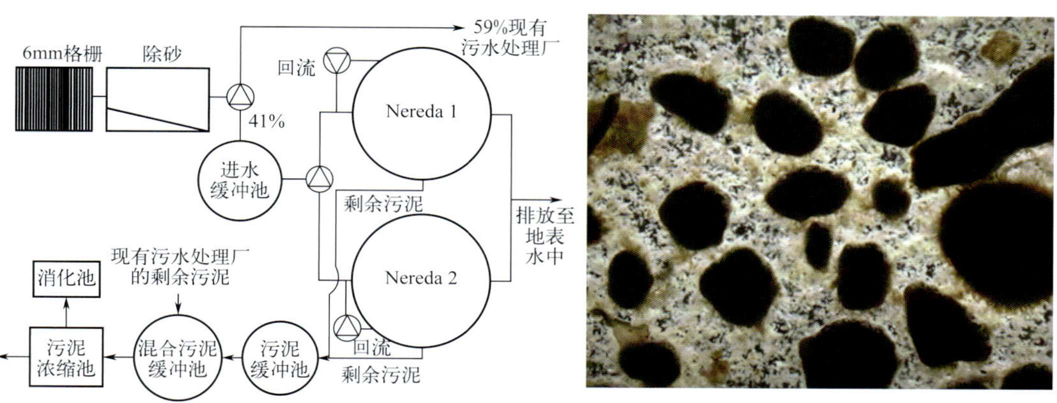

(a)荷兰Garmerwolde污水处理厂好氧颗粒污泥系统整体流程

(b)混合液中好氧颗粒污泥状态图像

图 1.14 工艺流程及好氧颗粒污泥状态图（Pronk et al.，2015）

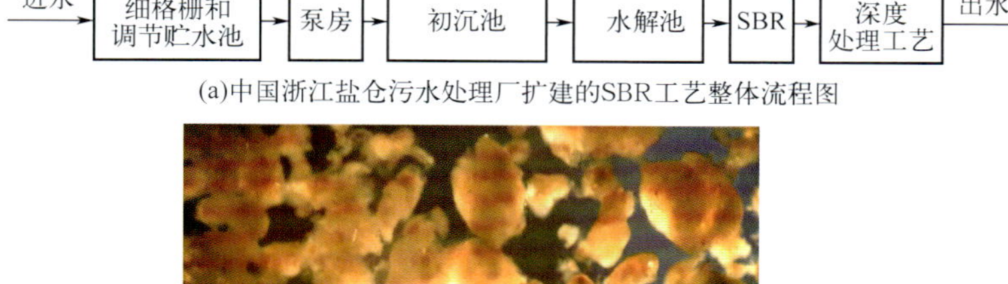

(a)中国浙江盐仓污水处理厂扩建的SBR工艺整体流程图

(b)SBR中337 d好氧颗粒污泥状态图像

图 1.15 工艺流程及好氧颗粒污泥状态图（Yang et al.，2016）

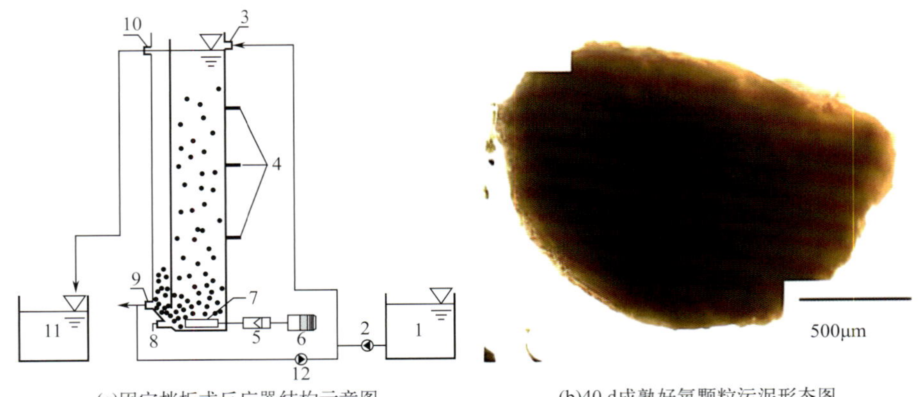

(a)固定挡板式反应器结构示意图　　(b)40 d成熟好氧颗粒污泥形态图

图 1.16　反应器结构及成熟好氧颗粒污泥形态图（Xin et al.，2017）

1—进水池；2—泵；3—进水口；4—取样口；5—气体流量计；6—抽气泵；
7—气体分散器；8—污泥取样口；9—排泥口；10—出水口；11—出水池；12—回流泵

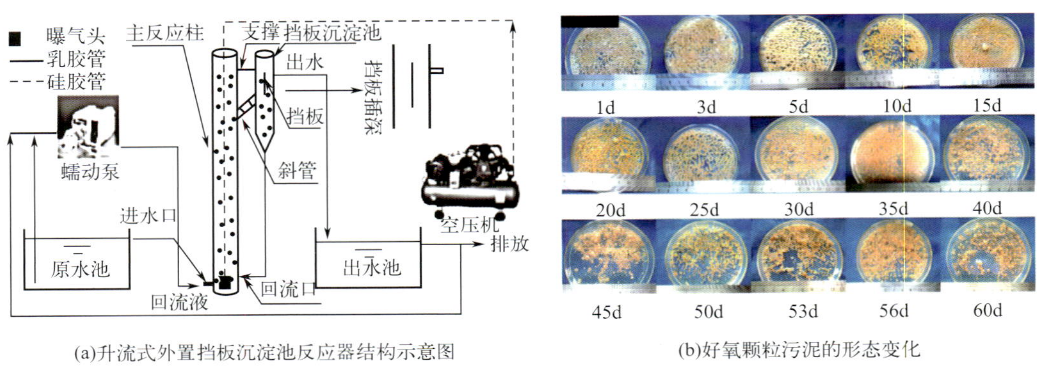

(a)升流式外置挡板沉淀池反应器结构示意图　　(b)好氧颗粒污泥的形态变化

图 1.19　反应器结构及好氧颗粒污泥形态变化图（龙焙 等，2017b）

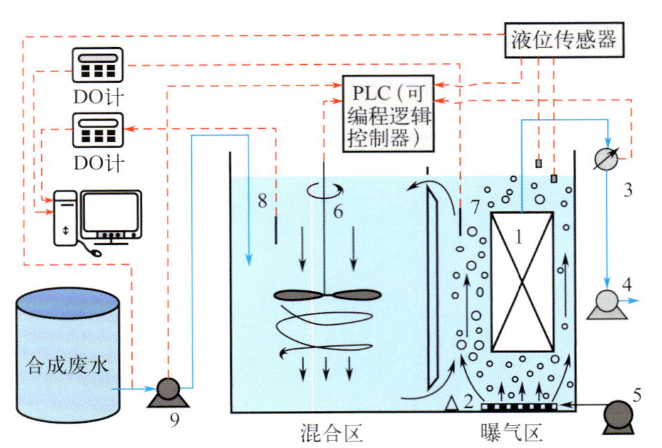

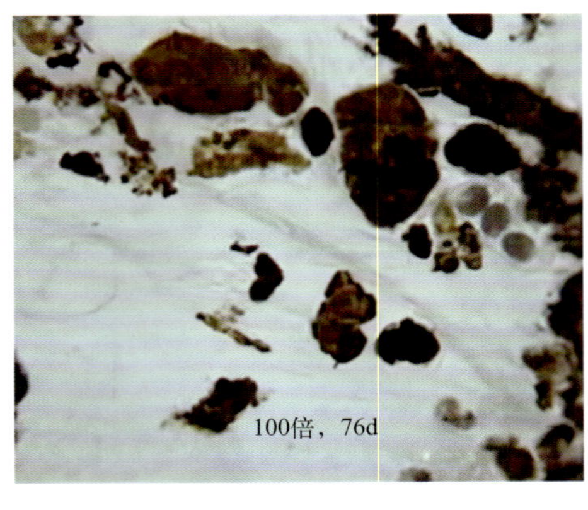

(a)连续流内循环膜生物反应器结构示意图　　(b)76d好氧颗粒污泥形态图像

图 1.20　反应器结构及好氧颗粒污泥形态图（Chen et al.，2017）

1—膜组件；2—微孔曝气器；3—真空表；4—出水的蠕动泵；5—空气压缩机；6—搅拌器；
7—曝气区的 DO 探测器；8—混合区的 DO 探测器；9—进水的蠕动泵

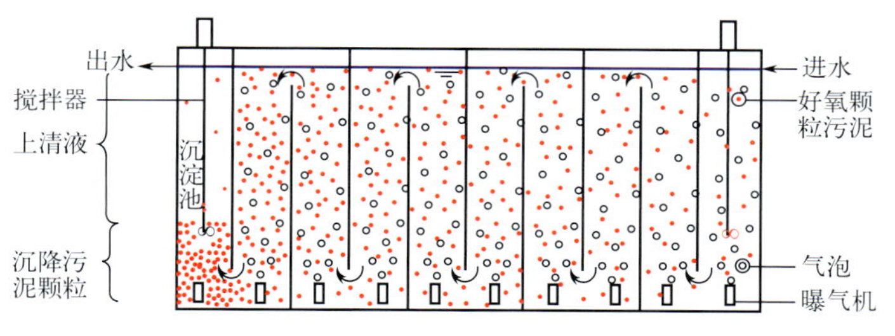

(a)逆流折板反应器结构示意图

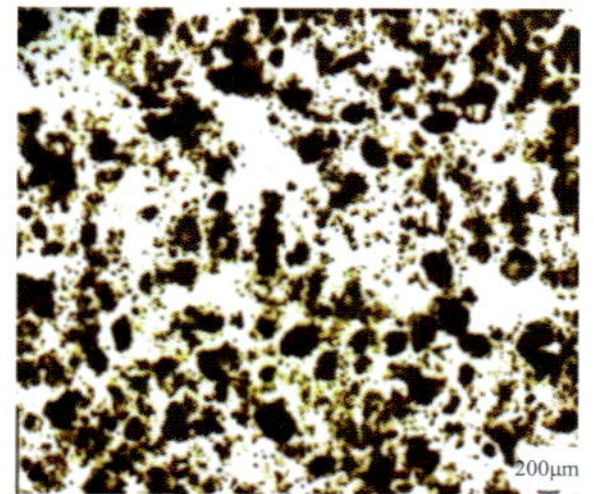

(b)RFBR中135d好氧颗粒污泥形态

图 1.21　反应器结构及好氧颗粒污泥形态图（Li et al.，2015）

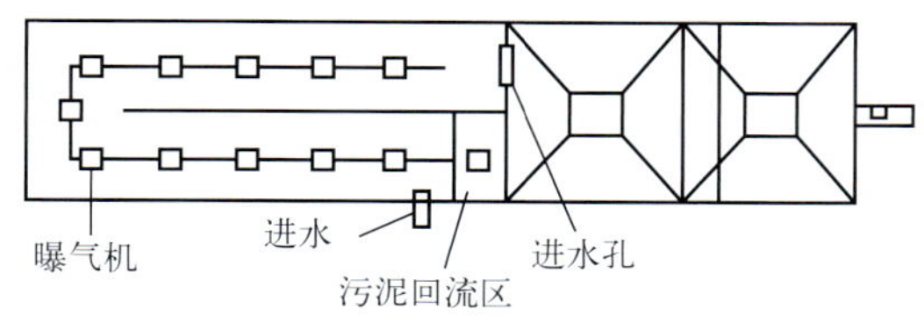

(a)连续流双沉区反应器俯视图

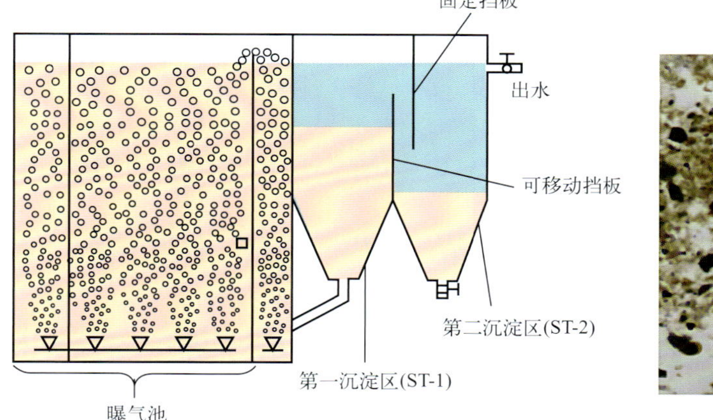

(b)连续流双沉区反应器结构示意图

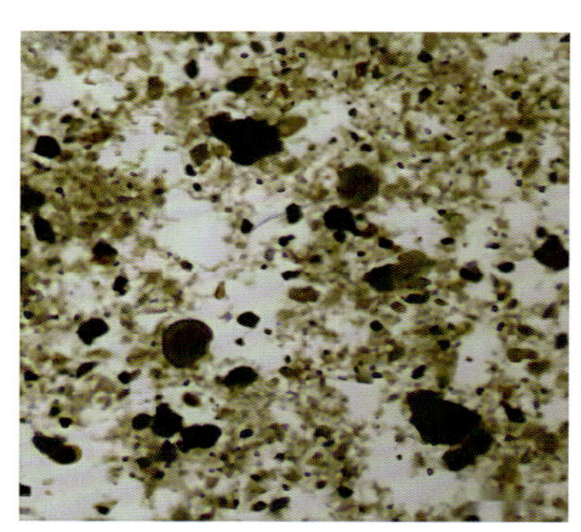

(c)CFR-TST中150d好氧颗粒污泥形态图像

图 1.24　反应器结构及好氧颗粒污泥形态图（Zou et al.，2018）

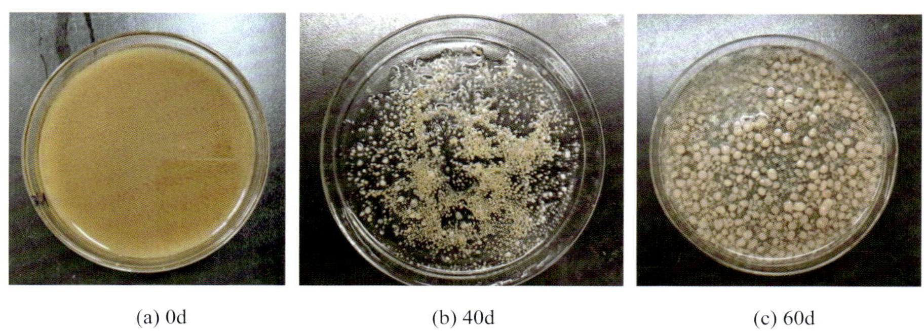

(a) 0d　　(b) 40d　　(c) 60d

图 2.1　好氧颗粒污泥反应器启动过程中污泥形态变化照片（黄晓桦，2021）

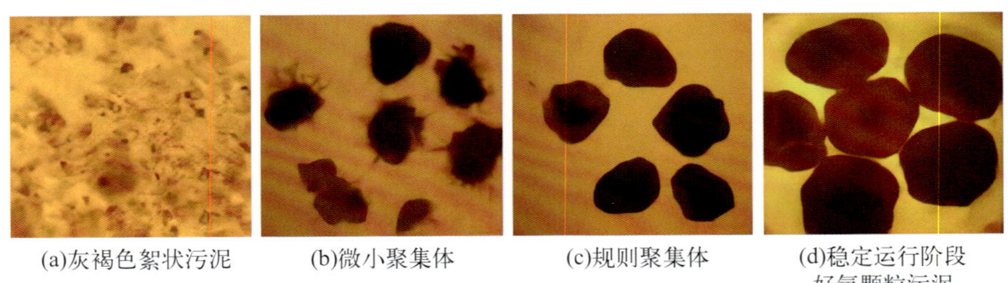

图 2.2　造粒过程中好氧颗粒污泥形态变化的显微镜成像（巫恺澄 等，2015）

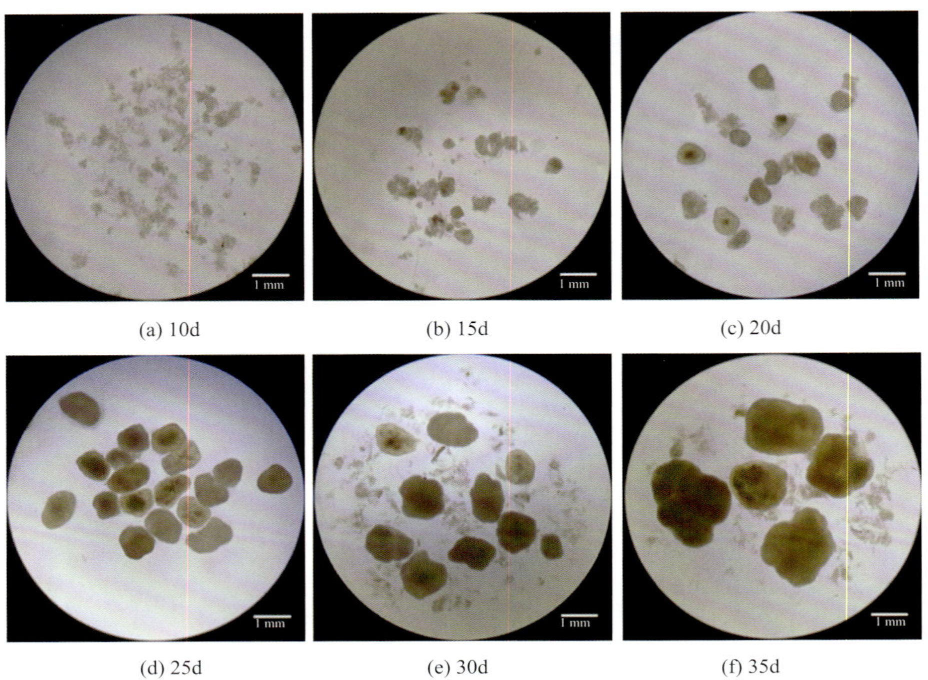

图 2.3　造粒过程中好氧颗粒污泥的体式显微镜成像（唐鹏，2020）

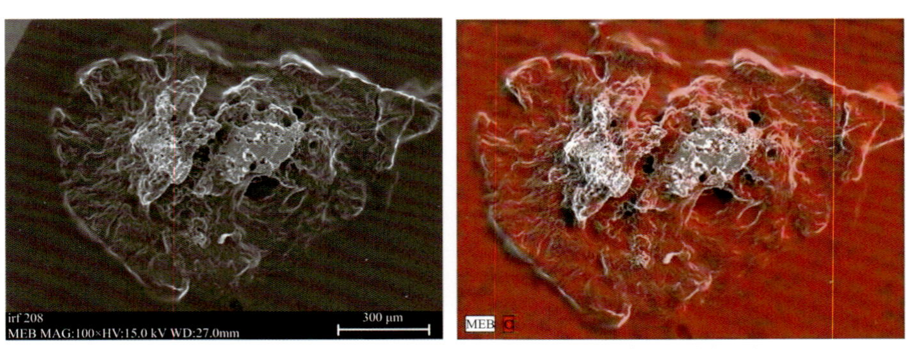

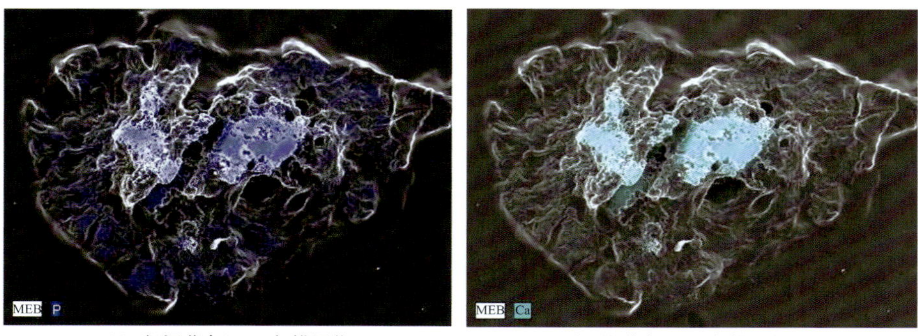

(c) 磷(深蓝色)EDX扫描图像　　(d) 钙(浅蓝色)EDX扫描图像

图 2.5　好氧颗粒污泥切片的 SEM-EDX 图像（Mañas et al.，2011）

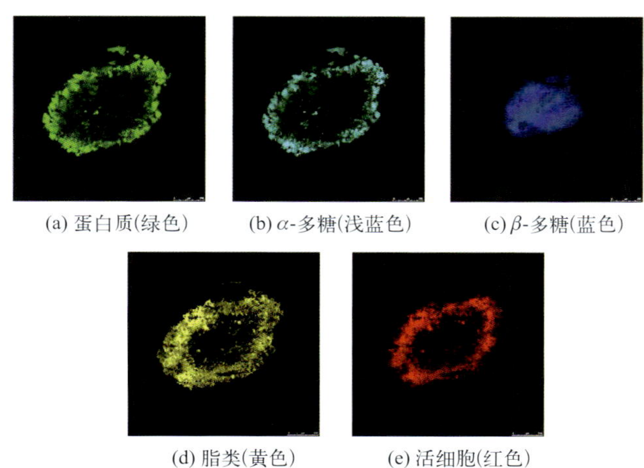
(a) 蛋白质(绿色)　(b) α-多糖(浅蓝色)　(c) β-多糖(蓝色)

(d) 脂类(黄色)　(e) 活细胞(红色)

图 2.6　成熟好氧颗粒污泥的多重荧光染色图（王亚利，2015）

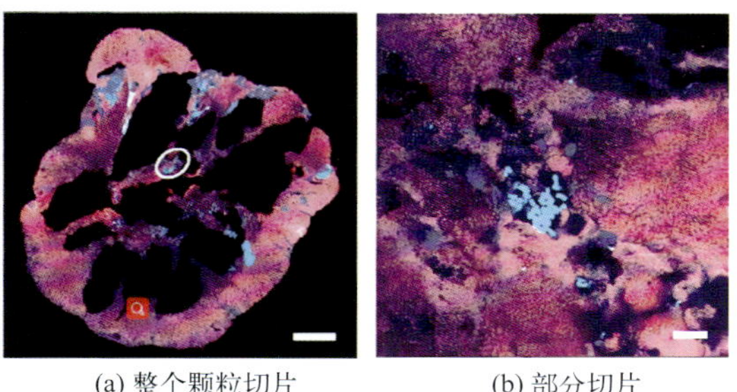
(a) 整个颗粒切片　(b) 部分切片

图 2.7　好氧颗粒污泥的 FISH 图像（Lemaire et al.，2008）

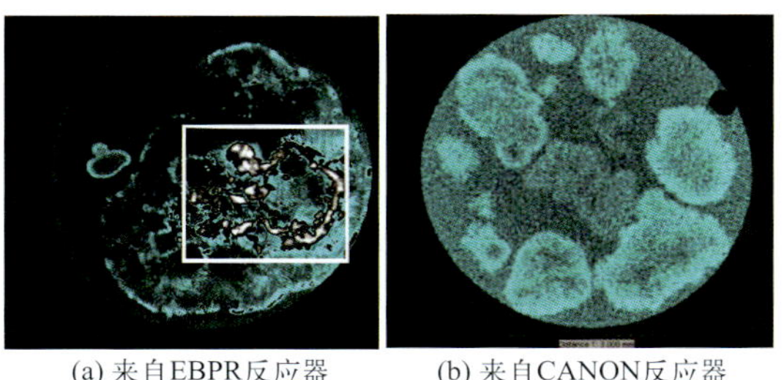
(a) 来自EBPR反应器　(b) 来自CANON反应器

图 2.8　成熟好氧颗粒污泥的 CT 图像（Winkler et al.，2012）

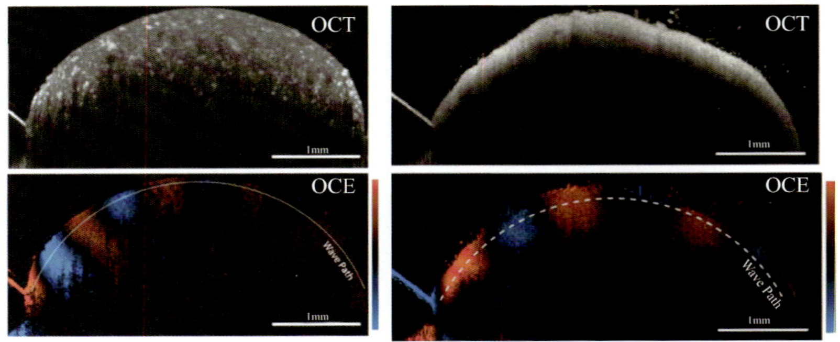

(a) 含生物质的人工海藻酸盐凝胶球　　(b) 好氧颗粒污泥生物膜

图 2.9　OCT 结合 OCE 图像（Liou et al.，2021）

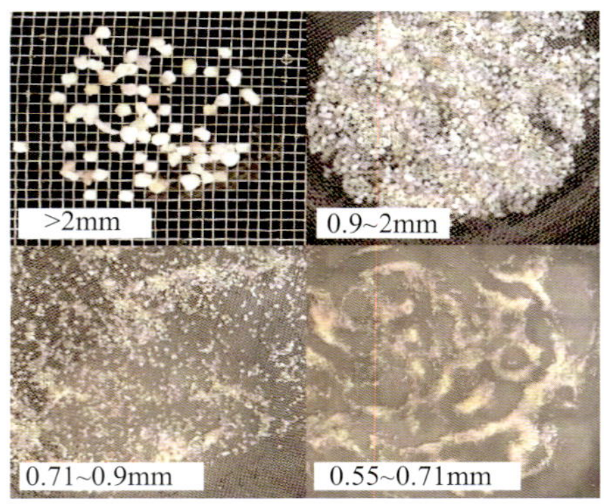

图 2.11　好氧颗粒污泥湿式筛分法筛分结果（何瑜，2022）

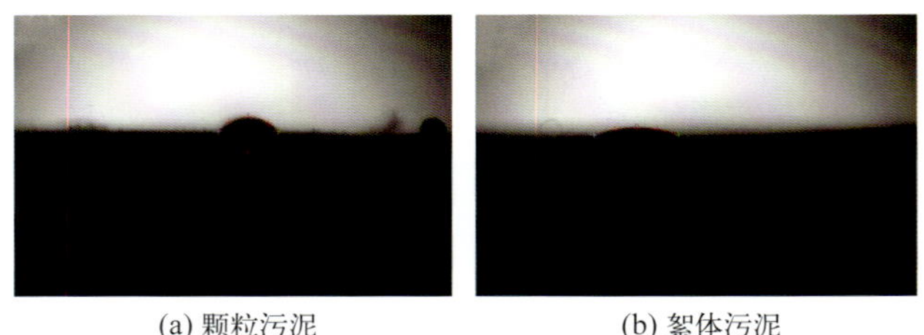

(a) 颗粒污泥　　(b) 絮体污泥

图 2.15　颗粒污泥与絮体污泥的接触角大小对比图（王然登，2015）

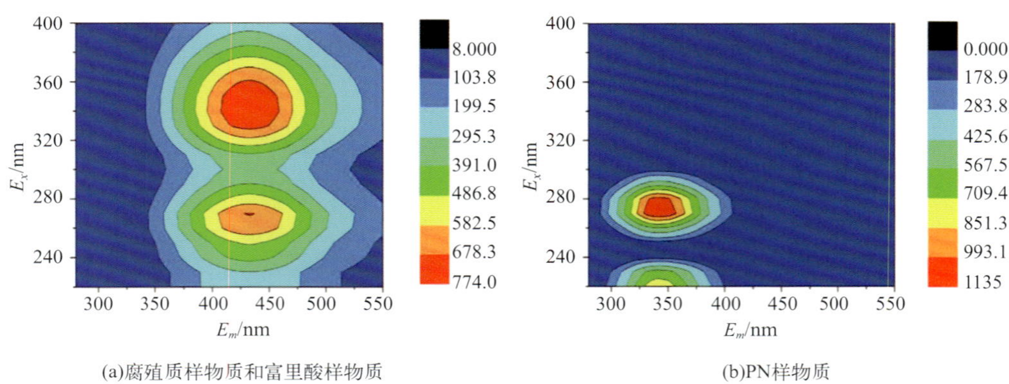

(a)腐殖质样物质和富里酸样物质　　(b)PN样物质

图 2.18　PARAFAC 法鉴定溶解性微生物产物的两种成分谱图（Wei et al.，2016）

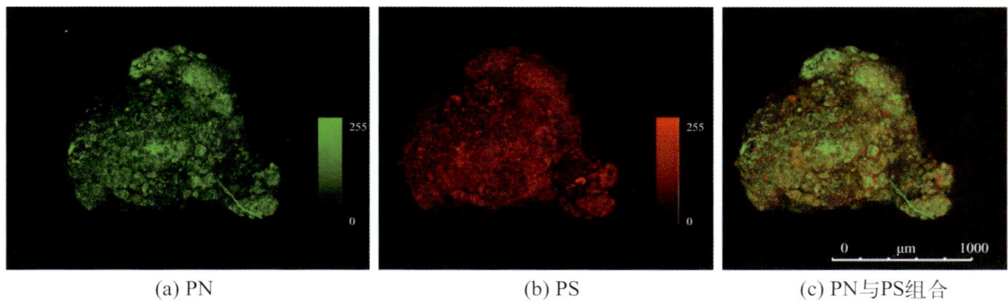

(a) PN (b) PS (c) PN与PS组合

图 2.23 好氧颗粒污泥中 EPS 主要成分（PS 和 PN）的 CLSM 图像（Wang et al.，2021）

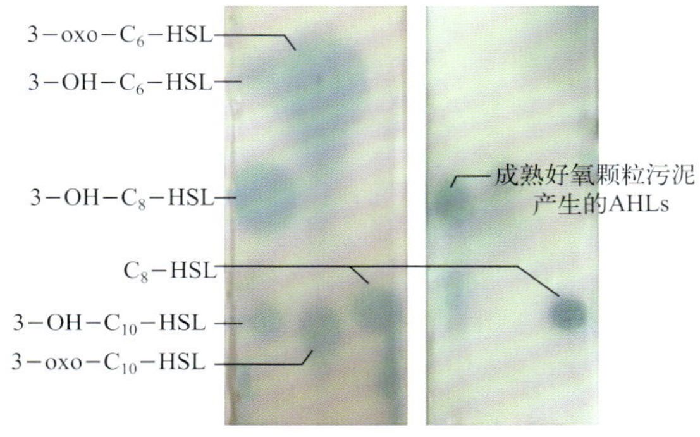

图 2.25 好氧颗粒污泥中 AHLs 信号分子 TLC 图（Ren et al.，2013）

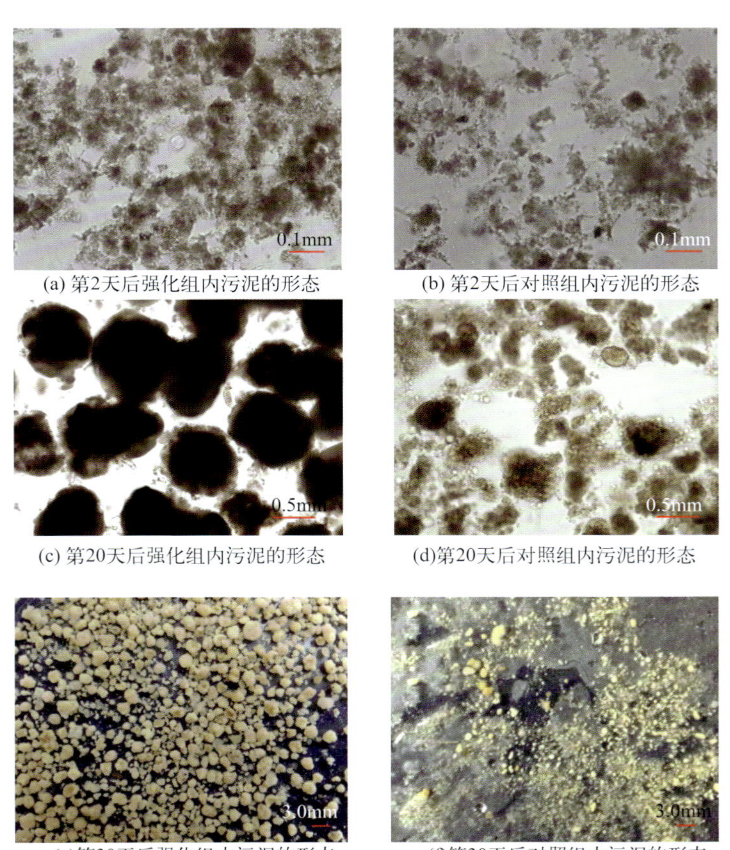

(a) 第2天后强化组内污泥的形态 (b) 第2天后对照组内污泥的形态
(c) 第20天后强化组内污泥的形态 (d)第20天后对照组内污泥的形态
(e)第30天后强化组内污泥的形态 (f)第30天后对照组内污泥的形态

图 3.1

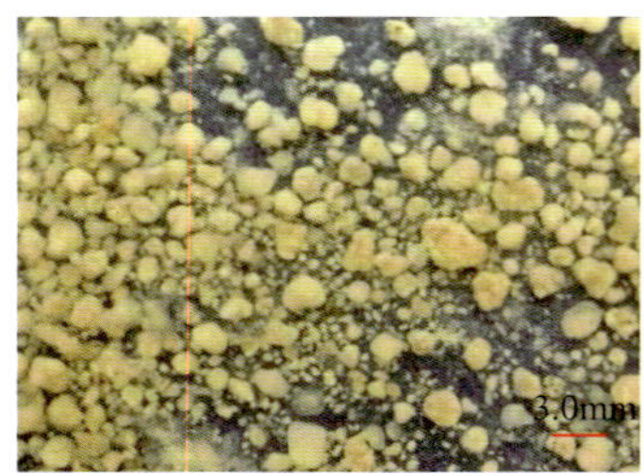

(g)第50天后强化组内污泥的形态　　(h)第50天后对照组内污泥的形态

图 3.1　两组反应器内污泥在不同阶段的形态变化

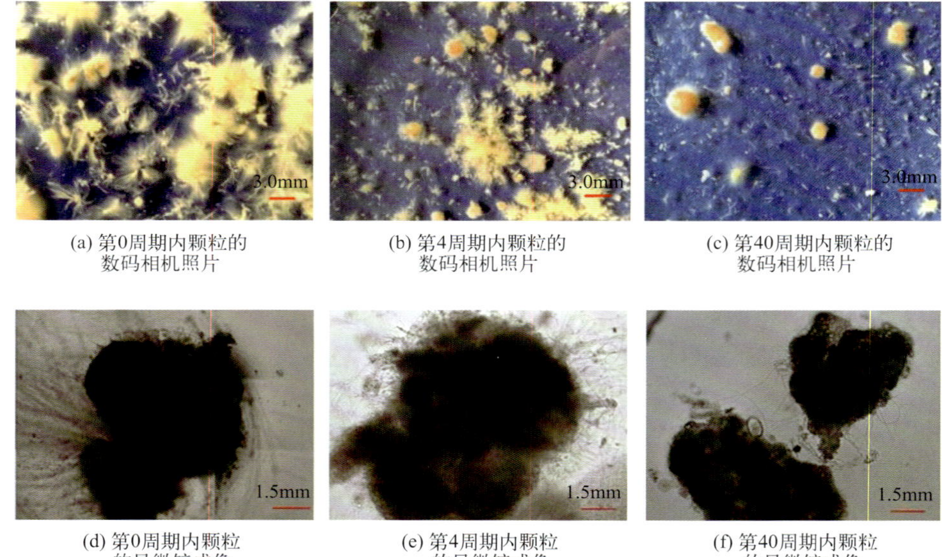

(a) 第0周期内颗粒的数码相机照片　(b) 第4周期内颗粒的数码相机照片　(c) 第40周期内颗粒的数码相机照片

(d) 第0周期内颗粒的显微镜成像　(e) 第4周期内颗粒的显微镜成像　(f) 第40周期内颗粒的显微镜成像

图 3.9　调整 pH 值后颗粒污泥形态的变化情况

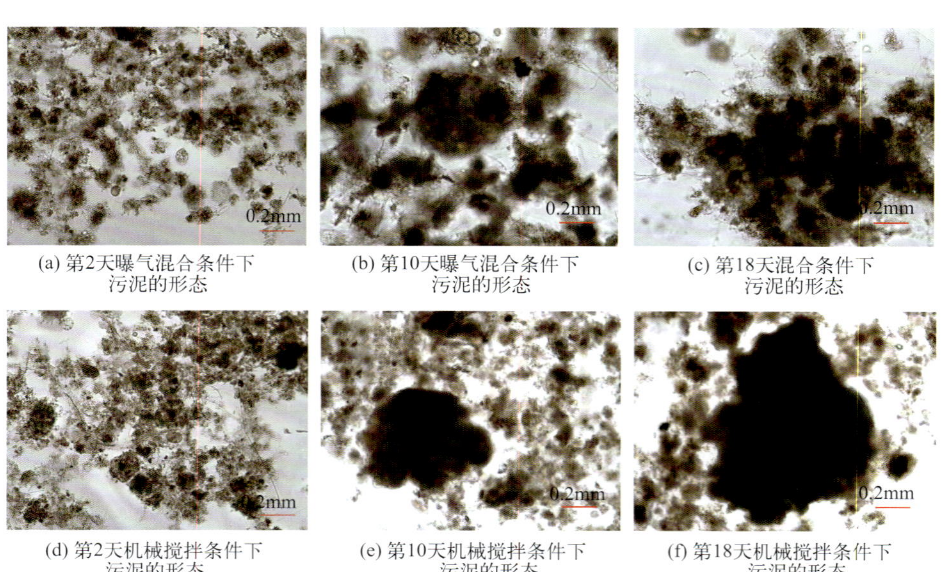

(a) 第2天曝气混合条件下污泥的形态　(b) 第10天曝气混合条件下污泥的形态　(c) 第18天混合条件下污泥的形态

(d) 第2天机械搅拌条件下污泥的形态　(e) 第10天机械搅拌条件下污泥的形态　(f) 第18天机械搅拌条件下污泥的形态

图 3.13　不同混合条件下污泥絮体的聚集过程

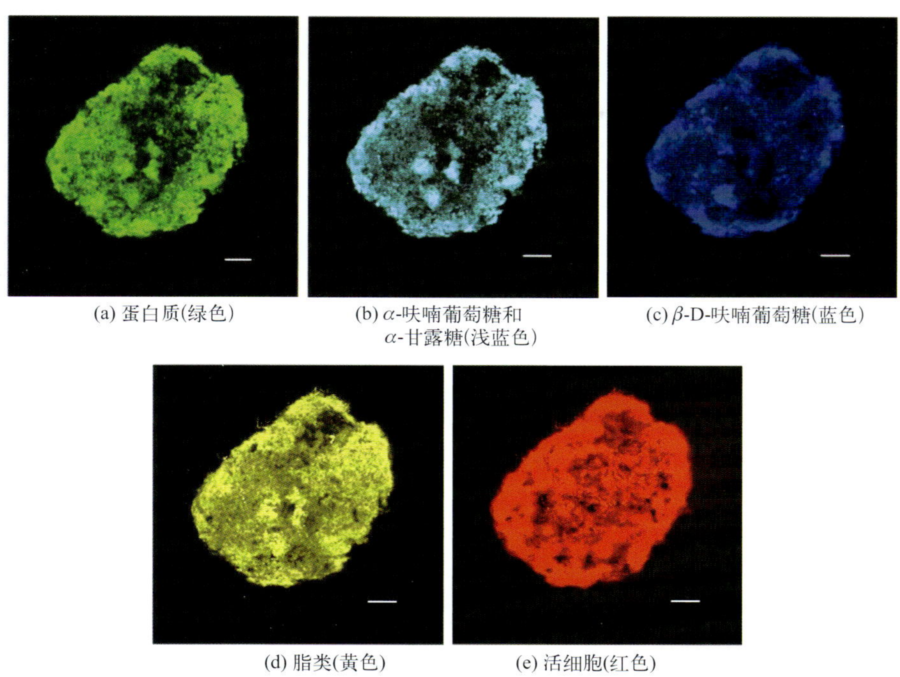

(a) 蛋白质(绿色)　(b) α-呋喃葡萄糖和 α-甘露糖(浅蓝色)　(c) β-D-呋喃葡萄糖(蓝色)

(d) 脂类(黄色)　(e) 活细胞(红色)

图 3.29　强化组内 EPS 组分的空间分布

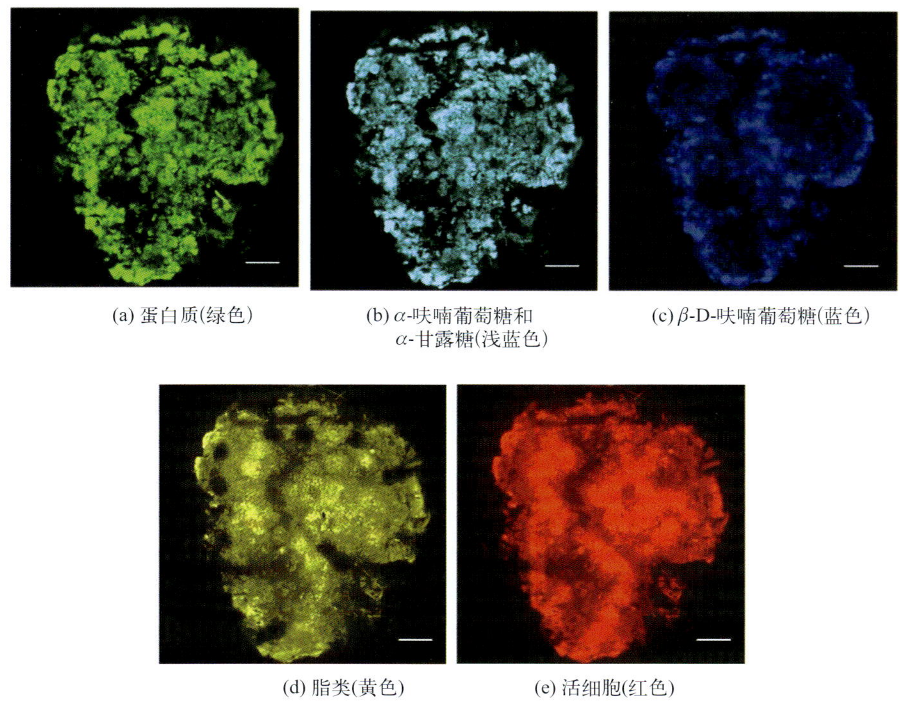

(a) 蛋白质(绿色)　(b) α-呋喃葡萄糖和 α-甘露糖(浅蓝色)　(c) β-D-呋喃葡萄糖(蓝色)

(d) 脂类(黄色)　(e) 活细胞(红色)

图 3.30　对照组内 EPS 组分的空间分布

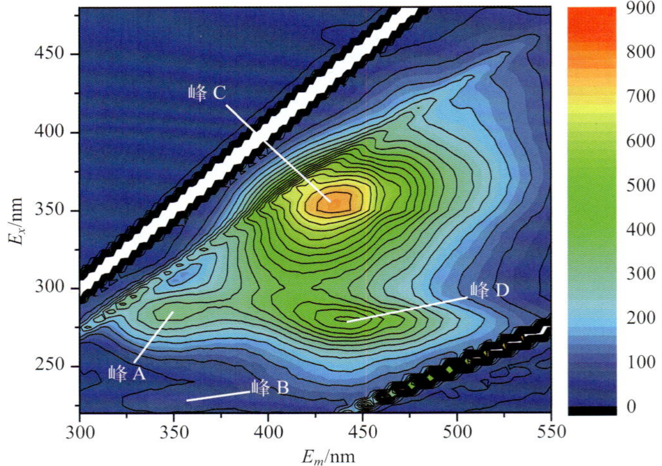

图 3.31　接种污泥的荧光光谱特征

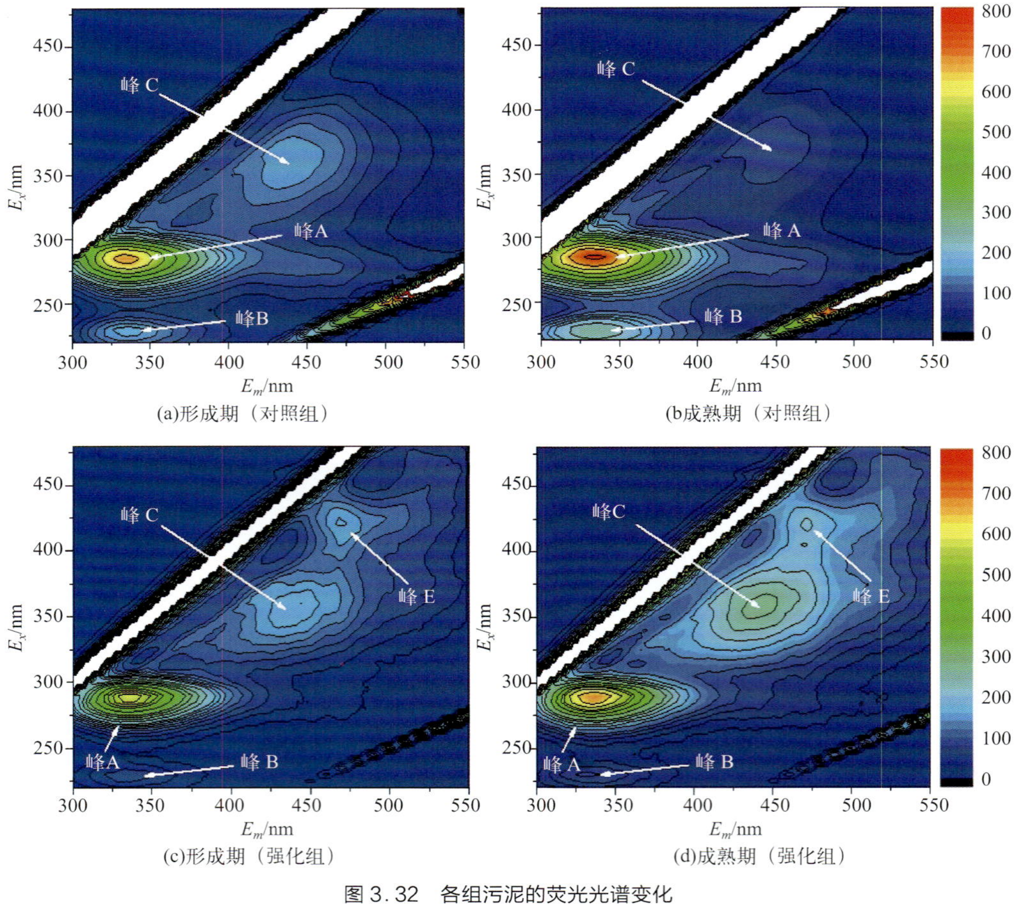

(a)形成期（对照组）

(b成熟期（对照组）

(c)形成期（强化组）

(d)成熟期（强化组）

图 3.32　各组污泥的荧光光谱变化

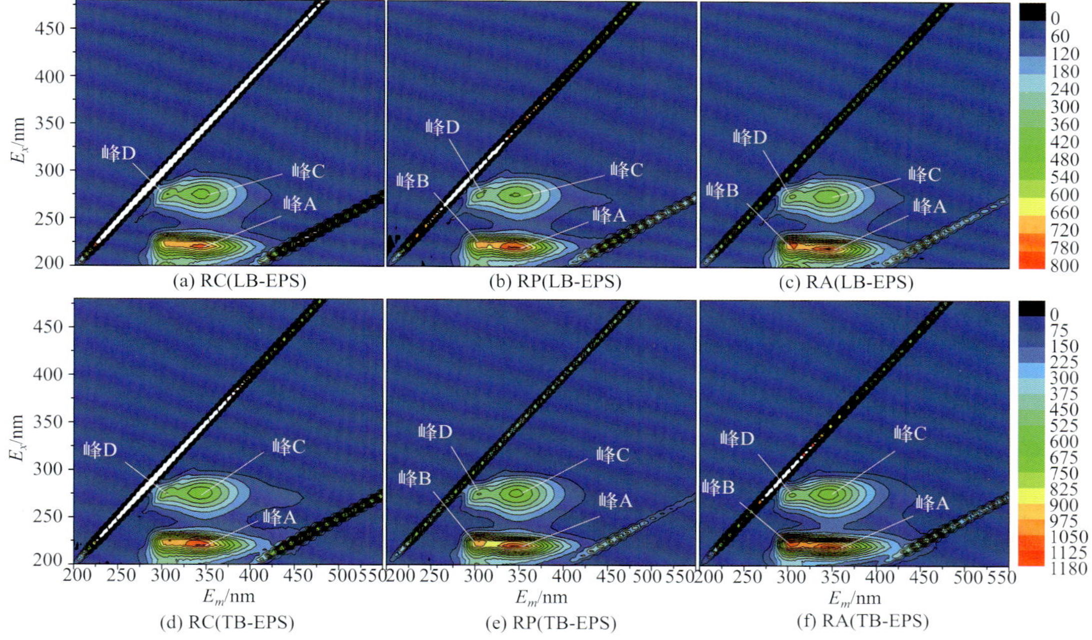

(a) RC(LB-EPS) (b) RP(LB-EPS) (c) RA(LB-EPS)

(d) RC(TB-EPS) (e) RP(TB-EPS) (f) RA(TB-EPS)

图 3.42 SBR 污泥中 EPS 组分的三维荧光光谱

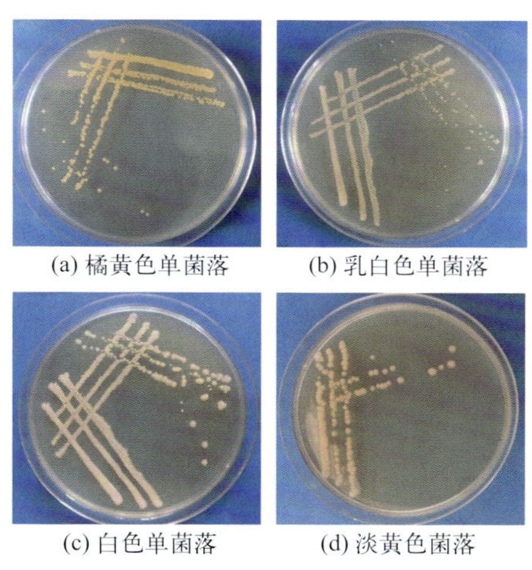

(a) 橘黄色单菌落 (b) 乳白色单菌落

(c) 白色单菌落 (d) 淡黄色菌落

图 4.7 活性污泥菌株的单菌落纯化

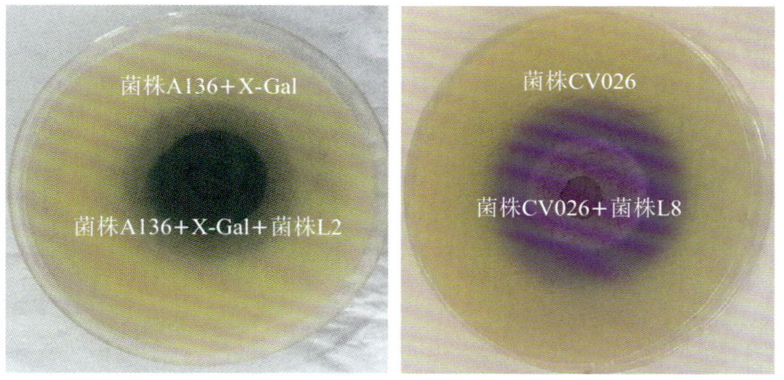

(a) 菌株A136和菌株L2产生绿色变化 (b) 菌株CV026和菌株L8产生紫色变化

图 4.8 报告菌株（A136、CV026）与活性污泥中单菌株的显色反应图

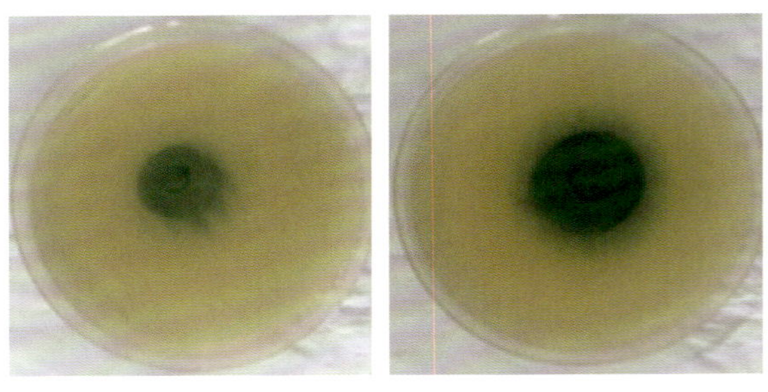

图 4.18　菌株 A-L2 培养第 6~12 小时与报告菌株 A136 的显色反应结果

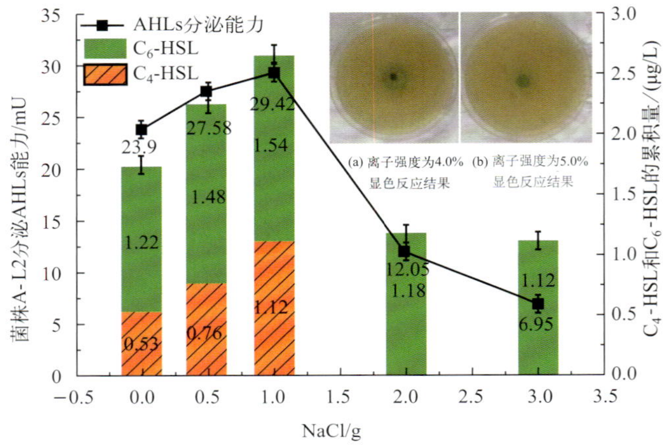

图 4.19　不同离子强度对菌株 A-L2 的 C_4-HSL 和 C_6-HSL 分泌量和分泌能力的影响

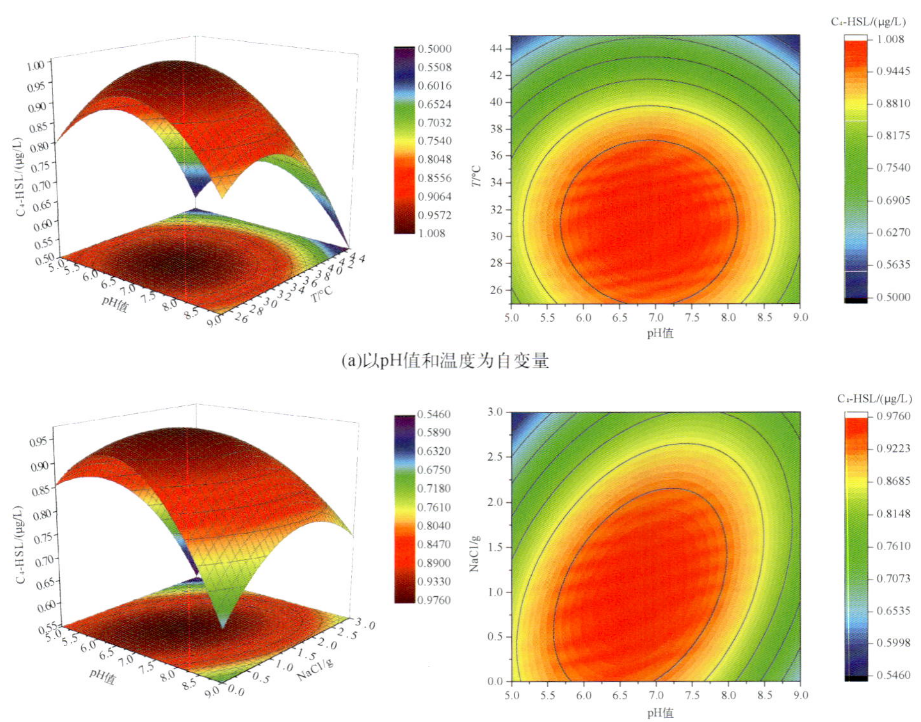

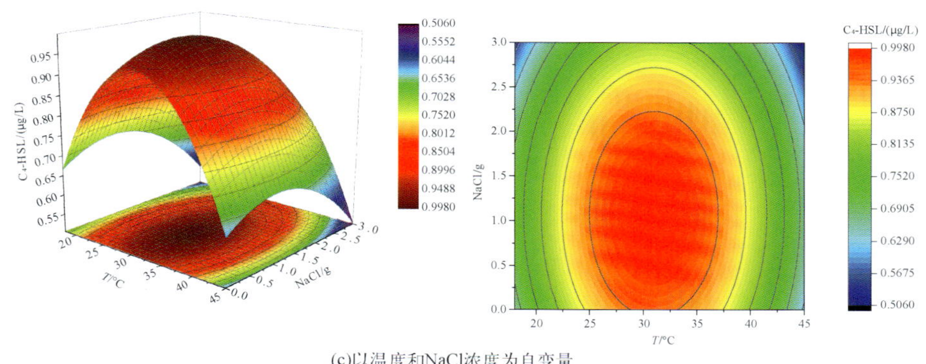

(c)以温度和NaCl浓度为自变量

图 4.25　多因素综合优化菌株 A-L2 信号分子 C_4-HSL 分泌解析图

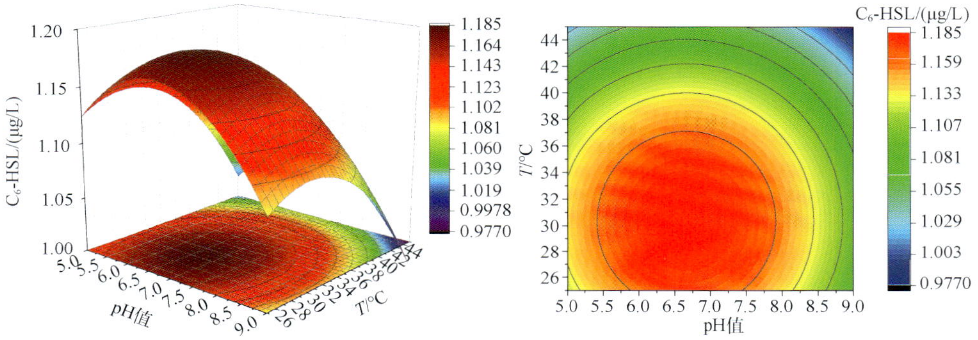

(a)以pH值和温度为自变量

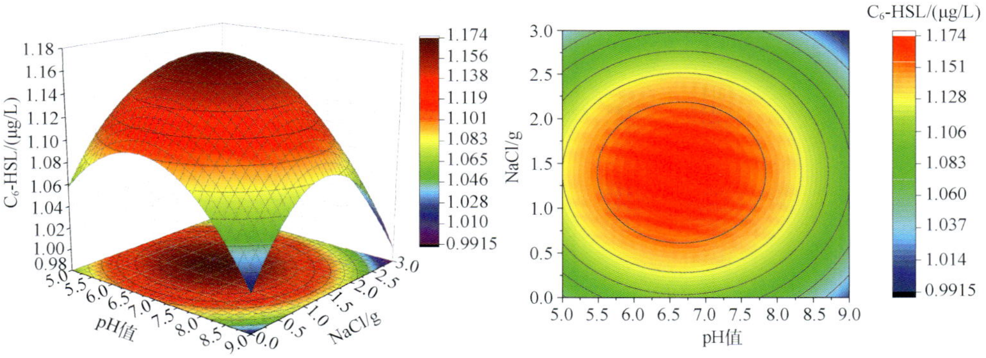

(b)以pH值和NaCl含量为自变量

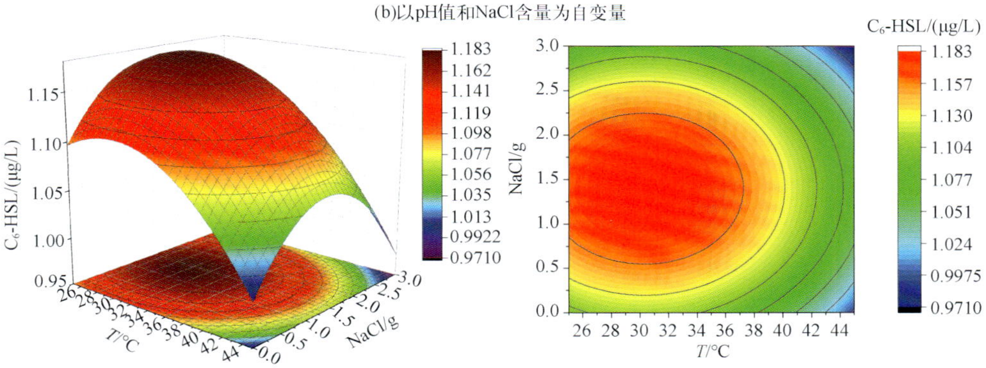

(c)以温度和NaCl含量为自变量

图 4.27　多因素综合优化菌株 A-L2 信号分子 C_6-HSL 分泌解析图

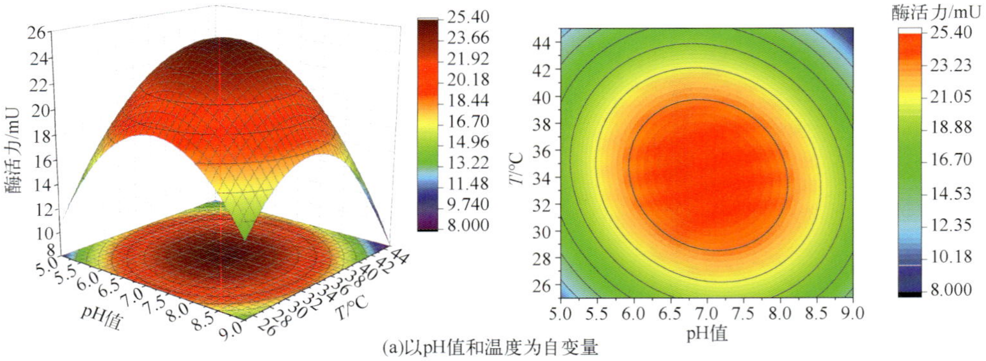

(a)以pH值和温度为自变量

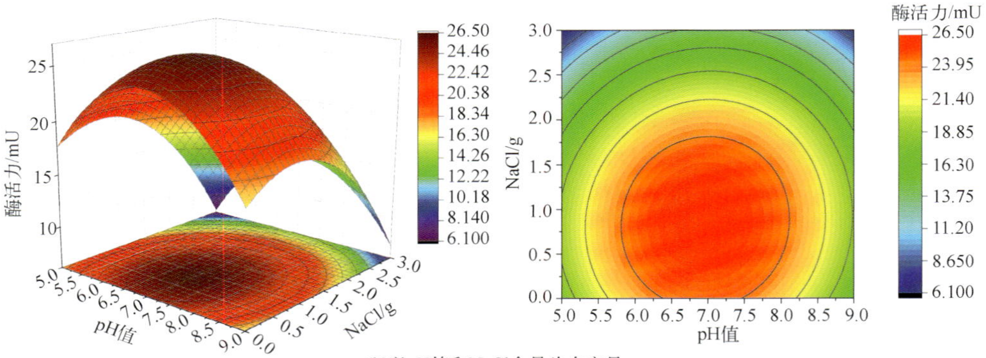

(b)以pH值和NaCl含量为自变量

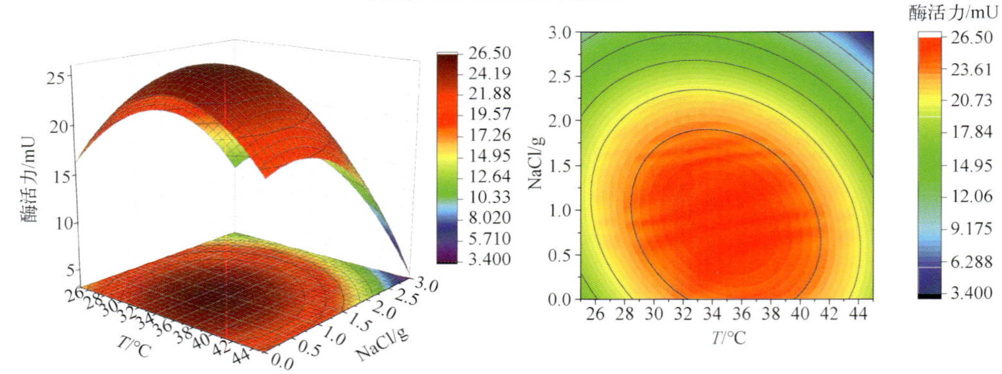

(c)以温度和NaCl含量为自变量

图 4.29　多因素综合优化菌株 A-L2 信号分子分泌能力解析图

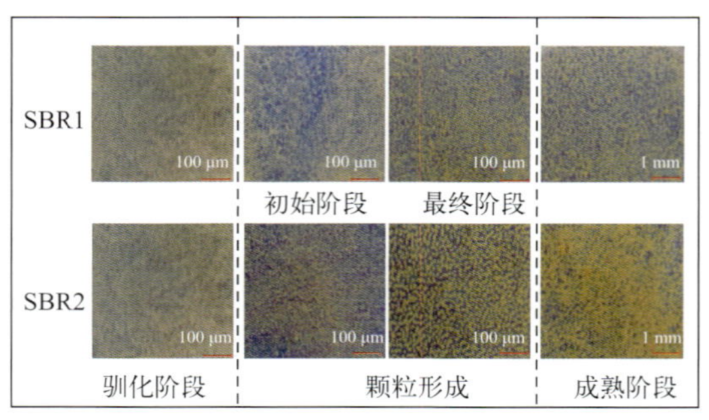

图 4.33　好氧污泥造粒过程中的形态变化

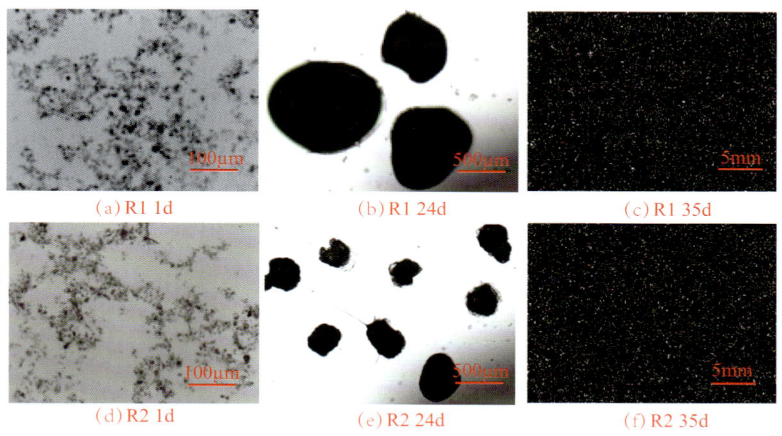

图 5.1　R1、R2 反应器中颗粒形成过程的形态变化

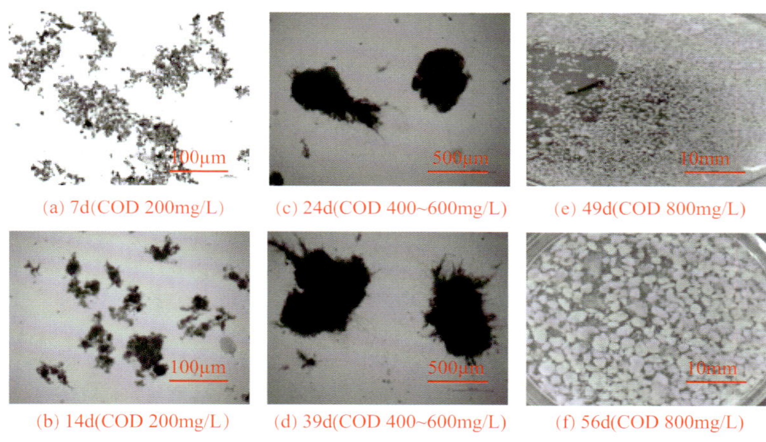

图 5.2　R3 反应器中颗粒形成过程的形态变化

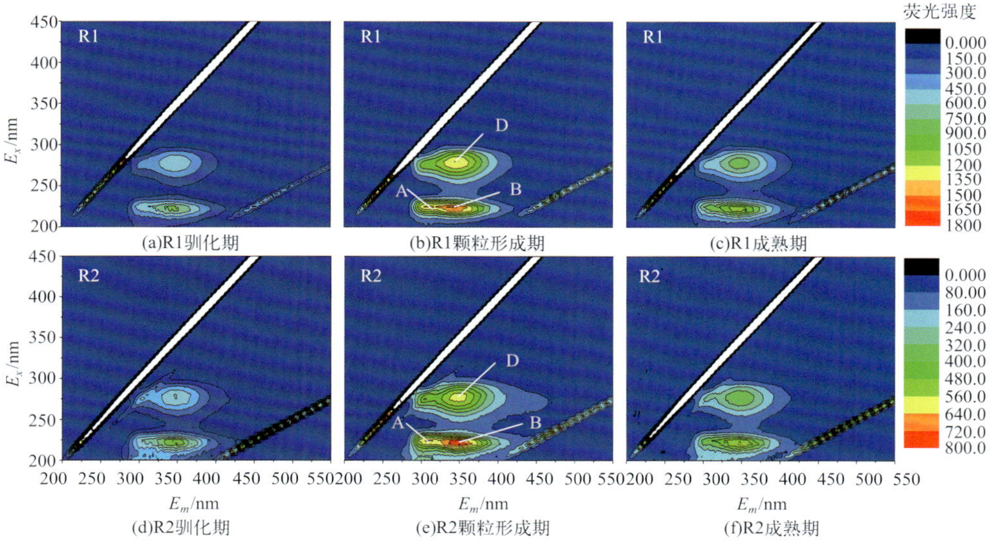

图 5.6　R1、R2 颗粒形成过程中 EPS 三维荧光图谱

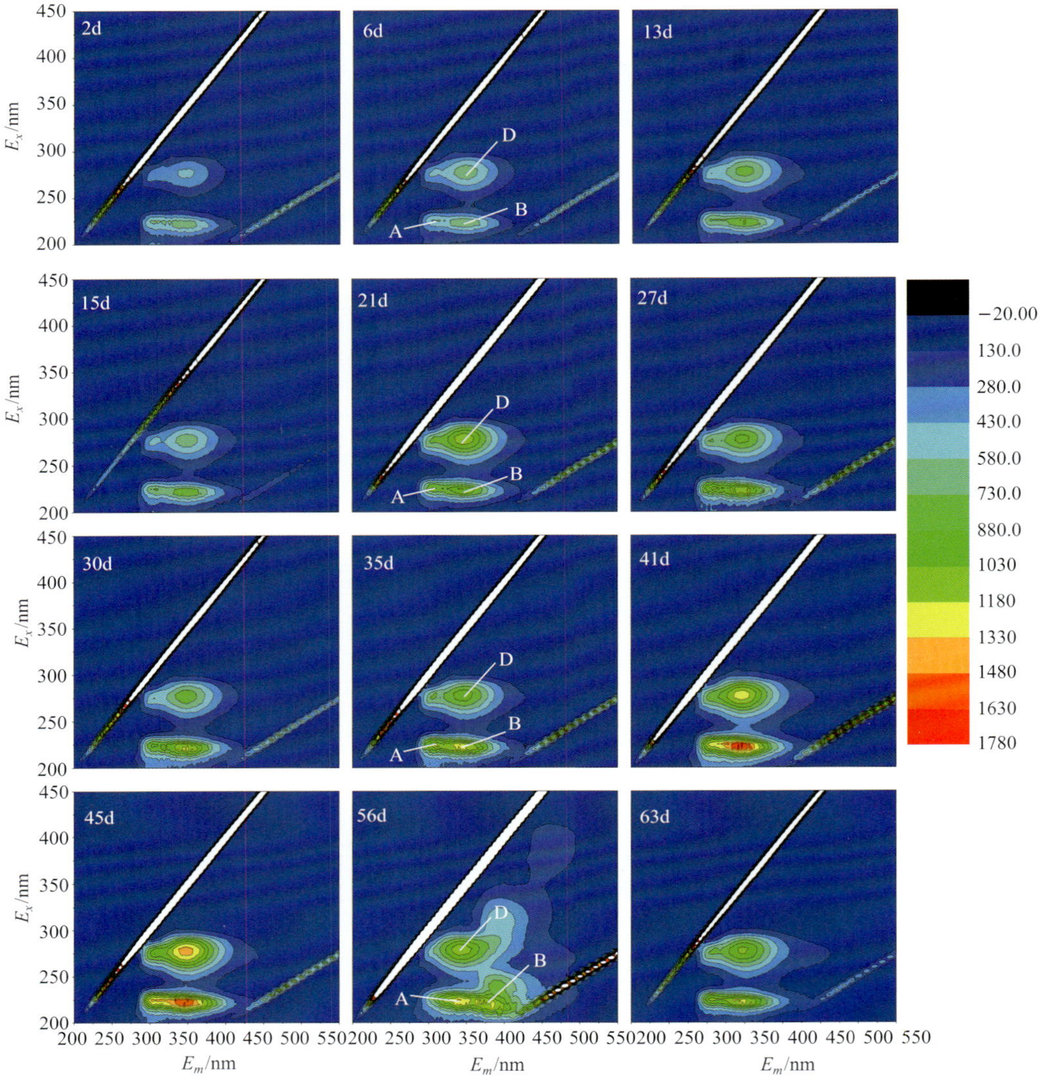

图 5.7　R3 颗粒形成过程中 EPS 三维荧光光谱图

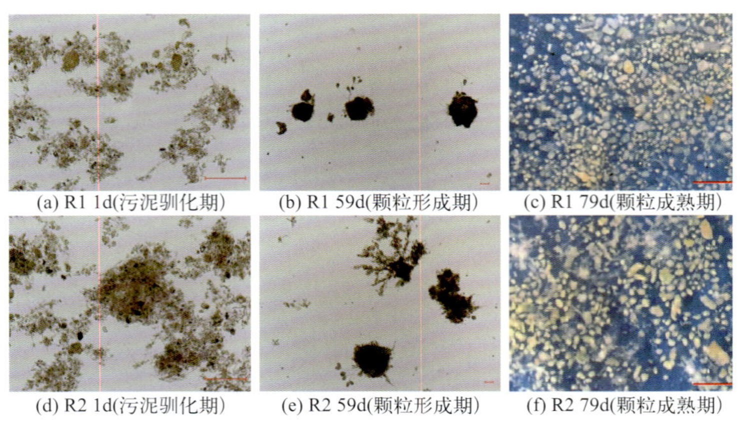

(a) R1 1d(污泥驯化期)　(b) R1 59d(颗粒形成期)　(c) R1 79d(颗粒成熟期)

(d) R2 1d(污泥驯化期)　(e) R2 59d(颗粒形成期)　(f) R2 79d(颗粒成熟期)

图 5.11　颗粒污泥形成过程中的形态变化

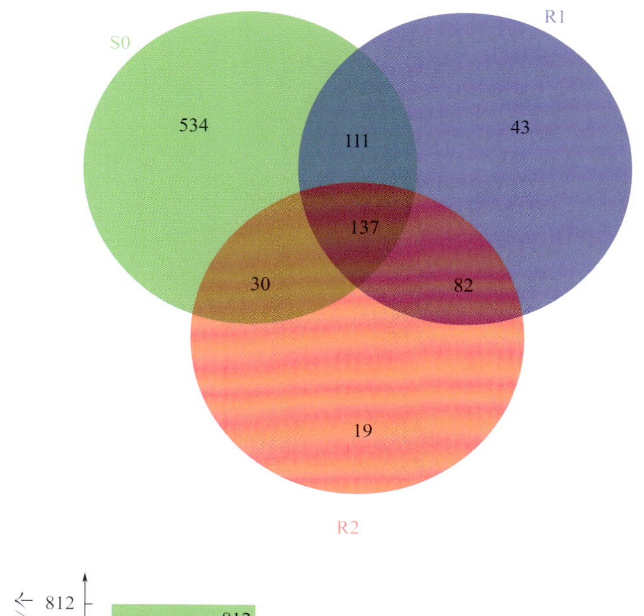

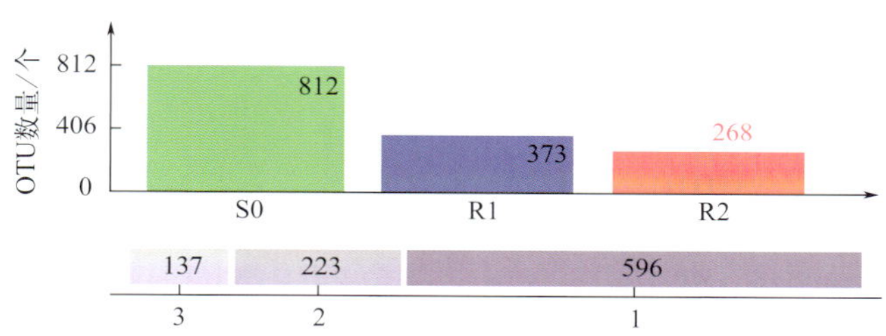

图 5.18 不同污泥样品操作分类单元韦恩图

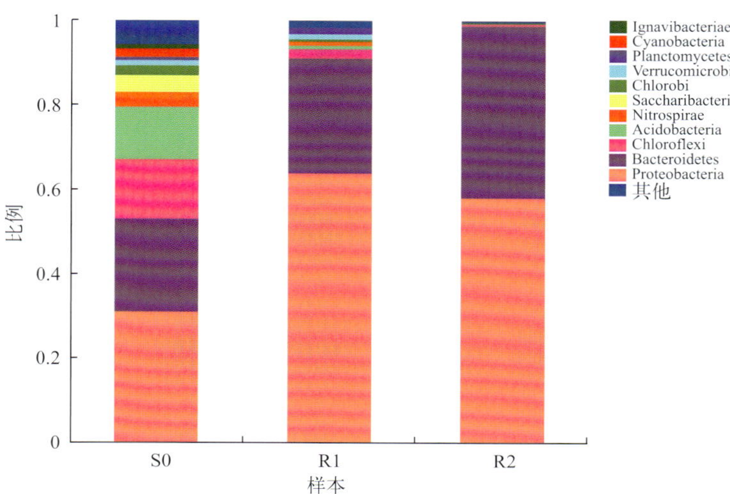

图 5.19 3 组污泥样品中微生物群落结构在门水平上的群落组成图

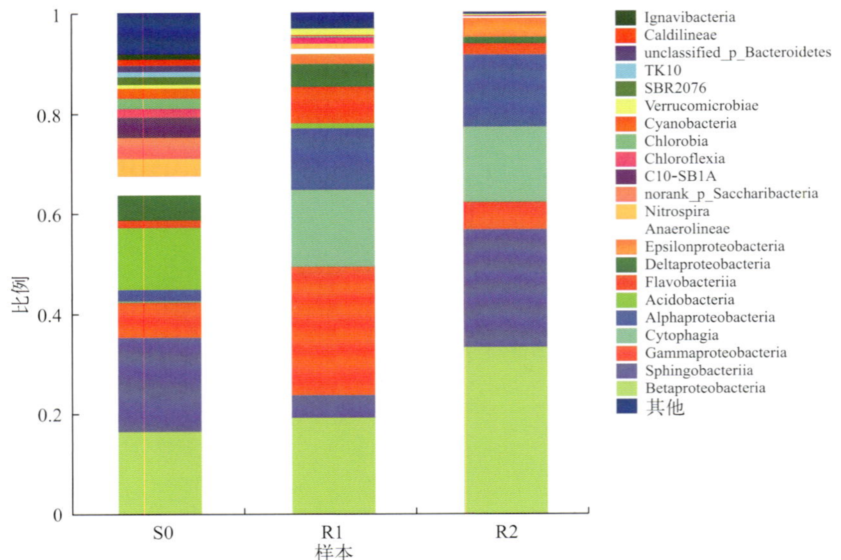

图 5.20　3 组污泥样品中微生物群落结构在纲水平上的群落组成图

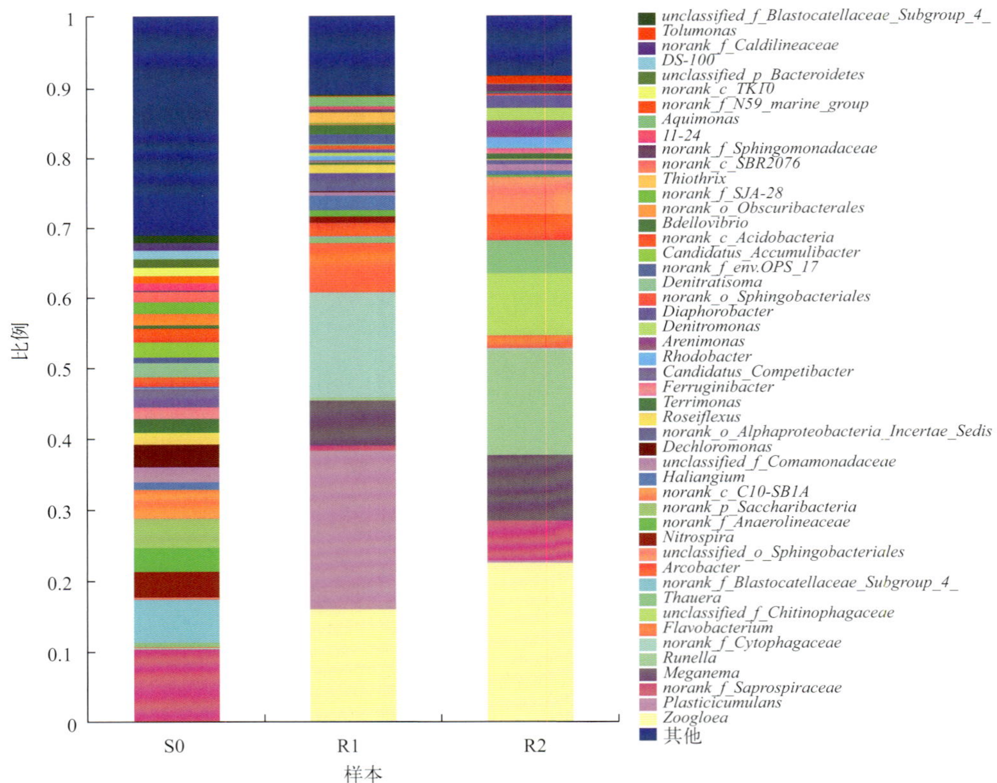

图 5.21　3 组污泥样品中微生物群落结构在属水平上的群落组成图

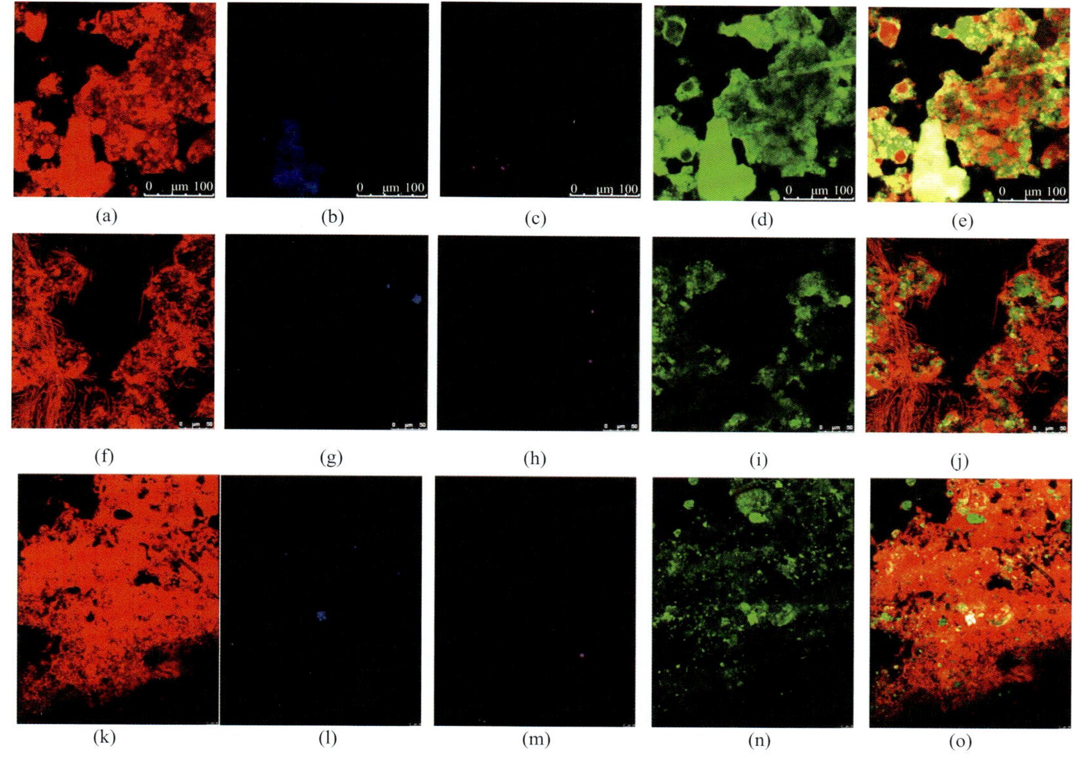

图 5.24　R1、R2 颗粒污泥荧光染色图

(a)、(b)、(c)、(d) 分别为 R1 颗粒污泥中总细菌（红色）、NOB（蓝色）、AOB（紫色）和 eDNA（绿色）的分布，(e) 为 FISH 合成图片，标尺为 100μm；图 (f)、(g)、(h)、(i) 分别为 R2 颗粒污泥中总细菌（红色）、NOB（蓝色）、AOB（紫色）和 eDNA（绿色）的分布，(j) 为 FISH 合成图片，标尺为 50μm；图 (k)、(l)、(m)、(n) 分别为 R2 颗粒污泥中总细菌（红色）、NOB（蓝色）、AOB（紫色）和 eDNA（绿色）的分布，(o) 为 FISH 合成图片，标尺为 50μm。

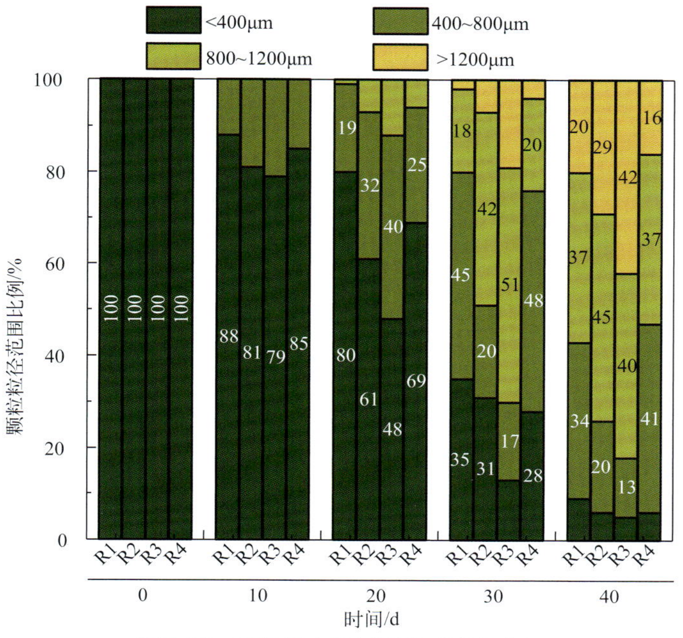

图 5.25　SBR 反应器中污泥颗粒粒径分布

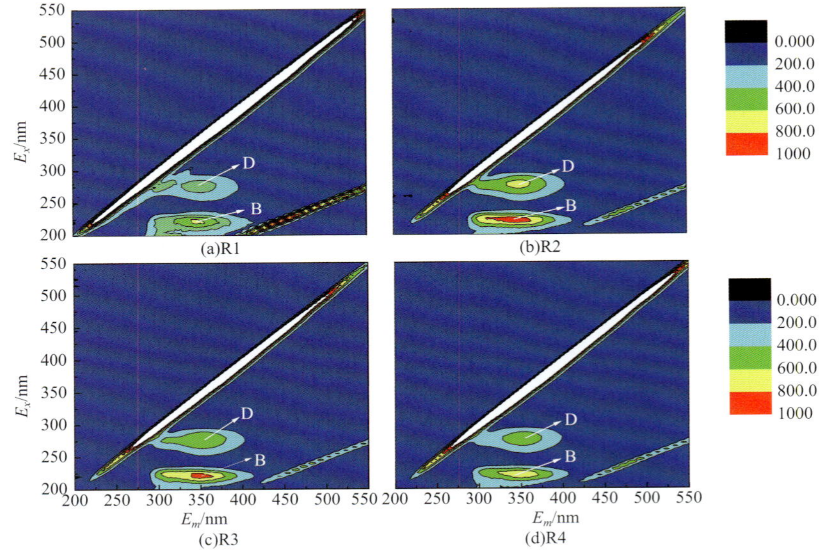

图 5.29　成熟颗粒污泥中 EPS 三维荧光图

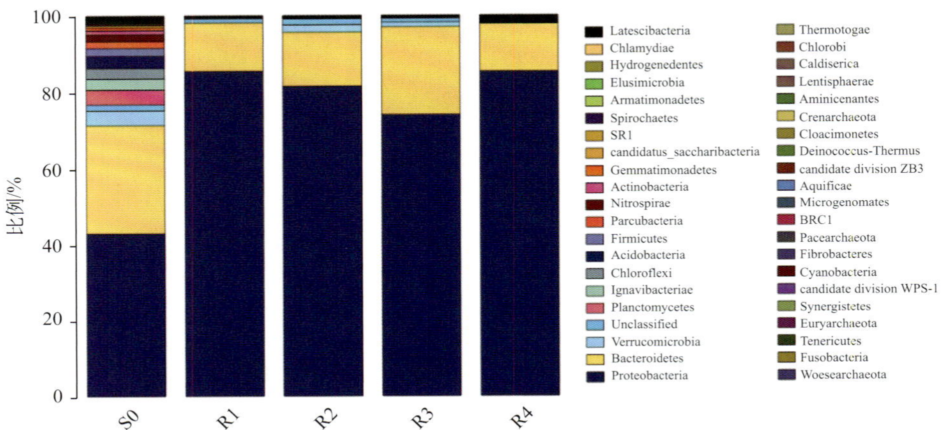

图 5.30　细菌群落结构门水平上的组成

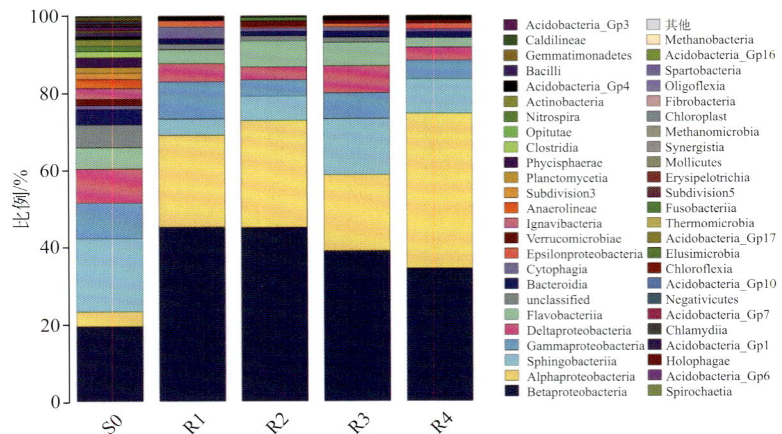

图 5.31　细菌群落结构纲水平上的组成

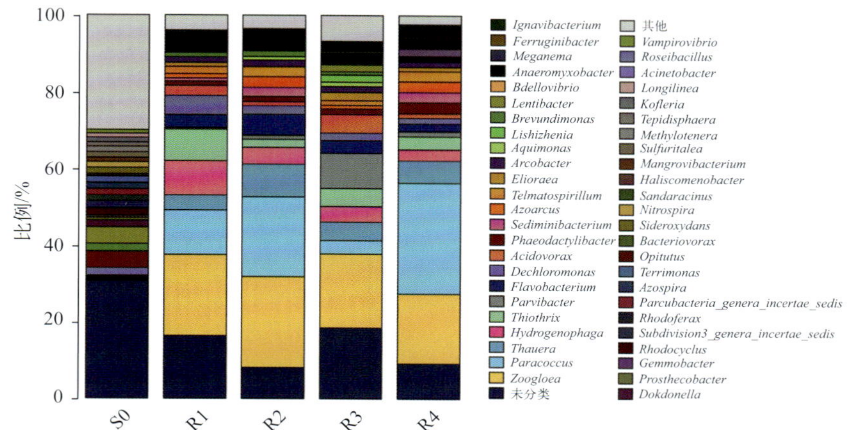

图 5.32　细菌群落结构属水平上的组成

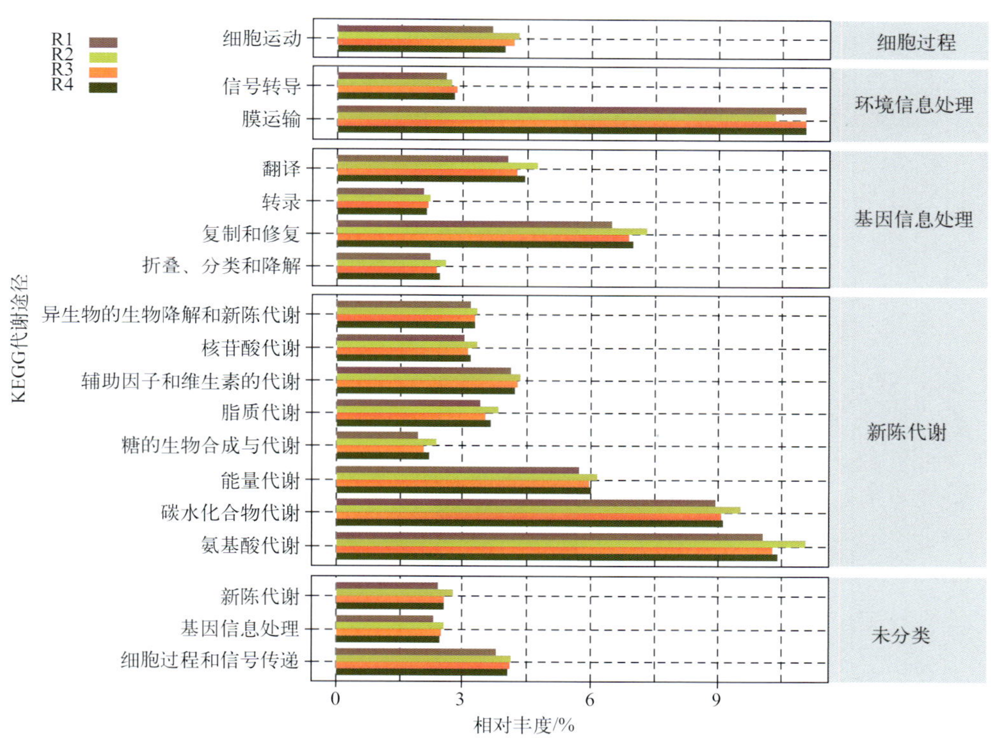

图 5.33　好氧颗粒污泥在 R1、R2、R3 和 R4 位点的 KEGG 通路分析

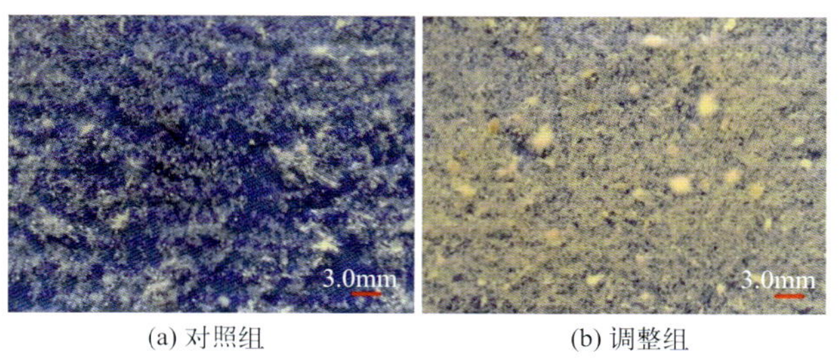

(a) 对照组　　(b) 调整组

图 6.3　两组反应器内污泥的形态对比

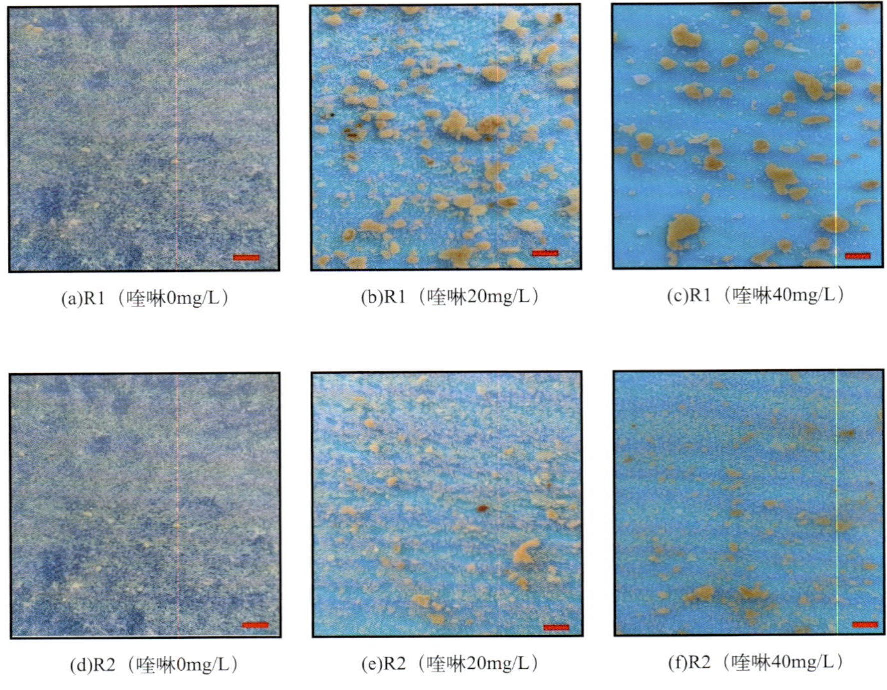

(a)R1（喹啉0mg/L） (b)R1（喹啉20mg/L） (c)R1（喹啉40mg/L）

(d)R2（喹啉0mg/L） (e)R2（喹啉20mg/L） (f)R2（喹啉40mg/L）

图 7.1 颗粒污泥宏观形貌变化（标尺为 5mm）

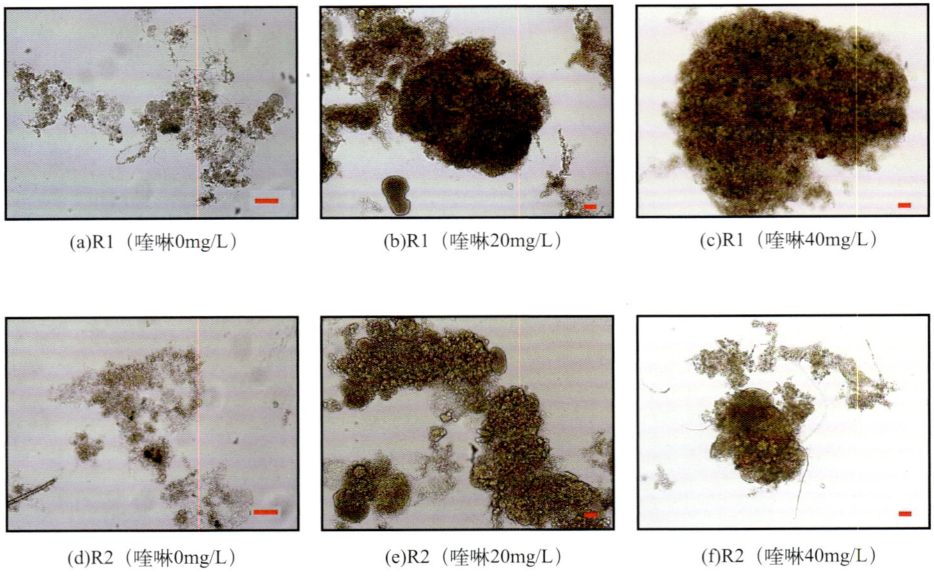

(a)R1（喹啉0mg/L） (b)R1（喹啉20mg/L） (c)R1（喹啉40mg/L）

(d)R2（喹啉0mg/L） (e)R2（喹啉20mg/L） (f)R2（喹啉40mg/L）

图 7.2 颗粒污泥微观结构变化（标尺为 100μm）

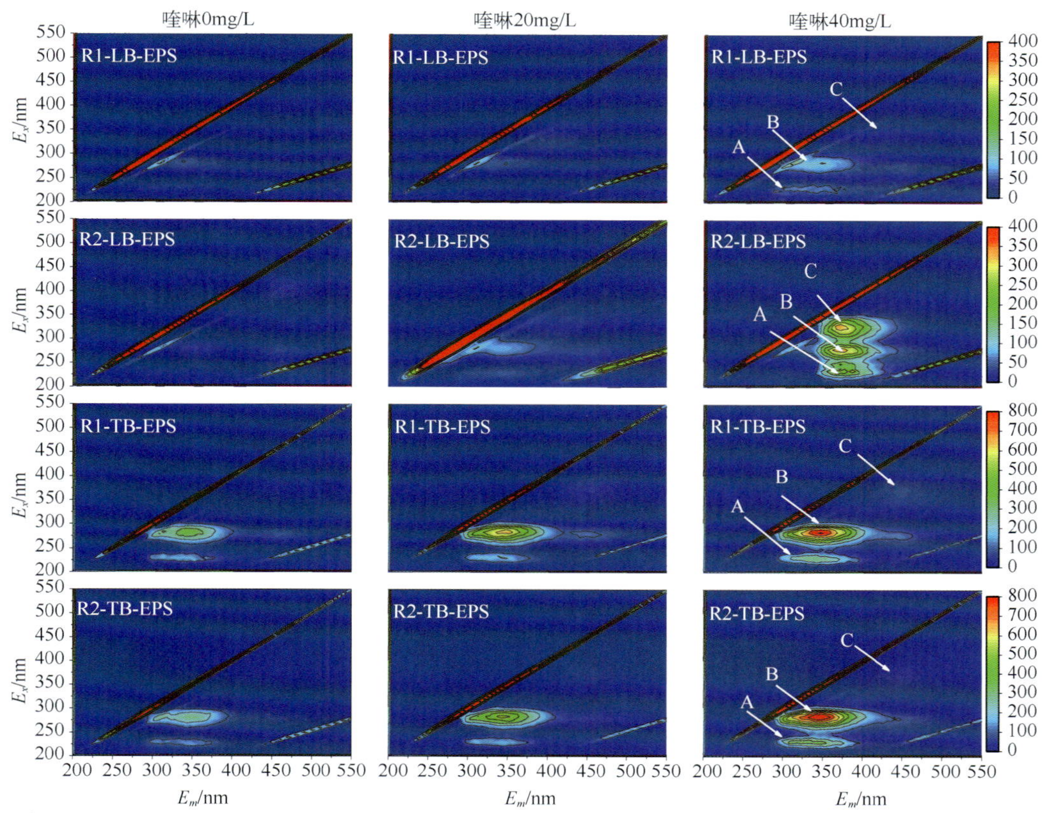

图 7.8　两组反应器中 LB-EPS 与 TB-EPS 三维荧光光谱图

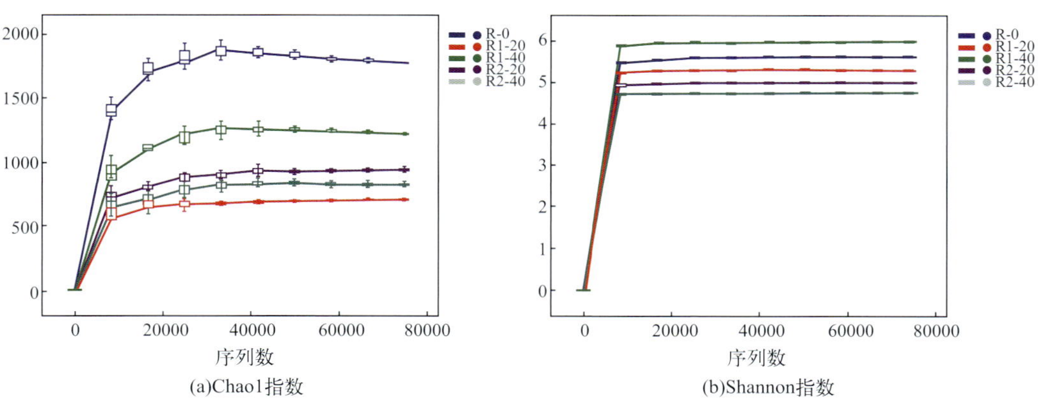

图 7.9　不同时期下 Chao1 与 Shannon 指数的稀疏曲线

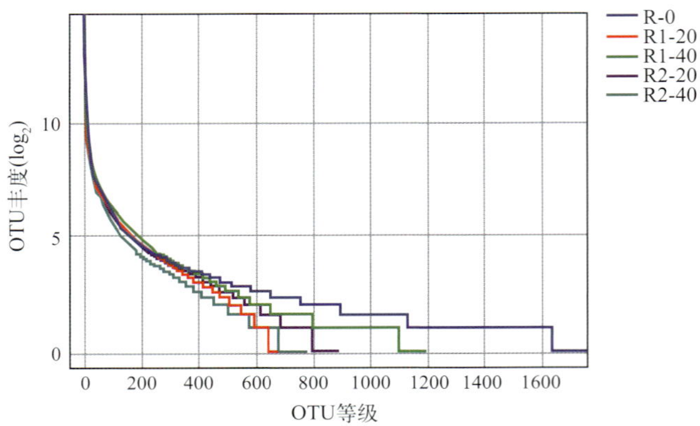

图 7.10　不同时期下污泥样本的等级丰富度曲线

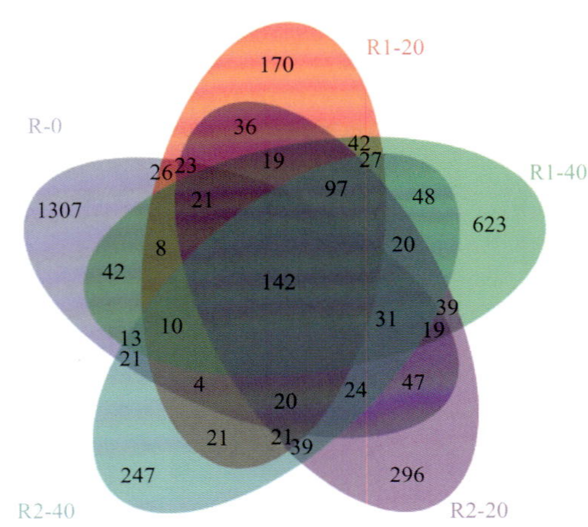

图 7.11　不同时期污泥样品操作单元韦恩图

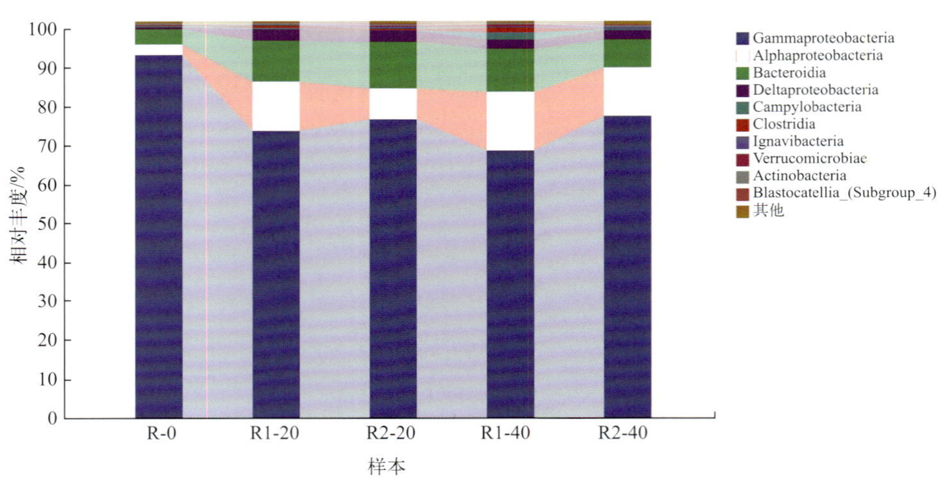

图 7.13　两组反应器在不同时期纲水平下的相对丰度

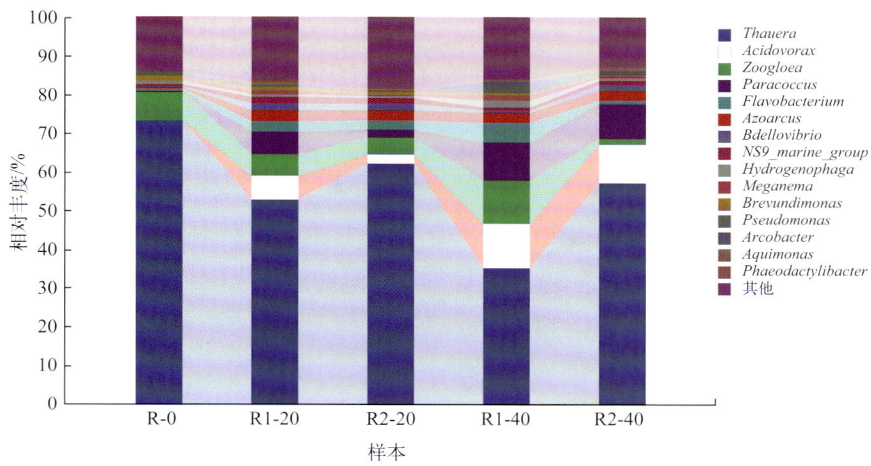

图 7.14 两组反应器在不同时期属水平下的相对丰度

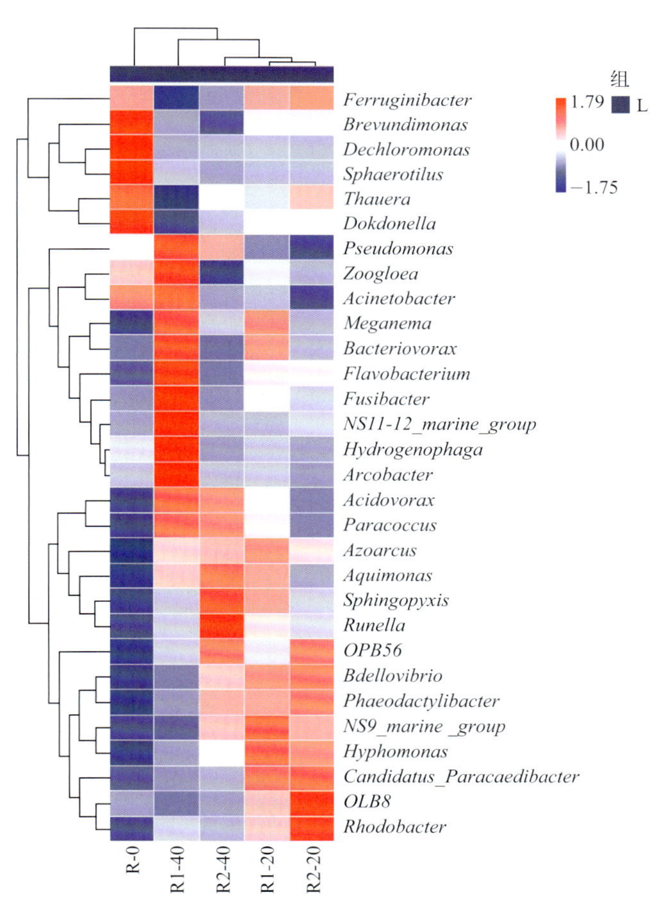

图 7.15 两组反应器不同时期物种属水平热图

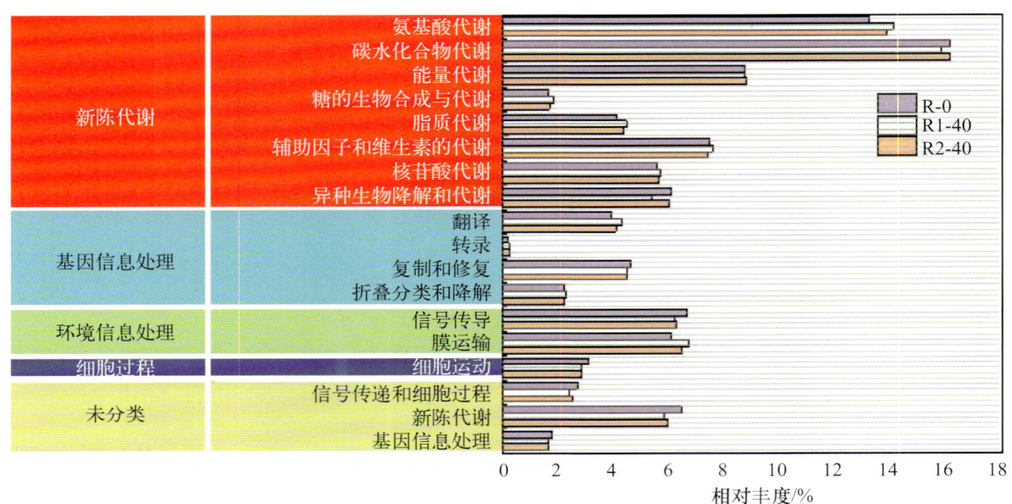

图 7.16　两组反应器的 KEGG 代谢通路

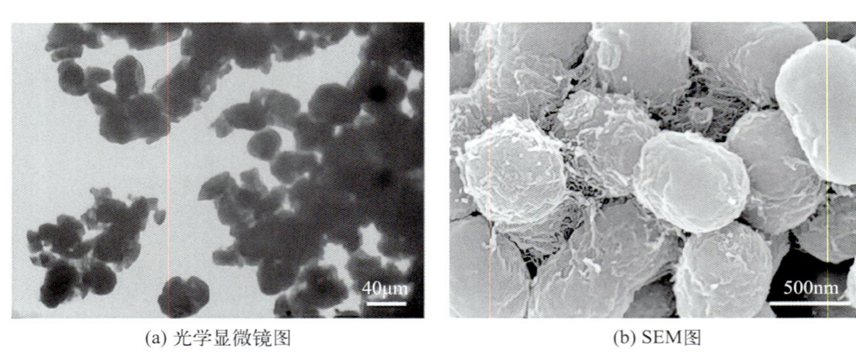

(a) 光学显微镜图　　(b) SEM图

图 8.1　接种 Ps. A. X3-1403 形成的好氧颗粒污泥图像（Huang et al.，2018）

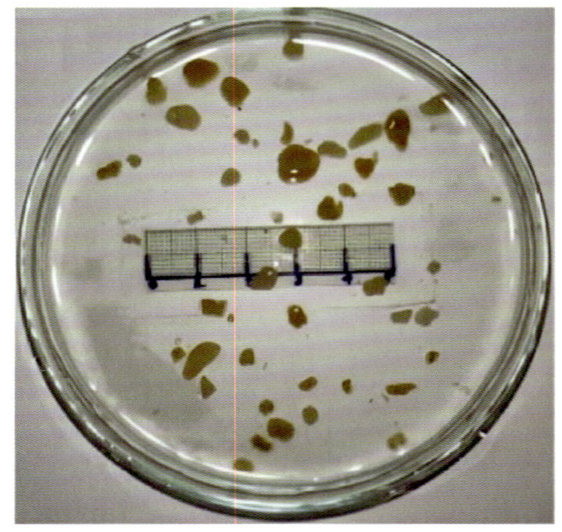

(a)接种*Brevibacterium paucivorans* strain SG001形成的好氧颗粒污泥的光学显微镜图

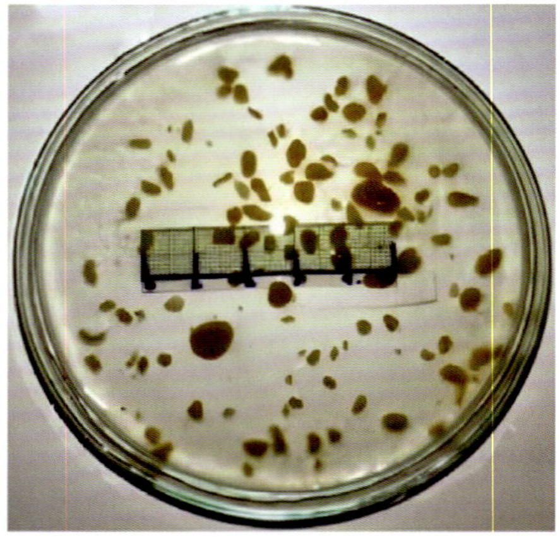

(b)接种*Staphylococcus hominis* strain SG003形成的好氧颗粒污泥的光学显微镜图

(c)接种*Brevibacterium paucivorans* strain SG001形成的好氧颗粒污泥的SEM图

(d)接种*Brevibacterium paucivorans* strain SG003形成的好氧颗粒污泥的SEM图

图 8.2　好氧颗粒污泥形态图像（Ghosh and Chakraborty，2021）

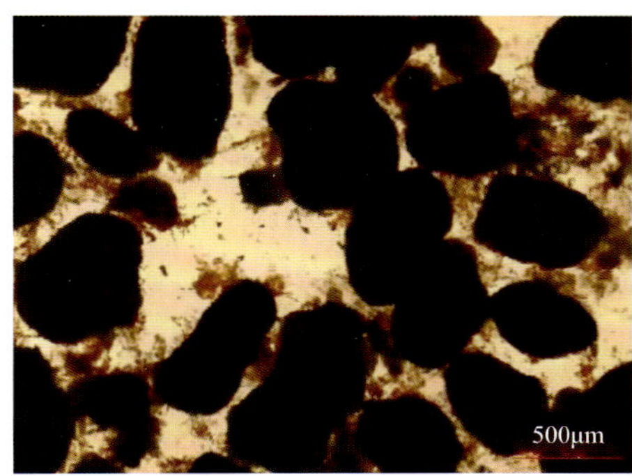

(a)接种NJUST18 + NJUST29组合菌种的SBR中42d时的好氧颗粒污泥（Liang et al., 2018）

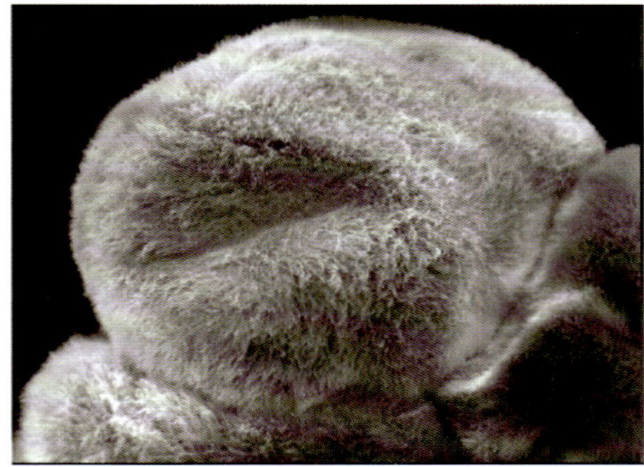

(b)接种磺胺降解菌（SDB）的SBR中的磺胺降解好氧颗粒污泥（Khan et al., 2019）

图 8.3　共聚集法培养的好氧颗粒污泥形态图

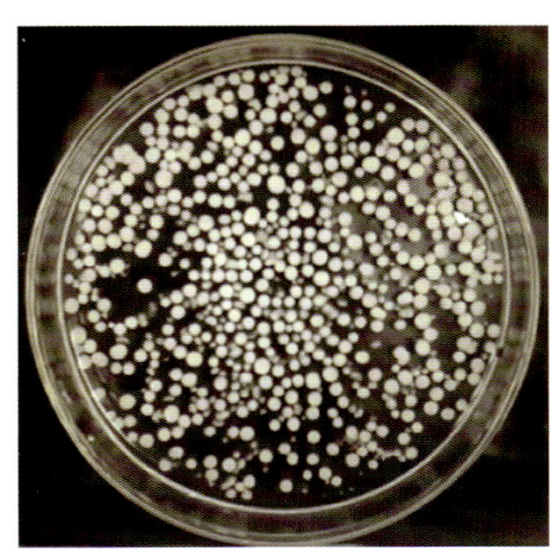

(a)菌丝球的形态图像（Han et al., 2022b）

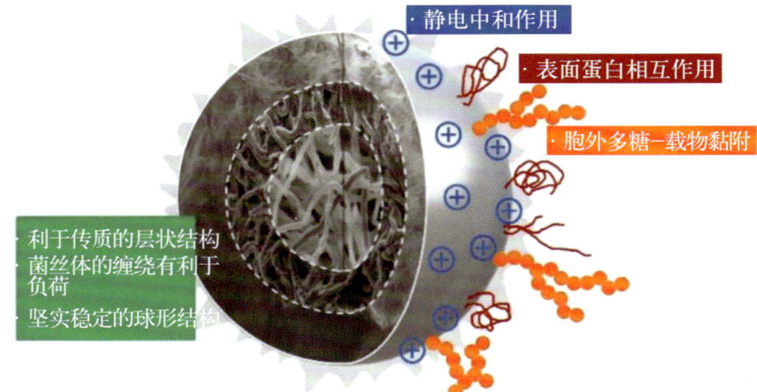

(b)菌丝球的结构和表面性质示意图（Li et al., 2022）

图 8.4　菌丝球的形态结构图

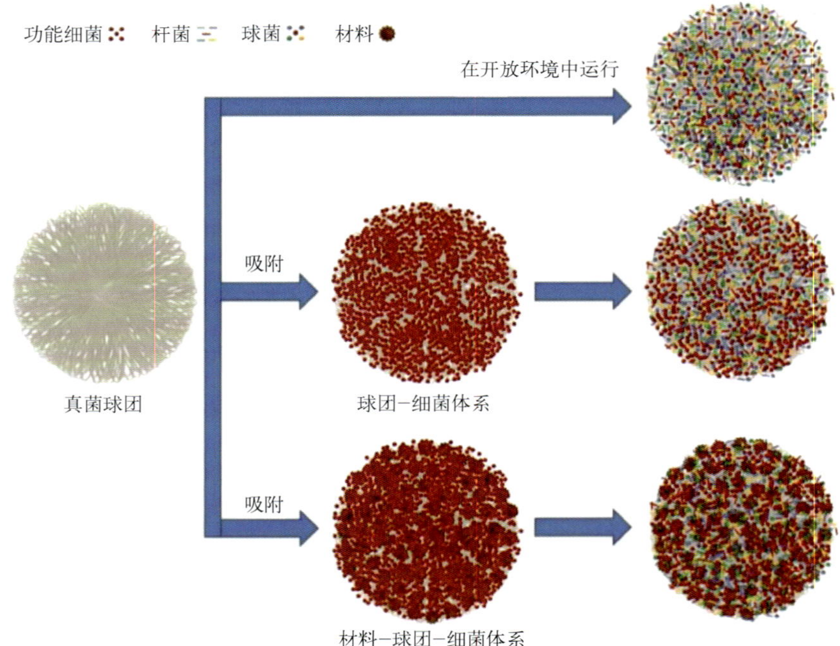

图 8.5　菌丝球团技术的 3 种主要途径（Han X et al.，2022b）

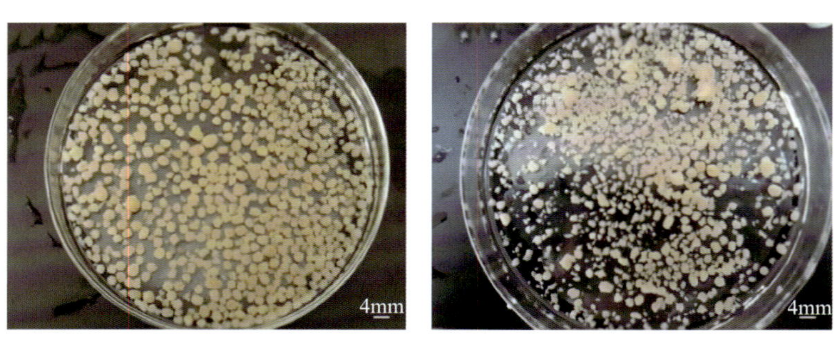

(a)接种了菌丝球的好氧颗粒污泥　(b)没接种菌丝球的好氧颗粒污泥

图 8.6　SBR 中的好氧颗粒污泥形态图（Geng et al.，2020）

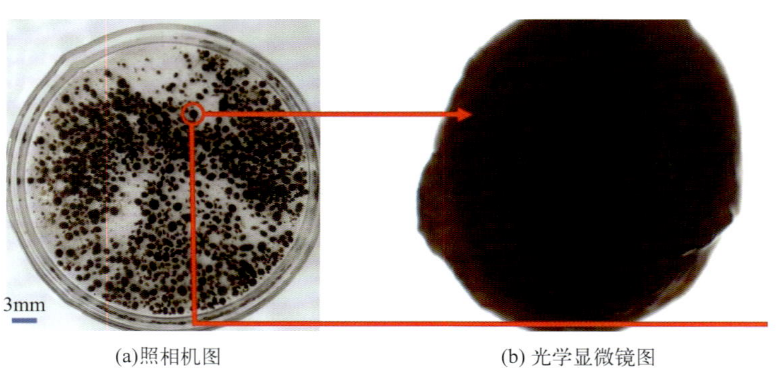

(a)照相机图　(b) 光学显微镜图

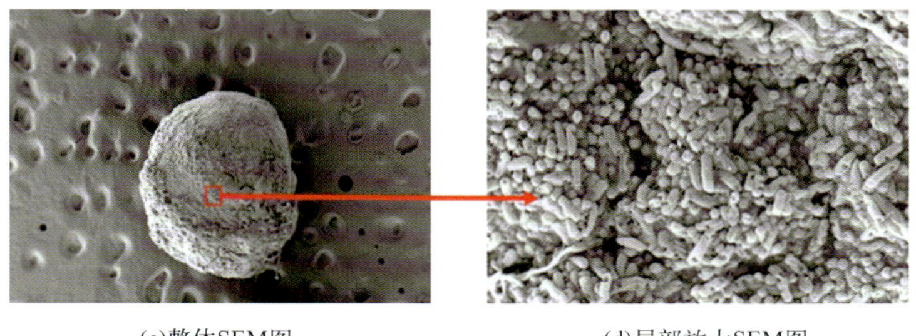

(c)整体SEM图　　(d)局部放大SEM图

图 8.7　连续流 MBR 中 110d 时的好氧颗粒污泥形态图（Xiao et al.，2022）

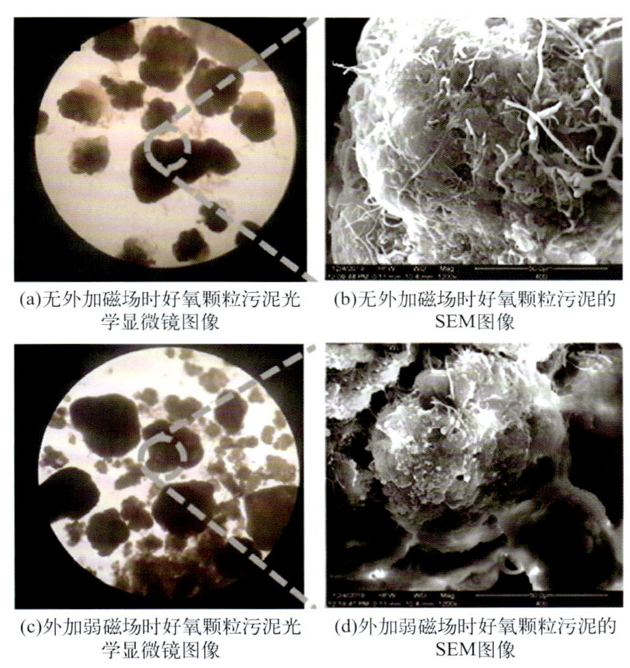

(a)无外加磁场时好氧颗粒污泥光学显微镜图像　　(b)无外加磁场时好氧颗粒污泥的SEM图像

(c)外加弱磁场时好氧颗粒污泥光学显微镜图像　　(d)外加弱磁场时好氧颗粒污泥的SEM图像

图 8.9　反应器中 84d 时好氧颗粒污泥形态图（Chen et al.，2022）

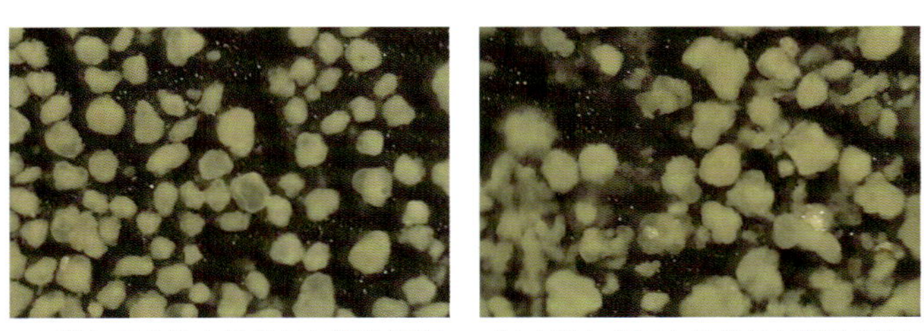

(a)增加了直流电场的好氧颗粒污泥　　(b)未增加直流电场的好氧颗粒污泥

图 8.10　SBR 中 110d 的好氧颗粒污泥形态图（Huang et al.，2014）

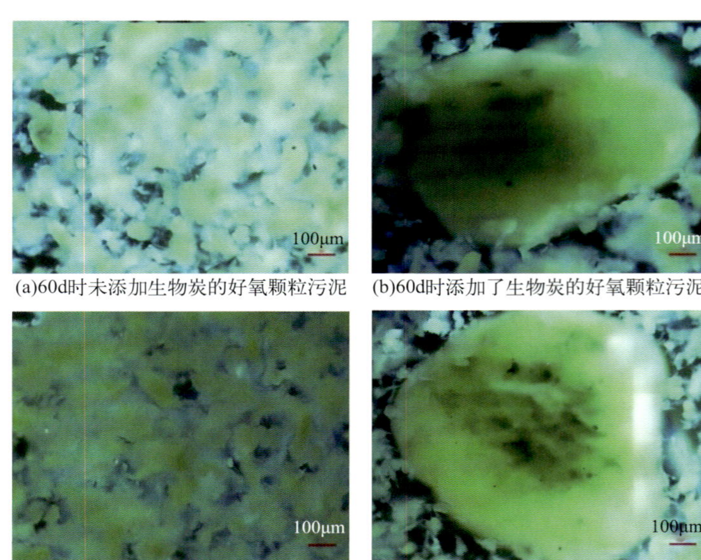

(a)60d时未添加生物炭的好氧颗粒污泥　(b)60d时添加了生物炭的好氧颗粒污泥

(c)90d时未添加生物炭的好氧颗粒污泥　(d)90d时添加了生物炭的好氧颗粒污泥

图 8.11　反应器中的好氧颗粒污泥形态图（Zhang et al.，2017）

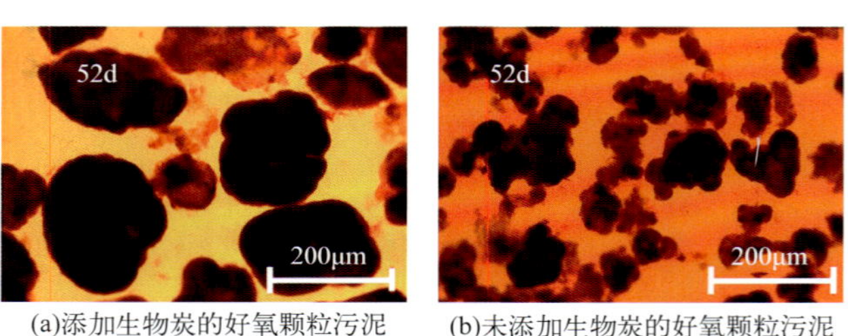

(a)添加生物炭的好氧颗粒污泥　(b)未添加生物炭的好氧颗粒污泥

图 8.14　好氧颗粒污泥形态图（Zhang et al.，2022）

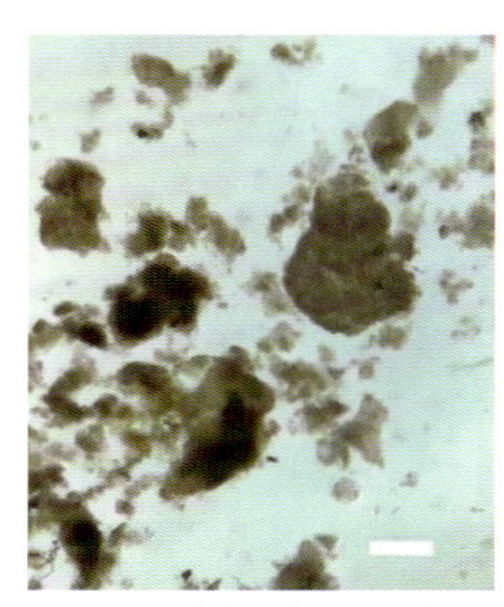
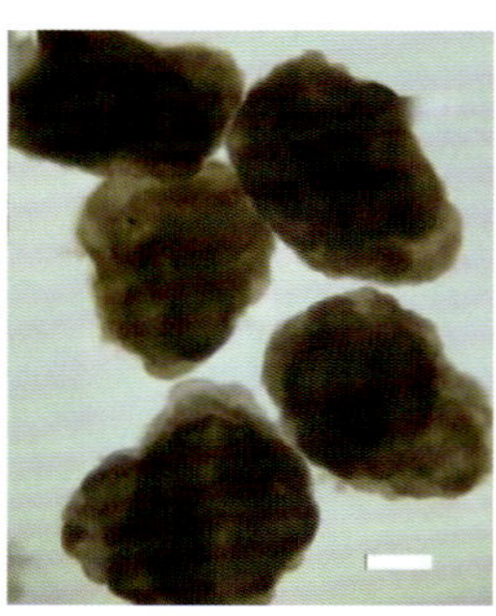
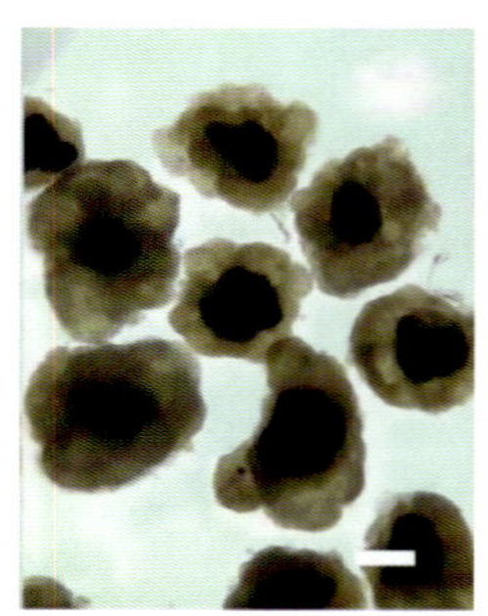
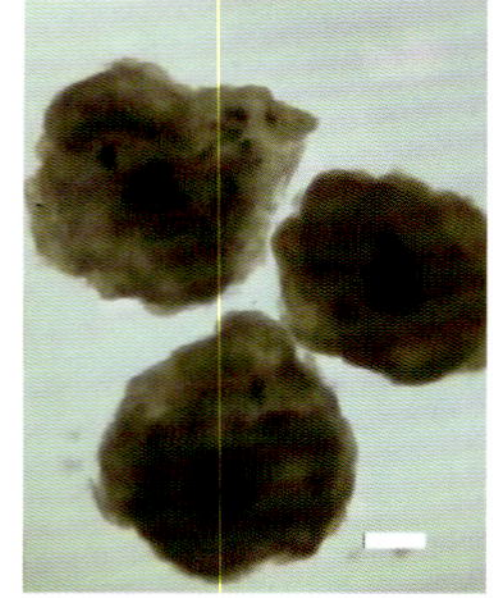

(a)30d时未添加GAC形成的好氧颗粒污泥　(b)60d时未添加GAC形成的好氧颗粒污泥　(c)30d时添加了GAC形成的好氧颗粒污泥　(d)60d时添加了GAC形成的好氧颗粒污泥

图 8.15　好氧颗粒污泥形态的光学显微镜图（Liang et al.，2019）

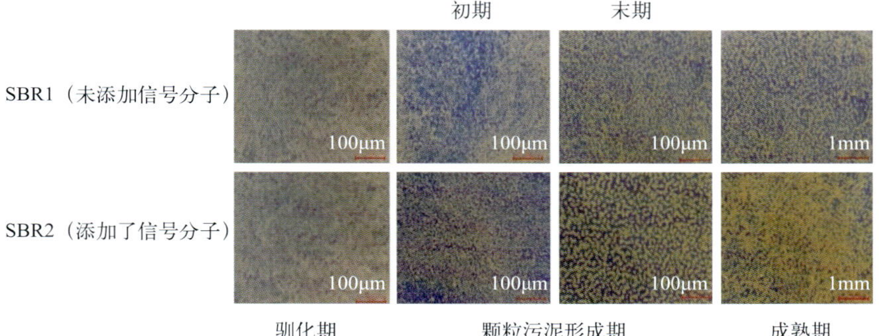

图 8.22　好氧污泥颗粒化过程中的形态变化（Gao et al.，2022）

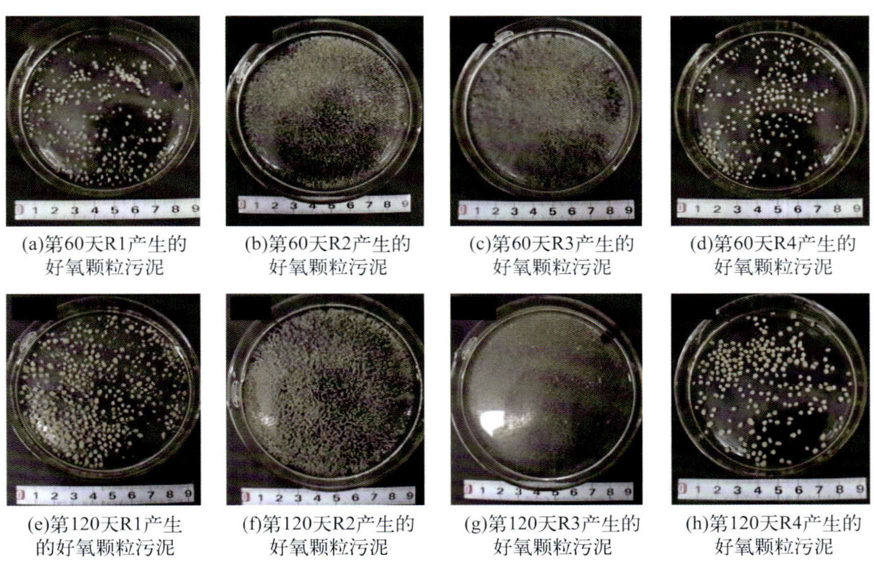

图 8.23　好氧颗粒污泥形态图（Zhang，2020）

R1—对照反应器；R2—细菌细胞反应器；R3—闲置细菌细胞反应器；R4—AHLs 上清液反应器

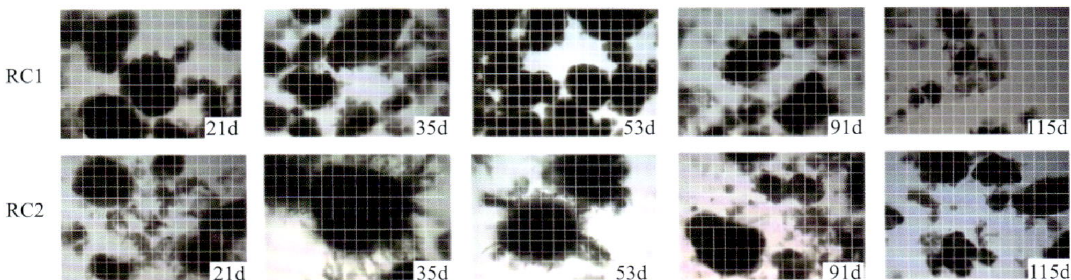

图 8.24　反应器运行过程中的好氧颗粒污泥图像（Sales et al.，2022）

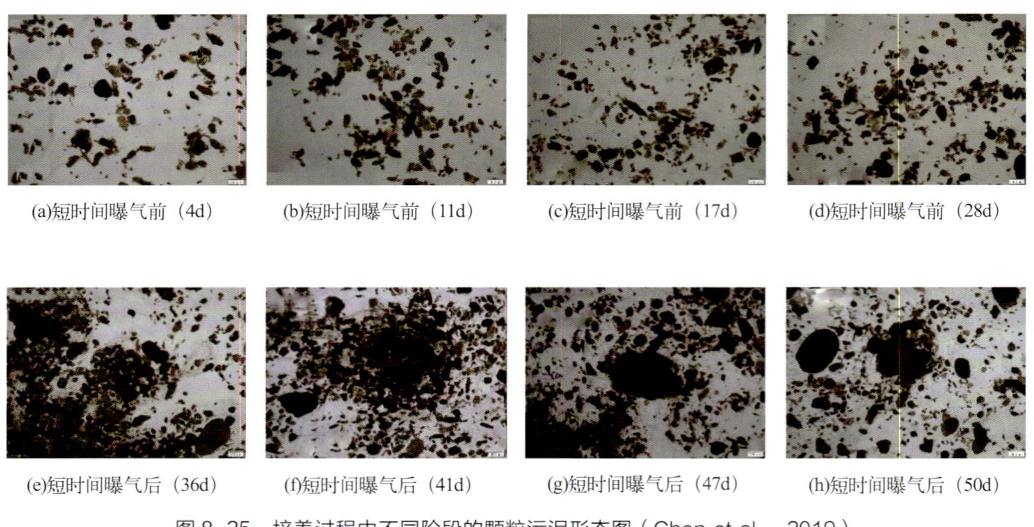

(a)短时间曝气前（4d） (b)短时间曝气前（11d） (c)短时间曝气前（17d） (d)短时间曝气前（28d）

(e)短时间曝气后（36d） (f)短时间曝气后（41d） (g)短时间曝气后（47d） (h)短时间曝气后（50d）

图 8.25 培养过程中不同阶段的颗粒污泥形态图（Chen et al.，2019）

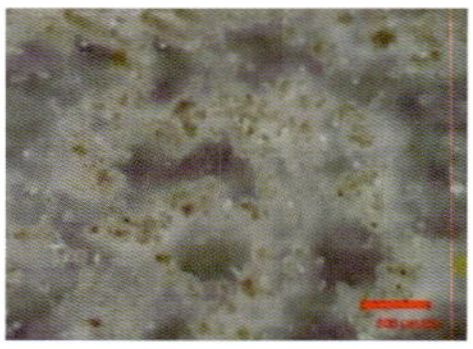

(a)侧流SBR中的种子污泥  (b)第36天的培养污泥 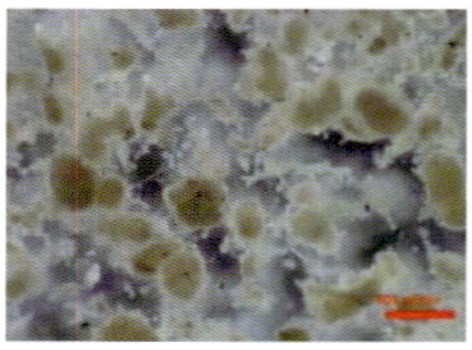 (c)第183天的培养污泥 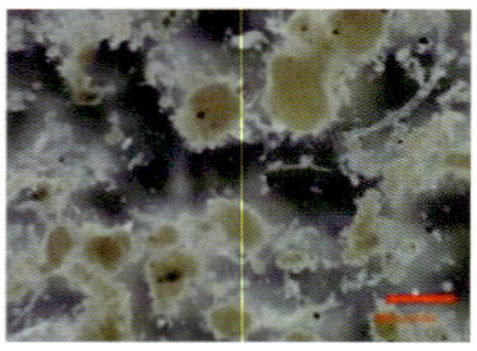 (d)第248天的培养污泥

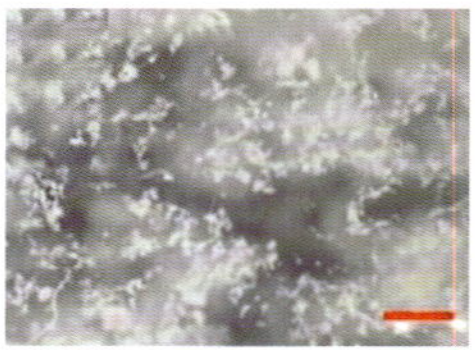

(e)主流反应器中的种子污泥  (f)第522天从主流反应器收集的污泥 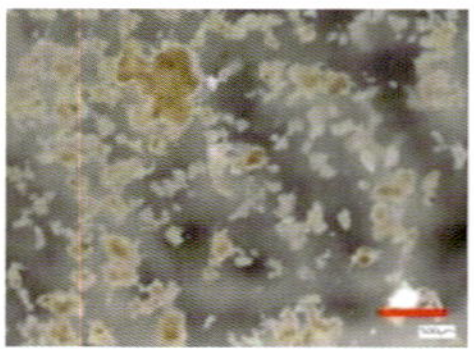 (g)第583天从主流反应器收集的污泥 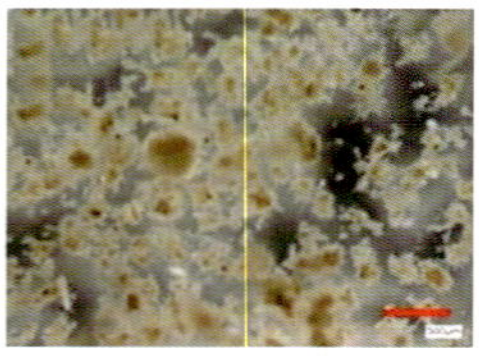 (h)第612天从主流反应器收集的污泥

图 8.26 侧流 SBR 颗粒化过程中与主流反应器中的好氧颗粒污泥图像（Miyake，2023）

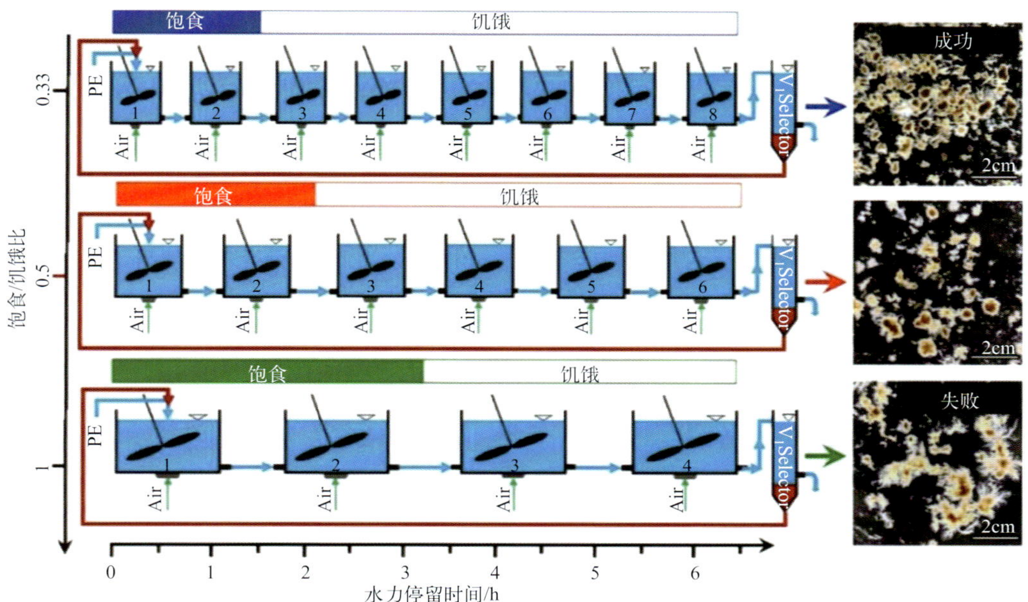

图 8.27　不同饱食-饥饿条件的 PFRs 以及其中成熟好氧颗粒污泥形态图（Sun et al.，2021）

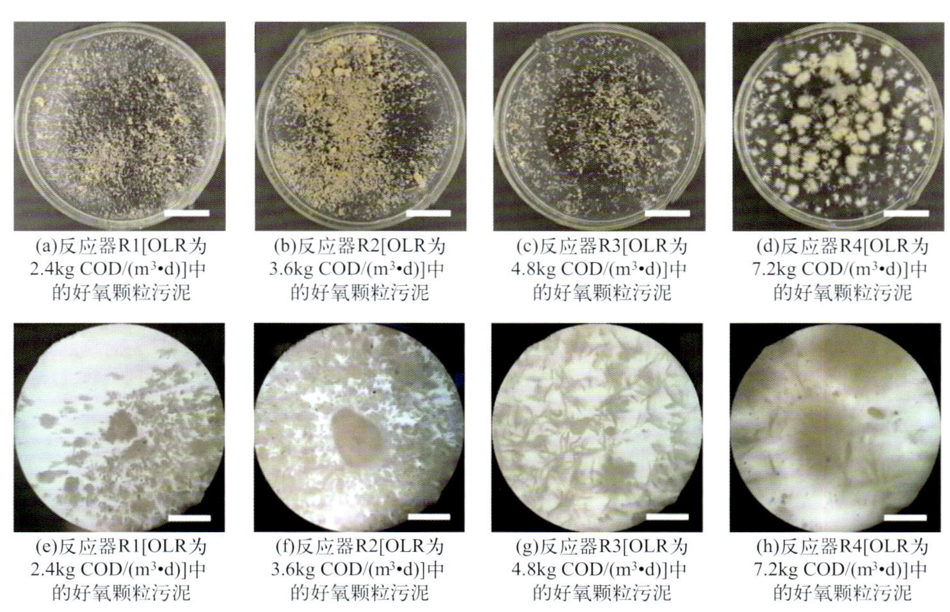

(a)反应器R1[OLR为2.4kg COD/(m^3•d)]中的好氧颗粒污泥
(b)反应器R2[OLR为3.6kg COD/(m^3•d)]中的好氧颗粒污泥
(c)反应器R3[OLR为4.8kg COD/(m^3•d)]中的好氧颗粒污泥
(d)反应器R4[OLR为7.2kg COD/(m^3•d)]中的好氧颗粒污泥
(e)反应器R1[OLR为2.4kg COD/(m^3•d)]中的好氧颗粒污泥
(f)反应器R2[OLR为3.6kg COD/(m^3•d)]中的好氧颗粒污泥
(g)反应器R3[OLR为4.8kg COD/(m^3•d)]中的好氧颗粒污泥
(h)反应器R4[OLR为7.2kg COD/(m^3•d)]中的好氧颗粒污泥

图 8.28　第 31 天不同好氧颗粒污泥的大小分布和形态（Tang，2022）

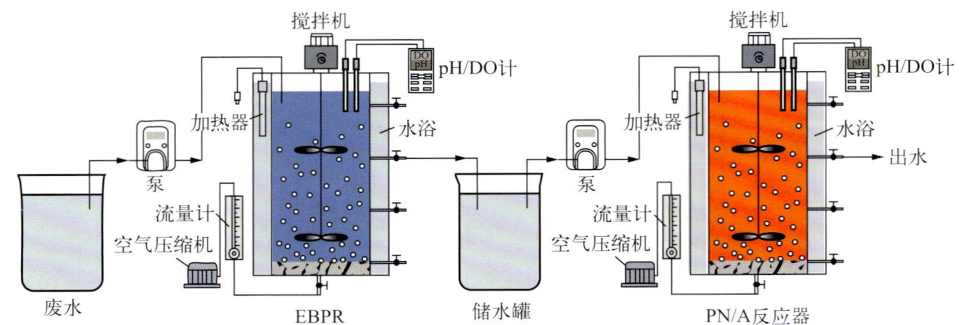

(a)EBPR和PN/A两阶段好氧颗粒污泥流程的示意图

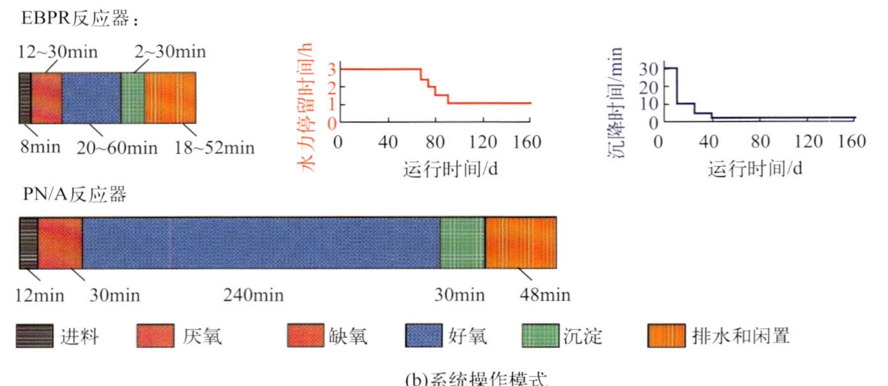

(b)系统操作模式

图 9.13 两段式好氧颗粒污泥系统工艺流程图（Yang et al.，2023）